策划编辑：方国根

编辑主持：方国根　夏　青

责任编辑：崔秀军

封面设计：石笑梦

版式设计：顾杰珍

国家社科基金重点项目(11AZD052)

朱志荣／主编

中国审美意识通史

ZHONGGUO SHENMEI YISHI TONGSHI

·明　代　卷·

朱忠元 等／著

人民出版社

目录

绪 论

1368 年 1 月 23 日,出身寒微,曾经当过和尚的朱元璋脱去战袍,换上华丽威严的服装,率领群臣赴应天府南郊,登上告祭天地的神坛,祭祀天地及诸神,行告祭大礼,即皇帝位,定国号为大明,建元洪武,在群臣山呼中开始一个新的封建王朝的历程。这天,整个南京城里张灯结彩,喜气洋洋的人们奔走相告,欢庆一个新王朝的诞生。而 1644 年 4 月 25 日,崇祯帝朱由检得知李自成的军队已经攻破北京外城后,在煤山徘徊许久之后黯然回到内宫,先是派人将太子及其他两个儿子送到大臣家中匿藏,在命令皇后在宫中自杀后拔剑砍向长平公主,又用剑杀死众多嫔妃,在太监的护送下意欲逃出宫城逃亡未果,在忐忑惶恐之中度过漫漫长夜的崇祯帝于次日凌晨再次登上煤山,扯下衣襟,自缢于梅山亭子里。这时,头戴白色毡笠、身披蓝领箭衣的李自成,在牛金星等人的陪同下,雄赳赳、气昂昂地进入北京城,完全一副胜利者的姿态,统治中国 276 年的明王朝覆亡了。然而,历史是这样地无情,41 天之后,匆匆在武英殿即皇帝位的李自成同样匆匆率军出京,匆匆向西撤退,走上了不归之路。与此同时,建州女真的铁骑也开进了北京城,一个新的封建王朝又诞生了。尽管福王朱由松在南方建立的弘光等政权还存在,且历时 17 年,史称南明,但明朝的主体历史已经在这一年结束了。

明朝立国之初,采取了一系列措施,缓和了阶级矛盾,恢复和发展了生产,到中后期,商品经济不断发展,城市经济日趋繁荣,资本主义生产关系开始萌芽,三保太监郑和七下西洋,在显示天朝"国威"之外,将中华文明远播亚、非,促进了各国的经济、文化往来,一些殊方异物诸如长颈鹿、斑马、鸵鸟等也来到中国,改变了中国人的世界观念,也改变了中国人的审美观念。以此为标志,明朝也成为当时世界上重要的国家。虽然与汉代、唐代相比,明朝并不是中国封建社会的高峰,但是明朝也是自身取得重要进展的封建王朝,是在物质文化和精神文化方面均有重要进展的封建王朝。

和任何事物一样,明代社会、经济、文化也经历了一个由弱到强的过程,经历了一个恢复、强盛、衰亡的过程。明王朝的历史,可以简略地分为从朱元璋开国到"仁宣之治"的强盛时期、从英宗到武宗的由盛转衰阶段、从世宗到神宗的危机四伏时期,以及光宗到世宗的王朝崩溃结局。整个明代的历史像一篇文章,有其起承转合的节奏;像一首乐曲,有其起起落落的旋律。

相对于其他封建王朝,明朝在政治上没有多少建树,它是中国封建社会政治最为腐败、朝政最为荒疏、封建专制最为严酷的时期。从封建制度本身来讲,明朝属于封建制度的黄昏阶段。作为制度的黄昏,残阳如血,封建制度的诸多弊端都已显露出来,并且呈现出走向衰亡的种种征象,但在文化、审美和艺术方面却走向了前所未有的生动活泼,呈现出近代性的曙光,审美意识的新变甚至异变成为明朝中后期文化艺术的重要特色。

一、明代文化及审美意识概观

(一)明代前期的文化状况与审美意识

元明易代,那些生活在"胡元"入主和异族统治的阴影之下的文人士大夫,那些在举国"左衽"的文化阴影中尚未回过神来的人们,尚未真正体会到新王朝建立的欢欣,尚未感受到"恢复中华"的精神快慰,尚未感受到恢复华夏正统的荣耀,就已沦入明朝统治者精心铸就的专制文化统治之中。

明代初期,统治者朱元璋的励精图治和集权专制并行不悖。明初采取恢复生产的措施,采取了减赋免税、休养生息的政策,迅速恢复了农业生产,增强了物质力量,这一切为社会的发展尤其是文化艺术的发展奠定了基础,这是明初励精图治的方面,并非本书关注的重点。在这里,我们主要关注政治、文化方面的集权专制及其后果。为了克服制度性矛盾的弊端,开国皇帝朱元璋罢中书省,废除丞相,将丞相职权分于吏、户、礼、兵、刑、工六部,由六部直接向皇帝负责,"收天下之权,以归一人"①,并亲裁政务,强化了历时既久的封建君主专制;同时建立锦衣卫,豢养一批"检校",在侦缉有关军事、政治情报的同时也对官僚的私生活进行监视,把封建君主专政、中央集权的官僚政治推进到了一个新的高度,可谓登峰造极,中央集权空前强化。他的这些整治措施为后继者所继承,尤其是严酷封建专制的厂卫制度,在明代一直得到坚持,而且把文人士大夫作为重点侦缉的对象。

在政治上推行专制统治的同时,从朱元璋开始,明王朝还迭兴文字狱,施行文化专制统治,对文化人进行政治清洗②,对"寰中士夫不为君用"者,"皆诛而籍其家"③,对触犯文字禁忌的人,"稍有触犯,刀锯随之"④,且打破"刑不上大夫"的古制,对朝中重臣动辄施以廷杖,加以羞辱。同时为禁绝异端思想,尤其是遏制心学思想的传播,明世宗还开了禁毁书院之先例。张居正当权之时则下令大规模毁书院、禁讲学,唐宋以来形成的书院教育方式在明代经历了一场浩劫。文网之严密、搜求之细致、惩办之严苛,为前代所未见。有明一代,这种文化上的打压是中国历史和世界历史上绝无仅有的,有"秦鉴在先,明鉴在后"⑤之说。与此同时,朱元璋采取推正宗的办法,"立教著政,因文见道,使天下之士一遵朱氏为功"⑥,将

---

① (明)王世贞撰:《弇山堂别集》卷九十《中官考一》,魏连科点校,中华书局 1985 年版,第 1720 页。

② 比如明成祖朱棣即位,就严令禁止建文朝主要谋臣方孝孺的著作流行,并对方孝孺处以磔刑,诛灭十族,在传统的九族之外追加其门生朋友加以诛灭,可谓亘古无有。明代统治者对读书人的苛刻和残暴,甚至不惜断绝"天下的读书种子",可见其制度之严苛。

③ (清)张廷玉等撰:《明史》卷九四《志第七〇·刑法二》,张天有等标点,吉林人民出版社 1995 年版,第 1483 页。

④ (清)赵翼著,王树明校订:《廿二史劄记校订》卷三十二《明史·明祖晚年去严刑》,中华书局 1984 年版,第 744 页。

⑤ 商传:《明代文化史》,东方出版中心 2007 年版,第 41 页。

⑥ (明)何乔远:《儒林传》,《名山藏》第七册,江苏广陵古籍刻印社 1993 年版,第 5193 页。

程朱理学推到至高无上的地位①,"一宗朱氏之学,令学者非五经、孔孟之书不读,非濂、洛、关、闽之学不讲"(高攀龙上疏),并将其他学说视为异端,在思想学术界"以言诗易,非朱子之传义,弗敢道也;以言礼,非朱子之家礼,弗敢行也",曾一度形成了"言不合朱子,率鸣鼓而攻之"②的局面。哲学的保守、学风的守旧,强化了封建社会的历史惰性,意识形态领域内的这些措施在维护封建社会秩序稳定的同时,必然导致知识分子人格的拘谨,对人自身的发展是不利的,同时明朝实行八股取士,所要求的八股文格式刻板、内容虚空,规定考题以四书为内容,答卷以程朱之传注为准的,甚至要求"代古人语气为之"③,不仅要求思想观点上盲从古人,而且连语气都不得是自己的,从内容和形式两个方面对民族智力进行钳制,对人才进行戕害。通过八股取士选取的官员日益变得保守而传统,没有了创造性。而天下的读书人,越来越迂腐而不堪用。

除了在学术和思想上推行一元一统,明朝统治者还通过法令限制自由思想的发展,但凡出现异端学说,则对其人进行迫害,对其书进行禁止和焚毁④,

---

① 值得注意的是,明太祖朱元璋革除了元朝所有的弊政,但唯独将儒家理学经义的科考方式保留了下来,并使之得到了进一步的发展。两宋理学,分濂、洛、关、闽四大派,有濂溪周敦颐,洛阳程颢、程颐,关中张载和闽中朱熹。理学在南宋末年逐渐取得学术界的主导地位,代表性的学派是朱熹的理学,后世称之为"朱学"。许衡"以之致君泽民,以之私淑诸人。而朱氏诸书,定为国是,学者遵信,无敢疑二。"(虞集:《道元学古录》卷四〇,《四部丛刊初编》本)许衡得到元世祖的信任,在理学由私学变为官学,变为正统之学的过程中起了重要作用。到元中期的延祐二年(1314),程朱理学被确定为科举取士的标准,标志着理学正式上升为官学。至此,理学的政治地位发生了本质性的变化,并且迅速社会化,影响逐渐扩大。由于明代对于宋代理学的继承,理学被称为"宋明理学"。

② (清)朱彝尊:《曝书亭集》卷三十五《道传录序》,世界书局 1937 年版,第 434—435 页。

③ (清)张廷玉等撰:《明史》卷七〇《志第四六·选举二》,张天有等标点,吉林人民出版社 1995 年版,第 1083 页。

④ 有明一代,因持有异端思想被迫害、杀害的大有人在。饶州儒士朱季友因"诣阙上书,专诋周、程、张、朱之说"而被明成祖"命有司声罪杖遣,悉焚其所著书"(陈鼎:《东林列传》卷二,文渊阁《四库全书》本);泰州学派传人何心隐因"非名教"而被当权者张居正等人迫害,最终杀害;被称为"异端之尤"的李贽,因为"排击孔子,别立褒贬","掊击道学,抉摘情伪"而先被"噪而逐之",最终以"敢倡乱道,惑世诬民"的罪名下狱,迫害致死。受到迫害的还有东林党人等。许多文人因言获罪,惨遭杀戮。有更多的人则因文获罪,高启因一篇《上梁文》而被腰斩。据《明诗综》的记载,诗人汪广洋、魏观、朱同、苏伯衡、张孟兼、王彝、杨基、张朋、徐贲、王行、孙贲、黄哲等人,均死于非命,不得善终。也有画师因画获罪,洪武时期,画家周位、赵原等四名画家因所作之画不合圣意,触怒皇帝而被处决,画师也生活在恐怖之中。有的人被随意罗织的罪名所构陷,丢掉性命。赵翼《廿二史札记》卷二三有《明初文字之祸》一文,对此记载甚详。

社会生活被封闭在封建正统理念和理学道德礼仪的严格规范之中,思想文化方面呈现出保守、刻板、沉寂的气象,形成士尚质行、学无异端的社会格局,学术上"有共学之方,而无颛门之学","士之防闲于道域,而悠游于德圃者,非朱氏之言不遵"①。明初确立的文化大一统格局确实为维持社会稳定奠定了基础,但是文化的创新能力和活力却在极度严苛的限制中丧失殆尽,致使"前明三百年来,学问文章,不能远追汉唐及宋元"②。值得注意的是,不管是统治阶级重视的程度如何变化,不管是阳明心学发展如何剧烈,如何对程朱理学进行反叛和冲击,"直到明代覆灭,程朱理学依然是科举取士的标准,而明代士人的绝大多数也一直以科考为业,则可知理学依然是这个社会的法定意识形态,虽然它受到了严峻的挑战,却并未被推翻"③。

这种复古正统、翦除异端的结果便是,在明初的一百多年里呈现思想和文学百花凋谢的局面。这种情形如以《明史·艺文志》收录的文集为观察点,则可一目了然。《艺文志》中收录洪武、建文朝一百二十余人,其中主要是元末明初士大夫们的作品,真正由太祖朝(1368—1398)31 年间培养的文人士大夫的文集则寥若晨星,永乐(1404—1424)年中便锐减至不足 50 种,仁、宣时(1425—1435)11 年间虽称为"仁宣之治",但收入《艺文志》的文集则减至 20 种,这种情况到了英宗、景帝两朝后始有所恢复,达到了近 50 种左右,当然这些文集一般是指文人士大夫认可的诗文作品。与元代杂剧戏曲相当繁荣不同,明代初年,不被封建统治者和传统文人看好的小说、戏剧作品也不是很多,民间文化也呈现出萧条的局面。小说方面以瞿祐的《剪灯余话》、李昌祺的《剪灯新话》作为元代文学的遗响支撑着这一时期的文学局面,长篇小说《三国演义》、《水浒传》为代表的短暂繁荣则体现了文学整理方面的成就,实际上是宋元以来文化积淀的产物。可以说,自永乐年间直到明代中叶,小说领域几乎没有比较出色

① (明)何乔远:《儒林传》,《名山藏》第七册,江苏广陵古籍刻印社 1993 年版,第5193—5194 页。

② (清)阎若璩:《潜邱劄记》卷二,文渊阁《四库全书》本。

③ 左东岭:《王学与中晚明士人心态》,人民出版社 2000 年版,第 493 页。

的作品产生。戏曲方面,统治阶级明确戏剧要为政治服务,杂剧方面几无成就,传奇方面主要是道德教化剧,《五伦全备忠孝记》《香囊记》都把为臣子、为子女、为母亲、为妻子、为朋友、为兄弟的标准德行罗织在一部戏剧之中,"虽是一场假托之言,实为万世纲常之理"(《五伦全备记》第一出"副末开场"),赤裸裸地宣扬了"剧以载道"的理学思想和观念,体现了道德教化的功能,充斥着道德说教,因此王世贞《曲藻》评价说"《香囊》近雅而不动人,《五伦全备》是文庄元老大儒之作,不免腐烂"①,意谓这样的作品充满"道学气","以《五伦全备记》为嚆矢,明清两代绝大多数的传奇作品都明确标榜伦理教化的主旨,即使是那些离经叛道的'专说风情闺怨'的'淫词艳曲',也一本正经地贴上伦理教化的标签。要之,伦理教化成为明清传奇史上一股其势汹涌的创作热潮"②。《琵琶记》形成于元代末年,它在明代初年得到明太祖朱元璋推崇也是因为有关风化③。《五伦全备记》虽重道轻文,但是"俚浅甚矣"④,"自《香囊记》以儒门手脚为之,遂滥觞而有文词家一体"⑤,道德教化剧甚至其他戏剧于是充满一味追求藻饰骈丽、堆积套词故实的"时文气"⑥。从艺术发展的角度讲,这些戏曲的教化意图过于明显,是和戏曲精神的本质相背逆的,结果导致了当时的剧坛

---

① 中国戏曲研究院编:《中国古典戏曲论著集成》(四),中国戏剧出版社1959年版,第34页。

② 郭英德:《明清传奇史》,江苏古籍出版社1999年版,第82页。

③ 朱元璋认为,"五经、四书,布帛菽粟也,家家皆有,高明《琵琶记》,如山珍海错,贵富家不可无。"[《南词叙录》,见中国戏曲研究院编:《中国古典戏曲论著集成》(三),中国戏剧出版社1959年版,第240页],他将"不关风化体,纵好也徒然"的《琵琶记》与《四书》、《五经》并提,给予很高的地位。

④ (明)沈德符:《万历野获编》卷二五《词曲》之"丘文庄填词",中华书局1959年版,第641页。

⑤ (明)王骥德:《曲律》卷二《论家数十四》,见中国戏曲研究院编:《中国古典戏曲论著集成》(四),中国戏剧出版社1959年版,第121页。

⑥ 徐渭评价《琵琶记》等南曲"句句是本色语,无今人时文气",且认为"以时文为南曲,元末、国初未有也;其弊起于《香囊记》。《香囊》乃宜兴老生员邵文明作,习《诗经》,专学杜诗,遂以二书语句勾入曲中。宾白亦是文语,又好用故事作对子,最为害事。夫曲本取于感发人心,歌之使奴童妇女皆喻,乃为得体;经、子之谈,以之为诗且不可,况此等耶? 直以才情欠少,未免辏补成篇。吾意与其文而晦,曷若俗而鄙之易晓也?"[《南词叙录》,见中国戏曲研究院编:《中国古典戏曲论著集成》(三),中国戏剧出版社1959年版,第240页]

生气索然,戏剧艺术的审美意识则无从谈起,如果按照当时整个艺术领域的状况,道学气、时文气才是这一时期重要的审美导向和审美意识。基于此,明代以来的传奇剧作呈现出与宋代、元代南戏和杂剧不同的风貌和审美意识。

　　明朝初年哲学、思想、人格等的保守和僵化,行为的雷同,影响到社会生活的方方面面,也影响到众多的艺术类型。在艺术方面,文学中台阁体盛行,复古拟古主义思潮风行一时,形成复古运动,诗文"看则临摹帖耳"①,戏剧则仅限于实行"高台教化"和"关风化"的《五伦全备忠孝记》、《琵琶记》、《香囊记》等道德说教剧,塑造的则是"全忠全孝"和"有贞有烈"的形象,"这些戏剧被道学家们称赞为'振启淳风'的济世良药,在根本精神上却是通体伪诈。小心翼翼的脚步,言不由衷的声音,矫情做作的行止,将人的尊严、灵魂的活泼全然挤出舞台"②,与元代杂剧的思想性和艺术性相比较是极大的退步。所以,"自洪武至成化百余年间,是元代至明代文学发展流程中的断裂时期。一方面,造成元代文学发展的诸特征——城市生活的欢快情调、个性的进取精神、隐逸与闲旷的自由、对艺术美的专注与追求都极度衰退,在政治的高压下,作家的个性遭到扭曲和抑制,情感的自然表现在消亡;另一方面,为封建统治利益服务的范式正在形成,一度被抛弃的'文道合一'的主张又重新占取上风,以道德说教、歌功颂德、粉饰太平为主要内容而在艺术上平庸虚假的作品,成为文学的主流"③。明朝初年的小说则神鬼因果报应之说与儒家的忠孝节义之论纠缠在一起,构成了封建保守文化的重要组成部分。书法上也形成"台阁体"书风,朝廷誊写和士子应考的标准字体以刻板划一的格调扼杀了书法的个性,创新也就无从谈起。绘画中为宫廷服务的"院体"形成,内容以歌颂帝王伟业或者描绘后宫生活为主,形式上则力求华美。和文学上的复古思潮相应,画作多剿袭古人,毫无声色,追求"助名教而翼群伦"④的社会效果。

---

　　① （明）王世贞:《艺苑卮言》,陆洁栋、周明初批注,凤凰出版传媒集团凤凰出版社2009年版,第115页。

　　② 冯天瑜、何晓明、周积明:《中华文化史》(下),上海人民出版社1990年版,第766页。

　　③ 章培恒、骆玉明主编:《中国文学史》下卷,复旦大学出版社1996年版,第215页。

　　④ （明）宋濂:《画原》,见王云五主编:《万有文库》第二集七百种《宋学士文集》第七册,商务印书馆中华民国二十六年版,第190页。

在音乐领域也盛行复古之风,注重古乐雅乐,兴起了官方的复古运动。在服饰上的复古则产生了刻板划一的统一和对礼制的严苛遵循。复古之风像空气一样弥漫于明代初期社会的每一个角落。

尽管明代初期的艺术领域并不是死水一潭,也偶尔有死水微澜,但整体而言是比较沉寂的。整个艺术领域注重伦理教化价值,忽视艺术的审美价值,作为审美意识主要载体的艺术显得暮气沉沉。"有明一代,中国封建文化更显现出典型的沉暮品格。"①值得注意的是,这里的沉暮并非全是衰落,"沉暮品格并不是一个否定贬抑的评判,沉暮品格的文化是成熟的文化,沉暮品格的文学也是成熟的文学"②。而且明朝初年保守的文化政策也曾使封建文化呈现一度的繁荣,明朝统治者在刻意营造文化氛围的同时,通过官方调集动用巨大的人力物力,三千文士修大典,在中国浩如烟海的古代典籍中进行收集、钩稽、考辨、编撰,形成了《五经大全》、《四书大全》、《性理大全》、《永乐大典》等重要的文化典籍,体现官方意志的文化工程得到了重视并取得了重要成就。《五经大全》等汇集了周敦颐、张载、邵雍、朱熹等理学家的重要著作,成为明代士子课学的教科书和科举考试的准的;《永乐大典》则是一部文献汇编,汇辑群籍,宏富详备,"凡书契以来,经、史、子、集百家之书,至于天文、地志、阴阳、医卜、僧道、技艺之言,备辑为一书"③,是中国文化史上最早、最大的百科全书,使宋元以前的佚书、珍本古籍得以完整的保存,且易于检阅,对于文化发展的意义不言自明。"上述编修活动,规模都很大,对后世产生的影响相当深远,而其进行的动机几乎无不含有强烈的政治性。如编纂儒家经典,目的在于提倡程朱理学,加强对知识分子的思想控制;编辑《永乐大典》,出发点主要在于藻饰太平,笼络文人。"④到仁宗朱高炽、宣宗朱瞻基父子即位,谨承开国成就,勤于守成,提倡节俭,用贤纳谏,体恤民情,宽刑仁厚,形成了历史上堪与文景之治相媲

①　冯天瑜、何晓明、周积明:《中华文化史》(下),上海人民出版社 1990 年版,第759 页。

②　张国俊:《中国艺术散文论稿》,中国社会科学出版社 2004 年版,第 222 页。

③　《明太宗实录》卷二十,北京大学图书馆藏本。

④　南炳文:《明代文化特色浅论》,《明史新探》,中华书局 2007 年版,第 30 页。

美的"仁宣之治",明朝政治达到最为清明的时期,封建正统文化也达到了一时的繁荣。尽管这种政治的清明和文化的繁荣只有短暂的 11 年时间,只是昙花一现,但也是不容否认的明初文化的亮点。

与此同时,建筑领域能够体现国家气魄和国家意识的建筑得到重视。都城北京为代表的城市建设和能够抵御外侮的长城修建是明代这种建筑的代表,其中体现了明显的国家意志和审美意识。有明一代,最能体现国家意志尤其是审美意识的应该是北京城,特别是宫殿建筑——紫禁城,它们都以贯穿南北的中轴线为主轴,呈对称展开,显示了等级秩序、完整和谐的美学原则,建筑的整体结构规矩严整,集中地反映了中国传统礼制思想和文化,建筑的布局、形式、装饰均体现了中国传统特色,尤其是皇权至上和君臣、父子、夫妇等伦常关系,鲜明地体现了一整套以皇权为中心的艺术构思和设计理念,以及意图成为举世的中心的标志的诉求。有象征天地的乾清宫、坤宁宫,有象征日月的日精门和月华门,东西六宫象征着十二辰,乾东西五所象征着天干,太和殿之后殿阁罗列象征群星拱卫,从西北流向东南的金水河则象征了"招摇西北指,天汉东南倾"的天河,至于"九"、"五"等数字在宫殿间数、门钉、房脊、照壁的龙饰等的运用则难以胜数,如此等等不一而足,这些取法天象和地理的设置使故宫整个成为一个象法天地、经纬阴阳的象征体系,隐含"奉天承运"的意义,既成为中国思维的代表,又成为王权的象征,无论如何紫禁城不是一个普通人的居所,而是一个与老百姓有着巨大距离的象征皇权崇高和神圣不可侵犯的建筑。北京城及其宫殿建筑气魄宏伟,规划严整,主从分明,秩序井然,伦常清晰,极为壮观,显示出来的是以国家意志为底蕴的宏壮之美。而作为政治性、国家性军事防御工程的长城,终明之世都在修建,先后 18 次历时 200 年不断加修,作为举国大事得到统治阶级的特别重视,其工程规模、建筑水平均超过秦以来历朝各代,为历代长城中最完整、最雄伟的。长城在体现国家层面对于边备认识的同时,反映了当时社会政治、经济、军事的情况,也反映了生产力、科学技术的发展水平以及国际、民族间的关系。今天看来,长城也是当时国家意志的反映,间接地反映了国家层面的审美意识。"长城的审美意义与明成祖的文化意识构成了一种互成的关系:

建城旨意的确立和实现的过程也是帝王心理定位和巩固的过程。"①同时长城像一条巨龙,蜿蜒盘旋于崇山峻岭之间,高低错落,节奏鲜明,宏伟壮美,大气恢弘,呈现出明王朝对传统文化中阳刚之美的推崇;另外,长城"神行如空,吞吐大荒",与北方自然地理、自然风光的雄壮紧密相合,浑然一体,汇聚着众多的审美意识,因此在军事防御功能消退之后,其审美功能逐渐凸显,成为人们登临观光的对象也是自然而然的。这些代表国家意志和审美意识的文化成就也是中华民族文化成就的重要组成部分。

严苛的政治制度、文化专制和思想禁锢,一方面产生了死板僵化、百般禁忌、循规蹈矩、亦步亦趋的文化生活,另一方面则产生另一个极端,使那些对政治失望、仕途绝望的文人士大夫走向逍遥、放任、自适,在不能"兼济天下"的政治环境中走向"独善其身"。他们要么致仕归隐,蓄声伎、造园林、美食华服,发展赏玩文化,归隐求适,形成另一方天地;要么居官而隐,不问世事,游山玩水,甚至在府衙之内行玩乐之事,最终发展了在官而隐的悠游审美的另一个维度,在社会风气和审美文化方面形成另一种成就。随着明初社会禁忌的衰落、社会风气的转变、审美意识的变化,优美婉转的昆曲、华丽美艳的服饰、别有洞天的园林、精美舒适的家具、雅致精美的瓷器、灵巧精致的赏玩物件,在明代中后期都得到了很好的发展,在设计和工艺上都达到了前所未有的高度,人们在另一番天地和情趣之中实现了自己的价值。为逃避思想和政治的高压,文人士大夫的主观情志也只有向艺术延伸的一个方向了,所以纯粹的艺术有所发展,纯粹的审美意识有所发展;同时,由于一些艺术家脱离国家体制,无有薪俸供养,故而需要以文治生、笔耕谋生或者卖艺为生,于是他们主动降低艺术格调去迎合世俗,尤其是迎合商人和市民阶层的需求,导致世俗性的文艺大行其道,民间性的审美得到发展。随着资本主义的萌芽和新的价值观念的出现,这些"悖逆传统"的社会观念在潜滋暗长,最终在明朝中后期演变成为明目张胆的社会行为,形成了一时之风气,形成了时代性的社会意识,当然包括审美意识。

中国的封建制度演变到了明中叶,思想上朱学达到鼎盛,但社会政治

---

① 　王南:《明代北京长城的审美文化评价》,《社会科学辑刊》2011 年第 6 期。

已陷入沉重的危机中。土地兼并十分激烈,大量土地为皇室和官僚所占有,沉重的赋税转移到农民的头上,数以百万计的农民被迫离开赖以生存的土地而成了流民,在闽浙、荆襄等地区先后发生了农民起义,而且规模越来越大。与此同时,外患的加剧和宦官干政加深了政治危机,明王朝陷入衰败的境地。面对重重危机,程朱理学不仅不能提供对策,而且自身的矛盾和危机也显露出来,"述朱"的学术路径不能产生吸引力,还受到强烈的质疑甚至批判。

从政治上来讲,明代封建制度的暮气已经显露,这是不容否认的事实。但有明一代,帝国的疆域完整,中央集权的格局没有改变,而且王朝统一,经济发展,全国大体处于和平安定的局面之中,封建制度及其文化虽然出现沉暮征兆,但毕竟没有从根本上被动摇,因此只能在封建制度的内部,萌生新的经济因素,催生新事物、新东西,萌生新思想、新观念,一些领域内萌动和呈现出转制、变革的迹象,然而所谓的社会转型只是有限的转型,并不是根本的转型。在这转型的过程中,明朝前期的保守、沉闷逐渐趋向中后期的革新、活跃,从这一个意义上讲,这又是一个"别开生面"的时代,用一位学者的话来说就是"明在衰败中走向活泼开放"①。学界大多数人认为,以正德时期为分界,明代文化可以分为迥然不同的两个阶段,审美意识亦然。

可以说,"解体中的明朝给新事物的发展提供了可乘之机"②,当然这新事物也包括了新的审美意识。

(二)明代中后期的文化状况及审美意识

在政治制度的黄昏里,新兴生产关系和新兴社会主体市民阶层的出现,给中国封建社会末期的文化带来了辉煌。

学术方面,程朱理学在取得统治地位之后逐渐走向衰落,代之而起的是王阳明的心学。明朝中后期,心学风靡一时,在自身繁衍出众多流派的

---

① 毛佩琦:《从明到清的历史转折——明在衰败中走向活泼开放,清在强盛中走向僵化封闭》,《明史研究》第8辑。

② 毛佩琦:《从明到清的历史转折——明在衰败中走向活泼开放,清在强盛中走向僵化封闭》,《明史研究》第8辑。

同时,对社会礼法进行反叛①,"鼓动海内"②,对社会文化、艺术乃至世道人心产生了巨大影响,使社会生活到社会风气、审美意识均发生了重大变化。学界普遍认为,王学的兴起和流行,打破了明朝初期意识形态"万马齐喑"的局面,给明代中后期的思想文化领域吹进了一股别开生面的新鲜空气。在新的哲学思想、社会观念、经济基础和社会阶层的多元互动中,一种自我意识或主体意识觉醒的思潮开始在传统意识形态的缝隙之间涌动。王学的流传与影响,进一步促进了明中后期社会风尚与社会观念的变异。"这是一个社会生活充满动荡、变革的时代。明中叶以来城市商品经济的繁荣和资本主义萌芽的出现,市民阶层的壮大及其生活情趣的普泛化,政治斗争的尖锐和王朝鼎革间的社会大动乱,理学的危机和异端思想的抬头,雅俗文化的对流与中西学术的初次碰撞,以及处在如此复杂多变环境里的士人心态的狂放与抑郁,这些经济、政治、社会、文化、心理诸方面条件的结合,正好为新的人文核心的萌生提供了温床,使明清之际的学术、文化、艺术、文学放射出异彩。"③在促成学术、文化、艺术大放异彩的诸多因素之中,王学的影响不能低估,带来了很多变化。关于这种变化,有人总结说:"至明代中后期,明初僵滞的文化格局发生重大松动。在社会风尚上:'正德以前风俗醇厚'(《漫录评正》卷3),'万历以后迄于天崇,民贫世富,其奢侈乃日甚一日焉'(《吴江县志》卷38),'风俗自淳而趋于薄也,犹江河之走下,而不可返也'(《云间据目抄》卷3);在学术上:'弘治、正德之际,天下之士,厌常喜新'(《日知录》卷18,《心学》),'慕奇好异'(《榖山笔麈》卷8);在文艺上:'异调新声,泊泊浸淫,靡焉勿振'(《博平县志》卷4)。"④社会中新的

①　王阳明的心学产生于对朱熹学说的怀疑,起于"破心中贼",拯救人心、拯救社会的目的。他的"致良知"说就是用纲常名教消灭埋藏在人们心灵深处的反抗专制压迫的意念,其终极目标与程朱理学"存天理,灭人欲"的理念具有一致性。但其中的"人人心中有仲尼"、"人人有个作圣之路"的思想确实有反传统的意味,经李贽等人的发明、发展遂为异端,具有了反抗礼法的成分和人性觉醒的意味。诚如周作人《泽泻集·陶庵梦忆序》中所言,"明人所表示的对于礼法的反动则又很有现代气息了"。
②　(清)顾炎武著,董汝成集释:《日知录集释》卷一八《朱子晚年定论》,栾保群、吕宗力校点,花山文艺出版社1990年版,第829页。
③　陈伯海主编:《近四百年中国文学思潮史》,东方出版社1997年版,"导论"第5页。
④　冯天瑜、何晓明、周积明:《中华文化史》(下),上海人民出版社1990年版,第770页。

文化因素开始萌动甚至形成风气：一反明初的节俭之风兴起奢侈之风，社会风气"由俭入奢"；人们的观念发生了变化，崇尚金钱，羡慕商人，向往商人的生活，商人和市民的地位得到了提高，商人和小市民阶层在文学作品中得到比较普遍的表现；人们的婚姻观念、爱情观念发生了巨大的变化；人被作为一个独立的、能动的主体，自我意识不断增强，人的价值、人的欲望得到了前所未有的重视；"情"甚至"欲"得到了赤裸裸的强调和表现。

　　哲学思想中，王学左派的思想包含着许多进步的、合理的、有助于人性解放的成分，促进了中国社会文化的转型。从审美意识的角度讲，提倡个性心灵解放，突破传统观念束缚，形成了注重和表现性灵的艺术追求，形成了不断变革的浪漫主义文艺思潮，对复古主义等保守文艺思想形成巨大冲击，形成以《西游记》《封神演义》等为代表的神魔小说，表达了浪漫的情怀；形成像《牡丹亭》这样的传奇新剧种，形成了像杜丽娘那样不顾一切的爱情的形象，表达了冲破封建礼教、追求个性解放和自由的新观念、新理想，作者还借助描写"情"的方式对封建的"理"进行了批判。这些作品中反映的社会新要求，表现了新的审美意识，形成了新的审美标准。在具体的文学艺术方面，小说、戏曲等新兴文体出现兴盛的局面，以"四大奇书"为代表的长篇作品形成了广泛的影响力，同时还出现了大量以历史、神怪、公案、言情以及反映市民日常生活的长篇、短篇以及拟话本小说，塑造了一系列英雄、神怪、商人、妓女、市井小民等人物形象，丰富了中国文学画廊，改变了中国文学以诗歌为主、以抒情为主的格局。叙事文学日渐发达和繁荣，文艺的审美格调也变雅为俗、化雅入俗，改变了中国文学历来以高雅为主导追求的审美意识，透露出近代文艺的新气息。社会生活的诸种新因素在艺术领域内的反映便是审美意识的大变迁，这些都是在中国古代历史进程中"别开生面"的，仅就文艺而言可以称之为中国的"文艺复兴"①。有人

---

　　① 此说可参阅卢兴基著的《失落的"文艺复兴"——中国近代文明的曙光》（社会科学文献出版社2010年版），其核心的说法是，"14世纪的意大利文艺复兴标志着欧洲历史从中世纪黑暗到近代文明的转折。中国16世纪的明代，伴随着资本主义的萌芽，同样开始了这一历史的进程。它表现在由人文启蒙思潮带动下的诗歌、小说、戏曲、绘画等领域"。（该书封底）只可惜我国自身的这段"文艺复兴"、文化启蒙在内外夹击中淹没了。

"惊奇地发现,所谓明代小说,除了早先的两部'世代积累型'小说《三国演义》和《水浒传》,以及冠在罗贯中名下的其他几部以外,所有100多部长篇小说和由'三言'、'二拍'开创的短篇'拟话本',加上才子佳人的中篇,竟然都是明代嘉靖、万历以后,也即16世纪以后产生的,而这一时段仅占整个明朝的一半。在这一过程中又有大量的文人参与进来,从事评点,作序鼓吹。坊间也竞相出版,出现了商业性刻书的繁荣。小说从此脱离了说书,进入文人创作、依靠阅读传播的时代。不唯如此,号称明代戏曲的代表——传奇,也在东南沿海首先繁荣起来,代替了杂剧的地位,还出现了许多精湛的曲家和不同的曲派,它们都是在明代商品经济繁荣、资本主义萌芽初现的时期诞生的。受启蒙文化的影响,批判礼教,批判旧的婚姻制度,反禁欲主义,表现着全新的价值观和人文思想,与诗文领域反复古的个性主义、'独抒性灵,不拘格套'的思想互相辉映,加上绘画领域文人画的崛起,并替代了院画的统治地位,都应该是那个时代特殊的文艺表现,属于中国自身的'文艺复兴'"①。无疑,从嘉靖朝开始,经万历、天启到崇祯的一百多年时间,是中国古代社会、思想观念最为激荡的历史时期,是个性最为张扬、文艺活动和观念最为活跃的历史时期,是审美意识最为活跃和独特的历史时期。

明代思想史的演进证明,只有冲破程朱理学的藩篱,自我意识才能崛起甚至高涨,人性方可获取部分的自由。随着"异端之尤"的思想家李贽于明万历三十年(1602)在北京通州自杀身亡②,晚明喧嚣一时、影响巨大的人文主义思潮遂趋于衰落,逐渐被"实学"思潮所代替,在中国封建社会的重重黑幕上显露出的人文之光——近代性的曙光就这样一闪而过,明文化遂以一次未完成的近代性而告终结。先前变易的情理关系、雅俗

---

①　卢兴基:《失落的"文艺复兴":中国近代文明的曙光》,社会科学文献出版社2010年版,"自序"第5页。

②　作为近代性思想的先驱,李贽之死是一个象征性事件,它意味着心学震荡进入余波阶段,意味着主情思潮的渐趋终结。李贽的死,给袁宏道等人以沉重的打击,使刚刚露头的"人的觉醒"思潮被釜底抽薪,没有了结果。学界普遍认为,理解李贽是理解晚明政治走向、社会风尚和思想变迁的一大关键。李贽的被捕和被迫害致死是明代政治黑暗的明证,李贽的死,可以说是明王朝真正失败的一部总记录。

关系甚至审美心态等重新进入调整期,甚至被人为地扭转和扼杀,进入清代不久便又呈现出萧杀之气,回归到传统的状态。① 尽管如此,这一次历史的突变对于思想史、艺术史乃至审美意识史来说,都是值得大书而特书的。比如李贽本人以文字罹祸,却因思想而不朽,受其影响的文学艺术思潮也挥发出耀眼的光芒,成就了中国历史上的第三次人的解放②和文的自觉与解放,这种文的自觉与解放不独以小说和戏曲等新兴文体的面目出现,还有小品文等对个人性灵的抒写,更有艺术形式对个体性情的抒发。比如徐渭创造并发展的写意手法则是自出机杼,在绘画上草草行笔,狂放如疾风骤雨,笔墨间饱含感情,将个性的抒发变得淋漓尽致,情性特出,获得了"养就孤标人不识"③的审美效果,其在书法上也有不容忽视的影响。

诚然,晚明社会在政治、经济、文化等各个方面都表现出了不同于以往的新特点,然而这些新特点都是在传统社会的母体里孕育而生的,是寄生在旧制度母体上的新因素,相对于新的因素而言,传统的东西还在起着很大作用,那些反传统的因素与传统力量相较还是处于弱势的,毕竟晚明社会还是一个"旧"社会,其中所孕育的"新"东西还不足以将其完全瓦解或者代替。尽管如此,这种新变甚至异变的意义是不可低估的,因为"所有造成明政权和社会解体的因素,都是与传统观念相冲突的,其中不乏新

---

① 这种转变和调整是一个复杂的过程,也是一个复杂的现象,这里举例详述一二。比如陆王心学发展到明代后期,出现了狂禅的倾向,在此风气的影响下,文人放浪形骸,行为狂怪,但是艺术和审美上的表现确实极度地自由,审美成为一种反映和表现个人心性的重要途径和方式,而"清代美学则是通过对日渐狂禅的陆王心学美学的痛切反驳而由'虚'转'实'、拒斥佛禅,使审美成为道德理性、世俗关怀、哲学本体等层层重压之下的人格'难以承受之重'"(张传友:《清代实学美学研究》,上海交通大学出版社2012年版,第205页)。

② 除去先秦不论,魏晋、中唐、明末是中国封建社会不多见且不可多得的三个思想解放、政治环境宽松的时期,也是"人的自觉"的重要历史期,更是文学艺术的解放时期,也是中华民族时代审美心理的剧烈变化时期,先秦、两汉的壮美、魏晋南北朝的优美、中唐的柔美,以及明代中叶起形成的俗美,均是时代审美意识的重要转变,具有很强的时代性。

③ 徐渭《墨葡萄图》右上以草书题诗曰:"兀然有物气豪粗,莫问年来珠有无。养就孤标人不识,时来黄甲独传胪。"这里边提到的"兀然"、"豪粗"的"孤标"绝非传统的和谐美学所能容纳和涵盖。

的积极的因素,由此显示社会进步的希望"①。

对比明中叶前后期的社会状况,我们会发现社会的变化。

政治上,从以帝制为代表的专制主义的中央集权、等级制度朝中央集权统治有所松动、传统的等级制度有所变化而转化;经济上,由以小农经济为代表的男耕女织式的自然经济向商品经济较快发展转变。政治经济上的变化必然会造成文化上的不同,明代文化因此而形成两个特点不同的时段。明中叶以前基本上属于中国传统社会发展到一个巅峰的时期,其文化属性仍然是传统文化,而明中叶以后则发生了社会的转型与变化,可以称为中国近世社会的开端时期,或者叫作萌芽期②,其文化特征应该属于近代特征文化或者类近代文化。"从文化思想上看,晚明时期应是中国近代化的开始,逐步走出了中世纪的文化格局。美学思想是文化思想的一个组成部分,它们的变化是同步的。"③伴随着商品经济和商业意识觉醒并滋长的人性的觉醒、个性的解放,对新的审美理想的追求,纵欲主义也在泛滥,产生了"最接近于近代的美学思想和审美文化"④。对于审美意识而言,学界认为前者属于和谐型的,后者属于非和谐型的;或者前者属于古典的,后者属于近代的或者具有近代性特性的。比如袁济喜先生就认为:"明代中叶以后,市民阶层的兴起,使审美领域出现了尚个性、重真情的浪漫主义潮流,它冲击着传统的'中和'之美。"⑤他还说,"明代是中国思想史空前解放与繁盛的时代,传统的审美范畴'和'在明代虽仍有一定市场,但明代美学的主流是对传统儒道之'和'范畴的抗争与批判,表现了反叛文人和市民阶层的浪漫真情和冲突之美"⑥。"春江水暖鸭先知",文艺作为时代感应器,必然先行作出反应和反映。明代中

① 毛佩琦:《从明到清的历史转折——明在衰败中走向活泼开放,清在强盛中走向僵化封闭》,《明史研究》第8辑。
② 参见商传:《明文化:未完成的近代化转型》,《学术月刊》2010年第6期。
③ 吴中杰:《从冲突走向融通 晚明至清中叶审美意识嬗变论序》,张灵聪:《从冲突走向融通——晚明至清中叶审美意识嬗变》,复旦大学出版社2000年版,第2页。
④ 皮朝刚:《明代实学美学思想片论》,《四川师范大学学报》2005年第3期。
⑤ 袁济喜:《和:审美理想之维》,百花洲文艺出版社2001年版,第132页。
⑥ 袁济喜:《和:审美理想之维》,百花洲文艺出版社2001年版,第136页。

期以来,"近400年文学思潮的演进,尽管头绪纷繁,事象庞杂,总体上却构成了统一的流程,其实质便是中国文学由传统向现代的转变"①。冷成金先生则从审美方式和审美境界的不同来界定,他说:"明中叶文艺启蒙思潮的审美方式是使客体向主体屈服,审美境界是'以情御理'、'愤积决裂'。最后这种审美方式已经带有近代启蒙的性质,它主要表现在以小说、戏曲为主的叙事文学中。"②在他看来,小说戏曲的创作呈现了道德与历史、社会理想与现实伦理、自由人性和社会秩序、悲剧意识与大团圆结局的冲突,表现了忠与奸、情与理、感性与理性的冲突,体现了文学艺术与意识形态之间的冲突,总体呈现出一种以冲突为美的近代性的审美取向。也有人从理性和非理性的角度对明代美学的变异作出论述和判断,反映了明代审美意识从个体事件引发转变的事实。比如许建平就以耿定向与李贽的笔战这一看似个体的事件来论述这种转变。他说:"明万历十二年至万历二十四年间,发生在李贽与耿定向间的这场全国性的具有新旧心学代表性的思想论战,展示李贽与论敌耿定向在人生价值观、人性论、伦理观、美学观四个方面的巨大变异:从以家族血缘为本到非家族血缘——以自我为命;从尊经崇圣的等级意识到非圣非权威的平等观念;从人性公义说到非公义——人性私利说;由道德本体论至非道德本体论——情欲本体论;由倡中和之美到非中和之美——倡狂狷、真率之美。标示着中国人学思想、美学思想由理性到非理性的一次历史转型。"③

　　明代尤其是明代中后期,非和谐审美观念发展到了顶峰,这是中国审美发展到近代化或者具备近代性的重要标志。其在审美上的变化表现为,非中和审美思想进一步高涨、情理关系的变化、人欲的凸显和个性的高涨等。这种近代性的审美意识体现在明人超逸洒脱的人生态度之中,体现在放纵适意的生活作风之中,体现在丰富多彩的文化内容之中,体现

---

①　陈伯海主编:《近四百年中国文学思潮史》,东方出版社1997年版,"导论"第1页。

②　冷成金:《中国文学的历史与审美》,中国人民大学出版社1999年版,第345页。

③　许建平:《从万历十二年至二十四年耿定向与李贽的笔战看明代美学思想的转型》,见黄霖、邹国平主编:《追求科学与创新——复旦大学第二届中国文论国际学术会议论文集》,中国文联出版社2006年版,第309页。

在求真自娱的艺术世界之中,体现在雅俗交织的艺术品位之中。

二、明代审美意识变异的基础

明代是中国封建社会成熟和发展转型的历史时期,学界总体的判断是,晚明是中国近代化的开端,中国社会发生了转型。从审美意识的角度讲,明代前期是和谐美学的延续,明代中后期是非和谐美学的转型。社会的转型导致文化的转型和文化的下移,导致审美的新变甚至异变。在文化雅俗分化与消长的宏观文化背景之上,古典审美的沉降与裂变是元、明、清三朝美学史的最基本内容,是审美意识演变的基本趋势。审美观念、趣味、形态从精英到世俗的变迁,正是元、明、清三代审美走出古典、走向近代的基本轨迹。这些是从中国传统文化内部生发出来的,导因于封建经济基础的变化,又发端于外来文明的挑战和冲击。

（一）经济基础发生了变异,上层建筑出现了新景

明代中后期,在纺织业、采矿业等比较发达的江南地区,近代资本主义劳资关系的出现,带来了经济基础的重要变化。经济基础的变化必然反映在上层建筑上,在思想、文化、艺术等上层建筑领域出现了一些新景象。

宋元以来,商品性农业的兴起引发了中国农业经济和农村社会的结构性变异,民营手工业的兴起、商业贸易的繁荣导致商人势力的壮大,早期的城镇化构成了新的时代特色。

明朝建立,农业得到了发展,其中进步最为突出的是商品性农业。这种农业在明朝中后期得到大规模的发展,种植经济作物成为一些地区的经济支柱,非农业人口呈现明显的增长趋势,以粮食为主体的农业结构被与商品生产相关的经济作物的种植和加工的手工业为主体的新型农业结构所替代,手工业、商业走向繁荣,农民越来越深地陷入市场经济的网络之中。

明朝初年实行严格的户籍管理制度,人员流动受到的限制比较多,随着"一条鞭法"的实施,受到严格人身束缚的手工业者获得了越来越大的自由,甚至地主与佃户、雇农之间的关系也趋向松懈,人身自由在带来经

济发展的同时也带来了观念的解放。明朝中后期,经济发达的东南沿海地区,经济的空前繁荣导致了社会生活的诸多变化,逐渐形成繁荣的地域文化或者地域文化中心,它们不仅自己形成特色,带动了本土文化的发展,而且辐射、影响周边地区乃至形成全国性的潮流。尤其是长江三角洲地区,不仅形成了巨大的城市,还形成了"居民千百家,百货并集,无异城市"①的市镇。

城市或者市镇的形成,聚集了新兴的社会阶层,形成新的审美要求、文化需求,适应和满足这种需求的娱乐业、服务业也随之发展了起来,戏曲、歌舞、说书以及小说阅读的需求越来越大,加之造纸业的发达、印刷工艺的改进、书籍印刷和消费的增长,为小说脱离民间口头创作进入文人书面写作提供了消费需求,创造了物质条件,形成了技术能力。明代市民阶层的壮大和手工业的发展,刺激了通俗书籍的雕印出版,小说戏曲出版物的插图展现出耀眼的光辉,形成了古典版画的黄金时代。经济的发展导致了物质的丰裕,导致了人们生活的安适,于是产生了新的生活诉求。江南园林的兴起就是与此相关的,而大批园林的兴建又促进了家具的使用,家具制造和装饰的制造业随之发展起来,审美要求的提高为造物工艺的提升提出了要求,一些致仕官僚、从商文人和专门造园家的出现和介入,又为园林审美水准的提高加入了新的主体因素。同时,海上贸易和进入中国传教的传教士所带来的西方文明,以及出口贸易带来的新的文化观念,将许多新的因素打印在文化产品之上,呈现出新的审美意识,呈现出新的审美面貌。

经济基础发生的变化,新的社会阶层的形成,导致社会诸多层面发生了变化。首先是社会观念发生了变化,比如明代中后期,金钱至上的观念盛行,徽州等地"以商贾第一等营生业,科第反在次着"②,传统"士农工商"的顺序变成了"士商农工",商人和士人同被认为是社会的上层,漫长的中国封建社会所形成的贵贱尊卑秩序发生了明显的变化,违礼逾制的

---

① 嘉庆《黎里志》卷四《风俗》。
② (明)凌濛初:《二刻拍案惊奇》(下)卷三十七《叠居奇程客得助 三救厄海神显灵》,陈迩冬、郭隽杰校注,人民文学出版社 1996 年版,第 660 页。

情形在建筑、车舆、服饰、饮食、器用、婚嫁甚至礼仪方面表现突出,求新求异、好货好色之风在诸多方面都有突出的表现,甚至达到令人侧目咋舌的程度;市民阶层登上政治斗争的舞台,通过其代言人不断表达其诉求,新思想、新观念对传统的思想体系构成剧烈冲击;思想观念上出现两次大的解放运动,一次是由程朱理学向阳明心学的转变,一次是早期启蒙思潮的兴起和实学的高涨,即明代中后期出现的浪漫主义思潮,促使价值观念发生变化,其中最为重要的是对于人性、人的欲望和人情的肯定,对自我的充分肯定,导致伦理观、财富观、政治观和审美观都发生了不同程度的变化。

随着经济基础的变革,新的生产力和新兴的市民阶层在上层建筑领域内造成的冲击是明显的,16、17世纪的中国至少在思想界十分活跃,出现了一批思想家,他们对封建主义进行强烈的挑战,把中国古代思维、思想意识推向了新的高度,其中当然也包括了审美意识。毫无疑问,在这一时期,对人的觉醒、对主体能力的探索、对社会实践主体能力的探索比以往任何一个时代更为深刻,而且具有近代性。

(二)社会风气的变迁

社会风尚是社会意识包括审美意识的风向标,一个时代社会意识的变化比较突出地反映和表现在社会风尚之中。

有明一代,社会风尚由俭朴而奢华,从明初的"敦尚朴素"到"以俭为鄙"的变化不仅带来世风的变化,也带来审美意识的变化。明代中期以后,市井闾里崇尚华靡,对异调新声的追求,物的升华与物欲的增长,开了品位奢华的风气。人们肆无忌惮地追求世俗的快乐——审美意识从"灵"的超越走向"物"的愉悦。审美触角伸向日常生活的各个领域,从小品文、世情小说等的精细描写中,可以看出审美体验呈现丰富化、细致化、人性化的趋势。

这种精细化的审美意识在文学艺术中、在日用器物生产上都有充分的表现。比如《金瓶梅》就以细密的文字描写和揭示了资本主义萌芽阶段都市生活发生变化的状况,生动地展示了这种生活,为我们的研究提供了可感的资料。这其间有审美意识变化带来的生活风尚的变迁,也有生活风尚变迁带来的审美意识的变迁,社会生活和审美意识之间的互动比历史上任何一个时代更为强烈,甚至达到了剧烈的程度。和明代整个生活向世俗下移不同,明代器物却呈现出特殊性、复杂性,在器物赏玩态度上显示的是俗化倾向,而在审美追求上却极力与中国古典的美学趣味相接轨,呈现出对"韵"的追求。家具、瓷器、园林等的审美意识依然延续着和谐尤其是天人相偕的审美观念,文人的审美意识、兴趣普遍地介入家具、器物、园林艺术之中,提高了这些艺术的品位,营造了一种重品位、重境界,崇尚人心与外物和谐统一的时尚,许多文人把精力和兴趣转移到清赏、清玩之上,营造了一种清赏、清淡的文化氛围,一种在与物关联的审美活动中重视"清"、"雅"的审美氛围由此而形成了。明人笔记中记录了明代玩赏所追求的取向,张岱的《茶史》、陈继儒的《花史》、袁宏道的《瓶史》、屠隆的《考槃余事》、高濂的《遵生八笺》、文震亨的《长物志》等作品,记录了他们在家居服饰、饮食茶道、园林刺绣、古董鉴赏等方面的种种感受,并将这种审美经验以文字的形式转变成为可以承继的审美意识,在给予时人鉴赏品味艺术指导的同时,实际上也传播了审美意识,形成一时之风气。明代尤其是晚明文人对园林亭台、瓶花等人为艺术的喜好,可以看出这也是一个"为艺术而艺术"的时代,文人们的兴趣似乎不再在自然山水之间,他们津津乐道的是那些在传统审美领域里并不起眼的甚至被理学家认为是"玩物丧志"的东西,这种近物性或称即物性的审美将精神性的审美与精美、精巧的物质创构紧密地联系在一起,导致审美领域的拓展。正因如此,明人尤其是晚明人的审美观念是趋向世俗化和民间化,和传统士大夫的审美追求是有差异的,这也许是近代性的最主要的表征。

明朝中后期,社会风气变化很快,很多形成了审美意识的潮流乃至审美风会。比如,明人著述中记载明中期以后市民讲求使用硬木家具并形成风气的情况,实际上显示出风俗相高、审美意识转化成审美风会的情况。范濂《云间据目抄》载:"细木家伙,如书桌禅椅之类,余少年曾不一见。民间止用银杏金漆方桌。自莫廷韩与顾、宋雨家公子,用细木数件,亦从吴门购之。隆、万以来,虽奴隶快甲之家,皆用细器,而徽之小木匠,争列肆於郡治中,即嫁装杂器俱属之矣。纨绔豪奢,又以椐木不足贵,凡床厨几桌,皆用花梨、瘿木、乌木、相思木与黄杨木,极其贵巧,动费万钱,亦俗之一靡也。尤可怪者,如皂快偶得居止,即整一小憩,以木板装铺,庭蓄盆鱼杂卉,内则细桌拂塵,号称'书房',竟不知皂快所读何书也!"①这一记载恰好说明明式家具的流行是一定社会风气推动的,是一时之风会。同时主流社会的文化品位和审美趣味又反映在家具的造型和设计之上,明式家具和陈设的实用简洁,其结构、美感、工艺等都成了时代审美意识的风标。

一定历史时期社会风会的形成,实际上是审美意识的集中反映。有明一代,大兴园林的风气,休闲与闲赏的风会,服饰求丽求奢的风会,家居家具求美重摆设的风会,戏曲艺术体贴人情物理、小说求奇幻于人间生活的风会,都是这一时代审美意识的重要表征,而这些社会风气恰好是时代审美意识的重要载体,也是审美意识在社会生活中的现实展开与展示。从某种意义上讲,对于这种社会风气的描述就是对蕴含其中的审美意识的描述。

(三)理法与情欲的观念冲突所带来的审美意识的新变

伴随着自然人性论的兴起,从思想观念到艺术表现都有一个由理到情的过程。随着人的主体意识的觉醒,明中后期的小说、戏曲竞相描写人情人性,屠夫、小贩、商贾、妓女、村姑、牧童、绿林好汉,乃至三教九流都进入了文学的殿堂,"好货"、"好色"成为许多作品的主题。唐宋派、公安派、临川派、竟陵派相与推引,皆力主"直抒胸臆"、"独抒性灵",掀起了一阵阵浪漫主义的文艺思潮。明代中期的浪漫主义思潮,以写意的形式、浪漫的气氛传达出强烈的时代新音。

反映到审美意识上,实际上是从性情之正到性情之真的转变过程,前者具有伦理性,后者属于个体价值的肯定。"明人审美趣味的从情到欲,与心学异端的自然人性论完全合拍,紧相呼应,共同构成了那个时代最突出的文化现象。"②

① (明)范濂:《云间据目抄》卷二《记风俗》,民国戊辰奉贤褚氏重刊本。
② 赵士林:《明人的审美趣味与心学异端思潮》,《美学研究》1988年第2期。

明代尤其是明代中后期，启蒙思想家对于情欲作了重新的认识，将情欲纳入人性之中，关注人的物质生活，肯定了包括情欲和物欲在内的人欲的合理性。理与欲的关系逐渐疏远，情与欲的联系则被凸显出来，不仅日常生活之中欲望得到前所未有的表现，而且在艺术作品中，欲望也被毫不避讳地加以表现，成为文艺表现的一个方面，甚至重要的方面，文学艺术逐渐摆脱明道、载道观念，成为表达自我情感乃至欲望的工具。

市民生活所展现的前所未有的生活方式、生活态度、审美意识，不仅改变了整个中国传统社会漠视个体利益的基本格局，凸显了个人的生命与价值，还产生出了新的道德理念、新的人生理想、新的审美意识。在这种新的观念和审美意识的支配下，追求闲适的日常生活情趣、追求身体的生理舒适成为时尚，以奇诡之行表达个性的自由放达或者狂狷成为时代的风流，而这些都是建立在自然欲望自由抒发基础之上的。

"明人审美趣味的'从情到欲'，决非几声'腐朽'、'淫荡'、'堕落'的简单咒骂所能解释、否定，它其实是封建社会的一记响亮的丧钟，是历史走向近代的最初的社会文化运动。"①

总之，资本主义的萌芽，新的社会群体的出现带来了新的文化需求和审美诉求，新的文化精神及需求又带来了新的艺术形式，审美意识的新变又带来了新的审美追求和审美风貌，而新的审美追求又促进了社会的进一步演变。

三、明代审美意识层面诸要素分析

明代审美意识的变化从哲学意义上来自于哲学思想的转折。

从理学到心学，可谓是中国哲学的一次重大转折。

理学延衍于宋、元、明三朝，是中国封建社会后期重要的官方哲学，它强调超感性、超经验的先验理性——"天理"，将"天理"与人对功利、幸福和感性快乐的追求相对立，在一定意义上限制人的世俗幸福追求。陆王

---

① 赵士林:《明人的审美趣味与心学异端思潮》,《美学研究》1988 年第 2 期。

心学则反其道而行之,更多地与感性血肉相联系而纠正了这种偏向,转而强调以心为本,较多地渗透了感性自然的内容和性质,具有了较多的经验性。王学左派泰州学派的代表人物王艮甚至将人的自然欲望纳入"天理"的范畴,认为自然欲望本身就是人的天理,从而肯定了人的合理欲望。同时将"良知"的追求放置在感性生命中,突出了它"乐"的特点。李贽也以自然的感性生命为人性奠定了一个合理的基础,为人确立了一个感性尺度,这个尺度便是,人对于富贵和利达人生的追求是人感性生命的先天需要,是自然需要,并以此为天理,他所讲究的天理更加注重人的自然性。"陆王心学的实际作用是把在他们之前由外在信仰支配的人,明确地变为由个体内在心理——伦理要求所自觉支配的人,变为在社会的人伦日用的实践之中去积极寻求自身欲望的合理满足的人。这就预示着继先秦、魏晋之后,中国古代关于人的观念将要出现的第三次深刻变化,这将不再是人类凭借大自然,而是凭借自身而获得的又一次大解放。"[1]人的解放带来了观念的大变化,尤其是审美观念、审美意识的大变化,从本质上讲,这是从古典美学到近代美学的变化。这种变化是转折性的,明显的,"假如说古典社会审美心理偏重情理统一,是个体与社会、人与自然、主体与客体、感性与理性的和谐统一的优美的反映。那末,明中叶后的社会审美心理则侧重情理对立,是个体与社会、人与自然、主体与客体、感性与理性的割裂对抗的崇高美的反映。前者的美学内容是以温柔敦厚的中和美为特征,后者的美学内容则基本上以'猖狂绝伦'的反中和美为特征;前者的艺术形式是表现与再现的结合,后者的艺术形式则基本上是表现与再现的分裂;前者的审美理想是古典的、贵族的、高雅的,后者的审美理想则基本上是近代的、平民的、世俗的;前者的审美趣味是自由的、轻松的、平静的、理性的,后者的审美趣味则基本上是矛盾的、起伏的、狂放的、感性的……这样,尽管明中叶社会审美心理作为一种近代的社会审美心理,并不完全具备其全部的特点,但假若我们把它放到从古典美学向近代美学演进的中国美学思想的认识圆圈中,就不难发现,作为近代美学思想

---

[1]　潘知常:《美的冲突》,学林出版社 1989 年版,第 62—63 页。

的理论来源,明中叶社会审美心理具有重要意义和特殊价值"①。在心学影响之下,人们深切感受到"真性灵"的作品实际上存在于民间艺术之中,甚至认为"当代无文字,闾巷有真诗"②,这种发现不仅见于对"矢口直言"的"民间性情之响"③民歌的肯定,还表现在对性情率真、不事雕琢的小曲的赞扬,还表现为对来自民间的小说和戏曲的认同。一些人把小说和戏曲与传统的正宗文学相提并论,据此来肯定小说和戏曲的价值。比如嘉靖年间的戏曲家李开先在《词谑》中认为,"《水浒传》委屈详尽,血脉贯通,《史记》以下,便是此书"④,将《水浒传》视为有史以来仅次于《史记》的巨著并给予评论。李贽认为《西厢记》和《水浒传》是"古今至文"⑤,还从"为己、自然、真率、快乐"的标准人性出发,把《史记》、杜甫的诗、苏轼诗文、《水浒传》和《李献吉集》并列为宇宙五大文章,把历史上认为是"小道"的小说与经典的传统诗文相并列。而公安派的代表人物袁宏道,将历来不入流的词、曲、小说与《庄子》、《离骚》、《史记》、《汉书》并提,并将《金瓶梅》、《水浒传》称为"逸典"⑥,甚至认为"《六经》非至文,马迁失组练"⑦。另一些人则在被公认的传统经典中寻找小说和戏曲存在的根据。比如徐渭的《曲序》引用李梦阳的话说,"空同子称董子崔张剧,当直继《离骚》,然则艳者固不妨于《骚》也"⑧,实际上是借李梦阳的话指出,《离骚》中也有"艳"的成分,认为"艳"并不妨碍《离骚》成为一部伟大的作品,同样,"艳"也并

---

① 潘知常:《美的冲突》,学林出版社 1989 年版,第 71 页。

② (明)袁宏道:《答李子髯》诗二首其二,(明)袁宏道著,钱伯城笺校:《袁宏道集笺校》,上海古籍出版社 1981 年版,第 81 页。

③ (明)冯梦龙:《叙山歌》,《冯梦龙全集》第 18 卷,江苏古籍出版社 1993 年版,第 1 页。

④ (明)李开先:《词谑》,见中国戏曲研究院编:《中国古典戏曲论著集成》(三),中国戏剧出版社 1959 年版,第 286 页。

⑤ (明)李贽:《焚书》,中华书局 1974 年版,第 276 页。

⑥ (明)袁宏道:《觞政·十之掌故》,(明)袁宏道著,钱伯城笺校:《袁宏道集笺校》,上海古籍出版社 1981 年版,第 1419 页。

⑦ (明)袁宏道:《听朱生说〈水浒传〉》,(明)袁宏道著,钱伯城笺校:《袁宏道集笺校》,上海古籍出版社 1981 年版,第 418 页。

⑧ (明)徐渭:《曲序》,《徐渭集》第一册,中华书局 1983 年版,第 531 页。

不影响董解元《西厢记》的文学价值，并据此将《西厢记》与《离骚》相提并论。

可以说，小说戏曲地位的提高，带动了与小说戏曲相关的插图版画的兴起，一种新型的新兴的绘画样式逐渐流行起来，且水平高超，风格多样。可以说，小说戏曲的发展，促进了其他姊妹艺术的发展。与此同时，社会生活领域内也有诸多反映，比如衣饰在材料、色彩、款式方面都呈现出个体差异性，从"一望便知"的整齐划一变成各取所好，从中可以发现自我的差别以及对个性的尊重。

这种变化可以从审美主体、审美客体和审美关系的变化三个方面来加以分类描述。

（一）文化、审美主体的变化与审美意识

主体毫无疑问是审美意识的载体，不同的主体有着不同的审美意识，喜欢和承载着审美意识的不同客体，因此形成不同的审美文化或者不同的审美文化诉求，或者形成不同的审美理想、审美标准。

1. 士大夫文人的变化与审美意识的变异

就中国封建社会而言，士大夫及文人无疑是文化艺术创造的主体，也是主导性审美意识的重要代表。每一个时代，都在文人群体的身上积淀了最为丰富的文化观念和审美意识，应该是时代审美意识的代表。同时，文人士大夫审美意识的变化往往对文化艺术的发展具有重要的引领作用。

明朝初年兴盛的台阁体诗文，以雅正见长，成为世风时风的代表。明朝初年崇尚理学，士重质行，士大夫心无旁骛，既不"交接优伶"，也不混迹于行院，"祖宗开国，尊崇儒术，士大夫耻留心词曲，杂剧与旧戏文本皆不传，世人不得尽见"①。加之政府对于戏曲进行的限制，所以宋元时期曾经繁盛的表演艺术陷于萧条。

嘉靖以后，"传奇竞作，士大夫自许通脱，不复以形迹为嫌。或则粉墨登场，或则持板按拍。如祝希哲（允明）善度新声，少年习歌之，间傅粉

---

① （明）何良俊：《四友斋丛说》卷三十七《词曲》，中华书局 1959 年版，第 337 页。

墨登场,梨园子弟相顾弗如也(《列朝诗集》《小传》)屠长卿(隆)能新声,颇以自炫,每剧场则阑入群优申作技(《野获编》卷二十五)李于田(尧)归田之后,纵情声伎,放诞不羁,女优登场,至杂伶人中持板按拍(《静志居诗话》)方以智吹箫挝鼓,优俳平话之技,无不极其精妙(《读书录》)彭天锡一肚皮书史,而能扮戏(《陶菴梦忆》)。其人大抵以文学自见,而跅驰如此。……冯家祯长于度曲。丧乱之际,结为歌社,登场宾白,讥慈人陈谟云云(同上)。大抵此风盛于启祯以来,清流名士,亦复参杂其间。盖自传奇既兴,士大夫往往以其聪明,寄之余技。……此其命技,必兼唱词、扮演二事。故知此风由来已久。且不独局于吴越,北人如王厈之徒,当亦不止一二人。……士大夫既以演戏为常俗,其好奇者,平日服饰,亦故为诡异。如刘子威(凤)衣大红深衣,遍绣群鹤及獬豸,服之以谒守土者。张幼于改易衣冠,身被采绘荷菊之衣,首戴绯巾。每出则儿童聚观以为乐。幼于为吴中才士;子威更是吴中文苑耆宿(并见《野获编》卷二十三。幼于事又见《枣林杂俎》)。观此,则阮大铖誓师江上,衣素蟒,围碧玉,见者诧为梨园装束。钱谦益家姬柳隐(如是),冠插雉羽,戎服骑入国门,如明妃出塞状(《续幸存录》、《柳南续笔》)。其实固不足怪矣"①。从前后的对比中,我们可以看到士大夫对词曲和戏剧态度的变化以及审美意识的变化。

同时,文人士大夫心态的变化,也是导致审美意识变化的重要原因。明朝初期,要求文人仕子的才学为国家所用,文人仕子兢兢业业,为国尽忠,那些不为国家效忠的都没有得到好下场。明代中后期,政治严苛、官场黑暗、政治混乱,文人仕人对政治失去了兴趣,生出一种归隐求适的文化心态和审美意识,他们"甘其食,美其服,乐其俗,安其居"②,他们寄意于园林,寄情于声伎,纵情于山水,适情于家居,蓄养家伎家乐,游乐于歌楼妓馆,在"自适其适"③中获得一种内心真正的惬意、满足、舒适的感受

① 庞石帚:《明代士人演戏》,《养晴室笔记》,四川文艺出版社1985年版,第14—17页。
② 郭庆藩撰:《庄子集释》,王孝鱼点校,中华书局1961年版,第357页。
③ 郭庆藩撰:《庄子集释》,王孝鱼点校,中华书局1961年版,第327页。

和全性保真的追求,以实际行动把闲适文化发展到了极致,并形成了相应的哲学思想。这种从哲学到行为层面的"自适其适"的心态和追求,导致了审美新貌的出现。"自适"的生活理念使精神愉悦和身体享受成为明代文人自觉的生活经营目标,也助长了一种普遍的遵生观念,体现在物质生活上即是以适用为主的用物和造物观,体现在精神生活上则追求自怡的状态。除了精神上的享受,这里的"怡"更指从身体满足角度对物品适用性提出的要求,美观舒适成为一种明人对于造物的要求,家具、器物的精致化、精细化、审美化都是这种要求的重要体现,工艺的进步则又进一步满足了这种审美要求,形成一种良性的互动,共同推动了这种审美要求成为风气,共同促进了这种审美意识的物化、固化。受时代因素的影响,拥有财富、权势,拥有一定审美理想和审美能力的士大夫们将明代的物质文化和精神文化生活推向了新的阶段。甚至可以说,是文人士大夫和商人醉生梦死、追求华奢的行为造就了典雅的戏曲文化、优美的园林文化、精致的家居文化,造就了有明一代的时代艺术。审美主体的生活理想、审美理想成为时代审美风气、风貌形成和发展的重要动力。"明代文化的繁荣表现出来的不是帝国文化的辉煌,而是民间文化的发展。"①这种情形的形成与民间文化自身的强大力量有关,也与文人士大夫审美意识的变异有关,冯梦龙等人对于民歌的态度、李贽等人对于小说戏曲的态度便是明证。

文人才士往往是一个时代的灵魂,也是精英审美意识的代表,明代文人意识和行为的变迁也是审美意识变迁的风标。祝允明、唐寅、李贽、徐渭、袁宏道、张岱等人的诸种狂狷甚至狂怪的行为,诸种带有反叛性质的言论,都带来了审美意识变化的讯息,是这个时代最为值得关注的现象。关于这种情况,我们将在具体艺术门类所代表的审美意识的论述中不断述及,因此不再展开。

2. 市民阶层的形成与审美意识的新变

明代社会结构超出了中国历史上的任何一个时代,出现了新的人

---

① 商传:《明代文化史》,东方出版社 2007 年版,第 24 页。

群——市民阶层,中国传统"士农工商"中被压抑的商人阶层空前发展,产生新的社会诉求、审美诉求,影响了社会结构的互动格局,也影响了审美格局。在此影响下,出现了社会格局、审美趣味、文化形式、审美主体身份的重构。

明代中期以后,社会结构发生了重大的变化,商人及其阶层对于社会结构、观念和审美意识的改变起到了不可估量的作用,他们的文化追求、审美诉求不仅在社会生活、文化生活中得到反映,也得到了代言人诸如李贽等人的呼应①,形成了明代中后期重要的理论风标。

明代审美意识从承载的主体角度可分为士大夫阶层、文人阶层和商人市民阶层三个层面。士大夫阶层的审美意识具有恒定性,基本延续封建社会文化的精神,但是随着时代风气、社会风气的变化,文人士大夫的观念也会发生变化,有时甚至成为"导奢导淫"②的策源地。更重要的是,士大夫、文人和市民阶层的审美意识也出现了交融。随着文化重心的下移,文人的审美意识以高位优势影响和引导市民阶层的审美意识,而市民阶层的审美意识因其处于强势地位也对文人的审美意识产生重要的影响,构成了双向运动的整体格局。艺术发展中雅俗互渗,交相作用,促成了审美文化的下移,形成了活泼的艺术氛围,培植了活跃的审美心态,产生了新鲜的审美趣味,实现了雅俗互通、雅俗互映、雅不避俗和俗不伤雅的审美效应,同时逐奇尚异也成为重要的审美意识。

从 16 世纪中叶到 17 世纪中叶,即明代嘉靖到万历年间,在封建社会内部发展起来的商品经济,是中国历史上资本主义萌芽最为显著的阶段,

---

① 李贽发挥了王艮"百姓日用即道"的思想,特别强调物质生活的重要性,明确指出"穿衣吃饭,即是人伦物理,除却穿衣吃饭,无伦物矣"。同时抛弃了王阳明为"公"的思想,提出了以"私"为心的新命题,肯定了老百姓日常生活中的"趋利避害"思想,对人们"好货"、"好色"、"多积金宝"、"多买田宅"之类的世俗欲求进行了充分的肯定,并认为"圣人不能无趋利之心",将人的世俗物质需求作为整个社会道德的基础,这一思想符合市民阶层的利益,因此得到了广泛的认同,除了从者甚众,所到之处"一境如狂"而引起统治阶级的关注之外,其思想更为时人所推崇,形成"卓吾书盛行,咳唾间非卓吾不欢,几案间非卓吾书不适"(《焚书》卷六之黄节《李氏焚书跋》引陈明卿语)的局面。

② (明)范濂《云间据目抄》卷二《记风俗》有云:"嘉隆以来,豪门贵室,导奢导淫,博带儒冠,长奸长傲,日有奇闻叠出,岁多新事百端。"

经济基础的变化必然引起上层建筑层面的一些变化,中国文化也因之在某些方面发生了新的变异,形成了新的文化因素,使得当时的社会生活、社会风尚、人们的文化观念乃至意识形态的一些领域出现了一些新情况。审美意识的变异、变化,也属于这种新情况之一。适应市民阶层的欣赏趣味和审美需求而产生、形成了相应的艺术形式或生活习俗,形成了以逐利为目的的价值观念和审美意识:满足感官刺激和享受,以才子佳人、下层市民为主角,形成既不同于士人文化,又不同于民间文化的市民文化。

明代中叶以降,市井平民阶层空前壮大、活跃,形成了一个具有群体联系与自觉要求的社会利益集团。新兴的社会阶层及其所拥有的经济力量,对社会造成巨大冲击,开始侵蚀、改变中国封建社会的结构和面貌。市井平民(首先是商人)在社会价值序列中的地位日渐上升,他们的文化观念、审美观念对当时的社会构成巨大的冲击。而新兴的平民意识之中包含了政治平等、个性解放、市民意识等具有近代性因素的新意识。

与市民阶层的兴起相伴随的是士阶层的没落。从元代开始,中国古代居于社会较高地位的"士"阶层开始在社会结构中失势,在社会结构中有"九儒十丐"之说。元代废除科举,文人学士于正途无望,于是流落民间与普通民众打成一片,为了生计,他们从事通俗文艺的生产,中国传统以诗文为主、抒情文艺占主导地位的格局被以叙事和表演为主的小说戏剧艺术所打破,他们利用这些新兴的艺术形式表现市民阶层的愿望,形成了新的文艺景观,也改变了审美的格局。市民阶层的政治诉求、市民阶层的思想意识给时代审美意识、文学艺术带来了新气象:市民阶层的观念被文学艺术广泛反映,市民阶层成为文学艺术表现的主角;反映和适应市民审美诉求的通俗文学繁盛,小说、戏曲和市井歌谣反映了市民阶层、下层知识分子的审美情趣和审美观念;在文学艺术理论上主张抒发现实之我的"童心"、"性灵",反对理法,宣扬个人价值,鼓吹人性解放和个性自由;在审美上追求"本色"、"率真"与自然,在创作方法上崇尚新奇,独抒性灵,不拘格套。一种积极浪漫主义的新风在那个时代形成气候。

同时,受士大夫阶层审美观念的影响,市民阶层的身份也发生了重构:市民阶层向文人士大夫靠拢。从雅到俗的审美意识流变,事实上伴随着平民意识的兴起。

社会结构和社会阶层重构的结果就是使文化发生了双向运动,双向运动的结果是文化和审美发生了融合,出现了一些新的审美范畴、审美观念甚至审美理想。主体文化身份的重构导致了审美意识的新变。

"由于社会物质和文化生活水平的提高,加之这期间封建纲常名教的松弛,人的自我意识渐渐从朦胧中觉悟过来,社会心态也由收敛而趋放佚。"①"生活在这个时代的市井众生具有得天独厚的条件,其思想之活跃,眼界之开阔,心态之展放,均为前人所不及。"②市民阶层在思想上尊情求真,观念上注重个体、个性和自我,艺术上追求情趣,生活上注重物质享受,同时追求和注重日常生活的审美化、艺术化以附庸风雅,行为举止上追求对礼制的突破,其思想情趣和生活方式都是中国历史上前所未有的。由于基于雄厚的经济基础,这一阶层强烈的审美诉求,冲击甚至打破了中国传统的文化格局,带来审美理想、审美方式、审美趣味、审美意识诸多方面的变化,形成了与古典时代不同的审美意识。

当然,如同市民阶层的形成带来审美意识新变一样,市民阶层在中国发展的不完全也带来了新兴审美意识的夭折甚至灭亡。比如代表市民阶层审美意识的启蒙美学就是如此,起源于 17 世纪的启蒙美学的夭折可以找到的原因有中国资本主义的萌芽未能发展为完全的资本主义,市民阶层也未能发展成为资产阶级,封建文化政策通过政治强力来实现自己的文化主张等。以上原因,扭转了这一进程,从而使启蒙美学的思想光芒没有充分释放,终致被人遗忘、被掩埋,最终夭折。③

明中叶以后,中国社会经济加快了商品化进程,新的社会因素迅速增长,并由此造就出一支具有自身文化价值观的社会力量——市民阶层,也形成了与市民阶层相适应的市民(市井)文化,这种以藐视权威、要求平等、好货好色为标的市民文化,是当时走在时代前列、指向未来世界的新文化,是最具活力的对当时传统的文化结构、审美意识构成巨大冲击的文

---

① 夏咸淳:《晚明士风与文学》,中国社会科学出版社 1994 年版,第 13 页。
② 夏咸淳:《晚明士风与文学》,中国社会科学出版社 1994 年版,第 15 页。
③ 有关这一判断的论述可参见潘知常:《美的冲突》,学林出版社 1989 年版,第 148 页。

化。可以说,市民文化以其勃勃生机,以其吸引力和感召力,昭示了延续几千年的上层建筑即将颓废和堕落的现实。在哲学—美学领域,代表市民阶层利益和文化诉求的各路先驱摇旗呐喊,掀起了一股抨击礼教、张扬人性,背弃"天理"拥抱"人欲"的个性解放思潮。李贽就是这股思潮典型的代表。市井文化空间的形成,对文化和审美体验的方式产生重要的影响,直接影响了明代审美意识的走向。

　　嘉靖以后,明代社会的结构发生了重大变化,在地主阶级和农民阶级集团之外,兴起了一个商人和市民阶层,这些社会集团之间既有利益的冲突,又有互利互惠的勾连,其中的关系复杂而微妙,给晚明社会的意识形态及审美风貌带来百家争鸣、百花齐放的新面貌。社会集团之间的利益互动,观念之间的互动,带来了审美意识的互动和交流,使得社会意识形态、审美意识形态的情形也变得复杂化,不同阶层审美倾向的差异,导致了文化和审美的差异:地主阶级追求奢侈华丽,士大夫阶层则追求典雅超逸,市民商人阶层则追求质朴俗丽。在这种多元互动的格局中,随着商业的发达和商人影响力的加强,出现了商业艺术化、审美庸俗化的现象,这种现象曾一度几近占据社会的主导地位,成为一定历史阶段突出的现象。市民阶层的兴起,给文学艺术和审美风尚注入了新的因素、新的生机;市民阶层的兴起,也给中国文化带来了新的因素、新的现象,适应市民阶层审美需要的文化形式和审美意识也随之出现。与之相适应,文学艺术也渐渐从高贵走向民间,过去以官养为主的艺术家在这时只能靠自己的艺术自谋生路,可以随市场社会需要而创作,可以随心所欲地去对待审美,艺术创造与文化审美的自主性、机动性更强,枷锁和束缚渐少,它同样为市民文艺的发展推波助澜。

　　一般来说,审美客体、审美主体的关系是难以理清的,究竟是审美客体的变化培养了审美主体,还是审美主体的产生促进了审美客体的产生,这是一个类似于鸡生蛋还是蛋生鸡的问题。一切逻辑上难以辨明的问题在具体的历史氛围和背景下都是具体的,并不抽象,就明代美学发展的情况来看,明代初年对于社会生活主体的严苛要求,限制了审美主体的发展,人的生活欲求包括审美欲求被降低到很低的层次,与此相关的审美意识也被极度地压抑;随着社会思潮的兴起,以王学为代表的社会思潮首先解放的是主体,也就是人的思想或者意识,而思想意识上的解放实际上成为整个社会审美意识变迁的最为主要的因素,思想的解放和物质条件的提升,在主体和客体两个方面为时代生活建立新的审美关系上提供了条件。

3. 士商互动与审美意识的新变

马克思说:"商人来到了这个世界,他应当是这个世界发生变革的起点。"[1]商人是社会进程中一个革命性的要素,在西方是如此,在中国也是如此。

在传统中国重农抑商的社会价值结构中,没有商人的地位,士农工商四民之中,商人位居最后,历来社会地位低下,社会价值认可度相当低下。"市人矜巧智,于道若童蒙"[2],"商人重利轻别离"[3],商人的形象似乎不太好。在儒家主张的"义利"关系之中,由于他的取向偏重"利",甚至"唯利是图",因此屡屡遭到贬抑。明朝初年,商人地位更加低下,对其限制也是很严的。明朝开国皇帝朱元璋坚持认为理财之道在于使农不废耕,女不废织,于是在洪武十四、十八年曾明确下令抑禁商业,并制定了严厉的处罚措施,欲以此实现原本抑末的目的。对于欲出外经商的人进行严格的限制。外出经商须经官府批准,领取由官府签发的明确记载货物种类、数量及道路远近的商引。若无商引,一旦查获,轻则黥窜,重则杀身。随着社会的发展,这种情况得到迅速改变,经商之人渐多且商人的地位不断飙升。史书和文献乃至小说戏曲所载的一些资料,最能说明这一情况:"正德以前,百姓十一在官,十九在田,盖因四民各有定业,百姓安于农亩,无有他志。……逐末之人尚少。今去农而改业为工商者,三倍于前。"[4]一些地方不仅成为商业中心,同时风俗和价值观念也发生了重大改变。扬

---

① 《马克思恩格斯文集》第 7 卷,人民出版社 2009 年版,第 1019 页。

② (唐)陈子昂:《感遇》其五,《陈子昂集》,徐鹏校,中华书局 1960 年版,第 3 页。

③ (唐)白居易:《琵琶引并序》,《白居易集》,顾学颉校点,中华书局 1979 年版,第 234 页。

④ (明)何良俊:《四友斋丛说》卷十三《史九》,中华书局 1959 年版,第 111—112 页。

州"俗喜商贾不事农业",徽州"以商贾为第一等生业,科举反在次着",新安"虽士大夫之家,皆以畜贾游于四方"①,福建"什伍游食于外"……总之,自嘉隆而后,"趋末"之风已成气候。而商业市场也随之繁华起来,一些商业聚集之地迅速发展成为市镇,人口骤然聚集,就连一些小城镇如嘉靖年间吴江县盛泽镇也是"络纬机杼之声,通宵彻夜。那市上两岸绸丝牙行,约有千百余家,远近村坊织成绸匹,俱到此上市。四方市贾来收买的,蜂攒蚁集,挨挤不开,路途无伫足之隙"②。人们的文化审美需求由于生活方式的变化而产生了变化,形成了新的文化生产与文化消费方式和对象。比如,有论者就认为,"历史演义小说的兴起,实与明中后期商业经济的兴旺、发达密不可分"③。

明代中后期,一般认为是从成化、弘治时期起,随着社会经济的发展,门第观念逐渐被打破,人生价值取向发生了变化,在人口稠密的市井喧阗尤其是经济发达、工商业兴盛的江南地区,商人和掌握一定技术的能工巧匠竟然发展到与缙绅分庭抗礼、平起平坐的程度,甚至发展到缙绅士大夫乐于与商人交往的境地。"世人一技一艺,皆有登峰造极之理"④,持有一技一艺者得到赞许和尊重,还出现了艺人"与缙绅先生列坐抗礼"⑤的局面。

有明一代,小说对社会生活的记载和反映最为精细,我们从小说的细节之中可以看出商业地位的重要和商人地位的提高。比如《西游记》写唐僧师徒西天取经,一路上经过了许多都市,作者对此进行了津津乐道的描写:朱紫国里"六街三市货资多,万户千家生意盛"(第六十八回　朱紫国唐僧论前世　孙行者施为三折肱),比丘国内"酒楼歌馆语声喧,彩铺

---

① （明）归有光:《白菴程翁八十寿序》,《震川先生集》卷十三,周本淳校点,上海古籍出版社1981年版,第319页。

② （明）冯梦龙编:《醒世恒言》(上),人民文学出版社1984年版,第373页。

③ 纪德君主编:《中国历史小说的艺术流变》,中国社会科学出版社2002年版,第130页。

④ （明）张岱:《妙艺列传总论》,《石匮书》,凤喜堂抄本。

⑤ （明）张岱撰:《陶庵梦忆》(插图本)卷五《诸工》,中华书局2008年版,第167页。

茶房高挂帘。万户千门生意好,六街三市广财源。买金贩锦人如蚁,夺利争名只为钱"(第七十八回 比丘怜子遣阴神 金殿识魔谈道德),而面对这种繁华,一心求经的唐僧竟不由地称赞说"所谓极乐世界,诚此之谓也"(第八十八回 禅到玉华施法会 心猿木母授门人)。很显然,《西游记》的作者已经把商业繁荣看成是一个社会繁荣发展、清平安宁的重要象征和标准,把热闹繁华的城市看成"极乐世界"的重要表征了。可以看出,作者是以唐僧的观念反映了人们对明中叶以后商品经济的认同。与此同时,在英雄传奇小说《水浒传》等小说之中,充斥着大量的市井描写,大量的关于酒店、旅店的描写,大量的关于物质享受的描写。世情小说《金瓶梅》也为人们认识中国16、17世纪的社会历史提供了最生动形象的文字记载和说明。该书第一回写"西门庆热结十兄弟",其中写了一个精彩的细节,很能说明问题:应伯爵、谢希大等十人结拜兄弟,众人推西门庆为长,西门庆却以应伯爵年长为由假意推让。伯爵听了,伸着舌头说:"爷可不折杀小人罢了!如今年时,只好叙些财势,那里好叙齿?"①从人们交结活动的座次排序中,我们可以看出财富上升所带来的社会地位上升的社会现实。郑振铎先生指出:"《金瓶梅》出现,可谓中国小说的发展的极峰。在文学的成就上说来,《金瓶梅》实较《水浒传》、《西游记》、《封神传》为尤伟大。《西游》、《封神》,只是中世纪的遗物,结构事实,全是中世纪的,不过思想及描写较为新颖些而已。《水浒传》也不是严格的近代的作品。其中的英雄们也多半不是近代式(也简直可以说是超人式的)。只有《金瓶梅》却彻头彻尾是一部近代期的产品。不论其思想,其事实,以及描写方法,全是近代的。在始终未尽超脱过古旧的中世纪传奇式的许多小说中,《金瓶梅》实是一部可诧异的伟大的写实小说。她不是一部传奇,实是一部名不愧实的最合于现代主义的小说。……她写的乃是在宋、元话本里曾经昙花一现过的真实的民间的日常的故事。……《金瓶梅》则将这些'传奇'成分完全驱逐出于书本之外。她是一部纯粹的写实

① (明)兰陵笑笑生:《张竹坡批评第一奇书金瓶梅》(上),王汝梅、李昭恂、于凤树校点,齐鲁书社1987年版,第25页。

主义的小说。"①我们认为,郑振铎先生对于小说《金瓶梅》的评价也适合于对《金瓶梅》所反映的社会生活和价值观念的评价。一些商人、商帮富可敌国,取得了与勋爵相当的地位,他们不仅影响着国家的经济,更改变着国家、社会的意识形态。商人政治地位和经济地位的提高,增加了他们的文化自信,相应的,他们也会提出自己的文化、审美诉求,"在明代的社会结构中,商人是一个特殊的社会群体。他们在人数上虽然并不很多,但是在整个社会生活中却起到了极大的作用"②。

　　商人阶层的出现,改变了中国传统的社会结构,增加了社会阶层互动的因素,增加了相互影响的可能性。商人和士大夫阶层的相互影响,不仅表现为士大夫对商人的影响,还表现为商人对士大夫的影响。余英时特别指出:"明清社会结构的最大变化便发生在这两大阶层的升降分合上面。"③商人的地位、价值观念对当时的社会价值观念、审美趣味、审美意识有重要的影响。与商人地位提升相伴随的是商品化,商品化的社会经济及其带来的观念变化带给传统观念巨大的冲击。除了这种观念上的冲击,商品经济的发展为文化的继承和总结乃至创新提供了比较充足的物质基础,也促进了物质文化本身的发展,而物质的发展和享受更是促进了观念上的变化。当然这种变化实际从唐朝末年就已开始,至宋元则渐成气候,"市民阶层的形成、近世人文的兴起、休闲文化的繁荣,又使宋代美学体现出走向近代的特征,中国古代美学由此告别汉唐气象,进入宋元境界"④。明代则更为突出,"商品经济的繁荣和资本主义生产关系的萌芽,显然是其时文化上反映商品经济发展、为商品经济服务以及带有浓厚的反传统、冲击封建网罗的近代启蒙色彩等特色的客观依据"⑤。以上种种

---

　　① 郑振铎:《插图本中国文学史》下册,上海人民出版社 2005 年版,第 1067—1068 页。

　　② 白寿彝主编,王毓铨分册主编:《中国通史》第 9 卷,上海人民出版社 2007 年版,第933 页。

　　③ 余英时:《中国近世宗教伦理与商人精神》,(台北)联经出版公司 1987 年版,第108 页。

　　④ 潘立勇、陆庆祥、章辉、吴树波:《中国美学通史·宋金元卷》,江苏人民出版社2014 年版,第 1 页。

　　⑤ 南炳文:《明代文化特色浅论》,《明史新探》,中华书局 2007 年版,第 30—31 页。

因素导致了一种特殊的情形产生,"明中叶以后,传统的等级观念曾经发生过一定程度的变化,原有的社会下层等级地位提高,财富对于人们社会地位的决定因素加强。按照马克思主义的等级社会理论理解这一变化,则是在一定程度上带有了传统社会向近代社会转型的因素。"①

在市民阶层尤其是商人的影响下,整个社会的文化结构发生了变化,受其影响,士人的身份也发生了重构。诚如明人诗中所言,许多士人、文人"似士不游庠,似农曾读书。似工不操作,似商谢奔趋。立言颇突兀,应事还觕疏。饿冻不少顾,吟诗作欢娱"②。士人的身份不再单纯。值得注意的是,士人身份的重构意味着观念的解放,意味着他们的观念向不同的价值观念和审美观念的敞开,有助于不同文化观念的融合和接受,有助于消融等级阶层的界限,士商的往来交接就是其重要的表现。一方面,文人仕子抛弃了轻商、贱商的观念,结交商人,恭维商人,许多文人的文集中都有为大贾富商所作的行状、寿序、墓表等,至于文人学士出席商人组织的宴会、堂会等更是屡见不鲜;另一方面,广大商人也喜欢交接士大夫,以为干进之阶,或者以其财货吸引文人与之交游。商人与社会名流达士、文人墨客交接往还,牵衣缀带,是当时一个重要的文化现象。同时,许多士人突破了"谋道不谋食"的信条,有的则弃学经商或者弃儒经商,绝意举子业,许多士人在积累了资本之后又多置田购地、兴造园林或者蓄养戏班,进行奢侈性消费,执意文化建设,在一定程度上促进了一些文化形式的发展,促进了一些文化活动内涵的提升。当然,弃学经商和唯利是图风气的盛行,也加剧了知识分子社会道德和价值观念的分化,构成对封建伦常体系的冲击,与此同时也加剧了审美观念的分化,对审美意识产生了重要影响。

受此影响,在明代审美意识的内部,出现了一种融合趋势,明显地表现为士大夫审美趣味的下行、世俗化,向市民趣味选择或者接受市民的趣味。一些士大夫从经世到休闲,主体价值追求的变迁带来审美意识的变化。价值尺度的转换引发了人生态度和社会观念、审美观念的变易甚至

---

① 商传:《走进晚明》,商务印书馆 2014 年版,第 315 页。
② 周笋:《醉书》诗,转引自陈田辑撰:《明诗纪事》(六),上海古籍出版社 1993 年版,第 3486 页。

变异,士大夫、文人从经世到玩世再到适世,价值追求的变迁导致人生姿态的变化,"当官者不闻禁止,且有悦其侈丽,炫耳目之观,纵宴游之乐者"①。士大夫、文人的适世追求带来审美意识的较大变化,表现为从师古崇雅到师心尚俗的变化。文人与商人的交往,文人与妓女之间的交往、爱情都成为值得注意的现象,成为颠覆传统观念的重要现象。审美观念、趣味、形态从精英到世俗的变迁,审美意识呈现由雅向俗的下移和由俗向雅靠拢的双向运动。

从以上的分析中,我们可以看到,明代审美和明代文化一样,具有鲜明的阶层性,同时不同文化层面的互动加剧,这其中有高雅层面的文化和审美逐渐认同通俗文化,更有通俗文化对高雅文化的认同和吸收,双向运动的结果,便是小说、戏曲等来自民间的文化艺术形式逐渐被文人化,形式渐趋精美化,成为时代选择的表现人情物理等世俗生活的艺术形式。

相对于历朝历代的审美意识的互动,明代的审美意识之间的互动是最为剧烈的,这与明代社会经济基础和社会阶层之间的剧烈变动有关。在此基础上,原先格格不入、老死不愿往来的审美情趣之间出现通融的情形,多种趣味并存,多元审美意识并存是明代文化格局的重要特征,也是明代审美意识的重要特征。

(二)审美对象的变迁与审美意识

明代中叶之前的中国,文化结构由于阶级、阶层关系比较简单而比较简单,庙堂文化、士林文化(隐者的山林文化)还有民间文化是中国传统文化的主干,三元并存的结构是其最基本的特点。明代社会结构的变化,导致文化结构也发生了变化:市井、民间、士林和庙堂文化四元并存互动。其中市井文化实际上是一种复合的联通的文化,它沾染了庙堂文化、士林文化甚至山林文化的特点,任何一个文化阶层的人们都可以从中找到与其趣味相合的文化形式,因此在当时得到迅猛的发展,受到广泛的欢迎。

---

① (明)张瀚:《治世余闻　继世纪闻　松窗梦语》,盛冬铃点校,中华书局1985年版,第79页。

1. 市井文化成为重要的审美对象

市民阶层的出现,使中国古代审美主体的结构也发生了变化,这就是增加了一个新的审美主体,并带来了审美客体、审美关系甚至审美方式上的重大变化。

市民主体的兴起和商品经济的发展造就了市井文化,市井文化代表的审美意识应从市民阶层的主体意识、文化诉求方面得到解释,也应该在市民阶层的生活与行为中得到呈现。市民的生活、市民的衣饰、市民的出行游宴等生活与行为中就包含了丰富的审美意识。

社会结构和社会生活的变化造就了不同的阶层,造就了不同的审美主体,由于文化素养、生活方式乃至审美方式的不同,市民社会和市井文化的诞生使明代的社会审美趣味由传统的内省静观进一步趋向感官享乐,社会审美体验方式从静观的间离性体验朝主体置入性、亲历性、享受性体验转移,时代审美也开始从艺术审美向生活审美转移,日常生活的艺术化、审美化倾向渐趋明显,这些体现在巧于因借、自然与人工相结合的身心栖息地——园林的建造上,也体现在生活的其他方面。生活环境意境的营造,生活陈设的精细化、精致化,服饰的奇艳奢华和讲究,饮食的精细化、奢侈化,交游的广泛化,园林中的文艺文化活动等诸多方面,显现出日常生活与审美开始密不可分了,日常生活已然成为审美的重要载体了。

当然,市民阶层产生的同时也产生了市民的文化需要,形成了符合其特点的市井文化,而市井文化又培育了自身的文学艺术载体,也可以说是审美主体诉求的变化产生了相应的代言文体,相应的文化形式。宋元以来,说话、宋杂剧、南戏、傀儡戏及曲艺、杂技等艺术形式,就成了市民阶层的文化消费对象,也成为其审美意识的重要凝聚对象和载体,是与其文化诉求相适应的文化选择。与市井文化诉求紧密相关的演义、小说、戏曲、小品文文体则包含了不同于传统诗文审美意识的新因素、新情况。"明中叶以后的文艺家们所创造的艺术世界很难说有前人完全没有涉足的领域。不过,在林林总总的创作中,却有一个异常鲜明的走向,那就是对以市井社会为中心的'世情'的揭示较以往有较大的开拓,它满足世俗社会的文化渴望,成了这一时期的文艺发展最引人注目的地方。"①被传统鄙弃的市井文化成为重要的审美对象。

市井及市井文化成为文化生活中最为活跃的部分,成为艺术表现的中心,是宋代以后中国社会的重要特征。宋代以来,物质条件丰盈,精神生活丰富,"通俗文艺的兴盛与文化生活的普及,市井繁华的现实人生乐园对于人们的诱惑,改变了整个社会的时代心理。上自皇帝、下及平民,人们都沉溺于对现世物质享受和世俗欢乐的追求"②。有明一代,封建王朝的文化政策、个性解放的人文主义思潮、商品经济的发展和市井文化的世俗风情等均对社会文化产生了重要影响,并有不同的审美反映③,使这种情形更为突出,尤其是明代中期以后的情形,可以说比较特殊。根植于丰厚社会经济土壤的新文化因素呈现出强劲的生命力,呈现出蓬勃发展的态势,其中显现的新的价值观念、审美意识对传统文化形成巨大的冲击甚至反叛,冲击和改变着原有的文化格局。

在这种新旧文化的冲突中,明中期的社会明显呈现社会转型的表征。就审美意识而言,先前植根于农业文明的审美意识被崛起于商业文化的审美意识所代替,呈现为多种变化。比如婚姻恋爱观念出现突破性变化。明代中后期,随着市井文化的崛起,出现了有悖于传统礼制规范的婚恋观念,和追求真诚情爱的人文思潮。"三言"、"二拍"中的许多短篇小说,表现了当时青年男女追求婚姻自由,反对封建礼教的斗争精神,还带来对贞操等观念的批判和反叛,带有市民阶层富贵意识和财富追求的婚姻观念逐渐兴起。又比如价值观念的变化,在文学艺术作品中,先前描写帝王将相、英雄豪杰、才子佳人的作品逐渐少了,而表现商人等市井小人物、普通

---

① 刘勇强编:《集成与转型——明中叶至辛亥革命的精神文明》,北京大学出版社2009年版,第27—28页。

② 李希凡主编:《中华艺术通史简编》第四卷,北京师范大学出版社2013年版,第8页。

③ 哲学家鼓吹个性解放,促进了世风的放佚,士大夫则在今不如昔的感叹和纠结中把个性解放变成适世纵情的享受,文学艺术家则在贵生主情的呼喊中写作为情而生死的文学作品,市民阶层则将个性解放变成及时行乐、遂性纵欲的实际行为,甚至不惜为此送命。

民众的作品逐渐多了起来,这实际上是社会生活变化、社会观念变化和作家意识变化的综合反映。同时,瓷器等生活用具上表现市井生活、人物故事的图案逐渐多起来,代替了清幽辽远的山水画。与宫廷和贵族艺术追求雅正不同,与文人士大夫艺术追求文雅不同,市井艺术借助商业经营与市场传播的翅膀,还有印刷技术的推波助澜,极其广泛地、极其迅速地深入到闾里巷弄、广场街头、歌楼妓馆,使任何一个具有文化娱乐需求的普通人都成了它们的服务对象,从而获得了极强的生命力、支撑力乃至影响力。寻常人物的日常生活成为文学艺术表现的核心,世情和世情代表的审美意识成为文艺表现的核心。

由于科举考试容纳力的有限性以及吏治的昏庸及官场的腐败,大批落魄的文人从士林走向市井,一些没落的官宦和小吏也涌入市井,这不仅改善了市井的文化层次结构,而且在很大程度上造成了市井阶层的扩充和壮大,增强了市井的力量,增加了市井的需求。随着人们观念的变化,歌楼妓馆成为文人雅士盘桓流连的去处,偎红倚翠、按板听曲也成为文人学士风雅的生活方式,文人与歌伎、歌妓甚至妓女的交往被视为风流韵事,传为一时佳话。被视为社会最底层“贱民”的俳优、艺人与士人、文人、雅士多有交往,形成“士商相混”、“士商互识”的局面。文人学士的交往空间从上层社会下移到下层社会,审美空间从山林、园林等高雅空间进入到市井空间。

与此同时,在一些文人作品之中,市井生活和市井意识成为表现的重点。在语言上,明代艺术“语涉俚俗”①,向山歌、民歌、市井谣曲学习;在内容上,表现“市井之常谈,闺房之碎语”②成为重点,世情小说的事俗、人俗、情俗、语俗更成为常态。那些蔑弃封建礼法、放肆地追求个人或者一己幸福的市井小民变为文学的主人,那些不通文墨的畴农市女、忙于生计的小商细民、走南闯北走街串巷的贩夫走卒、说书唱曲的艺人甚至委身歌

① (明)欣欣子:《金瓶梅词话序》,(明)兰陵笑笑生:《金瓶梅词话》(上),戴鸿森校点,人民文学出版社1992年版,第1页。

② (明)欣欣子:《金瓶梅词话序》,(明)兰陵笑笑生:《金瓶梅词话》(上),戴鸿森校点,人民文学出版社1992年版,第1页。

楼妓馆的青楼女子都得到文学艺术的表现,甚至被立传①。他们的生活
得到了绘声绘色的记录和描述。那些赤裸裸的、带有强烈欲念的市井之
爱也在小说、戏曲中得到了充分的表现,甚至带有恣肆放荡的情欲艳彩。
《金瓶梅》打破了只能写才子佳人、帝王将相的传统,为市井小人立书,以
色情悖道骇世,以非和谐甚至丑的方式直击世人生存的现状和生命的本
真。文学被引向社会下层的广阔天地,普遍地反映了市井小民的生活和
愿望。人们已经不再欣赏那种超然物外的潇散简远、淡泊的审美风格,不
再注重温柔敦厚的和谐追求,而是大力提倡积极批判现实的愤激决裂、惊
心动魄甚至"冷水浇背"使人"陡然一惊"的风格,愉悦的审美追求转变为
"痛快"、"冷水浇背"的快意。人们已经毫不掩饰地追求世俗的快乐,毫
不掩饰他们对物质的贪婪,对女色的爱好,对玩乐的沉溺,毫不遮掩地肯
定人的自然欲求,在行为上率性任情,不拘格套,追求性情之"真"而不是
性情之"正"。

　　市井生活的吸引力使士人摆脱传统生活方式的束缚,直击世俗的市
井生活,寻求日常的世俗欢乐。明代的市井文化迅猛发展,影响无所不
在。文人长期涵泳于市井文化之中,受到影响也在情理之中,也曾形成一
股自觉向市井文化靠拢的热情。前七子的李梦阳、何景明等人首开风气,
将目光投向市井小曲。他们对市井小曲不仅酷爱之,以为"可以继《国
风》之后"②,而且大加赞扬和欣赏,甚至搜罗编辑成帙,刊刻以广流传。
明代中叶以后,李贽等人强调的个性解放,公安派标举的性灵,都敢于向
某些传统观念提出挑战,标志着文人士大夫思想已经沾染了浓厚的市井
文化色彩,具备了浓郁的市井文化意识。而且,市井俚俗之调在与文人的
阳春白雪分庭抗礼的过程中,呈现出略胜一筹的倾向。两种文艺格调、两

---

　　①　比如伶人地位低下,文人不屑浪费笔墨为这样的小人物立传,明末大文学家侯方
域的《马伶传》却一反传统观念,为伶人立传,并且绘声绘色地表现了伶人忠实艺术、献身
事业的精神。作者之所以能将伶人的生活记述得如此详细,也许与其接触优伶的生活有
关。侯方域还有《李姬传》,为秦淮名妓李香君立传,赞其可贵品节。
　　②　(明)沈德符:《万历野获编》卷二五《词曲》之"时尚小令",中华书局 1959 年版,
第 647 页。

种审美倾向呈现出相向运动的格局。一方面,文人的审美意识和审美趣味试图提升市民文艺,改变市民文艺的整体格调;另一方面而市民文艺又以强大的吸引力吸引众多的文人参与其中,改造文人的审美趣味,文人文化渐失贵族气味,呈现出市井美学风采。文人士大夫也纵身市井风情,享受勾栏瓦肆(舍)的风韵,甚至加入市井文化的创作和创造,一种不同于传统士人或者贵族追求的审美意识兴起了,一种世俗化的审美价值取向影响了后世,受此影响而切入生活的审美意识反过来影响艺术向生活靠近,生活的艺术化和艺术的生活化构成了一种双向运动甚至互动。我们不能不承认,市井文化和市井艺术改变了中国封建社会后期的社会结构、文化结构和审美结构。

此外就是生活的艺术化,中国历史上没有哪一个朝代比明代尤其是晚明将此问题进行得更为彻底。有明一代,生活用物逐渐脱离其审美功能,呈现出艺术化的倾向。家具、服饰等逐渐脱离实用或者象征意义和功能,逐渐变成脱离实际功能的审美对象。一些器物的图案、纹饰从宗教礼仪内容朝着生活内容发展,一些器物从庄严崇高的礼器向舒适亲和的生活器具发展演化,生活意识、生活审美意识逐渐聚拢和凝聚在生活器具之上。器物上的图案更是从动植物花草向人物及生活图景、历史图景转移。这说明,农耕文明的影响在不断地消退,而城市文明的影响在不断增加,以农业为基础的审美追求在向城市化、工业化为基础的审美追求转化和过渡。器具从抽象造型到具象造型,从抽象逻辑造型到具体的事件、故事造型,从礼器到生活用具转化的结果,就是原先整肃的器形及严整的纹饰变成活泼的造型、世俗的色彩,生活观念逐渐渗入到器物的审美上面。器物逐渐脱离实用的目的,逐渐转变为带有装饰甚至纯粹审美意义的长物、玩物,桌上的摆件尤其是瓷器的摆件已经逐渐脱离了实用的目的,尤其是文玩清供、花道折枝清供、清供雅玩器等纯然转变而成为审美的对象、收藏的对象,从生活的用具变成审美的对象甚至艺术品了。

2. 情的变迁与审美对象的变化

审美对象的变迁是一个复杂的现象,但无论如何,它们都是"情"的载体。下面我们以情为线索或者以情为中心来连缀明代审美客体的变化。

"情"是明代思想文化中重要的范畴,现在大多论者多从情与理的关系变化中寻求明代文化思想和审美意识的变化,但明代"情"的变迁不限于情理关系的变化,实际上"情"本身或者"情"的存在、寄托方式也发生了重大的变化,这种变化不仅反映了审美方式的变化,更重要的是反映了审美意识的变化。

第一,从自然山水寄情到人间苑囿纵情。

山水自魏晋以来成为中国人重要的审美对象,但到了明代却从孤墟野店的宁静之韵追求向城市的微喧之趣进行转变。都市喧嚣和热闹成为欣赏对象,从山水清音的精神寄托到对城市园林的欣赏成为时代的趋势。在张岱等人的笔下,平民的世俗性和文人的浪漫被渲染得淋漓尽致。张岱的《湖心亭看雪》、《西湖七月半》等,将以往的山水之作彻底颠覆,笔墨更多着眼于对西湖游人情态的描摹,充满了世俗化、个人化的情调,繁华热闹的生活气息扑面而来。明代士人心态的调整,使得士人和文人开始寻找新的人生寄托:从兼济天下转而独善其身,从君王、黎民、苍生转向个人生活,从社会现实转向一己身心,"时代精神不在马上,而在闺房;不在世间,而在心境"①。明代审美意识逡巡于喧闹与闲适之间,从本质上讲是从"灵"的超越走向了"物"的愉悦。就园林来讲,从古代的超越寄情悦神悦志逐渐转变为享受性的悦耳悦目,更注重现实的目前的体验,只有从寄情方式变迁的角度,才能理解明人何以倾家荡产,纵情于自己造设的人间仙境之中不能自拔。

第二,戏曲小说成为娱情的主体。

戏曲和小说作为新兴的艺术形式,给人性化与人情化的构思以更大的表现舞台和活动空间,给社会生活以更大的、更深入的表现,给人情世态以更形象、更生动、更具体、更充分的表现,所以深受社会各阶层的喜爱,成为明代人们娱情的主要艺术形式。小说这种艺术形式能把市民的生活、情趣、心态描写得真实、细致而传神,颇得时人的喜欢。戏曲则被

---

①　李泽厚:《美的历程》,《美学三书》,安徽文艺出版社1999年版,第154页。我们认为,李泽厚关于晚唐时代精神状况的判断,同样适合于宋元及明的情况。

时人认为是一种贴近性情的艺术形式,可以"体贴人情物理"的艺术形式,时人认为"今天下之可兴、可观、可群、可怨者,其孰过于曲者哉?盖诗以道性情,而能道性情者莫如曲"①,还认为"曲也者,达其心而为言者也"②。

　　有明一代,小说和戏曲成为市民阶层的抒情写意文体,成为他们的生活代言,也成为他们生活的组成部分。其表现内容从廊庙公卿、歌功颂德一转而为描写"市井之常谈、闺房之碎语"③,小说戏曲的表现对象和内容由英雄人物转变为寻常人物,转而描写市俗小人物,表现市井生活,表现市井风土人情,表现世人熟知的生活;审美格调则追求市俗的蛤蜊味、蒜酪味,在语言上"语涉俚俗",形式上追求以俗为雅,表现的人情世态贴近生活,贴近世俗人生,审美格调符合市井俗人的趣味。先前奇特环境中的奇特人物变成日常生活中的寻常人物,即使求奇的审美诉求也变成了"求奇于人情物理",将神仙世界中的"奇怪"变成人情物理中的"奇特"。审美意识的新变在戏曲小说中表现得最为突出,一种世俗的审美意识成为时代的追求。与此相合,小说和戏曲也成为时人最为喜爱的流传广泛的娱情方式,成为时代文艺的代表。明人胡应麟《少室山房笔丛》在分析小说盛行的原因时指出:"古今著述,小说家特盛;而古今书籍,小说家独传,何以故哉?怪、力、乱、神,俗流喜道,而亦博物所珍也;玄虚、广莫,好事偏攻,而亦洽闻所眡也。谈虎者矜夸以示剧而雕龙者闲掇之以为奇,辩鼠者证据以成名而扪虱类资以送日,至于大雅君子心知其妄而竞传之,且斥其非而暮引用之,犹之淫声丽色,恶之弗能弗好也。夫好者弥多,传者弥众,传者日众则作者日繁。"④读者与作者之间的互动关系,成为小说戏

---

①　(明)祁彪佳:《孟子塞五种曲序》,见《孟称舜集》,朱颖辉辑校,中华书局 2005 年版,第 621 页。

②　(明)张琦:《衡曲麈谈》,见中国戏曲研究院编:《中国古典戏曲论著集成》(四),中国戏剧出版社 1959 年版,第 267 页。

③　(明)欣欣子:《金瓶梅词话序》,(明)兰陵笑笑生:《金瓶梅词话》(上),戴鸿森校点,人民文学出版社 1992 年版,第 1 页。

④　(明)胡应麟:《少室山房笔丛》卷二九丙部《九流绪论下》,上海书店出版社 2001 年版,第 282 页。

曲繁荣的重要原因之一。

　　明清城市市民文化的勃兴,体现在方方面面,如文学、艺术、社会生活、婚姻家庭、伦理道德、文化观念及宗教意识等领域。市民文化的最大特点在于它一改传统文化以帝王将相、才子佳人为中心的逻辑,将市民放在人的位置,放在中心的地位来考虑,来认同,来理会,来描述。无论是小说的代表《金瓶梅》、"三言""二拍",还是一些传奇戏曲,均深入地表现了市民的生活与追求,真实地反映了市民的价值观念与生活情趣,甚至人的自然欲求。市民追求享乐、崇尚人性、追求"至情"和"义利并重"①的特征得到了形象、生动、具体入微的表现。衣食住行、两性关系、婚姻家庭乃至日常生活等在传统文学艺术中不屑一顾的题材成为文学艺术表现的主导题材。那些曾被视为"小道"并不能登大雅之堂的艺术形式,成了时代性的文化形式,产生了广泛的影响。文学艺术明显地呈现平民化与世俗化的取向。那些正统的文人,"他们已经不是仅仅从正统诗文出发谈论文学,而主要是从戏曲、小说等俗文学出发谈论文学的。同王学左派的情况类似,这种文学思想也已经越出了封建的轨道。它的实质,就是要把那些蔑弃封建礼法、放肆地追求个人幸福的市井小民变为文学的主人,把文学变为他们的文学。这是已经壮大了的市民阶层在文学领域掀起的'暴动',是为人欲而斗争的左派王学在文学领域卷起的波涛。这股声势壮观的文学解放思潮,显现了封建社会后期文学发展的历史方向,架起了从古代文学通往近代文学的思想桥梁,是明代文学理论史上最新最美的一页"②。

　　描写和表现市井生活、市民主体的小说和戏曲不仅成为文人士大夫

---

　　①　《水浒传》是一部反映市民意识和市井生活的小说。其中有大量的关于酒店、旅店以及市井生活的描写,作者以此方式肯定了以物质享受为基础的自由生活。小说中多次描写水泊梁山的人打劫财物、分金分银后的欣喜之情,以及他们"大碗喝酒"、"大口吃肉"、"大秤分金银"的世俗追求,毫不避讳地反映了他们对于金钱的兴趣,充满着重财重利的意识,再加上带有市井意味的"义气至上"观念,还有"八方共域,异姓一家"的市井社会理想,《水浒传》成为"义利并重"观念的典型的文学图解,成为宋元以来社会观念变化的重要文学化记录。

　　②　成复旺、蔡钟翔、黄保真:《中国文学理论史》(三),北京出版社 1991 年版,第 11—12 页。

愉情、娱情的主体,而且成为他们寓情的主体,更不消说市民阶层了。

第三,情的寄托方式发生了变化。

中国传统的农业文明诞生的意境审美意识,是偏重精神性的,尽管历史上也有偏重于物性的审美,但不是主流。而宋明以后,随着城市文化审美的发展和物质的丰盈,偏于物性的审美成为主导,中国人娱情、寓情的方式发生了变化,这种变化尤其以明代中后期为最。

首先是情趣寄托于姬妓、草虫、园林之上。

重视现世人生是中国哲学、文化的特点,在日常生活和现实的物质享受中寓涵超越的精神,是中国人生活的重要追求。有明一代,物质丰富,生活方式发生了重要的变化,在传统的农民生活、士大夫生活以及王公贵族的生活之外兴起了一种融合农民、士大夫乃至王公贵族生活的另外一种生活——市民生活,它建立在城市文明的基础上,既非农民生活,又非士大夫生活,但又折中着这些生活。王艮以"百姓日用即道"为标揭的理念,引发对日常生活的关注,茶馆、歌楼妓院成为新兴发达的行业,养花斗虫成为新时尚,堂会观戏成为上流社会日常生活之重要享受,各类生活用品之装饰日奢日精,小说戏曲叙事中夸耀展览人情甚至色情被当作风流韵事。从观念上看,明人尚"情"尚"趣",但此情非"心忧天下"之情,也不是"人生不满百"的人生忧思之情,而是现实人生的放纵之情、享乐之情;其"趣"也是对日常生活本身的审美观照之趣。情感本身的变化,带来了人们情感寄托方式的重大变化,歌楼妓馆成了雅士庸夫的共同流连之所,喧哗都市成为文人学士的盘桓之地①,优雅幽静的园林成为声伎表演的场所,小说和戏曲也作为文人的情感寄托方式得到很好的发展,小说戏曲也成为普通人消磨永日的重要方式,托物喻志的情感表达方式转变为体贴人情物理的情感表达方式,从琴棋书画到养花蓺草,从游山玩水到

---

① 余怀《板桥杂记》"轶事"篇云:"金陵都会之地,南曲靡丽之乡。纨茵浪子,潇洒词人,往来游戏,马如游龙,车相接也。其间风月楼台,尊罍丝管,以及娈童狎客,杂妓名优,献媚争妍,络绎奔赴。垂杨影外,片玉壶中,秋笛频吹,春莺乍啭。虽宋广平铁石心肠,不能不为梅花作赋也。一声河满,人何以堪? 归见梨涡,谁能遣此。然而流连忘返,醉饱无时,卿卿虽爱卿卿,一误岂容再误。"[(清)张潮辑:《虞初新志》卷二十,王根林校点,上海古籍出版社 2012 年版,第 281—282 页]

叠山理水,人们表达和寄托自己情趣的方式发生了变化,而这些变化传达了中国古典审美从超越性、精神性的艺术审美转向享受性生活审美的重要历史信息。

其次是情趣寄托于灵与物之间。

张岱的小品文《陶庵梦忆》和《西湖梦寻》等是对作者所见所历的往日繁华的追忆,举凡风景名胜、世情风习、戏曲技艺、器具古玩,无所不记,重在记录自己对日常生活对象、现象、事件的审美感受,美感细腻丰富,精致而独到。明代人认为,"世人所难得者唯趣。……夫趣得之自然者深,得之学问者浅。当其为童子也不知有趣,然无往而非趣也。……或为酒肉,或为声伎,率心而行,无所忌惮,自以为绝望于世,故举世非笑之不顾也,此又一趣也"①。张岱《自为墓志铭》说:"蜀人张岱,陶庵其号也。少为纨绔子弟,极爱繁华。好精舍,好美婢,好娈童,好鲜衣,好美食,好骏马,好华灯,好烟火,好梨园,好鼓吹,好古董,好花鸟,兼以茶淫桔虐,书蠹诗魔。"②从以上引述可以看出,明人所言之"趣"包括酒肉、声伎,包括声与色,意趣声色是并列的,并非全是精神性的,而张岱所好者,并非全是精神性的审美活动,更多的则是近物性的精神活动,明显地不是单纯的"灵"的追求,更多的则是物的享受,这些实际上也是对明代重要思想意识"欲"的回应或者说是对这种观念在行动上的落实。

除此而外,明人对于物性的精研实际上带来了审美意识的重要变化,实际上是审美精细化的重要表现。明人在精细的生活中蕴含了特别的审美追求,以饮茶为例,屠隆就在其所著《考槃馀事》的"茶笺"中有详细的申说,对茶的"茶品",茶的採、晒、藏,烹茶中对水、果、薪、器皿的选择,以及烹茶过程中的洗茶、候茶、注汤等作了详尽的描述,还对饮茶之人的"人品"及心境等都作了要求,可谓精细之至,无不曲尽其妙,其中蕴含了十分高的审美要求和审美素养,在显示了作者"胜情"的同时,显示了明

---

① (明)袁宏道:《叙陈正甫〈会心集〉》,(明)袁宏道著,钱伯城笺校:《袁宏道集笺校》,上海古籍出版社1981年版,第463页。

② (明)张岱:《自为墓志铭》,《陶庵梦忆》(插图本),中华书局2008年版,第167页。

代人对生活审美化的诉求。比如"择果"一节云:"茶有真香,有真味,有正色,烹点之际不宜以珍果香草夺之,夺其香者松子、柑、橙、木香、梅花、茉莉、蔷薇、木樨之类是也;夺其味者番桃、杨梅之类是也。凡饮佳茶,去果方觉清绝,杂之则无辨异。"①其中追求的就是一种"清"的审美趣味,排斥"杂"的混搭。可以看出,明人往往通过日常物品营造一种闲雅、舒适的生活环境、生活氛围,而且有意、精心营造这种氛围。此外,收藏和鉴赏"增长见识,由嗜好而专精,进而寄情为乐,甚或即物见道"。时人沈德符谓:"玩好之物,以古为贵,惟本朝则不然。永乐之剔红,宣德之铜,成化之窑,其价遂与古敌。……故以近出者当之,始于一二雅人,赏识摩挲,滥觞于江南好事缙绅,波靡于新安耳食。诸大估曰千曰百,动辄倾囊相酬,真膺不可复辨。"②器物遂从收藏增值变成一种雅好,器物鉴赏也最终成为一种审美的生活方式,成为一种时代风气。"玩古董……风月晴和之际,扫地焚香,烹泉速客。与达人端士谈艺论道,于花月竹柏间盘桓久之。饭余晏坐,别设净几,辅以丹罽,袭以文锦,次第出其所藏,列而玩之。"③明人对于物性的深切钻研和详尽描写,呈现出审美精细化,体验精细化的趣向。比如袁宏道《瓶史》中写室内陈设的"几"、"藤床"的样式就是代表。他说:"室中天然几一,藤床一,几宜阔厚,宜细滑。凡本地边栏漆桌、描金螺钿床,及彩花瓶架,皆置不用。"文震亨《长物志》卷六《几榻·五、天然几》也对"几"有所论述:"天然几,以文木如花梨、铁梨、香楠等为之;第以阔大为贵,长不可过八尺,厚不可过五寸,飞角处不可太尖,须平圆,乃古式。照倭几下有托尾者,更奇,不可用四足如书桌式,或以古树根承之。不用则木,如台面阔厚者,空其中,略雕云头、如意之类;不可雕龙凤花草诸俗式。"④如屠隆的《考槃馀事》、高濂的《燕闲清赏笺》里都

① (明)屠隆:《考槃馀事》卷三《茶笺》,中华书局1985年版,第63页。
② (明)沈德符:《万历野获编》卷二六《玩具》之"时玩",中华书局1959年版,第653页。
③ (明)董其昌著,赵菁编:《骨董十三说》之"八说",金城出版社2012年版,第20页。
④ (明)文震亨著,陈植校注:《长物志校注》,杨超伯校订,江苏科学技术出版社1984年版,第231页。

有许多例子表明鉴赏家能从器物的大小、华素、浓淡、精粗、色质等形式因素出发,结合内含的文化意蕴,对器物进行综合性的审美评价。人们已经不再注重器物的使用价值、真赝、历史年代等问题,而是以一种品辨和玩味的审美眼光,以一种审美的生活的趣味去观照、打量周遭的万物,并以优美精妙和灵趣十足的语言作出一语中的的评价,作出精雕细刻的详尽描绘,并将这种感受的记录与描绘付梓成册,传诸后世,既作为立言的一种方式,也作为"即物见道"的一种修为。不仅收藏鉴赏成为一种趣味、成为一种生活方式,而且记录、描述、评价、清赏玩物成为一种时尚,明清笔记中对这种生活有详细的记录,对物的品鉴也达到了较高的境界,记录这种境界也形成了一种重要的文学类型。这些文字以优美的笔触记载了物品的精美状态和与物相遇时内心那些微的感触和波动,其中蕴含了审美观念、审美意识和审美水平是不言而喻的。在玩物活动中,文人对器物形式、风格上的要求是在强调一种美感体验,在用物中对物品适用性方面提出的要求则是寻求一种舒适感和快感。所以对造物的赏玩既有基于快感基础上的舒适,又有基于美感基础上的体验。器物于是成为审美意识、审美经验的重要载体。有明一代尤其是中晚明,文人官宦失意于政治,难以舒展抱负于仕途,家国情怀逐渐淡漠,加之阳明心学的提倡,个体意识逐渐强化,文人开始悉心经营个人闲适与享乐的空间,将审美的目光转向物质世界,并留意于物质世界,甚至耽溺于物质世界,"有明中叶,天下承平,士大夫以儒雅相尚,若评书品画,瀹茗焚香,弹琴选石等事,无一不精,而当时骚人墨客,亦皆工鉴别,善品题,玉敦珠盘,辉映坛坫"[1]。当然还有明代盛行的"陶情于声伎"[2]。正如袁宏道所指出的:"人情必有所寄,然后能乐。故有以弈为寄,有以色为寄,有以技为寄,有以文为寄。古之达士,高人一层,只是他情有所寄,不肖浮泛虚度光景。每见无寄之人,终日忙忙,如有所失,无事而忧,对景不乐,即自家亦不知是何缘故,这便是一座活地狱,更说什么铁床铜柱、刀山剑树也? 可怜,可怜! 大抵世

---

①　(清)武绍棠:《长物志跋》,见(明)文震亨著,陈植校注:《长物志校注》,杨超伯校订,江苏科学技术出版社 1984 年版,第 423 页。

②　(明)陈宏绪:《寒夜录》卷上,中华书局 1985 年版,第 7 页。

上无难为的事,只胡乱做将去,自有水到渠成日子。"①他们或者经营园林、戏班,或者流连歌楼妓馆,或者专意鼎彝、古玩,或者纵情琴棋、书画,他们把瀹茗饮酒、莳花艺竹、爇香温玉、品壶论陶、鉴赏古董看作风雅人士的基本能力,举凡文房清玩、书版碑帖、书画琴纸、笔砚炉瓶、器用服御无不成为文人寄寓个人情操、展现自我价值、标示自我风采的载体,连同营造和制作器物、营建园林居室的工艺和技术都成为人们着意研究和评论的对象。小说、戏曲中的环境描写不仅涉及园林,还涉及器物陈设②,晚明蓬勃发展的小品文中则更多描述品评居室陈设、案头清供、园林景观、自然山水的篇章甚至专著,当时著名的文人袁宏道、陈继儒、王世贞、祁彪佳等人都写过这种充满灵性的品评文字,甚至显著一时,传诸后世。当然,明人在有意和无意间所作的记录,现已成为我们研究明代器物、生活审美尤其是审美意识的重要资料。

总之,关于生活情趣和品位的追求成为明人的自觉追求。

受此影响,器物的地位也发生了变化。

传统中国社会是一个礼乐社会,物也被赋予一定的伦理意义,《左传·成公二年》即曰"器以藏礼"。一些器物被作为礼器,被作为国之重器供特殊阶层专享;一些器物被赋予礼乐的内涵,虽未被作为礼器对待,但也是礼乐文化的重要组成部分。从观念上,传统的人们对物保持了谨慎的疏离态度,要求寓于物而不留意于物,要求君子与日常之物保持一定

---

① (明)袁宏道:《李子髯》,(明)袁宏道著,钱伯城笺校:《袁宏道集笺校》,上海古籍出版社 1981 年版,第 241 页。

② 比如《金瓶梅词话》第三十四回写西门庆的书房:"转过大厅,由鹿顶钻山进去,就是花园角门。抹过木香棚,两边松墙。松墙里面,三间小卷棚,名唤翡翠轩,乃西门庆夏月纳凉之所。前后帘栊掩映,四面花竹阴森,周围摆设珍禽异兽、瑶草琪花,各极其盛。里面一明两暗书房。……二人掀开帘子进入明间内……见上下放着六把云南玛瑙漆减金钉藤丝甸矮矮东坡椅儿,两边挂四轴天青衢花绫裱白绫边名人的山水,一边一张螳螂蜻蜓脚一封书大理石心璧画的帮桌儿,桌儿上安放古铜炉、流金仙鹤,正面悬着'翡翠轩'三字。左右粉笺吊屏上写着一联:'风静槐阴清院宇;日长香篆散帘栊。'……走到里边书房内,里面地平上安着一张大理石黑漆缕金凉床,挂着青纱帐幔;两边彩漆描金书橱,盛的都是送礼的书帕、尺头,几席文具书籍堆满。绿纱窗下,安放一只黑漆琴桌,独独放着一张螺甸交椅。书簏内都是往来书柬拜帖,并送中秋礼物账簿。"[(明)兰陵笑笑生:《金瓶梅词话》(上),戴鸿森校点,人民文学出版社 1992 年版,第 287 页]

的距离。一方面"君子不器"①，试图保持经常的形而上的趣向，一方面害怕耽于物、溺于物对君子修身志道不利，害怕"玩物丧志"②，所以许多器物在创造或者设计之时都是按照使人正襟危坐的要求设计和制造的，对身体舒适性的重视明显不足，甚至就没有考虑，人与物是有一定距离的，缺乏必要的亲和性。至少在明代之前，中国人对于物保持了这种态度。明代开始，随着经济的发展和物产的丰裕，人们对物的态度发生了较大的变化，对精美之物、精美器具的占有和追求成为时代的潮流，同时由于工艺的进步和硬木的广泛使用，人们在细致入微和精雕细刻中体现自己的审美意识，一些风流雅士甚至通过对物的摩挲谛玩，在与物的亲密接触中，获得了丰富而真切的审美感受，由此形成了对某种物的痴爱和癖好。而对娈童、园林、自然、茶酒、家具等的爱好形成了时代重要的审美趣味，在与物的关系上呈现出与历史上任何时代不相同的特点。从前备受关注的礼制教化之物变成了注重身体舒适性和视听审美性的对象，观念也经历了从"器以藏礼"再到"寓意于物"、"寓情于物"再到"借怡于物"的转变。物的地位也发生了重要的变化，物逐渐挣脱礼制的束缚，逐渐演变成为人的情意和审美意趣的载体，或者说通过物人们获得了更多的审美意趣。明代许多人在玩物的过程中玩出了品位，玩出了境界，玩成了专家，有的人则嗜物成癖、成痴，名著一时，让人侧目。有明一代，"以世人对感官享受和物质体验的高度热衷为契机，把欲望对象——'物'推向了时代前沿"③。正是由于这个原因，明代家具、瓷器、清供、器玩的工艺水平达到了炉火纯青的地步，这是审美需求对科技促进的一个重要例证。

值得注意的是，从"借物寄情"、"托物寓意"到"借怡于物"并不仅仅是一种语序的变化，实际上审美方式的变迁。从移情的方向上来说，"借物寄情"、"托物寓意"是有了情和意借物以抒发之，具有虚拟性；而"借怡

① 《论语·为政》，杨伯峻、杨逢彬注译：《论语译注》，岳麓书社 2000 年版，第 12 页。
② 《尚书·周书·旅獒》，中国文史出版社 2003 年版，第 176 页。
③ 赵强、王确：《"物"的崛起：晚明社会的生活转型》，《史林》2013 年第 5 期。

于物"是向物索要快怡之适,借物以尽兴,穷物性以助人兴,具有真实性,具有可体验性。大凡山水、花木、禽鱼、几榻、衣饰、舟车、器皿、蔬果、香茗、琴瑟、书画乃至风土人情,都是明人沉溺其中的对象。而这些物品,有的只是作为收藏清赏把玩之用,而并非生活之所必需,即明人所谓的"长物",因此更多地着意于审美和艺术的诉求。在以上列举的事物之中,除了山水之外,书画、禽鱼等根本不是古代隐者挂怀的东西,也不是人们留意的对象。直到宋代,也是这样。苏轼说:"君子可以寓于物,而不可留意于物。寓意于物,虽微物足以为乐,虽尤物不足以为病;留意于物,虽微物足以为病,虽尤物不足以为乐。"苏轼曾举"书和画"予以说明:"凡物之可喜,足以悦人而不足移人者,莫若书与画。然至其留意而不释,则其祸有不可胜言者。钟繇以此呕血发冢,宋孝武、王僧虔至以此相忌,恒玄之走舸,王涯之复壁,皆以儿戏害其国、凶其身。此留意之祸也。"①而在苏轼看来,"某生平无快意事,惟作文章,意之所到,则笔力曲折无不尽意,自谓世间乐事,无逾此者"②。亦即认为诗文才是他认为的唯一正宗的寓情寄意的对象。反于此,有明一代,"罗天地琐杂碎细之物于几席之上"几乎成为一种生活方式,甚至执着地认为是一种寄情方式。比如沈春泽《长物志序》就认为:"夫标榜林壑,品题酒茗,收藏位置图史、杯铛之属,于世为闲事,于身为长物,而品人者,于此观韵焉,才与情焉,何也?挹古今清华美妙之气于耳、目之前,供我呼吸,罗天地琐杂碎细之物于几席之上,听我指挥,挟日用寒不可衣、饥不可食之器,尊踰拱璧,享轻千金,以寄我之慷慨不平,非有真韵、真才与真情以胜之,其调弗同也。……嘻!亦过矣!司马相如携卓文君,卖车骑,买酒舍,文君当垆涤器,映带犊鼻裈边;陶渊明方宅十余亩,草屋八九间,丛菊孤松,有酒便饮,境地两截,要归一致;右丞茶铛药臼,经案绳床;香山名姬骏马,攫石洞庭,结堂庐阜;长公声伎酣适于西湖,烟舫翩跹乎赤壁,禅人酒伴,休息夫雪堂,丰俭不同,总

———————————

① (宋)苏轼:《宝绘堂记》,《苏轼文集》,孔凡礼点校,中华书局 1986 年版,第356 页。

② (宋)何薳:《东坡事实》引,《春渚纪闻——唐宋史料笔记》,张明华点校,中华书局1983 年版,第 84 页。

不碍道,其韵致才情,政自不可掩耳!"①在当时人看来,卓文君、司马相如当垆买酒,陶渊明菊丛饮酒,白居易耽于名姬骏马、攫石洞庭、结堂庐阜,苏轼携伎游于西湖、赤壁,都被视为韵致才情的重要体现,借物寓情的及物式审美成为这一时代最为流行的审美方式,审美不再是纯粹的精神活动,而是在与精美、精巧之物的互动中产生的。为此,传统上那些难入品藻,为文人雅士所不齿的吹弹奏唱、滑稽百戏、刻凿制器、艺花养虫、绘画表演成了明代人着意追求的审美活动。

　　一般认为,从灵到物的转向是一种由形而上到形而下的转向,但这种转向对于感性的重视是与西方近代美学发展的趋势相一致的,因而是应该肯定的。"中国历史上,没有一个时期像明末如此重视'物',观物、用物、论物到不厌精细的地步。"②明代审美方式的变迁导致物品的许多玩赏功能被激发和开发出来,出现了许多玩物、长物,也出现了多种玩法,甚至一些对此种生活情趣进行描述和理论总结的著作成批出现,成为一时之趣尚,在当时被认为是人的才与情甚至是韵致的体现。尽管袁中道认为对于人的心理和审美而言,"借怡于物,以内畅其性灵者,其力微,所谓寒入火室,暖自外生者也。故隐者贵闻道,闻道则其心休矣。惟心休而不假物以适者,隐为真隐"③。似乎认为"玩物"并非审美,认为假于外物而求心体者,并不是真正的隐者。但是"玩物"之事还是在明代中期以后成为社会风尚,包括以建筑和构思精美的园林为依托进行的倾家荡产的玩物活动,都一发而不可收拾。可以说,"从'寓意于物'到'借怡于物',标示着明代文人生活重心由社会而个人的转向与回归"④。

　　把玩和鉴赏书画、器玩、盆景与花木竹石等"长物",是少数文人雅士打发闲情逸致、寄托才思、情致与趣味的审美活动,但在晚明时期,随着

---

　　①　(明)沈春泽:《〈长物志〉序》,(明)文震亨著,陈植校注:《长物志校注》,杨超伯校订,江苏科学技术出版社1984年版,第10页。

　　②　毛文芳:《物·性别·观看——明末清初文化书写新探》,(台北)学生书局2001年版,第27页。

　　③　(明)袁中道:《赠东粤李封公序》,杜晓勤、陈瑜编:《千古传世美文·元明卷》,九州出版社1999年版,第391页。

　　④　彭圣芳:《从"格物"到"玩物":明代器物鉴赏的转变》,《艺术探索》2009年第5期。

"奢靡"世风的影响所及,以及盛大、炫人耳目的物质生活景观的出现,"清玩"、"清供"、"清赏"不再局限于上层文人的小圈子,而是"飞入寻常百姓家",形成一股社会潮流和审美时尚。尚清的审美观念和追求"清福"的生活实践,开启了一股在日常饮食、服饰、器用、居室、园林、休闲以及艺术创作、鉴赏等方面的全方位生活审美化、艺术化的潮流。这种生活实践,把审美的领域由诗词歌赋、琴棋书画等拓展到常行日用的各个方面,既提高了日常生活的品质,也导致了审美的感官化、欲望化,也就是人们通常所说的"物化"或者"物欲化"。然而,明人在玩物中发展了许多意趣,也促进了物质中审美意识的内化和审美水平的提高,这是不争的事实;今天还留存的明代瓷器、家具乃至园林等,其精致的做工、精美的造型和精巧的设计都使之成为令人叹为观止的艺术品,他们成为明代人丰富审美意识的载体,也是一个不争的事实。

儒家致用和道家审美的不同态度,产生了两种不同的感受或者体验方式。前者为验证式的,着意开显文学艺术的现实用意,讲求文以载道,作用社会;而后者为领略式的,注重体会和领略作品或对象的"味""韵""境"等美学意蕴。中国传统的审美感受方式具有精神性、超越性、远物性,讲求悟性,讲求"物我同一";在超感性的体悟中,人们摆脱了感性物态和现实生活中的种种羁绊,使精神获得升华,从现实境界进入到理想的境界。而明代人的审美感受方式似乎与这两种情况不同,属于身体置入型的,属于亲历性体验,讲求生理性感受,既是为"目"的也是为"腹"的,既是有"声"的也是有"色"的。比如,讲求奢侈、宴饮游乐等物质性的享受,注重家具等生活用具的生理舒适性和精神享受性,整个体验具有近物性或者及物性。物质生活的丰富绚烂,审美观念的变化,导致感受方式因之而发生变化。明代尤其是明代中期以后,经济的发展促进了社会生活内容的丰富,给人们的审美以更为广阔的空间和更多彩的内容。现实生活的丰富多彩,充实了文学艺术的表现内容,文学从单纯的表现出世、入世的情感和表现山水林泉变成既有山水泉林又有都市繁华的全面表现,生活本身的发展要求文学艺术的形式有更大的容纳生活的能力,促进了小说、戏曲等大容量的文化形式出现。感受方式的变迁引导审美意识的变迁,审美对象也由自然山水转移到都市人物和事态。

审美意识的变化带来了生活风尚的变化,生活风尚的变迁也带动了审美意识的变迁。

(三)审美意识变异的综合反映

社会转型、文化变异可以说是明代社会的特征。就明代审美意识而言,它的变化不是变易,而是变异,有本质性变化的特点,人们基本认同是在古典美学体系中变异出一些带有近代性质的审美因素。尊情、崇俗、尚真、求趣成为这一时代的共识,中国文艺史上重要的范畴如道、气、形、神等范畴,被"法"、"情"、"真"等具有时代质的范畴所取代,或者被覆盖,这不能不说是明代审美意识的特色。

1. 新的审美意识凝结为新的审美范畴

有明一代,社会思潮变化比较剧烈,审美思潮也风起云涌,哲学领域内理学和心学进行着意识形态领域主导权的争夺,艺术审美领域内的古典主义复古思潮与带有启蒙性质的浪漫主义思潮相互斗争,文化领域内雅俗之间、正统与民间之间的博弈不断进行,呈现出此消彼长的态势,还有体现在叙事文学中悲剧、喜剧因素,在书法、绘画中体现出来的求奇追怪之风,都是审美意识的反映。在崇尚新奇、标示真情的审美意识总体特征之下,形成了一些带有时代特质的审美范畴。

我们认为,意、趣、声、色、情、奇、畸、真、幻等范畴就是这种带有时代特质的审美范畴,这些范畴是新的审美意识凝结而成的,也是新的审美意识的反映。

明代个体意识的觉醒在创作中表现为对作者主体性的重视,表现为意趣为尚,对个体性、主体性的重视则强调适性任真、尊情尚趣,甚至讲求"不求以胜人,而求以自适其趣"①或者"各穷其趣"②,认为文学艺术无须重视载道功能,只要能表达自身的"趣"就足够了。创作中以主体的意趣

---

① 　(明)徐渭:《鹂绩溪和诗序》,《徐渭集》第 2 册,中华书局 1983 年版,第 903 页。

② 　(明)袁宏道:《叙小修诗》,(明)袁宏道著,钱伯城笺校:《袁宏道集笺校》,上海古籍出版社 2008 年版,第 188 页。

为尚,对情的肯定,对感官欲望的描写成为写作的重心。在明人尤其是晚明之人看来,率真之文,应该韵、趣、清、雅兼备,气韵、风神、格调、意境俱出,再加上"奇"的效果与感受,对"幻"的自觉追求,明代的审美意识可以说是中国审美意识史上最为独特的,也是最为丰富的。当然,明人所追求的"意趣"是与"声色"紧密关联的,甚至是通过"声色"的追求来实现的,这一点在戏曲、园林、服饰、声伎方面均有表现,不能不察。

"明代的审美观念以情为主,并且形成一股声势浩大的思潮。"①尤其是中晚期的美学观念往往围绕着"情"而展开,兼及自然人性和人的自然欲望,在美学史上留下了光辉的一页。就文学艺术而言,情既是文学创作的动力,也是文学艺术表现的内容,更是作品评鉴的重要尺度②。这一点,在明人的创作实践和众多的理论家的言说中可以得到印证。汤显祖不仅创作了"因情成梦"的《牡丹亭》,还认为戏剧创作的实质是"为情作使"③,还认为"凡文以意趣神色为主"④,而其"意趣神色"的主张集中地体现了以情为核心的理论主张,这里的"意"即由"情"构成,是戏曲的核心,"趣"即由"情"构成的剧作之情趣,"神"即由"情"构成的创作之灵魂,"色"即由"情"构成的剧作之风貌。余秋雨说,"汤显祖特别强调贯注于剧本始终,并作为剧本灵魂的情,把它作为意、趣、声、色的核心与归宿"⑤。何良俊的本色之论有"由情至趣"的内涵,并以情作为本色的基

① 郭英德、过常宝:《明人奇情》,北京师范大学出版社1999年版,第39页。

② 李贽说《水浒传》为"天下之至文",并认为"天下之至文未有不出于童心者",而其强调的童心即是真心,也就是真情实感。李贽反对文章拘泥于形式,认为凡是内容充实、文风自然、属于性情自然表现的文章都是"天下之至文";公安派主张"独抒性灵,不拘格套",主张"非从自己胸臆中流出,不肯下笔"[(明)袁宏道:《叙小修诗》,(明)袁宏道著,钱伯城笺校:《袁宏道集笺校》,上海古籍出版社1981年版,第187页],实际上就是自由抒写真感情,他们甚至认为只要是抒发真感情,可以"任情而发",甚至不惜太露。基于对小说戏剧"切近人情"、"快人情"的认识,小说戏曲的地位迅速上升。"曲尽人情"、"体贴人情物理"的戏曲得到了很好的发展。

③ (明)汤显祖:《续栖贤莲社求友文》,《汤显祖诗文集》(下),徐朔方笺校,上海古籍出版社1982年版,第1161页。

④ (明)汤显祖:《答吕姜山》,《汤显祖诗文集》(下),徐朔方笺校,上海古籍出版社1982年版,第1337页。

⑤ 余秋雨:《戏剧理论史稿》,上海文艺出版社1983年版,第117页。

石,以"趣"作为本色的内核,本色以"情"为底蕴,以"趣"为其内核。情在明代中后期的诗文理论中有很重要的地位,冯梦龙甚至认为"《六经》皆以情教也"①。尽管明代一直深受理学的影响,重"理"的审美意识还是存在的,但在有明一代,重"情"的审美意识确实一度成为主导、成为主流,这种意识见于诗论、文论,更主要地表现在小说、戏剧理论之中,"情"作为美学范畴的地位得到了广泛的承认,这是哲学发展的结果②,也是新的生产关系的要求,更是新的审美主体尤其是市民阶层的要求。而且明代的"情"范畴所指与中国历史上"发乎情性"的情不尽一致,有自己的时代内涵。有人总结为"由情到欲"也是有道理的。除此而外,徐渭等人还对"情"注入了新质,比如在汤显祖那里,"情"是一个同封建专制制度和封建伦理范畴相对立的范畴,它不仅带有浪漫主义的性质,还带有近代性质。

　　"明代心学与美学整合出的审美范畴是'童心'。"③"童心者,真心也。"这是一个与"真"紧密相关联的范畴。李贽言:"天下之至文,未有不出于童心焉者也。苟童心常存,则道理不行,闻见不立,无时不文,无人不文,无一样创制体格文字而非文者。"④"若失却童心,便失却真心。失却真心,便失却真人。"⑤他还认为,"盖声色之来,发于情性,由乎自然,是可以牵合矫强而致乎? 故自然发于情性,则自然止乎礼义,非情性之外复有礼义可止也。惟矫强乃失之,故以自然之为美耳,又非于情性之外复有所谓自然而然也"⑥。"真"成了童心和自然的核心。除此而外,公安派提倡的性灵写作、真人写作,把小品文这种艺术散文提高到了比较高的境界,实现了"真人"对艺术的真正把握,因此也实现了小品文在审美意识

---

① (明)冯梦龙:《〈情史〉叙一》,高洪钧编:《冯梦龙集笺注》,天津古籍出版社 2006年版,第 133 页。

② 明代中后期主导的哲学便是心学。心学重直觉,靠感悟,把握"道"的方式具有直观性、体验性、超越性,但是王学左派的代表人物王艮,他把"道"归结为"百姓日用",使"道"由形而上的"天理"、"良知"变成"身"、"生"、"命"、"欲"、"赤子良心"、"情"等范畴,虽然名称各异但都与百姓日用息息相关。情便是这种哲学发展的重要产物。

③ 吴功正:《宋代美学史》,江苏教育出版社 2007 年版,第 591 页。

④ (明)李贽:《焚书》卷三《杂述·童心说》,中华书局 1974 年版,第 276 页。

⑤ (明)李贽:《焚书》卷三《杂述·童心说》,中华书局 1974 年版,第 273 页。

⑥ (明)李贽:《焚书》卷三《杂述·读律肤说》,中华书局 1974 年版,第 369 页。

上对传统审美的突破。所谓"真人"写"真诗"、"真人"作"真声"的"尚真"的审美意识弥漫于对诗、对文甚至对于小说戏曲的批评与衡量之中，乃至于对来自民间的民歌、民间音乐的评价也无不如此，"真"成为这一时代审美意识的突出特征和重要范畴。对"真"的强调不仅是明代心学思潮的一个显著特点，也是受心学影响的晚明文学和文学思潮的一个重要特点。比如，"真"是小品的灵魂，是其审美特色的核心，可以说小品文的其他特色都是由此而生发的。晚明小品可以说是真人说真话、写真文，由于独抒性灵，则文必然有"趣"。

真与趣之间的关系可以如陆云龙《叙袁中郎先生小品》一文所说，"率真则性灵现，性灵现则趣生"①。可以说，真是趣的基础，无真即无趣。在李贽看来，凡"率性而行"的人其行为作派是符合初心的，即为真人，其真率之行则基于真心。李贽认为，鲁智深在桃花山偷李忠、周通酒器的行为，乃"率性而行，不拘小节，方是成佛作祖根基"②，恰为豪杰举动，鲁智深所作所为可以称为《成佛作祖图》。与此人事相同，在李贽看来，李逵经常率性而行，故而其行为皆出于真心，其所为之事皆为"趣事"，所以在批评中李贽对李逵评价甚高，多次称他为"真圣人"、"真忠义"、"真佛"，认为"李大哥虽是卤莽，不知礼数，却是情真已实，生死可托"③，"李大哥一派天机，妙人，趣人，真不食烟火人也"④。率真性情成了人物行为得"趣"的首要条件。汤显祖说"填词尚真色，所以入人最深，遂令后世听者泪，读者颦，无情者心动，有情者肠裂"⑤。真即真实情感，色即自然本色，

①　（明）陆云龙：《叙袁中郎先生小品》，齐豫生、夏于全主编：《明十六家小品文集》，延边人民出版社1999年版，第83页。

②　（明）施耐庵著，陈文新、王同舟导读：《水浒传》（上）"第五回回评"，陈卫星点校，岳麓书社2008年版，第62页。此书所据底本为明代万历年间容与堂的百回刻本，上面的评点署名李贽。

③　（明）施耐庵著，陈文新、王同舟导读：《水浒传》（上）"第三十八回回评"，陈卫星点校，岳麓书社2008年版，第393页。

④　（明）施耐庵著，陈文新、王同舟导读：《水浒传》（下）"第七十五回回评"，陈卫星点校，岳麓书社2008年版，第775页。

⑤　（明）汤显祖：《焚香记总评》，（明）王玉峰、（清）秋堂和尚撰：《明清传奇刊　焚香记　偷甲记》，吴书荫、张树英点校，中华书局1989年版，第1页。该本未署名，学界一般认为是汤显祖所作，今从。

真成了动人的基本前提。如此,则将真、本色、趣等范畴关联起来。

　　"嘉靖以后,社会生产中出现了萌芽状态的资本主义生产关系,随后继有发展。至万历年间,以李贽为代表的左派王学对正统的程朱道学进行了猛烈的冲击,动摇着他们的统治。经济和思想领域的这些变化反映到文学上则是小说、戏剧、民歌逐渐得到重视,市民阶层的思想意识在文学领域里逐渐得到表现。而这一切带给我国审美理论的一个重要发展,就是从探讨艺术美感与艺术形象的关系走向进一步重视文艺与现实的关系,从重视文艺的形象性、形象思维的特点走向进一步强调艺术反映生活的真实。"①受此影响,"李贽把美和真联系起来,这对审美理论是一个重大发展"②。叙事文学的发展使得"真"与"美"的关系问题成为一个具有时代性的命题,成为明代审美意识中重要的范畴和命题,被作为重要的审美标准运用于戏曲、小说的评点之中。"明代部分小说家关于真、善、美统一的观点,是社会实践和文艺实践的产物,在审美理论史上,有着重大的意义。"③明代中后期,"李梦阳、王世贞到李贽、袁宏道(还有汤显祖和性灵派其他作家,此不一一列举了)等几代文艺家,正是从'为文'、'为情'正反两方面分别深入洞察、体悟,较之前人更透彻地认识了'真'在文艺创作中的美学意义和价值,确定了'真'在文艺美学中不可取代的位置"④。与此同时,民间绘画讲求"俗艳之丽"的审美精神,讲求"巧夺天工"的逼真、真实,这是中国传神、写意美学传统的重要变异,这种追求值得注意。

　　"趣"是一个有悠久历史的范畴,到明代,"趣"发展成为中国古代戏曲理论批评家关于戏曲美感论的主要观念,成为启蒙美学的一个核心范畴,成为一个运用比较广泛的审美范畴。在明代,"趣"被引入多种领域,举凡诗词曲赋、绘画书法、戏曲小说领域均有所及,比如袁宏道认为"夫诗以趣为主"⑤,在他所提倡的"性灵"之中也十分重视"趣",认为"世所

---

①　王文生:《临海集》,陕西人民出版社1983年版,第67页。

②　王文生:《临海集》,陕西人民出版社1983年版,第68页。

③　王文生:《临海集》,陕西人民出版社1983年版,第71页。

④　陈良运:《美的考索》,百花洲文艺出版社2005年版,第119页。

⑤　(明)袁宏道:《西京稿序》,(明)袁宏道著,钱伯城笺校:《袁宏道集笺校》,上海古籍出版社1981年版,第1485页。

难得者惟趣"①,并认为"远性逸情,潇潇洒洒,别有一种异致,若山光水色,可见而不可即,此其趣别也"②。小品文的核心追求是"性灵"的抒发,所以与"趣"、"韵"紧密联系在一起。晚明人特别讲究"趣",陆云龙《皇明十六家小品》说:"然趣近于谐,谐则韵欲其远,致欲其逸,意欲其妍,语不欲其拖沓。"③汤显祖则直斥"八股道中,无一生趣"④,曹学佺则批评当时制义文"真趣少"⑤。而"趣"的最广泛运用还是在小说和戏曲领域。在戏曲、小说等新文体作为"一代之文体"登上文坛后,中国传统的意境等关注抒情的文学艺术理论或者审美标准已经难以解释这类以叙事为特征的文艺现象,需要引入新的审美范畴来概括新的审美现象。李贽、汤显祖、王骥德、祁彪佳等都以"趣"论戏曲,李贽还以"趣"来评说和阐释《水浒》等小说的审美特色,小说戏曲评点尤其是创作中重"机趣"、"生趣"的倾向十分明显,"趣"已然成为小说、戏曲的主要审美特征和审美属性。缺乏"生趣"、"真趣"既是小品文的弊病也,也是小说、戏曲等时代文体的毛病,这一点我们将在小说、戏曲的评点中充分展开。"趣"范畴在明清时期的广泛运用,实际代表着一种新的审美理想的诞生。"趣"成为明人戏曲批评的一个重要理论术语,而且呈现出对戏曲语言、作家立意、作家品格、舞台表演乃至观众接受演进的趋势,显示出普遍的适应性。这一理论为戏曲批评开辟了新的领域,使"趣"论成为戏曲理论区别于传统诗文理论而具有独立的美学价值和艺术品格的标志之一,有着不同于古典美学的审美原则和美学风貌,带有近代美学的特征。

情、真、趣乃至本色作为新的审美意识凝结而成的审美范畴,带有明

①　(明)袁宏道:《叙陈正甫〈会心集〉》,(明)袁宏道著,钱伯城笺校:《袁宏道集笺校》,上海古籍出版社 1981 年版,第 463 页。

②　(明)袁中道:《珂雪斋集》卷九《妙高山法寺碑》,见北京大学哲学系美学教研室编:《中国美学史资料选编》下册,中华书局 1981 年版,第 168 页。

③　(明)陆云龙:《叙袁中郎先生小品》,见齐豫生、夏于全主编:《明十六家小品文集》,延边人民出版社 1999 年版,第 83 页。

④　(明)汤显祖:《〈艳异编〉序》,《汤显祖诗文集》(下),徐朔方笺校,上海古籍出版社 1982 年版,第 1503 页。

⑤　(明)曹学佺:《陈道掌日笺序》,(明)曹学佺著,庄可庭纂辑:《曹学佺诗文集　上 曹大理诗文集》,高祥杰点注,香港文学报社出版公司 2013 年版,第 1018 页。

显的时代特色,虽然人言人殊,但却成为当时审美的共同标准。

2. 审美意识在不同艺术类型中的映现

审美意识包含在时代行为和社会风貌中,更集中地、典型地表现在一个时代的艺术类型中,并通过具体的艺术作品和艺术活动表现出来。就文学而言,明代最具代表性的成就主要在于小说和戏曲,从审美意识的角度讲,小说的兴起是时代审美意识、审美体验方式嬗变的结果,戏曲的文体特征的形成是时代的审美意识、审美规制变化的产物,小说戏曲评点作为最具时代性的批评形式,整合了时代审美意识,集成了时代性审美范畴,综合运用了时代审美观念,是时代审美意识的最直接反映。而作为晚明时代表征的小品文,则是社会生活、社会心态即是审美意识综合作用的产物,更是特定时代审美意识的反映。绘画、书法艺术是中国文人艺术的重要艺术形式,其变迁也是审美意识变迁的表征。

有明一代,物质丰盈,生活丰富,观念解放,注重个体的结果便是人们对于舒适的追求,在日常生活审美化的潮流中,实用的日常生活器物成为时代文化意识、审美意识的对象物,它们在表征时代生活方式的同时,变成一个带有审美性质的功能物,在时间上解除了包裹在其外面的功能外衣之后,便使之敞开了审美功能,变成了艺术品,成了时代审美意识的代表。此外,家具服饰的精致化、艺术化,使得这种具有实用功能的生活用品具有了审美意义,甚至成为独立的审美对象。从这些器物的固化形态中,我们可以反观那些内化或者附着在器物对象之上的审美意识,从中获取时代审美的脉动,想象时代审美的生动图景。瓷器从生活用具向艺术品过渡,明代家具与明式家具注重生理的舒适和审美的综合,体现了生活与艺术的融合,体现了肉体和精神的双重追求,体现了审美意识的新变。站在历史的背后,我们只有从明人生活的遗存之中反观明人的审美追求和审美意识。在建筑方面,明代宫廷、城市建筑规模盛大,结构严谨规整,继承了传统建筑的审美意识,总体上继承多于创新,然而与此相对应,在江南富庶之地、鱼米之乡,却兴起了体现园居乐趣、文人韵致的江南文人园林,在一定程度上改变了明代前期审美意识的严整格局和死板风貌,给明代建筑带来了清新活泼之风。江南文人士大夫爱园、造园、赏园,在与园林相关的诸多文化活动之中蕴含了丰富的审美意识,改变了明代审美文化的总体格局。衣饰是人的文化皮肤,从服饰的发展与流行中可以透出社会的繁盛、经济的发展、文化的交流甚至人的觉醒,也可以窥视出思想统治、审美时尚和民族心理的变化。明代开国之初,将服制作为封建文化的重要组成部分,有严格的要求。随着社会的发展尤其商业的发展,华服美饰成为时代风气,僭越礼制的服饰成为社会解放、审美变革的重要表征。"厌常喜新,去朴从艳"成为一种时髦的风尚,"豪门贵室,导奢导淫",则对审美意识的发展推波助澜,明代尤其是晚明服饰遂成为审美意识的重要表征,有必要投去深切关注的目光。

对于一个时代审美意识的捕捉,必须借助它的映现物,通过这种映现物并以之为支点,我们或许可以比较全面地、感性地把握和感受这个时代审美意识的脉动。我们将在这一时代的文学(主要是时代性的文体如小说、戏曲和小品文)、书法、绘画、家具、服饰、园林、瓷器等艺术形式和生活器具之中具体捕捉时代审美意识的脉动,描述时代审美意识的面貌。当然这种把握和感受既是历史的,也是逻辑的。

第一章　明代新兴文体中蕴含的审美意识

　　中唐以来,中国社会发生的重要变化之一便是都市化和都市化进程,都市化进程带来了社会、文化、艺术的重要变化,产生了新的艺术种类,小说戏曲作为在中国古代社会后期伴随着社会—经济—文化因素而出现的艺术种类,是中唐以来社会、经济、文化演变的反映,是对中唐以来崛起和形成的市民阶层和市民趣味的呼应,是社会进程的必然产物,其中戏曲在元代展开,经过发展到明代嘉靖万历年间形成第二次高潮,而小说则在明代形成高潮。故而,明代在中国小说戏曲的发展史上具有承上启下的地位和意义。伴随着小说、戏曲的创作与接受的实践,小说、戏曲的文化地位逐渐上升,小说、戏曲理论和美学思想也得到了发展,其中的一些思想、观念实际上是当时追求个性解放、思想解放的思想潮流的应和,或者说就是这些思想的产物,因此小说、戏曲的创作和其理论发展都是浪漫主义文艺思潮的重要组成部分。作为中国传统文艺的非主流文化形式,戏曲、小说的出现和成熟都是比较晚的,其自身特征的发展带来的是审美意识的新变,带来的是对中国传统美学体系的冲击,其间有对传统美学反叛,也有对传统美学的屈从和俯就。小说、戏曲理论从元代开始萌芽,到明代显示出较高成就,一直到清代达到理论高峰,是在对中国传统美学、审美意识的挑战中发展、完善自己,所以其为中国传统审美意识带来的新审美因素值得我们关注。

　　有明一代,文学发展迅速,传统诗文渐入沉寂之境或者呈现出衰微的趋势,而适应资本主义的发展和市民阶层需要的,反映社会变革和新兴社会阶层诉求的新兴文体小说、戏曲成为时代性文体。以小说和戏曲为代表的市民文艺风行一时,带来文学格局和美学格局的大变化,其中包含着重要的时代性因素,蕴含着重要的时代性审美意识。小说、戏曲之中包含着丰富的审美意识,甚至形成了小说、戏曲美学,对完善、完成中国传统美学的体系具有重大意义。小说、戏曲美学具有自身的复杂性,甚至形成了专门之学,限于本书的视角及关注的侧重,这里只对其带有节点性质的审美意识进行粗浅的分析。

第一节 审美意识嬗变与演义文体的生成

"文变染乎世情,兴废系乎时序"①,文体的产生和演变也与时代审美意识有着必然的联系,实际上是一个时代审美意识积聚的重要产物。一个时代一种文体类型的崛起与兴盛,除孕育于一定时代精神气候与文化土壤之外,还与这一时期人们的审美观念与审美意趣趋向有着密切的关联。文体的变迁深入到审美心理结构和艺术精神结构的演化与变易,揭示出的是艺术感受—体验模式和艺术反映世界方式的转换和推移。文体的形成、演变与审美意识的嬗变存在着同构关系:一方面审美意识的嬗变促使相应的文体产生;另一方面文体中融汇包含着重要的审美意识。

如果说明代有什么划时代的文学成就的话,那一定是小说的成熟、兴盛和戏曲的勃兴了,而《三国志通俗演义》是中国小说史上最早脱胎于悠久的史学传统而成为小说的作品,其所开创的演义体在此类小说创作方面具有典范性和典型性,确立了后世此类小说创作的审美规范。它一面继承了前代的审美惯例、审美经验的积淀,一面又迎合包融了时代的审美意识,呈现了文体对审美惯例和时代审美意识的综合。演义文体与其说是文学本身发展的必然结果,还不如说是审美意识嬗变的必然产物。"《三国演义》第一次用浩繁的长篇形式来容纳历史生活的内容和众多人物形象,充分表现了我国长篇小说形式感开始成熟,是民间'说话'的审美经验储存、其他审美样式的经验输送以及罗贯中创造的结果。作为章

---

① (南朝·梁)刘勰:《文心雕龙·时序》,(南朝·梁)刘勰著,范文澜注:《文心雕龙注》(下),人民文学出版社 1998 年版,第 675 页。

回体的开山之作,其体例印留着口头讲说的痕迹,又有着听觉艺术向语言艺术过渡的成功变迁。"①此节拟以《三国演义》为代表的演义体②为中心来解释这种现象,揭示这种规律。

一、审美体验方式的变迁带来审美意识的变化

审美体验方式或者审美体验模式植根于民族审美思维,是一个民族在一定历史时期审美观照的方式,不同的审美观照方式产生不同的审美感受、审美范畴等。中国传统的审美感受方式具有精神性、超越性、远物性,讲求悟性,讲求"物我同一",在超感性中追求体悟,要求摆脱感性物态和现实生活的种种羁绊,使精神获得升华,从现实境界进入到理想境界。其主要的审美关系是在人与自然之间产生,主要学理解说为"物感"或"感悟"说,表达方式主要是托物言志、借景抒情,启发的机制为"情以物迁,辞以情发"③,产生的审美结果是"万物静观皆自得,四时佳兴与人同"④,强调在内缘己心、外参群意的审美体验过程中获得对生命终极意义的瞬间体悟。而市井文化产生以来的审美感受方式与此不同,属于身体置入型的亲历性体验,讲求生理性感受,讲求奢侈、宴饮游乐等物质性的享受,注重家具等生活用具的生理舒适性和享受性,整个体验近物性,肉体性、世俗性比较强。宋代以来,士大夫在耽于"荷艳桂香"、"湖山清丽"的同时,还"流连于歌舞嬉游"⑤之乐,而"市民的审美趣味,与传统的士大夫文人不同,往往既非静止的,又非案头的,而是活动的,集体广场

---

① 吴功正:《中国文学美学》中卷,江苏教育出版社 2001 年版,第 691 页。
② 《三国演义》在中国小说发展史上具有里程碑意义。它的成书,不仅标志着章回体小说的诞生,也标志着中国长篇通俗小说的成熟,同时宣告了通俗小说占据中国古代文学舞台中心位置的时代的来临。地位特殊,所以可以作为时代审美意识凝聚和转型的代表。
③ (南朝·梁)刘勰:《文心雕龙·物色》,(南朝·梁)刘勰著,范文澜注:《文心雕龙注》(下),人民文学出版社 1998 年版,第 693 页。
④ (宋)程颢:《秋日偶成二首》,(宋)程颢、程颐:《二程集》,王孝鱼点校,中华书局1981 年版,第 482 页。
⑤ (宋)罗大经:《鹤林玉露·人集》卷一《十里荷花》,上海书店 1990 年版。

式的"①。体验模式的变迁对时代审美意识有重要的影响。

宋元明诸代,市民阶层诞生,市井这一社会组织形式形成,市井文化空间也由此生成,宋代都城汴京,"举目则青楼画阁,绣户珠帘,雕车竞驻于天街,宝马争驰于御路,金翠耀日,罗绮飘香,新声巧笑于柳陌花衢,按管调弦于茶坊酒肆。八荒争凑,万国咸通。集四海之珍奇,皆归市易;会寰区之异味,悉在庖厨。花光满路,何限春游;箫鼓喧空,几家夜宴。伎巧则惊人耳目,侈奢则长人精神"②。"百万人家户不扃,管弦灯烛沸重城"③,充斥市井的"新声巧笑"、"按管调弦"就是当时市井歌妓所演唱的艳词俗曲。除此而外,还有热闹的瓦舍讲史、勾栏杂剧百戏等娱乐形式,市井演出成为时代审美娱乐活动的主流,群众的参与热情很高,"烂赏迭游,莫知餍足"④。充沛的娱乐生活培养了民间的审美兴趣、欣赏能力和创作热情,娱乐生活方式的转变催生新的审美意识、审美活动方式。

从宋人的笔记和元代的一些散曲中我们可以窥视到这一时期人们审美方式的变化。元人杜仁杰的一首《〔般涉调〕耍孩儿 庄家不识勾栏》活灵活现地演绎和描摹了这种情形:

> 风调雨顺民安乐,都不似俺庄家快活。桑蚕五谷十分收,官司无甚差科。当村许下还心愿,来到城中买些纸火。正打街头过,见吊个花碌碌纸榜,不似那答儿闹穰穰人多。
>
> 〔六煞〕见一个人手撑着椽做的门,高声的叫"请请",道"迟来的满了无处停坐"。说道:"前截儿院本《调风月》,背后么末敷演《刘耍和》。"高声叫"赶散易得,难得的妆哈"。
>
> 〔五煞〕要了二百钱放过咱,入得门上个木坡,见层层叠叠团圈坐。抬头觑是个钟楼模样,往下觑却是人旋窝。见几个妇女向台

---

① 刘桢:《华夏审美风尚史》第七卷,河南人民出版社 2000 年版,第 6 页。
② (宋)幽兰居士孟元老:《梦华录序》,孟元老等:《东京梦华录》(外四种),古典文学出版社 1956 年版,第 1 页。
③ (宋)晏殊:《丁卯上元灯夕》,见(宋)蒲积中编:《古今岁时杂咏》(1),辽宁教育出版社 1998 年版,第 168 页。
④ (宋)幽兰居士孟元老:《梦华录序》,孟元老等:《东京梦华录》(外四种),古典文学出版社 1956 年版,第 1 页。

儿上坐,又不是迎神赛社,不住地擂鼓筛锣。

〔四煞〕一个女孩儿转了几遭,不多时引出一伙。中间里一个央人货,裹着枚皂头巾顶门上插一管笔,满脸石灰更着些黑道儿抹。知他待是如何过? 浑身上下,则穿领花布直裰。

〔三煞〕念了会诗共词,说了会赋与歌,无差错。唇天口地无高下,巧语花言记许多。临绝末,道了低头撮脚,爨罢将么拨。

〔二煞〕一个妆做张太公,他改做小二哥,行行行说向城中过。见个年少的妇女向帘儿下立,那老子用意铺谋待取做老婆。教小二哥相说合,但要的豆谷米麦,问甚布绢纱罗。

〔一煞〕教太公往前挪不敢往后挪,抬左脚不敢抬右脚,翻来覆去由他一个。太公心下实焦躁,把一个皮棒槌则一下打做两半个。我则道脑袋天灵破,则道兴词告状,划地大笑呵呵。

〔尾〕则被一胞尿爆的我没奈何。刚捱刚忍更待看些儿个,枉被这驴颓笑杀我。①

本段文字以文艺的形式生动记录了元杂剧演出的情形,对当时剧场的设置、构造,演员的化妆、表演,剧目的名称、内容,剧场的吆喝广告、入场程序等均作了真实、详细、生动、细致入微的记录和描绘。当时演出的情形并非我们最为关注的,我们更为关注的是,剧场演出是一种亲历性的审美体验,它营造了体验的氛围,有供人体验的现场性表演,更需体验者亲自进入现场。这一庄稼人只有花二百钱,进入勾栏之中,才能欣赏到演出,因此此种审美形式具有亲历性、参与性。

这些参与性娱乐形式的出现,对文化和审美体验的方式产生了重要的影响,直接影响着当时审美意识的走向。据南宋人孟元老《东京梦华录·京瓦伎艺》载,故事性、传奇性强的小说讲史是当时宋代京城及其他城市至为流行的娱乐方式,由于瓦子等场所的出现和城市民间艺人的活跃,城市生活日益变得丰富多彩。由于在勾栏、瓦舍(肆)中直接面对观众讲说故事,说话人必须维护场面,吸引听众,所以在结撰故事方面特别

---

① 傅正谷、刘维俊:《元散曲选析》,天津人民出版社1982年版,第97—98页。

用心,力求做到"讲论处不滞搭、不絮烦;敷演处有规模、有收拾。冷淡处提掇得有家数,热闹处敷演得越长久"①。值得注意的是,和传统静观感知方式不同的是,这种以人、事为对象的感知具有角色体验的成分,具有即时性,听话者是随着人物、故事情节的起伏而悲喜嗔怒的,根本就没有回味深思的时间或余地。因此,说话者要尽量利用生活的偶然性或必然性造成情节的迂曲回环,变幻跌宕,设置悬念,创造高潮,并使之错落有致,前后照应,还要顺畅,有现场感、场面感,因此在一些段落极尽敷演之能事,去追求现场效果。它具有情节处理的生动性、技巧掌握的高超性、描写手段的精确性、艺术形式美的通俗性等特征,而且"说国贼怀奸从佞,遣愚夫等辈生嗔;说忠臣负屈衔冤,铁心肠也须下泪;讲鬼怪令羽士心寒胆战,论闺怨遣佳人绿惨红愁;说人头厮挺,令壮士快心;言两阵对圆,使雄夫壮志;谈吕相青云得路,遣才人着意群书;演霜林白日升天,教隐士如初学道;瞳发迹话,使寒士发愤;将负心底,令奸汉包羞"②,能够产生独特的艺术效果和感染力,充斥着生命活力和现场的审美愉悦,从而能够引发独特的审美体验。由于艺人要借此谋生,不管创作者是说话者本人还是另有其人,其创作的目的是一致的,就是要迎合市民的趣味,满足市民娱乐的需要,因为市民需要的是通俗有趣的文体,欣赏的是曲折的故事、新奇有趣的蕴味、充满世俗人情味的审美风格。"白话体的话本,正是市民文学的一种新形式。当日这种底本的门类当然很多,有影戏的,有傀儡戏的,有宣传佛教的,有讲小说历史的。影戏的底本,必须注重动作,傀儡戏的底本,还要注重歌舞,唯有讲小说这一部门,是以铺叙描摹为能事,同时听众大都是平民,要求其普遍了解,自然要用最流行的白话,妇女的状貌,恋爱的情节,战事的场面,神鬼的恐怖,风景的美丽,社会的状态等等,都得用口语细细地描摹出来,才能传神动听。"③要照顾到观众、听众的全

---

① (宋)罗烨:《醉翁谈录》甲集卷一《舌耕叙引》之"小说开辟",古典文学出版社1957年版,第5页。

② (宋)罗烨:《醉翁谈录》甲集卷一《舌耕叙引》之"小说开辟",古典文学出版社1957年版,第5页。

③ 刘大杰:《中国文学发展史》中册,上海古籍出版社1982年版,第723页。

体,不管是说书还是"杂戏",民间艺术都要博取"每诨,一笑须筵中哄堂,众庶皆噱"①的整体效果;至于听众,可以随性而欢,想喝彩就喝彩。对此《水浒传》写燕青和李逵在东京城内游瓦子勾栏的情节可以佐证。书中写道:"两个手厮挽着,正投桑家瓦来。来到瓦子前,听得勾栏内锣响。李逵定要入去,燕青只得和他挨在人丛里,听的上面说评话,正说《三国志》,说到关云长刮骨疗毒,……李逵在人丛中高叫道:'这个正是好男子!'众人失惊,都看李逵。燕青慌忙拦道:'李大哥,你怎地好村!勾栏瓦舍,如何使的大惊小怪这等叫?'李逵道:'说到这里,不由人不喝彩。'燕青拖了李逵便走,两个离了桑家瓦。"②《水浒传》中还有"说了开话又唱,唱了又说,合棚价众人喝彩不绝"③的描写。可见,这种即时性的审美感受是无须回味的,人们的审美体验模式已经发生了变化。

说话对于罗贯中、施耐庵等人创作鸿篇巨制的小说具有重要的典范意义,说话所形成的审美规制或者审美意识确实影响了中国后世小说的创作进路,促进了其审美特色包括文体美学特色的形成。鲁迅说"后来的小说,十分之九是本于话本的"④,这是有道理的。"话本产生于市井,是承担市民阶层及社会底层思想情绪的载体形式。从历时的角度看,这一文体不但改变了中国文学的秩序,而且以其独特的文化品质及政治诉求冲击着封建统治者设下的思想樊篱,为书写世俗世界的真实面目提供了更为真实可信的史料。"⑤作为产生于市井之中的文化形式,其间包含着民间艺人对生活的观察和理解、爱憎和好恶,尤其对重民爱民的刘备一方的同情,"'拥刘反曹'不仅仅是一种思想倾向,而成为一种深隐在民众心灵里的是非认定,是里巷歌谣中民众道德评判的结果,是世代增进的民众朴

---

① (宋)庄季裕:《鸡肋篇》,见孙文光编:《中国历代笔记选粹》下册,华东师范大学出版社 1998 年版,第 1480 页。

② (明)施耐庵、罗贯中:《水浒传》(下),人民文学出版社 1975 年版,第 1235—1236 页。

③ (明)施耐庵、罗贯中:《水浒传》(中),人民文学出版社 1975 年版,第 710 页。

④ 鲁迅:《鲁迅全集》第八卷,人民文学出版社 1957 年版,第 334 页。

⑤ 张强、范新阳:《世俗历史的真实写照——说明清小说》,中国大百科全书出版社 2010 年版,第 1 页。

素感情的凝聚"①,带有街涂闾巷的审美意识和价值观念。按照陈文新的研究,《三国演义》是熔"史书编纂体相近的准纪事本末体,与宋元白话小说相近的准话本体,以片段缀合为特征的准笔记体"为一炉的集诸种文体之大成的划时代的历史小说,"这三种文体,它们处理题材的方式相异,传达出来的意蕴也各有侧重"。与"拥刘反曹"的价值理念相一致,《三国演义》还较多地接受了民间艺术的表达方式,在处理与刘备集团相关的题材时,采用了由宋元说话和戏曲发展而来的准话本体,忽视实质性史迹而重视装饰性描写,经常使用悬念,较多运用直接心理描写和第三人称限制叙事技巧,努力追求诙谐的效果。② 鲁迅也指出,"宋市人小说,虽亦间参训喻,然主意则在述市井间事,用以娱心"③,并说"《京都通俗小说》……主在娱心,而杂以惩劝"④。他还认为,一些小说主要追求"供人娱目悦心"⑤的功能,并得出结论说"俗文之兴,当由二端,一为娱心,一为劝善"⑥。可见,市井接受主体的接受方式和接受特点决定和制约着小说文体的创制和美学选择,吴功正先生就以为,"制约中国小说美学的三大因素是:历史学、诗美学、勾栏瓦肆的听众心理学"⑦。

市民对于话本小说这种文体的期待需求,与市民的审美趣味相一致,促进了话本这一文体的形成、发展,话本也因此成为市民审美意识的重要载体之一,话本贴近现实、面向世俗世界,承载着新兴的市民阶层的喜怒哀乐,提出了新的审美理想和要求。

在话本基础上发展而成的演义体小说的审美追求应该与市民的审美意识有比较广泛的交集。

二、审美体验方式与小说情节化、形象化、场景化

审美感受方式或者审美体验方式的转变,决定着意象、表象、对象的

---

① 张安峰:《再论〈三国演义〉的人民性》,《人文杂志》2009 年第 6 期。
② 参见陈文新:《论〈三国演义〉文体之集大成》,《武汉大学学报》(哲学社会科学版)1995 年第 5 期。
③ 鲁迅:《中国小说史略》,《鲁迅全集》第八卷,人民文学出版社 1957 年版,第 166 页。
④ 鲁迅:《中国小说史略》,《鲁迅全集》第八卷,人民文学出版社 1957 年版,第 90 页。
⑤ 鲁迅:《中国小说史略》,《鲁迅全集》第八卷,人民文学出版社 1957 年版,第 159 页。
⑥ 鲁迅:《中国小说史略》,《鲁迅全集》第八卷,人民文学出版社 1957 年版,第 85 页。
⑦ 吴功正:《中国文学美学》中卷,江苏教育出版社 2001 年版,第 644 页。

选择，文学艺术的创造包括文体的创制应该尊重这种审美体验方式的变化而呈现出特殊的追求。值得注意的是，中国文学从诗文为主的抒情文体到以小说和戏曲为代表的叙事文学的转变，实际上可以看作从自我体验向角色体验的转变或者转移。这种转移带来的是文学艺术描写的对象从主体向客体的转移，是表现方式从抒情重心到叙事重心的转移，而这种转移的结果最终促进了小说情节化、形象化、场景化文体审美特征的形成。

紧承市井说唱文学的传统，罗贯中"据正史，采小说，证文辞，通好尚"创作了"非俗非虚，易观易入"①的《三国演义》。首先是"俯仰史册"，"据实指陈，非属臆造，堪与经史相表里"②，故而有"七分实事，三分虚构"③之说，属于大体反映历史真实的文本。当然作为历史演义小说，它采信了"小说"、金元戏曲、宋元讲史的情节，兼采杂剧与平话，按照一定的历史价值观念，将分散的史实整合成为一部结构完善的小说，对历史文化资源进行了"以文运事"和"因文生事"④相结合的处理，吸收源自民间说唱艺术的故事情节，变更事件人物和为情节添枝加叶、踵事增华，进行艺术化的处理，最终使塑造的人物迥异于史传人物，对人、事均进行了增益和夸饰，取得了"誉人不增其美，则闻者不快其意；毁人不益其恶，则听者不惬于心"⑤的艺术效果。可见在"史传"和"讲史"之间，他是宗祧于"讲史"的，亦即是留心和遵从于当时的审美趣尚和文化积累的。与此同时还吸收借鉴了市井市民喜闻乐见的叙事抒情通俗明快、饱满酣畅的特点，迎合了市民阶层的爱好和崇尚，最终使这部小说既得到统治者的认可，也受到了市民阶层的欢迎，使不同文化层面、层级的读者都能从各自

---

① （明）高儒：《百川书志》卷六《史志三·野史》类第一目，《百川书志·古今书刻》，古典文学出版社1996年版，第82页。

② （清）金人瑞：《三国志演义序》，丁锡根编：《中国历代小说序跋集》（中），人民文学出版社1996年版，第897页。

③ （清）章学诚：《丙辰劄记》，见孔另境编：《中国小说史料》，中华书局1959年版，第45页。

④ 金圣叹在《读第五才子书水浒传》中，对比了史传与小说创作方法，曾精辟地论述说："《史记》是以文运事，《水浒》是因文生事。以文运事，是先有事生成如此如此，却要算计出一篇文字来，虽是史公高才，也毕竟是吃苦事；因文生事却不然，只是顺着笔性去，削高补低都由我。"

⑤ （汉）王充：《论衡·艺增第二十七》，上海人民出版社1974年版，第129页。

的阅读期待心理上得到满足。

叶燮说："从来豪杰之士，未尝不随风会而出，而其力则尝能转风会。人见其随乎风会也，则曰：其所作者，真古人也！见能转风会者以其不袭古人也，则曰：今人不及古人也！"①罗贯中之于三国题材的文化和美学的演绎，可作如是观。是他完成了演义体审美形式的飞跃并引领这类文体的审美走向，是他对此前三国题材进行了"据正史，采小说，证文辞，通好尚"的工作，创造了伟大的"奇书"。其中"据正史，采小说，证文辞"主要是将历史情节化、审美化、传奇化，是在作家主体意识的作用下，对历史文化资源进行灌注时代精神的审美创造。比如史书中关于貂蝉的"布与卓侍婢私通"②七字之约略记述，在《三国演义》中就被敷衍成"王司徒巧设连环计，董太师大闹凤仪亭"一回之繁富。情节随之而婉转，叙事因此而曲折，审美性提升，吸引力增加。又如《三国志》中"关云长刮骨疗毒"的简单记述，被描写成为细节精细丰满、场面感强、颇具质感的章节。《三国演义》第七十五回"关云长刮骨疗毒"一段，笔墨虽不多却相当生动。比较以下四段文字，可以从中窥见情节演变的轨迹、作家创造的痕迹和审美创造的魅力，可以看到适应新的审美体验方式而形成的情节化、形象化、场景化的文体特征。

> 羽尝为流矢所中，贯其左臂，后创虽愈，每至阴雨，骨常疼痛，医曰："矢镞有毒，毒入于骨，当破臂作创，刮骨去毒，然后此患乃除耳。"羽便伸臂令医劈之。时羽适请诸将饮食相对，臂血流离，盈于盘器，而羽割炙引酒，言笑自若。③

> 关公天阴觉臂痛，对众官说："前者吴贼韩甫射吾一箭，其箭有毒。"交请华佗，华佗者，曹贼手中人，见曹不仁，来荆州见关公。请至，说其臂金疮有毒，华佗曰："立一柱，上钉一环，穿其臂，可愈此

---

① （清）叶燮等：《原诗　一瓢诗话　说诗晬语》，人民文学出版社 1998 年版，第 7 页。

② （晋）陈寿：《三国志·魏书》卷七《吕布（张邈）臧洪传第七》，中州古籍出版社 2009 年版，第 95 页。

③ （晋）陈寿：《三国志·蜀书》卷三十六《关张马黄赵第六》，中州古籍出版社 2009 年版，第 419 页。

痛。"关公大笑曰："吾为大丈夫,岂怕此事!"令左右捧一金盘,关公袒其一臂,使华佗刮骨疗病,去尽毒物。关公面不改容,敷贴疮毕。①

公袒下衣袍,伸臂令佗看视。佗曰："此乃弩箭所伤,其中有乌头药毒,直透入骨;若不早治,此臂则无用矣。"公曰："用何物治之?"佗曰："只恐君侯惧耳。"公笑曰："吾视死如归,有何惧怕!"佗曰："当于静处立一标柱,上钉大环,请君侯将臂穿与环中,以绳系之,然后以被蒙其首。吾用尖利之器割开皮肉,直至于骨,刮去药毒,用药敷之,以线缝其口,自然无事。但恐君侯惧耳。"公笑曰："如此容易,何用柱环?"令设酒席相待。

公饮数杯酒毕,一面与马良弈棋,伸臂令佗割之。佗取尖刀在手,令一小校捧一大盆于臂下接血。佗曰："某便下手,君侯勿惊。"公曰："汝割,吾岂比世间之俗子耶? 任汝医治!"佗下刀割开皮肉,直至于骨,骨上已青。佗用刀刮之有声,帐上帐下见者皆掩面失色。公饮酒食肉,谈笑弈棋。须臾,血流盈盆。佗刮尽其毒,敷上药,以线缝之。公大笑而与多官曰："此臂屈伸如故,并无痛矣。"佗曰："某为医一生,未曾见此君侯,真乃天神也!"后史官有诗曰:

治病须分内外科,世间妙艺苦无多。神威罕及惟关将,圣手能医说华佗。

骨上肉开应刮毒,盆中血满若流波。樽前对答犹谈笑,青史英名永不磨。

又赞华佗诗曰:

刮骨便能除箭毒,金针玉刃若通神。华佗妙手高天下,疑是当年秦越人。○秦越人者,春秋时之扁鹊也。

关公箭疮治毕,忻然面笑,设席饮酒。华佗曰："君侯贵恙,必须爱护,切勿怒气触之。不过百日,平复如旧。"公以金百两酬之。佗曰："某为君侯乃天下之义士,特来医治,何须赐金?"佗固辞不受,留

---

① 《三国志评话》,见钟兆华:《元刊全相平话五种校注》,巴蜀书社1990年版,第467页。

药一帖,以敷疮口,作辞而去。①

公袒下衣袍,伸臂令佗看视。佗曰:"此乃弩箭所伤,其中有乌头之药,直透入骨;若不早治,此臂无用矣。"先讲病源。公曰:"用何物治之?"佗曰:"某自有治法。但恐君侯惧耳。"未说出治法,先用一惊人语。公笑曰:"吾视死如归,有何惧哉?"不惧敌,岂惧医?佗曰:"当于静处,立一标柱,上钉大环,请君侯将臂穿于环中,以绳系之,然后以被蒙其首。吾用尖刀割开皮肉,直至于骨,刮去骨上箭毒,用药敷之,以线缝其口,方可无事。但恐君侯惧耳。"既说出治法,又用一惊人语。公笑曰:"如此,容易!何用柱环?"不惧箭,岂惧刀?令设酒席相待。

公饮数杯酒毕,一面仍与马良弈棋,伸臂令佗割之。如此神医难得,如此病人更难得。佗取尖刀在手,令一小校捧一大盆于臂下接血。佗曰:"某便下手,君侯勿惊。"临下手时再用一惊人语。公曰:"任汝医治。吾岂比世间俗子惧痛者耶?"华佗之语惊人,关公之语更是惊人。佗乃下刀,割开皮肉,直至于骨,骨上已青;佗用刀刮骨,悉悉有声。帐上帐下见者,皆掩面失色。今日读者亦为之寒心,何况当日见者,能不为之失色?公饮酒食肉,谈笑弈棋,全无痛苦之色。若以他人,当此臂色既青,面色必白,青色既去,面色亦失矣。

须臾,血流盈盆。佗刮尽其毒,敷上药,以线缝之。公大笑而起,谓众将曰:"此臂伸舒如故,并无痛矣。先生真神医也!"如此医人是神医,如此病人亦是神人。佗曰:"某为医一生,未尝见此。君侯真天神也!"病人未尝见此医人,医人亦未尝见此病人。后人有诗曰:

治病须分内外科,世间妙艺苦无多。神威罕及惟关将,圣手能医说华佗。

关公箭疮既愈,设席款谢华佗。佗曰:"君侯箭疮虽治,然须爱

---

① (明)罗贯中著,陈文新导读:《三国演义》,申龙点校,岳麓书社 2008 年版,第 630 页。此书为对嘉靖本《三国志通俗演义》的重印。

护。切勿怒气伤触。过百日后，平复如旧矣。"关公以金百两酬之。佗曰："某闻君侯高义，特来医治，岂望报乎！"坚辞不受。不索谢仪，又脱尽近日名医之套。留药一帖，以敷疮口，辞别而去。①

比较以上版本的叙事，与历史叙事不同，有"因文生事"的创作成分，许多地方进行了虚构，其中增加了神医华佗这一角色，把华佗作为叙事视点，展现了关羽的英雄气概和惊人耐力；还构筑了情境和情境中的对话，通过别人的反应，产生了逼真的叙事效果，有正面描写如"华佗用刀刮骨，悉悉有声"，偌大的军营连刮骨的声音都能听见，可见安静到了什么程度，可谓绘声绘色；更有侧面的烘托，如"帐上帐下见者，皆掩面失色"，而关羽却"饮酒食肉，谈笑弈棋，全无痛苦之色"，作者通过这种方法烘托出关羽的神勇，在整部小说之中，"刮骨疗毒"又是对关羽许多正面描写的有效烘托；同时在场景和对话方面增强了动作性、现场感，对人物的言行进行了精心的布置和安排。这种情形罗贯中壬午本与毛评本之间只有些微的差异，可略而不论。而在平话本与壬午本之间就不得不详细分析。平话本虽然也有情节、对话，人物形象也算得上生动，但与壬午本相较，情节的曲折性、人物对话的往还均不明显，没有侧面的烘托，总体上不够逼真，不能产生惊心动魄的感受。小说叙事"只要逼真，不必实有其事"②，只要"体贴人情物理"，合乎情理，就可产生真实感，使听者感同身受，就可满足"娱心"的需求。和宋元时期说话人的底本《三国志平话》相较，《三国演义》可谓"大加波澜"，从"事"到"叙事"再到精彩曲折地"生事"，产生了"愉悦听者"③当然也包括读者的效果，妙趣横生，显示了小说艺术的叙事魅力尤其是作者细节叙事的艺术功力。和正统史学贵在于传信不同，小说重在传奇，华佗作为神医，用奇法、治奇病、收奇功，当然这需要遇到关羽这样的"天神"之人，小说的传奇性明显增强，产生了吸引人的效果。

---

① （明）罗贯中原著，（清）毛宗岗批评：《毛宗岗批评本三国演义》（下），孟昭连、卞清波、王凌点校，岳麓书社2006年版，第591—592页。毛评本最早刻本为乾隆一十八年（1679）醉耕堂刻本，名为《醉耕堂第一才子书三国志》。

② 鲁迅：《致徐懋庸》，《鲁迅书信集》（上），人民文学出版社1976年版，第465页。

③ 鲁迅：《中国小说史略》，《鲁迅全集》第八卷，人民文学出版社1957年版，第102页。

小说文本在对待历史时,超越"信"而重"趣",既采用了主流史学的历史架构,又融合了市井阶层的传奇需求,虚构性叙事加强,竭力突出和渲染了那个时代的奇人、奇才、奇事、奇遇、奇谋、奇功,使作品中充溢着浓郁的传奇氛围,进一步强化了小说的娱乐性、民间性和市民性,产生了情节化、形象化、场景化的审美条件,符合了当时社会的欣赏趣味,因此收到了很好的艺术效果。和传统的史传相通,演义和史传均采用了"无所不晓"的全知叙述视角,"史家追叙真人真事,每须遥体人情,悬想事势,设身局中,潜心腔内,忖之度之,以揣以摩,庶几入情入理。盖与小说、院本之臆造人物,虚构境地,不尽同而可相通"①。全知视角和"体贴人情物理"创作方式的存在,既能使创作主体无时不在、无所不至,从而洞幽烛微,巨细宏微俱能纳入视野,呈现在笔端;又能使作者为人代言之时,所言所行体贴人物和情理,即使是假事亦即虚构的事也能做到言之凿凿,记为真人,使人感觉到真实,尤其是符合人物性格。宋代的说书艺术"显然把传统传记散文'踵事增华'的素质加以发展,并愈来愈接近小说。至于《三国演义》则把这种发展臻于完善地步"②。"《三国演义》虽史有其人,但其事却真真假假、虚虚实实。把'实录其事'、'虚资增饰'的史传这两方面特点分别加以延伸,在继承中扬弃,产生出小说所独有的审美质。"③曲折的情节叙述、精细的场面场景展现和描写、符合情理的人物性格的塑造,增加了小说的灵动性和生动性,既有叙事性又有表情性,这些都成为其文体成立的重要审美意识,亦即演义文体独立的主要审美标志。

场景化或者场面化的追求在史书中虽然存在,但只是作为历史叙事的适当展开,但是在演义文体中,却得到了特别重视,甚至是作为叙事技巧运用的。《三国志演义》中的"舌战群儒"虽出于虚构,但诸葛亮确曾前往东吴游说孙权联刘抗曹。《资治通鉴》载此事极略,《三国志演义》则加以精雕细琢,不仅在"舌战"之前增饰了许多细节,还以较大篇幅摹拟"舌战"的场面。这些新增的细节和场景描写大大拉开了其与史笔的距离,

---

① 钱锺书:《管锥编》第一册,中华书局1979年版,第166页。
② 吴功正:《中国文学美学》下卷,江苏教育出版社2001年版,第805页。
③ 吴功正:《中国文学美学》下卷,江苏教育出版社2001年版,第806页。

使审美性超越了对真的要求,使审美对象具体化、可感化,从而强化了小说的文学趣味。

　　曹操自江陵将顺江东下。诸葛亮谓刘备曰:"事急矣,请奉命求救于孙将军。"遂与鲁肃俱诣孙权。亮见权于柴桑,说权曰:"海内大乱,将军起兵江东,刘豫州收众汉南,与曹操共争天下。今操芟夷大难,略已平矣,遂破荆州,威震四海。英雄无用武之地,故豫州遁逃至此。愿将军量力而处之。若能以吴、越之众与中国抗衡,不如早与之绝;若不能,何不按兵束甲,北面而事之! 今将军外托服从之名而内怀犹豫之计,事急而不断,祸至无日矣。"权曰:"苟如君言,刘豫州何不遂事之乎?"亮曰:"田横,齐之壮士耳,犹守义不辱;况刘豫州王室之胄,英才盖世,众士慕仰,若水之归海。若事之不济,此乃天也,安能复为之下乎!"权勃然曰:"吾不能举全吴之地,十万之众,受制于人。吾计决矣! 非刘豫州莫可以当曹操者;然豫州新败之后,安能抗此难乎?"亮曰:"豫州军虽败于长坂,今战士还者及关羽水军精甲万人,刘琦合江夏战士亦不下万人。曹操之众,远来疲敝,闻追豫州,轻骑一日一夜行三百余里,此所谓'强弩之末势不能穿鲁缟'者也。故兵法忌之,曰,'必蹶上将军。'且北方之人,不习水战,又,荆州之民附操者,逼兵势耳,非心服也。今将军诚能命猛将统兵数万,与豫州协规同力,破操军必矣。操军破,必北还;如此,则荆、吴之势强,鼎足之形成矣。成败之机,在于今日!"权大悦,与其群下。

　　是时,曹操遗权书曰:"近者奉辞伐罪,旌麾南指,刘琮束手。今治水军八十万众,方与将军会猎于吴。"权以示臣下,莫不响震失色。长史张昭等曰:"曹公,豺虎也,挟天子以征四方,动以朝廷为辞;今日拒之,事更不顺。且将军大势可以拒操者,长江也;今操得荆州,奄有其地,刘表治水军,蒙冲斗舰乃以千数,操悉浮以沿江,兼有步兵,水陆俱下,此为长江之险已与我共之矣。而势力众寡又不可论。愚谓大计不如迎之。"鲁肃独不言。权起更衣,肃追于宇下。权知其意,执肃手曰:"卿欲何言?"肃曰:"向察众人之议,专欲误将军,不足与图大事。今肃可迎操耳,如将军不可也。何以言之? 今肃迎操,操当以肃还付乡党，品其名位，犹不失下曹从事，乘犊车，从吏卒，交游士林，累官故不失州郡也。将军迎操，欲安所归乎？愿早定大计，莫用众人之议也！"权叹息曰："诸人持议，甚失孤望。今卿廓开大计，正与孤同。"

时周瑜受使至番阳，肃劝权召瑜还。瑜至，谓权曰："操虽托名汉相，其实汉贼也。将军以神武雄才，兼仗父兄之烈，割据江东，地方数千里，兵精足用，英雄乐业，当横行天下，为汉家除残去秽；况操自送死，而可迎之邪！请为将军筹之：今北土未平，马超、韩遂尚在关西，为操后患；而操舍鞍马、仗舟楫，与吴、越争衡；今又盛寒，马无藁草；驱中国士众，远涉江湖之间，不习水土，必生疾病。此数者用兵之患也，而操皆冒行之。将军禽操，宜在今日。瑜请得精兵数万人，进住夏口，保为将军破之！"权曰："老贼欲废汉自立久矣，徒忌二袁、吕布、刘表与孤耳；今数雄已灭，惟孤尚存。孤与老贼势不两立。君言当击，甚与孤合，此天以君授孤也。"因拔刀斫前奏案，曰："诸将吏敢复有言当迎操者，与此案同！"乃罢会。①

作为历史叙事，《资治通鉴》中关于"赤壁之战"战前决策的书写还是十分详细而曲折的，不仅涉及联合、或战或降，有精彩的形势分析的对话，有抑扬起伏的决策波折，经过诸葛亮、鲁肃、周瑜诸人的劝说，孙权从"大悦"到"叹息"再到"拔刀斫前奏案"，坚定联刘抗曹的决心，叙事可谓一波三折，曲折执笔，但是整体上还是流线性的叙事而并非审美性的叙事。这段文字在艺术上值得注意的还有通过对话来描写人物形象。比如，同样是劝说孙权抗击曹军，鲁肃、诸葛亮、周瑜却有明显的差别：鲁肃老成持重，处处从维护孙权的切身利益出发来促成孙、刘联合抗曹，是一位温厚敦实的忠诚之士；诸葛亮则不卑不亢，高屋建瓴，用激将法使孙权一怒一喜，终于推动了两方的联合，是一位足智多谋、善于辞令的外交家、政治家；周瑜则说话斩钉截铁，析事精辟，处事果断，两次纵论大势，豪情溢于言语之

———

① （宋）司马光等：《资治通鉴》卷六十五《汉纪五十七》，中华书局1965年版，第2088—2091页。

间,颇有大将的风度。人物的思想性格都从人物的对话中充分显示出来,使读者如见其人,如闻其声。尽管这段叙事带有如上特征,但与《三国演义》相比,还是显得抽象,现场感、场景化不足。

《三国演义》和《资治通鉴》不同,将战前的说服工作变成一场颇具现场感的舌战。小说最初没有叙述诸葛亮是如何说服孙权,而是孙权将诸葛亮置于辩论的现场:

> 肃乃引孔明至幕下。早见张昭、顾雍等一班文武二十余人,峨冠博带,整衣端坐。孔明逐一相见,各问姓名。施礼已毕,坐于客位。张昭等见孔明丰神飘洒,器宇轩昂,料到此人必来游说。张昭先以言挑之曰:"昭乃江东微末之士,久闻先生高卧隆中,自比管、乐。此语果有之乎?"孔明曰:"此亮平生小可之比也。"昭曰:"近闻刘豫州三顾先生于草庐之中,幸得先生,以为'如鱼得水',思欲席卷荆襄。今一旦以属曹操,未审是何主见?"孔明自思张昭乃孙权手下第一个谋士,若不先难倒他,如何说得孙权,遂答曰:"吾观取汉上之地,易如反掌。我主刘豫州躬行仁义,不忍夺同宗之基业,故力辞之。刘琮孺子,听信佞言,暗自投降,致使曹操得以猖獗。今我主屯兵江夏,别有良图,非等闲可知也。"昭曰:"若此,是先生言行相违也。先生自比管、乐,管仲相桓公,霸诸侯,一匡天下;乐毅扶持微弱之燕,下齐七十余城:此二人者,真济世之才也。先生在草庐之中,但笑傲风月,抱膝危坐。今既从事刘豫州,当为生灵兴利除害,剿灭乱贼。且刘豫州未得先生之前,尚且纵横寰宇,割据城池;今得先生,人皆仰望。虽三尺童蒙,亦谓彪虎生翼,将见汉室复兴,曹氏即灭矣。朝廷旧臣,山林隐士,无不拭目而待:以为拂高天之云翳,仰同月之光辉,拯民于水火之中,措天下于衽席之上,在此时也。何先生自归豫州,曹兵一出,弃甲抛戈,望风而窜;上不能报刘表以安庶民,下不能辅孤子而据疆土;乃弃新野,走樊城,败当阳,奔夏口,无容身之地:是豫州既得先生之后,反不如其初也。管仲、乐毅,果如是乎?愚直之言,幸勿见怪!"

> 孔明听罢,哑然而笑曰:"鹏飞万里,其志岂群鸟能识哉?譬如人染沉疴,当先用糜粥以饮之,和药以服之;待其脏腑调和,形体渐

安,然后用肉食以补之,猛药以治之:则病根尽去,人得全生也。若不待气脉和缓,便投以猛药厚味,欲求安保,诚为难矣。吾主刘豫州,向日军败于汝南,寄迹刘表,兵不满千,将止关、张、赵云而已,此正如病势尪羸已极之时也。新野山僻小县,人民稀少,粮食鲜薄,豫州不过暂借以容身,岂真将坐守于此耶? 夫以甲兵不完,城郭不固,军不经练,粮不继日,然而博望烧屯,白河用水,使夏侯惇、曹仁辈心惊胆裂:窃谓管仲、乐毅之用兵,未必过此。至于刘琮降操,豫州实出不知;且又不忍乘乱夺同宗之基业,此真大仁大义也。当阳之败,豫州见有数十万赴义之民,扶老携幼相随,不忍弃之,日行十里,不思进取江陵,甘与同败,此亦大仁大义也。寡不敌众,胜负乃其常事。昔高皇数败于项羽,而垓下一战成功,此非韩信之良谋乎? 夫信久事高皇,未尝累胜。盖国家大计,社稷安危,是有主谋。非比夸辩之徒,虚誉欺人:坐议立谈,无人可及;临机应变,百无一能。诚为天下笑耳!"这一篇言语,说得张昭并无一言回答。

　　座上忽一人抗声问曰:……

　　席间又一人问曰:……

　　忽一人问曰:……座上又一人应声问曰:……

　　座上一人忽曰:……忽又一人大声曰:……

　　时座上张温、骆统二人,又欲问难。忽一人自外而入,厉声言曰:……①

一场异常激烈的角辩因为黄盖黄公覆的闯入而宣告结束。对此,众多的研究者关注的是辩论技巧,关注的是诸葛亮政治家和外交家的远大战略眼光以及其随机应变的能力,而我们这里似乎更应该关注由于作者比较自觉的小说审美意识而带来的审美效应。场景化的紧张的情节行进、口齿敏捷的来往激辩,加上高谈阔论、文采斐然的言说,你来我往的论辩神情的摹写,情节跌宕的吸引力被发挥到了极致,场面的描摹也被展示到了

---

　　① (明)罗贯中原著,(清)毛宗岗批评:《毛宗岗批评本三国演义》(下),孟昭连、卞清波、王凌点校,岳麓书社2006年版,第339—342页。此处略去毛宗岗的评点。

极致,再佐之以"文不甚深,言不甚俗"的语言效果,达到"通乎众人",务使"人人得而知之"的审美效果也就不足为奇了,同时情节的生动性、曲折性满足了市民阶层猎听传闻、喜好猎奇的审美情趣。一种新的审美意识积淀在了一种新兴的文学样式中,或者说审美意识积淀融汇出新的审美意识的载体——演义。宋元以来,宋词、说话以及元代杂剧所积累的表达方式,为塑造丰满人物、敷衍动人故事积累了有效的手段,尤其告别了古典以言简意深为美的审美观念,开启了以丰富和生动为审美追求的时代,从而促使小说摆脱了简单幼稚而进入成熟和鼎盛的时代。

在这里,"史笔"转化成了"文笔",这也许是史传演变成为演义最自觉的审美意识,作者罗贯中正是在这种审美意识的支配之下进行审美选择和审美创造的。修髯子《三国志通俗演义引》认为,该书读之能使人"入耳而通其事,因事而悟其义,因义而兴乎感,不待研精覃思,知正统必当扶,窃位必当诛,忠孝节义必当师,奸贪谀佞必当去,是是非非,了然于心目之下,裨益风教,广且大焉"①。李渔《〈四大奇书第一种〉序》说"此书之奇,足以使学士读之而快,委巷不学之人读之而亦快;英雄豪杰读之而快,凡夫俗子读之而亦快;拊髀扼腕有志乘时者读之而快,据梧面壁无情用事者读之而亦快也"②。佚名《重刊杭州考证三国志传序》云:"罗贯中氏又编为通俗演义,使之明白易晓,而愚夫俗士,亦庶几知所讲读焉。"③以上关于《三国演义》审美效果的诸种论述可以说明,《三国演义》的审美选择代表了当时审美意识的主导倾向,获得了普遍的认同。

三、"通好尚"以凝聚时代的审美意识

任何文化都是一种历史现象,一定历史时期的文化好尚、审美好尚必然会以各种形式沾溉、积淀或者附着在这一历史时期的文化形式及内容

---

① (明)罗贯中:《三国志通俗演义》卷一,人民文学出版社 1974 年版。
② (清)李渔:《〈四大奇书第一种〉序》,见叶朗主编:《中国历代美学文库·清代卷》上卷,高等教育出版社 2003 年版,第 254 页。
③ (明)庸愚子:《三国志通俗演义序》,(明)罗贯中:《三国志通俗演义》卷一,人民文学出版社 1974 年版,"卷首"。

上面。一般认为,罗贯中处理三国题材的"通好尚","就是千百年间人们审视'三国'——'审三国'而产生的属于伦理追求的'美善'的好恶与时尚"①。这种"通好尚"是从"庶几乎史"、"羽翼信史"②的困扰中挣脱出来的,在对民间讲史观念的迎合中摆脱了史事写作的尴尬,又从民间叙事的俗趣中超脱出来,形成"非史氏苍古之文,去瞀传诙谐之气"的审美效果,取得"盖欲读诵者,人人得而知之,若诗所谓里巷歌谣之义也"③的传播效果。笔者认为,"通好尚"实际上指的是罗氏的创作不仅在价值观念上而且在文化形式的选择上都与当时世俗的审美趣尚相表里的情况。对此,明万历版《重刊杭州考证三国志传序》早已说明,兹录如下:"《三国志》一书,创自陈寿,厥后司马文正公修《通鉴》,以曹魏嗣汉为正统,以蜀、吴为僭国,是非颇谬。迨紫阳朱夫子出,作《通鉴纲目》,继《春秋》绝笔,始进蜀汉为正统,吴、魏为僭国,于人心正而大道明,则昭烈绍汉之意,始暴白于天下矣。然因之有志不可泪没,罗贯中氏又编为通俗演义,使之明白易晓,而愚夫俗士,亦庶几知所讲读焉。"④

首先是通过话语方式沟通好尚。作者选择了当时普遍流行的文化形式——说话,采取了民众容易接受的语言——白话,并加以文人化的改造,从而形成"文不甚深,言不甚俗"的特点,意在"欲读诵者,人人得而知之"⑤,为其广泛的传播奠定了基础。明代小说的重要特点就是大量运用纯熟流利的白话,"小说语言上的这种转变一方面说明了明代作家们已经有意识地把自己的创作同更广泛的读者面联系起来,使自己的作品从原来只是面向少数文人士大夫向面向广大民众的方向转变"⑥。可见,小说家是

---

① 冯道信:《论楚歌》,武汉出版社1999年版,第145页。
② (明)修髯子:《三国志通俗演义引》,(明)罗贯中:《三国志通俗演义》卷一,人民文学出版社1974年版,"卷首"。
③ (明)庸愚子:《三国志通俗演义序》,(明)罗贯中:《三国志通俗演义》卷一,人民文学出版社1974年版,"卷首"。
④ (明)无名氏:《重刊杭州考证三国志传序》,朱一玄编:《明清小说资料选编》上册,朱天吉校,南开大学出版社2006年版,第64页。
⑤ (明)庸愚子:《三国志通俗演义序》,(明)罗贯中:《三国志通俗演义》卷一,人民文学出版社1974年版,"卷首"。
⑥ 罗筠筠:《华夏审美风尚史》第八卷,河南人民出版社2000年版,第307页。

在试图沟通不同阶层之间的审美好尚,亦即在融通汇聚时代的审美意识。

其次是对说话、讲史已经形成的审美惯例的遵从。《三国演义》很好地借鉴和保留了市井讲史、说话的体制优点。以诗入文,保留有"诗曰"、"有诗为证"等惯例用语;在讲述中间杂"秤评"、分段标目讲说的体式以及"话说"、"欲知后事如何,且听下回分解"格式等。这些都是有历史渊源和审美承续的。"凡论断处引证处之'有诗为证'下引诗词之形式,岂非变文中'当此之际,有何言说?'下引韵文云云之形式演变而成者耶?又变文中之'如何自佛也唱将来。'与'上卷立铺毕,此入下文。'亦即非今小说之'欲知后事如何?且听下回分解'者耶?"①这些体制规范遗留或者有意保留的市民娱乐的主要方式——讲唱艺术的主要程式,是对当时已经流行的文化惯例的顺从,是对审美习惯的顺延。而这种审美惯例经过历史经验证明是最适合市民阶层的程式。市民阶层文化层次低,欣赏能力有限,所以他们喜欢程式化的形式,程式化的审美形式有助于他们容易地理解历史的内容,进入小说中的情景,同时那种比较类型化的叙事有助于他们瞬间把握对象。"说话艺人在说话时,为了更好地引导听众进入故事,常以超脱的说话人身份交待一切人物事件,并常常借此表明自己的主观态度和价值评判。中国古代小说受其影响,以'看官听说'这种第三人称的评述模式为主要叙述形式。在小说的开头、中间、结尾,或直接评述,或隐喻象征,或借故事、诗词等来表述作者意图。这就造成了一种疏离意识和间离效果,作者有意与小说疏离而与读者交流,由此也使读者与小说保持了一定的距离"②,形成相应的角色性体验。说话的好尚影响了小说,说话讲求的间离性审美体验模式也得到了相应的延续。事实上,这种表面上对体制的继承和延续实际上是对审美惯例、审美意识的遵从甚至于屈从,因为"口头'讲说'艺术所培养的读者群的审美欣赏趣味是一个稳态结构。在新形式面前,需要对象予以适应,给以满足,这也才会有章回体制的出现。因而,它具有美学发展的历史、逻辑必然性"③。本

---

① 郭预衡:《中国古代文学史长编》,北京师范学院出版社 1993 年版,第 530 页。
② 杨公骥:《中国文学》,中国广播电视大学出版社 2006 年版,第 540 页。
③ 吴功正:《中国文学美学》中卷,江苏教育出版社 2001 年版,第 692 页。

雅明说:"一个伟大的说故事者总是扎根于人民之中"①,这是有道理的。罗贯中作为一个说故事的人,自觉地将自己植根于人民和人民的审美意识之中是一种正确的选择。

最后是奇趣追求的全面表现。《三国演义》从故事到形式,从整体到局部,均体现了传奇的奇趣趣尚。"三国者,乃古今争天下之一大奇局",演义这一奇局的《三国演义》被认为是"四大奇书"之一。罗贯中为"古今为小说之一大奇手也",他"以文章之奇,而传其事之奇"②。书中表现的有儒家的忠奸观念,有道家仙风道骨、奇谲诡幻的描写,可以说有正有奇,是奇正的结合。尤其是诸葛亮"多智而近妖"形象的塑造带有奇幻的色彩。至于奇幻的情节则更多,如七星坛诸葛祭风、诸葛用石头摆成八阵图、关公显圣托梦、五丈原诸葛禳星增寿等新奇的描写等。这种崇奇、觅奇、尚奇的审美意识折射出了古代市民阶层的文化生命情景,带有源远流长的民间传统,和神话传说、巫术迷信、民俗幽冥幻象所建构的民间世俗文化心态、心理基础相表里,属于时代审美意识的重要表征。关键的是,该作在追求"奇"审美意识的时候体现了一种重要的倾向,这就是在人情化的氛围中实现奇特化,它不是在志怪、神仙的基础上追求情节的离奇,或增加非现实的、离奇的情节,或诉诸以神魔,而是在符合人情物理的基础上"增"的,叶昼所言"《水浒传》文字不好处只在说梦、说怪、说阵处,其妙处都在人情物理上"③,"《水浒传》文字原是假的,只为他描写得真情出,所以便可以与天地相终始"④,正是此理。虽然这些话语是针对《水浒传》的,笔者认为同样适合于《三国演义》一类的小说。由于《三国演义》等小说很好地处理了"奇"与"常"之间的关系,因此形成了闻者快其意、听者

---

① [德]本雅明:《说故事的人》,《启迪——本雅明文选》,牛津大学出版社1998年版,第93页。

② (清)金人瑞:《三国志演义序》,见朱一玄、刘毓忱编:《中国古典小说名著资料丛刊〈三国演义〉资料汇编》,南开大学出版社2012年版,第252—253页。

③ (明)李贽:《李卓吾先生批评〈忠义水浒传〉》,见陈曦钟、侯忠义、鲁玉川辑校:《水浒传会评本》下册,北京大学出版社1981年版,第1331页。

④ (明)李贽:《李卓吾先生批评〈忠义水浒传〉》,见陈曦钟、侯忠义、鲁玉川辑校:《水浒传会评本》上册,北京大学出版社1981年版,第218页。

悚其心的审美效果,有学者将这种现象概括为"求奇于人情物理"①,甚至认为"由怪异、超常之奇到无奇之奇,明代小说美学风格的这种转变标志着小说艺术逐渐走向成熟"②,是很有见地的。在此观念的引导下,明代小说最终走向对隐幽人情世故、世道人心的表现和描写,走向世情的全面的洞幽烛微的展示,形成了新的审美风貌,体现出了新的审美意识。

以上三个方面的情形说明,由"说话"、"讲史"形成的集体意识和稳定的文化心态在文人进行演义文体加工过程中起了决定性的作用。尽管以罗贯中为代表的文人也将自己关于历史的认识和文化追求融化在了这一文体之中,依托史传叙事传统、文人审美意识来对民间讲史进行艺术改造,以达到传信、补史、普及历史教育之目的,发挥了文人在文体创造中的重要作用。但"中国小说的发踪在阅读心理对创作心理的他律选择,进而由创作心理进行自律再进而建构中产生"③,这一点可以在演义小说创立文体、汇聚审美意识的过程中得到印证,从中我们可以看到时代审美意识对文体生成的规约。必须承认,在从民间讲史走向文人案头演义的过程中,文人的创作思维、审美意趣对演义体制风格和审美追求的确立具有不可忽视的作用,然其对时代审美意识的顺应本身就是对这种审美意识的认同,可以说民间审美意识经过文人的认同尤其是文体风格的固化得到更大层面的传播,得到更广泛的认同,反过来又影响了时代的审美意识。

作为三国叙事最高成就和历史文化转化的新成就,《三国演义》吸收和融汇了此前三国历史叙事的文化积累,尤其吸收和借鉴了《世说新语》、宋代讲史和元代评话杂剧叙写的三国故事,在民间传说的基础上,完成了演义小说的创构,达到了前所未有的文化高度,"遂成巨观"④。这种所谓的"巨观"不仅仅体现在宏阔的历史叙述,更显现为文体对于审美意识的涵纳,形成这种史传文学与"说话"技艺联姻而成的审美文化形

---

① 黄霖、杨红彬:《明代小说》,安徽教育出版社2001年版,第61—69页。

② 黄霖、杨红彬:《明代小说》,安徽教育出版社2001年版,第69页。

③ 吴功正:《中国文学美学》中卷,江苏教育出版社2001年版,第647页。

④ (明)绿天馆主人:《古今小说序》,见朱一玄、刘毓忱编:《中国古典小说名著资料丛刊〈三国演义〉资料汇编》,南开大学出版社2012年版,第251页。

式,引发了演义体创作的热潮。诚如可观道人《新列国志序》所言:"自罗贯中氏《三国志》一书以国史演为通俗,汪洋百余回,为世所尚。嗣是效颦日众,因而有《夏书》、《商书》、《列国》、《两汉》、《唐书》、《残唐》、《南北宋》诸刻,其浩瀚几与正史分签并架。"①至此,演义体小说从文化形式走向文化程式,作为审美方式、叙事程式和情感凝定方式而存在,成为时代审美意识在文体层面的积淀和表征,其为时为世所尚也就是必然的了。当然作为一种新的审美意识,要被人们认可是需要一定过程的,《三国志通俗演义》在世代累积的基础上,在照顾到通俗需求的前提下,进行了史传化、文人化的处理,实际上兼顾了民众需求和士大夫好尚两种审美意识,形成"文不甚深,言不甚俗,事纪其实,亦庶几乎史"②的双重格调和特征,是在谋求各方面的审美认同。即便如此,"所谓'书成,士君子之好事者,争相誊录',恐怕只是虚张声势之言。事实若果真如此,当时应该有抄本传世;即使原抄本已经亡佚,也应该有人有所记载。可惜至今为止,既没有发现嘉靖前的任何抄本,也不见弘治、嘉靖时期有他人记载。应该承认,抄写近90万字的通俗小说绝非易事。如果此书是进献朝廷之作,在朝廷没有表态之前,或者说在编写者还没有得到预期收益之前,恐怕也不会让人随便传抄。尤其是将此书放在明代社会思想文化的大背景下,结合小说发展自身规律来考察,就更容易得出这样的结论"③。可见,仅仅从审美的角度来阐释一种文化现象的形成只触及了社会文化形成的一个方面。即使作为世代累积型文化产品的《三国志通俗演义》(在累积故事情节、累积思想意识的同时也累积了审美意识),它也是受到时代政治条件和文化环境的制约的。成书于弘治七年甲寅(1494年)的《三国志通俗演义》只有等到嘉靖元年壬午(1522年)才被刊刻,而且是由官方司礼监主持刊刻,这其中也许有刊刻条件、经济原因、社会资源等因素,但更重

---

① (明)可观道人:《新列国志序》,朱一玄、刘毓忱编:《中国古典小说名著资料丛刊〈三国演义〉资料汇编》,南开大学出版社2012年版,第561页。

② (明)修髯子:《三国志通俗演义引》,(明)罗贯中《三国志通俗演义》卷一,人民文学出版社1974年版,"卷首"。

③ 王齐洲:《〈三国志演义〉成书时间新探——兼论世代累积型作品成书时间的研究方法》,《中山大学学报》(社会科学版)2014年第1期。

要的恐怕是在等待文化环境的允许,在等待官方的认同。《三国志通俗演义》经过官方认可刊刻,并被"世人视若官书"①的事实,十分具体地说明审美意识并不能独立于意识形态之外而单独演进,尽管审美意识的演进确实有自己的规律。

第二节　体贴人情物理的戏曲

元人胡祗遹通言:"近代教坊院本之外,再变而为杂剧。既谓之杂,上则朝廷君臣政治之得失,下则闾里市井父子、兄弟、夫妇、朋友之厚薄,以至医药、卜筮、释道、商贾之人情物理,殊方异域、风俗语言之不同,无一物不得其情,不穷其态。"②可见,"得其情,穷其态"是元杂剧重要的艺术追求,"得其情"就是"曲尽人情",而要"曲尽人情"就得"体贴人情物理",这是戏曲创作的重要审美要求。就戏曲理论而言,由元明入清,若干戏曲家用了近百年的时间才将关于戏曲文体审美特征的认识由"曲"本体推向"剧"本体,即由"抒情中心"的"曲"本推向"叙事中心"的"剧",戏曲文体的审美特征逐渐被廓清,显现出比较明显的文体审美意识。在这一过程中,始终伴随着对"体贴人情物理"③这一本质特征的认识,可见"体贴人情物理"应是揭示戏曲审美特征的关捩之一,是戏曲模仿生活的本质特征,也是戏曲文体在一定时代被认识到的重要审美特征,是标志戏曲审

---

①　鲁迅:《中国小说史略》,人民文学出版社 1973 年版,第 6 页。

②　(元)胡祗遹:《赠宋氏序》,《胡祗遹集》第八卷,魏崇武、周思成校点,吉林文史出版社 2008 年版,第 246 页。

③　此说也见于小说评点。李贽《水浒传》评点第五十回眉批曰:"人、境俱出,此体人心,尽人性,使人喜欲涕,感欲死。"还说:"《水浒传》文字,不好处只在说梦、说怪、说阵处,其妙处都在人情物理上。"(容与堂本《李卓吾先生批评〈忠义水浒传〉》"九十七回回评")张竹坡《批评第一奇书〈金瓶梅〉》读法一百零三:"《金瓶》处处体贴人情天理,此是其真能悟彻了,此是其不空处也。"(朱一玄、王汝梅主编:《金瓶梅古今研究集成》,延边大学出版社 1996 年版,第 29 页)不论是"人情物理"还是"人情天理"的表述,实际上触及了艺术创作和评价的情感逻辑和生活逻辑。人情类似于情感逻辑,物理(天理)类似于生活逻辑。这里的"体贴"也就是以自己的身心经验融入人情和物理,达到与人同情、与物同理状态的途径和方法。李贽诸人对小说和戏曲的评价,超越史实而以是否反映人情物理为依据,是小说戏曲理论的重要进步;而体贴一词的普遍使用,又触及叙事文学创作的规律。体贴人情比较常见,体贴物理古人也有言及。

美特征的重要的审美意识。

一、"体贴人情物理"以"曲尽人情"

文艺创作需要作者体验生活,明白人情,体贴人情,创作出"真能感动人的东西"。中国戏曲从元杂剧到明清传奇,在情节上"极古今好丑、贵贱、离合、死生","合傀儡于一场,而征事类于千载"①;在情感上,"穷品性之纤微,极遭遇之变化,激荡物态,抉发人心,舒惨哀乐之余,摹写声容之末,婉转附物,惆怅切情"②,以情节表达情感,取得了许多实绩。明人王骥德在比较文学史上出现的各种文体的基础上,认为"曲"是那个时代最善于表达人情的艺术样式,为此发表有如下两段精辟的见解:

> 吾谓:诗不如词,词不如曲,故是渐近人情。夫诗之限于律与绝也,即不尽于意,欲为一字之益,不可得知。词之限于调也,即不尽于吻,欲为一语之益,不可得也。若曲,则调可累用,字可衬增。诗与词不得以谐语方言入,而曲则惟吾意之欲至;口之欲宣,纵横出入,无之而无不可也。故吾谓:快人情者,要毋过于曲也。③

> 《关雎》、《鹿鸣》,今歌法尚存,大都以两字抑扬成声,不易入里耳。汉之《朱鹭》、《石流》,读尚聱牙,声定椎朴。晋之《子夜》、《莫愁》,六朝之《玉树》、《金钗》,唐之《霓裳》、《水调》,即日趋冶艳,然只是五七诗句,必不能纵横如意。宋词句有长短,声有次第矣,亦尚限边幅,未畅人情。至金、元之南北曲,而极之长套,敛之小令,能令听者色飞,触者肠靡,洋洋洒洒,声蔑以加矣。此岂人事,抑天运之使然哉。④

---

① (明)孟称舜:《古今名剧合选序》,《孟称舜集》,朱颖辉辑校,中华书局2005年版,第556页。

② 王国维:《曲录自序》(二),见隗芾、吴毓华:《古典戏曲美学资料集》,文化艺术出版社1992年版,第453页。

③ (明)王骥德:《曲律·杂论第三十九下》,见中国戏曲研究院编:《中国古典戏曲论著集成》(四),中国戏剧出版社1959年版,第160页。

④ (明)王骥德:《曲律·杂论第三十九下》,见中国戏曲研究院编:《中国古典戏曲论著集成》(四),中国戏剧出版社1959年版,第156页。

这两段话在纵向的比较中说明"曲"这一时代文体"无之而无不可"、"快人情"、"畅人情"的特征,曲作为一代之文体的先进性也由此呈现了出来。

同样的说法见于江顺诒《词学集成》,他说:"有韵之文,以词为极。……夫千曲万曲以赴,因诗与文不能造之境,亦诗与文不能变之体,则乃骚人之遗而矣。"①词的特征是千曲万曲的曲折,而"曲为词余",更应该继承词曲折的审美特征。曲的这一特征决定了戏剧样式具有"委曲尽情"的特性。

同时,"人情物理"是明小说戏曲批评中的一个常用范畴。小说方面,叶昼批评《水浒传》说"其妙处都在人情物理上"②,张竹坡评点《金瓶梅》有"做文章,不过是'情理'二字。今作此一篇百回长文,亦只是'情理'二字"③,"其书凡有描写,莫不各尽人情"④的说法,认为"其各尽人情,莫不各得天道"⑤。张竹坡还探究了作者何以"为众脚色摹神",何以将"诸淫妇偷汉"的种种不同写得活灵活现,把每个淫妇写得活生生又各有不同,"真个现身一番,……真乃各现淫妇人身,为人说法"⑥的问题,认为"作《金瓶梅》者,必曾于患难穷愁,人情世故,一一经历过,入世最深,方能为众脚色摹神也"⑦,亦即是作者时时处处体贴人情物理的结果。至

---

① (清)江顺诒辑,宗山参订:《词学集成八卷》卷五《词有诗文不能造之境》,唐圭璋编:《词话丛编》全五册,中华书局1986年版,第3273—3274页。

② 容与堂本《李卓吾先生批评〈忠义水浒传〉》"九十七回回评"。后人已经认定,该评点为叶昼托名李贽所作。(侯忠义、鲁玉川:《水浒传会评本》,北京大学出版社1981年版,第1331页)

③ (清)张竹坡:《批评第一奇书〈金瓶梅〉读法〔四三〕》,(明)兰陵笑笑生:《张竹坡批评第一奇书金瓶梅》(上),王汝梅、李昭恂、于凤树校点,齐鲁书社1987年版,第38页。

④ (清)张竹坡:《批评第一奇书〈金瓶梅〉读法〔六二〕》,(明)兰陵笑笑生:《张竹坡批评第一奇书金瓶梅》(上),王汝梅、李昭恂、于凤树校点,齐鲁书社1987年版,第43页。

⑤ (清)张竹坡:《批评第一奇书〈金瓶梅〉读法〔六三〕》,(明)兰陵笑笑生:《张竹坡批评第一奇书金瓶梅》(上),王汝梅、李昭恂、于凤树校点,齐鲁书社1987年版,第43页。

⑥ (清)张竹坡:《批评第一奇书〈金瓶梅〉读法〔六一〕》,(明)兰陵笑笑生:《张竹坡批评第一奇书金瓶梅》(上),王汝梅、李昭恂、于凤树校点,齐鲁书社1987年版,第43页。

⑦ (清)张竹坡:《批评第一奇书〈金瓶梅〉读法〔五九〕》,(明)兰陵笑笑生:《张竹坡批评第一奇书金瓶梅》(上),王汝梅、李昭恂、于凤树校点,齐鲁书社1987年版,第42—43页。

于戏曲说法则更多,王骥德《曲律·论家数第十四》认为"曲以模写物情,体贴人理"①,顾瑛《制曲十六观》认为"簸风弄月,陶写性情,曲婉于诗"②,程羽文认为"盖才人韵士,其牢骚抑郁、啸号愤激之情,与夫慷慨流连、谈谐笑谑之态,拂拂于指尖,而津津于笔底,不能直写而曲摹之,不能庄语而戏喻之者也",所以"曲以诠情性之微"③。清初戏剧家李渔在《闲情偶寄·戒荒唐》中总结戏曲的创作规律时写道:"凡说人情物理者,千古相传;凡涉荒唐怪异者,当日即朽。"④可见表现"人情物理"是明清时期对小说戏曲的最基本定性。

不仅对曲体的定性如此,对具体的戏曲作品的评价也是如此。比如毛声山评本《第七才子书·前贤评语》云:"《琵琶记》都在性情上着功夫,并不以词调巧倩见长。"王世贞《曲藻》评高则诚《琵琶记》曰:"则诚所以冠绝诸剧者,不唯其琢句之工,使事之美而已。其体贴人情,委曲必尽;描写物态,仿佛如生;问答之际,了不见扭造,所以佳耳。"⑤王思任《批点玉茗堂牡丹亭词叙》说:"杜丽娘之妖也,柳梦梅之痴也,老夫人之软也,杜安抚之古执也,陈最良之雾也,春香之贼牢也,无不从筋节窍髓,以探其七情生动之微也。"⑥清人李调元《雨村曲话》评价《琵琶记》说:"此曲体贴人情,描写物态,皆有生气,且有裨风教,宜乎冠绝诸南曲,为元美之亟赞也。"⑦到李渔,则将"合人情"⑧视为戏曲的生命之所在,即使奇人、奇事、

① 中国戏曲研究院编:《中国古典戏曲论著集成》(四),中国戏剧出版社 1959 年版,第 123 页。

② (元)顾瑛:《制曲十六观》,王云五主编:《制曲十六观 词品 顾曲杂言 曲话》,商务印书馆中华民国二十八年版,第 4 页。

③ (明)程羽文:《盛明杂剧序》,见陈多、叶长海编:《中国历代剧论选注》,湖南文艺出版社 1987 年版,第 226、227 页。

④ (清)李渔:《闲情偶寄》,孙敏强注释,浙江古籍出版社 2000 年版,第 16 页。

⑤ (明)王世贞:《曲藻》,见中国戏曲研究院编:《中国古典戏曲论著集成》(四),中国戏剧出版社 1959 年版,第 33 页。

⑥ 《汤显祖诗文集》(下),徐朔方笺校,上海古籍出版社 1982 年版,第 1543 页。

⑦ 中国戏曲研究院编:《中国古典戏曲论著集成》(八),中国戏剧出版社 1959 年版,第 16 页。

⑧ (清)李渔:《闲情偶寄》,孙敏强注释,浙江古籍出版社 2000 年版,第 69 页。

奇情,都要求"既出寻常视听之外,又在人情物理之中"①。从以上认识中,可以看到"人情物理"已成为这一时期文学评论的重要标准。"体贴人情"和"各尽人情"已经成为衡量小说和戏曲艺术的重要标志,是小说戏曲创作和评价审美意识的重要体现。

古人关于"曲"的界定中已经包含了这种认识,陈继儒说"夫曲者,谓其曲尽人情也"②。刘熙载引用姜夔之说,认同"委曲尽情曰曲"③的说法。这里的"曲"可作两方面的理解,实际上代表了戏曲积聚到明代的审美意识。

一是"文情纡曲",即指故事情节的曲折和体现的人情之复杂。许多戏曲在情节的复杂性及人物情感的复杂性方面体现了曲折的要求。比如《西厢记》在崔张二人暗通款曲、互表倾慕、老夫人为解围而允婚之际,又出现临时悔婚之曲折;在红娘帮助下私定终身、老夫人无奈同意亲事之时,又出现"相门不招白衣女婿"的波折;在张生被迫上京应考、终身已定的情势之下,又出现郑恒求配的插曲。剧中情节发展得迂曲委蛇,为表现人物的情感提供了机会。而主人公崔莺莺情感历程最能体现人情之复杂、情感之多变,剧中她在与张生一见钟情之后,"酬简"又翻脸"赖简",在张生绝望染病之时,又来赴约;剧情则在崔张爱情无力发展之时,总有人或事来推动;在崔张爱情即将合好之时,总有人或事来打断。情感的反复推动了情节的反复,而情节的反复曲折又表达了人情的复杂,剧作"尽人情"之"曲"即曲折,由此可见一斑。为展示人情之曲折,《西厢记》还不惜"临界弄险",将人物性格推向极致,让张生的钟情达到了癫狂的程度,让莺莺的谨慎临界于矫情的边缘,让红娘的豪爽带有了粗俗的意味。其他如《焚香记》,"又有几段奇境,不可不知。其始也,落魄莱城,遇风鉴操

---

① (清)李渔:《〈香草亭传奇〉序》,《李渔全集》第一卷,浙江古籍出版社 1991 年版,第 47 页。

② (明)陈继儒:《秋水庵花影集叙》,见任中敏、曹明升编:《散曲丛刊》(中),凤凰出版社 2013 年版,第 758 页。

③ (清)刘熙载:《艺概·词曲概》,见袁津琥校注:《艺概注稿》下册,中华书局 2009 年版,第 569 页。

斧,一奇也;及所联之配又属青楼,青楼而复出于闺帏,又一奇也;新婚设誓奇矣,而金垒套书致两人生而死、死而生,复有虚拟之传,愈出愈奇。悲欢迭见,离合环生。读至卷尽,如长江怒涛,上涌下溜,突兀起伏,不可测识,真文情之极其纡曲者"①。"文情纡曲"即情节、情感的曲折跌宕成了戏曲文学的重要特征,当然也是小说的重要特征②。

　　二是"曲尽人情",指唱段抒情的精微婉曲。《西厢记》的故事并不复杂,但作者把情感变化、内心冲突与事件冲突结合起来,让故事变得极度复杂,也让人物的情感变得复杂。金圣叹批评《西厢记·酬韵》开篇批语说:"婆娑世界中间之一切所有,其故无不一一起于极微。"③而《西厢记》的作者是在极微之"曲"中"尽人情"的。比如崔莺莺在"长亭送别"时唱的一支曲子就充分体现了这一特点。"【滚绣球】恨成就得迟,怨分去得疾。柳丝长,玉骢难系。倩疏林,你与我挂住斜晖。马儿慢慢行,车儿快快随。"④曲辞通过马与车的一慢一快,把主人公依依不舍的惜别深情描写得神态活现。金圣叹对此段曲辞的妙处作了十分细腻的分析,他说:"车儿既快快随,马儿仍慢慢行。于是车在马右,马在车左,男左女右,比肩并坐,疏林挂日,更不复夜,千秋万岁,永在长亭。此真小儿女又稚小、又苦恼、又聪明、又憨痴,一片的微细心地。不知作者如何写出来也。"⑤在金圣叹精彩的分析中,我们看到了戏曲曲辞"曲尽人情"、"文情纡曲"的特点。只是他的"不知作者如何写出来也"并非疑问,而是设问,其实他十分明白此中道理,这就是只有"体贴人情物理"才能"曲尽人情"。这就要求戏曲作者深入人物内心,按照生活情理加以体贴,在细心揣摩的基

---

　　①　(明)袁于令:《焚香记序》,见陈多、叶长海编:《中国历代剧论选注》,湖南文艺出版社1987年版,第229页。
　　②　明人袁无涯《出像评点忠义水浒全书发凡》中对《水浒传》有这样的评价:"此书曲尽情状,已为写生",就是对此种审美特征的揭示和肯定。
　　③　(清)金圣叹批评:《贯华堂第六才子书西厢记》,傅晓航校点,甘肃人民出版社1985年版,第87页。
　　④　(清)金圣叹批评:《贯华堂第六才子书西厢记》,傅晓航校点,甘肃人民出版社1985年版,第289页。
　　⑤　(清)金圣叹批评:《贯华堂第六才子书西厢记》,傅晓航校点,甘肃人民出版社1985年版,第290页。

础上,实现对人物得体合情的表现。

冯梦龙说"学者死于诗而乍活于词,一时丝之肉之,渐熟其抑扬之趣。于是增损而为曲,重迭而为套数,浸淫而为杂剧、传奇,固亦性情之所必至矣"①。他认为杂剧、传奇文体的发展是"性情所必至"的结果。面对叙事文学发达的局面,人们又拈出"体贴"一词表示对叙事文学如何"曲尽人情"特性把握的要求。频繁出现在各种文献中的"体贴"一词,就是对"以心印心"感同身受"体认"的概括,就是对新兴叙事文学尤其是小说和戏曲的创作规律②的揭示,是对感受人物和描摹人物的要求,由此形成了对人物形象进行评价的标准。"体贴人情物理"就是要求戏曲在创作(一度创作)和表演演唱(二度创作)中表现出符合人物所处的情境、心境的人情和物理,既要体贴于人情物理,又要有体贴的人情物理,这里的"体贴"两字已经是对戏曲创作的要求和人物评价的标准,实际上是对戏曲提出的新的审美要求。这是与诗文的"载道"要求相区别的审美意识,体现了人的个体性要求,是张大个体意识、重视个体情欲的必然结果,体现了明代晚期浪漫文学思潮的共同特点,是中国古代戏剧学思想深化的重要标志,反映了时代发展的要求,也体现了时代发展的要求。

从创作的角度讲,"体贴人情物理"的创作要求曲创作者和表演者都应设身处地,"身为曲中之人"。孟称舜《古今名剧合选序》就对戏曲创作和表演提出了这样的要求:"非作者身处于百物云为之际,而心通乎七情生动之窍,曲则恶能工哉? ……学戏者不置身于场上,则不能为戏;而撰曲者,不化其身为曲中之人,则不能为曲,此曲之所以难于诗与辞也。"③

① (明)冯梦龙:《〈步雪新声〉序》,见杨晓东编:《冯梦龙研究资料汇编》,广陵书社2007年版,第100页。

② 因为此前的诗词曲赋大多为直言、自言,作者可以直接抒发自己的情感,无须设身处地地"体贴"人情物理、揣摩人物情态以代人抒情。戏曲的代言体不同于抒情诗的抒情主人公,也不同于叙事诗的旁观者,需要在具体的情境和人物的掣肘之下抒发作者的情感,作家的感情必须转化为人物形象的思想、感情和行动。这一过程正是"情由我生,境由他转"的过程。

③ (明)孟称舜:《古今名剧合选序》,《孟称舜集》,朱颖辉辑校,中华书局2005年版,第556—557页。

杨恩寿《续词余丛话》说："我欲作官，则顷刻之间便臻荣贵；我欲致仕，则转盼之际又入山林；我欲作人间才子，即为杜甫、李白之后身；我欲娶绝代佳人，即偕西子、王嫱之佳偶；我欲成仙、作佛，则西天、蓬岛，即在笔床砚匣之旁；我欲尽忠、致孝，则君治、亲年，可驾尧、舜、彭篯之上：……代何等人说话，即代何等人居心。无论立心端正者，我当设身处地，代生端正之想；即遇立心邪僻者，亦当舍经取权，暂为邪僻之思。务使心曲隐微，随口唾出，说一人肖一人，勿使雷同，勿使浮泛，若《水浒传》之叙事，吴道子之写生，斯道得矣。"①马权奇称赞孟称舜的作品《娇红记》"能道深情委折微奥——若身涉之"②，认为"若身涉之"是"能道深情"的重要条件。李渔《闲情偶寄·词曲部下·宾白第四·语求肖似》说："言者，心之声，欲代此一人立言，先宜代此一人立心，若非梦往神游，何谓设身处地？无论立心端正者，我当设身处地，代生端正之想；即遇立心邪僻者，我亦当舍经从权，暂为邪僻之思。务使心曲隐微，随口唾出，说一人，肖一人，勿使雷同，弗使浮泛。"③以上诸人，所持之论虽然角度不同，但都强调在戏剧创作中应运用情思去体贴角色情理，创造符合角色的人物形象；并认为作者只有"设身处地，伐隐攻微"④，才能创造出符合角色的语言，代言角色心声，使人物语言达到谐里耳、合身份、表心境的完美统一，为人物形象增色。作为南戏之祖的《琵琶记》，整部戏以五娘的心理活动为主，以其公婆的心理和情感变化为辅，对人的情感变化、变动进行比较精细的描摹，其最重要的成就之一就是"体贴人情、委屈必尽"的戏剧效果。如《糟糠自厌》中几段曲辞就有这样的效果。

【孝顺歌】呕得我肝肠痛，珠泪垂，喉咙尚兀自牢嗄住。糠，遭砻被舂杵，筛你簸扬你，吃尽控持。悄似奴家身狼狈，千辛百苦皆经历。苦人吃着苦味，两苦相逢，可知道欲吞不去。（吃吐介）

---

① 隗芾、吴毓华：《古典戏曲美学资料集》，文化艺术出版社1992年版，第425页。
② （明）马权奇：《鸳鸯冢题词》，见《孟称舜集》"附录"，朱颖辉辑校，中华书局2005年版，第615页。
③ （清）李渔：《闲情偶寄》，孙敏强注释，浙江古籍出版社2000年版，第48页。
④ （清）李渔：《闲情偶寄》，孙敏强注释，浙江古籍出版社2000年版，第16页。

【前腔】糠和米,本是两倚依,谁人簸扬你作两处飞? 一贱与一贵,好似奴家共夫婿,终无见期。(白:丈夫,你便是米么?)米在他方没寻处。(白:奴便是糠么?)怎的把糠救得人饥馁? 好似儿夫出去,怎的教奴供得公婆甘旨?(不吃放碗介)

【前腔】思量我生无益,死又值甚的! 不如忍饥为怨鬼。公婆老年纪,靠着奴家相依倚,只得苟活片时。片时苟活虽容易,到底日久也难相聚。谩把糠来相比,这糠尚兀自有人吃,奴家骨头,知他埋在何处?①

张琦《衡曲麈谈》说:"曲也者,达其心而为言者也。"②在以上的曲辞中,曲辞确实成为抵达人物之心的重要方式,抒写人物之情的重要途径。为写好人物,为达其心,作者则变身剧中人物,"化身为曲中之人",设身处地且丝丝入扣地写出了绝境中的赵五娘进退两难的心理。赵五娘情感的冤、怨、忍、韧的起承转合被表现得淋漓尽致,波澜起伏。将人物的情感写得曲折而熨帖,读来让人回肠荡气,唱来动人心魄,将"人不可知"、"灵窍隐深"③的精微之"心曲"书写出来,符合"《琵琶》一书,纯是写怨。……殆极乎怨之致"④的特点,与全剧的整体风格相合。故清人李调元《雨村曲话》曰:"《琵琶记》,元末永嘉高则诚撰……此曲体贴人情,描写物态,皆有生气,且有裨风教,宜乎冠绝诸南曲,为元美之亟赞也。"正因为体贴人情物理,所以历来评价很高。徐渭在《南词叙录》中评述《琵琶记》时说:"'或言《琵琶记》高处在《庆寿》、《成婚》、《弹琴》、《赏月》诸大套。'此犹有规模可寻。惟《食糠》、《尝药》、《筑坟》、《写真》诸作,从人心流出,严沧浪言'水中之月,空中之影',最不可到。如十八答,句句常

---

① (元)高明著,钱南扬编:《元本琵琶记校注》,上海古籍出版社1980年版,第120—121页。

② 中国戏曲研究院编:《中国古典戏曲论著集成》(四),中国戏剧出版社1959年版,第267页。

③ (明)张琦:《衡曲麈谈·填词训》,见中国戏曲研究院编:《中国古典戏曲论著集成》(四),中国戏剧出版社1959年版,第267页。

④ 《前贤评语》,见秦学人、侯作卿编:《中国古典编剧理论资料汇辑》,中国戏剧出版社1984年版,第42页。

言俗语,扭作曲子,点铁成金,信是妙手。"①明人从人情的角度发掘《琵琶记》中"至情至性"的段落,并对此进行发明彰显,是时代性审美意识的体现,故此《食糠》(有版本作《糟糠自厌》)一出被列为流露人的真性情,从人心流出的曲辞。其成功的关键也在于创作"体贴"了"人情物理",表达出体贴的"人情物理"。

又如《牡丹亭·寻梦》中的几段曲辞:

【玉交枝】(泪介)是这等荒凉地面,没多半亭台靠边,好是咱眯眯瞅色眼寻难见。明放着白日青天,猛教人抓不到魂梦前。霎时间有如活现,打方旋再得俄延,呀,是这答儿压黄金钏匾。要再见那书生呵。

【月上海棠】(旦)怎赚骗?依稀想像人儿见。那来时荏苒,去也迁延。非远,那雨迹云踪才一转,敢依花傍柳还重现。昨日今朝,眼下心前,阳台一座登时变。再消停一番。(望介)呀,无人之处,忽然大梅树一株,梅子磊磊可爱。

戏曲文学特别注重展示人物的内心世界,发掘人物内心情感。在这几支曲辞中,作者好像完全忘记了自己的身份,而融化在角色之中,以痴情少女的眼睛来看一切,以痴情少女的心来想一切,完全化身为剧中之人,深入人物的内心世界,并以细腻、婉转的曲辞加以表现,其体贴人情之细致深切,到了出神入化的地步。正如王思任所指出的:"其款置数人,笑者真笑,笑即有声;啼者真啼,啼即有泪;叹者真叹,叹即有气。杜丽娘之妖也,柳梦梅之痴也,老夫人之软也,杜安抚之古执也,陈最良之雾也,春香之贼牢也,无不从筋节窍髓,以探其七情生动之微也。"②"曲尽人情"而不违物理,达到了"体贴"的程度,使人物的意趣神色更加丰厚饱满、生动感人,可以说是从"筋节窍髓"中挖掘出人物的情感与个性。

在古代戏剧家看来,无论是创造人物还是摹写人物语言,作家都应充

---

① 中国戏曲研究院编:《中国古典戏曲论著集成》(三),中国戏剧出版社 1959 年版,第 243 页。

② (明)王思任:《玉茗堂还魂记·序》,见秦学人、侯作卿编:《中国古典编剧理论资料汇辑》,中国戏剧出版社 1984 年版,第 138 页。

分考虑人物性格生成的原因和条件,考虑到人物之间的复杂关系,以己之心推及他人,真正做到设身处地,只有"心"临其境、"处处设身处地而后成文"①,笔下的人物才能"尽人之性",塑造的人物才能"各自入妙",而这正是"体贴人情物理"的基本内涵。明代戏曲评点中对戏曲的这一特点多有重视,可以说是比较普遍的审美意识。

不仅中国古代戏曲的创作理论强调"设身处地"的体验性,其搬演理论也强调表演者"设身处地"、"理解曲意",要求表演者"体贴人情物理"。臧懋循《元曲选序二》说:"行家者,随所妆演,不无摹拟曲尽,宛若身当其处,而几忘其事之乌有,能使人快者掀髯,愤者扼腕,悲者掩泣,羡者色飞……故称曲上乘首曰当行。"②汤显祖《宜黄县戏神清源师庙记》:"为旦者常作女想,为男者常欲如其人。"③元代胡祗遹就曾对演员提出九点要求,其中第三条为"心思聪慧,洞达事物之情状",第八条为"发明古人喜怒哀乐、忧悲愉佚、言行功业,使观听者如在目前,谛听忘倦,惟恐不得闻"④。即认为演员只有对人物情理有深切的体会,才能演好角色。这一说法被李渔发挥而提出"唱曲宜有曲情"或"设身处地"的命题。他说:"曲情者,曲中之情节也。解明情节,知其意之所在,则唱出口时,俨然此种神情,问者是问,答者是答,悲者黯然魂消而不致反有喜色,欢者怡然自得而不见稍有瘁容,且其声音齿颊之间,各种俱有分别,此所谓曲情是也。"⑤"须令于演剧之际,只作家内想,勿作场上观,始能免于矜持造作之病。……然妆龙象龙,妆虎象虎,妆此一物,而使人笑其不似,是求荣得辱,反不若设身处地,酷肖神情,使人赞美之为愈矣。"⑥这都是强调对角色的情感体验,在表演意义上"体贴人情物理"。

---

① (明)施耐庵原著,(清)金圣叹评改:《金圣叹评改本水浒》,张国光校订、整理,华中理工大学出版社1998年版,第262页。金圣叹十分注重小说创作中的设身处地,因此凡人物描写精彩,有理有节处,会批曰"作者实有设身处地之劳也"。
② 陈多、叶长海编:《中国历代剧论选注》,湖南文艺出版社1987年版,第184页。
③ 《汤显祖诗文集》(下),徐朔方笺校,上海古籍出版社1982年版,第1128页。
④ 《胡祗遹集》第八卷,魏崇武、周思成校点,吉林文史出版社2008年版,第224页。
⑤ (清)李渔:《闲情偶寄》,孙敏强注释,浙江古籍出版社2000年版,第88页。
⑥ (清)李渔:《闲情偶寄》,孙敏强注释,浙江古籍出版社2000年版,第144页。

从戏曲创作和表演来看，"体贴人情物理"不仅是戏曲成功的标志，也是戏曲创作和表演的要求。

二、"体贴人情物理"与人代言

戏曲"述古人之言语，……因人而施，口吻极似，正所谓本色之至也"①，即使是代时人立言，也具有间接性，须模拟其声口，属于"代他人口角"。王骥德说："曲以模写物情，体贴人理，所取委曲婉转，以代说词。"②"以代说词"言及的是戏曲代言体特征。"代人物形象立言便成为明中期以后文人戏曲创作的自觉追求和戏曲理论的明确标榜"③，成为此后曲论家的普遍共识。王季烈《螾庐曲谈》说，"至传奇，则全是代人立言，忠奸异其口吻，生旦殊其吐属，总须设身处地，而后可以下笔"④，刘熙载《艺概·词曲概》言"杂剧全用代字诀"⑤，王国维《宋元戏曲史》说元杂剧"由叙事体而变为代言体，……于科白中叙事，而曲文全为代言"，并断言代言体"自元剧始"⑥，都是这一共识的组成部分。代言体作为戏曲独具的本质性文体特性，被视为戏曲文体自觉的标志，也是明代戏曲审美意识的标志性特征。

代言是成熟的中国古代戏曲最为重要的表达方式。由于采用第一人称叙事、抒情、言理的视角，以第一人称的声口为作品中的主人公（人或物）代见、代闻、代思、代想、代说、代议、代行、代动，作者可以在作品中扮演各种各样的人物（甚至是动物、植物或物品）角色，以内心独白、自由联想的方式宣泄自己的情绪心态，可以自由灵活地潜入各类角色的灵魂深处，进行自我暴露、自我剖析，展示"自己"的内心图景，这就为读者敞开

---

① （清）徐大椿：《乐府传声·元曲家门》，见隗芾、吴毓华：《古典戏曲美学资料集》，文化艺术出版社 1992 年版，第 355 页。

② （明）王骥德：《曲律·论家数第十四》，见中国戏曲研究院编：《中国古典戏曲论著集成》（四），中国戏剧出版社 1959 年版，第 122 页。

③ 郭英德：《明清传奇戏曲文体研究》，商务印书馆 2004 年版，第 203 页。

④ 隗芾、吴毓华：《古典戏曲美学资料集》，文化艺术出版社 1992 年版，第 435 页。

⑤ （清）刘熙载：《艺概·词曲概》，《艺概注稿》下册，袁津琥校注，中华书局 2009 年版，第 596 页。

⑥ 王国维：《宋元戏曲史》，百花文艺出版社 2002 年版，第 65 页。

了一个个闪烁着奇异色彩的内心世界,使之深切地分享作者的喜怒哀乐、悲欢离合。读者也可以随同作者所"扮演"的各种情态中的人物,饱尝生活的欢乐,痛饮人间的悲苦,体味生活的多样性。采用代言体制,使作品产生最大限度的艺术感染力,更容易引起人们的同情共感。戏曲要"曲尽人情"就必然要代人抒情,与人代言更需"体贴人情",作者更需"设以身处其地",体贴人物在具体语境、情境中的状态,"须以自己之肾肠,代他人之口吻,……我设以身处其地,模写其似"①,才能产生"摹欢则令人神荡,写怨则令人断肠"②的动人效果,使戏曲真正达到"体物之工"、"写心之妙"的艺术追求。

在代言体戏曲中,创作者(剧作家和搬演者)要表现角色、装扮角色,就必须首先认识和理解角色,内心体会角色,在"体贴人情物理"的基础上,化身为剧中人物,为他(她)们立言立心。同是写长亭送别,王实甫《西厢记》杂剧中的[正宫·滚绣球]就与《董解元西厢记》诸宫调中的[黄钟宫·出队子]不同,动人的效果也不同。试看这两段戏词:

> 【正宫·滚绣球】恨相见得迟,怨归去得疾。柳丝长,玉骢难系,倩疏林,你与我挂住斜晖。马儿慢慢的行,车儿快快的随。恰告了相思回避,破题儿又早别离。听得道一声"去也",松了金钏。遥望见十里长亭,减了玉肌。此恨谁知!③

> 【黄钟宫·出队子】最苦是离别,彼此心头难弃舍。莺莺哭得似痴呆,脸上啼痕都是血,有千种恩情何处说。夫人道:"天晚教郎疾去!"怎奈红娘心似铁,把莺莺扶上七香车。君瑞攀鞍空自挦,道得了冤家宁奈些。④

比照这两段曲辞,人们可以发现代言体的好处和优势。第一段由于改变

---

① (明)王骥德:《曲律·论引子》,见中国戏曲研究院编:《中国古典戏曲论著集成》(四),中国戏剧出版社 1959 年版,第 138 页。

② (明)王骥德:《曲律·论套数》,见中国戏曲研究院编:《中国古典戏曲论著集成》(四),中国戏剧出版社 1959 年版,第 132 页。

③ (清)金圣叹批评:《贯华堂第六才子书西厢记》,傅晓航校点,甘肃人民出版社1985 年版,第 289—290 页。

④ 《董解元西厢记》,凌景埏校注,人民文学出版社 1962 年版,第 128 页。

了人称,可以从莺莺的口吻道出更为具体的离情别绪,显得更为真切,叙述者的声口不再出现,人物直接与观众进行交流,更能打动人心。《长亭送别》一折抒发的是莺莺的离愁别恨,是处在新婚燕尔之中的闺中少妇对蜜月的留恋,是夫妻分离的痛苦、对丈夫的牵念忧虑和对母亲的怨尤,作者将这种复杂的心态写得十分恰切。在理、事、情、境的基础上,结合戏曲人物的心理意愿、主人公的社会地位和人物间的特殊关系,在这三者之间"体贴人情物理",将主人公崔莺莺的心写活了,既符合人情,又关合物理。崔莺莺就心理意愿而言,她是天下"至有情女子";就社会地位而言,则为"天下至尊贵女子";就所处的特定关系而言,是"天下至矜尚、至灵慧女子也"①。这一切都是决定作者深入主人公心理环境的条件,而作者正是在这样的情境下完成人物形象的塑造,并做到了描写物态栩栩如生,"体贴人情"、"委曲必尽",产生了"歌演终场"、"使人坠泪"②的艺术效果。可见"戏剧精妙处不在锣鼓丝弦之嘈杂,而在言语表情之周密。言语表情周密处,即体贴人情细微处"③。第二段则以第三人称的写作者与演唱者出发,从旁观的角度和地位在叙述莺莺与张生的别离场面,屡次提及人名并附带涉及他们的言行,产生一种阻断感和间离感,相对而言效果要差一些。可见代言体戏曲在"曲尽人情"方面有难以比拟的优势,"故情短情长,莫不于曲寓之"④。

　　中国传统戏曲为了达到"曲尽人情"的目的和戏剧效果,常常撇开情节的发展而对人物在特定情境下的情感进行横向的展开,甚至让人物的情感漫溢。比如在《西厢记·赖婚》里,在老夫人悔婚,美好的希望顷刻之间化为泡影之时,相关人物有不同的情绪和心理反应。张生说:"呀,这声息不好也!"莺莺道:"呀! 俺娘变了卦也!"红娘感叹:"呀,这相思今

---

①　关于崔莺莺的诸种判断,均为金圣叹的言说,参见(清)金圣叹批评:《贯华堂第六才子书西厢记》,傅晓航校点,甘肃人民出版社 1985 年版。

②　(明)王世贞:《曲藻》,见中国戏曲研究院编:《中国古典戏曲论著集成》(四),中国戏剧出版社 1959 年版,第 34 页。

③　见民国八年(1919)十月二十日南通《公园日报》登载的南通更俗剧场规约。

④　(清)李调元:《雨村曲话序》,见中国戏曲研究院编:《中国古典戏曲论著集成》(八),中国戏剧出版社 1959 年版,第 5 页。

番害也!"按理说人物的情感态度已经明确,无须再多言,然而剧中却用了【雁儿落】、【得胜令】、【甜水令】、【折桂令】、【月上海棠】、【清江引】、【乔牌儿】、【殿前催】、【离亭宴带歇指煞】等 9 支曲子,连篇累牍地表现莺莺的情感变化与一系列的心理活动,用相当的篇幅将崔莺莺对母亲口不应心的埋怨、对张生的牵挂、对未来的迷惘都活灵活现地表现了出来,诚如吕天成《曲品》所说,"情从境转,一段直堪断肠"①。

为了让读者充分体会这种情形,兹将这段文辞引用如下:

【雁儿落】怎见他荆棘刺怎动那,死懵腾无同互,措支哩不对答,软兀剌难蹲坐!

【得胜令】真是积世老婆婆,甚妹妹拜哥哥。白茫茫溢起蓝桥水,扑腾腾点着袄庙火。碧澄澄清波,扑剌剌将比目鱼分破。急攘攘因何,扢搭地把双眉锁纳合。

【甜水令】粉颈低垂,烟鬟全堕,芳心无那,俺有甚相见话偏多。星眼朦胧,檀口嗟咨,攧窨不过。这席面真乃乌合!

【夫人云】红娘,看热酒来,小姐与哥哥把盏者![莺莺把酒科][张生云]小生量窄。[莺莺云]红娘,接了台盏者!

【折桂令】他其实咽不下玉液金波。他谁道月底西厢,变做了梦里南柯。泪眼偷淹,他酪子里揾湿衫罗。他眼倦开,软瘫做一垛。他手难抬,称不起肩窝。病染沉疴,他断难又活。母亲你送了人呵,还使其喽啰!

【夫人云】小姐,你是必把哥哥一盏者。[莺莺把盏科][张生云]说过小生量窄。[莺莺云]张生,你接这台盏者。

【月上海棠】一杯闷酒尊前过,你低首无言自摧挫。你不甚醉颜酡,你嫌玻璃盏大,你从依我,你酒上心来较可。[后](他本作[幺篇],引者注)你而今烦恼犹闲可,久后思量怎奈何?有意诉衷肠,争奈母亲侧坐。成抛趄,咫尺间如间阔。

【张生饮酒科】[莺莺入席科][夫人云]红娘,再斟上酒者,先生

① (明)吕天成:《曲品》,见中国戏曲研究院编:《中国古典戏曲论著集成》(六),中国戏剧出版社 1959 年版,第 210 页。

满饮此杯。〔张生不答科〕〔旦云〕

【乔牌儿】转关儿虽是你定夺,哑谜儿早已人猜破;还要把甜话儿将人和,越教人人不快活。

【清江引】(有的版本作[江儿水],引者注)女人自来多命薄,秀才又从来懦。闷杀没头鹅,撇下赔钱货,不知他那答儿发付我!

【殿前催】(有的版本作[殿前催],引者注)你道他笑呵呵,这是肚肠阁落泪珠多。不是一封书将贼兵破,俺一家怎得存活,他不想结姻缘想甚么。难捉摸,你说谎天来大,成也是你母亲,败也是你萧何。

【离亭宴带歇指煞】从今后,我也玉容寂寞梨花朵,朱唇浅淡樱桃颗。如何是可,昏邓邓黑海来深,白茫茫陆地来厚,碧悠悠青天来阔。前日将他太行山般仰望,东洋海般饥渴,如今毒害的恁么! 把颤巍巍双头花蕊搓,香馥馥同心缕带割,长挽挽连理琼枝挫。只道白头娘难负荷,谁料青春有耽搁,将锦片前程蹉脱。一边甜句儿落空他,一边虚名儿误赚我。①

为了体贴人情,表达情感的曲折和因境而转的情形,作者往往曲尽其情、曲尽其妙,可谓"言一事,极一事之意趣神色而止;言一人,极一人之意趣神色而止"②。在批评中,金圣叹先从整体上谈及赖婚情节设置的重要性,他说:"世之愚生,每恨恨夫人之赖婚,夫使夫人不赖婚,即西厢记且当止于此矣。"③又从心、体、地的不同分析了此段"必当写作莺莺唱"并"言之而尽"的原因时说"如此事此情此理,自莺莺言之,则夫人赖也。如云:母之赖之,是赖其口中之言也。若我赖之,是直赖吾心中之人也。吾赖吾心中之人,将使彼亦赖彼心中之人与,此其尽也"④。这里最应关注

---

① 这段唱词在不同版本中差异比较大,本处引文从傅晓航校点:《贯华堂第六才子书西厢记》,甘肃人民出版社 1985 年版。

② (明)沈际飞:《玉茗堂文集题词》,见毛效同编:《汤显祖研究资料汇编》(上),上海古籍出版社 1986 年版,第 429 页。

③ (清)金圣叹批评:《贯华堂第六才子书西厢记》,傅晓航校点,甘肃人民出版社 1985 年版,第 135 页。

④ 金圣叹批评《西厢记·赖婚》开篇批语,(清)金圣叹批评:《贯华堂第六才子书西厢记》,傅晓航校点,甘肃人民出版社 1985 年版,第 150 页。

的是"尽"字,这是"曲尽人情"和"纡曲必尽"的"尽",是"作者体贴人情物理"表达特定情境下人物感情的必然选择。从创作的角度讲,要达到这种"尽"的境界,就须"代人立心",而要代人立心,作者就要辨幽析微,钻到人物的内心里去,就必须灵魂出窍,梦往神游,设身处地,化为他人,放弃自我,从人物的角色出发,分身进入不同的角色中,写出性格化的语言,写出性格化的人物。《琵琶记》被王骥德称为"模写物情,体贴人理"的精品剧作,王世贞也认为:"《琵琶记》四十二出,各色的人,各色的话头,拳脚眉眼,各肖其人,好丑浓淡,毫不出入。中间抑扬映带,句白问答,包涵万古之才,太史公全身现出。以当词曲中第一品无愧也。""《琵琶记》当以蔡母嗟儿一篇,为霓裳第一拍。看他语语刺心,言言洞骨,绝不闲散一字,半入雍门之琴,半入渐离之筑。凄凄楚楚,铿铿镗嗒,庶几中声起雅。""《琵琶记》'两贤相遘'一篇,幻设妇女之态,描写二贤媛心口,真假假真,立谈间而涕泣感动,遂成千载之奇。便即郦生一朝说下齐七十余城,从太史公笔端描出,言犹在耳。"①以上从情、人、词三个方面对《琵琶记》进行的评价,实际上是对该剧"人情物理"体贴程度的评价。

黑格尔说:"在戏剧里,具体的心情总是发展成为动机或推动力,通过意志达到动作,达到内心理想的实现,⋯⋯动作就是实现了的意志,而意志无论就它出自内心来看,还是就它的终极结果来看,都是自觉的。这就是说,凡是动作所产生的后果是由主体本身的自觉意志造成的,而同时又对主体性格及其情况产生反作用。"②中国古代剧作家深谙此理,多以写情而推动情节的发展。比如《西厢记》中张生对莺莺的爱慕之"心"就成了其行为的内在动力。作品从一开始就写张生远望崔莺莺"意惹情牵"的状况,从而为其后的行动提供了动力之源,此后大段大段地写情,都在为动作积蓄能量。然而,中国传统戏曲作为意象戏曲不同于摹象戏剧,不大遵循行动是自觉意志的实现这一原则,而善于把人物行动的内心依据直接解释出来,因此写好揭示人物行动的内心依据成为中国戏曲创作的重

---

① 《前贤评语》,《成裕堂绘像第七才子书琵琶记》卷一,见秦学人、侯作卿编:《中国古典编剧理论资料汇辑》,中国戏剧出版社 1984 年版,第 46—47 页。

② [德]黑格尔:《美学》第三卷,商务印书馆 1981 年版,第 244—245 页。

中之重。同时,由于戏曲是代剧中人抒情,故而作者只有在深刻体验剧中人在剧情中特定情感的基础上,才能设身处地写出特定人物在特定情境下的特定情感。中国戏曲刻画人物虽也重视外在的动作展示,但更多的还是瞩目于内在的情感描写和心理剖析,往往通过人物内心情感的细腻剖析,以"情"写"性","化情归性"①,达到刻画出人物性格的目的。

金圣叹批评的《第六才子书西厢记》之《赖婚》《赖简》总批对此进行了精彩的分析,言及作者代人立言之时"体贴人情物理"的规律,现摘录如下:

> 事固一事也,情固一情也,理固一理也,而无奈发言之人,其心则各不同也,其体则各不同也,其地则各不同也。彼夫人之心与张生之心不同,夫是故有言之而正,有言之而反也。乃张生之体与莺莺之体又不同,夫是故有言之而婉,有言之而激也。至于红娘之地与莺莺之地又不同,夫是故有言之而尽,有言之而半也。(《赖婚》总批)②

> 天下亦惟有我之心,则张生之心也。张生之心,则我之心也。若夫红娘之心则何故而能为张生之心。红娘之心,既无故而不能为张生之心,然则红娘之心,何故而能为我之心。故夫双文之久欲寄简,而终于红娘难之者,彼诚不欲以两人一心之心,旁吐于别自一心之人也。(《赖简》总批)③

金圣叹说:"此真设身处地,将一时神理都写出来。"④可见成功的艺术作品,作者往往能设身处地,将代言对象写得入情入理。李卓吾说:"有此一阻,才尽才子光景。莺莺娇态,张生情状,千古如见……"⑤从情节发展的角度讲,赖简、赖婚都使情节出现曲折,赖简、赖婚实际上是对张生意志

① (明)陈继儒:《批点〈牡丹亭〉题词》,(明)汤显祖:《汤显祖诗文集》(下),徐朔方笺校,中华书局1982年版,第1545页。

② (清)金圣叹批评:《贯华堂第六才子书西厢记》,傅晓航校点,甘肃人民出版社1985年版,第150—151页。

③ (清)金圣叹批评:《贯华堂第六才子书西厢记》,傅晓航校点,甘肃人民出版社1985年版,第217页。

④ (清)金圣叹批评:《贯华堂第六才子书西厢记》,傅晓航校点,甘肃人民出版社1985年版,第97页。

⑤ 第十一折《赖简》总批,见秦学人、侯作卿编:《中国古典编剧理论资料汇辑》,中国戏剧出版社1984年版,第56页。

的考验,实际上是张生性格发展逐渐推进的有力一笔,更有利于"曲"以尽情。

相反,一些戏曲中的作者就没能做到"设身处地",未能做到与代言的人物同情,因此曲辞越好却离人物情境越远。比如康海的《中山狼》一剧中,差点被恶狼吃掉,死里逃生的东郭先生来到一个村落,却悠闲自得地唱了这样一支曲子:"【双调新水令】看半林黄叶暮云低,碧澄澄小桥流水。柴门无犬吠,古树有乌啼。茅舍蔬篱,这是个上八洞闲天地。"①试想,一个惊魂未定的逃生者,哪儿有闲情逸致来欣赏这小桥流水的景致,因而并不能产生"即景会心"的情况。此处曲辞与人物此时所处的情境、心境不够体贴,未能设身处地地替剧中人物着想,因而出情理之外,犯了作曲的大忌。

除此而外,若是在情感、情节设计上不体贴人情物理,也可使剧作失真或者出现漏洞。冯梦龙在《〈新灌园〉叙》中,对张凤翼剧作原本中法章这一形象的处理提出批评,认为作者在塑造人物时未能体贴人物所处的环境和情绪氛围,让法章为一女子而忘却国仇家恨,这是不符合人情物理的。为此批评说:"夫法章以亡国之余,父死人手,身为人奴,此正孝子枕戈、忠士卧薪之日,不务愤悱忧思,而汲汲焉一妇人之获,少有心肝,必不乃尔。"②又比如就《琵琶记》一剧,明人李贽就发现:蔡婆八十岁,蔡伯喈才三十,"天下岂有妇人五六十岁生子之理?"李贽认为这个年龄安排不尽合理,有悖于生活常理,与物理不够体贴,"自宜改"③。又如《荆钗记》中太守追荐亡妻,钱玉莲作为一个普通女子,却能于太守进香之时也到寺庙里拈香祈愿,李贽认为"那有太守在观而妇女不避之理?"并由此认为改本中"玄妙观相逢"的情节不符合物理或者生活事理,是不能令人信服的,甚至认为"此出当删"④。不体贴人情物理就会造成戏曲之中人物、性

① (明)康海:《中山狼》,见郭汉城、张宏渊编:《中国戏曲经典》第2卷,山东教育出版社2005年版,第537页。

② 吴毓华编:《中国古代戏曲序跋集》,中国戏剧出版社1990年版,第276—277页。

③ 《李卓吾批评琵琶记》第十三出《官媒议婚》总批,见秦学人、侯作卿编:《中国古典编剧理论资料汇辑》,中国戏剧出版社1984年版,第52页。

④ (明)李贽:《李卓吾先生批评古本荆钗记》,明刻本。

格或者情节失真,既不符合人情也不符合物理。《明珠记》三十四出中写古押衙设计,让使女塞鸿假扮内官颁布诏书,赐给无双药酒,让她喝下暂时"死去",再将她的尸首赎出搭救活。然而剧中对一个未经世事的使女办如此大的一件事情没有任何交代,于是李贽在评点中指出:"押衙烈士,干事决定万全,岂有不先教训演习而以漫不经事子尝试者乎? 没理没理。"①李贽的批评有道理,一件救人的大事,一个未经世事的丫鬟,要办这件大事按照情理应该有所演习,不然不能做到临场不慌张,导致事情败露,耽误救人大计。戏曲是一个环环相扣的整体,局部的疏漏或者人情物理考虑不周都会导致问题。李贽说没理是切实之论,这是在情节上不体贴人情物理的例子。可见代人立言,代人立心,要设身处地,体贴人情物理,务必使"各人心事,各人身份,各人见解,丝毫不同,而皆无伤人情,不碍天理"②。

李渔在为《香草亭传奇》作序时提出,创作传奇要"既出寻常视听外,又在人情物理之中"③,还在《闲情偶寄》中说"凡说人情物理者,千古相传"。可见,"模写物情,体贴人理"、"体贴人情物理"是代言体戏曲创作的要求和追求,是明代认识到的戏曲最主要的审美特征,从明代戏曲创作和戏曲批评中,从明代人的正面肯定和反面的批评之中,我们都可以看到,"体贴人情物理"是明代戏曲最重要的审美意识。

三、体贴人情物理方能达到本色

天下之事,无非理、势、情,天下的事物无非是理、势、情三者交互作用的产物,这一点明代著名戏剧家汤显祖就已经认识到了。他说:"今昔异时,行于其时者三:理尔,势尔,情尔。以此乘天下之吉凶,决万物之成毁。作者以效其为,而言者以立其变辩,皆是物也。事固有理至而势违,势合而情反,情在而理亡,故虽自古名世建立,常有精微要妙不可告与人也

---

① (明)李贽:《李卓吾先生批评无双传明珠记》,明刻本。
② (清)孔尚任:《桃花扇》第三十四出《截矶》评语,转引自郭英德:《明清传奇戏曲文体研究》,商务印书馆 2004 年版,第 218 页。
③ (清)李渔:《〈香草亭传奇〉序》,《李渔全集》第一卷,浙江古籍出版社 1991 年版,第 47 页。

者。……是非者理也，重轻者势也，爱恶者情也。三者无穷，言亦无穷。"①从创作的角度讲，人情和物理被体贴、揣摩、掌握、表现，几乎就把握了世界、生活的基本规律和状态，而人情和物理达到体贴、契合的程度，世事的把握也就到了最佳的程度，从这一层面来讲，"体贴人情物理"可谓是创作和衡量戏曲的根本，与戏曲的其他审美要求也是有关联的。

"本色"是明代戏曲理论的重要组成部分，也是衡量戏曲的重要标准。李贽以天然本色为戏曲的上乘特色，与此相一致，明代戏曲评论中多标举"本色"的审美标准，将宋人十分重视的诗词"本色"审美意识扩展到了戏曲领域②，成为其重要的审美意识之一。

明代隆庆、万历年间，沈璟和汤显祖围绕"本色"进行论争。沈璟本人"偏好本色"将本色的戏曲本体追求和审美特征滞留于文辞层面，在《南九宫十三调曲谱》中列举"不撑达"、"不睹事"、"勤儿"、"特故"等俗语，认为这样的语言"皆词家本色语"，"俱是词家本色字面，妙甚"。其时的戏曲家臧懋循、吕天成等人同意这种观点，并将当行与本色联系起来论述，将本色与当行之间的关系总结为"果属当行，则句调必多本色；果具本色，则境态必须当行矣"③。而汤显祖、徐渭等人则将本色的审美意识扩展到人情物理层面，亦即感情表达的率真和对事理的表达等层面。汤显祖在《焚香记总评》中说："其填词皆尚真色，所以入人最深，遂令后世听者泪，读者颦，无情者心动，有情者肠裂。"④"真色"即指表情要"真"，要感人，要在戏曲中表现真我，表现真性情，这其中包括了戏曲中人物性情之真，当然也包括了作者性灵之真。徐渭在《西厢序》中说："世事莫不有本色，有相色。本色犹俗言正身也；相色，替身也。……故余于此本中

---

① （明）汤显祖：《沈氏弋说序》，《汤显祖集诗文集》（下），徐朔方笺校，中华书局1982年版，第1481页。

② 王骥德《曲律·杂论上》中认为："本色之说，非始于元，亦非始于曲，盖本宋严沧浪之说诗。"

③ （明）吕天成：《曲品》，见中国戏曲研究院编：《中国古典戏曲论著集成》（六），中国戏剧出版社1959年版，第211页。

④ （明）汤显祖：《焚香记总评》，见（明）王玉峰、（清）秋堂和尚撰：《明清传奇刊 焚香记 偷甲记》，吴书荫、张树英点校，中华书局1989年版，第1页。

贱相色,贵本色,众人啧啧者我响响也。岂惟剧者,凡作者莫不如此。"①
徐渭所言本色,事实上与李贽所言的"童心"有本质上的关联。"本色相
当于童心,相当于处于本心的至情;相色就等于人人都在讲、都能讲的道
理,装腔作势,了无个性。"②本色实际上是真挚的童心、至情的肯定,童
心、至情、本色在这里达到一脉相通。什么样的对象才能入众,深入到众
人的内心,打动众人的情感,那就是能够体贴人情物理的对象;什么样的
方式才能入众,只有"不可着一毫脂粉,越俗越家常"的语言才是真本色,
这就像"好水碓,不杂一毫糠衣"③,戏曲的语言"越俗越雅,越淡薄越滋
味,越不扭捏动人越自动人"④,语言越本色,越是感发人心,"歌之使奴、
童、婢、妇皆喻"的语言及表演才得体,才能入众耳、动众心。徐渭还说,
"南戏要是国初得体。……《琵琶》尚矣,……然有一高处:句句皆本色
语,无今人时文气"⑤。在徐渭看来,《琵琶记》是语言最为本色的、最得
体的南曲,结合我们对《琵琶记》"体贴人情物理"的分析,可以看出,包括
语言本色在内的这些感人的方式本真上必须是建立在对人情物理的体贴
之上,建立在对人情物理的真实描摹和真情观照之上,否则光凭借语言的
本色是不可能实现这种美好的效果的。可以说,只有"体贴人情物理"方
能达到本色。

体贴是一种审美状态,是一种曲尽人情所达到的审美状态,是一种人
情表达的合理、自然真切的状态,这种状态就是有机的贴合。《琵琶记》
一剧,体现了这种状态。该剧虽非明代创作,但是在明代初年关于娱乐禁
令严格的情况之下还受到统治阶级高层的关注,可见是得到普遍认同的。
徐渭《南词叙录》中记载,"时有以《琵琶记》进呈者,高皇笑曰:'五经四
书,布帛菽粟也,家家皆有;高明《琵琶记》如山珍海错,富贵之家不可

---

① 《徐渭集》第 3 册,中华书局 1983 年版,第 1089 页。
② 张法:《中国美学史》,上海人民出版社 2000 年版,第 282 页。
③ (明)徐渭:《题昆仑奴杂剧后》,《徐渭集》第 3 册,中华书局 1983 年版,第 1093 年。
④ (明)徐渭:《西厢序》,《徐渭集》第 3 册,中华书局 1983 年版,第 1089 页。
⑤ (明)王骥德:《南词叙录》,见中国戏曲研究院编:《中国古典戏曲论著集成》
(三),中国戏剧出版社 1959 年版,第 243 页。

无。'既曰：'惜哉！以官锦而制鞲也！'由是日令优人进演"①。高则诚的影响在明代中期越来越大，不仅影响到剧坛，而且影响到一般士子和政坛大佬。以致邱濬将戏曲视为"振启淳风"的工具，创作《五伦全备记》，以更加直露的方式宣传三纲五常，以戏剧的形式履行了一个道学家的责任。同时受到王世贞等文人的认可和评价，是"体贴人情物理"审美意识的重要表征，我们从明代人对它的肯定中可以反观明代人的审美意识。同样以《琵琶记》之《糟糠自厌》为例：

　　蔡婆婆出场不多，语言很少，也没有唱段，但她的思想感情也经历了一个由埋怨、猜测到怀疑，再到醒悟、悔过的过程。她的埋怨、猜测开始是借赵五娘之口虚写的，赵五娘在独白中说："奴家早上安排些菜饭与公婆，非不欲买些鲑菜，予奈无钱可买。不想婆婆抵死埋怨，只道奴家背地自吃了什么东西。"后来，在赵五娘自食糠秕时，蔡婆婆又上台探觑，亲眼见五娘在吃东西，心中生疑。先是直言相问："媳妇，你在这里吃什么？"听说是糠，自不信："这糠只好将去喂猪狗，如何把来自吃？"听了赵五娘的解释，还是不信，又对蔡公公说："你休听他说谎，糠秕如何吃得？"直到赵五娘说出："奴须是你孩儿的糟糠妻室"，又细看之后，才大哭道："我原来错埋冤了你。"顿时，心疼儿媳之情、怨儿不归之悲、生活艰难之苦，使这位八十多岁的老婆婆身心交瘁、悲痛难抑而死。整出戏中，蔡婆婆仅这几句话，一字千斤，一句一个变化，一句一个起伏，又句句入理、丝丝入扣。既完全符合她的身份，又充分体现出她的性格特征。

　　蔡公公的思想感情变化在这出戏中也表现得很逼真，并且更有意义。蔡公公原是科举制度的热衷者，也是蔡伯喈辞试不从的主要人物。在他忍受了灾荒之苦，又亲眼目睹了儿媳吃糠的悲剧，终于醒悟了。一方面发出"到如今始信有糟糠妇"的感叹，反衬出赵五娘的美德。另一方面又深刻地自责和悔过，并把满腔的悲愤射向封建科

---

　　① （明）王骥德：《南词叙录》，见中国戏曲研究院编：《中国古典戏曲论著集成》（三），中国戏剧出版社1959年版，第240页。

举制度："天哪！我当初不寻思，教孩儿往帝都，把媳妇闪得苦又孤，把婆婆送入黄泉路。算来是我相耽误。"见出他已明白科举制度是蔡家悲剧的真正元凶，而自己又有难以逃脱的直接责任。因而发出了"不如我死，免把你再辜负"的忏悔、绝望的呼号。这种情感表现得也是合理、自然真切。①

面对如此精彩的人情演绎，我们只有重复王世贞的评价，"则诚所以冠绝诸剧者，不唯其琢句之工，使事之美而已。其体贴人情，委曲必尽；描写物态，仿佛如生；问答之际，了不见扭造，所以佳耳"。曲折含蓄的表达，使人情物态的表达与描摹达到了"体贴"的程度，让人感觉到一种难以言传的熨帖。还有，徐渭在评《琵琶记》时说："惟食糠、尝药、筑坟、写真诸作，从人心流出"，真率自然地表达人物自我的真性情，与人情物理达到体贴合一的境界，亦即本色的境界。

可以见出，"体贴人情物理"是明代人比较认同的戏曲创作的高标和艺术追求，同时也是对明代中晚期围绕"情"展开的审美意识的积极回应。为了达到体贴人情物理的目的，戏曲在"曲以尽情"的基础上还要追求"本色"的表达，其中原因可以用张潮在《幽梦影》中的说法予以解释，他说："作文之法：意在曲折者，宜写之以浅显之词；理之显浅者，宜运之以曲折之笔。"②体贴人情物理的戏曲也许应该追求"曲折"与浅显、本色之间的张力，张力越大，戏曲的成就也就越高。

"体贴人情物理"，尤其是描写世俗的人情物理是元、明代文艺超越士大夫审美情趣的重要变化，是这一时代审美意识的重要表征。

应该注意到，小说戏曲是明代最为发达和兴盛的文体，其所表现的审美意识应该是十分丰富的，这里只从文体生成和体贴人情物理的诉求两个层面来彰显小说戏曲在明代生成的具有时代性的审美意识，其余不再论列。

---

① 丁力：《体贴人情　委屈必尽——〈琵琶记·糟糠自厌〉赏析》，见初旭主编：《中国古典文学鉴赏》，辽宁教育出版社 1990 年版，第 820—821 页。

② （清）张潮撰：《幽梦影》，王峰评注，中华书局 2008 年版，第 177 页。

第二章

明代小说戏曲评点中的审美意识

　　从嘉靖后期开始,明朝文学艺术界出现了一股新的思潮,经隆庆、万历逐渐扩大,并发展成为主导诗文、戏曲、小说、书画乃至建筑园林等诸多领域的共同倾向,此前已绵延一两百年的复古主义艺术思想被新的思潮所替代。这种艺术新思潮强调艺术源于人的心灵,以师心代替师古,要求艺术家冲破礼教的藩篱,摆脱理学的羁绊,充分体现人的个性、感性和主体性,充分重视主体在价值判断中的主观作用,以真实、自然、趣味以及与化工造物同体为最高审美原则,对明代文化艺术的发展产生了很大的影响。这一思潮所秉持的审美意识具有明显的时代性特征,波及面广,影响巨大,对诗文、书画、小说戏曲的创作和评判都有影响。小说、戏曲评点作为一种文学批评实践,同时作为一种审美风会,成为这场审美意识变化的重要组成部分和重要表征,值得特别关注。

　　小说和戏曲作为明代新兴和兴盛的文学审美类型(样式),得到了时代观念的引导和沾溉,发展迅速,创作成就巨大,同时吸收和凝聚时代的审美意识形成了自己的审美规范和审美风格,得风气之先,成为这个时代审美意识的渊薮和风标,它们熔铸着时代审美精神、渗透着时代审美情趣,是时代审美意识的凝聚物。小说和戏曲作为代表明代文学艺术成就的"一代之文学"①,作为明代文学中的主导性文学审美样式,需要得到理

---

　　① 王国维在《宋元戏曲考自序》中说:"凡一代有一代之文学,楚之骚,汉之赋,六朝之骈语,唐之诗,宋之词,元之曲,皆所谓一代之文学,而后世莫能继焉者。"提出和形成"一代有一代之文学"的文学史观念,其中"一代之文学"被认为有三个所指:盛、佳、代表性和独创性。我们据此判断小说戏曲为明代代表性的文学。一般认为,在明代文学中,小说、戏曲和八股文是最能代表明代"一代之文学"的文体。

论的关注,需要得到审美的阐释,需要"通作者之意,开览者之心"①的批评,需要对蕴含其中的审美意识进行发掘,需要对遮蔽在传统文学观念之下的审美意识进行开显。于是结合中国古代文学批评思维特点的小说、戏曲评点登上了历史舞台。

小说和戏曲评点是采用传统的方法对新兴文体的审美特征进行衡估和开掘的一种批评样式,其中蕴含着许多新鲜的具有时代意义的审美意识。而评点本身在具有理论性的同时,自身还具有简约而精粹,观点独到,多有感悟,具有启发性的特点,具有开启读者审美感知的功能;具有用语形象,文风活泼,多有诗意、多有情趣的审美特色,许多评点文字本身就具有一定的或者相当的审美性,其中一些评点文字甚至成为后世传诵的名文。可以说,小说、戏曲评点本身也是当时审美意识的重要表征。

第一节　由笺注之学到评点之学

评点作为一种文学批评形式,发端于诗文,兴盛于小说、戏曲。小说、戏曲评点作为兴盛于晚明的一个重要文化现象②,最能体现这一历史时期审美意识的时代性。

一、由笺注之学到评点之学的转变

评点是中国文学批评的独特形式,是以"经注"、"史注"和"文学选评"为基础形成的一种批评体式,它从汉代章句点勘萌芽,主要包括句读点勘,对字和句进行解释,并分章、句进行解释,一般属于客观的解释。罗根泽先生指出:"评点的起源虽然很早,而这种指陈关键利害的随文批

---

① （明）施耐庵:《李卓吾批评忠义水浒全传》,黄山书社1991年版,第6页。

② 小说、戏曲评点主要兴盛于明末清初,此后逐渐沉寂。故而,明清之际的小说、戏曲评点可以看作相对独立的整体。虽然清初也继有所作,但只是余绪余脉。一般认为金圣叹对《第五才子书水浒传》和《第六才子书西厢记》的评点,既标志着小说、戏曲评点所达到的最高境界,也意味着小说、戏曲评点兴盛期的结束。评点之学的出现是古代文论史、文化史上的一件大事,作为当时独特的文人文化的重要组成部分,既有对文人传统的继承,又有自己独特的地方。所以,将小说、戏曲评点作为一个时代审美意识的代表,是典型的。

评,实出于点勘校注,是唐宋人的新法。"①罗先生的这一断语有一点值得注意,这就是出现了新质——"指陈关键利害",说明文章脉络,摘出一篇之要尤其是警策之语,具有提纲挈领和摘录要点的意思,似乎还是客观性的。当然其中的随文评点也有一定的自由灵活性。一般认为,真正从文学批评和美学角度进行文学评点的人还是宋末元初的刘辰翁,他"以全副精神,从事评点,则逐渐摆脱科举,专以文学论工拙"②,小说评点则始自他对《世说新语》的评点。刘辰翁的小说评点在诗文占统治地位的时代可谓独具只眼,至少表现出了对小说文体所表现出的文学观念和审美意识的一种肯定,同时进一步扩大了《世说新语》的影响。小说评点自南宋末年开创,但直到晚明才形成一时之风气,引领时代风气的人物如李贽、冯梦龙等都参与了这种活动,产生了金圣叹、张竹坡等评点大家,可以说小说、戏曲评点是晚明时期文学批评的主要活动和标志性形式。小说、戏曲评点在内容上多为有感而发,形式上有的放矢、自由活泼、言简意赅、色彩纷呈,形成了批评家与作品互动的局面,评点依靠作品生发,作品因评点而生色;在传播方式上往往是评点和作品共同刊刻,形成了读者与作品、评点者与读者互动的局面,促进了小说和戏曲的传播,成为中国文学批评史上的重要现象,也成为中国小说、戏曲出版、传播史上的重要现象。"从批评旨趣和功能来看,评点的兴起是文学批评走向世俗化、通俗化,并追求功利性、实用性的一个重要标志,这是文学批评所开辟的新域。"③

就评点的性质而言,刘辰翁对于《世说新语》的评点意味着中国诗文阐释的重心由笺注之学转变为评点之学,为评点蔓延到新兴的小说文体奠定了基础。经过发展,小说评点成为明代小说批评的重要方式,最终蔓延到戏曲领域,涵盖了有明一代最为重要的两种文化形式。

从形式上看,似乎只是随意的批点代替了严肃的笺注,而实质上评点之学是在文本的阐释中强调了阐释者和原作者之间的心灵对话或情感共

---

①　罗根泽:《中国文学批评史》(三),上海古籍出版社1984年版,第262页。

②　罗根泽:《中国文学批评史》(三),上海古籍出版社1984年版,第263页。

③　谭帆:《中国小说评点研究》,华东师范大学出版社2001年版,第8页。

鸣,以情感代替理性,以灵悟取代知识,以个性取代历史,以印象取代分析,将原文的意义淡化、避开甚至悬置起来,形成的是一种具有新的美学特质的批评形态,是从注重客观到尊崇主观的重要转变,其中蕴含着思维方式、审美意识和感受方式的变迁。

小说和戏曲是适应市民阶层的审美需求而产生形成的新的艺术形式,其艺术魅力也正在于以市井口味和市井情趣反映了都市生活的各个方面,塑造了深受市民喜爱的艺术形象。作为市井文化的直接载体,明中叶以后的戏曲、通俗小说等,更能表现出市民阶层的心声。作为表演艺术的戏剧艺术,相对于诗文、绘画,有更直接的审美感性特征,符合更广大民众的审美习惯和文化水平,因此得到了难以遏阻的发展,迅速成为"一代之艺术",形成相应的文化气质和审美趣味,体现出新的审美意识和文化诉求。这种新的审美意识主要表现为平民意识被强化、喜剧精神凸显出来等。社会阶层结构的变化,尤其是市民阶层的审美观念和审美诉求得到重视,带来了文人文化观念包括审美观念的转变。李贽从童心说出发,对明代中后期出现的许多民间创作和市井戏曲、小说给予赞扬和肯定。明代对于小说和戏曲的审美观念、审美意识发生了重大变化,这不仅导致了小说、戏曲地位的上升,同时还带动了文人对它的关注,带来了市民对它广泛的阅读。市民阅读的广泛需求成为评点兴盛的重要促进和推动因素。

伴随着评点之学的兴起,在这一历史时期内,中国传统的阐释学从总体上让位于"尚奇"、"尚趣"、"尚情"的阐释学。加之明代文人思想观念的转变,文人开始关注小说、戏曲,参与小说、戏曲的创作,进行小说、戏曲的评点,这些评点不仅论及作品内容,更揭示其艺术技巧,超脱传统文化形式的教化意图而重点关注小说、戏曲的美感。由于注重作品的审美效应,小说、戏曲评点成了独具特色和最能体现时代风貌的文学阐释和文学批评活动。

不惟审美意识发生了变化,明代评点的阐释性质也发生了变化。传统笺注之学解释的客观性比较强,所尚为辑校、集注或者批选,"刘辰翁以逸才令闻,首创鉴赏,于是选隽解律之风大起"[1]。除在诗歌方面"选隽

---

[1] 洪业:《杜诗引得·序》,上海古籍出版社 1985 年版,第 41 页。

解律"之外,还开了"析奇评赏之风"。受此影响,以小说戏曲评点为代表的阐释则更多带有鉴赏的性质,与明代注重价值判断主体性的时代精神相融合,评点带有很强的主观性,评点者甚至可以借他人之酒杯浇自己心中的垒块,进行必要的发挥。这种情况是从首位介入小说评点的文人李贽开始的,李贽自己在《与焦弱侯》中说道:"《水浒传》批点得甚快活人,《西厢》、《琵琶》涂抹改窜得更妙。"①这是一种强化主体创造和情感投入的批评活动,是一种文人不求功利而自娱性的欣赏活动,评点者在这一过程中获得精神愉悦的同时,也使自己的情绪得到必要的发泄和寄托,体现了一定的主体性和创造性,诸如涂抹改窜甚至腰斩则是更充分的主体性的体现,所以这种意义不可低估。"当小说评点在书坊主的控制下缓缓行进之时,在书坊主对小说做简略的、功利性的赏评注释时,李卓吾以其慧眼卓识为小说评点注入了新的血液。他首次将个体的狂傲之性和情感内核贯注到小说评点之中,从而使小说评点成为一种带有个体创造性的批评活动。"②一些评点者还在小说的鉴赏之中求得自身的情感契合,比如说李贽就在对《水浒传》的阅读和评点中获得心灵和情感的契合,评点可以说是其"发愤"的方式。这种评点虽然是依据文本生发的,但是自赏性还是十分明显的。也正因有了这种寄托和功能,小说、戏曲评点也成为文人乐于参与的活动,他们甚至以对小说、戏曲的腰斩、篡改来呈现他们的主体性,以实现主体的快意目的。

以小说、戏曲评点为代表的评点之学多带有感性特征,强调诠释者与作者之间进行心灵对话和情感共鸣,强调把自己生命体验移入作品,以心易心,以实现对作者或者作品中人物生命表达的全部理解,甚至一些判断都是带有个人体验的情感判断,因此在这些小说和戏曲的评点之中,大量存在着评点者阅读、欣赏时的感性经验、瞬间审美感受,甚至拍案叫绝时脱口而出的"妙"也成为一种判断,这些都超脱了传统笺注的严肃、规整,带有很强烈的感性成分。比如"妙",在金圣叹等人的评点中频繁出现,有时候会加一些修饰性的程度副词,变成"甚妙"、"妙甚"等。"妙"作为

① (明)李贽:《续焚书》上册,中华书局1974年版,第89页。
② 谭帆:《古代小说评点简论》,山西人民出版社2005年版,第106—107页。

一个对文学审美价值的综合判断,带有很强的整体感性,是什么,不好明言,即使作者本人也不能明言,中国传统思维的这一特点和文学艺术本身的特征,使得鉴赏、批评都成为追求心灵契合的活动,同时成为一种仁者见仁、智者见智的体悟活动,因此评点也就变成了带有作者感性情绪和情感温度的活动。明代后期的著名文人以极大的热情介绍、评论、评点小说戏曲,不仅促进了小说、戏曲的传播与繁荣,更使小说和戏曲评点成为体现和展示时代审美意识的一个窗口。

"从意义理解的切入角度看,笺注是依靠外在的逻辑,依靠历代文献积淀的所约定形成的意义指涉定势;而评点则是依靠内在的人类生命的共同体验。因此评点不是冷静客观的分析,而是饱含个人生命情感的判断性评价。"①这一判断与文人最初从事小说评点的动机是切合的,他们所作的评点实际上是其在阅读过程中一种心得的记录,一种情感的投合,并无意于导读或授人以做法,这种比较纯粹的动机促进了小说、戏曲评点走向成熟并获得发展。

二、评点的特点例说

从审美意识的角度,我们可以从明代小说、戏曲的评点实践中抉发出以下特点。

(一)精细性

审美意识的丰富化和审美体验的精细化见于明代对生活、生活用具比如衣饰、家具、瓷器等方面,当然也显示在文学艺术方面,比如叙事文学的发展,使得描写精细化,白描手法等精细描写的普遍运用,使得小说、戏剧文学的感受性越来越好,越来越细致,人们的感受能力也越来越高。而人们感受能力的提高反过来又促使艺术和生活领域更加精细化。"小说的发展,在一定程度上影响到作家的艺术思维,使其对日常生活的过程性及细节琐事,对一般微小的人情世态有了较多的敏感和关注"②,像《金瓶

---

① 杨经华:《宋代杜诗阐释学研究》,中国社会科学出版社 2011 年版,第 308 页。
② 季桂起:《中国文学现代转型的历史源流——明代中叶到清末民初中国文学的变迁》,人民出版社 2011 年版,第 191 页。

梅》那样对家庭日常生活的细节、情景，人物的言谈举止、表情动作、心理状态乃至服饰、装束、吃穿住行等的精细描写和刻画，展示了相当丰富的生活细节，增强了人们对生活的感性体验。对于这种精细的描写，小说评点者往往以"画"或者"真有譬画"来加以称赞，或者以此来显示描绘的精彩。

文学作品尤其是世情小说中那些精细的服饰、饮食、家具的描写，在某种意义上反映了明人生活的状况，在一定程度上又引领生活。在生活本身的逻辑发展和艺术、审美时尚的引领之下，生活的艺术化程度变得越来越高，人们的感受能力也越来越高，对生活的审美要求也越来越高，这应该是明代审美意识的一个特点。明代小说戏曲评点的精细化应该是感性精细化、审美化的具体表现，这是与生活中感性精细化、审美化的时代审美意识相一致的。

诚如日本学者青木正儿所说，金圣叹的小说、戏曲评点，具有"就本文——把著者用笔之妙评论发微，宛如儒者之注经，极其细密"①的特点，其实从小说、戏曲评点开始，它就带有这种特点。诚如袁无涯在《忠义水浒全书发凡》中曾指出的，评点家"于一部之旨趣，一回之警策，一句一字之精神，无不拈出"②。只是到了金圣叹的批评，更加成熟，更加精到，也更加精细而已。

金圣叹对《水浒传》的批评精细全面，涉及整体、局部、细节甚至字句等方面，以至于张竹坡说"腹中小批居多"③。这实际是小说、戏曲评点的特色，着眼小处，着眼细节，这种批评特点也是与明代审美的精细化取向相合的。精细化的审美意识要求审美重视局部，重视细节，这对于历来注重整体、略形重神的中国传统美学来说，有着重要的意义。下面我们以金圣叹（1608—1661）批评的《水浒传》④"第九回　林教头风雪山神庙　陆

---

① ［日］青木正儿：《中国文学概说》，隋树森译，重庆出版社1982年版，第176—177页。

② （明）施耐庵：《李卓吾批评忠义水浒全传》，黄山书社1991年版，第4页。

③ （明）兰陵笑笑生：《张竹坡批评第一奇书金瓶梅》（上），王汝梅、李昭恂、于凤树校点，齐鲁书社1987年版，第2页。

④ 金圣叹本人主要生活在明代，其《水浒传》评点完成于1641年，理应划归明代。

虞侯火烧草料场"为例来说明成熟期的小说评点的特点。

文本中回评(一回之总评)如下:

> 此文通篇以"火"字发奇,乃又于大火之前,先写许多火字,于大火之后,再写许多火字。我读之,因悟同是火也,而前乎陆谦,则有老军借盆,恩情朴至;后乎陆谦,则有庄客借烘,又复恩情朴至;而中间一火,独成大冤深祸,为可骇叹也。夫火何能作恩,火何能作怨,一加之以人事,而恩怨相去进至于是! 然则人行世上,触手碍眼,皆属祸机,亦复何乐乎哉!

> 文中写情写景处,都要细细详察。如两次照顾火盆,则明林冲非失火也;止拖一条棉被,则明林冲明日原要归来,今止作一夜计也。如此等处甚多,我亦不能遍指,孔子曰:"举一隅,不以三隅反,则不复矣。"①

从本回回评来看,金圣叹对本回中心事件"火烧草料场"的核心"火"进行了重点发掘和"细细详察"。用"细细"以修饰"详察",可见金圣叹对评点精细性的要求之高。尽管金圣叹已经对"文中写情写景处"进行了精细的发掘,但他还是指出"如此等处甚多,我亦不能遍指",而要求读者在阅读之时举一反三,由此可见出《水浒传》的写作有多精细。为此,我们不厌其烦,引用贯华堂本的金批《水浒传》来佐证,以使读者能够感受到这种精细,感悟到其中蕴含的审美意识。

> 林冲自来天王堂取了包裹,带了尖刀,尖刀。拿了条花枪,花枪。与差拨一同辞了管营。细。两个取路投草料场来。正是严冬天气,彤云密布,朔风渐起,却早纷纷扬扬卷下一天大雪来。一路写雪,妙绝。林冲和差拨两个在路上,又没买酒吃处。又冷。○有此句,便使老军"投东"一语不谬,又令花枪葫芦,断不遇着三人也。早来到草料场外。看时,一周遭有些黄土墙,两扇大门。推开看里面时,七八间草屋做着仓廒,四下里都是马草堆,中间两座草厅。到那厅里,只见

----

① (清)金圣叹:《贯华堂第五才子书水浒传》(上),周锡山编校,万卷出版公司 2009 年版,第 150 页。

那老军在里面向火。星星之火。此回大火拉杂，却以星星之火引起。差拨说道："管营差这个林冲来，替你回天王堂看守，你可即便交割。"老军拿了钥匙，引着林冲吩咐道：写得活现。"仓廒内，自有官司封记；这几堆草，一堆堆都有数目。"老军都点见了堆数，又引林冲到草厅上，老军收拾行李，临了说道："火盆、锅子、碗、碟都借与你。"写得好。○意在点逗"火盆"二字，却用锅子、碗、碟陪出之。林冲道："天王堂内，我也有在那里，你要，便拿了去。"写得好。老军指壁上挂一个大葫芦，说道："你若买酒吃时，只出草场，投东大路去三二里，便有市井。"闲闲叙出大葫芦，及"投东大路"一句，非但写老军絮叨故态，盖绝妙奇文，伏线于此。老军自和差拨回营里来。

　　只说林冲就床上放了包裹被卧，细细写。就坐下生些焰火起来。"火"字渐写得大了。○题是"火烧草料场"，读者读至老军向火，犹不以为意也，及读至此处"生些焰火"，未有不动心，以为必是因此失火者，而孰知作者却是故意于前边布此疑影，却又随手即用将火盖了一句结之，今后火全不关此，妙绝之文也。屋后有一堆柴炭，拿几块来生在地炉里，仰面看那草屋时，四下里崩坏了，又被朔风吹撼，摇振得动。如画，便画也画不来。○第一段，先写寒意；第二段，写身上寒；第三段，方写到酒。林冲道："这屋如何过得一冬？待雪晴了，去城中唤个泥水匠来修理。"向了一回火，"火"字奕奕。觉得身上寒冷，第二段，写身上寒。寻思："却才老军所说，语意妙，正不知文生情，情生文也。二里路外有那市井，何不去沽些酒来吃？"第三段，方写到酒！只此一段，何等段落。便去包裹里取些碎银子，把花枪挑了酒葫芦，花枪挑葫芦。○人看至此句，虽极英灵者，只谓手冷故用枪挑耳，岂知顷刻之用。将火炭盖了，写出精细，见非失火，前许多"火"字，都是假火，此句一齐抹倒，后重放出真正"火"字来。取毡笠子戴上，拿了钥匙，出来把草厅门拽上；出到大门首，把两扇草场门反拽上锁了；带了钥匙，信步投东。雪地里踏着碎琼乱玉，迤逦背着北风而行。背着风去。那雪正下得紧。写雪绝妙。

　　……

再说林冲踏着那瑞雪,迎着北风,飞也似奔到草场门口,开了锁,入内看时,只叫得苦。意外,惊才怪笔。原来天理昭然,佑护善人义士。因这场大雪,救了林冲的性命:作书者,忽然于事外闲叙四句,笔如劲铁。那两间草厅已被雪压倒了。奇文。林冲寻思:"怎地好?"放下花枪、葫芦在雪里。花枪、葫芦,写得好,又带写雪。妙。恐怕火盆内有火炭延烧起来,搬开破壁子,探半身入去摸时,火盆内火种都被雪水浸灭了。极力写出精细,见断断不是失火。○一行中,凡有四个"火"字,却无一星火在内,奇绝之笔。林冲把手床上摸时,只拽得一条絮被。写得好。○为一夜计,惟此为急。林冲钻将出来,见天色黑了,写得好。○陆谦、差拨打点来了。寻思:"又没打火处,又算出一'火'字,写得纸上奕奕有光。怎生安排?"想起离了这半里路上,有个古庙可以安身。行文如此,为之叹绝。"我且去那里宿一夜,等到天明,却作理会。"把被卷了,花枪挑着酒葫芦,花枪挑葫芦。依旧把门拽上锁了,望那庙里来。入得庙门,但入得门,未及看。再把门掩上,傍边止有一块大石头,掇将过来,靠了门。非为防失脱,亦非为遮风水,全为少顷陆谦、差拨、富安一段也。入得里面看时,方看。殿上塑着一尊金甲山神;两边一个判官,一个小鬼;侧边堆着一堆纸。团团看来,又没邻舍,又无庙主。雪耀里固当见之。林冲把枪和酒葫芦放在纸堆上;一。○写花枪、葫芦好。将那条絮被放开;二。先取下毡笠子,三。把身上雪都抖了;四。把上盖白布衫脱将下来,早有五分湿了,五。和毡笠放在供桌上;六。把被扯来盖了半截下身;七。却把葫芦冷酒提来,慢慢地吃,八。就将怀中牛肉下酒。九。○写得妙绝。正所谓与人无患,与物无争,而不知大祸已在数尺之内矣。人生世上,其可畏哉!

正吃时,只听得外面必必剥剥地爆响。奇文。林冲跳起身来,就够缝里看时,特特大石靠门,自有原故,不舍得便开,故就壁缝里看也。只见草料场里火起,方是真正本题"火"字。刮刮杂杂的烧着。……①

---

① （清）金圣叹:《贯华堂第五才子书水浒传》(上),周锡山编校,万卷出版公司2009年版,第153—155页。

试看以上评点文字,给人的感觉是几乎每句都有相应的评点,要么是简单的感叹、赞叹,要么是前后关联性的理性分析,或者与小说叙述相关的理性分析,感性的描述与理性的分析相错杂、错综而以感性为多,整体的感觉是精细,体现了文本细读的特点。对于文本中写得精彩的部分,通过重复的方式引人关注;对于精彩的句子、段落,情不自禁地发出感叹,仅本段文字中出现的感叹就有"写得好"、"写得活现"、"语意绝妙"、"写……好"、"写得绝妙"、"妙"、"奇文"等;对于林冲进庙后的动作,几乎是一个动作一个动作地指出来,并总括以"写得绝妙"这一断语,十分精细。最精细的莫过于以下两处评点:"原来天理昭然,佑护善人义士。因这场大雪,救了林冲的性命:作书者,忽然于事外闲叙四句,笔如劲铁。""恐怕火盆内有火炭延烧起来,搬开破壁子,探半身入去摸时,火盆内火种都被雪水浸灭了。极力写出精细,见断断不是失火。○一行中,凡有四个'火'字,却无一星火在内,奇绝之笔。"评点者甚至连议论的句数和文中出现"火"字的字数都标数出来,由此可见评点者的用心,可见评点的精细色彩和精细特点。

这种具有精细性特点的评点在明代文本批评中随处可见,甚至精细到字句。袁宏道在《听朱先生说水浒传》中说:"后来读《水浒》,文字益奇变。"袁宏道在这里以"文字奇变"切入,将《水浒传》与《史记》相提并论,这里的文字之奇除了朱先生说书的文字之奇之外,应该还包括《水浒》文本文字本身的奇。明代小说评点者当然也会注意到这一点,对文本中具有审美性的"字"进行的关注显示了评点的精细性。如:

贯华堂本第三回于"鲁智深在五台山寺不觉搅了四五个月"之下夹批:"省文也,却用一'搅'字,逗出四五个月中情事。"①将一个字在文本中的作用都批点出来。又如林冲上梁山受王伦冷遇,要求在三天内纳投名状才能入伙,林冲第一天取投名状而未得,小说中有"心内自己不乐,来到房中,讨些饭吃了"一句,金圣叹对此评曰:"冷淡可怜。○一讨字,

---

① (清)金圣叹:《贯华堂第五才子书水浒传》(上),周锡山编校,万卷出版公司 2009 年版,第 74 页。

哭杀英雄。"①金圣叹认为"讨"字把林冲这样的大英雄落魄时的凄凉处境用一个字就表现得淋漓尽致,这就是《水浒》之文在"字法"上的高妙之处。金圣叹对这种精细的用字进行过多次精细的解读,小霸王周通被鲁智深"打得大王叫'救人!'",此处金圣叹评曰:"七字奇文,'大王'字与'叫'字不连,'打'字与'大王'字不连,'大王''叫救人'字不连,'打得大王'叫'救人'字不连。"②"打闹里,那大王爬出房门",他认为"打闹里""三字绝倒"评曰:"六字奇文,'大王'字,'爬'字,'房门'字,从来不曾连也。"③可谓精细之至。他还将小说中字句的美学意义、方言所带来的戏谑成分都揭示出来,可谓体贴入微、精细之至。其他的批评文本也是这样,比如袁无涯刻本《出像评点忠义水浒全书发凡》就写道:"至字句之隽好,即方言谑詈,足动人心。今特揭出,见此书碎金,拾之不尽。"④

体现在"句"上的精细如:

《水浒传》"第五回　九纹龙剪径赤松林　鲁智深火烧瓦官寺"中有这样一段对话:

> 智深走到面前,那和尚吃了一惊,跳起身来便道:"请师兄坐!同吃一盏。"智深提着禅杖道:"你这两个如何把寺来废了!"那和尚便道:"师兄请坐,听小僧……"智深睁着眼道:"你说!你说!""……说:在先敝寺……"

金圣叹在回前总评中分析说:"此回突然撰出不完句法,乃从古未有之奇事。鲁智深跟丘小乙进去,和尚吃了一惊,急道:'师兄请坐,听小僧说',此是一句也,却因智深睁着眼,在一边夹道:'你说!你说!',于是遂将'听小僧'三字隔在上文,'说'字隔在下文,一也。……总之只为描写智

---

① （清）金圣叹:《贯华堂第五才子书水浒传》(上),周锡山编校,万卷出版公司2009年版,第166页。
② （清）金圣叹:《贯华堂第五才子书水浒传》(上),周锡山编校,万卷出版公司2009年版,第91—92页。
③ （清）金圣叹:《贯华堂第五才子书水浒传》(上),周锡山编校,万卷出版公司2009年版,第91—92页。
④ （明）施耐庵:《李卓吾批评忠义水浒全传》,黄山书社1991年版,第6页。

深性急。此虽史迁,未有此妙也。"①《水浒传》第二十四回杨志与周谨校场比武,文中有"周谨再取第三枝箭,搭在弓弦上,扣得满满地,尽平生力气,眼睁睁地看着杨志后心窝上,只一箭射将来"。金圣叹于此处批道:"写得好。〇务要注意吓人,便向后心上,特别加上一句'扣得满满地',又加上一句'尽平生力气',又加上'眼睁睁地',又加上'心窝'二字,妙绝。"②诚如金圣叹所言,"吾最恨人家子弟,凡遇读书,都不理会文字,只记得若干事迹"③。而"水浒传章有章法,句有句法,字有字法"④,金圣叹的评点恰恰在于对文字、句法甚至章法的发现,与只记得若干事迹的人家子弟相比,可以见出其发现的精细、评点的精细。

又比如《水浒传》第二十三回,叙述潘金莲用言语挑逗武松,满口称"叔叔",但最后却改变口吻,说:"你若有心,吃我这半盏儿残酒。"金圣叹对此批道:"已上叫过三十九个叔叔,至此忽然唤作一你字,妙心妙笔。"⑤金圣叹对此段文字中的"叔叔"二字,每处均有批注,一直计算了三十九次,详细地捕捉了这一称呼上的变化,以及蕴含在这一称呼中的情绪、情感的变化,作者的精心布置经金圣叹慧眼发现并指点,读者自然不难想到变"叔叔"为"你"之中包含的亲热,包含的从伦理礼仪到情感欲望的变化,这是超乎寻常的,这种所谓的深意是最能体现潘金莲心思的。金圣叹还将此种情感的变化分为节,至"叔叔第十二"处为一节,再至"叔叔十五"处"又作一节",十五以后作一节,情感变化的渐进性、阶段性被评点而出。至于潘金莲的语言,均以句法评点而出,又从言语上评点出潘金莲情感的变化历程。这一评点十分精彩地反映了金圣叹精细的审美能力,他做的是

---

①　(清)金圣叹:《贯华堂第五才子书水浒传》(上),周锡山编校,万卷出版公司2009年版,第100页。

②　(清)金圣叹:《贯华堂第五才子书水浒传》(上),周锡山编校,万卷出版公司2009年版,第183页。

③　(清)金圣叹:《读第五才子书法》,《贯华堂第五才子书水浒传》(上),周锡山编校,万卷出版公司2009年版,第18页。

④　(清)金圣叹:《读第五才子书法》,《贯华堂第五才子书水浒传》(上),周锡山编校,万卷出版公司2009年版,第16页。

⑤　(清)金圣叹:《贯华堂第五才子书水浒传》(上),周锡山编校,万卷出版公司2009年版,第342页。

细活,一方面揣摩到了作者的用意,一方面点醒了人物的性格,可谓一语"通作者之意,开览者之心",点穴式地达到了评点或者批评的目的、目标。

以上批评是精细发现,事实上也是发现精细处,是"真正有锦绣心肠者"①的说道。这种情形还见于其他的评点本中,评点往往是对小说的精细之处进行点睛式的发现和评点。《金瓶梅》"第一回 西门庆热结十兄弟 武二郎冷遇亲哥嫂"中写应伯爵来找西门庆叙说武松打虎之事,书中写道:"西门庆因问道:'你吃了饭不曾?'伯爵不好说不曾吃,因说道:'哥,你试猜?'西门庆道:'你敢是吃了?'伯爵掩口道:'这等猜不着。'"②一段的精细描写体现了世情小说关注世情的特点,语言的你来我往之中不经意地透露出人物的情感、心态甚至情态。应伯爵混到穷得连饭都吃不上,欲到西门庆家打秋风,又不好意思直说,西门庆则有意捉弄于他,明知故问,应伯爵则机敏闪躲,设局猜谜,在尴尬中自我解嘲,两人的性格在言语之间暴露无遗,活灵活现。在此处,绣乙本夹批曰"妙"。著一个"妙"字,既是对西门庆、应伯爵问答之妙的评点和标示,亦有对《金瓶梅》作者描写之妙的赞叹,一语双关,新人耳目,点睛可谓得体。著一"妙"字,全盘皆活,虽然感觉上评点者似乎什么都没有说。这也许就是评点的妙处,以精细的感性的方式触发读者的思考,评点者灵心妙悟,以自己的"灵心妙舌"来"开览者之心","开后人无限眼界,无限文心"③。

此外,"圣叹之评《西厢》,可谓晰毛辨发,穷幽极微,无复有遗议于其间矣"④。从以上例证来看,此言应该是不虚的。朱万曙先生认为"这正是评点批评形态细微性特点的最充分的发挥"⑤。至于戏曲评点,"它的细微,可谓深入到作品的每一处,举凡人物的一举一动、一言一语,一个细

---

① (清)金圣叹:《读第五才子书法》,《贯华堂第五才子书水浒传》(上),周锡山编校,万卷出版公司 2009 年版,第 19 页。

② (明)兰陵笑笑生:《张竹坡批评第一奇书金瓶梅》(上),王汝梅、李昭恂、于凤树校点,齐鲁书社 1987 年版,第 28 页。

③ (清)冯镇峦:《读聊斋杂说》,朱一玄、刘毓忱编:《水浒传资料汇编》,百花文艺出版社 1981 年版,第 376 页。

④ (清)李渔:《闲情偶寄》,孙敏强注释,浙江古籍出版社 2000 年版,第 65 页。

⑤ 朱万曙:《明代戏曲评点研究》,安徽教育出版社 2004 年版,第 324 页。

小关目处理,一句曲词的含义和艺术性,都为评点者们所留意,并结合对全局的把握做出批评"①。从小说戏曲的批评来看,小说戏曲的追求已经从传神进到了对逼真的追求,小说戏曲评点则以精细化的方式发现或者捕捉了从传神到逼真的审美意识的变化,并将这种审美意识用评点的方式显示出来。

（二）娱情性

在晚明,文学娱情被作为一种较为明确的观念而提出,认为文学要供人爱玩。小说和戏曲相较诗歌等载道的文学来说,更具有娱情性。小说、戏曲评点也是在发掘这种娱情性中成为一种具有时代审美意识的批评形式和文化形式的。

实际上,在刘辰翁评点的《世说新语》中,就已发掘和强调了蕴含在作品中的"情"以及作品对鉴赏者的感动之情,频繁地出现"真钟情语"、"语甚可悲"、"正堕泪之言"、"语自可伤"、"语甚感动"之类的评语,以读者的感动状况来反观小说的审美效果。对"情"的发现和强调正是刘辰翁对小说审美特征的重要发现。小说、戏曲被认为是闲书,读这些书的目的也只是消遣,获得个体性的乐趣,愉娱性情是其最大的功用。诚如李贽在《读书乐并引》中所言:"读书伊何? 会我者多。一与心会,自笑自歌,歌吟不已,继以呼呵。恸哭呼呵,涕泗滂沱。歌匪无因,书中有人,我观其人,实获我心。空潭无人,未见其人,实劳我心。弃置莫读,束之高屋,怡养性情,辍歌送哭。何必读书,然后为乐? 乍闻此言,若悯不彀。束书不观,吾何以乐? 怡性养神,正在此间。"②这样读书或这样地读书被李贽认为是"大自在"、"大快活"的"真乐"③,也是一种大解脱。

蒙培元先生曾说:"传统哲学最关注的是情而不是知或意。"④就晚明这一特定历史时期的文化思潮而言,这再也准确不过了。尊情、娱情的思潮必然会出现与小说、戏曲评点相应和甚至叠加的情形。这一方面表现

---

① 朱万曙:《明代戏曲评点研究》,安徽教育出版社 2004 年版,第 177 页。

② （明）李贽:《焚书》卷六《四言长篇》,中华书局 1974 年版,第 627 页。

③ （明）李贽:《续焚书》,中华书局 1975 年版,第 4 页。

④ 蒙培元:《心灵超越与境界》,人民出版社 1998 年版,第 18 页。

为文学写作被认为是娱情的,一方面文学阅读也被认为是娱情的。明人郑元勋在《媚幽阁文娱·自序》中云:"吾以为文不足供人爱玩,则六经之外俱可烧。……文者奇葩,文翼之,怡人耳目,悦人性情也。"流行于明代晚期的小品文如此,兴盛于明代晚期的小说、戏曲也是如此,观念的变化使得性情文学、闲适文学、趣味文学大为盛行,包括戏曲、小说、说唱、民歌等娱乐性极强的通俗文艺风靡全国,整个晚明文坛为之一变。尊情的观念盛行于文学创作,甚至产生了冯梦龙的"情教说"、汤显祖的"情至说"、袁宏道的"性灵说",这是阳明心学在审美观念层面的重要收获,对明代中后期以降的思想界和文艺美学产生了深刻影响。这是泰州学派①开创的平民美学的审美取向,是在中国传统的崇雅审美理想之外拓开的新路,它将中国审美引向了平民化一途,引向了世俗化一途,引向了尊情一途,中国自古以来崇雅遵理占主导地位的审美风貌与文化局面为之改变。"情"取得了极高的地位,"情"也在文学艺术中得到了最为重要的表现。

① 泰州学派是从王阳明心学衍生出的一条支流,一个流派,也是王阳明心学流派中影响最大的一派。创始人为王畿、王艮,是明中叶以后思想史上兴起的一股平民主义的思潮,它以对人性、人情、人欲的大力肯定而走到了程朱理学的反面。泰州学派所推动的思想转折带有鲜明的近代色彩,成为后来中国思想史一系列重大变革的先声。沿波讨源,晚明文艺和美学新思潮的肇兴之源和学术根据都源于阳明及泰州之学。李贽的童心说,袁宏道有关性灵的理论见解,都源自这些学说。在李贽、袁宏道等人的倡导和践行之下,泰州学派的主张影响了当时的文艺思想和文艺风气,使晚明文化界呈现出另一番气象,沾溉了这一学说雨露的时风、世风也呈现出了另一番气象。"他们把俗人与圣人、日常生活与理想境界、世俗情欲与心灵本体彼此打通,肯定日常生活与世俗情欲的合理性,把心灵的自然状态当成了终极的理想状态,也把世俗民众本身当成圣贤,肯定人的存在价值和生活意义。"(葛兆光:《中国思想史》第2卷,复旦大学出版社2001年版,第317页)其影响的主要领域在于文学艺术界,影响的时段主要在晚明,直至清代还余脉未消。左东岭先生认为:"只有弄清楚泰州学派的美学观念的内涵,才能知道晚明文学观念的思想源头,同时也知道这些思想内涵是如何从哲学领域渗透到文学领域中的。"(左东岭:《泰州学派美学思想史》序二,姚文放主编:《泰州学派美学思想史》,社会科学文献出版社2008年版,第10页)比如在晚明文学中反复讨论的"真诚"、"自然"范畴,其远端发于王阳明之"致良知",其近则直承于泰州学派的"赤子之心"这一重要美学范畴。在王学的影响下,整个明代出现了人性觉醒的新气象,启蒙思潮给人性和社会风气带来了巨大的解放。汤显祖的"情至说"与冯梦龙的"情教说",其哲学背景与美学意义都与泰州学派"制欲非体仁"的主张一脉相承。而在具体的文艺创作中,以《金瓶梅》为代表的世情小说,浪漫主义的戏剧作品《牡丹亭》构成了俗与雅的两极,但是其所欲传达之根本精神是相类的,都是对阳明心学内在逻辑的忠实发挥。

在浪漫主义文学《牡丹亭》中,"情"成为推动生死转化的重要力量。明人尚"情",而且把情感从道德层面拉下来,降低到日常生活层面,甚至不惜与"欲"联系、结合在一起,这种趣味即是对日常生活本身的审美观照之趣,这正是古典审美从艺术审美转向生活审美的重要历史信息。对"情"的关注,成为小说戏曲评点产生的重要氛围,因此其娱情的意图是明显的,也是丝毫不避讳的。对于读书,李贽在《寄京友书》中言:"《坡仙集》我有披削旁注在内,每开看便自欢喜,是我一件快心却疾之书……大凡我书皆为求以快乐自己,非为人也。"①他还说"不必矫情,不必逆性,不必昧心,不必抑志,直心而动,是为真佛"②。意思是说一切行为动作皆遵从初心、本心,一切皆顺从情性,不必抑志,直心而动,他的小说戏曲评点中也是这样。另外,从普通受众的角度讲,民众对评点文本确实有娱情的期待。这种从创作到阅读的娱情观念,也许是明代小说戏曲评点兴盛的重要动力。

精彩的点评,可以产生沟通作者与读者的美好效果,并且可在启发读者的同时产生娱情性的审美效果。

崇祯刻本《新刻剑啸阁批评东西汉演义序》说到《水浒传》及李贽的评点所产生的魅力时有这样的记载:

> 里中有好读书者,缄嘿十年,忽一日拍案狂叫曰:"异哉!卓吾老子吾师乎?"客惊问其故,曰:"人言《水浒传》奇,果奇。予每拣《十三经》或《二十一史》,一展卷,即忽忽欲睡去,未有若《水浒》之明白晓畅,语语家常,使人捧玩不能释手者也。若无卓老揭出一段精神,则作者与读者千古俱成梦境。"③

今人钱穆曾说:"自余细读圣叹批"之前,"读得此书(《水浒传》)滚瓜烂熟,还如未尝读"。"读其批《水浒》,使我神情兴奋",后来一再读金批《水浒》,"每为之踊跃鼓舞"④。

---

① (明)李贽:《焚书》上册,中华书局1974年版,第195页。
② (明)李贽:《焚书》上册,中华书局1974年版,第228页。
③ (明)袁宏道:《〈东西汉通俗演义〉序》,见曾祖荫、黄清泉、周伟民、王先霈选注:《中国历代小说序跋选注》,长江文艺出版社1982年版,第71页。
④ 钱穆:《中国文化与文艺天地》,《中国文学论丛》,生活·读书·新知三联书店2002年版,第144页。

以上两段关于精彩点评之功用的记述都建立在一个感性的判断基础上,判断标准是不使人"忽忽欲睡去"、"使我神情兴奋"、"为之踊跃鼓舞"等感性标准,这种情形早在《礼记·乐记》中就有记载,"魏文侯问于子夏曰:吾端冕而听古乐,则唯恐卧;听郑卫之音,则不知倦。敢问古乐之如彼何也? 新乐之如此何也?"①这显然是以对人的感性感染和人的感性反映为标准的,可惜这一评价方式和标准一直受到理性甚至伦理的压抑,直到明代感性主义兴起,才得以充分地发挥。

从文学的怡情悦性的功能上立论,矫正了以道理事功为本的正统文学观念的偏颇,使文学摆脱载道的功利角色而有了自身的审美意义,也使评点适合于大众关注。"明清形形色色、各式各样的文学评点实际上都是文人'文情'的流露和表达。因为面对的对象是文学作品,所以激发的是评点者们的'文情',他们首先从'文'的角度打量评批的对象;而文学作品'情'的特质,又必然地唤起他们内心对'情'的体验、感受和联想。这种种批点文字构成了我们今天所谓的'审美批评'。"②从这一意义上讲,评点实际上是对评点者和读者两个接受主体的娱情活动。

第二节 对感性经验或瞬间审美感受的重视

作为中国古代社会的季世,明代开国之初,封建统治者就建立了"代古人语气为之,体用排偶"③的八股取士制度,极力延续儒家传统的体制和观念。"文者载道之器,古之君子非有意于为文,而不能不尽心于明道。故曰辞达而已矣。能达其辞于道,非深切著明,则道不见也。此文之

---

① 王云五、朱经农主编,叶绍钧选编:《礼记》,商务印书馆中华民国三十六年版,第102—103 页。

② 朱万曙:《文情士心:明清文学评点的精神向度》,《吉林大学社会科学学报》2013年第 1 期。

③ (清)张廷玉等撰:《明史》卷七〇《志第四六·选举志二》,张天有等标点,吉林人民出版社 1995 年版,第 1083 页。

有关键,非深于文者,安能发其蕴奥而探古人之用心哉!"①显然是追求"为文"与"明道"合而为一的价值取向和实用主义的文学价值观,这是中国以诗文为中心的文学传统的观念。但随着市民阶层的兴起,古代中国的社会结构发生了变化,市民阶层所秉持的价值观念等,给中华民族带来了新鲜的活力,使整个社会充满着新鲜的气息,明代的思想史、艺术史和文学批评史无不深深打上其印记。

明代中后期,李贽的"童心"说、公安三袁氏为代表的"性灵"说、汤显祖的"情至"说、徐渭的狂放艺术观,都张扬了浪漫主义的主观激情,代表着时代审美意识的新走向。明代戏曲家屠隆重视崇高的痛感因素,强调了"使人凄怆,恻恻而不宁"的"哀声"②也是令人喜爱,具有近代意义的悲剧之美也受到关注。丑也逐渐为人们所重视,袁宏道就坦然表明了自己极爱"疵处"③、以不完善为美的审美心理,《金瓶梅》则更突出地描写了不同的"丑"的形象④,晚明之时,异人、奇人、癖人、畸人等特立独行之

---

① (宋)姚琰:《崇古文诀跋》,转引自祝尚书:《宋人总集叙录》,中华书局 2004 年版,第 252 页。

② (明)屠隆:《屠隆诗话》,吴文治主编:《明诗话全编》(5),江苏古籍出版社 1997 年版,第 4904 页。

③ 袁宏道在《叙小修诗》中称其弟袁中道之作:"大都独抒性灵,不拘格套,非从自己胸臆流出,不肯下笔。有时情与境会,顷刻千言,如水东注,令人夺魄。其文有佳处,亦有疵处;佳处自不必言,即疵处亦多本色独造语。然予则极喜其疵处,而所谓佳者,尚不能不以粉饰蹈袭为恨,以为未能尽脱近代文人习气故也。"[(明)袁宏道著,钱伯城笺校:《袁宏道集笺校》,上海古籍出版社 1981 年版,第 187—188 页]

④ 《金瓶梅》所展示者,不止俗极、真极,亦恶极、丑极,其中既无正面人物,也无正面理想,与古典艺术审美理想大异其趣。其对上流社会丑恶生活之静默展览,显示了艺术审美对古典社会之消解、批判力度的进一步加强。一方面,它是人性解放的极端形式;另一方面,它也预示着审美生活化、审美享乐主义趣味的到来。《金瓶梅》对丑的表现,终结了古典主义美学以和谐为美的历史,呈现出审美意识近代化的倾向,是近代审美意识开始凸显的重要表征。以《金瓶梅》为代表的审丑意识的出现,是小说审美意识的重要变革,是新的艺术潮流的代表,也是新的审美意识的报春花。宁宗一先生以为,兰陵笑笑生比罗丹早800 年推倒了美丑之间的壁垒,这是有道理的。"《金瓶梅》却彻头彻尾是一部近代期的产品。不论其思想,其事实,以及描写方法,全是近代的。在始终未尽超脱过古旧的中世纪传奇式的许多小说中,《金瓶梅》实是一部可诧异的伟大的写实小说。她不是一部传奇,实是一部名不愧实的最合于现代主义的小说。"(郑振铎:《插图本中国文学史》下册,北京出版社 1999 年版,第 936 页)

人受到社会的关注,应该也属于这一思潮的重要组成部分。从情感上,《水浒传》被李贽认为是"发愤之所作也"①;从审美感受上,古典时代单纯愉悦的中和之美受到冷落甚至厌弃,一种惊吓、奇险、包含痛感的"快活"、"冷水浇背"的强烈刺激性审美感受受到前所未有的关注;从审美价值判断上,价值判断的核心"善"让位给"真",以"趣"为标的的审美目标被确立了起来,"率真则性灵现,性灵现则趣生"②。

一个审美意识转型的时代到来了。

这种转型表现在文学艺术创作领域,也表现在文学艺术批评领域。首先我们来看人们对通俗小说感人性的描述:"大抵唐人选言,入于文心;宋人通俗,谐于里耳。天下之文心少而里耳多,则小说之资于选言者少,而资于通俗者多。试令说话人当场描写,可喜可愕,可悲可涕,可歌可舞;再欲捉刀,再欲下拜,再欲决脰,再欲捐金;怯者勇,淫者贞,薄者敦,顽钝者汗下。虽小诵《孝经》、《论语》其感人未必如是之捷且深也。"③这是一种"捷且深"的感性的感动,明代人不仅坦率地承认生活中感官快乐的存在,而且在艺术欣赏和批评中也承认感官快乐的存在,在艺术批评中大量地运用"不亦快哉"、"快意一时"、"快意千载"、"取快千载"、"出其不意"、"冷水浇背,陡然一惊"等标志感性的用语。他们公开地提倡和追求"趣"、"险"、"巧"、"俗"、"怪"、"浅"、"艳"、"谑"、"惊"、"骇"、"疵"等美学风尚,与"温柔敦厚"的传统诗教,与"成教化,助人伦"的儒学准则几乎是背道而驰的,这是中国文学艺术批评史上比较独特的一个阶段,是"易代"不可重复的。以历史的标准而论,明清之际文学批评的突破,无疑应当由小说戏曲评点来代表。

"自'礼乐传统'以来,儒家美学所承继和发展的是非酒神型的文化,虽经庄、屈、禅的渗入而并未改变。即它的特点仍然是,既不排斥感性欢

① (明)李贽:《焚书》卷三《杂述·忠义水浒传序》,中华书局1974年版,第303页。

② (明)陆云龙:《叙袁中郎先生小品》,见齐豫生、夏于全主编:《明十六家小品文集》,延边人民出版社1999年版,第83页。

③ (明)冯梦龙:《古今小说序》,见黄霖、韩同文选注:《中国历代小说论著选》上册,江西人民出版社1985年版,第217页。

乐,重视满足感性需要,而又同时要求节制这种欢乐和需要。即使是庄子自由乘风的人格理想,以及那禅宗心空万物的超越世俗,也都没有越出这个'极高明而道中庸'的儒学规格。"①但是这种情形在明代尤其是明代中后期有所改变。

"明自万历以后,心学横流,儒风大坏,不复以稽古为事。"②在思想文化领域出现了一股猛烈冲击、反对封建礼教和宋明理学,重视情感和强调人欲的社会新思潮。随着唯情论、童心说、性灵说、情理说等观念的建立,在此基础上或者受此影响的文学观念也相应出现,产生了一大批被视为"离经叛道"的小说、戏曲,对"情"的重视和表现,给传统的婚姻和道德观念注入了一股清风,产生了新的审美意识,形成了一种新的审美标准和审美情趣。

在这种境况之下,"无论是士子的人生追求,思想家的哲学思考,还是文学家的理论主张和创作实践,都在缓缓曲折地向表现自我、愉悦人生方面发展,尽管显得步履蹒跚并时有侧道旁出,但其总体的趋势则是明确无误的"③。对离经叛道小说和戏曲的评点也必须适应这种审美标准和审美情趣的变迁。

李贽是一位对中国哲学和文学都产生过巨大影响的人物。④ 他力倡"童心说"而与道统尖锐对立,寻出了与儒家六经相左的"宇宙间五大部文章"⑤,并认为被前代视为"末技"和"小道"的小说和戏曲是可以与正宗诗文并驾齐驱的。

> 天下之至文,未有不出于童心焉者也。苟童心常存,则道理不行,闻见不立,无时不文,无一样创制体格文字而非文者。诗何必古

---

① 李泽厚:《美学三书·华夏美学》,安徽文艺出版社 1999 年版,第 401 页。
② (清)永瑢等:《四库全书总目》卷一百二十三,中华书局 1965 年版,第 1064 页。
③ 左东岭:《李贽与晚明文学思潮》,天津人民出版社 1997 年版,第 60 页。
④ 李泽厚认为:"'童心说'和李贽本人正是由下层市民文艺到上层浪漫文艺的重要的中介。"(李泽厚:《美学三书·美的历程》,安徽文艺出版社 1999 年版,第 191—192 页)
⑤ 据周晖《金陵琐事》记载,李贽曾说:"宇宙内有五大部文章:汉有司马子长《史记》,唐有杜子美集,宋有苏子瞻集,元有施耐庵《水浒传》,明有李献吉集。"值得注意的是,《水浒传》被列为天下之至文,天地间第一流的文章,同时李梦阳的诗文也被列入,有明一代的文学有两部被列入宇宙内五大文章,这与古人贵远贱近、贵古贱今的传统观念大不相同,明显具有近代意识。

选，文何必先秦。降而为六朝，变而为近体，又变而为传奇，变而为院本，为杂剧，为《西厢曲》，为《水浒传》，为今之举子业，皆古今至文，不可得而时势先后论也。故吾因是而有感于童心者之自文也，更说甚么"六经"，更说甚么《语》、《孟》乎？①

这是中国文学史上首次将历来被视为"小道"的小说与经史等量齐观。在他看来，有道统即无"童心"，存"童心"则须排斥道统；以"童心"论文，不以圣人之是非为是非，剔除了一切"道理闻见"，便可以随意"涂抹改窜"，"批点得甚快活人"。小说的阅读和评点成为他的一种自娱性的阅读活动。李贽《读书乐》一诗概括了自己的阅读评赏特色：

天生龙湖，以待卓吾；天生卓吾，乃在龙湖。龙湖卓吾，其乐何如？

四时读书，不知其余。读书伊何？会我者多。一与心会，自笑自歌。

歌吟不已，继以呼呵。恸哭呼呵，涕泗滂沱。歌匪无因，书中有人。

我观其人，实获我心。……怡性养神，正在此间。②

他的著述诚如袁中道所云："其意大抵在于黜虚文，求实用；舍皮毛，见神骨；去浮理，揣人情。"③"去浮理，揣人情"和"怡性养神"是一种有别于传统欣赏之学的欣赏论，它强调对现实审美主体的愉悦。李贽和公安三袁均持此主张，产生了很大的影响，不仅对小说的批评，而且对诗词也是这样，可见对快意的审美追求成为人们评价小说和戏剧的重要标准。徐渭一反传统，倡言"读之，果能如冷水浇背，陡然一惊，便是'兴、观、群、怨'之品，如其不然，便不是矣"④。郭绍虞先生讲，"冷水浇背，陡然一惊"之说，"求之于内则尚真，求之于外则尚奇，尚真则不主模拟，尚奇则不拘一格"⑤。

---

① （明）李贽：《焚书》卷三《杂述·童心说》，中华书局 1974 年版，第 276 页。
② （明）李贽：《焚书》卷六《读书乐并引》，中华书局 1974 年版，第 627 页。
③ （明）袁中道：《李温陵传》，见（明）李贽：《焚书》上册，中华书局 1974 年版，第 13 页。
④ 徐渭：《徐文长集·答许口北》，见郭绍虞主编：《中国历代文论选》，上海古籍出版社 1980 年版，第 93 页。
⑤ 郭绍虞：《中国文学批评史》，上海古籍出版社 1982 年版，第 407 页。

可见,徐渭已经抛弃了轻视小说的传统偏见,不再膜拜经典;同时,他采用了一种感觉主义的原则,更重视自己的一时快感和消遣娱乐了,更重视诗文等对于个体的人的直观效果,将文学艺术的感性激发力量看作评判诗文或其他艺术的标准。"冷水浇背,陡然一惊"是人的本能反应,在瞬间发生,根本无暇思量计较,但徐渭等人却将它作为艺术欣赏时使主体从日常生活状态进入艺术感悟状态的标志,这是将生理感受置于优先地位,作为审美体验的基础,当作读者欣赏艺术,实现艺术自身功能的逻辑起点了。附着在文学艺术之上的诸种功能在徐渭这里被简单地归结为直接的生理反应,这是十分具有叛逆性的审美理念。"徐渭更以此来取代儒家诗教的正统观念,不仅反映了徐渭'轶疏纵不为儒缚'的狂狷人格,也确实代表了晚明思想解放思潮在主体内心的萌动已经冲破旧体制的网罗,喷薄欲出了。"①

以审美快感为标志、为标准的思想直接影响了文学观念,在小说评点领域更是明显。在小说尤其是以"三言二拍"为代表的拟话本小说和以《金瓶梅》为代表的世情小说中,大量地进行了带有个人体验性质的普通人生活细节、普通人心理的描写,这些描写精细而生动,显示出一种前所未有的生活质感,生动而逼真,带来了普遍的审美快感和美感。② 从小说阅读、欣赏、评点的角度讲,小说的评点入手和着眼点均与先前不同,套用评点家的术语,就叫作"别具手眼",评点家拈出的"趣"、"奇"等范畴,突破了传统的小说批评话语,形成了以"情"为背景、为愉悦核心的新兴话语系统。

第三节　蕴含在小说评点中的审美意识

一、小说评点审美意识的转变

在小说评点中,有几个跟评点者个人或者社会感性经验相关的审美

① 凌继尧主编:《中国艺术批评史》,上海人民出版社2011年版,第341页。
② 现代美学研究认为,生理快适是审美愉悦的前提,而审美愉悦则不可违背生理愉悦的原则。

观念的出现,蕴含着丰富的审美意识,标志着审美意识的一些转变。这里以"趣"为例略作阐述。

在李贽看来,自适是文学的目的,作家自我是文学创作的决定性因素,自然率性是最佳的文学作品,个性之真和人生之趣是最高的审美追求。叶昼(托名李贽)甚至说:"《水浒传》文字当以此第一回为第一。试看种种摹写处,那一事不趣? 那一言不趣? 天下文章当以趣为第一。"在这里,叶昼到处寻趣,寻找插科打诨的言行和短暂的快感,这里的"趣"除了具有审美享受的意义之外,还常常带有俗气,带有喜剧成分或者特点,比如,"更可喜者,如以一丈青配王矮虎,王定六追随郁保四,一长一短,一胖一瘦,天地悬绝,真堪绝倒,文思之巧,乃至是哉! 恐读者草草看过,又为拈出,以作艺林一段佳话"①。显然,李贽、叶昼等人是在另立"趣"的标准并将其推向极端,因此他们在文本中进行的寻"趣"活动有追求短暂快感的倾向,因为这个"趣"明显缺乏超越性的诉求。

袁宏道说:

> 世人所难得者唯趣。……夫趣得之自然者深,得之学问者浅。当其为童子也,不知有趣,然无往而非趣也。面无端容,目无定睛,口喃喃而欲语,足跳跃而不定,人生之至乐,真无逾于此时者。……愚不肖之近趣也,以无品也,品愈卑故所求愈下,或为酒肉,或为声伎,率心而行,无所忌惮,自以为绝望于世,故举世非笑之不顾也,此又一趣也。②

可见在当时,"趣"已经成为一个比较普遍的审美概念。但是这里的"趣"似乎已不具备宋代文学艺术所追求的"趣"的形而上意义,而具有一定的世俗性。因为在宋代的诗歌和文人书画中,"趣"是一个相当高的审美境界,那是和"尚意"的主旨相联系的,表现为对自然和道的体悟。但纵观两者之间还是有一定联系的,这就是它们都讲求率性和率意而为,都讲究个性。可以见出,"评点家和经学家属于两种不同的人生存在形态,他们

---

① (明)无名氏:《又论水浒传文字》,《明容与堂刻水浒传》,见朱一玄、刘毓忱编:《〈水浒传〉资料汇编》,南开大学出版社2002年版,第187页。

② (明)袁宏道:《叙陈正甫〈会心集〉》,(明)袁宏道著,钱伯城笺校:《袁宏道集笺校》,上海古籍出版社1981年版,第463页。

大可不必低眉顺眼地揣摩圣贤的口吻和心理,不必唯恐越雷池一步地为圣贤立言,他们有自己的天地和个性,在'能通作者之意,开览者之心'的精神共享状态中,借'绝世奇文以自娱自乐'"①。这里的评点已经不是纯粹"为圣贤立言,为天地立心"了。正如袁无涯刻本《水浒传》卷首"发凡"所云:"书尚评点,以能通作者之意,开览者之心也。……今于一部之旨趣,一回之警策,一句一字之精神,无不拈出,使人知此为稗家史笔,有关于世道,有益于文章,与向来坊刻,复乎不同。如按曲谱而中节,针铜人而中穴,笔头有舌有眼,使人可见可闻,斯评点所最可贵者耳。"②有人认为,袁无涯本在此一语道出了《水浒传》与其他稗史、传奇的不同之处,便在于其有旨趣,有精神。比诸李贽,其评点小说戏曲的主要目的不是为了刊刻传世,而主要是为了从中获得精神的快慰,至于许多评点假借李贽(李卓吾)之名大肆刊刻评点本,则另当别论。现存的《水浒传》评点文字,可以看出评点者确实也获得了这种乐趣,"令人绝倒"、"喷饭满案"之类的字眼屡见于其评点文字可资为证。而对这些短暂快感或者瞬间刺激的追求,恰是明代审美意识的特点。

在明代小说评点中有一种现象,这就是"批趣处"。这种情形大都表现为在评点中开掘一些构思精巧、描绘动人和趣味盎然的地方。比如李贽对《水浒传》第七十四回(燕青智扑擎天柱　李逵寿张乔坐衙)的评点就是如此。《水浒传》中这一回主要叙述燕青打擂、李逵乔坐衙事。原文及批评如下:

> 且不说卢俊义引众还山,却说李逵手持双斧,直到寿张县。当日午衙方散,李逵来到县衙门口,大叫入来:"梁山泊'黑旋风'爹爹在此!"【容夹:趣。】【袁眉:又找一出,妙,有余波】吓得县中人手足都麻木了,动弹不得。原来这寿张县贴著梁山泊最近,若听得"黑旋风"李逵五个字,端的医得小儿夜啼惊哭,今日亲身到来,如何不怕!当时李逵迳去知县椅子上坐了,口中叫道:"著两个出来说话,不来

---

① 杨义:《中国叙事学》,人民出版社 1997 年版,第 416 页。
② (明)李贽:《李卓吾批评忠义水浒全传》,黄山书社 1991 年版,第 4—5 页。

时,便放火。"【容夹:趣。】廊下房内众人商量:"只得著几个出去答应;不然,怎地得他去?"数内两个吏员出来厅上拜了四拜,跪著道:"头领到此,必有指使。"李逵道:"我不来打搅你县里人,因往这里经过,闲耍一遭,请出你知县来,我和他厮见。"【容夹:趣。】

两个去了,出来回话道:"知县相公却才见头领来,开了后门,不知走往那里去了。"【容夹:好知县!】李逵不信,自转入后堂房里来寻。"头领看,那头衣衫匣子在那里放著。"李逵扭开锁,取出头,领上展角,将来戴了,把绿袍公服穿上,把角带系了,再寻皂靴,换了麻鞋,拿著槐简,走出厅前,【容眉:趣人。】【袁眉:好看。】大叫道:"吏典人等都来参见。"【容夹:趣。】众人没奈何,只得上去答应。李逵道:"我这般打扮也好麼?"众人道:"十分相称。"李逵道:"你们令史只候都与我到衙了,便去;若不依我,这县都翻做白地。"【容夹:趣。】众人怕他,只得聚集些公吏人来,擎著牙杖骨朵,打了三通擂鼓,向前声喏。李逵呵呵大笑,【容夹:快活。】又道:"你众人内也著两个来告状。"【容夹:趣。】【袁眉:真会作耍。】【芥眉:真会作耍。可知事晕文澜之妙。】吏人道:"头领坐在此地,谁敢来告状?"李逵道:"可知人不来告状,你这里自著两个装做告状的来告。我又不伤他,只是取一回笑耍。"【容夹:趣。】【余评:观李逵此段做官,令人可笑。】

公吏人等商量了一会,只得著两个牢子装做厮打的来告状,县门外百姓都放来看。两个跪在厅前,这个告道:"相公可怜见,他打了小人。"那个告:"他骂了小人,我才打他。"李逵道:"那个是吃打的?"原告道:"小人是吃打的。"又问道:"那个是打了他的?"被告道:"他先骂了,小人是打他来。"李逵道:"这个打了人的是好汉,先放了他去。这个不长进的,怎地吃人打了,与我枷号在衙门前示众。"【容夹:千古绝唱。】【容眉:好个风流知县。】李逵起身,把绿袍抓扎起,槐简揣在腰里,掣出大斧,直看著枷了那个原告人,号令在县门前,方才大踏步去了,也不脱那衣靴。【容夹:妙。】【袁眉:趣甚。】县门前看的百姓,那里忍得住笑。正在寿张县前走过东,走过西,忽听得一处学堂读书之声,李逵揭起帘子,走将入去,【袁眉:又找此一出,更趣。】

吓得那先生跳窗走了,【容夹:画。】众学生们哭的哭,叫的叫,跑的跑,躲的躲,【容夹:画。】李逵大笑。【容夹:活(快?)活。】【容眉:李大哥是圣人,真是无可无不可。】出门来,正撞著穆弘。穆弘叫道:"众人忧得你苦,你却在这里疯!快上山去!"那里由他,拖著便走。李逵只得离了寿张县,径奔梁山泊来,有诗为证:

> 牧民县令每猖狂,自幼先生教不良。应遣铁牛巡历到,琴堂闹了闹书堂。①

从文中可以看出,李逵的坐衙断案实在令人忍俊不禁。容与堂本在此夹批曰:"千古绝唱",眉批曰:"好个风流知县"。其他评点者也频繁地用"趣"点评。对这些"趣"处,评点者特将其批出。在这一回的回末总评中,李贽还特别从总体上加以强调:"燕青相扑,已属趣事,然犹有所为而为也。何如李大哥做知县,闹学堂,都是逢场作戏,真个神通自在,未至不迎,既去不恋。活佛,活佛。"②

又如《水浒传》"第十九回 林冲水寨大并火 晁盖梁山小夺泊"写阮小七把何观察何涛耳朵割下来作表证后才放走,容与堂本李贽在下边连批两次:"趣",又眉批:"恶则恶矣,趣实趣也。"③袁无涯本也在此批点道:"留酒碗此处见,更有趣味。"④金圣叹则在此处批点道:"七个趣人,不枉姓阮。"可见评点者对这样一些谐趣之事的特意重视。实际上在此后的小说评点中,"批趣处"的现象普遍存在,"批趣处"也为人们所津津乐道。比如在《李卓吾先生批点西游记》中,第六十七回针对猪八戒行动的愚蠢可笑总批曰,"倒扯蛇,蛇没弄了,打草惊蛇,好打死蛇,都是趣话,

---

① 此段文字取自《汇评忠义水浒传》,该汇评正文前70回以金圣叹改评本为底本,后50回以全传本为底本。批语包含了70回本金圣叹贯华堂第五才子书、王望如评论出像水浒传,100回本容与堂李贽(叶昼)评本、芥子园李贽评本、120回全传本李贽(袁无涯)评本、104回简本余象斗评本。批语汇评参考陈曦钟等《水浒传会评本》等书。因为所论并无版本问题,故采信。

② 朱一玄、刘毓忱编:《〈水浒传〉资料汇编》,南开大学出版社2002年版,第182页。

③ (明)施耐庵著,陈文新、王同舟导读:《水浒传》(上),陈卫星点校,岳麓书社2008年版,第184页。

④ (明)施耐庵:《水浒传会评本》(上),陈曦钟等辑校,北京大学出版社1981年版,第350页。本处在该本中为第十八回。

令人喷饭"①,第九十七回中极力称赞作品情节构思之精巧有趣②,这些都是对"趣"的重视。评点者显然已经留意到了猪八戒"呆头呆脑"③的谐趣之处,以此来关注《西游记》的幽默情趣,说明其评点者对这部名著颇有会心。

这里的"趣"不仅指表现在人物的言行和事件发展的细微的描写中,而且表现在情节结构的奇妙性上,尤其强调了艺术虚拟化过程中虚实相生而造成的"趣"。可见对"趣"的强调也是对艺术虚构性认识的进步。在容与堂本《李卓吾先生批评忠义水浒传》回评中,曾多次多处以"趣"品评和阐说,如第五十三回总批论道:"不知《水浒传》文字,当以此回为第一。试看种种摹写处,那一事不趣? 那一言不趣? 天下文章当以趣为第一。既是趣了,何必实有是事,并实有是人? 若一一推究如何如何? 岂不令人笑杀!"④鲜明地将"趣"标榜为"天下文章"的"第一"要求。认为像小说这样的文体,只要给读者以审美享受("趣"),就是美的,这里的"趣"已经脱开了"理"的羁绊,也许可以成为意味小说审美意象追求纯审美的标志了。这段话还论及小说中"趣"的生成,将小说趣味的获得与"实有是事"、"实有是人"区分开来,强调在艺术虚拟化的过程中生"趣"的事实。他指出,《水浒传》第五十三回中,"趣"已浸透到了对人物言行与事件发展的最细微的描写中。对《水浒传》武松醉打孔亮一段中描写武松的文字,袁无涯本眉批道:"此一段画出村犬,画出醉汉,画出寒溪,

---

① (明)吴承恩原著,李卓吾评点:《李卓吾先生批点西游记》下卷,天津古籍出版社2006年版,第507页。
② 本回的总批:"强盗处两转,可谓绝处逢生,且置之死地而后生,置之亡地而后存,真文人之雄也。其更妙处,豆腐老儿夫妻私语,咄咄如画,且从此透出张氏穿针儿来,行者方可使用神通也。世上安得如此文人哉! 世上安得如此文人哉!"[(明)吴承恩原著,李卓吾评点:《李卓吾先生批点西游记》下卷,天津古籍出版社2006年版,第715页]
③ "呆头呆脑"的可笑往往得到评点家的关注,比如《红楼梦》第四十八回,写香菱学诗至废寝忘食、忘形物外。宝钗说她:"何苦自寻烦恼! 都是颦儿引的你,我和她算账去。你本呆头呆脑的,再添上这个,越发弄成个呆子了。"对此言说,脂砚斋批道:"呆头呆脑的,有趣之至。"实际上是对语言的谐趣性的关注。这也是"批趣处"的一个重要方面。
④ (明)施耐庵著,陈文新、王同舟导读:《水浒传》(上),陈卫星点校,岳麓书社2008年版,第562页。

真而有趣。"①容与堂本称赞小说第四十七回中把李逵写得神情毕肖,在其言语之后批点了两个"趣"字,活画出了"李大哥一团天趣"②。需要说明的是,这种主张并不是空穴之风,其时的谢肇淛、李日华③、冯梦龙等也都有过类似的看法,可见是一种与时代精神相合的主张,是一种较为普遍的认识和主张。在这样的小说评点中,小说"因文生事"的叙事特征被凸显出来。以至于清人黄越在其《〈第九才子书平鬼传〉序》中指出:"涵天地于掌中,舒造化于指下,无者造之而使有,有者化之而使无,不惟不必有其事,亦竟不必有其人,所为空中之楼阁,海外之三山,倏有倏无,令阅者惊风云之变态而已耳,安所规矩于或有或无而始措笔而摛词耶!"④使读者"惊风云之变态"就是小说之"趣"。

在时人看来,通俗小说如不重"趣",就如同文言小说一般,"尚理或病于艰深,修辞或伤于藻绘,则不足以出里耳而振恒心"⑤。冯梦龙认为小说要有趣,必须"偕里耳","里耳"⑥也就是"俚耳",表面上是指语言的通俗性,实际上也可指小说情节的通俗和有趣性,也就是要求小说要具有

---

① (明)施耐庵:《水浒传会评本》(上),陈曦钟等辑校,北京大学出版社 1981 年版,第 592 页。

② (明)施耐庵著,陈文新、王同舟导读:《水浒传》(上),陈卫星点校,岳麓书社 2008 年版,第 503 页。

③ 李日华《广谐史序》云:"实者虚之故不系,虚者实之故不脱。不脱不系,生机灵趣活泼泼然,以坐挥万象,将无忘筌蹄之极,而向所雠校研摩之未尝有者耶。"意思是说小说创作要使"虚"、"实"二者在"不脱不系"中产生和含蕴"生机灵趣"。序文认为小说创作,"描绘物情,宛然若睹,然而可悲可愉,可诧可愕,未必尽可按也"。它"可借形以托,即阅阅谱绪,爵里征释,建树谧诛,人间亶亶之故,悉任楮墨出之,若天造然,是则反若有可按者"(见朱一玄编:《明清小说资料选编》上册,朱天吉校,南开大学出版社 2006 年版,第 979 页)。

④ 黄霖、韩同文选注:《中国历代小说论著选》上册,江西人民出版社 1985 年版,第 405 页。

⑤ (明)可一居士:《醒世恒言序》,见黄霖、韩同文选注:《中国历代小说论著选》上册,江西人民出版社 1985 年版,第 225 页。

⑥ 《庄子·天地》有:"大声不入于里耳",唐人成玄英《疏》云:"大声,谓《咸池》、《大韶》之乐也,非下里委巷之所闻。"此后,"里耳"常用指俗人之耳。王骥德《曲律·论剧戏第三十》云:"其词格俱妙,大雅与当行参间,可演可传,上之上也;词藻工,句意妙,如不谐里耳,为案头之书,已落第二义。"到了明清时期,"里耳"的地位似乎有所提高,主要指文艺传播于普通人之中。

民间性,要符合民间的、市井的、老百姓的审美要求。这种通俗性、民间性的审美意识实际上也是小说以外的其他艺术形式的共同价值诉求,带有时代性。

基于这样的要求,小说的"趣"被加以重视,尤其是生动的描绘和趣味盎然的情节。所以容与堂本称阮小七为"趣人",燕青相扑擎天柱为"趣事"。凡率性而为的,痛快淋漓的,有一定戏剧性的人、事、话,由于它能激起读者的审美情趣,让读者获得满足,在小说评点中都得到了重视和肯定,并被专门批点出来,以引起读者的注意或者提醒读者玩味。这在某种意义上是在提醒读者关注其中蕴含的趣味,尤其是戏剧性、喜剧性的趣味。

"'趣',即审美趣味,是从作品中获得的一种愉悦性感受和兴味。"①"趣"既是一种审美感受也是一种艺术效果。所以,更多的时候,小说评点中的"趣"偏重于读者对人物事件之主观心理感受。对《水浒传》"第二十六回　母夜叉孟州道卖人肉　武都头十字坡遇张青"的评点即是如此。

那妇人那曾去切肉,只虚转一遭,便出来拍手叫道:"倒也!倒也!"那两个公人只见天旋地转,禁了口,望后扑地便倒。武松也双眼紧闭,扑地仰倒在凳边。妙人。【容夹】妙。【袁眉】精细有趣。只听得笑道:只听得妙绝。"著了,由你奸似鬼,吃了老娘的洗脚水!"便叫:"小二,小三,快出来!"只听得飞奔出两个蠢汉来,听得妙绝。听他先把两个公人先扛了进去,这妇人便来桌上提那包裹,并公人的缠袋,想是捏一捏,约莫里面已是金银。想是妙绝,约莫妙绝,已是妙绝。只听得他大笑道:只听得妙绝。【金眉】俗本无八个听字,故知古本之妙。"今日得这三个行货,倒有好两日馒头卖,又得这若干东西!"听得把包裹缠袋提入进去了,听得妙绝。随听他出来,看这两个汉子扛抬武松。听他妙绝。〇先取余事收拾尽,却放出笔来单写武松。那里扛得动,直挺挺在地下,却似有千百斤重的。妙人。只听得妇人喝道:只听得妙绝。"你这鸟男女,只会吃饭吃酒,全没些用,直要老娘

---

① 凌继尧主编:《中国艺术批评史》,上海人民出版社2011年版,第322页。

亲自动手！一段话。这个鸟大汉却也会戏弄老娘！又一段话。这等肥胖，好做黄牛肉卖。积祖之言不谬。那两个瘦蛮子，只好做水牛肉卖。又一段话。扛进去，先开剥这厮用！"又一段话。○偏说出许多，使武松忍笑不住。【袁眉】着许多说话，妙。听他一头说，一头想是脱那绿纱衫儿，解了红绢裙子，听他妙绝，想是妙绝。【袁夹】此等亦应。赤膊著，必须赤膊方使下文尽兴。便来把武松轻轻提将起来。武松就势抱住那妇人，妙人，生平未经之事。把两只手一拘拘将拢来，【容夹】妙人。当胸前搂住；十五字句思之绝倒，武二真正妙人，无可不可。○前者嫂嫂日夜望之。却把两只腿望那妇人下半截只一挟，压在妇人身上，写出妙人无可不可，思之绝倒。○胸前搂住，压在身上，皆故作丑语以成奇文也。【容夹】妙人。只见他杀猪也似叫将起来。上文许多事情，偏在耳中听出，此处杀猪也似一声，却于眼中看见，奇文绣错入妙。【容眉】趣绝。【袁眉】趣甚，看他用意行文影事之妙。①

这一回写武松在十字坡遭遇孙二娘的暗算，在酒店嬉戏挑逗孙二娘的故事，双方在语言上进行你来我往的调笑，甚是有趣。作者写武松假意喝下有蒙汗药的酒，伙计挪移不动，孙二娘前来提武松，对两位挪不动武松的伙计说："你这鸟男人，只会吃酒吃饭，全没些用，直要老娘动手"。但当自己动手去提时，"武松就势抱住那妇人，把两手一拘拘将来，当胸前搂住；却把两腿望那妇人下半截只一挟，压在妇人身上"。孙二娘落得个"杀猪也似叫将起来"。前后的反差，具有喜剧性。李贽在此句上眉批曰："趣绝"，袁无涯本眉批则曰："趣甚"，就这段情节中所写"当胸搂住，压在身上"的情形，金圣叹以为"不图无心又得此一番奇笔也"。当然，这回中更具喜剧性的是"作者正故意要将顶天立地、戴发噙齿之武二，忽变作迎奸卖俏，不识人伦之猪狗"②。

把这种喜剧性的情节带给人的审美愉悦称之为"趣"，显然是与其对

① （明）施耐庵：《水浒传会评本》（上），陈曦钟等辑校，北京大学出版社1981年版，第517—518页。文中仿宋体部分为评点文字。

② 本回总批，（明）施耐庵：《水浒传会评本》（上），陈曦钟等辑校，北京大学出版社1981年版，第510页。

文学功能的认识有关。他们对文学作品不是进行道德判断,而是从超越功利的自我愉悦来衡量,这不仅使得小说评点意趣横生,而且构成一个有才情、有发现、有趣味的自足世界。"如此评点出来的世界已经不是暮气沉沉的、以圣人是非为是非的世界了,而是一个生机蓬勃的、贯通古今奇书妙文的开放的世界,一个注重审美个性和才华的色彩斑斓的世界,一个众声喧哗的与读者精神共享的阅读世界。所谓汉笺、唐疏、宋章句在这个光色灿烂的世界面前,都显得有点局促不安、呆头呆脑了。"①"趣"真是一个具有时代质的审美观念,有了"趣",有了对"趣"的追求,中国小说的美学风貌和格调得到了重要的改变,甚至"尚趣求乐"成为具有时代性的美学趣味,成为近代性的审美意识。

事实上,明代小说评点还借用了书法、绘画乃至戏曲理论中的术语,虽然也有新的发明,但还是多带有传统意味,时代特征不甚明显,故不再赘述。

二、小说评点对传统文学批评的超越

李贽说过,真正的文学家,都是"其胸中有如许无状可怪之事,其喉间有如许欲吐而不敢吐之物,其口头又时时有许多欲语而莫可所以告诸之处,蓄极积久,势不能遏。一旦见景生情,触目兴叹;夺他人之酒杯,浇自己之垒块;诉心中之不平,感数奇于千载。既已喷玉唾珠,昭回云汉,为章于天矣,遂亦自负,发狂大叫,流涕恸哭,不能自止。宁使见者闻者切齿咬牙,欲杀欲割,而终不忍藏于名山,投之水火"②。李贽把艺术的本质和意义归结为个体情感、欲望、意愿的酣畅淋漓的表达,明显主张一种激情勃发的暴风雨般的情绪发泄,这是对儒家"中和"思想和美学传统的一次更大的冲击。正如天都外臣在论述《水浒传》时所言:"其情则上下同异,欣戚合离,捭阖纵横,揣摩挥霍,寒暄嗢笑,谑浪排调,行役献酬,歌舞谲怪,以至于大乘之偈,真浩之文,少年之场,宵人之态,无所不该。"③像《禅

---

① 杨义:《中国叙事学》,人民出版社 1997 年版,第 416 页。
② (明)李贽:《焚书》卷三杂述《杂说》,中华书局 1974 年版,第 271—272 页。
③ (明)天都外臣:《水浒传序》,见朱一玄、刘毓忱编:《〈水浒传〉资料汇编》,南开大学出版社 2002 年版,第 168—169 页。

真逸史》这样的小说，"圣主贤臣、庸君媚子、义夫节妇、恶棍淫娼、清廉婞直、贪鄙奸邪、盖世英雄、幺幺小丑、真机将略、诈力阴谋、释道儒风、幽期密约，以至世运转移、人情翻覆、天文地理之徵符、牛鬼蛇神之变幻，靡不毕具，而描写精工，形容婉切，处处咸伏劝惩，在在都寓因果，实堪砭世，非止解颐"。意思是说，小说表现了全面的整体的生活，不仅塑造的人物涉及三教九流，囊括正邪，而且凡是社会生活中有的情感，不管是高尚的还是低俗的、文雅的还是醒醒的，小说都无所不写，在对世俗生活的表现中完全突破了"不语怪、力、乱、神"①的儒学规范，并在"吟咏讴歌，小谈科浑"中"嘲尽人情，搴穷世态"②。可谓嬉笑怒骂皆成天下之至文，这种文学状况在中国历史上是少见的，得到批评家的首肯也是当时审美意识变迁的结果。可以说，正是文人审美意识的变迁，导致以反映平民生活为主的世俗的小说取代了以表现个人感情为主的雅致的诗文，成为明代文学的主导。这是中国近代性文学有别于中国传统文学的一大特征。

李泽厚先生认为："不再刻意追求符合'温柔敦厚'，而是开始怀疑'温柔敦厚'；不必再是优美、宁静、和谐、深沉、冲淡、平远，而是不避甚至追求上述种种'惊'、'俗'、'艳'、'骇'等等，审美趣味中出现的这种倾向，表明文艺欣赏和创作不再完全依附或从属于儒家传统所强调的人伦教化，而在争取自身的独立性，也表现人们的审美风尚具有了更多的日常生活的感性快乐。"③不仅在小说和戏曲领域内出现这种情况，明代尤其是明代晚期的其他艺术中也出现了这种审美意识追求的自觉，在书法领域内出现被时人认为"丑怪"的狂草，绘画领域内出现的"写意"，都由于对儒家传统规范的突破而受到当时正统批评家的竭力攻击。从反面而言，这种攻击更能说明明代审美意识的反传统性。

尽管小说评点在体例和体制上是"从儒家经典阐释中走出来"④，我

① 《论语·述而》，杨伯峻、杨逢彬译：《论语注译》，岳麓书社 2000 年版，第 82 页。
② （明）夏履先：《禅真逸史凡例》，孙逊、孙菊园编：《中国古典小说美学资料汇粹》，上海古籍出版社 1991 年版，第 86 页。
③ 李泽厚：《美学三书·华夏美学》，安徽文艺出版社 1999 年版，第 410 页。
④ 杨义：《中国叙事学》，人民出版社 1997 年版，第 407 页。

们在研究小说评点知识谱系时,对此不能不察。但饶有意味的是,明代的小说评点家似乎并不认同这套知识谱系,他们试图建立另类的知识谱系,并竭力与前者"划清界限"。在中国古代文化思想史上,俗文学在一定程度上是游离于整体意识形态之外的,如戏曲小说中的情爱观之于传统伦理思想、价值观之于传统义利观念,以及对农民起义、历史进化的认识都不是当时的意识形态所能涵盖的,这一点对古代小说戏曲理论与批评都有独到的思想价值。小说评点十分重视这种独特的思想价值,尤其对"情"与"理"的把握更是体现了对传统伦理关系的超越和反叛。由于观念上的突破,他们往往不是从宗经顺道的角度来评价小说中的人物及其所作所为,而是从小说反映的人情物理以及审美的角度来评价,将文与事分离,将情与理分离,将真与善分离,同时也将善与美分离。有的小说评点对"事"的评价和对"文"的评价呈现出两重性。比如金圣叹比较厌恶《水浒》之事,但对其叙事成就和文采均大加称道,这就超越了传统伦理道德评价而进入到审美评价和审美境界。比如对杀人、割耳之事,他们既指出其中的残忍,又对小说叙事的趣味性和文辞的精彩生动进行肯定和赞扬。这都可以看作在"史统"之外的美学视角,可以看作审美意识的新变,标志着"明中叶以后,小说学家跳出史学的藩篱,自觉地以审美的眼光观照小说"①,当然对于小说批评也可作如是观。

　　明代文学尤其是小说戏曲在"心学"、李贽以及公安三袁重性重情观念的影响下,重视表现"情"与"欲",表现情性,文学"回到实在的个体血肉,回到感性世俗的男女性爱,在这个基础上,来生发出个性的独立、性情的张扬,即由身体的自由和解放到心灵的自由和解放,而日益越出、疏远、背离甚至违反'以乐节乐'的礼乐传统和'发乎情止乎礼义'的儒家美学,这便是传统美学走向自崩毁的近代之路。"②

　　基于整个明代审美趣尚的转变,明代小说评点的审美意识也具有鲜明的时代特点和近代意识,而且特出于诗文之外,最能代表明代审美意识

①　韩进廉:《中国小说美学史》,河北大学出版社 2004 年版,第 114 页。
②　李泽厚:《美学三书·华夏美学》,安徽文艺出版社 1999 年版,第 407—408 页。

的易变和异变。

第四节　蕴含在戏曲评点中的审美意识

戏曲评点直到万历年间才在中国文学批评史上出现,这是随着戏曲的普遍传播和戏曲社会地位的提高而必然产生的,也是戏曲文人化、案头化、作为读物出现的必然要求。戏曲评点一经出现,就出现异常勃兴的局面。据调查统计,从万历前期到明代末年,有各种戏曲评点本一百五十种左右。这些评点本,有的是单独剧作的评点,有的则是评点选本;有的是"一人一评",有的是"一人数评",有的是"数人一评";有的剧作则被反复评点。① 评点成为戏曲理论生发的重要载体,评点也成为戏曲传播的重要途径,评点的兴起更成为戏曲繁荣的标志,其中蕴含着重要的审美意识。

"评点这种文学批评形式虽在李贽之前就已产生,但只见于诗文,将这种形式用于戏曲批评,则肇始于李贽。"②李贽不仅针对复古主义论调"文必秦汉,诗必盛唐"提出"诗何必古选,文何必先秦"的说法,还着眼于提倡今文,尤其肯定当时正在兴盛的小说和戏曲,认为"孰谓传奇不可以兴、不可以观、不可以群、不可以怨乎? 饮食宴乐之间起义动慨多矣! 今之乐犹古之乐,幸无差别视之其可!"③肯定小说、戏曲的社会及审美功能,他不仅对小说、戏曲给予大胆肯定,还通过评点的方式发掘其中的蕴涵,并形成评点兴盛的局面,以至于"坊间诸家文集,多假卓吾先生选集之名,下至传奇小说,无不称为卓吾批阅也"④。对于戏曲而言,"思想家李卓吾的评点,真正确立了戏曲评点的基本批评形态,李氏作为思想家的深刻、敏锐和强烈的批评意识,使戏曲评点很具有理论批评的意味,从而

---

① 参见朱万曙:《明代戏曲评点研究》,安徽教育出版社 2004 年版,第 11—12 页。

② 俞为民、孙蓉蓉:《中国古代戏曲理论史通论》,(台北)华正书局有限公司 1949 年版,第 221 页。

③ (明)李贽:《焚书》卷四《杂述·红拂》,中华书局 1974 年版,第 541 页。

④ (明)陈继儒:《国朝名公诗选》卷六《李贽》,厦门大学历史系编:《李贽研究参考资料李贽与〈水浒传〉资料专辑》第 3 辑,福建人民出版社 1976 年版,第 173 页。

开启了戏曲评点的风气,奠定了明代戏曲评点的基石"①。李贽的审美意识为汤显祖、袁宏道、冯梦龙等人所接受,对当时的文艺理论和创作产生了重大影响。

和小说评点相像,"以鉴赏为重的思维定位和以随文批评为主的体例,决定了戏曲评点具有强烈的感性色彩。评点家往往缘机而发,表达由作品引起的审美感受和人生体验"②。和小说评点相同,其中也充满着情感性的感性评价,其中的感性用语、情绪性用语、通俗性用语还是比较多的,诸如容与堂本《西厢记》在普救寺僧人惠明挺身而出的情节原文【滚绣球】唱段处眉批道:"活佛! 你何不退了兵,得了莺莺。"③陈眉公本第一出眉批直写道:"你觑,有个钻人长裙的眼睛",如此等等,显然是一种感性的情绪性的点评,显然是一种即时性的激情评论。比如魏仲雪评本《琵琶记》第二十三出中有这样的眉批:"杀才,不孝子! 难道差一人回去,他也禁着你! 就禁着你,大丈夫难道便为他禁倒? 可恨可恨。"④对于《琵琶记》第二十二出"情境双绝"的情况,容与堂"李评"本、陈眉公评本、魏仲雪评本,三先生合评本均出现动情感叹的情况,评点中频繁出现诸如"奇甚,奇甚!""神哉,技至此乎!"乃至"真小人也!"等用语,充分体现了评点者读、评到此处的情绪变化,也充分展示了评点的感性特点,在此评点染上了"性灵"的特点。当然,戏曲评点作为一种基于个人在一定心境、情境之下对文本进行的"即景会真,宛若身处"的"务探其神情"⑤的活动,不进行充分的理性评价是由评点本身的特点所决定的。

纵观明代的戏曲评点,几个频繁运用的范畴体现了审美意识的变化。

---

① 朱万曙:《明代戏曲评点研究》,安徽教育出版社2004年版,第23页。
② 孙秋克:《论戏曲评点的特点、历史发展和理论建树》,《云南艺术学院学报》2004年第2期。
③ 张建业主编,贾奋然等摘编:《李贽全集注·小说戏曲评语批语摘编》第20册,社会科学文献出版社2010年版,第608页。
④ 张建业主编,贾奋然等摘编:《李贽全集注·小说戏曲评语批语摘编》第20册,社会科学文献出版社2010年版,第505页。
⑤ (明)诸葛元声:《田水月山房藏本北西厢序》,转引自张人和:《〈西厢记〉论证》,东北师范大学出版社1995年版,第302页。

这里只选取"真"和"趣"两个范畴展开阐述。

一、"真"的审美意识

明代中后期,戏曲以个体的真情至性构筑戏曲人物,塑造了许多精神独立和情感解放的"真人"形象,体现了戏曲美学的一种重要导向。"明代中叶思想解放的主要时代内容,表现为反理学反道学的人本主义思潮,其主旋律便是高歌真人、真心、真性、真情。它所借助的文学体裁主要是通俗文学,特别是小说和戏剧文学。"①同时还体现在戏剧批评家的有关观念、论著以及评点活动之中,当时重要的戏曲理论家的重要戏曲评点活动,均有这种思想或理念的体现。

"'真'的审美观是明代戏曲评点的一个重要的理论观念。这一审美风尚观显然与明代文学思潮中的尚'真'思想密不可分,同时,它又构成了晚明文学思潮的一个重要组成部分。"②"真"是心学思潮下晚明社会普遍的审美意识。"尚'真'既是晚明思潮的重要精神内容,又是晚明时期被广泛接受和强调的文学观念。"③

以"真情"、"痴情"、"至情"为美的审美意识,见于对小说的评价,也见于对戏曲的品鉴,还成为衡量民歌本体特性的重要主张,普遍见于明代的文艺批评中,是一个重要的审美标准。比如在冯梦龙的视野里,那些纵情尚真的市井文艺和俗曲时调,乃至"异调时声"、"娇声"、"田夫野竖矢口寄兴之所为"的山歌,都因"情真而不可废"④。在李开先的视野中,那些如《山坡羊》、《锁南枝》之类的民歌,虽"浮艳亵狎,不堪入耳",但"其声则然也,语意则直出肺肝,不加雕饰,俱男女相与之情,虽君臣友朋多有托此者,以其情尤足以感人"⑤,得到了充分的肯定。袁宏道则对那些闾阎妇人孺子所唱的《擘破玉》、《打草竿》之类的民歌肯定有加,认为"犹是

---

① 陈竹:《明清言情剧作学史稿》,华中师范大学出版社 1991 年版,第 1 页。

② 朱万曙:《明代戏曲评点研究》,安徽教育出版社 2004 年版,第 304 页。

③ 朱万曙:《明代戏曲评点研究》,安徽教育出版社 2004 年版,第 124 页。

④ (明)冯梦龙:《叙山歌》,见吴钊、伊鸿书、赵宽仁等编:《中国古代乐论选辑》,人民音乐出版社 2011 年版,第 328 页。

⑤ (明)李开先:《市井艳词序》,《李开先集》,路工辑校,中华书局 1959 年版,第 321 页。

无闻无识真人所作,故多真声,不效颦于汉、魏,不学步于盛唐,任情而发,尚能通于人之喜怒哀乐嗜好情欲,是可喜也"①。卓人月甚至将蕴含个人化真情的《吴歌》、《挂枝儿》、《罗江怨》、《打枣竿》、《银绞丝》之类的市井俗曲称为"为我明一绝"②,将其提高到无以复加的地位。徐渭则称:"今之南北东西虽殊方,而妇女儿童、耕夫舟夫、塞曲征吟、市歌巷引、若所谓竹枝词,无不皆然。此真天机自动,触物发声,以启其下段欲写之情,默会亦自有妙处。"③在以上诸人关于民歌的认识之中,频繁突出和强调的是在表达方面有"真人"、"真声",在表达效果方面得"能感人"和"情真",凸显出一种"尚俗尚真"的审美意识。在这里,"真"的主要特点不是现实主义所强调的逼真或者写实,而是指抒情方式"任性而发",语意则直出肺肝,不加雕饰,"真"成为一个与"情"精密联系的范畴,形成一种"尚情尚真"的审美意识。在这样一种时代氛围之中,来自民间的戏曲艺术自然要吸收民歌凸显性情本真、崇情尚真的艺术精神。

与此同时,哲学思想上的变革也推波助澜,在社会生活领域内产生巨大影响④,对文艺产生的影响也不容忽视。"阳明心学对自我内心的开掘,以及从'真'而行的文艺观,与艺术创造的规律不谋而合,'真'和'情',也因此作为时代风尚的反映和理论思想的升华,成为明人共同的艺术追求和风格取向,并带来了戏曲理论的重大发展。"⑤明代中后期,戏

---

① (明)袁宏道:《叙小修诗》,(明)袁宏道著,钱伯城笺校:《袁宏道集笺校》,上海古籍出版社 1981 年版,第 188 页。

② 陈宏绪《寒夜录》上卷曾记载:"友人卓珂月曰:'我明诗让唐,词让宋,曲又让元,庶几吴歌、[挂枝儿]、[罗江怨]、[打枣竿]、[银绞丝]之类,为我明一绝耳。"(《续修四库全书》,上海古籍出版社 2002 年版,第 1134 册,第 700 页)

③ (明)徐渭:《奉师季先生书》三首之三,《徐渭集》(全四册)之《徐文长三集》卷一六,中华书局 1983 年版,第 458 页。

④ 明代哲学思想上的变化可以从学术文化的变迁中看出来。《明史》卷二八二《列传第一七○·儒林一》描述的这一变化如下:"原夫明初诸儒,皆朱子门人之支流余裔,师承有自,矩矱秩然。……学术之分,则自陈献章、王守仁始。……宗守仁者曰姚江之学,别立宗旨,显与朱门背驰,门徒遍天下,流传逾百年,其教大行,其弊滋甚。嘉、隆而后,笃信程、朱,不迁异说者,无复几人矣。"(张廷玉等撰:《明史》卷二七一——卷三三二,张天有等标点,吉林人民出版社 1995 年版,第 4756 页)

⑤ 徐燕琳:《明代剧论与画论》,广东高等教育出版社 2011 年版,第 169 页。

曲创作由强调伦理纲常向抒发个体化真性真情回归,"崇情尚真"的美学思想成为明代中后期戏曲美学的主要特征。李贽、袁宏道等人主张高歌真人、真性、真情,并以戏曲评点、序、跋和曲论等为载体来宣扬这种主张,树立了以真为美的戏曲审美观念和评价标准。

李卓吾在其著名的"童心说"中提出"夫童心者,绝假纯真,最初一念之本心也。若失却童心,便失却真心;失却真心,便失却真人;人而非真,全不复有初矣"。在这种真性情观念的指导下,那些性格率直的人、矢口直言的民歌都被视作美的,给予很高的评价;那些"不贵文饰而贵真率肖吻"①的戏曲语言得到了充分的肯定;那些心直口快、性情刚烈而率真的人物获得热情的评价。比如小说《水浒传》中的李逵,在评点中称"李大哥做事必奇,说话必趣,天纵之也"②,"李大哥一派天机,妙人趣人,真不食烟火人也"③,李逵之真达到了"天机"、"天纵",甚至一派天真。与此相一致,《红拂记》中的红拂,得到了李贽的较高评价,在《焚书》中认为"红拂智眼无双,虬髯弃家入海,越公并遣双妓,皆可师法,可敬可羡"④。在《玉合计》评点中,李贽对许俊从沙吒利府上夺回柳姬的行为大加赞赏,认为"世间有如此快人",评价他为"真汉子,真豪杰,真丈夫",并感叹说"今天下亦有其人乎?"⑤再比如《西厢记》中戏份不多的和尚惠明,在评点中就被称颂为"烈汉子"、"好和尚"⑥,实际上就是被视为"真人"⑦,亦即"率性而行"的人。与此同时,真实、率性成为社会的追求,红娘、李

---

① (明)张琦:《衡曲麈谭·填词训》,见中国戏曲研究院编:《中国古典戏曲论著集成》(四),中国戏剧出版社1959年版,第268页。

② (明)施耐庵著,陈文新、王同舟导读:《水浒传》(下)"第七十四回眉批",陈卫星点校,岳麓书社2008年版,第760页。

③ (明)施耐庵著,陈文新、王同舟导读:《水浒传》(下)"第七十五回回评",陈卫星点校,岳麓书社2008年版,第775页。

④ (明)李贽:《焚书》卷四《杂述·红拂》,中华书局1974年版,第540—541页。

⑤ 张建业主编,贾奋然等摘编:《李贽全集注·小说戏曲评语批语摘编》第20册,社会科学文献出版社2010年版,第530页。

⑥ 张建业主编,贾奋然等摘编:《李贽全集注·小说戏曲评语批语摘编》第20册,社会科学文献出版社2010年版,第609、610页。

⑦ 袁宏道认为"率性而行,是为真人"[(明)袁宏道:《识张幼于箴铭后》,(明)袁宏道著,钱伯城笺校:《袁宏道集笺校》,上海古籍出版社1981年版,第193页]。

逑等文学形象就是这种社会诉求的文学显现。丫鬟红娘的个性可以作为这种社会思潮的代表,丫鬟等下层民众,不读书,不识义理,受理学的蒙蔽比较少,保存的真情比较多,所以她们的行为和语言往往"直出肺肝,不假雕饰",有一种真实朴拙之气。"三言""二拍"中的许多人物,是中国古代小说史上一群充满市民气息的形象,他们对于义、利的追求毫不遮掩,他们对于声色的追逐也毫不避讳,体现出一种"绝假纯真"的审美意识。李贽在关于《西厢记》《拜月亭记》《琵琶记》三剧艺术价值高低的激烈论争中,树立了以真为美的戏曲审美观念。

李贽在《琵琶记》第三十七出《书馆悲逢》【太师引】之曲写下的批语是:"似假似真,令人倘恍。文至此,活矣。活矣。"[1]可以看出,李贽认为戏曲描写的情节要具有真实性,而真实性的关键在于情的真实,只要情真并符合人情,即使是虚构的情节也是真实可信的。对于小说也是如此,李贽说:"《水浒传》文字原是假的,只是他描写得真情出,所以便可与天地相始终。"[2]这与徐渭所言"摹情弥真则动人弥易,传世亦弥远"[3]的说法具有一致性,可见这是一种时代共识。实际上,在心学思潮的引领之下,自然尚真,不做作,说自己的话,说符合自己的话的文艺思想在当时成为一种潮流,弥漫到社会的各个方面。就文艺而言,这种情形在明代的小品散文、尺牍等文章中则体现得更为充分,在明人的言行中则体现得更为生动。李贽、徐渭、袁宏道等人的行为就体现了这种"真"的审美诉求,成为时代的风标,从者甚众,以至于被统治阶级目为异端。

"言为心声",符合人物性格的语言或者表达人物性情的语言也被当作"真"的重要表现,获得关注。在《昆仑奴》评本中,徐渭对戏曲语言提出了"家常自然""本色"等要求,实际上是对语言表达真性情提出了要求,认为:"此本于词家可占立一脚矣,殊为难得。但散白太整,未免秀才

---

[1] 张建业主编,贾奋然等摘编:《李贽全集注·小说戏曲评语批语摘编》第 20 册,社会科学文献出版社 2010 年版,第 514 页。

[2] (明)施耐庵著,陈文新、王同舟导读:《水浒传》(上)"第十回回评",陈卫星点校,岳麓书社 2008 年版,第 106 页。

[3] (明)徐渭:《选古今南北剧序》,《徐渭集》,中华书局 1983 年版,第 1296 页。

家文字语,及引传中语,都觉未入家常自然。至于曲中引用成句,白中集古句,俱切当,可谓拏风抢雨手段。……语入要紧处,不可着一毫脂粉,越俗越家常,越警醒,此才是好水碓,不杂一毫糠衣,真本色。……凡语入要紧处,略着文采,自谓动人,不知减却多少悲歌,此是本色不足者,乃有此病,乃如梅叔造诣,不宜随众驱逐也。点铁成金者,越俗越雅,越淡薄越滋味,越不扭捏动人越自动人。"①在徐渭看来,扭捏作态的文字无法表达真性情,也无法形象摹写出剧中人物的性格,因此会大大降低戏曲绘声绘色的表达效果。在《焚香记总评》中,汤显祖提出"填词皆尚真色"的要求。他说:"作者精神命脉,全在桂英冥诉几折,摹写得九死一生光景,宛转激烈。其填词皆尚真色,所以入人最深,遂令后世之听者泪,读者颦,无情者心动,有情者肠裂。何物情种,具此传神手!"②认为戏曲的曲辞只有"尚真色",才能动人,才能动情。徐渭等人提倡的"本色说"主张释放本真个性,其"本色"的内在底蕴就是"真",与同时代李贽的"童心说"相呼应,成为明代启蒙主义思潮、浪漫主义美学中的一个重要命题和范畴。这个"真"虽然也包含自然的审美意味,但更主要的是指性情之真。

时代的审美意识总是以万川映月的方式熏陶、浸染着每个个体,每个个体的审美心理总是化合着时代审美的共性并通过不同的个性表现出来。明代文学艺术之中许多小人物皆有这种气质,文学艺术塑造这种小人物是对当时审美意识和审美风气的有效呼应,而这些形象的广泛传播,又有效地促进了审美意识的形成和强化。明代中后期戏曲的一些作品挟"真率之情",不"违心以就世法"③,表现出时代的审美要求,体现出时代的审美风采。在性情的"正"与"真"之间,整个审美意识似乎呈现倾向于"真"的偏向。

---

① (明)徐渭:《徐文长佚草》卷二《题昆仑奴杂剧后》,《徐渭集》,中华书局1983年版,第1092—1093页。

② (明)汤显祖:《汤显祖诗文集》(下),徐朔方笺校,中华书局1982年版,第1486页。

③ (明)张琦:《衡曲麈谭·情痴窠言》,见中国戏曲研究院编:《中国古典戏曲论著集成》(四),中国戏剧出版社1959年版,第273—274页。

　　李贽从人性的角度阐释了这种性情之真追求的合理性,他说:"盖声色之来,发于性情,由乎自然,是可以牵合娇强而致乎? 故自然发乎情性,则自然止乎礼义,非情性之外复有礼义可止也。"①在李贽看来,凡自然之情性皆合乎礼义,情性即礼义,所以"止乎礼义"实际上就被取消了。取而代之的,是推崇个性解放,以"童心"为标准,反对一切传统观念的束缚,甚至包括无上权威的孔子在内。"夫天生一人,自有一人之用,不待取给于孔子而后足也。若必待取足于孔子,则千古以前无孔子,终不得为人乎?"②这种绝假纯真的"情"在艺术作品中产生了感人的力量,张琦说:"情之为物也,役耳目,易神理,忘晦明,废饥寒,穷九州,越八荒,穿金石,动天地,率百物,生可以生,死可以死,死可以生,生可以死,死又可以不死,生又可以忘生……"③戏剧家汤显祖在《牡丹亭记题词》中说:"天下女子有情宁有如杜丽娘者乎。梦其人即病,病即弥连,至手画形容传于世而后死。死三年矣,复于溟莫中求得其所梦者而生。如丽娘者,乃可谓之有情人耳。情不知所起。一往而深,生者可以死,死可以生。生而不可与死,死而不可复生者,皆非情之至也。"④这种绝假纯真的追求,产生了众多的"真人"形象,丰富了中国文学的人物画廊。汤显祖以情求真,以真发情,显示了明代思想前驱者强烈的主体意识和情感表达欲望,而且在戏曲总评、序跋、题词尤其《牡丹亭》等戏曲作品中,在理论和创作实践上都充分流露了以个体化自然情欲对抗僵化迂腐的封建道学的美学诉求,提出了"崇情尚真"的戏曲创作观,反映了超越时代局限的审美意识。

　　之后,戏曲理论家纷纷以"情"作为武器,以对戏曲作品阐释和评价的方式向传统礼教发起攻击,并在对作品的点评和阐释中不断强化这种认识,形成一时之潮流。比如沈际飞称:"惟情至,可以造立世界;惟情尽,可

---

　　① (明)李贽:《焚书》卷三《杂述·读律肤说》,中华书局 1974 年版,第 369 页。

　　② (明)李贽:《焚书》卷一《书答·答耿中丞》,中华书局 1974 年版,第 43 页。

　　③ (明)张琦:《衡曲麈谭·情痴窈言》,见中国戏曲研究院编:《中国古典戏曲论著集成》(四),中国戏剧出版社 1959 年版,第 273—274 页。

　　④ (明)汤显祖:《汤显祖诗文集》(下),徐朔方笺校,中华书局 1982 年版,第 1093 页。

以不坏虚空。"①孟称舜在《〈贞文记〉题词》中也提出"天下之贞女,必天下之情女"②。有人还从人的角度进行阐释,说"人,情种也;人而无情,不至于人矣"③。可见,求真、言情的思潮从文艺创作向伦理关系、社会政治等领域扩展,逐渐演变成为明代中后期的时代风会。因此,"言情"并不仅仅是戏曲创作的一面旗帜,而且是社会风会、审美意识的标志。

而对于戏曲表达来说,戏曲求本色实际上就是表现自我的真性情,不管是作者的真性情还是戏曲代言的人物的真性情,都是"摹情弥真则动人弥易,传世亦弥远"④。为此,徐渭就《琵琶记》提出与时人相异的观点,显示了自己对个体性性情之真的高度关注。他说:"'或言《琵琶记》高处在庆寿、成婚、弹琴、赏月诸大套。'此犹有规模可寻。惟食糠、尝药、筑坟、写真诸作,从人心流出,严沧浪言'水中之月,空中之影',最不可到。如《十八答》,句句是常言俗语,扭作曲子,点铁成金,信是妙手。"⑤在他看来,《琵琶记》真正打动人心的诸大套,并不是被王世贞等"文词家"称赞的极具人工粉饰、脂粉涂抹的庆寿诸大套,而是食糠、尝药、筑坟、写真诸作。《食糠》诸大套内容情真景真,场景皆来自于现实生活的日常情景,并没染上涂饰金粉以蔽个人本心的弊病,自食糟糠、尝药等出不是"设情"而为文,而是从人心自然而然流淌出来的。这段以不事雕琢、真实自然的语言,表现了戏曲中人物的真情,融入了创作主体真切的情感体验的文字是从人心流出的,是对赵五娘个体性灵、本心和真我的真实摹写,因此是真挚之文,也是最能感动人心的,所以被视为"本色"。在这里,徐渭以真性情为高标,突破了对赵五娘"有贞有烈"的道德节操评价,进入了人性层面,

① (明)沈际飞:《题〈南柯梦〉》,见隗芾、吴毓华编:《古典戏曲美学资料集》,文化艺术出版社1992年版,第142页。

② (明)沈际飞:《题〈南柯梦〉》,见隗芾、吴毓华编:《古典戏曲美学资料集》,文化艺术出版社1992年版,第239页。

③ (明)张琦:《衡曲麈谭·情痴寱言》,见中国戏曲研究院编:《中国古典戏曲论著集成》(四),中国戏剧出版社1959年版,第273页。

④ (明)徐渭:《选古今南北剧序》,《徐渭集》,中华书局1983年版,第1296页。

⑤ (明)徐渭:《南词叙录》,见中国戏曲研究院编:《中国古典戏曲论著集成》(三),中国戏剧出版社1959年版,第243页。

体现了与"情"相表里的"真"的审美意识的无限魅力。同时,他也认为,对蔡伯喈人物形象的塑造,始终以封建纲常道德律令作为衡量人物行为举止的标尺,个人的情欲之心消融在"忠孝两全"的伦理属性意志之中,显露出浓郁的道学气,所以庆寿诸大套,尽管篇章字句藻丽夺目,极工逼肖,但并不是"从人心流出"的真挚之文,没有注入创作主体一己之真情,缺少个人化的真情至性,故将其贬低为"相色"。在这里,徐渭所树立以真为美的审美品评观,迥异于以往道学家站在道德制高点上的褒扬。英雄所见略同,李贽对《琵琶记》之"糟糠自厌"一场也批道"妙曲甚"。我们认为,这是共同的理论主张、共同的审美意识所形成的审美共识。

冯梦龙、凌濛初、潘之恒从不同美学角度论述了戏曲尚"真"的美学思想。

"崇情尚真"成为明代中后期戏曲艺术的美学特征,戏曲艺术的创作和批评迎来了一个发展的黄金时期。阳明心学突破了"天理"的本体性地位,确立了"心"的本体论地位,促进了明代中后期戏曲尚"真"美学思想的生成,这些关于真的美学思想体现在戏曲所创造的人物形象之上,也体现在戏曲小说的评点和理论建构之上。毫无疑问,以"真"为核心的审美意识带来了时代审美的新风气、新气象、新品质。把"真"作为戏曲美学核心思想的观念,有异于明代初期"厚人伦、美教化"的理性主义传统美学思想,呈现出近代性的色彩。

二、"趣"的审美意识

吴功正先生以为,"不同时代、文化区段的审美情调往往集中表述为一个独词概念,如'妙'、'狂'、'淡'、'趣'等等"①。他认为可以集中概括和表述明代审美情调的独词概念便是"趣",我们也认同这种判断。

"趣"也是明代戏曲批评中的一个重要的术语。关于"趣"的重要性,汤显祖提出"凡文以意、趣、神、色为主"②的观点,从文章的角度强调

---

① 吴功正:《中国文学美学》下卷,江苏教育出版社 2001 年版,第 1025—1026 页。
② (明)汤显祖:《答吕姜山》,《汤显祖诗文集》(下),徐朔方笺校,上海古籍出版社 1982 年版,第 1337 页。

"趣"的重要性。在《批点牡丹亭记》卷首眉批中,袁宏道指出《牡丹亭》"精极,妙极,趣极,无处不是第一",意谓精、妙、趣是戏曲不可或缺的特点。对此,钟惺《东坡文选序》的陈述更宽泛一些:

> 夫文之于趣,无之而无之者也。譬之人,趣其所以生也,趣死则死。人之能知觉运动以生者,趣所为也。能知觉运动以生,而为圣贤、为豪杰者,非尽趣所为也。故趣者,止于其足以生而已。①

钟惺认为,人之有知觉、运动,是人最基本的生命特征,但人要成为圣人,靠的却不是其知觉、运动,趣之于文,正如知觉、运动之于人,是一种最基本的特征。他甚至把"趣"上升到生死的根本层面,充分强调了"趣"对于人和文的重要意义。

"趣"是一个有着重要历史渊源的文论范畴,广泛运用于诗、文、小说、戏曲、绘画等中国艺术某种特色的指涉和评价。到明代,高启把"趣"列为"诗之要",他说:"诗之要:有曰格,曰意,曰趣而已。格以辨其体,意以达其情,趣以臻其妙也。"②三者虽并列,实际以"趣"为核心,认为趣是诗歌臻于妙境的重要标志,可以使诗歌妙趣横生。谢榛把"趣"列为诗之四格:"诗有四格,曰兴,曰趣,曰意,曰理。"③李开先则云:"诗在意趣声调,不在字句多寡短长也。"④屠隆《论诗文》认为:"文章止要有妙趣,不必责其何出。……杜撰而都无意趣,乃忌;自创摹古而不损神采,乃贵。"⑤汤显祖《答吕姜山》则明确主张:"凡文以意、趣、神、色为主。四者到时,或有丽词俊音可用。"袁宏道主张"独抒性灵"更注重诗之趣,认为"诗以趣为主"⑥,主张用诗趣

---

① (明)钟惺:《隐秀轩集》,李先耕、崔重庆标校,上海古籍出版社 1992 年版,第 240—241 页。

② (明)高启:《高太史凫藻集》卷二《独庵集序》,见吴文治主编:《明诗话全编》第一册,《高启诗话》,江苏古籍出版社 1997 年版,第 262 页。

③ (明)谢榛:《四溟诗话》卷二,见(明)丁福保辑:《历代诗话续编》,中华书局 1983 年版,第 1163 页。

④ (明)李开先:《塞上曲后序》,《李开先集》上册,路工辑校,中华书局 1959 年版,第 255 页。

⑤ (明)屠隆:《论诗文》,见贾文昭主编:《中国古代文论类编》上册,海峡文艺出版社 1988 年版,第 440 页。

⑥ (明)袁宏道:《西京稿序》,(明)袁宏道著,钱伯城笺校:《袁宏道集笺校》,上海古籍出版社 1981 年版,第 1485 页。

来消除"理障",认为诗篇的艺术魅力全在于"趣"。但是"趣"是奇妙和难以把握的,袁宏道说:"世人所难得者唯趣。趣如山上之色,水中之味,花中之光,女中之态,虽善说者不能下一语,唯会心者知之。"①江盈科在《陆符卿诗集引》中说:"盖诗有调有趣,调在诗之中,有目者共见。若夫趣,则既在诗之中,又在诗之外,非深于诗者不能辨。"②王思任《方澹斋诗序》说:"《五经》皆言性情,诗独以趣胜。其所言在水月镜花之间,常使人可思不可解。"③汤显祖还直斥"八股道中,无一生趣"④,陆云龙《叙袁中郎先生小品》则说袁宏道的小品文"率真则性灵现,性灵现则趣生"⑤。可以看到,在明代的文学批评之中,贬斥和赞扬都在用一"趣"字,可以说"趣"是一个具有很强概括力的术语。以上是关于文章。

这种见解还见于书法和绘画理论。在明代画论及绘画批评中,"趣"是一个运用比较广泛的范畴,明人以此标示绘画艺术的本质,尚趣是明代绘画艺术思潮有别于前朝的重要方面。谢肇淛《五杂组·论画》说:"今人画以意趣为宗。"⑥此外,明人还衍生出天趣、物趣、人趣等,高濂曾说:"余所论画以天趣、人趣、物趣取之。天趣者,神是也;人趣者,生是也;物趣者,形似是也。"⑦三趣之中,天趣在明代得到了崇尚,在艺术批评中被经常用到,如屠隆《画笺》有言:"后人刻意工巧,有物趣而乏天趣。"⑧王世贞说:"右丞始能发景外之趣,而犹未尽。至关仝、董源、巨然辈,方以真趣出之,气概雄远,墨晕神奇,至李营丘绝矣。"⑨发现趣,追求趣,尤其

---

① (明)袁宏道:《叙陈正甫会心集》,(明)袁宏道著,钱伯城笺校:《袁宏道集笺校》,上海古籍出版社 1981 年版,第 463 页。

② (明)江盈科:《江盈科集》上册,黄仁生辑校,岳麓书社 1997 年版,第 417 页。

③ (明)王思任:《王季重十种》(上),贝叶山房张氏藏本,第 61 页。

④ (明)汤显祖:《艳异编序》,《汤显祖诗文集》(下),徐朔方笺校,上海古籍出版社 1982 年版,第 1503 页。

⑤ (明)袁宏道著,钱伯城笺校:《袁宏道集笺校》,上海古籍出版社 1981 年版,第 1721 页。

⑥ (明)谢肇淛:《五杂组》卷七《人部三》,上海书店出版社 2001 年版,第 135 页。

⑦ (明)高濂:《遵生八笺·燕闲清赏笺中卷·论画》,巴蜀书社 1988 年版,第 489 页。

⑧ (明)屠隆:《画笺》,见潘运告主编:《明代画论》,湖南美术出版社 2002 年版,第 133 页。

⑨ (明)王世贞:《弇州山人四部稿》卷一五五《艺苑卮言·附录四》,见潘运告主编:《明代画论》,湖南美术出版社 2002 年版,第 91 页。

是天趣、意趣成为明代绘画追求的潮流。此外,明清论画强调的"奇趣"、"异趣"、"别趣"、"古趣"、"雅趣"、"风趣"、"机趣"等审美趣味,崇尚的"真趣"、"生趣"、"妙趣"、"神趣"、"灵趣"等审美格调,显然是一些时代性的审美范畴与"趣"的结合,还有一些则是传统的审美范畴与"趣"的结合,通过这种结合,明人给"趣"这一审美范畴以丰富的审美意识。

"趣"在明代诗文、绘画理论中频繁出现,意义多项,但其中最为重要的一种是,"趣"是一种由感官感受和心理感受妙合生成的美妙的直觉效果。它可指形象的生动、语言的精妙,也可指兴味盎然、滑稽可乐,可指独特奇异有趣的情节和值得玩味的情感。

明人以"趣"论曲、论剧者甚众,他们是把"趣"作为"曲"和"剧"的最重要审美特征之一来对待的。"这种前所未有的嗜'趣'之风,实带有晚明文学中性灵思潮涌动的痕迹。"①

就语言方面来说,趣是很重要的。李渔《闲情偶寄·重机趣》:"'机趣'二字,填词家必不可少。机者传奇之精神,'趣'者传奇之风致。"②就是从传奇的词采角度立论。机趣(也称巧趣)是指运用奇巧的构思、语言或艺术表达等所表现出来的审美趣味。李渔认为,填词中如果"少此二物,则如泥人土马,有生形而无生气"。语言或者表达方式方面的这种情形在明代的戏曲评点中被充分地指出来了。比如《西厢记》第五本"张君瑞庆团圞杂剧"之【幺篇】:"当日向西厢月底潜,今日在琼林宴上揭。谁承望跳东墙脚步儿占了鳌头,怎想到惜花心养成折桂手,脂粉丛里包藏着锦绣!从今后晚妆楼改做了至公楼。"徐渭评点说:"没正经,却有趣。填词中决不可少者。"对第五本第二套【满庭芳】也评为"自是趣况可拾"。其间并不是批判这段曲辞的立意,而是说这种表达具有"有趣"的喜剧效果或者审美效果,认为这样的表达具有幽默诙谐的妙处。然而,同样是这一曲莺莺的唱词,金圣叹却批点道:"相国、小姐,口中何得自作尔语,自奚落耶。"并对撰此词者给以斥责说:"渠意岂夹语映耀,又是'绝妙好

①　陈伯海:《中国诗学之现代观》,上海古籍出版社 2006 年版,第 236 页。
②　(清)李渔:《闲情偶寄》,孙敏强注释,浙江古籍出版社 2000 年版,第 22 页。

辞'?"金评与徐评完全相反,是因为徐渭是一个突破社会观念的狂狷之
人,他关注的是真性情,他所尊重的是戏曲这一文体原初的趣味性和本色
要求;而在金圣叹心中,仍然有雅正的观念在作梗,所以无法看到或者故
意不能看到这则曲词表现效果中"有趣"的一面。诚如袁宏道所言:"趣
如山上之色,水中之味,花中之光,女中之态,虽善说者不能下一语,唯
会心者知之。"金圣叹也算深于戏曲的人,也并不是时时都能发现其中
的"趣味"。尽管如此,在戏曲理论和评点实践中人们还是不断地运用
"趣"来表达他们的发现和感受。何良俊《曲论》云:"郑德辉所作情词,
亦自与人不同。如《㑇梅香》头一折【寄生草】'不争琴操中单诉你飘
零,却不道窗儿外更有个人孤零。'【六幺序】'却原来群花弄影将我来
唬一惊',此语何等蕴藉有趣!"①王骥德《曲律》评《拜月亭》亦云:"语似
草草,然似露机趣。"②又说"拜月如小丑,时得一二调笑语,令人绝倒"③。
何良俊、王骥德等人从戏剧语言表现的角度来论评,认为戏剧作品用语
平白直俗,就会生动有趣;内蕴机趣,语言表现就具有独特的意味,能给
人"趣"的审美感受,甚至不论曲辞的淫邪、雅俗而专意其"趣"。明代
戏曲评点中对"有趣"的审美效果的发现和重视,突破中国传统雅正观
念,使这一时期审美意识显示了明显的时代特点,"趣"的含义和所指也
有了新的成分。

在戏剧创作中,为了求趣,一些剧作者甚至违律以求之。比如汤显
祖,"临川尚趣,直是横行,组织之工,几与天孙争巧,而屈曲聱牙,多令歌
者咋舌"④。而汤显祖在《牡丹亭》经受了别人的批评和修改之后,还坚
持说:"《牡丹亭》记,要依我原本,其吕家改的,切不可从。虽是增减一二

① (明)何良俊:《曲论》,见中国戏曲研究院编:《中国古典戏曲论著集成》(四),中国戏剧出版社1959年版,第7页。
② (明)王骥德:《曲律·杂论三十九上》,见中国戏曲研究院编:《中国古典戏曲论著集成》(四),中国戏剧出版社1959年版,第149页。
③ (明)王骥德:《曲律·杂论三十九下》,见中国戏曲研究院编:《中国古典戏曲论著集成》(四),中国戏剧出版社1959年版,第159页。
④ (明)王骥德:《曲律·杂论三十九下》,见中国戏曲研究院编:《中国古典戏曲论著集成》(四),中国戏剧出版社1959年版,第165页。

字以便俗唱,却与我原做的意趣大不同了。"①坚持的还是"意趣"。在剧作之中,也有对"意趣"的涉及和展示,比如汤显祖《牡丹亭》《闺塾》一折中,写红娘听到卖花声,想出去买花,却被塾师陈最良责怪,红娘于是背后指着塾师骂道:"村老牛!痴老狗!一些趣也不知!"一方面指责陈最良不懂生活情趣,一方面为戏剧本身增添了一些情趣。为能充分感受这一段中的情趣,特将此段誊录如下:

第七出 闺 塾

(末上)"吟余改抹前春句,饭后寻思午晌茶。蚁上案头沿砚水,蜂穿窗眼咂瓶花。"我陈最良杜衙设帐,杜小姐家传《毛诗》。极承老夫人管待。今日早膳已过,我且把毛注潜玩一遍。(念介)"关关雎鸠,在河之洲。窈窕淑女,君子好逑。"好者好也,逑者求也。(看介)这早晚了,还不见女学生进馆。却也娇养的凶。待我敲三声云板。(敲云板介)春香,请小姐解书。

【绕池游】(旦引贴捧书上)素妆才罢,缓步书堂下。对净几明窗潇洒。(贴)《昔氏贤文》,把人禁杀,恁时节则好教鹦哥唤茶。(见介)(旦)先生万福,(贴)先生少怪。(末)凡为女子,鸡初鸣,咸盥、漱、栉、笄,问安于父母。日出之后,各供其事。如今女学生以读书为事,须要早起。(旦)以后不敢了。(贴)知道了。今夜不睡,三更时分,请先生上书。(末)昨日上的《毛诗》,可温习?(旦)温习了。则待讲解。(末)你念来。(旦念书介)"关关雎鸠,在河之洲。窈窕淑女,君子好逑。"(末)听讲。"关关雎鸠",雎鸠是个鸟,关关鸟声也。(贴)怎样声儿?(末作鸠声)(贴学鸠声诨介)(末)此鸟性喜幽静,在河之洲。(贴)是了。不是昨日是前日,不是今年是去年,俺衙内关着个斑鸠儿,被小姐放去,一去去在何知州家。(末)胡说,这是兴。(贴)兴个甚的那?(末)兴者起也。起那下头窈窕淑女,是幽闲女子,有那等君子好好的来求他。(贴)为甚好好的求他?(末)多嘴

---

① (明)汤显祖:《与宜伶罗章二》,《汤显祖诗文集》(下),徐朔方笺校,上海古籍出版社1982年版,第1426页。

哩。(旦)师父,依注解书,学生自会。但把《诗经》大意,敷演一番。

【掉角儿】(末)论《六经》,《诗经》最葩,闺门内许多风雅:有指证,姜嫄产哇;不嫉妒,后妃贤达。更有那咏鸡鸣,伤燕羽,泣江皋,思汉广,洗净铅华有风有化,宜室宜家。(旦)这经文偌多?(末)《诗》三百,一言以蔽之,没多些,只"无邪"两字,付与儿家。书讲了。春香取文房四宝来模字。(贴下取上)纸、墨、笔、砚在此。(末)这甚么墨?(旦)丫头错拿了,这是螺子黛,画眉的。(末)这甚么笔?(旦作笑介)这便是画眉细笔。(末)俺从不曾见。拿去,拿去!这是甚么纸?〔旦〕薛涛笺。〔末〕拿去,拿去。只拿那蔡伦造的来。这是甚么砚?是一个是两个?(旦)鸳鸯砚。(末)许多眼?(旦)泪眼。(末)哭什么子?一发换了来。(贴背介)好个标老儿!待换去。(下换上)这可好?(末看介)着。(旦)学生自会临书。春香还劳把笔。(末)看你临。(旦写字介)(末看惊介)我从不曾见这样好字。这甚么格?(旦)是卫夫人传下美女簪花之格。(贴)待俺写个奴婢学夫人。(旦)还早哩。(贴)先生,学生领出恭牌。(下)(旦)敢问师母尊年?(末)目下平头六十。(旦)学生待绣对鞋儿上寿,请个样儿。(末)生受了。依《孟子》上样儿,做个"不知足而为屦"罢了。(旦)还不见春香来。(末)要唤他么?(末叫三度介)(贴上)害淋的。(旦作恼介)劣丫头那里来?(贴笑介)溺尿去来。原来有座大花园。花明柳绿,好耍子哩。(末)哎也,不攻书,花园去。待俺取荆条来。(贴)荆条做甚么?

【前腔】女郎行那里应文科判衙?止不过识字儿书涂嫩鸦。(起介)(末)古人读书,有囊萤的,趁月亮的。(贴)待映月,耀蟾蜍眼花;待囊萤,把虫蚁儿活支煞。(末)悬梁、刺股呢?(贴)比似你悬了梁,损头发;刺了股,添疤疤。有甚光华!(内叫卖花介)(贴)小姐,你听一声声卖花,把读书声差。(末)又引逗小姐哩。待俺当真打一下。(末做打介)(贴闪介)你待打、打这哇哇,桃李门墙,嵚把负荆人唬煞。(贴抢荆条投地介)(旦)死丫头,唐突了师父,快跪下。(贴跪介)(旦)师父看他初犯,容学生责认一遭儿。

【前腔】手不许把秋千索拿,脚不许把花园路踏。(贴)则瞧罢。

（旦）还嘴，这招风嘴，把香头来绰疤；招花眼，把绣针儿签瞎。（贴）瞎了中甚用？（旦）则要你守砚台，跟书案，伴"诗云"，陪"子曰"，没的争差。（贴）争差些罢。（旦持贴发介）则问你几丝儿头发，几条背花？敢也怕些些夫人堂上那些家法。（贴）再不敢了。（旦）可知道？（末）也罢，松这一遭儿。起来。（贴起介）

【尾声】（末）女弟子则争个不求闻达，和男学生一般儿教法。你们工课完了，方可回衙。咱和公相陪话去。（合）怎辜负的这一弄明窗新绛纱。（末下）（贴作背后指末骂介）村老牛，痴老狗，一些趣也不知。（旦作扯介）死丫头，"一日为师，终身为父"，他打不的你？俺且问你那花园在那里？（贴做不说）（旦做笑问介）（贴指介）兀那不是！（旦）可有什么景致？（贴）景致么，有亭台六七座，秋千一两架。绕的流觞曲水，面着太湖山石。名花异草，委实华丽。（旦）原来有这等一个所在，且回衙去。（旦）也曾飞絮谢家庭，李山甫（贴）欲化西园蝶未成。张泌（旦）无限春愁莫相问，赵嘏（合）绿阴终借暂时行。张祜①

这出被后世俗称为《春香闹学》的戏，"无不从筋节窍髓，以探其七情生动之微"②，同时颇具喜剧气氛，它使情与理在有趣的戏剧冲突中有趣味地对抗和冲突，形成一出闹剧。戏剧情节中满是噱头，先是陈最良责备学生迟到，春香则还他个"今夜不睡，三更时分，请先生上书。"再是陈最良讲解《关雎》一诗，春香打岔说"一去去在何知州家"，又问"为甚好好的求他？"最后陈最良命取纸、笔、墨、砚，拿来的全是闺房用品。整出戏妙趣横生，不禁使人想到王骥德对汤显祖的评价——"临川尚趣，直是横行"。对"趣"的追求实际上是明代戏曲创作的重要追求，程羽文在《〈盛明杂剧三十种〉序》评道："至于词白之工，科介之趣，热肠骂世，冷板敲人，才各成才，韵各成韵。"③可见，连插科打诨也要充盈机趣。

对于戏曲的成文来说，最重要的是关目。而对于戏曲的关目，"趣"

---

① （明）汤显祖：《牡丹亭》，徐朔方、杨笑梅校注，人民文学出版社1963年版，第33—36页。

② （明）王思任：《批点玉茗堂牡丹亭叙》，《汤显祖诗文集》（下），徐朔方笺校，上海古籍出版社1982年版，第1543页。

③ 吴毓华编：《中国古代戏曲序跋集》，中国戏剧出版社1990年版，第189页。

也是重要的,因此在评点中经常会被批出。《鼎镌陈眉公先生批评幽闺记》(明书林师俭堂刻本)第九出"绿林寄迹",陈继儒评点说"无谑不成戏,无趣不成文,游戏三味此篇有焉"①。在第二十二出"招商谐偶"又指出,其"曲曲出奇,折折呈趣,诸情调都无此风流"②。折是戏曲中的一个叙事单元,"折折呈趣"应该指的是关目亦即戏剧情节的优点。《临川玉茗堂批评西楼记(明末刻木)》第三出"检课"则批点道:"比他传训子者更觉关目有趣。"③由此可见,关目之有趣是成功戏曲作品的一个优点,是剧作成功与否的标志之一。明人还为称说戏曲情节耐人寻味的特征创造出"余趣"这样一个词汇。比如玉茗堂批评《种玉记》第二十八出《误醋》总评写道:"曲尽儿女子情态。无此一折,几于水直波穷,便少余趣。"④在这里,"余趣"似乎专门指有波澜而有趣味的情节所产生的美学意味。

相反,不成功的关目设置、无趣的关目设置或者不知趣的关目设置是应该删除的。《李卓吾先生批评古本荆钗记二卷　补刻舟中相会旧本荆钗记一卷(明刻本)》第四十七出首批:"戏谑无味,可删。"⑤李贽《焚书》卷四对《玉合计》的情节评价时说:"此记亦有许多曲折,但当要紧处却缓慢、却泛散,是以末尽其美,然亦不可不谓之不知趣矣。韩君平之遇柳姬,其事其奇,设使不遇两奇人,虽曰奇,亦徒然耳。"⑥频繁地用"趣"来衡量和评点戏曲关目的妙处。同时一些美好的情节设置也被称为"有趣",比如《李卓吾先生批评北西厢记》(容与堂刻本)第二十出"衣锦还乡"出及总批说:"不得郑恒来一搅,反觉得没兴趣。"⑦对《西厢记》郑恒复来求配(争艳)的情节大加赞赏。明人在戏曲点评中对于各种反复在情节中的作用都大加赞赏,认为如不这样,则"趣味如嚼蜡"。趣味在关目设置中

① 朱万曙:《明代戏曲评点研究》,安徽教育出版社 2004 年版,第 389 页。
② 朱万曙:《明代戏曲评点研究》,安徽教育出版社 2004 年版,第 389 页。
③ 朱万曙:《明代戏曲评点研究》,安徽教育出版社 2004 年版,第 362 页。
④ 秦学人、侯作卿编:《中国古典编剧理论资料汇辑》,中国戏剧出版社 1984 年版,第 81 页。
⑤ 朱万曙:《明代戏曲评点研究》,安徽教育出版社 2004 年版,第 375 页。
⑥ (明)李贽:《焚书》卷四杂述《玉合》,中华书局 1974 年版,第 535 页。
⑦ 伏涤修:《西厢记资料汇编》上册,伏蒙蒙辑校,黄山书社 2012 年版,第 151 页。

的重要性由此可见一斑,明显地带有重"剧"的倾向,尽管这一时期的大多戏曲作品还是停留在重曲辞的阶段。

在戏曲批评中,还有一种与自然相结合较高的审美趣味叫作天趣。潘之恒《广陵散二则》从戏曲音乐和演出的角度论评道:"余尚吴歈,以其亮而润,宛而清。乃若法以律之,畅以导之,重以出之,扬袂风生,垂手如玉,同心齐度,则天趣所成,非由人力。"①注重天然、自然,所谓"趣得之自然者深,得之学问者浅。当其为童子也,不知有趣,然无往而非趣也"。由此可见,天趣则是不事雕琢,不见人工斧凿痕迹而自然流露出来的审美趣味,和中国传统所追求的自然趣味一脉相承。历代文人都把"天趣"的获取以及艺术的表现当作精神上的最大的审美享受,因此天趣也是衡量中国艺术的重要标准。从明代高濂和屠隆的论述中,可以看出明人更重天趣。②

在戏曲评点中,有时候还"真"、"趣"并用,谓之"真趣"。小说理论中也被引入"真趣"。比如汤显祖引入"真趣"一语来论小说之宗旨,其《点校虞初志序》云:"……使呫呫读古,而不知此味,即日垂衣执笏,陈宝列俎,终是三馆画手,一堂木偶耳,何所讨真趣哉!余暇日特为点校之,以借世之奇隽沈丽者。"③王世懋认为"真趣在有意无意之间"④。"真趣"一词的出现,将"真"与"趣"这两种审美意识合而为一了。值得注意的是,"真"、"趣"乃至于"真趣"在明代中后期的广泛运用,是受当时崇尚个性、追求艺术真实自然的新文艺思潮的影响,是一种沾溉了时代风气并回应时代审美诉求的审美意识。

清初戏曲家黄周星在谈创作体会时说:"制曲之诀,虽尽于'雅俗共赏'四字,仍可以一字括之,曰'趣'。"⑤在这里,"趣"也成为戏曲创作和

---

① 《潘之恒曲话》,汪效倚辑注,中国戏剧出版社1988年版,第211—212页。

② 明人高濂在《遵生八笺·燕闲清赏笺》中认为绘画应该追求人趣、物趣和天趣,天趣对应的传统审美范畴便是神,属于最高层次。屠隆主张"天趣"、"物趣"兼备,对"有物趣而乏天趣"的"刻意工巧"的艺术追求进行批评,可见其更重天趣。

③ (明)汤显祖:《汤显祖诗文集》(下),徐朔方笺校,上海古籍出版社1982年版,第1481页。

④ (明)王世懋:《艺圃撷余》,中华书局1985年版,第6页。

⑤ (清)黄周星:《制曲枝语》,见隗芾、吴毓华编:《古典戏曲美学资料集》,文化艺术出版社1992年版,第351页。

戏曲评点中审美意识的凝结核之一。

在对明代小说、戏曲评点中的"趣"审美意识进行了梳理之后，我们发现"'趣'的旋律淹没了古雅的音质，'意境'和谐让位于'冷水浇背'（徐渭语）的猛烈刺激。小说、戏曲中，市民层的接受趣味和习惯、定势，极大地影响着文人和准文人的审美趣味。这里呈现出一派世俗的世界。它没有六朝的感受精妙、唐宋的精致，其审美趣味更趋向于趣味，获得趣味的满足，没有撼动人心的深沉悲歌的力量"①。以"趣"为代表的世俗情味的审美意识代替了中国封建社会前期的贵族化或半贵族化的审美情调，整个审美意识在感性主义、浪漫主义的律动中走向了近代化，呈现出具有时代性的新质。值得注意的是，"趣"的审美追求与清奇雅致的生活情调相得益彰，在晚明形成了以快乐闲适为基调的社会情绪和社会生活，对"趣"、"趣味"的追求实际上弥漫于明代尤其是晚明社会的每一个角落。"晚明人大都津津乐道一个'趣'字，而趣正是活泼泼的个体生命的跃动。"②而对个体生命的重视，是晚明个性主义思潮的重要组成部分，因此"趣"是一个具有近代性特征的审美意识。

不管是小说评点，还是戏曲评点，"阅读过程中的评点活动应该是渊源久远的，但那往往只是个人阅读行为，将选集和评点两种文学批评样式结合起来，则是一种更为广泛的文化传播和文化普及行为"③。当评点和商业的出版行为相结合的时候，勃兴于明代的小说、戏曲评点已经不是一种自发行为，已经不是一种个体行为，实际上已经是一种个体性鉴赏行为与集体性传播行为的结合，甚至可以说是一种策划行为，这种文化传播普及行为在传播普及文化的同时，事实上也传播了相应的审美意识，而相应审美意识的传播实际上又带动了更多的审美需求，在这个双向互动的过程中，推动了文化的发展，也促进了审美意识的形成。

---

① 吴功正：《中国文学美学》下卷，江苏教育出版社 2001 年版，第 1024—1025 页。
② 陈伯海主编：《近四百年中国文学思潮史》，东方出版社 1997 年版，第 53 页。
③ 吴承学：《评点之兴——文学评点的形成和南宋的诗文评点》，《文学评论》1995 年第 1 期。

第三章

明人小品文中的审美意识

　　小说、戏曲、小品文堪称明代文学的瑰宝,是渗透着时代审美共性的时代个性的展露,小说、戏曲作为叙事文学的代表成为一代之文学,而小品文作为散文的特殊形态成为有明一代比较独特的文学形态,显示了独特的审美意识。尽管晚明小品作家的风格不同,但却能殊途同归,体现出时代特有的审美意识;尽管他们在人生感悟、体验方式上有所不同,却都营造了个性化的精神化乐园,有着共同的艺术化的自由心态。大而观之,晚明小品有着整体风貌;细而察之,晚明小品却异彩纷呈。①

　　"明代,特别是中叶以降,小品文创作蔚然成风,其造诣为前人所未有,与小说之风行于下层相颃颉,小品文在士夫文人间成为夺目的文学现象,绵延至清代前期而未衰,其成就殊足珍视。"②在晚明文坛,小品文的创作占据了重要的一席之地,它不仅代表了晚明散文所具有的时代特色,也反映了晚明文人的真实心态和审美意识。"一种文体之所以兴起,驯至一代文人群起而竞尚,文思与文情趋向虽异而旨归大同,蔚然而成为当

---

　　① 夏咸淳在《晚明小品的审美特征》一文中对明代小品文的风格有很好的总结:"伯修华温富雅,中郎奇颖流利,小修典切清隽。他如徐渭之朴茂,李贽之锋利,屠赤水之藻丽,汤显祖之奇秀,陈继儒之和雅,董其昌之飘逸,李流芳之恬淡,王思任之谐谑,刘侗之尖新,张岱之警策……各具特色,无一剿袭雷同。"(《上海社会科学院学术季刊》1990 年第 1 期)明人祁豸佳在《西湖梦寻序》中言张岱的小品文"有郦道元之博奥,有刘同人之生辣,有袁中郎之俏丽,有王季重之诙谐",其中被提到的明代小品作家就有刘侗、袁宏道、王思任,三人的风格大异,而张岱可谓综合融汇之。小品文作为文学思潮具有一致性的审美追求,但到了具体的作家,风格还是多样的,个性化特色是比较明显的。当然,对于具体作家的具体作品,不同时期的作品,也呈现出风格的多样性,比如袁宏道前期和后期的小品文在风格和风貌上有较为明显的差别。

　　② 何满子:《序〈明清闲情小品赏析〉》,《天钥又一年》,兰州大学出版社 2003 年版,第 159 页。

时文学现象的热点,实与世风和士风有密切关系。世风和士风决定着文人心态,熔铸出文风即时代风格,易世而不能重复。"①晚明小品确实是易时、易世不能重复的文学、文化现象,也是重要的独特的审美现象。"仕宦的失败,人事的挫折,在他们的精神世界里固然留下了阴影,而追求不朽的动力又使他们在穷途困顿之际再焕发生命的光华,留下辉煌的文化创造物。追求不朽的动力虽得自于心理,然更多的是来自时代社会的感悟。正因为这样,晚明的文人文化始终有它鲜明的时代特性,晚明就是晚明,一望而知,其他更不可能取代。"②

有人认为,小品文的出现,发展了散文的艺术性,喻示着古代散文向现代方向的转变。③"小品是我国古文领域的一朵奇葩,它以短小而清新灵动的形式抒发细腻的心灵世界,是个性主义在散文领域的实践。它不以载道为意,传递着启蒙的时代信息,直至 20 世纪新文化运动时期仍然在发挥着影响。"④小品文本来是一种边缘性的文体,长期以来只是文人消遣之所作,也是消遣性的文体,不堪承担载道之务,但在明代却作为心性解脱之学、心性解脱之方而存在,作为解脱之后身心自由放纵的表征,晚明小品从边缘性的文体变成一种时代性的文体,并流行一时,因此小品文是明代尤其是晚明审美意识的风向标。

第一节 备受时人关注的时代文学——小品文

纵观中国散文史,小品文的兴衰类乎潮汐,涨落有时。我们可以发

---

① 何满子:《序〈明清闲情小品赏析〉》,《天钥又一年》,兰州大学出版社 2003 年版,第 159 页。

② 林岗:《明清小说评点》,北京大学出版社 2012 年版,第 28 页。

③ 章培恒、骆玉明主编的《中国文学史》下卷就认为:"晚明诗歌与散文同处于变革的阶段,结果却有所不同,以'小品'为代表的晚明散文,取得了相当大的成功。尽管清朝人对晚明散文攻击甚烈,甚至近现代的人们也往往受传统观念影响,习惯把所谓'唐宋八大家'所代表的'古文'系统视为中国古代散文的正宗,但从文学的意义来说,背离这一系统的晚明小品散文,实际上正体现着古代散文向现代方向的转变。"(复旦大学出版社 2004 年版,第 298 页)

④ 卢兴基:《失落的"文艺复兴":中国近代文明的曙光》,社会科学文献出版社 2010 年版,第 128 页。

现,历史上小品文勃兴和繁荣的时段,基本上都是王朝衰败、王纲解纽和政治昏乱的时期。在这样的历史时期,文士们往往看不到出路,苦闷和痛苦促使文人以自己的思维方式在正统文化之外建立属于自己的价值观念、审美方式和生活方式,这有助于出世的人生态度的生发和较为纯粹的审美文学的形成。中国文学艺术发展的历史已经证明,大凡文人难以汲汲于功名、专意兼济天下之时,就会放弃载道寓志的创作目的而进入娱情的文学写作,就会放弃高头大章的文章写作转而进行精美妙品的玩味。一般认为,小品文滥觞于儒学渐寝、礼教败坏的魏晋时期。① 在这个人各自危,发展的途径(主要是政治仕途)被堵塞的历史时期,魏晋人向外发展实际上成为不可能,因此向内发现了真情,向外发现了自然,让自己的精神有了新的寄托,而真情和自然恰好是后世小品文写作的两个着眼点和两个重要支点,也是小品题材的凝结核。六朝小品多为清谈小品,与"诗杂仙心"②一样,小品文也多有灵性而少有人间烟火之气;此外在寄情山水之时,魏晋之人又创造了山水小品以寄托怀抱和舒张性情。小品文的再一次创作高潮出现在唐代末年,鲁迅说:"唐末诗风衰落,而小品放了光辉。但罗隐的《谗书》,几乎全是抗争和愤激之谈;皮日休和陆龟蒙自以为隐士,别人也称之为隐士,而看他们在《皮子文薮》和《笠泽丛书》中的小品文,没有忘记天下,正是一塌糊涂的泥塘里的光彩和锋芒。"③晚唐析理小品、生活小品、讽刺小品的代表人物皮日休、陆龟蒙、罗隐等,都有一个鲜明的特点就是"没有忘记天下",有光彩也有锋芒。宋代的小品

---

① 当然也有人认为比魏晋时期更早,比如钱穆认为,在中国先秦时期的散文中就有片段的小品存在,《论语》、《礼记》、《庄子》中的片段实际就是小品。[参见《中国文学中的散文小品》,《钱宾四先生全集》(45),(台北)联经出版事业公司1998年版,第91—110页]陈书良、郑宪春著《中国小品文史》(湖南出版社1991年版)则认为,小品文孕育在中国散文的源头之中,将小品文的滥觞历史上溯至甲骨卜辞和巫史记事,如果这一判断符合事实,其发生的背景也符合小品起于衰世的基本判断。甲骨卜辞诞生的时代,周王朝气息奄奄,礼崩乐坏,社会分崩离析,社会的动乱,为人们提供了一个思考自然、思考自身的机会。

② (南朝·梁)刘勰:《文心雕龙·明诗》,(南朝·梁)刘勰著,范文澜注:《文心雕龙注》(上),人民文学出版社1998年版,第67页。

③ 鲁迅:《小品文的危机》,《鲁迅全集》第四卷,人民文学出版社1957年版,第441—442页。

写得雍容、典雅、闲适，南宋灭亡之后，"哀以思"的亡国之音成为小品文的主要情感基调，一直延续到元代。

小品文的再度辉煌，则是始于万历而迄于明亡的所谓晚明时期，也就是明末清初的近百年间。由于受资本主义萌芽、思想解放运动、文学浪漫思潮的巨大影响，进步文人对封建专制文化的疏离愈来愈强烈，他们对官场和社会以及自身生存状况的认识越来越清醒，因此要求复归自我，保持个性自由，追求独立人格，热衷于适意生活，于是独抒性灵、抒写自我情韵的文字越来越受到重视和欢迎，并成为文人抒发自我情感甚至抒泄反叛情绪的主要方式。在这一时期，先后出现了李贽、徐渭、汤显祖、袁宏道、袁宗道、袁中道、钟惺、谭元春、屠隆、王思任、陈继儒、李流芳、姚希孟、张岱等一大批小品文大家，形成名家众多、作品繁富、流派纷呈、风格卓异、格调唯美的繁盛局面，在中国古代散文史上堪称空前绝后。

一、小品文创作的状况

就明代而言，从明代初年，高启、刘基、宋濂等文臣就已进行过小品文的创作，只不过其中有较多的古文痕迹。这里举宋濂《书斗鱼》一文为例加以说明：

予客建业，见有畜波斯鱼者，俗讹师婆鱼。其大如指，鬐鬣具五采，两腮有大点如黛，性矫悍善斗。

人以二缶畜之，折藕叶覆水面，饲以蚓若蝇。鱼吐泡叶畔。知其勇可用，乃贮水大缶，合之，各扬鬐鬣相鼓视，怒气所乘，体拳曲如弓，鳞甲变黑。久之，忽作秋隼击，水泙然鸣，溅珠上人衣。连数合，复分。当合，如矢激弦，绝不可遏。已而相纠缠，盘旋弗解。其一或负，胜者奋威逐之。负者惧，自掷缶外，视其身纯白云。

予闻有血气者必有争心。然则斯鱼者，其亦有争心否欤？抑冥顽不灵而至于是欤？哀哉！然予所哀者岂独鱼也欤？①

---

① （明）宋濂：《宋文宪公全集》卷九，（明）宋濂著，马达注译：《宋濂寓言注译》，黑龙江教育出版社 1988 年版，第 15 页。

百十来字的文章可谓短章,却把两鱼相斗的前后过程写得有声有色,场面火爆。开始双方奋鬐扬鬣,怒目相向,身体曲如弓,蓄势待发,做好决斗准备。一会儿,突然发动袭击,如秋天鹰隼般快疾,泼刺有声,水溅人衣。战斗激烈时杀得难解难分,胜者尾追不舍,负者急不择路,跳出缶外,身变纯白。由黑变白,元气伤尽,既可怜又悲壮。文章文字简洁,生动形象,如亲临其境,确有小品的风致。然而,明初主张文道合一,散文都带有"道"之气。因此宋濂的这篇文章在清新活泼、紧张激烈的描写之后,还是不忘"文以载道"的意旨和追求,于是由此及彼,写下一段意在说明"有血气者必有争心"的文字,写斗鱼而意不在鱼,在"予所哀者岂独鱼也欤?"这样的联想不免有些勉强,有画蛇添足之嫌。这就是文章沾染时代色彩的情形,但是就在明朝初年文网密致的时代背景下,在讲求雍容典雅的风气之下,该文却呈现出了一丝活泼与清新,这是难能可贵的。与此同时,刘基的《郁离子》、高启的《书博鸡者事》、《游天平山记》等作品,对话精彩,情节动人,生动逼真,历历如见,文风活泼,在当时的文坛中显现出"几处早莺争暖树,谁家新燕啄春泥"①的新状态,虽为星星点点,但毕竟是崭露头角。明朝初期,即使是在台阁体独霸文苑的永乐之时,在茶陵派一统文坛的成化正德年间,也时有山水游记和题跋小品英华秀出,给文坛带来一些新的气息。弘治、正德年间,前七子把持文柄,台阁诗文和八股习气弥漫文坛,"文必秦汉、诗必盛唐"的主张甚嚣尘上,复古运动如火如荼,嘉靖、隆庆间后七子又将复古运动推向高潮。在复古主义的大潮中,其中的代表人物也写出了一些语言晓畅、文风平易、抒写性灵、张扬个性的文章,在复古拟古的时代潮流之中,保持着一股清新明快之风,于万马齐喑的沉重之下,保持了一种情形畅达之气。处于前后期之间的唐宋派②,主张文章直写胸臆,体察物情,道心中所欲言,要求文章具有自己的本色面目,将这

① (唐)白居易:《钱塘湖春行》,《白居易集》,顾学颉校点,中华书局 1979 年版,第439 页。

② 唐宋派的主张从本质上看也是一种复古,但他们将前七子崇秦汉的古奥之言变为学唐宋的平易之文,所师之古与前七子不同。文章写得平易自然,文从字顺,实开性灵派的先声。唐宋派的代表人物有王慎中、唐顺之、茅坤、归有光等。

种清新明快的追求明确化。其中归有光的创作成就最大,对文风扭转的力度也最大①,他用真实的世俗生活和常人情感来更新正统古文内容,小品味渐浓,发展了小品文的审美特征。

从万历年间开始,明代社会发生了巨大的变化,出现了转折趋势,新的社会阶层——市民阶层的出现改变了中国传统以农业为主的社会结构,以王阳明为导源的心学思潮及其流变思潮主要是泰州学派对社会产生很大影响,被理学压抑的人性得到了很大程度的解放。就文学而言,深受心学影响的公安派、竟陵派先后主持文坛,并提出自己的主张,小品文繁荣的时代到来了。讲求个性,抒发性灵真情的小品文一改明朝前期歌功颂德的诗文、雍容华贵的台阁体以及对古人顶礼膜拜的前后七子的审美追求,而开显一种带有近代色彩的审美意识。可以说,明代文学到了16 世纪以后才显示出它的魅力,而这一魅力的来源便是新兴的小说、戏曲和小品文。

小品文独抒性灵,是"载道"古文的反叛,所以它的发展始终处于被排挤、遭压抑的地位。"文变染乎世情,兴废系乎时序"②,小品文在明代发展成熟实际上是明代社会、文化、审美意识变迁的结果,我们只要从当时各种小品文选集的起讫就可以作出这样的判断。当时重要的小品文选集《冰雪携》所选文章"爰自万历以后,迄于启、祯之末"③。清代四库馆臣在总述这一时代风气时说:"隆万以后,运趋末造,风气日偷。道学侈

---

① 关于归有光在中国散文转型中的意义,我们引用闻一多《文学的历史动向》中的一段话以资说明,他说:"明代的主潮的小说,《先妣事略》,《寒花葬志》和《项脊轩记》的作者归有光,采取了小说的以寻常人物的日常生活为描写对象的态度,和刻画景物的技巧,总算是沾上了点时代潮流的边儿(他自己以为是读《史记》读来了的,那是自欺欺人的话),所以是散文家中欧公以来惟一顶天立地的人物。其他同时代的散文家,依照各人小说化的程度的比例,也多多少少有些成就,至于那般诗人们只忙于复古,没有理会时代,无疑那将被未来的时代忘掉。"(吾人选编:《倾听闻一多 七子之歌》,中国广播电视出版社 2013 年版,第 189—190 页)如果闻一多先生的判断是正确的话,归有光在创作技巧上实际上是和时代审美意识合拍的,因此拨动时人的心弦也就在意料之中的了。

② (南朝·梁)刘勰:《文心雕龙·时序》,(南朝·梁)刘勰著,范文澜注:《文心雕龙注》(下),人民文学出版社 1998 年版,第 675 页。

③ 叶襄圣野:《冰雪携》卷首序,(明)卫泳编评:《冰雪携 晚明百家小品》(上),中央书店 1935 年版。

称卓老,务讲禅宗;山人竞述眉公,矫言幽尚。或清谈诞放,学晋宋而不成;或绮语浮华,沿齐梁而加甚。著书既易,人竞操觚,小品日增,卮言叠煽。求其卓然蝉蜕于流俗者,十不二三。"①小品文的地位日渐提高,明人王思任甚至说:"汉之赋,唐之诗,宋元之词,明之小题,皆精思所独到者,必传之技也。"②将明之小题与汉赋、唐诗、宋元之词相提并论,给予崇高的地位。从中可以看出小品文创作在隆庆、万历年之后的明代社会是一种"流俗",而且是一种颇有地位的文体。作为明代文坛重要的收获,也是重要的变化,小品文代表了一定历史时期审美意识的变化。钱穆说:"这些小品,却在中国散文中有甚大价值,亦可说中国散文之文学价值,主要正在其小品。"③林语堂说:"那时的小品文尤有成就,为文人所偏好,也有小品文专集,重情趣,重风致,重闲适之作。这也可以说是纯文学的观法。脱开'替天行教'的文学评价,以文论文,不以道论文了。这解放的文学观,单论文章丘壑,倒不一定有'致君尧舜'的话头。"④这是从内容而言。从审美风貌和艺术追求而言,"尽管历代许多富有才华的散文作家,有的能寓审美于实用之中,写出一些颇有艺术情趣的美文,有的甚至逸出实用目的,写出一些文学性极浓的散文,但在晚明小品勃兴之前,始终没有公开打出散文以审美为目的的大旗。晚明小品则不同,它不但公开打出散文应以审美为目的,甚至认为是惟一的目的。"⑤总体而言,明清时期的小品文情真而重趣、体活而语畅、文短而灵动,审美特色鲜明,确实可以作为一个时代审美意识的风标来对待。

明清易代,天崩地裂,在此文化断裂、人文失序、文人心境漠然之际,

① (清)永瑢等撰:《四库全书总目》卷一三二《子部·杂家类存目九》,中华书局1965年版,第1124页。

② (明)王思任:《吴观察宦稿小题叙》,《王季重杂著》,(台北)伟文图书出版社有限公司1977年版,第381页。

③ 钱穆:《中国文学中的散文小品》,《钱宾四先生全集》(45),(台北)联经出版事业公司1998年版,第91页。

④ 林语堂:《介绍〈曲城说〉》,《林语堂名著全集》第16卷,东北师范大学出版社1994年版,第304页。

⑤ 尹恭弘:《小品高潮与晚明文化——晚明小品七十三家评述》,华文出版社2001年版,第37页。

即使再没心没肺的人也难以做到焚香鼓琴、钓鱼喂鹤、沉迷声伎、悠游园亭和纵情山水，即便有人勉强去做，也都没了当初的那份闲情逸致，只是强作欢愉而已。在此背景下，作为一个时代闲情逸致代表的"小品"，染上了一点"故国之思"的味道，散发出一缕遗民愁思，呈现出一点苍凉的意绪，即在空灵纯净的小品风格中夹杂了一些时代忧思，此前的空灵转而变为沉郁，即使是强颜欢笑的运笔调侃，也已经没有了晚明时的轻佻谐谑的活跃之气了。作为特定时代的产物，晚明小品在焕发出了最后的辉光之后，也完成了它作为时代审美意识表征的任务，成了一个时代的绝响。那个享尽人生荣华的纨绔子弟张岱曾是一个破家之子，经历了明清易代又变成了一个亡国之民。在历经国破家亡的惨痛之后，他披发入山，撰写《陶庵梦忆》、《西湖梦寻》、《琅嬛文集》以回首平生，记录往昔的繁华与靡丽，于浮华中流露出隐隐之痛，为有明一代文章画上一个精彩的句号。① 风华绝代，风华不再，即使在五四运动之后，20世纪30年代再次兴起的小品文，已经不是一样的情了。往昔不会重现，人也不能两次踏进同一条河流，对于社会来说也是如此，对于个体人生来说更是如此，对于小品文来说也是如此，产生于特定时代背景、哲学氛围、特殊社会心理和个人意绪之中的小品文再也不会重现那种面目了。

　　无论小品文的发展经历了多么复杂曲折的历程，可以断言的是，到了晚明，小品文已在传统古文之外另立一宗，形成自己的文体体制和审美风貌，在思想情趣与表现形式方面，都有迥异于传统古文之处，可谓一代之文学的代表，也可谓一代之秀。这种变化主要表现在从复古摹古转向师心自运，将文章从传统的古文体制中解放出来，成为一种无拘无束、最为

───────────

① 张岱吸收了晚明诸家特别是"公安派"和"竟陵派"的长处，矫正了小品文在发展过程中的流弊，把小品文发展到了相当完美的境地，作品兼具了公安派的清新和竟陵派的冷峭，是晚明小品文创作的集大成者。其小品取材广泛，大凡风景名胜、民风习俗、戏曲技艺、古董玩具、人物论赞等无所不包。文章记录了他的实际生活，也反映了明末现实生活的某些侧面。著有《琅嬛文集》、《石匮书》、《陶庵梦忆》、《西湖梦寻》等。他的创作为晚明小品画上了一个圆满而精彩的句号，被称为明代小品的压轴者。有论者认为，被认为是张岱小品文的代表著作《陶庵梦忆》、《西湖梦寻》皆产生于明亡清兴之后，但"两梦"典型地体现了小品的语体风格和情采魅力，明显地涵容了晚明小品的审美精华和美学风貌，所以本书关于张岱的定位主要在审美层面。

自由的文体;以悠然自得的笔调,以漫话和絮语式的形态叙写人生、体味人生、抒泄人情。

"晚明小品淡化了'道统'而增强了诗意"①,是在"明季士气儇薄,以风流相尚,虽兵戈日警,而歌舞弥增"②的时代氛围中谱写的一曲唯美之歌。

二、时人对小品文的关注

明人小品文作为时文,陈继儒引用郑元勋的话说,小品文"丽典新声,络绎奔会,似亦隆、万以来气候秀擢之一会也"③。意思是说,小品文作为一种新声,是隆庆、万历年间之后社会风气中比较突出的一个风会。小品文在明代就受到关注,当代性质的小品文选集层出不穷。"选本的'选'本身就是一种重要的批评实践。选者(批评家)根据某种文学批评观制订相应的取舍标准,然后按照这一标准,通过'选'这一具体行为对作家作品进行排列,以此达到阐明、张扬某种文学观念的目的。因此,选本也是一种文学批评方式。"④对时贤之时文的选择和汇集,显示了明显的当代意识,由此可以看出小品文已经形成气候,在当时形成较大影响,呈现出不能不引起人瞩目的局面。

只要看一下当时对小品这一时文选辑、刊刻的状况就可以知道人们对小品文的关注程度。有明一代,蒋如奇编有《明文致》(二十卷,明代有刻本),李鼎和序云:"其于朝家典重之言,巨公宏大之作,概所多遗。噫!此仅案头自娱,且姑撮一代之秀云耳。"虽未言及所选之文是小品文,但从序言中可约略知道大多是可以案头自娱的小文,因为他对"朝家典重之言"和"巨公宏大之作"多有遗漏,而且是有意遗漏或者故意遗漏,之所以这样,也许与选文标准和趣味有关。明确选辑小品文的文集有王纳谏

---

① 吴承学:《晚明小品研究·绪论》,江苏古籍出版社 1997 年版,第 2 页。
② (清)永瑢等撰:《四库全书总目》卷一四四《子部·小说家类存目二》,中华书局 1965 年版,第 1236 页。
③ (明)陈眉公:《文娱序》,(明)郑元勋选:《媚幽阁文娱》,上海杂志公司中华民国二十五年版,第 1 页。
④ 邹云湖:《中国选本批评》,上海三联书店 2002 年版,第 1 页。

的《苏长公小品》(四卷,万历二十八年有刻本),今人江枃认为:"《苏长公小品》的出现是小品文获得读者重视,名正言顺地登上文坛的标志性事件之一,而它的再版也显示小品已获得越来越突出的地位。"①选先人小品实际上也是呼应时代需求。

　　以下是明人选明文的情况:华淑《闲情小品》(二十卷,明有刻本),刘士[钅粦]《古今文致》(十卷,明有刻本),陈天定《古今小品》(八卷,清有刻本),郑元勋《媚幽阁文娱》(明有刻本),卫泳《冰雪携》(明有刻本),陈云龙《皇明十六家小品》(明有刻本)。自命为小品的还有朱国桢的《涌幢小品》、田艺衡的《煮泉小品》、陈继儒的《晚香堂小品》、王思任的《谑庵文饭小品》、潘之恒的《鸾啸小品》、黄奂的《黄玄龙先生小品》。那些虽不以小品命名,实际是小品的则更多,如孙七政仿《世说新语》所作的人物品藻集子《社中新评》,陈枚编选的晚明各家尺牍文集《写心集》与《写心二集》,蒋奇明编的《明文致》,周亮工编的《尺牍新钞》、《藏弆集》与《结邻集》,陈继儒的《岩栖幽事》,程羽文的《清闲供》,李流芳的《江南卧游册题词》,李日华的《紫桃轩杂缀》,吴从先的《小窗清纪》,费元禄的《晁采馆清课》,董其昌的《画禅室随笔》,等等。其中崇祯三年(1630 年)郑元勋编纂的《媚幽阁文娱》、崇祯六年(1633 年)陆云龙选辑的《翠娱阁评选十六家小品》和崇祯十六年(1643 年)卫泳编辑的《冰雪携》,可以看作是对明代小品文的总结,属于当代人选时文的活动和成果。就当时的影响来说,明代人将这些作品看作"枕中秘","展玩不忍去手",甚至认为在隐士的"纸窗竹屋中何可少此卷(指《冰雪携》,引者注)置几上",以为"携此卷也,聊以避俗",认为"铁脚道人赤脚行走雪中,嚼梅花满口,和雪嚥之,不若携此卷朗吟数叶,便有寒香沁人肺腑"②的效果。

　　同时,从以下言说之中也可以看出当时人们对小品文的认可态度和程度。张岱《文苑列传总论》认为"明之八股,则泥佛彩花也","范泥成佛,剪纸为花,虽穷工极巧,旋瞬即坏","若一朝更变摒弃八股,则时文虽

---

① 江枃:《明代苏文研究史》,江西人民出版社 2010 年版,第 193 页。
② (明)兰心道人:《小引》,吴下懒仙卫泳编评:《晚明百家小品　冰雪携》,襟霞阁主人重刊。

如山积,见之者如敝帚败絮,不待秦火而决不留半字矣,焉能与元曲、唐诗共有千古哉?""一代之兴必有一代之文,故汉曰汉文,唐曰唐文,宋曰宋文,公之文可谓明文也已矣。明文二字可以概我明一代文字。"①所以"我明一代之文字"应该包含最具特色的小品文。清代对明文的评价有失公允,使小品文这颗遗珠直到20世纪30年代才重新受到关注。但我们从清代人们的一些反面的评价中,可以反观到明代小品文的巨大成就。四库馆臣《学古绪言》提要曰:"盖明之末造,太仓、历下余焰犹张,公安、竟陵新声屡变,文章衰敝,莫甚斯时。"②评闵景贤、何伟然编的《快书》说:"是编割裂诸家小品五十种,汇为一集。大抵儇薄纤佻之言,又多窜易名目。"③评谢肇淛撰的《文海披沙》云:"是编皆其笔记之文,偶拈古书,借以发议。亦有但录古语一两句,不置一词,如《黄香责髯奴文》之类者。大抵词意轻儇,不出当时小品之习。"④评陆云龙编纂的《十六名家小品》曰:"每篇皆有评语,大抵轻佻儇薄,不出当时之习。前有何伟然序,伟然即尝刻《广快书》者,宜其气类相近矣。"⑤实际上从另一个角度肯定了公安、竟陵所代表的审美取向是新声,而且这种新声的特征是"词意轻儇",同时透露了"小品之习"影响广泛的事实,从而佐证了小品文在当时的影响。

郑元勋(超宗)论"小品一派,盛于昭代。⑥ 幅短而神遥,墨希而旨永。野鹤孤唳,群鸡禁声;寒琼独夺,众卉避色。是以一字可师,三语可

---

① (明)张岱:《文苑列传总论》,见胡益民:《张岱评传》,南京大学出版社2002年版,第220—221页。

② (清)永瑢等撰:《四库全书总目》卷一七二《集部·别集类二五》,中华书局1965年版,第1515页。

③ (清)永瑢等撰:《四库全书总目》卷一七二《子部·杂家类存目一一》,中华书局1965年版,第1138页。

④ (清)永瑢等撰:《四库全书总目》卷一二八《子部·杂家类存目五》,中华书局1965年版,第1103页。

⑤ (清)永瑢等撰:《四库全书总目》卷一七二《集部·总集类存目三》,中华书局1965年版,第1765页。

⑥ 昭代是明清王朝统治时期对当代的美称,是人臣对本朝的称颂语,意谓政治清明的时代。

橼;与子斯文,乐曷其极?"①周起高为卫泳所编《枕中秘》作序认为小品
文"亦儒亦墨,亦禅亦仙,既令人澹,复令人幽,既令人古,复令人艳。展
卷掩卷之间,可以辟寒,可以消夏,可以坐隐,可以卧游,可补《世说》,可
广《闲情》,倚枕北窗,南面王真不可易也。"在评论小品文的同时,流露出
对其中表现的生活的艳羡之气,对其中秉持的哲学主张和展现的文人心
态的喜爱,声言如有文集中所叙述的那种闲情,则给一个面南背北的王侯
也不交换。从这里可以看出,明人关注小品文也许更为关注那种在小品
中呈现的生活。有这种生活诉求作为动力,明人关注小品文实际就是认
同那种生活了。

三、小品文理论的发展

文学理论作为文学实践的概括和总结,往往是滞后的。但对于小品
文来说,理论和实践却出现相互交织的情形,观念和理论的引导促进了创
作的发展,创作者不断深化理论以促进文体的独立,所以小品文构成了当
时文学社会思潮与文学思潮的重要组成部分,对此有过专门的理论探讨,
正面的建设和反面的驳难均构成了其理论的发展。

由于要突破复古、拟古主义文论的钳制和约束,也要给新兴文体找到
立足的根据,还要突破旧有的文体规范,所以小品文文体独立的过程实际
上是一个破立结合的过程。李贽、徐渭关于童心、"真"的探讨,公安派的
性灵说,还有竟陵派对性灵说的集成和变革等,都成为小品文理论的重要
组成部分。不唯在理论上有对复古主张的突破,行为上的放诞和狂狷更
是惊世骇俗。徐渭、李贽等人的行为和做派,让当时的人们刮目相看,被
目为异端。吴中文人更是得风气之先,沾染了江南发达商业社会的风习,
并把这种风习带到了创作之中,在行为和作品中表现出率性任适、逍遥自
得的心态,他们脱俗尚趣的诗文风格都对袁宏道有重要的影响。"与复
古文学思潮并存的,是重视独抒情怀的文学思想在吴中地区的发展。吴

---

① 明人唐显悦《文娱叙》引用郑超宗的话,见(明)郑元勋选:《媚幽阁文娱》,上海杂
志公司中华民国二十五年版,第1页。

中地区的一批文人,兼擅诗、书、画,有深厚的文化素养,也承接吴中的文化传统。他们表现自我的真感受、实生活,代表人物有沈周、祝允明、唐寅、文徵明等。他们没有足以耸动视听的文学主张,但是他们在创作实践中完全摆脱了明道观念,疏离了与政权的关系,追求自我的感情满足,且行为渐趋融入市民社会。这一发生于吴中的文学思潮,没有形成明确的团体,没有公推的领袖人物,只是由于趣味的相近而形成思潮。但是它的影响广泛而深远。它的重个性、重自我的核心价值,在万历以后张扬个性、重抒情的性灵说中得到进一步的展开。"①提出"独抒性灵,不拘格套"的袁宏道,为官吴中,与江盈科、陶望龄等人交游甚密,群居相切磋,相互影响,所以这一阶段是他高倡性灵、最富文学革新精神的时期,他不仅"写下了宣示公安革新之论的代表作品,如《叙小修诗》、《诸大家时文序》、《叙陈正甫会心集》等,还以不拘成法、独抒性灵的诗文创作,在陈因生厌的文坛,鼓荡起了一股清新的自然之风"②。钱伯城先生《袁宏道集校笺》认为"公安之帜,虽酝酿有日,实自吴县始树"是有道理的。罗宗强认为"真正消除尽台阁文学思想潮流影响的,不是李东阳们,也不是李梦阳辈的文学复古的创作实践与理论力量,而是活跃于江南的另一部分士人"③。他们创作了独抒个人情怀的诗文,他们重个性、重真情的具体实践和文学追求成为公安派的理论先声,"袁宏道的'性灵说'是深受吴越为主的南方文化的沾溉而产生的"④。

　　文学解放思潮还为小品文的创作提供了理论牵引。明代中后期,一批批著名的思想家、文学家接踵登上文坛,提出了一系列与封建传统文学观念截然相对相反的文学观。如王守仁的"良知"说、李贽的"童心"说、李梦阳的"情真"说、汤显祖的"神情合至"说、袁宏道的"性灵"说、张琦的"情痴"说、冯梦龙的"情教"说等。除此之外,尚有许多文人的片言只语,不能形成学说,但他们以会心独解、性灵自放的艺术见解和灵动自然

①　罗宗强:《明代文学思想史》上册,中华书局 2013 年版,"引言"第 3 页。

②　周群:《袁宏道评传》,南京大学出版社 2011 年版,第 53 页。

③　罗宗强:《明代文学思想史》上册,中华书局 2013 年版,第 345 页。

④　周群:《袁宏道评传》,南京大学出版社 2011 年版,第 88 页。

的创作实践,推动了晚明小品文的发展。与此同时,晚明袁宏道、汤显祖、袁中道、王思任、陆云龙、郑元勋、曹学佺、张岱诸人,不仅身体力行创作或者传播小品文,而且对小品文提出相应的批评意见,他们关于小品文之小、之真、之情、之韵、之趣等的批评,"其精神实质与当明涌腾于社会的进步文学思潮是一致的"①。可以看出,小品文作为时文出现,既有哲学思想的奠基,又有创作的推动,更有理论的导引,还有批评的推波助澜,更有社会氛围提供的外部环境。可以说,是多种因素造就了小品文在晚明时期的繁盛。

明代小品文的凝结核为"情"和"个性",也就是性灵,在这一时期得到具有时代性的诠解。李贽"用'童心—至情'这一理念之刃去解读文学史和当代小说戏剧等新兴艺术审美形式时,却自然地给艺术哲学这株千年古树注入了新的生命活力,平添了许多告别过去、贴近当代的新鲜话语,当之无愧地擎起了顺应历史发展趋向的审美新潮之领航灯"②。

内容上要从"载道"、"言志"的限定中解放出来,形式上也要从各种规则、"格调"中解放出来,文体上也要从传统古文大赋中独立出来。如果没有文学解放思潮的激发,没有文体文风以及文学形式各方面的突破,没有作家个性、思想的大解放,晚明小品文的繁荣是不能想象的。可以说,"离经叛道给了小品文的形式和内容上的起死回生,也同时造成了晚明文学的一份灵性"③。

第二节 尚"小"的审美意识与小品之"小"

一、尚"小"的审美意识与关注"小文小说"的风气

从散文的发展史来看,中晚明又是一个小品文的时代;从文类具有的

① 刘明今:《晚明小品文的批评》,《复旦学报》(社会科学版)1989 年第 5 期。
② 陈竹、曾祖荫:《中国古代艺术范畴体系》,华中师范大学出版社 2003 年版,第538 页。
③ 陈书良、郑宪春:《中国小品文史》,湖南出版社 1991 年版,第 184 页。

审美意义来看,中晚明才是真正的小品文时代。万历到明末的晚明时期,是明代小品文发展的全盛时期,也是古典小品文创作走向繁荣并取得杰出成就的时期。

关于这种篇幅短小、旨永神遥的小品文,王思任在《王季重十种·杂序》中比喻道:"兰苕翡翠,虽不似碧海之鲲鲸,然而明脂大肉,食三日定当厌去。君见珍错小品,则啖之唯恐其不继也。"①意思是,小品文虽小却隽永有味,受人喜欢,食之不厌。他同时还给予小品文以较高的评价,给予很高的地位,认为"汉之赋、唐之诗、宋元之词,明之小题,皆精思所独到者,必传之技也",并说:"一代之言,皆一代之精神所出。其精神不专,则言不传。汉之策,晋之玄,唐之诗,宋之学,元之曲,明之小题,皆必传之言也。"②相对于被视为"经国之大业,不朽之盛事"的文章来说,小品文似乎被视作一盘精致的小菜,是使人"啖之唯恐不继"的"必传之技"和"必传之言"。

"小品"一词由来已久,原本是指佛经的略本,到了晚明,"小品"这一概念才真正运用到文学领域中,内涵与现代意义的"小品文"已经基本相同了。晚明小品文是指体制短小、轻隽灵巧、真情流露的"小文小说",是一种与以往庄重古板的"高文大册"相区别的时代性文类。它的"小"表现在内容琐碎、点滴印象、片段杂感上,也表现在形式自由、手法自由和表现自由的审美特点上。作为文类的小品文在题材上不拘一格,尺牍、游记、传记、日记、序跋、铭、赞等文体都可适用。在创作风格上,则趋于生活化、个人化,不少作家喜欢在文章中反映自己的日常生活状貌及趣味,具有很强的个体性,同时又渗透着晚明文人特有的生活情调和审美趣尚。小品文在审美格调上追求直抒性灵,率真直露,注重真情实感的抒发,尽管在描写个人日常生活、表达瞬间审美感受,以及评议时政、抨击秽俗等方面,时有胸臆直露之作,但就整体而言,格调清新自然,文笔灵动有趣。

----

① (明)王思任:《世说新语序》,《王季重杂著》,(台北)伟文图书出版社有限公司1977年版,第222—223页。

② (明)王思任:《汲古阁本王思任题词》,见(宋)计有功撰:《唐诗纪事校笺》(八),中华书局2007年版,第2596—2597页。

如前所述,明代小品文的发展有一个历史过程,是一个随着时代思潮发展的过程。从明代小品文的整体情况来看,最能代表明人小品审美特性的是晚明小品。相对于明代以前各个时代和明代前中期的小品文,晚明的小品文立意更为有趣而轻灵,行文更为洒脱而不拘,最能体现出具有时代性的审美意识。晚明小品文作家善于用审美的眼光从生活中发现种种趣味,他们生活在封建社会的晚期,处于即将发生"天崩地裂"式的大动乱、大变故之际,处于中国整个封建社会转型的重要时期,加之政治生态的不断恶化和时代审美意识的熏染,为求自保和全身,为了能在不能出世和出仕的狭小生活空间中发现生活的情趣,他们只能从日常生活个体的内心中寻求相对的平静与和谐。因此在他们的笔下,一草一木,是那么富于生意;一山一川,是那么充满情韵;亦禅亦道亦俗的生活,是那么富有意趣。晚明小品虽也有一些揭露社会黑暗之作,但总体风格是空灵闲适,所以《四库全书总目提要》谈到小品文时多称"闲文",其内容多是恬淡的人生和静远的风光,呈现出唯美主义的倾向。明人小品与传统古文相比,在内容上最大的差异便是从文以载道向消遣自适转化,在形式和审美意识上最大的变化便是注重"小"。

值得注意的是,重"小"、"尚小"是晚明文坛的风气。① 笔记以"小"字命名者比比皆是,比如姚张斌的《尚絅小语》②、来斯行的《槎庵小乘》、江盈科的《雪涛阁四小书》③、华淑的《癖颠小史》等,这些作品集本身即带有明显的小品特征。各体文也喜欢带"小"字:袁中道的《龙湖遗墨小序》、陈继儒的《茶董小序》、张岱的《越绝诗小序》将"序"称为"小序";袁宏道的《拙效传小引》、钟惺的《放言小引》、黄汝亨的《偶语小引》等文将

---

① "晚明'小品'是一种时尚,'小品'意识渗透到文学、艺术以及文化生活的各个领域,是处皆见'小品'。"(欧明俊:《古代散文史论》,生活·读书·新知三联书店 2013 年版,第 5 页)

② 《四库全书总目提要》:"张斌号尚絅生,金谿人,天启乙丑进士。是编皆其杂著笔记,多论人情世事,所见颇粗。"

③ 明代笔记小说集。"四小书"系指《雪涛谈丛》二卷、《雪涛谐史》二卷、《雪涛闲记》、《雪涛诗评》。

"引"称"小引";张岱的《丝社小启》①、《游山小启》等将"启"称"小启";朱国祯的《黄山人小传》、钟惺的《张母小传》等将"传"称"小传";李流芳的《游虎丘小记》、萧士玮的《湖山小记》、吴从先的《黄山小记》等将"记"称为"小记";王思任的《为杨仕任题坡公小札》将"札"称为"小札";汤显祖的《吏部栖凤亭小赋》将"赋"称为"小赋";徐渭的《自书小像赞》、屠隆的《程思玄小像赞》等则将"像赞"称"小像赞"。从以上列举的情形来看,文集或者文章的命名频繁地用到"小"字可谓是一种时尚或者潮流,其中多取体制短小之意,且带有可爱玩怜爱的意思在里边,和中国传统上称小说为"残丛小语"所含的贬抑之意不同,具有一定的褒义。

与"小品"相近的概念,还有"小文"、"小说"、"小言"、"小题文"等,其中均带有"小"字,这里从文献中摘录一些相关文字加以佐证。袁宏道喜爱书写白居易、苏轼的"闲适诗,或小文,或诗余一二幅"②,袁中道《答蔡观察元履》中说:"今东坡之可爱者,多其小文小说;其高文大册,人固不深爱也。"③汤显祖在《答张梦泽》中自述说"时为小文,用以自嬉"④。钟惺在《东坡文选序》中说时尚厌弃东坡的"序、记、论、策、奏议",而喜其"小牍小文"⑤。何伟然《〈皇明小品十六家〉序》将"小品"称为"小言",祝世禄的随笔小品集就名为《环碧斋小言》(又称《祝子小言》)。王思任十分欣赏时文中的小题文,在《吴观察宦稿小题叙》中将"明之小题"与"汉之赋、唐之诗、宋元之词"相并列,称为一代之文学。从以上文献中所用的"小"来看,并没有小视之意,而有可亲可爱及赞颂有加之情。"小

① (明)张岱:《陶庵梦忆》卷三有一篇《丝社》云:"越中琴客不满五六人,经年不事操缦,琴安得佳? 余结丝社,月必三会之。"本篇即丝社成立时的启示,约 200 多字。《琅嬛文集》中收录四篇"启",本篇与《游山小启》两篇被名之为"小启"。

② (明)袁宏道:《识伯修遗墨后》,(明)袁宏道著,钱伯城笺校:《袁宏道集笺校》,上海古籍出版社 1981 年版,第 1111 页。

③ (明)袁宏道:《珂雪斋集》卷二十四,钱伯城笺校,上海古籍出版社 1989 年版,第 1045 页。

④ (明)汤显祖:《汤显祖诗文集》(下),徐朔方笺校,上海古籍出版社 1982 年版,第 1353 页。

⑤ (明)钟惺:《隐秀轩集》,李先耕、崔重庆标校,上海古籍出版社 1992 年版,第 240 页。

品"用以称笔记,包括古近体诗、词、赋、骈文及各体散文及杂著也有称小品的,如王时驭的诗文集名为《绿天馆小品》,陈继儒的杂著名为《晚香堂小品》。"万历以后,崇尚小文的风气甚至浸入了科举程墨(八股文),出现了一种特殊的'小题文'。""明末人借小题发挥,留下了许多变异的程墨,被编成了此类文集。"①甚至"明文借小题作小品成为时尚"②。而潘之恒的《鸾啸小品》是其纵论戏曲的杂著。其中的"品"字有品评、品第之义,前面加上"小"字,似是谦称,带有审美的时尚性。当然,有明一代,小品所指称的范围很广。明末清初的张岱有《题徐青藤小品画》,可见"小品"之称已漫及绘画。现在小品也指称建筑中的小建筑,可见其适用范围之广。

从喜好习性来讲,晚明文人为逃避政治祸患,嗜佛成风,沉迷易趣,逃隐于禅,他们根本没有耐心和长性钻研深奥玄秘、卷帙浩繁的佛教经典,因而对"小品"情有独钟,成一时之风尚也是有道理的。③ 晚明"小品"是一种时尚,"小品"意识渗透到文学、艺术以及文化生活的各个领域,时时处处皆可见"小品"。小品受到关注似乎与这种尚小的风气有关。

从人们的关注情况来看,关注"小文小说"似乎成为时代风气。袁中道《答蔡观察元履》说:"今东坡之可爱者,多在小文小说,其高文大册,人固不深爱也。使尽去之,而独存其高文大册,岂复有东坡公哉。"④明代小品深受宋代散文的影响,尤其是苏轼的影响,而苏轼的影响主要不是其策论等高文大册,而是小文小说。

除了人们喜爱小文小说,许多文人还热衷于小文小说的创作。汤显祖在《答张梦泽》的信中说:"时为小文,用以自嬉。""故时有小文,辄不自

---

① 卢兴基:《失落的"文艺复兴":中国近代文明的曙光》,社会科学文献出版社 2010 年版,第 163 页。

② 卢兴基:《失落的"文艺复兴":中国近代文明的曙光》,社会科学文献出版社 2010 年版,第 164 页。

③ 小品这个名称实际上是指佛经的两个译本。东晋十六国时期,高僧鸠摩罗什翻译的《般若波罗蜜经》分为两种译本,较为详细的一种称为"大品般若",较为简略的一种称为"小品般若"。明人研习佛经,不去理会高头大章,而专取小品,也算是一个简略的修行之途。修习佛经本为信仰,但有时是一种趣味,对于审美意识而言,学习佛经喜好"小品"的风气是否对小品文的流行有影响,这是一个值得研究的问题。

④ (明)袁中道:《珂雪斋近集》,上海书店 1982 年版,第 195 页。

惜，多随手散去。"①在这里，他把自己写作的散文如题记、序言、尺牍等称之为"小文"，正式提出了"小文"的概念，而写作的目的主要是用于"自嬉"，自我欣赏，从中寻趣。这是陶渊明"常著文章以自娱"②，柳宗元"以文自娱"思想的延续。明人郑元勋还提出"文娱"之说。在汤显祖看来这些所谓的小文皆是自己随心、遂性所作，并不自惜，然而正是在这种随性、率性的创作中，产生了令人惊叹的文学成就，小品文成就了它的文学史地位。在汤显祖等人的倡导下，晚明文坛"尚小"追求蔚然成风，风格多样的小品文把晚明文坛点缀得花团锦簇、光彩夺目。小文不小，尤其是文学史的意义不小，美学史的意义则更大。

虽然，汤显祖说"时有小文，辄不自惜，多随手散去"，但是从明代人收集流传至今的众多小品文来看，明人所作的"小文"并不是"随手散去"的，而是十分珍惜的，似乎是有意收集的。由此可以看出小品文在明代文人心中的地位。

二、小品文之"小"的具体体现

"16世纪明代的诗文家探索新散文的道路，是从短小精悍的'小'字开始的。"③

小品的"小"，体现在作者身份之"小"，内容的"小"，还有思想、格调的"小"，当然最主要的还是篇幅的"小"。

先说作者身份之"小"。晚明小品的作者多是小人物，多布衣、山人，或下层小官吏，多以隐士、逸士、名士自居。虽然一些官位显赫的人，厌倦了功名事业，隐退赋闲时也写起表现自我的小品，但毕竟是少数。关注自我，突出自我，甚至突出一己之情怀，这是小品基于作者身份、地位及素养基础上的重要品格。较多的研究认为，政治的混乱、商品经济的发达、心

---

① 《汤显祖诗文集》（下），徐朔方笺校，上海古籍出版社1982年版，第1353页。
② （晋）陶渊明：《五柳先生传》，袁行霈撰：《陶渊明集笺注》，中华书局2003年版，第502页。
③ 卢兴基：《失落的"文艺复兴"：中国近代文明的曙光》，社会科学文献出版社2010年版，第162页。

学的流行和文人追求闲适任性的生活等原因是造成小品文流行的因素，然而"另有一个重要的事实常被人忽视，即参与小品创作、编印的文人当中，很大一部分是未入仕籍、以文治生的布衣文人，这些人的社会身份与传统的文人士大夫不同，因而更容易接受并创作异于传统古文的晚明小品，进而推动这一文学样式的全面繁盛"①。笔者也认为，犹如红娘比莺莺小姐容易接受离经叛道的新观念、新思想一样，小品文这种离经叛道的文体也容易受到来自下层的，较少受到理学思想影响的中下层文人的青睐。小品文的兴盛与作者身份的自由性是有关联的。我们认为，对于小品创作者身份及其地位等主体因素的关注，有助于从主体文化身份的角度来理解他们缘何参与小品文的创作，促进了这一文学形式的流行，并使之形成文化现象和审美现象的。

再看内容之"小"。小品表现的是小人物或大人物失意时的生活、思想、心态、情趣，既然不得志，也无须谈什么忠君爱国、功业理想，不必关心国事、政事、大事、时事，也不必写载道、教化之文，只需表现个人日常生活中的小事、琐事和闲情逸致即可。作家往往抛开社会责任，抛开国家大事甚至抛开自己的职责担负，把心力、精力和注意力放在山水风物、花鸟虫鱼等小题材、小情趣之上，放在写身边事、心中情上。徐懋庸曾经指出："中国的小品文，是与庙堂文学相对立的，庙堂文学系载道之作，皆从大处落墨，不曰'嗟乎天下之人'，便曰'人生在世'，小品既与之对立，则力避此俗套，而特从小处着眼。故不谈大而谈微，实为中国小品文的特色之一。"②而且"于不要紧之题，说不要紧之语"③。姚鼐所言这两个"不要紧"虽具体言说归有光的散文，但可以概括小品文在题材和语言上的特点。从这种情形看，小品文似乎已经卸去了"经国之大业，不朽之盛事"④

---

① 周榆华：《晚明文人以文治生研究》，广东高等教育出版社 2010 年版，第 273 页。

② 徐懋庸：《金圣叹的极微论——小品文做法讲义》，《徐懋庸选集》第 1 卷，四川人民出版社 1983 年版，第 182 页。

③ （清）姚鼐撰：《惜抱先生尺牍》卷六《与陈硕士》，卢坡点校，北京师范大学出版集团、安徽大学出版社 2014 年版，第 103 页。

④ （魏）曹丕：《典论·论文》，见陈宏天、赵福海、陈复兴主编：《昭明文选译注》，吉林文史出版社 2007 年版，第 72 页。

的重负,退回到日常生活和纯粹的精神生活领域,相对于经国经世的大业来说,日常生活和纯粹的精神生活是细小的、精微的,更适合用短小的体制、轻灵的情感和随便的方式加以表达,这是生活的需要,但是明代人选择这种小而隽的文体似乎有更深层次的选择,似乎可以看作文人自由内心追求的外化形式,似乎可以看作对传统高头讲章、正经面孔反感的必然选择,似乎也可以看作晚明人反叛精神的重要载体和重要组成部分。以此观之,小品文实际上是中国人近代精神指向和近代审美意识发展史上的重要选择,小品实际上不小。

当然,"谈'大'必赖乎想象,谈'微'必赖乎观察"①,天马行空的"上下求索"必然依赖想象力,而具体而微的对象要写得逼真生动必须有精细的观察能力,更需要精细的刻画能力和细致的表达能力,这与明代感性发达,感性主义流行,人们对生活关注、人生观察的精细化潮流是一致的。在明代,小说、戏曲等文体由于体量增大,比较精微细腻地表现生活,曲尽人情,体贴物理,摹写物情,甚至将笔触伸到被理学压抑的自然人性的深处,以自然人性的展露来肯定情,并"无不从筋节窍髓,以探其七情生动之微"②,可见人们感受生活的方式已趋于细腻化,而且这种感性主义的审美方式已经渗透到生活、艺术的方方面面。在时代的风气和审美意识的共性之中,小品文当然也不能超然世外。从这一角度诠解,小品文的产生也许可以看作对这种审美方式变迁的积极回应。

明代大多数小品文有很强的画面感,将生活中所见所闻的事物进行绘声绘色的描绘,追求生动,追摹生韵,生活化、精细化,描绘如见,形象如画。比如明初大儒方孝孺之《蚊对》,就把蚊子对人的骚扰写得声色俱佳,生动至极。其文如下:"天台生困暑,夜卧缔帷中,童子持翣飏于前,适甚,就睡。久之,童子亦睡,投翣倚床。其音如雷。坐惊寤,以为风雨且至也,抱膝而坐。俄而耳旁闻有飞鸣声,如歌如诉,如怨如慕,拂肱刺肉,

---

① 徐懋庸:《金圣叹的极微论——小品文做法讲义》,《徐懋庸选集》第 1 卷,四川人民出版社 1983 年版,第 182 页。

② 《汤显祖诗文集》(下),徐朔方笺校,上海古籍出版社 1982 年版,第 1543 页。

扑股嘬面,毛发尽竖,肌肉欲颤,两手交拍,掌湿如汗引而嗅之,赤血腥然也。"①如此精彩的描绘,突出了蚊子的可恶,为后面的议论作了精彩的铺垫。复古派的散文盲目尊古,极尽剽窃模拟之能事,使活生生的创作,成了古色古香、毫无血肉灵魂的假古董和花架子;小品文则有血有肉,质感焕发,活色生香,着笔虽小却妙趣横生,生发出一种别样的审美趣味,给人以特殊的审美感受。如袁宏道的《满井游记》,景物如绘,色彩鲜明,描写甚工,堤柳、土地、水面、山峦、游人、动物,如一个个特写,巧妙地组合成一幅画面,层次清晰,色彩和谐,高低错落,动静结合,夹堤高柳"若脱笼之鹄",冰皮始解的水面"如镜之新开","山峦为晴雪所洗,娟然如拭",麦苗一行行茂密整齐"如倩女之靧面,而髻鬟之始掠"②,等等,比喻真切,形象贴切,生动传神,细致绵邈,以文字尽写生传神之妙,达到了无以复加的地步,"童心"观照下的自然景色有趣有韵,美不胜收。这样的工笔细描,在明代小品文中可谓比比皆是。又如袁宏道《西湖》一文中写道:"山色如娥,花光如颊,温风如酒,波纹如绫,才一举头,已不觉目酣神醉。"③再如王思任的《历小洋记》:"山俱老瓜皮色。又有七八片碎剪鹅毛霞,俱黄金锦荔,堆出两朵云,居然晶透葡萄紫。又有夜岚数层斗起,如鱼肚白,穿入出炉银红中,金光煜煜不定。"文章就近取譬,比喻真切家常,多以身边可感之事物设喻,"以人间所有者仿佛图之"④,既真又近,与世俗生活紧密相关,与世俗人情紧密相关,读来颇为受用。对于景色风光则恣意描摹,尽情刻画,增强了文章的可感性。归有光的《寒花葬志》为怀人之作,所记两件小事,小之又小,一是持荸荠不与,一是吃饭时天真烂漫,将一个小婢女的活泼天真之状叙写得栩栩如生,如在目前,场面感、画面感很强,从细小的两件事情之中衬写出夫妻恩爱、主婢情深、家庭和谐的大情,可谓

---

① 汪倜然编:《明代文粹》(上),世界书局1932年版,第30页。
② (明)袁宏道著,钱伯城笺校:《袁宏道集笺校》,上海古籍出版社1981年版,第681页。
③ (明)袁宏道著,钱伯城笺校:《袁宏道集笺校》,上海古籍出版社1981年版,第422页。
④ (明)王思任:《文饭小品》,蒋金德点校,岳麓书社1989年版,第283页。

于小事中寓大情大爱,达到了"一往情深,每以一二细事见之,使人欲涕"①的效果。文章描绘的生活如此之真,离人生人情如此之近,体现出一种真切近人的审美取向。明人张岱云:"食龙肉谓不若食猪肉之味为真也,貌鬼神谓不若貌狗马之形为近也。"②这种情形与绘画中出现果蔬饭食有着共同的审美意识,也是审美生活化、日常化的重要表现,更是感性审美精细化的重要体现。所谓"谈'微'必赖乎观察",确如所言。

小品散文从小处着眼、着手,以潇洒随意、闲适风趣的笔调,以平常的题材刻画世相人态,揭示人生真谛,觅求生活情趣,有以小见大的特点,也是必须加以说明的。比如陈继儒一则小品文,貌似拆字先生:"李之彦云:'尝玩一钱字旁,上著一戈字,下著一戈字,真杀人之物,而不可悟也。'然则两戈争贝,岂非'贱'字?"③作为小品文,其构思新颖,形式巧妙,别有情趣,然而它们记录的是小情调、小感动,言说的却是生活的大感悟,体现出来的是以小见大的特点。

明代中晚期,感受生活的方式发生了变化,感性的细腻成为时代的特征。文人们往往能从日常生活之细物琐事中有所感、有所悟,赋予日常生活以审美情趣,发现日常生活中小情趣、小感动,生活中的细小细微都被发掘出来,呈现出来。在笔者看来,小品文对细微生活的表现应该属于这种审美感受方式变迁的重要组成部分。

最后说情调、格调之"小"。相对于篇幅之小,晚明人实际最重视小品的内容、情调和语言,在他们看来,只要是清雅闲适的文字,能悦人耳目、怡人性情,可供"清玩"的文字,即可视为小品,这实际上是对情调、格调的重视。小情调、小格调是明代小品文被后人诟病和不为后人重视的重要原因,四库馆臣对小品的攻击和批判实际上主要着眼于其格调卑下、文气卑弱。然小品作为特殊时期审美风貌的代表,正是以别异于以"载道"为主导

---

① (清)黄宗羲:《张节母叶孺人墓志铭》,沈善洪、吴光主编:《黄宗羲全集》第十册,浙江古籍出版社 2005 年版,第 380 页。

② (明)张岱:《张子说铃序》,《琅嬛文集》,云告点校,岳麓书社 1985 年版,第 20 页。

③ (明)陈继儒:《岩栖幽事》,见程不识:《明清清言小品》,湖北辞书出版社 1993 年版,第 78 页。

的正统散文的格调而受到重视,其优美的审美格调,平视的叙事视角,都是其审美特色。这里选择小品文类的一些类别和文章加以证明。

先看游记:

雨后游六桥记

袁 宏 道

寒食后雨,予曰此雨为西湖洗红,当急与桃花作别,勿滞也。午霁,偕诸友至第三桥,落红积地寸余,游人少,翻以为快。忽骑者白纨而过,光晃衣,鲜丽倍常,诸友白其内者皆去表。少倦,卧地上饮,以面受花,多者浮,少者歌,以为乐。偶艇子出花间,呼之,乃寺僧载茶来者。各啜一杯,荡舟浩歌而返。①

这篇游记小品只是单纯地记下了一天之游的所闻所见,属于一种小小的乐趣,作者传达的和读者能够感受到的除了浓浓的美感之外,似乎别无寄托。在这里美不再是生活的点缀,而是生活的追求,因此记录、描述和表达生活之美成为作者唯一的追求。所写虽为传统旧题,却颇能翻新出奇。怜春惜红本是文人墨客之常习,而作者面对满地残红,却以尽情的玩赏与桃花作别,没有一点伤逝之意。人由于受到春景的感染,卸去往日的庄重和矜持,露出自然的本色,看白纨过客人人相习染,于是以面受花而饮酒作乐,最后一路放歌而还,情绪欢乐,不见半点悲凄,反而道出各种欢乐,看似冷漠,实则另有深情。这种深情实际上就是对世俗风景的热爱,尤其是对传统文化中比较鄙薄的桃花的一往情深,与传统文化大异其趣、率真的文人性灵,被展露无遗。对此,我们只有引用泰州学派罗汝芳的言论才足以解释,他说:"所谓乐者,窃意只是个快活也。岂快活之外复有所谓乐哉?生意活泼,了无滞碍,即是圣贤之所谓乐,即是圣贤之所谓仁。盖此仁字者本源根柢于天地之大德,其脉络分明于品汇之心元。故赤子初生,孩而弄之则欣笑不休,乳而育之则欢爱无尽。盖人之出世,本由造物之生机。故人之为生,自有天然之乐趣。故曰'仁者,人也。'则明白开示学者以心体之真,亦指引学者以入道之要。后世不省仁是人之胚胎,人是

---

① (明)袁宏道著,钱伯城笺校:《袁宏道集笺校》,上海古籍出版社1981年版,第426页。

仁之萌蘖,生化浑浊,纯一无二,故只思于孔颜乐处竭力追寻,而忘却于自己身中讨求着落。诚知仁本不远,方识乐不假寻。"①就《雨后游六桥记》一文而言,"在自然中解放自己,在自然中重新认识自己,这就是本文的意韵所在"②。在自然任性之中,可以见出"乐不假寻",因为快乐实际就在自身,就在性灵的解放。由此我们认识到,只有抒发了人生天然之乐趣,性灵才得以纾解。只有在这一层面,我们才可以看到李贽童心说、袁宏道性灵说的核心和本质。袁宏道的小品只有从这一层面来理解,才可以看到其主张与行为、为文之间的相通性、一贯性。

在唯美思潮的指引之下,大量的山水刻画代替了自文章产生以来就与之相伴的"道统观念",甚至没有了以往文章中屡见不鲜的自然"比德"意识,他们依凭着感性直观和审美的心灵,发掘出纯粹山水的美丽精魂,用性灵搭建了一个与现实无关的艺术山水世界,把一些与尘世相关的名争利扰纷纷排解在对山水的关照之外,创造了纯粹的风景和纯粹美的文章,在这样的晚明山水小品中,人们几乎找不到时代变迁、时局动荡带来的痛苦,也找不到作者理想无处寄托的彷徨,只有一种自然和游人的客观描写,一种适意情怀关注下的自然之美,在这样的小品文中,始终灌注的是一份对艺术的热爱、对性灵的沉醉和对美感的沉迷。

再看书牍:

寄 友 人

王 世 贞

　　握手作别,忽忽半岁,每念金玉间者,阔焉故乡亲旧如昨否? 岁得无恶,有司得无作剧否? 玉兰海棠花下高歌不恨少一人耶! 仆在此粗足遣司事,极与懒便近,偶语吴峻伯云:吾譬如面上眉,虽少用处,自不可无也,附去一笑。③

---

　　① (明)罗汝芳:《近溪语录》,转引自嵇文甫:《民国丛书》第二编,上海书店出版社中华民国二十三年版,第55页。

　　② 王小舒主编:《新编中华传统文学精要》,高等教育出版社2006年版,第418页。

　　③ (明)王世贞:《弇州山人四部稿》,见孙秋克、姜晓霞编:《锦书云中来——古代尺牍小品欣赏》,中州古籍出版社2012年版,第166页。

王世贞的书牍,于洁雅的语言,附上游子对故乡的思念,家常的问候,再千里附上一笑,以幽默的笔调、自嘲的语言说明自己的情况,活泼有趣。值得注意的是,明时通讯尚不发达,传信全靠驿站或顺路捎带,按理如果没有要紧之事,是要尽量少写信的,但千里寄上一通书札,聊博一笑的书信却比比皆是①,从中可见明人的趣味非常,难以用常规常理来衡量。有明之时,书信可以视作文人独抒性灵的重要方式。这样的书信又如:

答 张 太 史
徐 渭

仆领赐至矣。

晨雪,酒与裘,对症药也。酒无破肚脏,罄当归瓮;羔半臂,非褐夫常服,寒退,拟晒以归。西兴脚子云:"风在戴老爷家过夏,我家过冬。"一笑!②

再看笔记:

蔷 薇
张 大 复

三日前将入郡,架上有蔷薇数枝嫣然欲笑,心甚怜之。比归,则萎红寂寞,向雨随风尽矣。胜地名园,满幂如锦,故不如空庭袅娜,若儿女娇痴婉娈,未免有自我之情也。③

看到三日前怜爱有加的架上蔷薇随风雨枯萎零落,引起小小的伤感写就此文。从中可见作者审美感觉的敏锐和审美感受的细腻。作者善于从寻常的事物中发现富有人生意义的诗情。能将如此些微的感触和细致的观

---

① 又如袁宏道给江盈科写信说:"序文佳甚。锦帆若无西施当不名,若无中郎当不重;若无文通之笔,则中郎又安得与西施千载为配,并垂不朽哉! 一笑!"[(明)袁宏道著,钱伯城笺校:《袁宏道集笺校》卷六锦帆集之四——尺牍《江进之》,上海古籍出版社1981年版,第306页]给黄绮石写信又说:"一病几作吴鬼,幸而得请,此天怜我也。……一笑。"[(明)袁宏道著,钱伯城笺校:《袁宏道集笺校》卷六锦帆集之四——尺牍《黄绮石》,上海古籍出版社1981年版,第309页]性灵文学的情趣由此可见一斑。

② 孙秋克、姜晓霞编:《锦书云中来——古代尺牍小品欣赏》,中州古籍出版社2012年版,第157页。

③ (明)张大复:《梅花草堂集笔谈》,上海古籍出版社1986年版,第449页。

察记录成文,可见作者生活的意趣。由于从日常生活和周围环境所接所触的感受出发,生发诗情,点染情趣,且多抒写闲情逸致,因此与慕古文风以及八股时文大异其趣,显得清新可人,招人喜欢。

与此同时,在明人的审美视野之中,已经没有了塞北的烟尘,没有了大漠孤烟的壮阔,更没有战场上的金戈铁马,他们也不太欣赏天山的雪莲,而是将眼光停留在西湖的桃花、姑苏的盆景、案头的清供、园中的花卉、池中的假山、池中的游鱼、歌楼伎馆中的美人,甚至果蔬饭酒,审美对象失却了阔大气象,优美成为人们的钟爱。这固然与当时文人多处于江南秀美之地的地域氛围与文化有关,更重要的是时代风气使然。

"从艺术表现来看,晚明小品对于自然和人生丰富细腻的感受、敏锐的艺术感觉、出色的表现能力,可以说是其最有特点之处。"①而过分的诗化追求容易使小品文失去传统古文的气势而显得文弱小巧,也许明人小品追求的正是这种文弱和小巧。这些尺牍多率直而少幽深,大率以性情真挚,文字流畅取胜,下笔则不避俚俗、谐谑,以"老瓜皮"、"鹦绿鸦背青"②形容山色,认为"蟪蚁蜂虿"、"谐词谑语"都能"摄境"、"运心"③,而情趣恰好由此而生,所谓"本色独造语"④也许就是这样,真性情也许就由此而写出。晚明小品喜欢追求"抚掌解颐"的审美效果,也许可以从这里看到。从整体的审美风貌来看,"晚明小品卸下文以载道的沉重负担,洗净冠冕堂皇的油彩,从而以悠然自得的笔调,以漫话与絮语式的形态轻松而自然地体味人生与社会"⑤。呈现出小情调、小格调是有意追求的结果,这种普泛的追求也是时代特殊审美意识的表现。

实际上小情调、小格调才始见其真。于小情调、小格调中见精神,这

---

① 吴承学:《晚明小品研究》,江苏古籍出版社1999年版,第436页。
② (明)王思任:《文饭小品》,蒋金德点校,岳麓书社1989年版,第283页。
③ 江盈科《敝箧集引》曰:"夫性灵窍于心,寓于境。境所偶触,心能摄之;心所欲吐,腕能运之。心能摄境,即蟪蚁蜂虿皆足寄兴,不必《雎鸠》、《驺虞》矣;腕能运心,即谐词谑语皆足观感,不必法言庄什矣。以心摄境,以腕运心,则性灵无不毕达。"[《江盈科集》(上),黄仁生辑校,岳麓书社1997年版,第398页]
④ (明)袁宏道:《叙小修诗》,(明)袁宏道著,钱伯城笺校:《袁宏道集笺校》,上海古籍出版社1981年版,第187页。
⑤ 郑振铎:《中国文学史》,江西教育出版社2014年版,第722页。

才使得晚明小品与人贴心，与人受用。晚明小品最重"识小"，它与传统古文和时文（八股文）相别，不求原道、征圣、宗经，不求"代圣贤立言"，也不追求"经国之大业，不朽之盛事"①，有别于"朝家典重之言，巨公宏大之作"②，也不是"馆阁大记"③，既不载道也不事功，亦非庙堂亦非谀颂，题材琐细，志向平凡，于细微处见精神。明人对此认识充分，也不避讳，甚至做洋洋得意状。比如王圣俞（字纳谏）编选的《苏长公小品》自序云："人于万物，大者取大，小者取小。诗文亦然。今之文人皆谈往世千秋之业，而非余所存。问于余，文何得？对曰：寐得之醒焉，倦得之舒焉，愠得之喜焉，暇得之销日焉。是其所得于文者皆一饷之欢也，而非千秋之志也。"④作为历史上第一种以"小品"命名的书籍，他所选取的是宋代苏轼的游记、题跋、抒情散文之中具有生活趣味的短篇之作，以此成集体现了选辑者明确的小品观念，这就是内容上着眼生活趣味，形制上短小精悍。可见，明代人明确追求的不是载道文学、事功文学、谀颂文学、庙堂文学，而是正统以外的个人文学、性情文学、闲适文学、趣味文学。

对于这种文学关注的趣味，张岱在《祭秦一生文》中所说可以看作一种解释："世间有绝无益于世界，绝无益于人身，而卒为世界人身所断不可少者，在天为月，在人为眉，在飞植则为草本花，为燕鹏蜂蝶之属。若月之无关于天之生杀之数，眉之无关于人之视听之官，草花燕蝶无关于人之衣食之类，其无益于世界人身也明甚。而试思有花朝而无月夕，有美目而无灿眉，有蚕桑而无花鸟，犹之乎不成其为世界，不成其为面庞也。"⑤也许在张岱等明代人看来，只有有了这些小格局、小情调、小格调的文章出现，世界才有了全面目，这正如人不可无眉，自然界不可无花无草、无燕无

---

① （魏）曹丕：《典论·论文》，见陈宏天、赵福海、陈复兴主编：《昭明文选译注》，吉林文史出版社 2007 年版，第 72 页。

② （明）李鼎：《〈明文致〉序》，（明）蒋如奇、李鼎辑：《明文致》"卷首"，明崇祯刻本。

③ （明）汤显祖：《答张梦泽》，《汤显祖诗文集》，徐朔方笺校，上海古籍出版社 1982 年版，第 1353 页。

④ （宋）苏轼著，（明）王纳谏编：《苏长公小品》"卷首"，正蒙印书局中华民国三年版，第 1 页。

⑤ （明）张岱：《琅嬛文集》，云告校点，岳麓书社 1985 年版，第 265 页。

蝶一样。郑元勋《媚幽阁文娱自序》可作另一种解释:"吾以为文不足以供人爱玩,则六经之外俱可烧。六经者,桑麻菽粟之可衣可食也;文者奇葩,文翼之悦人耳目,悦人性情也。若使不期美好,则天地产衣食生民之物足矣,彼怡悦人者则何益而并育之。以为人不得衣食不生,不得怡悦则生亦槁,故而者衡立而偏绌。"①言下之意,小品文这样的供人爱玩的文章虽不像六经那样实用,但不可缺少,这正如生活中不可缺少可衣可食的桑麻菽粟,但是"人不得衣食不生,不得怡悦则生亦槁",没有怡悦性质的奇葩之文,人的生活得不到审美的滋养,生命也会枯槁,生活也就没有了意趣。也正是有了小品文的存在,晚明人的生命才有情调,才有情趣,才活得活色生香;也正是因为有了小情调、小格调,明代小品文才形成了自己独特的文化品质,才形成了自己独特的审美风貌,尤其在叙事、议论、谈玄论理的尺牍之中,也都托体于情感而不是智性的表述,这种暴露真个性、显示真性情、宣示真感情的审美取向和趋向,正是对八股时文空洞无物和拟古诗文缺乏个性的反击,是对当时相沿成习的旧格调、旧文风的革新,其中体现的是一种"顺情遂性"的适意,所以给人一种清新、生动的新风气。这一点恰好与魏晋时代形成巨大的差异,因为"魏晋士人的生活、个性和思想,莫不闪烁着对于人生价值、意义和归宿的深刻反思,莫不体现着一种介于群体与个体、理性与感性之间的热忱体悟,莫不透露着令后人倾慕的痛苦而能超脱、激烈而又冲淡和平凡而臻雅致的绚烂诗意"②。与魏晋士人向外发现了自然一样,明代人向外发现了生活,而且是热衷于生活。明人洪应明《菜根谭》有言:"热闹中着一冷眼,便省许多苦心思;冷落处存一热心,便得许多真趣味。"③明人恰恰是在功名世界的冷落中存有热心,便在生活、人生的小情调、小格调中获得了真趣味,获得了真乐趣,而蕴含着这种真趣味、真乐趣的小品文则"不必定含妙理而自觉可喜"④。可

---

① (明)郑元勋撰,施蛰存编:《媚幽阁文娱》,阿英点校,上海杂志公司1936年版。

② 陈洪:《诗化人生——魏晋风度的魅力》,河北大学出版社2001年版,"引言"第2页。

③ (明)洪应明:《菜根谭》,天津古籍出版社2003年版,第200页。

④ 周作人:《地方与文艺》,张菊香编:《周作人散文选集》,百花文艺出版社2009年版,第78页。

喜、可爱正是晚明小品的重要特点。历史上,中国文人写的大多是实用文章,唯有小品才写了自己的性情,才是审美的和文学的。从这一意义上讲,明代尤其是晚明小品是纯粹的审美文学,呈现出特别的审美意识。

最为外在的是篇幅之"小":小品之小,并非专指篇幅之小,小品文大多篇幅短小,百字以内的比较常见,小品当然最主要是指其形制的"小"。如王稺登《答沈飞霞书》曰:"沈郎瘦似黄花,才对黄花,便黯然相念。"①此信凝练,凝练到增一字则多,减一字则太少的程度,惜字如金,比拟贴切,语气略带俏皮,纸短而情深,无以复加,精妙之至。可见这种所谓的"小"也是一种精巧的"小",更是一种有用的"小"。关于小品文小而有用的言说,莫过于晚明陆云龙在《翠娱阁评选小札简小引》中的说法。他说小札简"寸瑜胜尺瑕","宜敛长才为短劲";且"敛锐于简,当如徐夫人匕首,纤锋而足制死命;敛巧于简,当如棘端之猴,渺末而具诸色相;敛广于简,当如一泓之水,涓涓而味饶大海"②。

这些小品文具有真与灵的特色,有的文情并茂,明快畅达,真实感人;有的空灵小巧、委曲生动、言简意赅,极富文学色彩和艺术魅力,确属散文的上乘之作。汤显祖现存的尺牍小品,很少有赘笔、冗言,剔透玲珑,妙不可言。如《答陆学博》曰:"文字诶死佞生,须昏夜为之。方命,奈何?"③该书信为对陆学博请求撰写墓志的回复,书信以委婉的文字表达了坚决的态度,即不为"诶死佞生"之文章的坚决态度,所以以数语打发之,既不纠缠,也不解释,而是以简短的语言表达真实的感情。"汤显祖的小品潇洒活泼,诙谐有趣,语言清雅流丽,文采飞扬,既有六朝小品的清峻,又有宋人小品的意趣。"④这样的书信在明人那里是比较常见的。如万历高安人朱吾弼的书信《示弟》就是这样,其文曰:"一札寄弟,不暇长语。弟谓

---

① 孙秋克、姜晓霞编:《锦书云中来——古代尺牍小品欣赏》,中州古籍出版社 2012 年版,第 172 页。

② 陆云龙:《翠娱阁近言》卷一,见陈良运主编:《中国历代文章学论著选》,百花洲文艺出版社 2003 年版,第 844 页。

③ 《汤显祖全集》,见孙秋克、姜晓霞编:《锦书云中来 古代尺牍小品欣赏》,中州古籍出版社 2012 年版,第 191 页。

④ 胡根红:《古代小品文探微》,三秦出版社 2008 年版,第 94 页。

做官,当如将军对敌;做人,当如处子防身。将军失机,则一败涂地;处子失节,则万事瓦裂。慎之哉。"①有理有情,无赘笔,无冗言,简洁明快,犀利透彻。这种一语传神或者一语钟情的尺牍尤以宋懋澄为最。其《与家二兄》曰:"闻虞山瀑布,濯濯千尺,如长剑倚天,是东南之盛。""抓住了特征,只一两句,便可勾勒出山水神韵,词清意朗,精彩已尽,便不肯多写一字。"②其有一份《与家二兄》的书信是这样写的:"吾妻经,妾史,奴稗,而客二氏者,二年矣,然侍我于枕席者文赋,外宅儿也。"③以奇特的设喻、家常的比附,十分风趣幽默地描述了自己的读书生活,也十分精妙地道出经书、史书、稗史、文及赋在自己乃至中国文化序列中的地位,这一地位类似于妻、妾、奴、客,比喻奇妙精彩,令人抚掌,难免失笑,所谓"抚掌解颐"便是如此。因为一语传神,我们可以设想接到此信的人会心而笑的情形。至于品评人物,多语出诛心,一语中的,妙不可言,比如《与戈五》言"曹子建假令绝意功名,其才当满一石"④。尺牍小品之小、之精粹、之活泼,胜于千言万语,有别于高文大章,可谓卓见与隽语并呈,真情与灵性齐飞。"宋懋澄尤喜以三言两语成篇,思想精警,趣味深醇,是尺牍小品史上一批极短而极耐人寻味的典范之作。"⑤

小小尺牍,明心见性,是开放心灵的窗口:尺牍小品在晚明小品作家那里加强了抒情化的广度和浓度,成为开放心灵的最为生动活泼的窗口。清初陈枚选编晚明百家尺牍,将其定名为《写心集》⑥,颇能道出个中消息。我们从徐渭、汤显祖、袁宏道、谭元春、宋懋澄等人留存的大量尺牍之中可以看到,这些尺牍皆信笔所至,无所不书,无所不抒,能活脱脱且活泼泼展现作者的性格和风貌,也能从中看到作者的处世态度、精神追求、心

---

① 谭邦和主编:《历代小品尺牍》,崇文书局 2010 年版,第 56 页。
② 谭邦和主编:《历代小品尺牍》,崇文书局 2010 年版,第 248 页。
③ 谭邦和主编:《历代小品尺牍》,崇文书局 2010 年版,第 88 页。
④ 谭邦和主编:《历代小品尺牍》,崇文书局 2010 年版,第 90 页。
⑤ 谭邦和主编:《历代小品尺牍》,崇文书局 2010 年版,"前言"第 2 页。
⑥ 又名为《晚明百家尺牍》,晚明诸家提倡文章抒写性灵,而书信最能体现作者本心。李颖《写心集原序》写道:"名为《写心》,首首寸金,字不满百,删繁就简,剗腐遴新。隔膜之辞,虽丽必汰,肯綮之语,虽浅必登。"可见,明达、流畅,字字写心即抒发心意是小品文的又一突出特征。

理体验、审美意识,时时闪烁着小品文的真情和空灵,时时展露着作家的情韵和机敏。因所写之心为一己之心,而写自己的内心多以自娱、娱己。由于是私人之间的信件,由于是亲友之间,由于是志同道合、情投意合,所以剔除了不必要的道德紧张,摘除了人格面具,放开了情感的闸门,所以个体性情得以充分展露,个体才性得到了充分的舒展,思想上毫无顾忌,情感上任性放纵,语言上比较放任,"相对安全地放胆谈心,抒写性灵,于是蔚为风气,造成名家林立、妙品迭出的繁盛局面"①。从这些小品之中,可以看出时代的风貌,也可以看出文人的心境和趣味。傅汝舟《与寥傅生》曰:"夜来寒月皎淡,望水帘月色,同化芦花。人枕但闻淅沥,叶响草声,疑雪疑雨,终莫能定。梦去犹在水晶国,裛粂千百颗招凉珠。"②遥对寒月,心有所感,心有所动,所以致书朋友,以优美的文笔传递秋月在天、一派晶莹的望中所见。风叶淅沥,枕上一片秋声,似雨又似雪。将自己细微的心灵感应与友人共享,这是需要情怀的,也是需要细腻的感知能力的,更是需要精妙的传达能力的。然而这一切都在这篇小品之中体现出来了,明人对于生活的热爱由此可以看得出来,千里送鹅毛,礼轻人意重,而千里送上一首小夜曲,岂止是礼轻人意重所能概括的。这样的书信,如王子猷雪夜访戴,可谓是兴起辄书,随兴传趣,而不必在乎其实用效果。有明之时,通信不是很便捷,千里传书聊寄一点小感触,传递一个小笑话,没有雅洁的审美情趣,怎可轻易做到;没有纯真的感情,岂能轻易为之。许多明人尺牍,如流行的小品文一样,尚简而注重趣灵,或坦诚胸臆,直出肺肝、信腕信口,率尔而作,轻松随意;或妙趣横生,意在谐谑;或摹写人情,曲尽其妙,呈现出比较明显的时代特色。往往能肝胆相照,明心见性,开诚布公,以情动人,"至约之中,至博存焉"③,是明代小品中最能体现真情与个性的类型。

除此而外,还有题跋。钟惺《摘黄山谷题跋语》一文中认为,题跋之文,

---

① 谭邦和主编:《历代小品尺牍》,崇文书局 2010 年版,"前言"第 2 页。
② 谭邦和主编:《历代小品尺牍》,崇文书局 2010 年版,第 242 页。
③ (清)王符曾辑评:《古文小品咀华·原序》(新标点,甲种本),杨扬标校,书目文献出版社 1983 年版,第 1 页。

可以见出古人的精神本领,"其一语可以为一篇,其一篇可以为一部。山谷此种最可诵法。……看山谷题跋,当以此数条推之。知题跋非文章家小道也。其胸中全副本领,全副精神借一人、一事、一物发之。落笔极深、极厚、极广,而于所题之一人、一事、一物,其意义未尝不合,所以为妙"①。题跋为小品之一类,借钟惺总结之,可谓小品"非文章家小道也"。

明代小品极为自由,其样式、内容、风格均带有多样性。就形式而言,就有随笔、杂文、日记、书信、游记、序跋、寓言等多种;就内容而言,可以言志、抒情、叙事、写景、写人、状物,凡山水、市井风物、人间趣好、市井凡人都可成为表现对象。在明代小品中,百姓、仆从、百工、优人、乡村野老、市井贩夫走卒得到描写者不在少数。委巷之谈、怪诞之事、奇人趣事时有呈现笔端。就风格而言,虽以闲适、空灵为主调,但兼有幽默、仟佻,更有凝重,既有清雅的追求,也有谐趣的追求,韵趣兼具,风神独特。晚明小品文是明代小品的登峰造极之作,文体风格和审美风格更趋自由,似乎信手拈来,漫不经心,兴之所至,随意挥洒。《四库全书总目提要》评祝允明的文章说:"潇洒自如,不甚倚门傍户,虽无江山万里之巨观,而一丘一壑,时复有致。才人之作,亦不妨存备一格矣。"②吴承学先生认为:"此语几乎可以移评晚明小品的主体风貌。"③明代小品以"一丘一壑,时复有致"的特色呈现了大的时代风采、时代风貌,表征了明代尤其是晚明的审美意识。

综上,"这种'小品'已不再是小的点缀和装饰,而是抒写真性灵、真精神的一种方式,是一种比较纯粹的审美性的文体"④。关于小品文与明代审美意识的关系,我们也可以总结为,是明代审美意识促成了小品文审美风貌的形成,而明代小品的审美风貌又呈现了明代重要的审美意识。

---

① (明)钟惺:《隐秀轩集》,李先耕、崔重庆标校,上海古籍出版社1992年版,第565—566页。

② (清)永瑢等撰:《四库全书总目》卷一七一,中华书局1965年版,第1496—1497页。

③ 吴承学:《晚明小品研究》,江苏古籍出版社1999年版,第422页。

④ 冷成金:《中国文学的历史与审美》,中国人民大学出版社1999年版,第341—342页。

第三节 性灵解脱有文章

一、文章的通脱源自性灵

"袁宏道性灵说倡导的性灵诗文在晚明风靡一时,与戏曲、小说等共同汇聚为近代色彩浓厚的晚明文学洪流,成为中国文学近代化的起点。"①"晚明小品作为一种新的文学潮流出现,则是当代社会生活的产物,它的核心概念'性灵',与唐宋古文的核心概念'道统',恰好是对立的;它对道统的背离,使散文得到了一次解放。在'五四'以后的新文学中,散文的艺术成熟最早,就是因为它与古代散文尤其晚明小品有密切的关系,就此而言,可以看到晚明小品在古代散文向现代方向发展过程中的重要意义。"②小品文在中国文学尤其是散文发展史上的地位由此可见。

小品文这一概念的提出,与性灵说有很大关系,主要是为了区别于以往人们所看重的关乎国家政典、理学精义的"高文大册",而提倡一种灵便鲜活、真情流露的新格调散文。性灵说是小品文兴盛的基础,而小品文则以"独抒性灵"为准的,二者之间相辅相成的关系需要论述。性灵解脱是基础,是人的解放,而抒写性灵的解脱是小品文成就的重要方面。性灵说为建构小品文学理论奠定了坚实的基础,使得晚明小品的勃兴成为一种自觉色彩很浓的散文革新运动,将小品引领到一个新的历史时期。有人甚至认为,"袁宏道对文学价值的重新认定,使文学从'宗经'、'原道'的樊篱中挣脱出来,呈现出文学作为人学的本来面目"③。他所提倡的"性灵",来自人的内心深处,基于个性和自我基础之上,标志着中国古代审美意识从社会生活和群体的伦理意识深入到个体的心理、主体的心灵,独抒性灵的创作能很好地表达出作为个体的人丰富的心理内涵以及由此引发而出的社会心理特征,所以引起了广泛的时代共鸣。自此之后,表现

---

① 戴红贤:《袁宏道与晚明性灵文学思潮研究》,武汉大学出版社 2012 年版,第 6 页。
② 章培恒、骆玉明主编:《中国文学史》下册,复旦大学出版社 2004 年版,第 212 页。
③ 宋克夫:《宋明理学与明代文学》,中国社会科学出版社 2013 年版,第 325 页。

人的个性，表现人的自然感性、世俗感情成为文学的主要功能和价值，同时独抒性灵的文学由于表达不同创作主体的个性情感，形成了不同的个性色彩和审美风格，因而打破了复古主义千人一面的僵化局面，使晚明的文坛逐渐生动活泼起来。

在晚明，倡导性情的哲学逐渐抬头，李贽、公安三袁以及明末清初的戴震、黄宗羲等人，都是这个路子，其倡导学说的核心即是强调人心之自由，尤其是性情与性灵的自由，晚明小品文可以说是这种哲学的一个表征，其有一种空灵、清丽的风格，但少了一种刚劲与淳厚之感。哲学发展所带来的精神解放给予小品文以灵魂。"精神解放，不仅是近代史上文章变迁的重要原因，也是两千年来历次文章变迁的一个重要条件。这可以算是一条规律。"①小品文的发生发展过程符合这一规律。

"从王阳明（守仁）到袁中郎（宏道），明代散文有个新的发展趋势，这是由禁锢而解放、由拘忌而自然的一个必然趋势。"②散文的审美格调变迁实际上是哲学理念变迁的表征。王阳明的学说，不仅在哲学上对明代社会产生了较大影响，在文学上也产生了极大的影响。明代中叶以后的文坛风尚、审美意识，可以说都导源于王阳明这位伟大的思想家，阳明的学说打破了"迷古"的魔障，给了人们"直抒己见"的勇气，并使情感获得了本体的意义，因为"在明前期，以实体称情并使之具有审美本体论意义的，惟一要数王守仁"③。明代的尊情论、主情论思潮均导源于此。受阳明思想尤其是王学左派影响的李贽对袁宏道影响甚大，关于这种影响，袁中道在《吏部验封司郎中中郎先生行状》中记述道："先生既见龙湖，始知一向掇拾陈言，株守俗见，死于古人语下，一段精光不得披露。至是浩浩焉如鸿毛之遇顺风，巨鱼之纵大壑。"④清人钱谦益《陶仲璞邃园集序》也

---

① 郭豫衡：《思想解放与文章的变迁》，《郭豫衡自选集》，山东文艺出版社 2007 年版，第 553 页。

② 郭预衡：《历代散文史话》，中国文联出版社 2009 年版，第 323 页。

③ 陈竹、曾祖荫：《中国古代艺术范畴体系》，华中师范大学出版社 2003 年版，第 525 页。

④ （明）袁中道：《珂雪斋文集》卷九，（明）袁宏道著，钱伯城笺校：《袁宏道集笺校》，上海古籍出版社 1981 年版，第 1650 页。

给出了定性的说法:"万历之季,海内皆诋訾王、李,以乐天、子瞻为宗,其说倡于公安袁氏。而袁氏中郎、小修,皆李卓吾之徒,其指实自卓吾发之。"①

　　哲学思想的变迁和思潮的涌动是一个复杂的问题,而其表征却是相当明显的。这就是受这种思潮肯定和影响的小说、戏曲和小品文都以通脱自然的姿态表达情感,表现个性,追求真、趣。就小品文而言,"公安袁氏兄弟遂崛起而张反抗的旗帜。这面异军特出的旗子一飘扬于空中,文坛的空气便立刻变更了过来"②。哲学观念和审美意识的变化带来了文风的重要变化,"从王、李的吞剥、割裂、临摹古人的赝古之作,一变而到了三袁们的清新轻俊,自舒性灵的篇什,诚有如从古帝王的墓道中逃到春天的大自然的园囿中那末愉快"③。袁宏道在这一变化中的作用不可低估,钱谦益对此评论说:"中郎之论出,王、李之云雾一扫,天下之文人才士始知疏瀹心灵,搜剔慧性,以荡涤摹拟涂泽之病,其功伟矣。"④四库馆臣虽然对晚明小品多有微词,但对袁宏道在文学创作上的成就和文学史意义有比较中肯而积极的评价,指出他的创作有"变板重为轻巧,变粉饰为本色,致天下耳目于一新"的特色,有致使天下"靡然而从之"的影响,当然也在与前后七子的比较中毫不客气地指出了其流弊,"然七子犹根于学问,三袁则惟恃聪明;学七子者不过赝古,学三袁者乃至矜其小慧,破律而坏度,名为救七子之弊,而弊又甚焉"⑤。而关于袁宏道这种弊处、"疵处"抑或长处,其实他的弟弟袁中道早已有发现,他说:"先生诗文如《锦帆》《解脱》,意在破人执缚,故时有游戏语,亦其才高胆大,无心于世之毁誉,聊以抒其意之所欲言耳。……然先生立言,虽不逐世之颦笑,而逸趣仙才,自非世匠所及。即少年所作,或快爽之极,浮而不沉,情景太真,近而不远。而出自灵窍,吐于慧舌,写于铦颖,萧萧冷冷,皆足以荡涤

　　① (清)钱谦益:《牧斋初学集》卷三一,见厦门大学历史系编:《李贽研究参考资料》第二辑,福建人民出版社1976年版,第143页。
　　② 郑振铎:《中国文学史》,江西教育出版社2014年版,第720页。
　　③ 郑振铎:《中国文学史》,江西教育出版社2014年版,第720—721页。
　　④ (清)钱谦益:《列朝诗集小传》,古典文学出版社1957年版,第567页。
　　⑤ (清)永瑢等撰:《四库全书总目》卷一七九,中华书局1965年版,第1618页。

尘情,消除热恼。……至于一二学语者流,粗知趣向,又取先生少时偶尔,效颦学步,其究为俗俚,为纤巧,为莽荡,譬之百花开而荆刺之花亦开,泉水流而粪壤之水亦流,乌焉三写,必至之弊耳,岂中郎之本旨哉!"①可见,袁宏道之功、之弊全在于"独抒性灵",全在于其率真任性。从历史发展的角度来讲,即便如此,"他的散文也是很活脱鲜隽的;虽不如其诗之往往纯任天真,而间有用力的斧凿痕,然已离开唐、宋八家,乃至秦、汉文不知若干里路了!他开辟了一条清隽绝伦的小品文的大道,给明、清诸大家,像张岱诸人走"②。这种文章的通脱自然实际上源自于性灵的解脱。

二、性灵解脱有文章

明代好货、好色的时代氛围为文人追求闲适的生活提供了氛围和条件,许多文人学士毫不羞涩地大谈对耳目声色之欲、之娱的追求。其中最为著名的要算袁宏道,他在《答林下先生》的信中就自诩:"真乐有五,不可不知。目极世间之色,耳极世间之声,身极世间之安,口极世间之谭,一快活也。堂前列鼎,室后度曲,宾客满座,觥筹若飞,烛气熏天,巾簪委地,皓魄入帷,花影流衣,二快活也。箧中藏万卷书,书皆珍异。宅畔置一馆,馆中约真正同心朋友十余人,就中择一识见极高如司马迁、罗贯中、关汉卿者为主,分曹部署,各成一书,远文唐、宋酸儒之陋,近完一代未竟之篇,三快活也。千金买一舟,舟中置鼓吹一部,知己数人,游闲数人,泛家浮宅,不知老之将至,四快活也。然人生受用至此,不及十年,家资田地荡尽矣。然后一身狼狈,朝不谋夕,托钵歌妓之院,分餐孤老之盘,往来乡亲,恬不为怪,五快活也。"并以此为人生的真正幸福,亦即"真乐",其中口、耳、身、目等生理性的满足居第一位,可以说是甘冒天下礼法之大不韪,赤裸裸地宣扬心灵与感官的所有欲望,将个体生命享受提升到无以复加的地位。这段惊世骇俗的话在致《龚惟长先生》中有几处不同,却更能体现袁宏道思想的反叛性。在叙述第二快活时变为:"堂前列鼎,堂后度曲,

① (明)袁中道:《袁中郎先生集序》,(明)袁宏道著,钱伯城笺校:《袁宏道集笺校》,上海古籍出版社 1981 年版,第 1571—1572 页。

② 郑振铎:《中国文学史》,江西教育出版社 2014 年版,第 726 页。

宾客满座,男女交舄,烛气熏天,珠翠委地,金钱不足,继以田土,二快活也。"在叙述四快活时,又将"知己数人"改换成"妓妾数人",明显地从物件、知己等不明身份所指的对象变成了"男女"、"妓妾"以及具有特殊指代意义的"珠翠"等,超越礼法的幅度则更大,并认为"士有此一者,生可无愧,死可不朽矣"①。袁宏道还在更多的文章和书信之中表达了他生理性喜好与精神性喜好并行不悖的情形。② 需要指出的是,这种情形并非体现在一人身上,而是当时的社会风气。吴中才子唐寅等人也是这样,处于明清易代之际、精于小品文的张岱也是"极爱繁华,好精舍,好美婢,好娈童,好鲜衣,好美食,好骏马,好华灯,好烟火,好梨园,好鼓吹,好古董,好花鸟,兼以茶淫橘虐,书蠹诗魔"③。文人仕子从精神到物质,从对声色犬马的反感到沉溺于声伎而不能自拔,自知而不自羞,可见"中国士子的人生理想和情趣又具有流变质。到了晚期中国封建社会,士子的人生风貌已较少古典味,世俗情绪较浓,有时甚或有游戏人生的味道"④。

从现代的眼光看,物欲、私欲和个性的被肯定有着重要的意义。一般认为这是对程朱理学禁欲主义的勇敢反叛,意味着人的价值观念的变革,

---

① (明)袁宏道著,钱伯城笺校:《袁宏道集笺校》,上海古籍出版社1981年版,第205—207页。《答龚惟长先生》在吴郡本、小修本作《答林下先生》,文中的差异皆从本书比照而出。

② 袁宏道在《游苏门山百泉记》中说:"吾于声色非能忘情者,当其与泉相值,吾嗜好忽尽,人间妖韶,不能易吾一盼也。"在《龚惟学先生》中又说"入拥座间红,出看西山碧,此自人间第一佳事",在《顾升伯修撰》中明确说"生平浓习,无过粉黛",在《李湘洲编修》中声言"弟往时亦有青娥之好",可见他把人的自然欲望的满足看得很重。既流连山水自然,又不忘人间女色,而且多以女色比喻自然山水。一方面喜欢"山中幽韵",一方面不排斥"都市声色",是晚明人的共同趣好。需要注意的是,袁宏道恬然而谈声色的几封书信,有的是写给自己的舅舅龚惟长、龚惟学的,其对礼法的反叛态度由此可见一斑。他在多封信及文章之中,毫不避讳地揭开文人"清高"的面纱,让人看到掩盖在文人笔墨下的自然欲望。身心的双重解放促进了自己文章的大胆通脱,尤其是对自然人性的表达,文章的表现也大胆直率起来。同时,他还在《与董思白》的信中大谈《金瓶梅》"云霞满纸,胜于枚生《七发》多矣"。在袁宏道那里观念的解放和性灵的解放是一体的,且在精神和生理上并行不悖,合二为一。

③ (明)张岱:《自为墓志铭》,《琅嬛文集》,云告点校,岳麓书社1985年版,第199页。

④ 吴功正:《中国文学美学》上卷,江苏教育出版社2001年版,第34页。

意味着性灵的解放。"随着明代左派王学的出现和个性解放思潮的兴起,人的世俗生活和感性欲求得到了新的审视。"①这种建立在自然人性基础上的个性意识、自由思想,是带有近代性质的个性解放,性灵的解散成为文章解放的思想基础、人性基础。

就文学而言,小说、戏曲大胆地表现和肯定人的情欲,呼应了这种思想观念的变化。《牡丹亭》成为情欲的颂歌,"三言二拍"表现出对物欲的认可,《金瓶梅》则表现出对人欲的正视和肯定,情和人性、个性成为文学表现的主旋律。散文也一样,晚明小品在传统古文之外,另立一宗,不但走出"文以载道"的轨辙,而且逸出古文体制,以悠然自得的笔调,以漫话和絮语式的形态体味和表现人生,形成一种新的趣味的追求。它的出现,淡化了道统而增加了诗意,弱化了超越意向而增加了世俗趣味,开拓了散文表现的领域。

诚然,晚明小品文在自由地抒发个性、真实地表现日常生活和个人情感世界方面,比传统古文更为灵活自如。它还敢于直指文章的娱乐性,敢于承认自己的创作目的别异于"明教载道"的、服务于人的理性提升的主流文学,而将写作的目的定位为纯粹为了娱乐,即"怡人耳目,悦人性情"、"供人爱玩"、"文以适情"②,从而一反传统诗文所承担的道德教化的社会作用,通过淡化道德,弱化理性,抒写心声,追求真性情,率性而为,以满足人性自然本质中娱乐审美的需求。这是中国历史上又一次对情的重新审视,而小品文观念和其所表现的个性与日常生活性质的人情可以看作这种重新审视的重要组成部分。

关于这一点,时人进行了毫不避讳的言说,可见是比较具有共识的。古闽唐显悦《文娱序》记录郑元勋(超宗)的话说:"小品一派,盛于昭代。幅短而神遥,墨希而旨永。野鹤孤唳,群鸡禁声,寒琼独朵,众卉避色,是以一字可师之语,可掇于於斯文,乐曷其极?"③袁中道说:"率尔无意之

① 宋克夫:《宋明理学与明代文学》,中国社会科学出版社2013年版,第310页。
② (明)郑元勋:《媚幽阁文娱自序》,《媚幽阁文娱》,阿英点、施蛰存编,上海杂志公司1936年版。
③ (明)郑元勋撰:《媚幽阁文娱》,阿英点、施蛰存编,上海杂志公司1936年版。

作,更是神情所寄,往往可传者。托不必传者以传,以不必传者易于取姿,炙人口而快人目。"①江盈科在《与屠赤水》的书信中也说:"诸尺牍多而千言,约而数语,如石家珊瑚,十尺固自连城,经寸亦自珍玩,无不令人解颐醉心也者。"②由此可见,解怀醉心的精神放松乃是小品文(尺牍为其中一类)的主要功能和创作目的,亦即自娱和娱人,也就是审美和娱乐功能,是一种"非经、非史、非子、非集"的闲书。拥有这种"亦儒亦墨,亦禅亦仙,既令人淡,复令人幽,既令人古,又令人艳"的文章,"展卷掩卷之间,可以辟寒,可以消夏,可以坐隐,可以卧游,可补《世说》,可广《闲情》,倚枕北窗,南面王真不与易也"③。如能拥有这份闲情,则更潇洒自如,美不胜收。

晚明人追求个性解放、闲适的所谓"真乐"④,主要指发自人的天性的快乐,但快乐也是需要寄托的,于是明人创造性地发展了情感寄托方式,并使之艺术化,其中的一些寄托方式甚至成为艺术类型。主张"独抒性灵,不拘格套"的袁宏道说:"人情必有所寄,然后能乐。故有以弈为寄,有以色为寄,有以技为寄,有以文为寄。古之达人,高人一层,只是他情有所寄,不肯浮泛虚度光景。"⑤晚明人极力寻找能够寄情的东西和活动,他们在诗文、戏曲、书法、绘画、山水、园林、珍玩、古董、围棋、斗鸡、蹴鞠、养花、逗鸟、聊天等活动中找到了寄托也找到了情趣,并以此为寄托方式发展了情趣,发展了感受方式⑥,锻炼和提升了感性。从世俗意义上讲,由于审美感受能力的提高,对于生活用具、器具的审美要求也随之提高,加

---

① (明)袁中道:《答蔡观察元履》,《珂雪斋近集》,上海书店出版社1982年版,第195页。

② (明)江盈科:《雪涛阁集》卷十二,《江盈科集》,黄仁生辑校,岳麓书社1997年版,第417页。

③ (明)周起高:《枕中秘序》,转引自罗筠筠:《小品文的审美价值及其在晚期的发展》,《文史哲》2002年第2期。

④ 王艮说:"日用间毫厘不察使人于功利而不自知,盖功利陷溺人心久矣。须见得自家一个真乐。"(《王心斋先生遗集·语录》,陈祝生主编:《王心斋全集》,江苏教育出版社2001年版,第19页)

⑤ (明)袁宏道:《李子髯》,(明)袁宏道著,钱伯城笺校:《袁宏道集笺校》,上海古籍出版社1981年版,第241页。

⑥ 中国文化中的世俗性因素,决定了中国文化注重感觉,这是一种融合了精神与肉体、心理与生理的感觉,它既不同于纯粹的生理快感,更不是纯粹的精神感受,而是一种建立在形而上的文人趣味之上的感觉,明清两代文人的感觉是带有人生趣味和美学趣味的。

上人们生活品位的提高,明代制备生活用具的工艺也随之提高。凡此种种,皆为真乐,他们在赏玩之余,以小品文的形式将这种情趣记录下来,形成一种独特风致。王世懋的《学圃杂疏》、田艺蘅的《煮泉小品》、陆树声的《茶寮记》、计成的《园冶》、张岱的《茶史》、陈继儒的《花史》、袁宏道的《瓶史》、屠隆的《考槃馀事》、高濂的《遵生八笺》、文震亨的《长物志》等作品,记录了人们在家居养生、饮食茶道、园林艺圃、服饰刺绣、古董藏鉴、文房趣味甚至情色方面的情趣,它们不只是日用知识,更是审美趣味,往往把实用知识、审美感受和文人趣味融合在一起,形成中国文化史上的独特现象,一些独特的审美意识也寓涵其中,有助于我们把握晚明文人的生活趣味、审美趣味。陈继儒为王路《花史左编》题词:"其所撰《花史》二十四卷,皆古人韵事,当与农书种树书并传,读此史者,老于花中,可以长世,披荆畚砾,灌溉培植,有法度,可以经世;谢卿相灌园,又可以避世,可以玩世也。"①文震亨《长物志》伍绍棠跋云:"有明中叶,天下承平,士大夫以儒雅相尚,若评书品画,瀹茗焚香,弹琴选石等事,无一不精,而当时骚人墨客,亦皆工鉴别、善品题,玉敦珠盘,辉映坛坫。若启美此书,亦庶几卓卓可传者。盖贵介风流,雅人深致,均于此见之。"②屠隆本人"晚年悠游林泉,文酒自娱",对各种玩好雅事无不精通,"评书论画、涤砚修琴、相鹤观鱼、焚香试茗、几案之珍、巾舄之制,靡不曲尽其妙"③。屠隆《香笺》写道:"坐雨闭窗,午睡初足,就案学书,吸茗味淡。一炉初热,香霭馥馥撩人,更宜醉筵醒客。皓月清宵,冰弦戛指,长啸空楼,苍山极目,未残炉热,香雾隐隐绕帘。"④雨中月宵,香雾缭绕,可就案学书,可吸啜品茗至味淡,可极目远眺苍山,可在空楼仰天长啸,如此意境,如此境界,既需要美好的物境,更需要解散的心境和情境,二者缺一不可。只有性灵解散之人,才能做到如此悠游地徜徉盘桓于长物余事而兴味盎然,而且把这些视为风

① (明)陈继儒:《花史题词》,见赵伯涛选注:《明文选》,人民文学出版社2006年版,第380页。
② (明)文震亨著,陈植校注:《长物志校注》,杨超伯校订,江苏科学技术出版社1984年版,第423页。
③ (清)钱大昕:《考槃馀事序》,(明)屠隆:《考槃馀事》,中华书局1985年版。
④ (明)屠隆:《考槃馀事》,中华书局1985年版,第51页。

流韵事,把把玩这些的人士目为幽人韵士。在性灵解脱的基础上,明人在生活中创造出了一片新天地,这种新天地、新情趣更能激发和促进性灵的解脱,促使人们玩物寄情甚至玩物丧志,但仅从对于长物给予寄寓如此深情来看,明人可以说天工巧夺,玩物尚志,他们确实在玩物中玩出了精美的艺术,玩出了精深的境界,也玩出了深邃的审美意识。

周作人说:"我们于日用必需的东西以外,必须还有一点无用的游戏与享乐,生活才觉得有意思。我们看夕阳,看秋河,看花,听雨,闻香,喝不求解渴的酒,吃不求饱的点心,都是生活上必要的——虽然是无用的装点,而且是愈精炼愈好。"①实际上明人在这方面已经做得很好了,小品文既然关注日常生活,也就关注了这些。为此写就的《瓶史》、《香笺》等篇章或者著作,显示了他们对生活中"无用的装点"抑或长物的关注。明代这些有情趣的著作,实际上就是精美的小品文,既有小品文的审美趣味,又有小品文的格调韵致,更有小品文的表现手法、小品文的体制。

如同长物余事一样,"晚明时期人们之所以喜爱并热衷于创造小品文,是由于他们在传统文学领域之外发现了一片别有洞天的新天地,在这片天地中他们可以在内容与形式上不必循规蹈矩,在理想与趣味上不用有太多的顾及与考虑,在手法与技巧上可以别开生面,在长短、深浅、雅俗等方面可以为所欲为,这样的文章他们乘兴而作,多寡不厌,彼此往来有滋有味,陈理述心与娱乐赏玩两相得宜,因而成为士大夫文化生活中的一个重要部分,造就了一个具有娱乐与审美作用的独特文学硕果"②。小品文小巧灵动,最适合书写文人的心灵,也就是"性灵"。需要进一步说明的是,明代以公安三袁为代表的性灵观念,反映的是以王阳明自然人性为哲学基础的思想解放、个性解放的时代特色,其重要基点便是自然人性亦即人欲。袁宏道在其纲领性的文献《叙小修诗》中就声言:"盖弟既不得志于时,多感慨;又性喜豪华,不安贫窘;爱念光景,不受寂寞。百金到手,

① 周作人:《北京的茶食》,张菊香编:《周作人散文选集》,百花文艺出版社2009年版,第95—96页。
② 罗筠筠:《灵与趣的意境——晚明小品文美学研究》,社会科学文献出版社2001年版,第33页。

顷刻都尽,故尝贫;而沉湎嬉戏,不知樽节,故尝病;贫复不任贫,病复不任病,故多愁。愁极则吟,故尝以贫病无聊之苦,发之于诗,每每若哭若骂,不胜其哀生失路之感。"①中国古代文人有"发愤著书"之说,其所发之愤绝非贫病;君子固穷,忧道不忧贫。相对于此,袁中道"尝以贫病无聊之苦,发之于诗",其所忧是世俗化的、个体化的,因此小修所抒的性灵大多感发于人欲,感发于享乐、酒色人欲不能满足之苦。由此可见,明代人的解放往往建立在对情欲的承认之上,所以这一历史时期多有狂狷之士,李贽为千古"异端之尤",徐渭、唐寅等人行为奇特、傲岸、放荡不羁,虽美其名曰"名士",但与魏晋名士相比较,高下判然有别,关注自是不同。魏晋的狂狷有一种精神超越的风度,而晚明的狂狷带有人欲的放浪倾向。但是两者都有反叛的意向,只不过前者反叛的是名教和礼制,后者反叛的是理学。

当然,公安派关于性灵的界定是相当宽泛的。公安派的性灵说是一种开放的、积极入世的、努力表现生活中多种情趣(包括世俗的口腹之欲)的文学观,带有一定的市民色彩,且包容较广,奇顺可以为性灵,平淡亦可以为性灵,并不拘于一格,这种学说比较多地反映了晚明时期士人的世俗情趣。小品文反映的就是这种情趣,尤其是日常生活中的求新和享乐倾向。

在文化下移的中晚明,散文的美学历程和明代市民文学小说、戏曲的审美走向是同步的,方向是一致的,审美意识是有共性的,这种审美倾向得到当时人们的认同,甚至很高的评价,也能说明人们已经开始认同这种具有时代意义的审美意识。这说明,到了明代,人们的审美着眼点已经从对伦理道德的关注下降到对人情物理的体味和欣赏,尤其是从传统的集体情感中解放出来之后,对个人性的真性情的关注成为历史的必然要求,因此在理论上形成"独抒性灵"和"世总为情"的思想也就成了水到渠成的事了。

---

① (明)袁宏道著,钱伯城笺校:《袁宏道集笺校》,上海古籍出版社 2008 年版,第188 页。

　　待公安三袁出①,他们不再把"文以载道"的沉重负担置于首位,而以轻松自得的文体和格调叙写世情人生,面向日常生活,不避世俗情感,直抒胸臆,风格平易自然,呈现出与正统古文大相径庭的审美追求和审美风貌。"他们那迥绝时流、清新隽逸的性灵文字,如同在亢庄之音已使人们的耳鼓生腻之时,吹奏出的一声清扬短笛,渐至和声回荡,响贯文坛。"②他们"标举'独抒性灵,不拘格套'的口号,提倡'趣'和'韵',强调散文表现作者个性和发挥美感作用,成为当时注重作者个性,追求创作自由,崇尚独创变化的美学思潮的重要组成部分,对我国散文创作和散文美学的发展作出了独特的贡献"③。在这样的氛围之中,形成审美情调独特、审美风貌卓异的小品文,就成为历史的必然。关键的问题是,"等到公安派提出'独抒性灵'的主张,人们就像大潮一样归附到这一旗帜之下,从此宣告了'文必秦汉,诗必盛唐'的复古时代的终结"④。中国文学的发展往往"文弊而变",小品文对于复古主义之弊来说,是变革的重要推动力量;至于小品文发展之后,自己所形成的文弊就不论及了。

　　独抒性灵的小品文畅抒真情,注重真性情、真性灵。讲求"情至之语,自能感人"⑤,袁小修如此,袁宏道也是如此。与袁宏道"性灵说"思想最接近的陶望龄,其小品创作也是自写胸臆,坦率说出心中事,风格清新自然,他在《登第后与君奭弟书》中说:"凡自胸臆中陶写出者,是奇是

————————

　　① 作为公安派代表人物的公安三袁,其思想的承继关系诚如清人朱彝尊所言:"自袁伯修出,服习香山、眉山之结撰,首以'白苏'名斋,既导其源,中郎、小修继之,益扬其波,由是公安流派盛行。"[(清)朱彝尊:《静志居诗话》,人民文学出版社1990年版,第465页],三人虽为昆仲,人生道路大致相同,但性情各异,学术所尊所遵略有出入,诗文写作也呈现出一定的差异性。就性情而言,袁宏道居长而才气较弱,性格比较平和,袁宗道则性情疏放,袁中道则以豪侠自命,任情放浪;就文而言,袁宏道之文婉妙典正,袁宗道之文则庄谐杂陈、自然天成,袁中道之文则整饬而灵秀。

　　② 周群:《袁宏道评传》,南京大学出版社2011年版,第227页。

　　③ 吴小林:《中国散文美学史》,黑龙江人民出版社1993年版,第283页。

　　④ 卢兴基:《失落的"文艺复兴":中国近代文明的曙光》,社会科学文献出版社2010年版,第142页。

　　⑤ (明)袁宏道:《叙小修诗》,(明)袁宏道著,钱伯城笺校:《袁宏道集笺校》,上海古籍出版社1981年版,第1685页。

平，为好。"江进之(盈科)也主张："夫性灵窍于心，寓于境，境所偶触，心能摄之，心所欲吐，腕能运之。心能摄境，即蝼蚁蜂虿皆足寄兴，不必雎鸠驺虞矣。腕能运心，则谐词谑语皆足观感……流自性灵，不期新而新，出自模拟者，力求脱旧而转得旧。"① 就公安三袁及其追随者的散文而言，"公安派散文追求审美主客体的融合，较之唐宋散文，如柳宗元、欧阳修、范仲淹、苏轼等的许多传世名篇，更突出了抒情的色彩，个性更为鲜明。"只是"16、17 世纪中国在文学领域所表现的个性解放，还仅是通过士大夫读书人反映出来的，这是构成中国启蒙初期的文化特征之一"②。

艺术家自我意识的觉悟程度，决定着人生和人性体验的深度；艺术家内在生命力的结构，决定着其人生和人性体验的深浅和价值的高低。晚明小品文的成就不仅仅体现为艺术本身的成就，其审美意识恰好诠释了"审美具有令人解放的性质"的道理，也说明了先有人的解放才有文的解放的道理。同时，也是人生的解放、性灵的通脱促进了文章的解放，促进了审美意识的突变。按照李贽的说法，"天下之至文，未有不出于童心者"，明人在性灵方面的通脱与解放，外显为一代之文——小品文。由于他们具有的是"童心"，所以小品文成为了天下之至文。

第四节　氤氲于小品文中的世俗审美意识

明代从"掇拾陈言，株守俗见，死于古人语下"的复古摹拟一转而为"能转古人，不为古转"③的个性追求，从廊庙公卿文学、歌颂帝王的庄严肃穆一转而为描写"市井之常谈，闺房之碎语"④的世俗，可谓是审美意识

① (明)江盈科：《敝箧集序》，(明)袁宏道著，钱伯城笺校：《袁宏道集笺校》，上海古籍出版社 1981 年版，第 1685 页。
② 卢兴基：《失落的"文艺复兴"：中国近代文明的曙光》，社会科学文献出版社 2010 年版，第 154 页。
③ (明)袁中道：《珂雪斋文集》卷九《吏部验封司郎中中郎先生行状》，(明)袁宏道著，钱伯城笺校：《袁宏道集笺校》，上海古籍出版社 1981 年版，第 1650 页。
④ (明)欣欣子：《金瓶梅词话序》，见(明)兰陵笑笑生：《金瓶梅词话》，戴鸿森校点，人民文学出版社 1992 年版。

的大转折、大变化。清人刘廷玑《在园杂志》说："深切人情世务,无如《金瓶梅》,真称奇书",其奇的一个重要表现便是,"其中家常日用,应酬世务,奸诈贪狡,诸恶皆作,果报昭然。而文心细如牛毛茧丝"[①]。就散文而言,"晚明散文审美空间较之古典散文有所扩大,散文家的审美触须一方面伸向普通的日常家庭生活,写凡人凡事;另一方面伸向市民阶层,呈现出市井气象。它们和《金瓶梅》等小说描述出一个新的美学天地"[②]。这是人们对于明代中后期散文的一个基本判断。因为以山水游记、尺牍为代表的散文在审美趣味上呈现出人性化、生活化、平民化等世俗性的特点,特别是以公安派、竟陵派为代表的文章在情感、叙事角度和叙述方式上都发生了本质性的变化。

　　这种变化比较集中地表现在对日常家庭生活和凡人凡事的书写,表现在对都市阶层、市井气象的关注和记录。

一、日常家庭生活、凡人凡事的书写

　　晚明小品是明代后期的一种抒情散文,是公安派、竟陵派反拟古主义文学运动的直接产物。该类文章一般文笔清新流利、生动活泼,内容以抒写性灵为主,很少接触现实的社会问题。多是从身边琐事、日常生活中窥探人生,描摹世情,令人百读不厌的原因也正是基于世俗基础上的平俗视角。

　　明代中后期的散文,以对日常生活甚至家庭生活的细腻描写来打动人,当时的小品文大多透过有选择的对象描景述事,在内容和形式上甚至语言上都更接近日常生活,显示出小家碧玉似的情形,不同于前代卒章显志的宏大追求,偏向于抒写具有日常气息的情感、景物和人生。他们的情感抒发与景色描写都与日常的世俗生活、日常情感更加接近了。小品之"小",并不仅仅指篇幅之小,而且还指所写之事的琐屑细碎、情感之家常、视角之平和。

　　下面我们比较一下唐代韩愈的《柳子厚墓志铭》与明中期归有光的《寒花葬志》,以说明这种情形。为了使读者有比较真切的感受和细致的

---

① 侯忠义、王汝梅编:《〈金瓶梅〉资料汇编》,北京大学出版社1985年版,第213页。
② 吴功正:《中国文学美学》中卷,江苏教育出版社2001年版,第546页。

认识,这里不惮占用篇幅,将以上两篇散文引用如下:

柳子厚墓志铭
(唐)韩 愈

子厚讳宗元。七世祖庆,为拓跋魏侍中,封济阴公。曾伯祖奭,为唐宰相,与褚遂良、韩瑗俱得罪武后,死高宗朝。皇考讳镇,以事母弃太常博士,求为县令江南。其后,以不能媚权贵,失御史。权贵人死,乃复拜侍御史,号为刚直。所与游皆当世名人。

子厚少精敏,无不通达。逮其父时,虽少年,已自成人,能取进士第,崭然见头角,众谓柳氏有子矣。其后以博学宏词授集贤殿正字,俊杰廉悍,议论证据今古,出入经史百子,踔厉风发,率常屈其座人,名声大振,一时皆慕与之交。诸公要人,争欲令出我门下,交口荐誉之。

贞元十九年,由蓝田尉拜监察御史。顺宗即位,拜礼部员外郎。遇用事者得罪,例出为刺史。未至,又例贬州司马。居闲益自刻苦,务记览,为词章,泛滥停蓄,为深博无涯涘,而自肆于山水间。

元和中,尝例召至京师。又偕出为刺史,而子厚得柳州。既至,叹曰:是岂不足为政耶! 因其土俗,为设教禁,州人顺赖。其俗以男女质钱,约不时赎,子本相侔,则没为奴婢。子厚与设方计,悉令赎归。其尤贫力不能者,令书其佣,足相当,则使归其质。观察使下其法于他州,比一岁,免而归者且千人。衡湘以南,为进士者,皆以子厚为师。其经承子厚口讲指画为文词者,悉有法度可观。其召至京师而复为刺史也,中山刘梦得禹锡亦在遣中,当诣播州。子厚泣曰:"播州非人所居,而梦得亲在堂,吾不忍梦得之穷,无辞以白其大人,且万无母子俱往理!"请于朝,将拜疏,愿以柳易播,虽重得罪,死不恨。遇有以梦得事白上者,梦得于是改刺连州。

呜呼! 士穷乃见节义。今夫平居里巷相慕悦,酒食游戏相征逐,诩诩强笑语以相取下,握手出肺肝相示,指天日涕泣,誓生死不相背负,真若可信,一旦临小利害,仅如毛发比,反眼若不相识,落陷阱不一引手救,反挤之,又下石焉者,皆是也。此宜禽兽夷狄所不忍为,而其人自视以为得计,闻子厚之风,亦可以少愧矣!

子厚前时少年,勇于为人,不自贵重顾藉,谓功业可立就,故坐废退。既退,又无相知有气力得位者推挽,故卒死于穷裔,材不为世用,道不行于时也。使子厚在台省时,自持其身已能如司马、刺史时,亦自不斥,斥时,有人力能举之,且必复用不穷。然子厚斥不久,穷不极,虽有出于人,其文学辞章,必不能自力以致必传于后如今无疑也。虽使子厚得所愿,为将相于一时,以彼易此,孰得孰失,必有能辨之者。

子厚以元和十四年十一月八日卒,年四十七。以十五年七月十日归葬万年先人墓侧。子厚有子男二人,长曰周六,始四岁;季曰周七,子厚卒乃生。女子二人,皆幼。其得归葬也,费皆出观察使河东裴君行立。行立有节概,重然诺,与子厚结交,子厚亦为之尽,竟赖其力。葬子厚于万年之墓者,舅弟卢遵。遵,涿人,性谨慎,学问不厌。自子厚之斥,遵从而家焉,逮其死不去。既往葬子厚,又将经纪其家,庶几有始终者。

铭曰:是惟子厚之室,既固既安,以利其嗣人。①

寒 花 葬 志
(明)归有光

婢,魏孺人媵也。嘉靖丁酉五月四日死。葬虚丘。事我而不卒,命也夫!

婢初媵时,年十岁,垂双鬟,曳深绿布裳。一日天寒,爇火煮荸荠熟,婢削之盈瓯,余入自外,取食之,婢持去不与。魏孺人笑之。孺人每令婢倚几旁饭,即饭,目眶冉冉动,孺人又指予以为笑。回思是时,奄忽便已十年。吁,可悲也已!②

韩愈所作墓志中,以给朋友写作的最为出色,他的《柳子厚墓志铭》最为人所称道。这篇墓志铭记叙了柳宗元坎坷的一生,赞颂他的文学造诣、政治才能和重节义重友情的高尚品质,且又借题发挥,谴责了世上乘

① 《柳宗元集》,中华书局 1979 年版,第 1434—1436 页。
② (明)归有光:《震川先生集》,周本淳校点,上海古籍出版社 1981 年版,第 536 页。

人之危、落井下石的无耻之徒,抒发其对逝者的哀悼之情,有颂其德行、旌其不朽之意。前面写政事,中间写友情,最后写文学。文中写柳宗元因为刘禹锡的缘故,欲以"柳"易"播"事(即以自己贬谪之地柳州与刘禹锡贬谪的播州相互交换)尤为动人。清人林纾评韩愈《祭柳子厚文》曰:"文简而哀挚,文末叙及托孤,肝膈呈露,真能不负死友者。读之使人气厚。"①相比明季的散文,这还不算是人情评价,可说是社会学意味的评价,所以不能感动人的平常心,因此产生的是"气厚"的效果。《寒花葬志》为悼念夭殇小婢而作,全文共 112 字,只以两个细节勾勒婢女形象,写出了庭闱人情,凝练之至。作者所描述的是一名婢女再普通不过的生活,一切显得平凡、世俗。这是写家庭间的主仆生活,审美着眼点则是人与人之间的关系,是生活中的细节和情趣:"天寒,爇火煮荸荠,婢削之盈瓯,予入自外,取食之,婢持去不与。魏孺人笑之。"弥漫着家庭主仆间其乐融融的情趣氛围。文章用近于白描的简洁疏淡的笔墨,静中凸显动,把一个招人喜欢、惹人爱怜的小丫头的形象展现在读者面前。这一切,使得归有光的散文在客体上接近日常或世俗生活,主体上接近普通人的情感。归有光的散文多发于亲旧家庭琐屑之描写,多恻然动人之作,这种题材上的变革具有重要的美学意义,至少是改变了墓志铭的创作走向,也改变了中国古代散文的创作走向。"墓志铭的表现对象也转入世俗的人生了,这个题材转折,兆示了明代的审美思潮的重大变迁。按照古典美学的见解,墓志铭一类的'诔者,累也;累其德行,旌之不朽也。'(刘勰《文心雕龙·诔碑》)而《寒花葬志》既无德行可言,又非旌其不朽。作者所描述的是一名婢女再普通不过的生活,没有叱咤风云的建功立业,亦无力挽狂澜的显赫勋绩,一切显得平凡、世俗。然而,在这里,树立了中国古代散文美学思潮变迁的路碑。"②

相类的文字还有《项脊轩志》、《先妣事略》等,皆以从容恬淡的笔调,从日常生活中捕捉富有特征意义的细节,记事生动,情致隽永,于细碎杂

---

① 林纾:《韩柳文研究法·韩文研究法》,商务印书馆中华民国三年版,第 37 页。
② 吴功正:《古今名作鉴赏集粹》,北京出版社 1989 年版,第 196 页。

沓之事和生活细节中寄寓深挚的情感,"不事雕饰,而自有风味,超然当
名家矣"①,其《项脊轩志》被清代散文大家姚鼐推举为"太仆最胜之
文"②,"震川之老妪语,至琐细,至无关紧要,然自少无母之儿读之,非不
流涕矣。由其情景逼真,人人以为决有此状"③。林纾认为他写琐碎的
事,都表达出极真挚的感情,写到了普通人的心里,有感动人的力量。原
因是它"以极挚之情,写之以极淡之笔,睹物怀人,此意境实人人所有,此
笔触之妙,却人人所无,而成其所谓震川之文,实开八大家所未开之蹊径。
自然清远。有如陶渊明之诗,耐人寻味不尽"④。归有光的散文作品尤其
是"所为抒写怀抱之文,温润典丽,如清庙之瑟,一唱三叹。无意于感人,
而欢愉惨恻之思,溢于言语之外,嗟叹之,淫佚之,自不能已已"⑤,具有强
烈和长久的艺术魅力。清人方苞在《书归震川文集后》中指出:"震川之
文,乡曲应酬者十六七,而又徇请者之意,袭常缀琐,虽欲大远于俗言,其
道无由。其发于亲旧及人微而语无忌者,盖多近古之文。至事关天属,其
尤善者,不俟修饰,而情辞并得,使览者恻然有隐。"⑥确切精当地指出了
归有光文章内容与艺术表现方面的特点。现代研究者也指出,"归则以
日常生活的描写为主,他可算已抓住了极重要的一点,即是以文学来表现
人生。这又回复到韩愈及宋学家们的精神了"⑦,"他的集子中有一些文
章士大夫气淡薄,只是叙写家常琐事、骨肉亲情,把一贯用来阐扬大道、议
论国事的散文引入了个人生活的领域,表现出浓厚的平民色彩"⑧。所谓
文学应该面对现实,反映社会民生,描绘平凡琐事,如此而已。"总之,归

①　(明)王世贞:《归太仆赞有序》,见(明)归有光:《震川先生集·别集·附录》,周
本淳校点,上海古籍出版社1981年版,第975页。
②　(清)姚鼐:《古文辞类纂》(下),北京市中国书店出版社1986年版,第1040页。
③　《林纾选评古文辞类纂》,慕容真点校,浙江古籍出版社1986年版,第441页。
④　倪志间:《中国散文演进史》下册,(台北)长白出版社1985年版,第398页。
⑤　(明)王锡爵:《明太仆寺寺丞归公墓志铭》,见(明)归有光:《震川先生集·别
集·附录》,周本淳校点,上海古籍出版社1981年版,第981页。
⑥　(清)方苞:《方苞集》,刘季高校点,上海古籍出版社1983年版,第117页。
⑦　钱穆:《中国散文》,《钱宾四先生全集》(45),(台北)联经出版事业公司1998年
版,第82页。
⑧　王小舒:《中国审美文化史·元明清卷》,山东画报出版社2000年版,第242页。

有光的散文,虽然内容和形式都是标准的正统派,然而它却以对家庭日常细节朴实无华的描写而打动了人们的心。人们透过这种细微而有选择的客观描景述事,深深感到它极为浓厚的抒情性。它实际标志着正统古文已走进末梢,一种要求在内容上、形式上和语言上更接近日常生活的散文文学正在出现,这是与市民文学的小说和戏曲和以后'公安派'的时代倾向相一致的。这种散文,无论是描写自然或抒情记事,已不同于唐宋八大家,不同于永州八记或前后《赤壁赋》。它的感慨、抒写和景物明显带有更为近代的日常气息,它们与世俗生活、与日常情感更为接近了。整个时代心声发生了变异,这种变异也表现在正统文学之中。"①读来使人"情伤",获得的是一种贴心贴肺的感动,这是一种与传统散文抒发的怀才不遇的大情怀不同的小情怀,是一种更接地气、更贴人心的情怀,这种情怀可以使每一个人都获得感动。

除了这种审美格调的变化,归有光的散文感染了明代时代风气,事实上已经在复古主义沉闷的空气中展露出新的观念和选择。"归有光是以他的体现时代审美意绪的独特心理来观照、把握、传达客体对象的。"②"作者以感受来选择、评价生活,感性主义取代了理性主义。所有这一切的主客体特征形成了一个重大标志,标志着正统古文趋于式微。在客体上接近世俗生活,主体上接近日常情感的审美新要求正在形成。这一新要求在《寒花葬志》中得到了完美的表现,因而归有光的这篇散文和《项脊轩志》等成为正统散文向近代散文转折的重大标识,它的审美影响一直及于袁氏三兄弟的'公安派'散文。而这一点和市民文学、小说戏曲的审美趋向是同步的。归有光能够在《寒花葬志》中以近代美学气息的笔调感应出时代心意的变异,真正是印证了得其风气之先的美学命题。而这又正是积淀在《寒花葬志》深层结构中的美学精英。"③我们发现,吴功正先生的判断在很大程度上回应和发展了前文引述过的闻一多先生的判断和论述,而在审视视角上,"归有光是从'我'的情感出发,去对对象寒花进

---

① 宁宗一:《文章之美——品味传世散文》,天津教育出版社 2013 年版,第 266 页。

② 吴功正:《古今名作鉴赏集粹》,北京出版社 1989 年版,第 196 页。

③ 吴功正:《古今名作鉴赏集粹》,北京出版社 1989 年版,第 200 页。

行审美把握的"①。这实际上已经是近代性的审美眼光和视角了。那些被人忽视的日常生活在特殊的视角下变成了审美对象,成为一定历史时期审美意识的重要表征和载体,可以说归有光以后的散文是以新的审美追求加入明代审美意识的合唱的。

在得风气之先的同时,归有光已经开始呈现自己感受感知到的时代风气了。"时运交移,质文代变",真是只有特定时代才能有一代之文学,才能有一代之审美意识。当然并不是所有特殊的时代都能产生特殊的审美意识,这还需要富有感知力和富有表现力的特殊人物出现,归有光显然是特定时代氛围中的敏感者,同时也是能把其所感知到的敏感地转化为审美意识的人、呈现为艺术作品的人,后世风起云涌的启蒙思潮的兴起充分证明了归有光是一个审美意识的先觉者。我们认为,一个在转折点上迈出一小步的人要比在轨道上跑很远的人更有价值和意义,更值得重视,从这个意义上讲,历史往往是具有特殊贡献的个人所书写的,审美意识史尤其是这样。

正当"七子"风靡之时,归有光不随波趋时,以冲淡、亲切、自然的文风,接近欧、苏的笔调,平实中显亲切的风格,开辟出文章的新面貌,呈现出新的审美意识。有人认为"唐宋派的崛起,使明代小品文的面目一新"②。钱穆说:"到了明朝,文人多喜欢作大文章,但很少人懂得文学真趣。只有归有光,可谓获古人文学真传。他一生不得意,没有做大官,写文章逢不到大题目,因而多做了些小品文,只写些家庭琐事,却使他成为明代最好的一位散文家。"③从审美意识的角度讲,从古文的艰深而渐趋平易,由表达的做作过甚到渐趋自然,却是在内容上接近人情,在形式上适应人情的一种重要转变。这也许是与明代注重人情的思潮相呼应的。

关于归有光在中国散文史尤其是明代散文史上的地位,很多学者倾

---

① 吴功正:《古今名作鉴赏集粹》,北京出版社1989年版,第197页。
② 陈书良、郑宪春:《中国小品文史》,湖南出版社1991年版,第20页。
③ 钱穆:《中国文学中的散文小品》,《钱宾四先生全集》(45),(台北)联经出版事业公司1998年版,第105页。

向于断定他是明代散文尤其是小品文产生的标志或者转折点①,其所代表的写作倾向和审美取向确实在后世得到了强烈的回应②,甚至形成了小品文的潮流,这是一个不容忽视的事实。而这种回应是社会生活变迁的产物,也是时代思潮变化的产物。

俗世俗情最为动人,这是一种低姿态的人生态度,显露在至亲之人之

① 从审美倾向上讲,唐宋派已经十分注意文学的个性化和通俗化,其散文呈现出晚明小品转折的特征:直抒胸臆且文从字顺、质朴自然。文章篇幅短小,感情真切,又十分注意在生活琐事中捕捉悠长的情韵,小品味逐渐浓郁。唐宋派作家的作品体现了时代审美意绪的变化,意味着感性取代了理性,标志着散文小品开始走向生活。唐宋派在总结前后七子得失的过程中,给散文、小品文的创作指出了一条新路,并对后世小品文的创作和发展产生了重要影响。唐宋派的历史功绩被作了如下评价:"唐宋派自觉吸纳阳明心学和市民意识中所包含的新人文精神,着力弘扬作者的主体意识,引导人们在思想上和艺术上挣脱束缚,独辟蹊径,反映出明代中后期士人个体意识的觉醒。唐宋派提倡心性显露的散文理论和洒脱率易的文风对晚明文学思潮有先导之功,尤其是直抒胸臆、不拘绳墨的观念,成为公安派文论的嚆矢。"[周建忠主编:《中国古代文学史》(下),南京大学出版社 2003 年版,第261 页]有人还认为:"正德间兴起的市民文学、吴中傲诞士风以及稍后归有光对复古文风的批判,为人文主义思想的诞生作了准备。"(萧萐父、许苏民:《明清启蒙学术流变》,辽宁教育出版社 1995 年版,第 3 页)还有人认为:"他们写了许多短小的抒情散文,灌注了个性,开启了晚明小品之风,摆脱了'文以载道'的凝重。""他们得时代风气之先,在哲学上又受阳明心学的影响,对审美主体的自我已有所体认,不赞成七子派的剽窃模拟,但仍未从复古的束缚中彻底解放出来。""它没有秦汉文的豪壮,又跨越了唐宋文的庄重,只是专注地去写人性的真挚。"(卢兴基:《失落的"文艺复兴":中国近代文明的曙光》,社会科学文献出版社 2010 年版,第 127、131、133 页)显然,唐宋派在明代散文的发展进程中有着转折性地位,而对审美主体自我个性的体认、专注写人性,透露出的是近代的人文气息。从写法上来说,也有重大的变化。"这种写法,从司马迁《史记》写人物通过细节描写来传达人物的神情中来,改变欧阳修、曾巩写人物的形貌,另有写法。"(周振甫:《古代散文十五讲》,重庆大学出版社 2010 年版,第 186 页)关于归有光散文写法的师承与变化,清代古文大家方苞在《书归震川文集后》中说得十分清楚:"其发于亲旧及人微而语无忌者,盖多近古之文。至事关天属,其尤善者,不事修饰而情辞并得,使览者恻然有隐,其气韵盖得之子长,故能取法于欧曾,而少变其形貌耳。"同为古文大家的姚鼐在《与陈硕士》尺牍中也说:"归震川能于不要紧之题,说不要紧之语,却自风韵疏淡,此乃是于太史公深有会处,此境又非石士所易到耳。"均认为归有光散文的气韵深会于司马迁。
② 袁宏道《答陶石篑》中说:"我朝文如荆川遵岩两公,亦有几篇看得者。比见《归震川集》亦可观。若得尽借诸公全集,共吾文精拣一帙,开后来诗文正眼,亦快事也。"(阿英编:《晚明二十家小品·袁伯修小品》,啥实、王铮标点,河北人民出版社 1989 年版,第 153 页)荆川即唐顺之,遵岩即王慎中,二人与茅坤、归有光等皆为唐宋派代表人物,主张散文创作效法欧阳修、曾巩的文风,重视思想感情的抒发,对前后七子的"复古"主张进行扭转,并在散文创作中实践这种主张,取得令时人和后世之人瞩目的成就。

间则更显真挚。袁宏道的书信小品《毛太初》可以作为这种情形和倾向的代表。其文曰:

> 弟已得吴令,令甚烦苦,殊不如图舍翁饮酒下棋之乐也。两甥想益聪明,读书何处? 肉铺河畔,三叉港前,恐非陶铸举人进士之所,移至县中如何?

> 大凡教子弟,一要择地,二要出学钱,银中不可夹铜,货中不可夹布,此尤第一紧要事。计此字到时,田中青翠可爱矣。要得富,须真正下老实种田,莫儿戏。人生三十岁,何可使囊无余钱,囷无余米,居住无高堂广厦,到口无肥酒大肉也,可羞也。①

堂堂县令,文坛盟主,与至亲所语所言无非是升职、求学、谋利、享受等事,语语家常,事事关己,着实可爱。其中对于钱货、高堂广厦、肥酒大肉等物质欲求的相嘱更是赤裸真诚,所言所语都是与普通人切近的"迩言",因为在李贽看来,"百姓日用处""如好货,如好色,如勤学,如进取,如多积金宝,如多买田宅为子孙谋,博求风水为儿孙福荫,凡世间一切治生产业等事,皆其所共好而共习,共知而共言者"②。文章在体现了对家常生计的关注、关怀之外,也反映了晚明时代人们观念的变化,受此影响,"文人无不重财"③也成为社会现实。值得注意的是,袁宏道的小品,多取材于日常生活,用语亦不避通俗,即便是与文人往还的尺牍,也不故作高雅,时以口语出之,亲切可人;其游记也每每以踪迹与心迹合二为一,独步一时。

内容题材上趋于生活化、个人化,渗透着晚明文人特有的生活情调,这是一个时代特有气息的外化,易代则不可复制。当然,作为一个文类,作为一个时代风貌的产物,晚明小品不只是世俗、闲适,也有冷峻和超逸,甚至还有一些牢骚。比如那些清言类小品文,在娓娓道来之中消弭了当世的气息,充溢其中的是一种与世隔绝的空旷与静谧。例如陈继儒的

---

① (明)袁宏道著,钱伯城笺校:《袁宏道集笺校》,上海古籍出版社 1981 年版,第209 页。

② (明)李贽:《焚书》卷一《答邓明府》,中华书局 1974 年版,第 110 页。

③ (明)李诩撰《戒庵老人漫笔》卷一"文士润笔"条,魏连科点校,中华书局 1982 年版,第 16 页。

《辟寒部》就很有些许柳宗元"孤舟蓑笠翁,独钓寒江雪"的寂静,《销夏部》则给人以"心静自然凉"的幽静,可以一销永夏;《太平清话》则娓娓讲述前贤后俊的逸闻趣事,正如他对《世说新语》的评价:"其妙妙在章法,若专以微言冷雨,求何啻千里"①,微言清话中透露出冷静,《读书镜》、《雨杭杂录》等也是静心读书之人才可有的隽语集录。一些晚明文人们回归到了禅静,一些文人回到了闲适,精巧细致淡雅的小品文成了表达这种情绪和生活的最佳方式。

二、市井及市井气象的书写

明代社会尤其是晚明社会,物欲横流,人欲横流,市井百姓在丰裕的物质享受中随波逐流,文人仕子也流连于市井之中,在享受着丰富优裕的物质生活的同时,也将对市井生活的艳羡之情表露在文学之中,也将市井的审美趣味带到文学之中。

一些文人钟情市井生活,使其文学艺术充满市井情味。像唐寅这样的画家,对市井生活的钟情,使他的诗歌充溢着俗情俗趣。时人评论唐寅诗文者,均指"俚俗"是其特征,"弃落之余,益人放诞,邪思过念,绝而不萌。托兴歌谣,殉情体物,俚里耳,罔避俳文"②。王世贞说:"先生始为诗,奇丽自喜;晚节稍放,格谐俚俗,冀托风人之指。"③并讥诮他的诗"如乞儿唱《莲花落》"④。所谓俚俗,一指俚俗之意,二指俚俗之辞。俗意指纵酒放任、及时行乐的生活观念,这是唐寅诗的一个重要主题。俗辞则指其语言不入唐宋之格,如同浅显直白的口语。由于混迹市井,沾染上市井习气也是可以理解的,但在传统观念看来却是离经叛道的。像袁宏道这样的文人,在红袖添香、俗乐喧吹之余,还写一些诸如《瓶史》、《觞政》之类的"玩物"之闲书以自适。他们面对现实,热爱人生,执着追求世俗中

---

① (明)陈继儒:《太平清话》,中华书局 1985 年版,第 58 页。

② 《唐伯虎全集》附录二《史传铭赞》,周道振、张月尊辑校,中国美术学院出版社 2002 年版,第 542 页。

③ (明)王世贞:《弇州山人四部稿》卷一百四十八《吴中往哲像赞》,文渊阁《四库全书》本。

④ (明)王世贞:《艺苑卮言》,凤凰出版社 2009 年版,第 82 页。

的幸福快乐;他们反对遁世,而主张"适世",积极拥抱世俗生活,享受物质声色之娱。在他们看来,尽情地享受现实的幸福,按照自己的志趣爱好去生活,自是"天性"应有之义。这种对人生的理解,使得晚明士人的生活态度、价值取向、审美情趣均从正统理学的伦理本位主义中解放了出来,而去追求个性本位:他们不再安于昔日的斯文礼义,而甘愿醉卧于风月场中;不再安于箪食瓢饮的孔颜之乐,而公然与达官巨贾合欢于官场市井;他们再也不坚守传统文人的清高,而以文治生,写画易酒,甚至谀墓取酬。一句话,他们不再以忧乐天下为己任,而将存在的意义投向讲美食、嗜茶酒、建园林、赏花草、蓄声伎、听评话、读闲书、喜交游、乐山水等世俗之乐中。人心流于佚荡,生活失之放纵,成为明中后期民风士习的一个基本征象。标榜"礼义廉耻,国之四维"的儒家名教和"存理灭欲"、主静持敬的程朱教条再也收束不住文人士子渐趋骚动、日趋世俗的性灵,任由他们追求所谓的个性解放。个性解放是一把双刃剑,它在带来人性解放的同时,也带来了人性的颓废;它在带来感性解放的同时也使人堕落于感性,甚至沦为感性的奴隶。李泽厚认为:"唐寅以其风流解元的文艺全才,更明显地体现那个浪漫时代的心意,那种要求自由地表达愿望、抒发情感、描写和肯定日常世俗生活的近代呼声。"①这是时代发展的必然表现。

　　"明代中后期,商品经济的发展和资本主义经济的萌芽,市民意识的高扬,猛烈地冲击了正统理学的绝对伦理主义和封建文化专制主义。于是,士人心态发生了前所未有的裂变与转型。他们吸纳了市民文化的滋养,承受着市井风尘的洗礼,其生活方式、人生哲学、价值取向、审美情趣及文学艺术的创作范式均表现出'新'、'异'的色彩。从寂寞的圣殿走向湥乱的世俗,从冰清玉洁的'理'天地走向活泼快乐的'情'世界,从庙堂学宫走向自然山水,一句话,从伦理异化走向感性的自我,成为明中后期士人生活和士人心态的一般特征。透过晚明人对生活和存在意义的理解,我们将会发现他们心态图式的基本色调是明亮的、开放的、乐观的、活

---

　　①　李泽厚:《美学三书·美的历程》,安徽文艺出版社 1999 年版,第 195 页。

跃的和世俗的。"①

　　"文变染乎世情",明清重要的散文形式——小品文就是在这样的境况下成为时代风尚的。明代中后期的士人大都在思想情感上切近于市民社会,故而市民社会和世俗风物都可入得他们的眼睛,并且能够引起记述和描写的兴趣。文人士子在市民社会和世俗风物的记述中反映了审美意识的变化。

　　为了说明这一倾向的广泛性,我们有必要再比较一下柳宗元的《小石潭记》、袁宏道的《满井游记》以及王思任的《游满井记》。

至小丘西小石潭记

（唐）柳宗元

　　从小丘西行百二十步,隔篁竹,闻水声,如鸣佩环,心乐之。伐竹取道,下见小潭,水尤清冽。全石以为底,近岸卷石底以出,为坻为屿,为嵁为岩。青树翠蔓,蒙络摇缀,参差披拂。潭中鱼可百许头,皆若空游无所依。日光下澈,影布石上,怡然不动,俶尔远逝,往来翕忽。似与游者相乐。

　　潭西南而望,斗折蛇行,明灭可见。其岸势犬牙差互,不可知其源。坐潭上,四面竹树环合,寂寥无人,凄神寒骨,悄怆幽邃。以其境过清,不可久居,乃记之而去。

　　同游者:吴武陵,龚古,余弟宗玄。隶而从者,崔氏二小生:曰恕己,曰奉壹。②

满 井 游 记

（明）袁宏道

　　燕地寒,花朝节后,余寒犹厉。冻风时作,作则飞沙走砾,局促一室之内,欲出不得。每冒风驰行,未百步,辄返。

---

①　夏咸淳:《晚明士风与文学》第三章,中国社会科学出版社 1994 年版。

②　《柳宗元集》,中华书局 1979 年版,第 767 页。

廿二日,天稍和,偕数友出东直,至满井。高柳夹堤,土膏微润,一望空阔,若脱笼之鹄。于时冰皮始解,波色乍明,鳞浪层层,清澈见底,晶晶然如镜之新开,而冷光之乍出于匣也。山峦为晴雪所洗,娟然如拭,鲜妍明媚,如倩女之靧面,而髻鬟之始掠也。柳条将舒未舒,柔梢披风,麦田浅鬣寸许。游人虽未盛,泉而茗者,罍而歌者,红装而蹇者,亦时时有。风力虽尚劲,然徒步则汗出浃背。凡曝沙之鸟,呷浪之鳞,悠然自得,毛羽鳞鬣之间,皆有喜气。始知郊田之外,未始无春,而城居者未之知也。

夫不能以游堕事,而潇然于山石草木之间者,惟此官也。而此地适与余近,余之游将自此始,恶能无纪? 己亥之二月也。①

游 满 井 记
(明)王思任

京师渴处,得水便欢。安定门外五里有满井,初春,士女云集,予与吴友张度往观之。一亭函井,其规五尺,四洼而中满,故名。满之貌,泉突突起,如珠贯贯然,如蟹眼睁睁然,又如渔沫吐吐然,藤荔草翳资其湿。

游人自中贵外贵以下,中者,帽者,担者,负者,席草而坐者,引颈勾肩履相错者,语言嘈杂。卖饮食者,邀诃好火烧,好酒,好大饭,好果子。贵有贵供,贱有贱鬻。势者近,弱者远,霍家奴驱逐态甚焰。有父子对酌,夫妇劝酬者;有高髻云鬟,觅鞋寻珥者;又有醉詈泼怒,生事祸人,而厥天陪乞者;传闻昔年有妇即此坐蓐,各老妪解襦以帷者,万目睽睽,一握为笑。而予所目击,则有软不压驴,厥天抉掖而去者;又有脚子抽登复堕,仰天露丑者;更有喇唬恣横,强取人衣物,或狎人妻女;又有从旁不平,斗殴血流,折伤至死者。一国惑狂。予与张友买酌苇盖之下,看尽把戏乃还。②

---

① (明)袁宏道著,钱伯城笺校:《袁宏道集笺校》,上海古籍出版社1981年版,第681页。
② (明)王思任:《文饭小品》,蒋金德点校,岳麓书社1989年版,第243—244页。

柳宗元被贬永州的十年,极为失意,但却是他在文学方面大丰收的时期。韩愈《柳子厚墓志铭》说:"居闲益自刻苦,务记览,为词章泛滥停蓄,为深博无涯涘,而自肆于山水间。""自余为僇人,居是州,恒惴慄。其隙也,则施施而行,漫漫而游。日与其徒上高山,入深林,穷迴溪,幽泉怪石,无远不到。到则披草而坐,倾壶而醉。醉则更相枕以卧,卧而梦。意有所极,梦亦同趣。觉而起,起而归。以为凡是州之山水有异态者,皆我有也,而未始知西山之怪特。"①在这段富有诗意的叙述中,我们可以看到作者意兴萧散,自由自在,肆意于山水之间,随兴所至,似真得高士之趣。永州八记,"下笔刿思,与古为侔,精裁密制,璨若珠贝"②,似乎是作者"自肆于山水间"的写照,但同时也是作者孤傲峻洁人格与幽寂不达情绪的表现和寄托。这些作品语言清丽,描写精细,境界优美,韵味隽永,然对于如此荒寒之地的描写,似乎寄寓了作者怀才不遇的情愫,有的甚至比较明显,明显地体现了古典散文借物寓情、托物言志的特点。如前所列《小石潭记》,作者在写景之时就已融入了自己的感情,景随情迁,自然地形成一种悽情的政治敏感和文艺境界。文虽为游记,但寄寓比较明显,文中将小潭周遭环境的恶劣与小潭的清冽进行对比,从而将初见到小潭清冽的惊喜和欢乐转化为对凄怆恶劣环境的永恒悲悽。又如《钴鉧潭西小丘记》:"丘之小不能一亩,可以笼而有之。问其主,曰:'唐氏之弃地,货而不售。'问其价,曰:'止四百。'余怜而售之。……噫,以兹丘之胜,致之沣、镐、鄠、杜,则贵游之士争买者,日增千金而愈不可得。今弃是州也,农夫渔夫过而陋之,买四百,连岁不能售。而我与深源、克已独喜得之,是其果有遭乎?"③作者怜惜小丘实际上有自恋之意。于山水文字中深有寄托,可谓这一时期散文的特点。

游记小品《满井游记》则以极其传神之笔描绘了满井早春的景色,艺

---

① (唐)柳宗元:《始得西山宴游记》,《柳宗元集》,中华书局 1979 年版,第 762 页。

② 高廷体语,转引自吴文治主编:《明诗话全编》(9),江苏古籍出版社 1997 年版,第 9595 页。

③ (唐)柳宗元:《始得西山宴游记》,《柳宗元集》,中华书局 1979 年版,第 765—766 页。

术上的显著特色之一是白描写真。这种表现手法是作者用自己的眼、手、心直接把握物象形态和灵魂,使用最经济的笔墨,勾勒出物象鲜明生动的形象,以示它的真形。我们从作者简洁的记叙中可以看到满井的独特景象:从气候上讲,阴历二月仍然是"余寒犹厉","冻风时作",至二十二日,天稍和,"冰皮始解","柳条将舒未舒";从山形上讲,"山峦为晴雪所洗,娟然如拭,鲜妍明媚";从水势上讲,"鳞浪层层,清澈见底"。白描写真(生),贵在用极其凝练准确的语言,通过形真境实摄取大自然的灵魂和生命,达到神真。毫无疑问,袁宏道描摹出了北京郊区的特有风韵。而且通过极其简洁准确的语言,达到了描写物象形神俱真的高度。写景状物没有柳宗元游记里的牢骚满腹和深意寄托,也没有了怀古伤今的感慨,只为描述眼中所见,抒发心中所感、所想,生活化、个性化,任心而发、纵心而谈,只有感性的陈述描绘没有过分的理性上升,从中再也找不到孤傲之情、桀骜之意,对生活、对自然的平视态度由此可见一斑。清人陈衍《石遗室论文》卷四云:"乐而生悲,游者常情"①,而我们在袁宏道的《满井游记》中只看到淡淡的感慨,只是"始知郊田之外未始无春,而城居者未之知也"的淡淡遗憾,然"一切景语皆情语"②,在看似无意的点染之中包含了匠心独运。而在王思任的《游满井记》中看到的是"看尽把戏乃还"的客观记述,连一点感慨都没有。这种"酌茗盖之下"的客观看取、冷静旁观,追求超凡脱俗、隔岸观火的态度,显示了知识分子的心态,也体现了小品文的审美趣味。而文中展示的不是风景,而是在风景中游玩、呈怪、呈恶的诸色人等的种种丑态,把人情世态作为描写的对象,风景却成了背景,文中除了三句话描写泉水外,几乎全是写人,充满着人趣。在这里,游记的关注点似乎发生了变化,同时看取的态度也发生了变化,作者只是把种种社会行为当作"把戏"去看而已,情、感俱无。袁宏道的《满井游记》重在写景,清新雅丽;而王思任的《游满井记》重在写人,幽默雅趣,尽在其中。

---

① 吴文治:《柳宗元资料汇编》(下),中华书局1962年版,第559页。
② 王国维:《人间词话 汇编·汇校·汇评》,周锡山编校,万卷出版公司2009年版,第296页。

　　总之，在《满井游记》中，"没有故作铿锵音调，没有什么深厚象征，也没有壮阔的场景、雄伟的气势，然而，娓娓道来却动人意兴。它之所以直到五四新文学运动中仍有影响，原因就在它们毕竟开始有了近代人文气息。从题材到表现，都是平平常常、普普通通的日常生活、自然风景。如果用它来比较一下也写得极精彩的柳宗元的山水小品，这种近代的清新朴素、平易近人的特点便更清楚"①。我们认为，这一判断也适合于对其他小品文的概括。除此而外，"晚明文人对于天地自然的嗜好不是停留在表面的对大自然景色的欣赏，也不是借其消愁解闷，而是视之为友，视之为师，从精神上与自然进行交流和彼此渗透，他们以自己的感觉和自然对话，赋予自然以人的知性与情感，在晚明文人眼中，'天下质有而趣灵者莫过于山水'，山水可以开辟心胸，陶铸性灵（袁中道：《王子伯岳游记》，《珂雪斋集》卷十），'山水之清美，目足以发灵慧之性而助之深湛之思（袁中道：《程中之文序》，《珂雪斋集》卷十一）"②。

　　由于关注视角的变化，这种对于人生世相的描绘要比单纯的风景描绘有趣得多，也多了许多世俗味、人间烟火味。这种情形也见于张岱的《岱志》：

　　　　离州城数里，牙家走迎，控马至其门。门前马厩十数间，妓馆十数间，优人寓十数间：向谓是一州之事，不知其为一店之事也。到店，税房有例，募轿有例，纳山税有例。客有上中下三等，出山者送，上山者贺，到山者迎。客单数千，房百十处，荤素酒筵百十席，优侯弹唱百十群，奔走祗应百十辈，牙家十余姓。合计入山者日八九千人，春初日满二万，山税每人一钱二分，千人百二十，万人千二百，岁入二三十万。牙家之大，山税之大，总以见吾泰山之大也。呜呼泰山！

　　　　东岳庙大似鲁灵光殿。棂星门至端礼门，阔数百亩。货郎扇客，错杂其间，交易者多女人稚子。其馀空地，斗鸡蹴鞠，走解说书，相扑台四五，戏台四五，数千人如蜂如蚁，各占一方。锣鼓讴唱，相隔不

①　李泽厚：《美学三书·美的历程》，安徽文艺出版社 1999 年版，第 193 页。
②　王晓光：《喧闹与闲适——休闲视野下的晚明文学研究》，高等教育出版社 2012 年版，第 120 页。

远,各不相涸也。①

文章尚未写到泰山的风景,已将去泰山沿途的风土人情、社会风物描写殆尽,给人一派喧闹繁华的景象。我们注意到,像张岱这样的明末小品文作家,将身之所历、目之所睹、心之所系、情之所寄都囊括笔底,他们对于民风民俗、民间文化、都市风情的理解与把握远在史书与方志之上,其作品可以视为明末的一部社会文化风俗史。将题材拓展到社会生活的各个方面,采用平视的视角,给予世俗的关照,突破了传统散文的宗经载道原则,让散文更贴近了人们的日常生活,显示了这一时期散文的时代特点和时代趣味。

此外,晚明小品家们以极大的兴趣描写五光十色的市井风情和形形色色的市井人物,展现了一幅崭新的晚明《清明上河图》。此中可见城市的繁华、百物的丰盛、风俗的侈丽、民心的放逸和欢快、文艺的繁荣和活跃。张岱的《陶庵梦忆》、刘侗的《帝京景物略》等小品名著对此都有生动的描绘。

当然,中国文学对于繁华都市的关注和描写并不始于明清小品,这在《水浒传》等小说中就有描绘,如果追溯到更早,至少在柳永的词中就有对都市繁华带有艳羡色彩的详细描绘。该词曰:

望 海 潮

(宋)柳 永

东南形胜,江吴都会,钱塘自古繁华。烟柳画桥,风帘翠幕,参差十万人家。云树绕堤沙。怒涛卷霜雪,天堑无涯。市列珠玑,户盈罗绮竞豪奢。

重湖叠巘清嘉。有三秋桂子,十里荷花。羌管弄晴,菱歌泛夜,嬉嬉钓叟莲娃。千骑拥高牙。乘醉听箫鼓,吟赏烟霞。异日图将好景,归去凤池夸。②

---

① (明)张岱:《琅嬛文集》,云告点校,岳麓书社 1985 年版,第 67—68 页。

② (宋)柳永著,薛瑞生校注:《乐章集校注》,中华书局 1994 年版,第 169 页。

在这里,我们无意留心柳永在词中表达的意旨,词中对江吴都会——杭州繁华富庶、游人如织,士大夫和官僚流连忘返的情形的描绘,就足以说明当时市民社会的状况,就足以让人艳羡不已。这种情况到了晚明时期则更有过之。张岱的《西湖七月半》有这样的描绘:

> 西湖七月半,一无可看,止可看看七月半之人。看七月半之人,以五类看之。其一,楼船箫鼓,峨冠盛筵,灯火优傒,声光相乱,名为看月而实不见月者,看之;其一,亦船亦楼,名娃闺秀,携及童娈,笑啼杂之,环坐露台,左右盼望,身在月下而实不看月者,看之;其一,亦船亦声歌,名妓闲僧,浅斟低唱,弱管轻丝,竹肉相发,亦在月下,亦看月,而欲人看其看月者,看之;其一,不舟不车,不衫不帻,酒醉饭饱,呼群三五,跻入人丛,昭庆、断桥,嚣呼嘈杂,装假醉,唱无腔曲,月亦看,看月者亦看,不看月者亦看,而实无一看者,看之;其一,小船轻幌,净几暖炉,茶铛旋煮,素瓷静递,好友佳人,邀月同坐,或匿影树下,或逃嚣里湖,看月而人不见其看月之态,亦不作意看月者,看之。

> 杭人游湖,巳出酉归,避月如仇。是夕好名,逐队争出,多犒门军酒钱,轿夫擎燎,列俟岸上。一入舟,速舟子急放断桥,赶入胜会。以故二鼓以前,人声鼓吹,如沸如撼,如魇如呓,如聋如哑,大船小船一齐凑岸,一无所见,止见篙击篙、舟触舟、肩摩肩、面看面而已。少刻兴尽,官府席散,皂隶喝道去,轿夫叫船上人,怖以关门,灯笼火把如列星,——簇拥而去。岸上人亦逐队赶门,渐稀渐薄,顷刻散尽矣。

> 吾辈始舣舟近岸,断桥石磴始凉,席其上,呼客纵饮。此时月如镜新磨,山复整妆,湖复颒面。向之浅斟低唱者出,匿影树下者亦出,吾辈往通声气,拉与同坐。韵友来,名妓至,杯箸安,竹肉发。月色苍凉,东方将白,客方散去。吾辈纵舟,酣睡于十里荷花之中,香气拍人,清梦甚惬。①

跟柳宗元《永州八记》等具有古典意味的游记不同,亦和以单纯的自然景

---

① （明）张岱撰:《陶庵梦忆》(插图本),中华书局 2008 年版,第 130—131 页。

观作为观照对象的游记不同,这里更多地表现了市民阶层的郊游生活,层层的白描文字中,夹杂着作者醉心于昔日繁华生活的怀旧情绪。其中表现的士大夫、文人游山玩水,赏玩琴棋书画等等,虽美其名曰"清娱"、"雅乐",但实缘于俗情。"爱恋光景",实执着于世俗生活;雅兴之浓,实根植于俗情之深。从以上分析可以看出,以都市词人柳永、都市文人张岱为代表的审美生活有别于历史上士人的审美生活,视角和意识也明显地有差异。"柳宗元柳州山水诸记,只是静物的写生;其写动的人物而翩翩若活者,宗子当入第一流。"①这是描写对象和表现方式的变化,而从对纯粹的自然风景的关注到对世俗风情的关注,这是散文小品的重大变化,也是审美意识的重要变化。

这种变化在明末张岱的文章中表现得最为突出。

先看张岱对扬州清明日人间俗情的描绘:

扬 州 清 明

扬州清明日,城中男女毕出,家家展墓。虽家有数墓,日必展之。故轻车骏马,箫鼓画船,转折再三,不辞往复。监门小户,亦携肴核纸钱,走至墓所,祭毕,则席地饮胙。自钞关、南门、古渡桥、天宁寺、平山堂一带,靓妆藻野,袨服缛川。随有货郎,路旁摆设骨董古玩,并小儿器具。博徒持小机坐空地,左右铺祖衫半臂,纱裙汗帨,铜炉锡注,瓷瓯漆盒,及肩甋鲜鱼、秋梨福橘之属。呼朋引类,以钱掷地,谓之"跌成",或六或八或十,谓之"六成"、"八成"、"十成"焉。百十其处,人环观之。是日,四方流离及徽商西贾,曲中名妓,一切好事之徒,无不咸集。长塘丰草,走马放鹰;高阜平冈,斗鸡蹴踘;茂林清樾,劈阮弹筝。浪子相扑,童稚纸鸢;老僧因果,瞽者说书。立者林林,蹲者蛰蛰。日暮霞生,车马纷沓。宦门淑秀,车幕尽开。婢媵倦归,山花斜插,臻臻簇簇,夺门而。余所见者,惟西湖春、秦淮夏、虎丘秋,差足比拟。然彼皆团簇一块,如画家横披;此独鱼贯雁比,舒长且三十

---

① 郑振铎:《中国文学史》,江西教育出版社 2014 年版,第 731 页。

里焉,则画家之手卷矣。南宋张择端作《清明上河图》,追摹汴京景物,有西方美人之思,而余目盱盱,能无梦想?①

再看张岱对秦淮河房的记述:

秦 淮 河 房

秦淮河河房,便寓、便交际、便淫冶,房值甚贵,而寓之者无虚日。画船箫鼓,去去来来,周折其间。河房之外,家有露台,朱栏绮疏,竹帘纱幔。夏月浴罢,露台杂坐。两岸水楼中,茉莉风起动儿女香甚。女客团扇轻纨,缓鬓倾髻,软媚著人。年年端午,京城士女填溢,竞看灯船。好事者集小篷船百什艇,篷上挂羊角灯如联珠,船首尾相衔,有连至十馀艇者。船如烛龙火蜃,屈曲连蜷,蟠委旋折,水火激射。舟中镞铙星铙,宴歌弦管,腾腾如沸。士女凭栏轰笑,声光凌乱,耳目不能自主。午夜,曲倦灯残,星星自散。钟伯敬有《秦淮河灯船赋》,备极形至。②

作者以精粹简洁、形象生动的文字将秦淮河房的热闹景象描绘得如画如见,类似速写画。文章特意选取旧院夏夜和端午灯会两个场景,勾勒出女子浴罢慵懒妖娆的姿态,"团扇轻纨,缓鬓倾髻,软媚着人",着意点染,构成一幅仕女图,在写出秦淮河房风情的同时,也写出了人尤其是妓女的众生相。她们夏月浴罢,在露台上杂坐,只穿纱裙,秀发斜挽,软绵绵的斜倚在栏杆上,手执纨扇,煽起香风阵阵,展示出万种风情。作者对这种情形的着意描写,显示了世俗视野中对人的关注。"张岱在中国文学史上是第一个自觉致力于用散文来表现普通人的生活,表现其对'人'的新生和现实生活的真挚喜爱之情的作家。"③周作人在《人的文学》一文中说:"人的文学与非人的文学的区别,便在著作的态度,是以人的生活为是呢?非人的生活为是呢?"④从这个意义上说,张岱的大多数散文的确堪

---

① (明)张岱撰:《陶庵梦忆》(插图本),中华书局 2008 年版,第 97—98 页。
② (明)张岱撰:《陶庵梦忆》(插图本),中华书局 2008 年版,第 66 页。
③ 朱洁:《论张岱小品文的审美追求》,见陈东有主编:《现实与虚构——文学与社会、民俗研究》,江西人民出版社 2006 年版,第 425 页。
④ 原载《新青年》第五卷第六号,一九一八年十二月十五日,陈平原选编、导读:《〈新青年〉文选》,贵州教育出版社 2003 年版,第 147 页。

称为"人的文学"。因为"正是在这些人生风俗画卷中,蒸腾起晚明文人对乡情民俗、市井人情的浓郁的趣味和全部的情感氤氲"①。

除了张岱,对世俗市井比较关注和进行着意描写的还有袁宏道。来看袁宏道对虎丘的记录:

虎 丘

虎丘去城可七八里,其山无高岩邃壑,独以近城故,箫鼓楼船,无日无之。凡月之夜,花之晨,雪之夕,游人往来,纷错如织,而中秋为尤胜。每至是日,倾城阖户,连臂而至。衣冠士女,下迨蔀屋,莫不靓妆丽服,重茵累席,置酒交衢间。从千人石上至山门,栉比如鳞,檀板丘积,樽罍云泻。远而望之,如雁落平沙,霞铺江上,雷辊电霍,无得而状。

布席之初,唱者千百,声若聚蚊,不可辨识。分曹部署,竞以歌喉相斗,雅俗既陈,妍媸自别。未几而摇头顿足者,得数十人而已。已而明月浮空,石光如练,一切瓦釜,寂然停声,属而和者,才三四辈。一箫,一寸管,一人缓板而歌,竹肉相发,清声亮彻,听者魂销。比至夜深,月影横斜,荇藻凌乱,则箫板亦不复用。一夫登场,四座屏息,音若细发,响彻云际,每度一字,几尽一刻,飞鸟为之徘徊,壮士听而下泪矣。②

该文的片段生动地描绘了苏州百姓在中秋之夜倾城出动,留连虎丘赏月赛歌的场面。在文章中,作者是把"衣冠士女"和"蔀屋"的市井细民作为同一对象来描述的,消融了等级差异。在作品中,作者不是从自然美本身获得诗情,明确写出"其山无高岩邃壑",直接指出从自然的角度确实没有可以欣赏的地方。作者新鲜的审美感受都是在"蔀屋"市民的游览狂潮中觅得的,是从"靓妆丽服"的打扮装饰,"重茵累席"的人员嘈杂,"置酒交衢间"的旅游方式等浓重的世俗情味中得到的,已经失却古典色彩

---

① 吴调公、王恺:《自在 自娱 自新 自忏——晚明文人心态》,苏州大学出版社1998年版,第65页。

② (明)袁宏道著,钱伯城笺校:《袁宏道集笺校》,上海古籍出版社1981年版,第157页。

和意味,尤其失却了那种从《兰亭集序》、前后《赤壁赋》等散文中渗透出来的对天地时空、人生况味的形而上感怀①,充斥着世俗味,尤其是"人趣"。传统散文很少涉足的对象被袁宏道作为审美对象进行表现。这是审美意识变迁在审美对象上的反映和表现。吴功正先生以为,"《虎丘记》的审美意义在于它以市民的生活和所表现出的狂热的绝少儒雅气的情绪和特点为审美对象"②。

审美意识的变化导致一些传统文人鄙视的对象在这一时代变成人们津津乐道的审美对象,被作为美的对象加以描绘。比如艳冶:"湖上由断桥至苏堤一带,绿烟红雾,弥漫二十余里。歌吹为风,粉汗为雨,罗纨之盛,多于堤畔之草,艳冶极矣。"③再比如喧闹:"荷花荡在葑门外,每年六月二十四日,游人最盛。画舫云集,渔刀小艇,雇觅一空。远方游客,至有持数万钱,无所得舟,蚁旋岸上者。舟中丽人,皆时装淡服,摩肩簇舄,汗透重纱如雨。其男女之杂,灿烂之景,不可名状。大约露帷则千花竞笑,举袂则乱云出峡,挥扇则星流月映,闻歌则雷辊涛趋。苏人游冶之盛,至是日极矣。"④众多作家的审美选择说明,散文家已经将审美的触角伸到了市井风情、市井气象,形成了具有总体性和走向性的具有时代新质的审美潮流。这是一种区别于古典和谐美学的审美意识,具有一些非和谐的审美因素。作为时代审美潮流,在小说中表现更为突出,小说由于有更大的体量来展开对市井风情、市井气象的描绘,因此更加精细,更具有可感性。"晚明文人用以'自娱'的审美对象,秦淮、西湖、虎丘,'帝京'、二十

① 这种形而上的感怀在王羲之的《兰亭集序》中被表述为"向之所欣,俯仰之间,已为陈迹,犹不能不以之兴怀,况修短随化,终期于尽。古人云:'死生亦大矣。'岂不痛哉!"写风物之美,人物之盛,进而写到死生之痛,今夕之悲,超然玄远。在苏轼的《前赤壁赋》中则被表述为"哀吾生之须臾,羡长江之无穷",在感叹人生有限之余转而提醒人们珍惜和把握当下,"江上之清风,与山间之明月,耳得之而为声,目遇之则成色,取之无禁,用之不竭,是造物之无尽藏也,而吾与子所共适"。虽言当下,但不世俗,而是跳出常人的襟怀和眼界的。

② 吴功正:《中国文学美学》上卷,江苏教育出版社 2001 年版,第 624 页。

③ (明)袁宏道:《西湖二》,又名《晚游六桥待月记》,(明)袁宏道著,钱伯城笺校:《袁宏道集笺校》,上海古籍出版社 1981 年版,第 423 页。

④ (明)袁宏道《荷花荡》,(明)袁宏道著,钱伯城笺校:《袁宏道集笺校》,上海古籍出版社 1981 年版,第 170 页。

四桥,这些被用以自娱的自然景物,实际是孕育在新兴城市温床中的高度人性化了的璀璨而更富有人情味的自然。"①

不管是对日常生活的关注还是对市井人生的摹写,实际上是将传统文艺对于自然、事功的关注消解在对人世生活的细腻关照和津津品味之中。带有俗人情趣和市井风情的晚明散文艺术,甩开了传统士大夫审美情趣、政治理想的包袱,"极摹人情世态之歧"②,将目光放在了普通的世俗的人情上,不仅使那些社会下层人物及其命运堂而皇之地受到文人的切近和注目,还使那些为传统文人所不屑的人间喧嚣、歌舞声伎得到关注,而且登上大雅之堂,成为文学艺术描写表现的对象;使那些被排斥在传统审美之外的艳冶、喧闹和俗趣也得到了艺术的表现,带有近代性的审美意识带来了新的审美风貌,也带来了新的审美感受。所以,"当那些拥有绝对财富的社会精英们将他们的才智与聪明致力于日常生活的世俗追求,致力于世俗生活的细节和艺术,致力于风花雪月的审美观照,致力于内心世界的充盈与浸润,我们终于可以明白,为何明中叶之后的文化那么富于个性和多样性,也可以了悟明清散文何以那般曼妙多姿、何以那般晶莹妩媚、何以那么容易地就直击我们的心灵"③。

作为时代文人精神的流露和张扬,小品文将文人甚至一个时代人们的性情写得透澈而唯美,把人的审美体验描绘得那样纯粹和无功利,成了当时文人精神的风标。和小说戏曲流行于下层民众,以世俗性取悦民众不同,小品文流行于文人士大夫之间,是典型的"文人"之文,但又非典型的传统的载道的"文人之文",其中蕴含的世俗倾向应该是文人士大夫主动适应社会变化,调整自己审美追求,转变自己审美意识的结果,所以从这些小品中不仅可以看到明朝士人精神生活的面貌,还可以窥见明朝奇异瑰丽的时代风貌,更可以看到那个在传统伦理尤其是道学笼罩之下慢

① 吴调公、王恺:《自在 自娱 自新 自忏——晚明文人心态》,苏州大学出版社1998年版,第115页。

② (明)笑花主:《古今奇观序》,(明)抱瓮老人辑:《今古奇观》,廖东校点,岳麓书社2004年版,第1页。

③ 邱江宁评注:《明清性灵》,中华书局2011年版,"前言"第4页。

慢开始转型的"人"的面目。从本质上讲,李贽、汤显祖、袁宏道等人极力宣扬情感论、趣味论,是出于反叛复古的需要,也许他们并不是反对封建制度,如同"王阳明个人主观上是为'破心中贼'以巩固封建秩序,但客观事实上,王学在历史上却成了通向思想解放的进步走道"①一样,他们的思想和行动实际上是为人性的解放打开一个缺口,在理学的重重帷幕中撕开了一条缝隙,露出了一道人性的光亮,重个性、重人情的思潮给明代社会生活和艺术带来了令人欣喜的变化。从美学上讲,"绵亘在美学史上的古典主义美学思想不断得到加固的堤坝到晚明,经过新的美学思潮的冲刷,出现了一个大缺口。新的美学理想在生活的风俗画廊里、在心灵的呐喊声中以向传统美学挑战的姿态出现。以感性和理性、情与理的裂变,跟情理合一尖锐地对立,甚至尖锐地对抗"②,形成具有近代精神的浪漫主义和感性主义的历史潮流,社会风气渐变并及文林,对当时的文化艺术产生较大的影响。但是,"重个性、重情的文学思潮,最后随着明王朝的走向衰亡而影响弱化"③。而且与此次思潮相关的"晚明的文艺美学范畴却呈现出历史发展的断裂性、突变性的一面,童心、性灵、情教等概念、范畴的提出不仅与明中叶以前的文艺美学范畴关系不大,而且在后来的清代也缺乏充分的历史传承。就美学范畴的考察来看,晚明文艺思想中的范畴群落在中国古典美学范畴史上真的是'空前绝后'了"④。而根据我们对于小品文的考察,带有晚明审美风貌的小品也是"空前绝后",是易代不可重复的,"文体随时"的规律又一次在这里发挥了它的作用。值得注意的是,这里的文体并不是狭义的文章题材,实际上也包括了文章的审美意识。

　　晚明小品深受庄禅之风的影响,艺术上追求空灵、幽静、淡雅、自然、清寂的审美情趣;同时受到晚明社会的影响,又追求放纵、世俗、享乐之风。这是明代尤其是晚明小品文的主导风貌,这种两重性是不容否认的。

---

　　① 李泽厚:《中国思想史论》(上),《中国古代思想史论》,安徽文艺出版社 1999 年版,第 255 页。

　　② 吴功正:《中国文学美学》上卷,江苏教育出版社 2001 年版,第 632 页。

　　③ 罗宗强:《明代文学思想史》,中华书局 2013 年版,第 5 页。

　　④ 杨庆杰、张传友:《中国美学范畴史》第三卷,山西教育出版社 2006 年版,第 210 页。

对此,鲁迅先生也指出,"明末的小品虽然比较的颓放,却并非全是吟风弄月,其中有不平,有讽刺,有攻击,有破坏。这种作风,也触着了满洲君臣的心病,费了许多助虐的武将的刀锋,帮闲文臣的笔锋,直到乾隆年末,这才压制下去了"①。确如鲁迅所言,小品文是在明代一些文人的反对声中,在四库馆臣的污蔑声中②,在桐城派的攻击声中③,当然也在竟陵派的变革中,在理论主张者的自我调节中④,才走向衰落终至销声匿迹,可见其影响力还是巨大的,生命和活力还是相当旺盛和绵长的。

　　周作人说,"小品文在个人的文学之尖端,是言志的散文,他集合叙事说理抒情的分子,都浸在自己的性情中,用了适宜的手法调理起来。所以是近代文学的一个潮头,他站在前头。"⑤明朝小品那种逐渐脱离传统道德式文章,而以自己的眼睛看世界,以个人性的眼睛看世情世俗,在笔下舒展自身性灵的特点,恰恰和近代文学精神相一致。在明朝小品里,人们感受到的是从个人出发、关注人格发展、关心个人体验的写作态度,是

---

①　鲁迅《小品文的危机》,《鲁迅全集》第四卷,人民文学出版社 1957 年版,第 442 页。

②　除了本书中所列举的四库馆臣对公安派的言论贬抑之外,民国最为重要的类书《四部丛刊》、《四部备要》均未收录袁宏道的文集,这也许是对某种态度和观念的无言的标举。

③　清朝占统治地位的散文是桐城派的散文,讲究义理、考据、辞章,在他们看来,公安派及晚明的散文都是小慧,言不及义。

④　随着时代氛围的变迁,随着理论主张者阅历和年龄的增长,在特定时代氛围中产生的理论和主张也会发生变化,尤其表现为收敛,对思想和行为进行自我忏悔,对少作进行悔悟等,都属于理论主张者的自我调节。这里以公安派的理论巨擘袁宏道和小品文创作的集大成者张岱为例加以说明。袁宏道一生唯求适世,人生追求逍遥任适而不乏四方之志,性格由七牍请辞的"精猛"转变办事委屈通融的"稳实",往日的豪情被闲适放浪所代替。"性灵"说的发展伴随着袁宏道由矫激到平允的人生轨迹,也有袁中道的修正和反驳。被袁宏道赞颂"独抒性灵,不拘格套"的袁中道晚年犹犹抚躬责己,写《心律》意在"一则宣露忏悔,又检察持犯,以自警焉"。一生潇洒、心无挂碍的风流才子张岱,年轻时虽然对自己一生没有功名,未能重振祖业,了无遗憾,但对自己明清之际殉节而苦痛难言,对自己平生写就的文字充满悔恨,认为是"聚铁如山,铸一大错"[(明)张岱:《琅嬛文集·蝶庵题像》,岳麓书社 1985 年版,第 251 页],可见主将心态的变化也是小品文衰落的原因之一。当然,性灵派理论主张的内在矛盾以及创作实践的弊病才是衰落的真正原因,这种衰落是以竟陵派的崛起为标志的。

⑤　周作人:《〈中国新文学大系·散文一集〉导言》,《中国新文学大系·散文集》,良友图书公司 1935 年版,第 7 页。

个人对于世间世俗的钟情,是自由灵魂痴情与愁怨的情怀,这里面有对个性、真情的展露,有对人性、个性解放的强烈呼唤,有对庄谐并存、雅俗杂糅的审美情趣的追寻,有对明人性灵、性情的真实写照。自由的文体与自由的思想内核相结合产生了晚明小品独特的审美风貌,表征了独特的审美意识。

第四章

明代书法审美意识

　　当我们把中国古代书法美学的审美意识呈现为一种历史的状态,从纵向和动态的方面来考察其内部结构时,各审美要素的产生、发展和嬗变过程就显得尤为重要。从古代书法审美意识结构中对于各种要素的不同侧重,中国古代书法审美意识的发展大致可以划分为三个阶段:一、从汉代到唐代;二、从宋代到明代;三、清代。这三个阶段的审美意识呈现出不同的特色。第一阶段总体上以"中和"美为主导,同时偏于壮美,它更强调情感与理性的统一状态,对于生命状态和理性精神多所侧重。第二阶段总体上偏于优美,以帖学为主导因素。同时,受到禅学思潮的影响,在其中也出现了一些不和谐和反中和的审美因素,或可称之为狂狷之美。如果说第一阶段偏重于客观、自然、再现、状物,强调形神、意趣、法度和功夫的话,那么,第二阶段则以情为主,更偏重主观、主体、表现、抒情,强调神采、无意、无法和天资。第三阶段是中国古代书法审美意识的总结时期,同时也是向近代书法美学转变的时期。它主要是在阐发前两个阶段书法审美意识的基础之上,探求情与理、主观和客观的融合,重视优美和壮美、再现与表现、形与神、意与法、天资和功夫的统一。

　　有明一代,历时276年。明代书法家们或在继承传统中求发展,或在变革传统中去创新。他们有探索,有创造,有成功,也有失败,在以"帖学"为主流、以"尚态"为基本特征的时代风貌中呈现出流派纷呈、风格各异的繁荣景象。在明代,帖学获得了充分的发展,取得了比宋代帖学更大的影响,同时,在帖学的发展过程中,弊端也日益显露,开始孕育着碑学观念的兴起。从总体上看,明代书法大致分为初、中、晚三个时期。从明初洪武时期到成化时期(1368—1487)的100多年,大致可视为明代初期;从弘治、正德、嘉靖直至隆庆时期(1488 — 1572)的 84 年,大致可视为明代中期;万历时期以后直至明末(1573 — 1644),可以视为明代晚期。

具体来说,明代初期书法风貌分为两条脉络,一条是受元代赵孟頫、康里巎巎书风影响的文人书风,主要以宋克为代表,尤其是他的章草书,最为世人推重。另外一条脉络是以"台阁体"为代表的宫廷书风,其中以沈度和沈粲兄弟影响最大。明代中期的书法则主要集中在江南地区苏州一带,以吴门书家为主,有"天下书法归吾吴"(王世贞语)的说法。吴门书家多不受宫廷书法观念的束缚,逐渐从明代初期应制干禄的台阁体的迷雾之中走出来,上追晋唐,抒发个性,自立门户,推动了书法的中兴。其中"吴门三家"祝允明、文徵明、王宠最负盛名。在明代,晚明书法成就最高,其中也包含两条线索,一方面出现了一大批受个性解放思潮影响的浪漫主义书法家,比如徐渭、张瑞图、黄道周、倪元路、王铎、傅山等,他们虽风格各异,但都表现出强烈的主体精神和个人风貌,掀起了一场崭新的草书高潮,影响及于清初书坛;另一方面,随着阳明心学尤其是禅宗思想的流布,董其昌在苏州、松江地区开创了云间华亭派,其书法形式并不以狂怪著称,他并不以狂放不羁来抒写情怀,而是在书法上追求简淡和空灵,故能独开门户,标新立异,其影响所至,笼罩明末至清代数百年间。

明代书法三个阶段的发展,与当时政治、经济、思想等的发展紧密相关。第一,明代初期,由于朱元璋实行高压专制统治,文字狱空前残酷,使得元代以来本来十分繁盛的苏州、松江地区的书画艺术变得十分萧条和沉寂。加上在思想上推行程朱理学,在科举中要求教材和形式都十分严格的八股文,这些都是套在知识分子身上的精神枷锁。正因为如此,真正的艺术创造精神被钳制,取而代之的是与文学上的台阁体、绘画上的院体画相对应的台阁体书法,从思想渊源看,这都是程朱理学钳制文学艺术的结果。第二,明代中期,吴门书家在苏州崛起,书坛面貌有所改观。由于政治中心迁移到北京,统治者对江南文人的钳制放松,加上长江下游和太湖地区的工商业迅猛发展,经济非常繁荣,出现了早期资本主义的萌芽。

社会经济的积聚和文化事业的繁盛,拉动了吴门地区书画事业的发展。商品意识和市场经济的发展,市民艺术和家居装点的需要,培植了新的艺术家群体。吴宽、沈周、祝允明、文徵明、唐寅、王宠等书画家,聚集在以苏州为中心的松江、昆山、常熟、嘉定、嘉兴一带,形成了新的流派书法,成为明代中期书法发展最引人注目的徽标,总体上看他们形成了迥异于宫廷审美趣味的崭新风格。第三,明代中叶以后,思想界和整个社会的审美意识发生了重大的变化。尽管晚明时期,书法的中心仍然集中于江浙地区,但是由于王阳明心学和禅宗思想的广泛流布,出现了轰动一时的以个性解放为中心的思想解放运动。一切传统的道德观念和思想意识都发生着前所未有的剧变,从经济领域到意识形态,从美学思想到书法风格,都受到了巨大的冲击。总体上看,个性解放思潮是晚明时期最显著的时代特征。书法的审美意识也开始发生深刻的变革,徐渭、张瑞图、黄道周、倪元路、王铎等都不同程度地受到个性解放思潮的影响,表现出强烈的反叛精神和个性色彩。他们狂放不羁的性情,在根源上都充满着禅宗的意味。即便是不以狂放不羁来抒写情怀的董其昌,也毫不遮掩对于李贽和禅宗思想的崇拜。他以空灵疏淡来写真率意境,在书法上追求清淡,以"熟后求生"①来激活个性,重视顿悟在书法审美中的重要作用,这些都打上了禅宗哲学思想深深的烙印。

总之,明代书法的发展,具有重要的承上启下的作用;明代书法审美意识的发展,也因此具有重要的历史地位。受清代碑学书法思想的影响,有论者认为:"纵观(明代)二百七十年间,篆籀八分,既无人讲求,擘窠题署,又卑卑不足道,小字则流于干禄,虽工,亦非不朽之业;所恃者行草精熟,简牍妍媚,止此一技,安足以与宋元争胜乎? 书学之废,未有甚于此时者也!"②这种对于明代书法成就的全盘抹杀,是对于明代书法审美演变作用的忽视,是对于明代书法审美形态丰富性的漠视,当然是有欠公允的。

---

①　董其昌重要的书法创作理论,见于《容台别集·画旨》:"画与字各有门庭,字可生,画可熟,字需熟后生,画需熟外熟。"[(明)董其昌:《容台别集·画旨》,《画禅室随笔》,华东师范大学 2012 年版,第 69 页]

②　祝嘉:《书学史》,兰州古旧书店影印本 1978 年版,第 330 页。

第一节　尚法拟古的形式主义
——明代前期复古主义的书法审美意识

明代前期书法的审美风尚,总体上以复古为基调。一方面,从大部分书法家的书法作品中,都可以看到赵孟頫、鲜于枢以及元末明初书家危素、俞和、饶介等人的影响,特别是后三者由元入明,影响更为直接。另一方面,由于明初高压的政治环境和严酷的文字狱,扼杀了文人书家的自由创造精神,加上帝王口味的引导、中书舍人的设置、刻帖风气的流布,都推动着一种在皇权笼罩之下的审美趣味得到有效传播,一种被称为"台阁体"的书法迅速流行起来。明代前期书法总体审美的基调,实际上也是程朱理学在文艺领域的一种折射。

一、皇权笼罩下的帖学审美趣味

在世界艺术史上,大概很难找到另外一个国家或民族的某种艺术样式,能够像中国书法那样吸引那么多的帝王来参与和实践。帝王对于书法的介入,影响是利弊兼存的。如果帝王本身是艺术家,艺术水平和素养很高,那么就会借助于他们的权势,推动书法艺术的发展,比如唐太宗、唐玄宗、宋徽宗等。由于帝王的干预,书法成为显学。但一人所好,天下翕然而从之,就会带来一定的负面作用。比如清代康熙爱董(其昌)、乾隆爱赵(孟頫),董赵书风笼罩康乾之际,就是因为帝王的爱好使然,帝王的爱好决定了相当长时期书法风格的总体基调。

在帝王这里,书法实际上是一种权力的延伸,或者作为帝王"文治"的重要内容。一人声咳,一己私好,常使天下风气为之转移。每每有帝王墨迹赏赐臣下,令臣子感激涕零。既是一种荣耀,也是一种鼓舞,其效用远非物质赏赐所可比拟。在书法作品中,一种伦理的、道德的、封建尊卑长幼秩序的观念很自然地就深植于人心。在这时,书法成为了教育感化的手段和维持统治的工具。在帝王的绝对权威意识面前,诚惶诚恐,奉若神明,不敢越雷池半步的服从意识必然与之相匹配,这在书法中就容易培养起书奴的意识。换句话说,现实社会中的专制与服从,折射到书法领域,就变成对书法审美风气的引领和追随。

明代是中国历史上专制主义非常极端的时期。开国皇帝朱元璋生性多疑,在政治上和文化上都推行极端专制的政策。明人徐祯卿《翦胜野闻》云:"太祖多疑,每虑人侮己。杭州儒学教授徐一夔尝作贺表,上其词云:'光天之下',又云'天生圣人,为世作则。'帝览之怒曰:'腐儒乃如是侮朕耶!生者,僧也,以我从释氏也。光则摩顶之谓矣。则字近贼。'罪坐不敬,命收斩之。"①为了巩固中央集权统治,朱元璋一方面广征天下贤士,另一方面实行高压专制统治。明律中就设有"寰中士夫不为君用,其罪皆至抄劄"的严命,凡是不为君用者,一律杀无赦。他以严刑峻法和刀锯迫使知识分子就范,所以明代初期文字狱空前残酷。总体上,明代文字狱有两个明显特征:一是摈弃了"刑不上大夫"的传统,直接施重典于大臣,不仅诛其身,而且没其家;二是在严密的文网中大量使用特务手段,以士人作为重点监控对象,"飞诬立构摘竿牍片字,株连至十数人"②。

比如,元代末期著名的书法家饶介,曾在据吴的张士诚府中做过官,张士诚被朱元璋击败后,饶介被俘虏至南京杀害。而元代四大画家之一的王蒙,也因涉嫌丞相胡惟庸案而死于狱中。甚至于明代开国功臣,被朱元璋称为"纯臣"的宋濂之子宋璲,也因其从兄之子宋慎涉嫌胡惟庸案,而被连坐致死。其他比如张羽、高启、徐贲、卢熊等诗人、书画家因为文字狱而遭遇杀身之祸者,并不在少数。这样一来,个体的自由不能得到伸展,真正的艺术创造精神被严酷遏制,元末以来本来非常活跃的书画艺术,因为朱元璋在政治上的钳制变得万马齐喑,一片萧条景象。

---

① 朱元璋对于很多阿谀奉承的贺表,采用鸡蛋里挑骨头的方式,胡乱猜测,吹毛求疵:"作则垂宪","则"被他念成"贼";"取法象魏","取法"被他念成"去发";"体乾法坤","法坤"被他念成"发髡";"藻饰太平"成了"早失太平";对于"僧"、"光"、"秃"、"寇"等一类字眼,他都非常敏感,正因为如此,一批又一批的献媚者,转瞬间成为了不容分辩的刀下冤鬼。甚至因为孟子说过"民为贵,君为轻","君之视臣如土芥,则臣之视君如寇仇"之类的话,就撤掉了孟子在孔庙中的神位,并删去了《孟子》中不利于君主专制的章节。

② (清)张廷玉等撰:《明史》卷九三《志第七一·刑法三》,张天有等标点,吉林人民出版社 1995 年版,第 1497 页。

　　在这时,帝王的艺术趣味和皇权的审美意识就特别能影响到整个社会之中。朱元璋在建国之初,为了标榜自己君临天下是奉天承运,是历史正统所在,他大力倡扬复古制、复古礼、复古衣冠,这样就使得明代前期整个国家文化的发展笼罩在一股"复古"之风之下,书法家们也不例外。明初的统治者,非常重视宫廷书法教育的垂范作用。以朱元璋为例,虽然他从小失于教养,没有系统学书,但对于古代法帖却知道珍重。史载他登基之后,曾以内府秘藏法帖分封皇子皇孙。比如第十四子朱楧受封为肃庄王驻守兰州,朱元璋即从内府取出宋拓《淳化阁帖》一部赐之,以为镇府之宝。① 明成祖朱棣,亦颇好翰墨之道。他继位之后,仿唐太宗、宋太宗之例,诏求四方善书之士养于宫中②,令其专心摹习书法,出众者入翰林院,授"中书舍人"之职,并出秘府所藏古代法书供其观摩学习。明宣宗在位期间,政治修明,深得时赞。他亦工书,尤于行书颇见功力。

　　由于明代前期诸位帝王对于古代法帖和法书的推重,促成了明代朝野上下重视书法、重视法帖的风气的形成。正因为如此,明代的刻帖风气很盛。不仅有反复翻刻的宋代《淳化阁帖》,在诸位藩王以及仕宦之家,也往往以刻帖为雅举。他们编辑和摹刻了大量的前代名家法书作品。应该说,古代法帖的大量翻刻、摹勒与流传,对于明代书法的发展起到了重要的推动作用。学书者普遍以刻帖、读帖、学帖为主要手段,这推动了明代书法的"帖学"在宋代的基础上有了更大程度的发展,同时也造成了明代书法基本被帖学所笼罩和一统的局面。这样一来,明代帖学裹挟着复古主义的风气,加上皇家审美趣味的浸润,使得明代前期的书法总体上继承多而创新少,无论在字体形式上还是审美风格上,都受帖学影响很深。

---

　　① 后来,肃王果然珍惜异常,子孙相传秘不示人,直至万历年间,由肃宪王朱绅尧救令部署重新精摹上石,是为《淳化阁帖》肃王府本或称兰州本,摹刻极其精美。据传,因为此刻以宋原拓为母本,钩摹又精,拓本一面世,一时洛阳纸贵,被誉为《阁帖》明刻之冠。

　　② (明)黄佐《翰林记》云:"国初会能书之士,专隶中书科,授中书舍人。永乐二年,始诏吏部简士之能书者,储翰林,给禀禄,使进其能,用诸内阁,办文书。"又,"成祖好文喜书,尝诏求四方善书之士以写外制,又诏简其尤善者于翰林写内制者,皆授中书舍人。复选舍人二十八人,专习羲献书,使黄淮领之,且出秘府所藏古名人法书,俾有暇益进所能,故于时帖学最盛。"(马宗霍辑:《书林藻鉴》卷十一,文物出版社1984年版,第283页)

所以,马宗霍评价道:

> 明之诸帝,既并重帖学,宜士大夫之咸究心于此也。帖学大行,故明人类能行草,虽绝不知名者,亦有可观。简牍之美,几越唐宋。惟妍媚之极,易粘俗笔,可与入时,未可与议古。次则小楷亦劣能自振,然馆阁之体,以庸为工,亦但宜簪笔干禄耳。至若篆、隶、八分,非问津于碑,莫由得笔,明遂无一能名家者。又其帖学,大抵亦不能出赵吴兴范围,故所成就终卑,偶有三数杰出者,思自奋轶,亦未敢绝尘而奔也。①

这段文字对于明代前期书法审美思潮的评价,是非常允当的。由于高压政治和皇家审美趣味的双重作用,整个明初书坛基本承袭元代面貌,以复古为基调,崇尚帖学。至于那些专习王字的"中书舍人"们,在他们的笔下逐渐形成了一种被称为"中书体"的漂亮而程式化的书法模式。读书人虽普遍重视和讲究写字,即便不甚知名者,书写也很可观。总体上来看,虽不失赵家风范,但都中规中矩,显得非常沉闷。中书舍人虽为一时之善书者,他们承办内阁交付的缮写工作,其书法符合帝王口味,引领着社会上一种具有程式化倾向的书法审美风气。在这时,书法艺术被专门用来服务专制政治,用来歌功颂德和粉饰太平,自由的艺术创造的精神被极大遏制也就成了顺理成章之事。

二、程朱理学与"台阁体"的流行

朱元璋一手推行文字狱,以灭异端,一手扶正宗,把程朱理学推到国家意识形态的高度,从而营造出一种"有质行之士,而无异同之说;有共学之方,而无颛门之学"②的僵化的专制文化。明代统治者规定,科举考试一律以朱熹的注为标准,于是"世之治举业者,以《四书》为先务,视《六经》为可缓;以言《诗》,非朱子之传义非敢道也;以言《礼》,非朱子之家礼弗敢行也;推是而言,《尚书》、《春秋》,非朱子所授,则朱子所与也"③。

---

① 马宗霍辑:《书林藻鉴》卷十一,文物出版社 1984 年版,第 283 页。
② (明)何乔远:《名山藏》第七册,江苏广陵古籍刻印社 1993 年版,第 5194 页。
③ (清)朱彝尊:《道传录序》,《曝书亭集》卷三十五,世界书局中华民国二十六年版,第 434 页。

程朱理学由此被推上了至尊正宗的地位。

明太祖朱元璋恢复科举之后,从洪武到永乐年间,多以八股取士。《明史》卷七十《选举二》云:"科目者,沿唐、宋之旧,而稍变其试士之法,专取四子书及《易》《书》《诗》《春秋》《礼记》五经命题试士。盖太祖与刘基所定。其文略仿宋经义,然代古人语气为之,体用排偶,谓之八股,通谓之制义。"又云:"《四书》主朱子《集注》,《易》主程《传》、朱子《本义》……永乐间,颁《四书五经大全》,废注疏不用。"①就这样,程朱理学被定为国家科举考试的基本标准,考试遵从以皇家规定推出的教材和在形式上限定非常严格的八股文。

在确立了正宗思想学说的同时,明代统治者还制定和颁布了一系列防范思想自由发展的文教制度和政策。在国子监和地方府、州、县学颁布禁令,严禁学生评论政治以及批评教学和师长。宋讷主持国子监时,一位监生赵麟揭帖子抗议宋讷对于监生的欺凌。依照国子监的监规,毁辱师长者罪杖一百并充军云南。但是朱元璋竟下令将赵麟杀了,并在国子监前立一长竿,悬首级示众。此竿在此后的一百六十余年间一直树立不倒,无言地威吓着国子监诸生。对于胆敢突破主流思想模式的"异端邪说",明代统治者毫不手软。永乐年间,饶州儒士朱季友,诣阙上书,对周、程、张、朱之说提出非议。明成祖览之而大怒:"此德之贼也。"遂"命有司声罪杖遣,悉焚其所著书"②。为了制造刻板、冷峻的文化统治秩序,明代统治者还在科举考试中发明了"八股"之法。明末清初大思想家顾炎武清醒地点明了八股取士制度对于民族智力和人才环境的戕害,"愚以为八股之害,等于焚书,而败坏人材,有甚于咸阳之郊所坑者但四百六十余人也"③。

就这样,曾经被广大知识分子视为开放的科举考试制度,这时也成为

---

① (清)张廷玉等撰:《明史》卷七〇《志第四六·选举二》,张天有等标点,吉林人民出版社 1995 年版,第 1083 页。

② (清)陈鼎:《东林列传》卷二《高攀龙传》,清康熙刻本。

③ (清)顾炎武著,董汝成集释:《日知录集释》卷一六《拟题》,栾保群、吕宗力校点,花山文艺出版社 1990 年版,第 735—736 页。

了禁锢士人思想的八股取士模式。一切读书人的思想,逐渐被束缚在孔孟之道和程朱理学之中。他们只有埋头于脱离实际的《四书》《五经》之中,学着写空洞的八股文以猎取功名,才能封妻荫子。这时,程朱理学开始作为统治阶级的官方意识形态,以一种封建礼教卫道士的形象出现,严重扼杀着整个知识分子阶层的创造精神,成为套在当时知识分子身上的精神枷锁。面对严峻的现实和迷惘的人生道路,知识分子心怀凄切却又不能慷慨高歌,四顾茫然然而不能诅咒控诉,他们深陷失望与黑暗的困扰,却不能用语言和笔墨来抒发身世之感和对理想人格的渴慕。整个社会就像是一个老态龙钟的巨人,看似封建大帝国的鼎盛与辉煌在僵化的体制中无可挽回地开始着衰落的进程。

程朱理学渗透到社会的各个领域,文学艺术也受到深刻的影响。而明代诗歌与书法上"台阁体"的流行,是这一思潮影响之下必然的结果。朱熹对于书法的理解,是基于其理学思想的,他主张"文便是道",认为"义理既明,又能力行不倦,则其存诸其中,必也光明四达"①。换句话说,在朱熹看来,道本文末,道重文轻,一切文艺都应服从和服务于道。基于此,他严厉批评北宋书法家的书法:

> 书学莫盛于唐,然人各以其所长自见,而汉、魏之楷法遂废。入本朝来,名胜相传,亦不过以唐人为法。至于苏、米,而欹倾侧媚、狂怪怒张之势极矣。
>
> 西台书在当时为有法,要不可与唐中叶以前笔迹同日而语也。
>
> 予旧尝好法书,然引笔行墨辄不能有毫发象似,因遂懒废。今观此帖,益令人不复有余念。今人不及古人,岂独此一事?
>
> 字被苏、黄胡乱写坏了,近见蔡君谟一帖,字字有法度,如端人正士,方是字。
>
> 欧阳文忠公作字如其为人,外若优游,中实刚劲,惟观其深者得之。黄鲁直自谓人所莫及,自今观之,亦是有好处,但自家既是写得如此好,何不教他方正?须要得欹欹斜则甚。又他也非不知端楷为

---

① (宋)黎靖德编:《朱子语类》第八册,王星贤点校,中华书局1955年版,第3319页。

是,但自要如此写;亦非不知做人诚实端悫为是,但自要恁地放纵。……今本朝如蔡忠惠以前,皆有典则。及至米、黄诸人出来便不肯恁地,要之这便是世态衰下,其为人亦然。①

从朱熹的这些论书言论中,我们注意到这样几点:第一,"法"、"有法"、"法度",是习书第一标准。宋四家之一的蔡君谟之所以受到朱熹赞誉,就在于他谨守前人法度,唐代书法之盛在于有法,若能上追汉魏之楷法则更妙。第二,宋人苏、黄、米书法之所以"写坏了",就在于欹倾侧媚、狂怪怒张,与古人无毫发相似。第三,字要端楷有法度,就像端人正士一样,书如其人,字如其人,就是要摈弃欹斜和放纵,遵循古代典则和法度,唯此,才能维系人心于不倒,防止世态之衰下。在朱熹的眼里,北宋"尚意"书风的代表人物苏轼、黄庭坚、米芾都成了扰乱书写法度和规则的罪魁祸首,并由此延伸到对于做人的诚实端悫。

朱熹的这一书法批评标准,虽然背离了书法发展和创作的基本规律,但是却暗合了明代初期皇家的政治需要。永乐十三年(1415),翰林院学士胡广等奉敕编纂《性理大全》七十卷,专门收集程朱理学之言。后来钱塘人钟人杰又予以辑录和增订,增加续编四十二卷,其中有《字学》一节,就是辑录程、朱、张等宋儒们的论书之语。于是,宋代理学家们的书法观念,无形中成为了明代前期的习书典律和标准。比如,朱元璋的孙子朱有燉在永乐年间辑成的《东书堂集古法帖》十卷,他的选书立场和标准就与朱熹几无二致,甚或有过之而无不及。自晋至元,名家名迹皆广泛收罗,唯独宋人书法的代表人物苏、黄、米甚至蔡的书法皆在摈弃之列。朱有燉在此书"凡例"中明确指出"予平生不乐宋人书",还说"至赵宋之时,蔡襄、米芾诸人虽号为能书,其实魏晋之法荡然不存矣。元有鲜于伯几、赵孟頫,始变其法,飘逸可爱,自此能书者叠叠而兴,较之于晋唐虽有后先,而优于宋人之书远矣"②。对于宋人尚意书风的遏制,以及对于元代赵孟頫等人书法的推重,加上科举考试的要求,使得明代前期书法走上了缺少

---

① (宋)朱熹:《晦庵论书》,见崔尔平选编、点校:《历代书法论文选续编》,上海书画出版社1993年版,第144—147页。

② (明)朱有燉:《东书堂帖》"自序",见容庚:《丛帖目》第一册,第190页。

意趣、重视法度和功力的道路,并逐渐促成了明代前期"台阁体"书法的诞生。

台阁体,是一种干禄字体,或称院体。它是应明代科举取士的要求,士子们在考卷上的字被要求写得乌黑、方正、光洁、大小一律。台阁体多用于考试、抄书或是殿试的小楷书册,在形式上追求"乌、方、光",虽然能做到端正谨严,但基本上字如算子,千人一面,一字万同。台阁体在书写上属于平、板、圆、均的行楷或小楷字体,在艺术上则过于范式化,缺乏个性,抹杀了书法艺术中最能表现出人的灵动真趣的一面。因为台阁体缺乏内在的个性和风格,因而它实际上成为了书法艺术发展最大的障碍。在台阁体中,书学更多的是服务于一种实用的需要和政治的要求,它能折射出一种平正雍容的庙堂之气,但是书写的纯粹性和自由挥洒的感觉荡然无存。换句话说,把书法这门最能表现个人性灵自由的艺术形式,变成了一种完全服从于政府规范需要的实用书写,是台阁体后来不断受到鞭挞的根本原因。它把整齐划一、规范工整的意识灌注到书写之中并加以强化,使得书法变成为"分间布白,纵横合乎阡陌之径"的几何图式,一切笔画和结构都成为可以计算和丈量的精确的东西,那种书写中的随意性、偶然性都不复存在。这种精细的考量,一方面让很多书法家望而却步,另一方面也消耗了他们全部的心血和智慧。在明代前期的书家中,台阁体书法家比比皆是。"二沈"以及"三杨"(杨士奇、杨荣、杨溥)等都是台阁体的代表人物。

三、以"三宋"与"二沈"为代表的宫廷审美趣尚

明初书坛的"三宋",指的是宋克、宋璲和宋广,其中以宋克影响最大。宋克生于元,卒于明,以气节闻名天下。张士诚据吴之时,知宋克谋略过人,深通兵法,屡欲招其至幕府,但宋克厌恶张之为人,均予以拒绝。宋克常年居住在苏州一带,闭门谢客,在书画中寻求寄托。他家藏有丰富的历代法书名迹,又得到元末大书家饶介亲授,遂以善书名天下。他与居住在苏州一带的诗人和书画家们如高启、张羽、徐贲、王行、高逊志、唐肃、余尧臣、吕敏、陈则等人相与往来,切磋诗文书画。明初洪武年间,在朱元璋的严刑峻法和文字狱之下,宋克不得不受朝廷的征召出任陕西凤翔府

同知。政治上的依附,使得宋克在某种程度上暂时放弃遁迹山林的理想。在楷书创作上没能完全跳出元人的藩篱,愈加姿媚柔和,在某种程度上也成为了"台阁体"模式的一个重要来源。

宋克的书法,早年取法于魏晋,深得钟王之法,故笔墨精妙,而风度翩翩可爱。同时,他又直接得元人的遗绪。正如解缙《春雨杂述》所指出的那样,宋克师法于饶介,饶介和危素师法于康里巎巎,康里巎巎又师法于赵孟頫。宋克最为擅长的字体是小楷和草书,其中章草成就很高。他的小楷,被清代翁方纲推许为"有明一代小楷宋仲温第一",评价极高。他的章草作品,在继承赵孟頫的基础上得到进一步发展。黄惇曾指出"如果说赵氏是元代复苏章草的第一人,宋克则可谓是这种复苏以后将章草写得最好的一位"①。宋克不仅擅长章草,还把章草糅入狂草之中,将章草、今草、狂草深入融合而臻于化境,不仅笔势更加豪放,而且线条更加生辣,气息也更加高古,把明代初期的书法推到了一个新的高度,并对当时书坛产生了重要的影响。

明代中期的书法家商辂在跋宋克草书《杜甫壮游诗卷》中评价道:"其书鞭驾钟王,驱挺颜柳,莹净若洗,劲力若削,春蚓萦前,秋蛇绾后。远视之,势欲飞动;即其近,忽不知运笔之有神,而妙不可测也。我朝英宗御极时,宸翰之暇,偶见其书,叹曰:'仲温得人,而书法若此,真当代之羲之也。"宋克的草书,既有狂草的豪放,又有高古和生拙的意味,他把怀素和连绵体势与康里巎巎的奇崛刚毅融合在一起,突出了字形的变化,用笔更加利落劲健,能跳出元人草书藩篱,成为元末明初草书的集大成者。但是,他的书法并不适合时代的要求,自己只能在隐逸和乱世中度过余生。明人王世贞就曾批评他"波险太过,筋距溢出,遂成佻卞"②,詹景凤则更是讥讽他"气近俗,但体媚悦人目尔"③。

---

① 黄惇:《中国书法史·元明卷》,江苏教育出版社 2009 年版,第 192 页。
② (明)王世贞:《艺苑卮言·附录三》,《弇州山人四部稿》卷一百五十四,明万历五年世经堂刊本。
③ (明)詹景凤:《詹氏小辨》,转引自梁披云主编:《中国书法大辞典》,广东人民出版社 1984 年版,第 670 页。

　　宋璲,是元末明初江南大儒宋濂的次子。因为宋濂曾经是朱元璋的首席文学顾问,所以宋璲因为父亲地位特殊的缘故,曾于洪武九年被征召为中书舍人,成为起草和书写皇帝诏敕与朝廷文告的御用文人。但是,宋璲在朱元璋的专制和猜忌之下,几度面临危机,宋璲也因此受到深刻的教诫。渐渐地,他在宫廷之内丧失了独立的人格,成为被专制君主肆意摆弄和使唤的一名书手。虽然他精于篆隶真草书,且小篆之工为国朝第一,而且还颇得晋唐人的笔意,但是终究"圆熟流变,有弄丸运斤之势,惟结法小疏耳"①。正如宋璲在现实生活中受到压抑的内心深处表现出一种对于古典桎梏的恐惧,在书法上也表现为深陷前人窠臼而不能自拔。他曾感叹"病古学之不振",深刻意识到时风的弊端,渴望一种沉着痛快、一气呵成、气势连贯、大小错落的书写感,但终究不能随缘,这一切因他在三十七岁时受到胡惟庸案的株连被杀而终结。宋广,亦善草书,师法张旭、怀素,他用笔劲健流畅,但余韵不足,学到了唐人行草的笔画形式,缺少唐代草书内在的生命强度。总体而言,"三宋"的草书,能守住既有的法度,并加以变化,在字的体势、结构和布白上,都能处理得错落有致,开合自然,但总是缺乏一种发自内在的旺盛的生命力,某种程度上成就了"台阁体"所需要的形格意拘、华而不实的风貌。

　　"台阁体"是御用文人专为皇权服务的官样楷书文字。明代的士大夫知识分子们在登科入仕的道路上,把"台阁体"书法当作科考中举的敲门砖。大量儒生士子们精心研习"台阁体"书法,希望把字写得工整一些、漂亮一些,进而有机会被征召为书写文告和敕制的天子重臣,由步入官场而食禄朝廷。假如在科举考试中字写得不够工整,主考官甚至连试卷都不屑一顾,而那种形式工整死板、书写格式严格固定的"台阁体"配合着八股文,磨砺和删削着文人学士们的心灵,陈陈相因,千篇一律,书坛一片死寂。考试制度和庸俗学风客观上造成了明代前期的书法趋俗伤雅、妍媚有余骨力不足的面貌。在标准化的书写模式中,个性被当作"异端",在萌芽之际即被迅速予以扼杀。

---

　　①　马宗霍辑:《书林藻鉴》卷十一,文物出版社 1984 年版,第 166 页。

严格说,直接为皇权和宫廷提供服务,以规范划一迎合帝王口味为审美标准的书法,都属于"台阁体"之列,像洪武年间的詹希元、宋璲、杜环等都是著名的宫廷书法家,他们都是中书舍人。但是,真正风靡朝野的台阁体走向成熟,则是在永乐年间。据杨士奇《东里续集》中记载:"永乐初,诏求四方善书士写外制,又诏简其尤善者于翰林写内制,且出秘府古名人法书,俾有暇益进所能,于时孔易(即朱孔易)兼工署书,骎骎詹希元,矩度风韵,伟然杰出也。一日上御右顺门,召孔易书大善殿匾,举笔立就,深荷嘉奖,即日授中书舍人。明日有旨,凡写内制者,皆授中书舍人。盖善书授官自孔易始。"由此可见,明成祖朱棣一朝宫廷书家大盛的历史事实。当时选拔中书舍人,因其善书,可从进士、举人乃至生员中直接擢拔为中书舍人,也有因在朝的官吏推荐自己的子孙和亲属荫为中书舍人的。比如,沈度不仅推荐自己的弟弟沈粲为中书舍人,其子沈藻也以父荫而成为中书舍人。

沈度,在成祖即位后,诏简能书者入翰林,沈度因此中选。当时解缙、胡广等皆在内阁工于书,而沈度最受成祖宠爱,凡金版玉册等必命其书,名出于诸士之右。成祖曾赞誉他为"我朝王羲之",可见宠爱有加。不仅如此,在成祖之后,沈度的书法仍然备受帝王宠爱。仁宗万机之暇,留心翰墨,尝临《兰亭序帖》赐予沈度。宣宗更是如此,其书出于沈华亭兄弟,而能于圆熟之外,以遒劲发之。甚至到了弘治时期的孝宗,也是酷爱沈度笔迹,日临百字以自课,又令左右内侍书之。由此可见,沈度的书法之所以能在明代前期百余年间长盛而不衰,显然与诸位帝王的喜爱和推崇密切相关。

沈度以楷书名世,其小楷清秀婉丽、雍容端雅,字形洁净匀称,笔画工稳,颇能见出唐人虞世南和元人赵孟頫小楷那种平和简静的影子。但由于他平时多为皇家制诰,只能做到端雅雍容,不敢追求半点个人意趣,久而久之,在气息上难免有谄媚之俗气,少了文人的风雅和清趣。当时供职于翰林院的官吏和科举之士皆风靡所向,多效法沈度,以取帝王之悦,此风已开,遂成为台阁体之滥觞。所以,清人王文治曾有诗论道:"沈家兄弟直词垣,簪笔俱承不次恩。端雅正宜书制诰,至今馆阁有专门。"

沈粲受兄沈度举荐而入宫后,自翰林待诏迁中书舍人,又擢为侍读,官至大理寺少卿,书法与兄长沈度齐名,被乡人称为"大学士"、"小学士"。沈度以小楷争胜,而沈粲以草书见长,二人相互谦让而相得益彰。实际上,沈粲小楷酷似其兄沈度,其行笔圆熟,章法尤为精美,只不过他的草书和沈度的楷书一起更容易被后人认可而已。到了明仁宗之际,华盖殿大学士杨士奇、谨身殿大学士杨荣、武英殿大学士杨溥,也是以"台阁体"写就了大量的制诰和碑版,他们竭力倡导一种恭谨平和的书风以书颂太平之世,并将台阁体称为"博大昌明之体"。就这样,在"二沈"的基础之上,"三杨"进一步将台阁体发展成为一种笔画死守横平竖直、笔笔顿挫严守规矩、结构拘于匀称的法则,字形大小千篇一律,墨色乌黑光亮的标准化书写文字。这使艺术的自由抒发全无空间,个性和才情踪迹荡然无存。

概言之,在"三宋"、"二沈"、"三杨"以及同时代一大批善书人的身上,可以看到在文化专制政策和高压政治手段之下,无数知识分子身上笼罩着一张无法挣脱的大网。他们不得不依附于这张网而生存,书写上服从于"台阁"的要求,心态上尽心尽忠,行动上恪尽职守,书法审美意识上趋于保守,书风甜美流畅、工整匀称。这是明代前期书法审美意识的基本面貌,持续时间达一百多年。

四、解缙、张弼与陈献章的行草新风

有学者认为,明代初期"能够突破'台阁体'时风,独具个性的书家是解缙"①。解缙书法曾师法危素、詹希元,主要来源于康里巎巎一脉。但他曾官至"侍书",相当于中书舍人,实际上他也是明代初期重要的宫廷书法家。他行草俱佳,狂草也名重一时,在他所擅长的诸体之中,小楷仍然是他的看家本领。王世贞在跋其小楷《黄庭经》中说:"全摹临右军笔,婉丽端雅,虽骨格少逊,却不输詹孟举、陈文东也。"这实际上已经指出了解缙为了适应宫廷的需要而书写的小楷的基本面貌。从这个角度看,解缙的书法实质上仍然是在宫廷书风和台阁体的笼罩之下。

但是,与一般台阁体书家不同的是,解缙更擅长作大幅狂草立轴,用

---

① 欧阳中石、徐无闻主编:《书法教程》,高等教育出版社1994年版,第178页。

笔缠绕而连绵,书风狂放而不羁。像他这样的大幅草书作品,不但元代几乎没有,在此前书法史上也是罕见的。这种大幅草书立轴的出现,大概也是为了适应宫廷悬挂和装饰布置的需要逐步风行起来的。当时,除了解缙之外,宋璲、沈粲等能作草书的书家,也几乎都有这种大幅的草书作品传世。和端正严谨的台阁体相比,这种大幅草书无疑更能宣泄书写者的性情。法度的要求退居到次要地位,才情的流露自然就成为首要目的,在作品中不自觉地流泻出一种狂放不羁的情怀也就是顺理成章的事了。

当然,必须指出的是,这一时期以解缙、沈粲、宋璲等人作品为代表的草书作品,用笔还过于圆滑纯熟,满纸缠绕画圆圈,确实能给人带来视觉上的刺激和震撼,但是用笔的内涵和意蕴有些苍白,显得重形式而轻意蕴,甚至有时文字都很难辨识。正因为如此,曾经赞许解缙小楷写得"婉丽端雅"的王世贞在评价他的草书时,则严厉批评他"狂草名一时,然纵荡无法,又多恶笔,杨用修(慎)目为镇宅符"①。从书法审美意识发展史的角度来看,解缙的意义仍不可低估。一方面作为宫廷书法家,不得不用小楷来书写诏诰和朝廷文书,他仍然是台阁体书家的重要一员;另一方面,由于宫廷布置需要而发展起来的大幅草书,对于打破明代前期书坛的沉闷局面具有重要的历史价值。

与一般书家不同的是,解缙还有书法理论著作《春雨杂述》传世。在此书中,他大体上承袭了元人的书法观念,注重取法魏晋以来的帖学传统,尤其注重功力。他说:"学书之法,非口传心授,不得其精。大要须临古人墨迹,布置间架,捏破管,书破纸,方有功夫。"他特别提倡勤学苦练,认为书法之工来源于传授和苦练,只有通过千百遍的临习,才能掌握其中的规律。他曾以王羲之《兰亭序》为例,认为此帖单个字无不"尽美",而且整体章法布置更是无懈可击,真是"增一分太长,减一分太短","毫发之间,直无遗憾"。而要达到这种境界,就必须下真功夫、死功夫,所谓"日日临名书,不吝纸笔",才能逐渐从"精熟"走向"自然"。

---

① (明)王世贞:《艺苑卮言·附录三》,《弇州山人四部稿》卷一百五十四,明万历五年世经堂刊本。

　　从永乐年间台阁体的风行,影响所及,导致宣德、正统、景泰、天顺四朝的书法整体上比较平庸沉寂。到了成化年间,文艺界思潮悄然开始发生变化,书法界的面貌也开始发生改观。以张弼草书和陈献章行书为代表的作品,继承了明代初期解缙的遗绪,注重写出内在的性情,逐渐给书坛吹进了一股清新的空气。

　　张弼,精于草书。从他的作品来看,可以看到明代初期草书的影子,即变革元人的法度成为一种放纵的笔意。虽然张弼在师承传统上,与解缙、宋广等人都是追溯到唐人张旭和怀素,但张弼的草书则更加大开大合、纵横跌宕。他的作品既有大幅的狂草,也有巨幅的长卷。和明代初期宋克等人草书筑基于章草不同,张弼则更多地抛弃了章草的用笔,被祝允明称为"幡然飘肆"。由于张弼草书中多见妖娆作态之笔,行笔有时轻浮,在气格上难免近于俗气,所以也受到了一些批评。陈献章就评价张弼的草书是"好到极处,俗到极处。"但张弼草书这种新的风格走向,对于明代中期以后书法潮流的走向依然具有重要的启发意义。

　　陈献章,人称白沙先生,是著名的哲学家。他一生唯主心性之学,主张静坐澄心。他在继承南宋陆九渊观点的基础上,在王阳明之前,开启明代心学之先河。他的书法,则以行草名世,因"山居,笔或不给,束茅代之。晚年专用,遂自成一家,时呼为茅笔字,得其片纸,藏以为家宝"。陈献章的作品,大多是以茅草笔所书的行草书,多有宋人意趣和颜真卿笔法。他的书法线条苍老遒劲,行笔潇洒自然,以茅草笔的粗率写出独特的视觉效果。由于他长期身处岭南,隐居于深山之中,自然没有沾染上京城宫廷书家的谄媚妖娆之态,却具有一种刚毅清新之气,这一点,在整个明代前期的书坛是殊为难得的。陈献章的书法风格,与他所主张的心性之学可谓互为表里,相辅相成。他作书特别强调神会,重视自然和内在的感觉。他以一种神往气自随的心性去作书,所以他的行草书作品很少受到台阁体书风的影响和束缚,加上他喜用的茅龙笔的特殊效果,形成他笔下特有的生拙老辣的艺术趣味。在他近乎粗糙和笨拙的笔触中,流露出来的是乱头粗服之后的本真性情。

第二节　尚新求变的文人趣味
——明代中期艺术市场下的书法审美意识

明代前期台阁体从产生到繁盛,经过了一百多年的发展,到明代中期其地位开始下降。与此同时,吴门地区的书家逐渐从风靡百年的台阁体的迷雾中走了出来。这其中,既有政治的原因,也有经济的原因。明代初年朱元璋的对手张士诚曾经长期据守吴门,加上苏州一带的经济非常发达,当时有很多富可敌国的大户,所以明代初期苏州一带的文人受到朱元璋朝廷的严酷打压和经济钳制。但是随着明成祖迁都北京,政治的中心开始北移,及至成化年间,朝廷对于吴门一带政治和经济上的打压和钳制日渐放松,整个文学艺术的氛围也因此变得轻松和自由起来。尤其是吴门一带的书法家,由于创作上较少受到皇权和宫廷的束缚,在创作上更加自由,给整个书坛吹来一阵新风。正因为如此,明代书法的重心也从作为政治文化中心的北京,向商业经济繁荣的苏南地区转移,尤其是在苏州一带,更是集中了一大批杰出的书画家,出现了吴门书派和吴门画派,所以王世贞说"天下书法归吾吴"。

一、商品市场刺激下艺术收藏与赞助活动的兴起

在苏州、松江、嘉兴等地,由于地处长江下游三角区域,这些地方具有地理上的优势,逐渐形成了具有一定规模的资本主义经济。比如丝绸、棉花、纸张、矿物、印染、陶瓷等方面的产生技术和水平在当时都居于世界前列,并且在海外拥有广阔的市场,这拉动着中国区域经济的发展。伴随着商品的大量生产和广泛流通,城市的人口在迅速增加,在苏州、松江、杭州、嘉兴、湖州一带,开始形成一个个繁华的商业中心。作为苏南大都会的苏州,不仅历史悠久,文化发达,更是经济富庶,商业繁荣,所以文人雅士开始聚集于此,吴门一带也逐渐成为全国的文化艺术中心。一大批士大夫和市民知识分子,受到资本市场和商品经济的洗礼,他们的生活态度和人生哲学开始与明代初期的士子们有很大的差异。他们不满于过去受

皇权桎梏和科举束缚的沉闷空气,不愿意整天在烦琐的四书五经和八股文章中消耗生命。他们渴望打破束缚人心灵的程朱理学的枷锁,尝试开启人性灵和情感的闸门。他们大胆地追求现实的幸福、人间的乐趣、尘世的情欲,激荡起一股追求个性解放的思潮。这种思潮,对于长期受到理学禁锢的心灵,是一种巨大的释放和解脱,尤其是对于科举落榜的士子、多愁善感的文人、风流倜傥的艺术家,具有极大的吸引力。

商品经济是一种自由贸易经济,它的一个基本原则就是交换双方平等互利。明代是中国社会经济的一个重要转折时期,长期以来以农业为基础的社会出现了一股汹涌大潮,工商业异军突起,不少地主官僚都开始转而倾心于手工业经营和商品经营,由此造就了一大批拥资数以十万、百万计的工商业主。以三吴地区①为例,此地历来得天时地利,自晋唐以来逐渐发展成为中国的粮仓。在元末的农民起义中,张士诚和朱元璋的两支队伍长期在长江下游活动。1356年,张士诚部攻取常熟和苏州,朱元璋部攻取南京和镇江,两支队伍遂有正面冲突。此后,两部交战10年之久,张士诚部依托江南富庶之地,对朱元璋向东发展的势力构成严重威胁,成为朱元璋的主要对手。所以,朱元璋在消灭陈友谅部以后,全力以赴对张士诚部进行猛烈进攻。1367年9月,大将徐达、常遇春攻破苏州,张士诚被俘,至建康(今南京)后自缢而死。

从此开始,朱元璋对三吴地区地主势力集中进行报复性打击。在张士诚被俘的次月,朱元璋即下令迫使苏州的富民迁居濠州。第二年,即洪武元年(1368)在核定天下赋税时,对苏州、松江两府实施每亩税额高达二三石的赋税,再次对江南地主予以经济上的打击。明代对江南地区的高赋税政策从此持续了两百多年,直到万历年间,张居正任首辅,改革赋税制度时才有所减缓。尽管在客观上江南地区的地主经济因为受到长期压制而有所削弱,但是随着政治中心迁到北京,政治高压和经济钳制有所放松,江南地区经济基础亦日趋雄厚,加上地主阶级通过各种途径转嫁赋

---

① 三吴地区,旧指吴兴、吴郡、会稽。柳永的词有"东南形胜,三吴都会,钱塘自古繁华"句。

税,三吴地区仍然是商品经济最为繁荣的地区。

　　但是,由于明代长期实行的是抑商政策,使得拥资巨万的大商人的社会地位仍很难提高。为了获得更多政治上的庇护和社会的承认,一部分商人试图走巴结权贵、官商合流的道路。这样做的结果,只是使得一批官僚获得了榨取民脂民膏、收受贿赂的机会,却无法根本改变商人的政治处境和社会地位。另一部分商人开始认识到了这一点,就开始走"士商合流"的道路。因为在传统的中国社会里,一个人的学识往往比他的政治地位和经济财富重要得多,而拥有学识的往往是士,是文化人。有学识,有文化,就是有教养的体现。有了教养,才有可能与一定的政治与社会地位相匹配。那如何才能显示出自己的教养呢? 最好的方法就是在生活中注意陈设和收藏古玩字画,延聘文艺名流吟诗联句,等等。商人们以此为出发点,逐渐把自己雅化,同时也成为了艺术赞助人的中坚力量。当一大批家财殷实的大地主成为文化艺术的热心倡导者和赞助人时,就有力地推动着江南地区的文化繁荣和艺术发展。

　　三吴地区地主和商人们给予艺术活动的赞助,对明代艺术的发展产生了重要的影响。比如,在明代中期兴起的以沈周、文徵明为代表的吴门画派和吴门书派,就是一个典型的例证。以明代官僚、地主、商人和作坊业主为主体的艺术消费和艺术赞助刺激了这一地区的艺术发展。王侯贵族们因其实力雄厚,往往又有一定的文化素养,常常是理所当然的艺术赞助人。比如太祖第八子潭王朱梓"英敏好学,善属文。尝召府中儒臣,设醴赋诗,亲品其高下,赍以金币"①。宁王宸濠在正德年间谋反之前,也曾重金延聘大画家文徵明。据载,"宁庶人者浮慕文先生徵明,贻书及金币聘焉。使者及门,而先生辞病呕,卧不起,于金币无所受,亦无所报"②。也许文徵明拒聘反映了他政治上的远见,但宁王派人来请文徵明却是事实。

　　艺术收藏与艺术赞助活动,不仅需要收藏者和赞助者本人具有雄厚

---

① (清)张廷玉等撰:《明史》卷一一六《列传第四·太祖诸子·潭王梓》,张天有等标点,吉林人民出版社1995年版,第2461页。

② (明)王世贞:《文先生传》,钱仲联主编:《王世贞文选》,苏州大学2001年版,第101页。

的经济实力,同时要有一定的文化素养和艺术欣赏品位。当时,一部分的地主、官僚和商人更多还是为了感官享乐和耳目之娱,雇请歌舞戏曲的艺人,甚至倾资招请乐人的现象非常普遍。相比较而言,重金聘请文人高士,则要高雅得多,费用也比较高。但一些商人们认识到"夫养者非贾不饶,学者非饶不给"①,从而自觉承担起艺术赞助的责任。书画文玩作为居家陈设,一直以来是文人雅士的一大嗜好。明代很多巨商大贾和地主豪绅纷纷仿效,以此来标榜自己的门第高贵和社会地位。明人沈德符曾说,购藏书画文玩"始于一二雅人,赏识摩挲,滥觞于江南好事缙绅,波靡于新安耳食。诸大估曰千曰百,动辄倾橐相酬"②。尤其是到了明代中后期,在一向以出产文房四宝闻名的徽州一带崛起的徽商,对于书画文玩的购藏热情比江南旧家有过之无不及。他们认为"堂中无字画,不是旧人家",把有无文玩摆设和字画收藏视为区分雅俗和贵贱的根本标志,他们狂热地购求书画文玩的风气自然就不难理解了。

在明代,购藏书画方面更具有鉴赏力的,还是江南的一些世家地主,比如无锡的华夏、苏州的文徵明、嘉兴的项元汴、太仓的王世贞等。其中项元汴(子京)全部藏品达千件以上。"子京以善治生产富,能鉴别古人金石书画文玩物,所居天籁阁,坐质库估价,海内珍异,十九多归之。顾啬于财,交易既予价,或浮,辄悔,至忧形于色,罢饭不啖。"③相比之下,徽商们对于书画文玩并不精通,但他们财力雄厚,完全不必像项元汴那样因为购得的货色价格变动而吃不下饭,而是对书画文玩进行饥饿式抢购,从而拉动书画文玩市场的价格水平总体上升。大多数收藏家主要是依靠艺术市场的渠道,以经济的手段来购藏书画文玩。④

---

① (明)汪道昆:《太函集》"明故程田汪孺人行状"条,明木刻本。

② (明)沈德符:《万历野获编》卷二十六,中华书局 1959 年版,第 653 页。

③ (清)朱彝尊:《曝书亭集》卷五三《书万岁通天帖旧事》,世界书局中华民国二十六年版,第 653 页。

④ 有一些权贵收藏家,雅好字画文玩,但不必担心艺术品市场的变动和价格的高低,仍能不断增大自己的收藏。比如严嵩、严世藩父子,于书画文玩贪得无厌,不择手段,藏书画数量多达三千余件。又如成化年间的内侍钱能,偏爱书画,"每五日舁书画二柜,循环互玩。御史司马公垕见多晋唐宗物,元代不暇论矣。并收云南沐府物,计值四万余金"[(明)汪砢玉:《珊瑚网·画据》,文渊阁《四库全书》本]。

　　明代书法市场的繁荣,与民间众多的书法家卖字谋生密不可分。书法市场的形式是多层次的,交易量也非常大。书法市场的主要交易形式,就是以字换银钱,而以字换物往往并不受人欢迎。明代有不少书法家,完全是以卖字谋生的,比如金俊明"杜门佣书自给,以善书名吴中。四方士大夫闻名来请者不绝。里中窭人子手不持一钱,亦日夕踵门乞先生书。先生欣然应之,不少厌也"①。和前代书家的作品进入市场相比,当代书法家的作品仍然是明代书法市场的主体部分。而且,明代书法市场中普遍热衷追求名家作品,对于名家而言,常常是购者云集家门,争相购求。比如祝允明"海内索书,贽币踵门,辄辞弗见"②。而有些书法家,干脆直接开店卖字:"洪季和钟崇仁人,四岁随父入京,至临清,见牌坊大字题额,索笔书之,遂得字体,至京师设肆鬻字。"③也有的人携字到士大夫家去兜售:"卖画孙生持示元季雪庵绢书唐人绝句诗四轴。"④

　　总体上看,书法市场的繁荣,书法家卖字营生,为他们的生活提供了丰赡的物质资源,有很多书法家就是以此为生的。比如《明史》记载李东阳"四岁能作径尺书,景帝召试之,甚喜,抱置膝上,赐果钞","工篆隶书,碑板篇翰流播四裔","立朝五十年,清节不渝。既罢政居家,请诗文书篆者,填塞户限,颇资以给朝夕。一旦夫人方进纸墨,东阳有倦色,夫人笑曰:'今日设客,可使案无鱼菜耶?'乃欣然命笔,移时而罢。其风操如此"⑤。由于书法作品可以带来丰厚的回报,大大改善了书法家的物质生活。尤其是名家书法作品更是受到追捧,人们争相购藏,这也带来了书法赝品市场的发展。比如,陈谦善书,"姑苏人,居京师,能楷行书,专效赵松雪,时染古纸伪作赵书,猝莫能辨,购书者接踵户外"⑥。有的书法家则专门制作前代名家书法的赝品以出售:"詹僖自号铁冠道人,行草法赵文

---

① 马宗霍辑:《书林纪事》卷二,文物出版社 1984 年版,第 318 页。
② 马宗霍辑:《书林纪事》卷二,文物出版社 1984 年版,第 316 页。
③ 马宗霍辑:《书林纪事》卷二,文物出版社 1984 年版,第 315 页。
④ (明)都穆:《寓意编》,《学海类编》本。
⑤ (清)张廷玉等撰:《明史》卷一八一《列传第六九·李东阳》,张天有等标点,吉林人民出版社 1995 年版,第 3243、3246 页。
⑥ 马宗霍辑:《书林纪事》卷二,文物出版社 1984 年版,第 316 页。

敏。一点一画,皆有祖述。自云刻意书学五十年,心记腹画,方悟旨趣。尝以子昂款式落之,识者卒不能辨,每作赝书以鬻。"①甚至连大书画家董其昌在年轻时也作过赝品求售:"董玄宰其昌少好书画,……家贫,尝作陆万里书市之,人以为赝弗售也。其后既达,遂以书名一代。"②

随着明代城市工商业的进一步发展,尤其是三吴地区市民物质生活的提高,以艺术消费为主的文化娱乐愈益受到市民阶层的重视。当时苏州地区买卖字画的风气很盛,甚至有些作品的价格被抬得很高。书法市场的价格档次差距也很大,少则几金,多则几千金,悬殊达千倍之多。明代艺术市场的繁荣,比过去更加接近平民的生活,卖字鬻画者,上自翰林学士,下至落魄书生,无所不有。对于润格,虽标准不一,甚至带有很大的随意性,但多数市民对于润格大多能坦然接受。市场行为驱动了书法的创作,使得整个书法市场更重视书法作品的艺术价值,而不单单是其历史价值。这样就防止了书法艺术市场过早地向古董市场的滑落。在艺术市场中,艺术的价值依然是一个重要的衡量标准,这也在一定程度上保证了明代书法市场的健康发展。

二、私家刻帖风气的兴盛以及文人书家审美趣味的渗入

如果说艺术市场以及收藏赞助活动,为明代中期书法发展营造了一个外部环境的话,那么,刻帖风气的兴盛则成为明代中期审美风尚演变的内在推动力。我们知道,刻帖风气滥觞于北宋,统治者重视经典法帖的典范功能,尤其是宫廷的垂示作用,所以官方刻帖很多。明代初期统治者继承了宋室的垂示传统,对于古刻法帖颇为珍重。明代初期诸位帝王对于古刻法帖和书法艺术的重视,促成了明代朝野上下形成了一种重视书法和重视法帖的风气,所以明代前期官方刻帖风气很盛。比如,除了反复翻刻宋人编辑的《淳化阁帖》外,诸藩王以及仕宦之家每每以刻帖为雅举,编辑和摹刻了大量的前代名家法书。但是,明代中期以后,刻帖风气虽

---

① 马宗霍辑:《书林纪事》卷二,文物出版社1984年版,第316页。
② 马宗霍辑:《书林纪事》卷二,文物出版社1984年版,第318页。

盛,内容方面却有了一些新的特色。总体上来说,官方刻帖减少,私人刻帖增多。在刻帖质量方面,后者也往往甚于前者。因为官方刻帖大多是围绕重新恢复和刊刻宋代《淳化阁帖》为主要内容。私人刻帖则不然,其大多出自一些文人书家和鉴藏家之手,所以除了自己收藏的历代名家法书佳作和刻帖之外,甚至以自己和同时代朋友的作品为主要内容,这样就为宋代以来的官方刻帖注入了新鲜的活力。反过来,这一私人刻帖风气的繁盛也培养和孕育着这一时代的书法家们。

从整个明代来看,帝王们对于书法的喜爱和推动作用虽亦不小,但是帝王们的书法水平普遍无法和唐宋相比,像唐太宗、唐玄宗、宋徽宗、宋高宗这样的帝王书家,有明一代竟无一人。由于自己的书法水平有限,其对于书法发展的推动作用也就有限。明代帝王对于书法发展的助推作用,从时间上看,主要在明代前期;从空间上来看,主要在权力和科举制度波及的范围之内;从风格上来看,主要以"台阁体"等为主,尤其是通过洪武至成化年间擢拔"中书舍人"一职最为明显。但是,明代中期以后,这种作用在江南地区显得愈益薄弱。从明代中期开始,吴门书家的崛起,地域流派的书风逐渐形成,这其中江南私家刻帖的蔚然成风发挥了重要的助推作用。这些私家刻帖,和官方刻帖相比,由于主持者多为学养深厚的学者和艺术素养较高的书画家,他们的审美水平决定着私家刻帖的基本面貌。《淳化阁帖》已经不再是他们必须反复翻刻的唯一模板,他们可以按照自己的审美趣味和市民的审美要求,大胆地突破成规,自由地进行创造,他们把本朝的书法家、本地区的书家好友,包括自己的书法作品都汇入刻帖中,甚至有的刻帖就专门以当代某位名家的作品汇刻成帖,颇类似于书家的个人作品集。这些刻帖在尚新求变的新的审美风尚中受到更多的追捧,它们充满着生命力和艺术创造的活力,在艺术市场上也普遍为人们所接受,加上由行家主持和精选,镌刻者又多为吴门一带的高手,使得明代中期刻帖对时代审美风尚起着更大的影响作用。

应该说,明代中叶以后台阁体的衰微和吴门地区文人书家的崛起,二者是此消彼长的关系,其背后则是皇权意识的松动和市民阶层审美意识的崛起。而在吴门地区文人书家崛起的过程中,私家刻帖发挥着不可忽视的作用。尽管这些私家刻帖也有少数是以宋代官帖为底本进行翻刻的,但绝大多数是以收藏家和刻帖者自己收藏的历代名家法书为底本进行刊刻的。这就大大丰富了刻帖的内容,也丰富了当时书坛的审美视野。比如江南无锡收藏家华夏集刻的《真赏斋帖》,作者本人就是一位精于鉴赏和富于收藏的人物。他尤喜古法书图画、吉金石刻、鼎彝器物以及宋元善本,构筑真赏斋于无锡东沙。文徵明则为其作《真赏斋铭》,丰坊为其作《真赏斋赋》。他所辑刻的《真赏斋帖》三卷,皆以家藏真迹摹勒上石,帖中又有吴门著名书家李应祯、吴宽、文徵明、文彭等人的题跋。张伯英曾指出,"勾摹者文徵明父子,刻石者文氏客章简甫"。章简甫(1491—1572)也是苏州人,是当时著名的刻手,文徵明、祝允明、王宠、陈淳等当时名家书作,必嘱其刻之。所以,从《真赏斋帖》这部刻帖中,就能看到以家藏真迹为基础,文人书家、收藏家与高级刻工之间的良性互动关系。

不仅如此,文徵明父子自己也参与到刻帖之中来。《停云馆帖》就是由文徵明辑录,其子文彭和文嘉摹勒,温恕和章简甫刻于木板之上的。此帖先有四卷,后增刻十卷。后木板毁于火,又以石刻,增二卷成十六卷。所载自晋及元历代名家名迹以及本朝名家名迹,采择均极严谨,刻工亦复精良,后世评价极高。"《停云馆帖》刻入文徵明五篇跋文,分别是《万岁通天进帖跋》、《仿嵇康绝交书跋》、《祭侄明文跋》、《神仙起居法跋》、《王宾叙字跋》,皆编者品评、考辨之文。《停云馆帖》不是停留在将前人的题跋刻入法帖,而是汇入了作者自己对法帖的研究,所谓'书评、笔诀亦在其中',这就使刻帖的学术性较前有了很大提高。这是文徵明对刻帖的重要贡献。"①《停云馆帖》问世之后,引起当时书界文坛的极大关注。王世贞曾为此专门作了《文氏停云馆帖十跋》,后来孙鑛在此基础之上也作了《停云馆帖十跋》,予以逐一鉴赏,并评论其优劣,这种文人书家之间自由的书法批评方式对于当时的审美风尚都产生了积极的影响。

明代中期的私家收藏,以富庶的江南地区为最盛。这一地区的书画鉴藏,有着很高的学术品位。他们对于收藏的规模和数量不仅有专门的

---

① 黄惇:《中国书法史·元明卷》,江苏教育出版社 2009 年版,第 446 页。

著录,其著录的方式也逐渐进步,内容包括书画流传的经过、书家、作品内容、题跋、印鉴等方面。从其著录的题跋来看,颇具有品评、考证、鉴定和艺术批评等诸多功能。明代中期以吴门画派和吴门书派为代表的创作,集中体现了这一时期和这一地区文人们对于书画的基本审美趣味。比如沈周就是吴门地区较早的一位收藏家,他不仅藏有宋郭忠恕的《雪霁江行图》等,还藏有许多宋代书法墨迹,包括黄庭坚《马伏波诗卷》、《老杜律诗二首》等,所以他自己的行书就是直接以黄庭坚真迹为学习范本的。后来,沈周的晚辈——三吴地区的文徵明、朱存理、都穆、黄云、沈津、史鉴等,也都酷爱收藏。他们当中,有书画界的领袖人物,有精于鉴定的专家,有世代收藏的藏家,而且他们相互之间往来频繁,对于所收藏的书画常常相互品鉴,并邀请当时吴门的书家如吴宽、王鏊、祝允明、文徵明、陈道复、王宠等人题诗作跋。以文徵明的题跋为例,他常常详细叙述书画家的小传以及书画流传的经过,并予以品评,因而具有很高的文献价值。从文徵明这些题跋所叙述的流传经过来看,可以知道当时苏南地区藏家数量之多,比如汤子重、吴宽、安国、沈维时、严震直、徐默庵、殷良贵、孙性甫、崔渊父等都是一时之藏家,由此亦可看出当时苏南地区私家收藏的风气确实非常繁盛。

由于刻帖内容和风气的转变,带来了书法家们对于书法艺术在审美认识上的变化。总体上看,吴门一带书法家一变明代前期"台阁体"的风貌,在书法上上追晋唐,在审美上普遍认为要知法度而求逸趣,学传统而应知变化,这顺应了明代中期生活在经济繁荣的三吴地区的市民审美心态。比如,吴宽说:"书家谓作真字,能寓篆籀法,则高古。""今书家例能文辞,不能,则望而知其笔画之俗,特一书工而已,世之学书者如未能诗,吾未见其能书也。"[①]在这里,吴宽不仅提出真书的字法要融入篆隶的古法,更对书法家的文化和艺术素养提出了要求,他所强调的"文辞"就是功夫在字外的文学修养。这一观念得到了吴门书家的普遍认可。祝允明也说:"觚篆士有'奴书'之论,亦自昔兴,吾独不解。此艺家一道,庸讵缪

---

① （明）吴宽：《匏翁家藏集》卷五十一,《四部丛刊初编》本。

执至是。"①他尖锐地批评了视学古为奴书的主张,他一方面高标古人,取法晋唐,另一方面又不抱残守缺,食古不化。他主张以古为尚,同时力求变化,要在变化之中求得一种逸趣。比如他在跋《山谷书李诗》中说:"双井之学大抵以韵胜,文章诗书画皆然。姑论其书积功固深,所得固别,要之得晋人之韵,故形貌若悬而神爽冥会欤!"②学习古人,最重要的是要得"韵"和"神",这才是学古之要旨。

文徵明也很重视法度,同时也强调内在心性的直接抒发。他强调书法作品要能表现出文人士大夫的一种逸趣,但与宋代尚意的书家又有所不同。宋代尚意领袖如苏轼、黄庭坚主张"我书意造本无法,点画信手烦推求"和"老夫之书,本无法也",他们拒绝带有人工痕迹的规矩和法度,更强调内在情感和意趣的宣泄。文徵明则不同,他认为要能"绳墨中自有逸趣,允称书家之祖,晋人笔法尽备是矣"③。他举例说,颜鲁公的《争座位帖》、《祭侄文稿》"萧然出于绳墨之外,而卒与之合";怀素《自叙帖》"狂怪处无一点不合动范"。所以,文徵明是在学古和师法前人的基础上,来表现自己的情感和意趣。正因为如此,他比宋人更加重视楷法,他认为要在楷法中打下坚实基础,能获得驾驭笔墨的自由。比如他在评祝允明草书《赤壁赋》墨迹时说:"昔人评张长史书:回眸而壁无全粉,挥笔而气有余兴,盖极其狂怪怒张之态也;然《郎官壁记》则楷正方严,略无纵诞。今世观希哲书,往往赏其草圣之妙;余尤爱其行楷精绝。盖楷法既工,则藁草自然合作。若不工楷法,而徒以草圣名世,所谓无本之学也。"④在楷法之中,文徵明首推钟、王,他在《跋祝京兆〈洛神赋〉》中说:"祝京兆书法,出自钟、王,遒媚宕逸翩有凤翥之态,近代书家,罕见其俦。

① (明)祝允明:《奴书订》,刘正成主编:《中国书法全集》第 49 卷,荣宝斋出版社 1993 年版,第 361 页。

② (明)祝允明:《祝枝山全集》卷二十五,转引自王镇远:《中国书法理论史》,黄山书社 1990 年版,第 345 页。

③ (明)文徵明:《跋蒋伯宣藏〈十七帖〉》,《文徵明集》卷二十一,周道振校,上海古籍出版社 1987 年版,第 1323 页。

④ (明)文徵明:《祝希哲草书赤壁赋》,《文徵明集》卷二十一,周道振校,上海古籍出版社 1987 年版,第 1341 页。

若此书《洛神赋》,为追钟法,波画森然,结构缜密。所谓幽深无际,古雅有余,超出寻常之外。"①综合来看,文徵明的"绳墨中自有逸趣"既是他个人书法观的重要组成部分,也在一定程度上反映了明代中期吴门书家普遍的祁尚和共同的审美追求。

三、吴门书派个性化的审美追求以及建筑园林的影响

探讨明代中期的书法审美意识,吴门书派是一个基本的标志。吴门书派的产生,可以追溯到明代初期苏州地区杰出的书法家宋克,但是经过了徐有贞、沈周、李应祯、吴宽、王鏊等人的发展,到了祝允明、文徵明、王宠时期,审美的观念已经发生了很大的变化,并形成了吴门书派的基本面貌。作为祝允明、文徵明、王宠的前辈,这些书法家生活的时代是台阁体盛行的时期,他们难免受到影响和沾溉,但难能可贵的是,他们能拨开迷雾,力求摆脱束缚,摒弃学习时人而能直追唐宋,提倡发扬个性甚至自立门户。他们的书法观念和创作实践,在一定程度上对于吴门书派的形成起到了直接的先导和奠基作用。

比如,作为祝允明的外祖父,徐有贞楷书学习欧阳询,草书学习张旭、怀素,行书又兼有褚遂良、米芾笔意,但又不拘于一家一法,而能独具面貌。祝允明就曾受到他的直接熏陶。祝允明在《怀星堂集》中说:"仆学书苦无积累功,所幸獨蒙先人之教。自鬐卯以来,绝不令学近时人书,目所接皆晋唐帖也。"②徐有贞"绝不令学近时人书"③的书法观对于祝允明产生了深刻的影响,对于吴门书派的书法观念形成也具有一定的导向作用。作为吴门画派的开山领袖的沈周,既是文徵明的老师,唐寅、仇英也都深受其影响。他早年的书法,也受到沈度台阁体一脉的影响。但是他家藏黄庭坚真迹数种,对其心摹手追,远离近人,直追前人,笔下自然具有

① (明)文徵明:《跋蒋伯宣藏〈十七帖〉》,《文徵明集》卷二十一,周道振校,上海古籍出版社 1987 年版,第 1323 页。

② (明)祝允明:《怀星堂集》卷二十六《纪叙》,文渊阁《四库全书》本。

③ (明)祝允明:《写各体书与顾书勋后系》,《怀星堂集》卷二十六,文渊阁《四库全书》本。

山谷风范,晚年作品更加苍厚浑朴。风格逐渐从庸俗的宫廷台阁之风转向了雅逸的文人书卷之气,时人王鏊称其"书法涪翁,遒劲奇崛"①。他书法风格的成功转变,对于当时吴门地区书法风气的转变具有积极的意义,为吴门书派的形成具有助推作用。

早年曾做过中书舍人的李应祯,楷书自然直接受到二沈的影响。但是,他的可贵之处就在于,他既能重视传统古法,又能脱去时风,由唐宋而直溯晋人,并提出了自己的书学主张:"破却工夫,何至随人脚踵? 就令学成王羲之,只是他人书耳。"②这一观念,是对于台阁体书风的反叛。而李应祯正是祝允明的岳父,同时也是文徵明的老师,祝、文二人皆受其亲炙,吴门书派观念受到他的影响自然是情理中事了。吴宽书法以行楷为主,主攻苏东坡。吴宽虽然也对沈度等人的台阁体书法颇多赞美,但他在台阁体风行之时,能自觉转入师法宋人,为明代中期破除台阁体束缚开辟了途径。王鏊的书法,也是舍元人而直接师法晋唐,草书时见怀素遗风。而吴宽是文徵明的文学老师,王鏊又是祝允明的文学老师,他们的思想对于吴门书派的两个重镇祝枝山、文徵明产生影响是不言而喻的。

吴门书派的形成,不仅有师承取法的直接因素,当时苏州地区的书画装潢和建筑发展也起到了一定的推动作用。在《一捧雪》剧本中以丑角出现的汤裱褙,就是明代著名的装潢家。《四部稿》卷五一有赞他的诗云:"金题玉躞映华堂,第一名书好手装。却怪灵芝针线绝,为他人作嫁衣裳。"明代书画装潢借鉴宋人之处很多,但在装潢形式上也有所发展,有些幅式在明代得到了发展。比如,长卷形式更得到明代吴门书家的喜爱,故其所书长卷更多。比如祝允明、文徵明、唐寅、陈淳等,都有很多长卷存世。同时,与文人雅士们的风雅生活以及市民购藏要求相适应,扇面形式在明代也大为兴盛。在摺扇上题字作画是非常普遍之事,书画家几乎人人都喜欢书扇、画扇,它成为了雅玩的一种理想形态。而且,由于摺

---

① (明)王鏊:《石田先生墓志铭》,《王鏊集》,上海古籍出版社 2013 年版,第 410 页。
② (明)文徵明:《跋李少卿帖》,《文徵明集》,周道振辑校,上海古籍出版社 1987 年版,第 521 页。

扇在其可合可展的呈辐射状的外形轮廓中,对于书法章法在布局上打破死板沉闷的格局有一定作用;和前代流行的尺牍、草稿相比,手卷和扇面更加具有一种艺术欣赏的形式,它们的普遍使用也有助于书法与实用文字书写区别开来,对于书法走出依附于实用书写的台阁体之风颇有助益。换句话说,吴门书派在手卷和扇面之中进入了自己的艺术表现天地,开始独立进行个性化的艺术创作。

明代书法中,同时得到发展的条幅、中堂、对联等形式,既不是像扇面那样拿在手上把玩,也不是像手卷那样放在案上欣赏,对它们必须进行立式欣赏。这些形式的流行,与明代中期建筑尤其是江南地区园林建筑的发展密不可分。在明代初期洪武十三年颁布的《明律》中,还专门设有"服舍违式"一条,即对于越级僭用服饰、车舆、房舍、器用等的惩办条例。对于违章者,庶民笞五十,为官者杖一百云云。其中对于房舍的要求是,严禁庶民厅房逾三间,即便富豪可以拥有数十所房舍,但每所房舍的厅房不得超过此数,且不准瓦兽屋脊、彩绘梁栋,等等。

但是,到了明代中后期,这些禁令已经名存实亡了。庶民之家营造王侯的厅堂,一个匠头的别墅可以"壮丽敞豁,侔于勋戚"①。庶民如此,为官者更甚,大多广营居室,并成为仕宦阶层的普遍时尚。明代中期,苏州的局势安定而繁荣,科举登第或做官归来,往往大建宅第,于是私家园林林立,园林的建设于明代中叶开始规模空前。在明代始建的拙政园、惠荫园、环秀山庄、留园等,都是园林建筑的杰构。在民居方面,明代初期的"非世家不架高堂"的状况逐渐消失,民居建筑的质量也有很大提高。

在园林和民居建筑中,由于装饰的需要,书法自然必不可少。无论是悬挂在室外的匾额、楹联,还是布置在室内的中堂、对联、条幅,都是书法展示的舞台。住宅装饰和园林美化对于书法创作提出了新的要求,它与简洁素雅的明代家具一起,为营构唯美的居室居功至伟。刘敦桢说:"家具布置大都采用成组成套的对称方式,而以临窗迎门的桌案和前后檐炕为布局的中心,配以成组的几、椅,或一几两椅,或两几四椅。柜、橱、书架

---

① （明）沈德符:《万历野获编》卷十九《京师营造》,中华书局 1959 年版,第 487 页。

等也多是成对的对称摆列,力求严谨划一。但为了使室内的气氛不陷于呆板,灵活多变的陈设起了重要的作用。陈设品的摆列多取平衡格局,利用形体、色彩、质感造成一定的对比效果。其中书画、挂屏、文玩、器皿、盆花、盆景等陈设品,又都具有鲜明的色彩和优美的造型,这些陈设品与褐色家具及粉白墙面相配合,形成一种瑰丽的综合性装饰效果。"①

园林与书法的结合,开始普遍出现在南方私家园林的馆阁亭榭的匾额、中堂、对联、条幅之中。请一些有名的书法家来题写匾额等,也渐次蔚成风气。比如,文徵明自题之"停云馆"、"玉兰堂"、"玉磬山房",唐寅"桃花庵"等都很有名。有些书法家还应邀参与到园林的设计和营造中,比如文徵明直接参与了苏州名园拙政园的造园设计活动。据文徵明《王氏拙政园记》中记载,拙政园中有堂一,楼一,亭六,轩、槛、池、台、坞、涧之属二十有三,共三十有一。如此规模的建筑设施,均需要以书匾来命名装饰。而厅堂在园林之中,是待客、宴客之所,厅堂内的陈设和布置,最能体现出主人的身份、爱好和文化素养。琴棋书画,总要有所点缀;文房古玩,也都罗列其中。拙政园的"繁香坞"、"倚玉轩"、"梦隐楼"、"意远台"、"瑶圃"等书法作品皆出自文徵明的手笔。

作为吴门书家的核心人物,祝允明、文徵明、陈淳、王宠的审美趣味,一方面反映了文人化的审美意识,另一方面也反映出随着市民阶层出现而兴起的市民文化和市民的审美意识。正如建筑园林的迅速发展一样,书画艺术的商品化正方兴未艾。时代的氛围,孕育了以书画寄托情怀的文人书画家和职业书画家。从富豪们的家庭布置,到字画商贾的倒卖牟利,从收藏家们的巨金收购,到苏州园林的亭台装点,无一不需要书法。尤其是苏州的经济繁荣和商业发达,更是聚集了大量的书画家,自然也推动着新的市民化的审美意识渗入到文人化的书画创作之中,共同构成了明代中叶江南地区书法发展的瑰丽景观。所以,吴门书派的审美意识的嬗变,不仅是对于明代前期宫廷书法审美意识的某种变革,同时也为吴门书派的后学们以及在吴门书派影响下的三吴地区书家确定了基本的审美

---

① 刘敦桢:《中国古代建筑史》,中国建筑工业出版社1984年版,第348页。

路径,进一步也为明代晚期书法个性主义审美思潮的兴起作了铺垫。

第三节　尚奇求势的浪漫主义
——明代后期禅悦之风下的书法审美意识

明代后期,中国社会进入到一个重要的转折时期。从政治上看,内政外交危机四伏,统治集团内部党争激烈,朝政腐败,纲纪凌夷,国力日衰。在经济上看,在一些商品经济发达的地方,由于政治十分黑暗,商业向权力献媚,传统的政治道德在金钱的诱惑下已趋崩溃,财政的拮据和社会矛盾的尖锐也日趋显现。从社会思潮看,礼制的崩溃和文人的放荡使得异端勃兴,在新的社会背景下以市民经济为基础的个性解放思潮在社会上应运而生,闪烁着启蒙思潮的锋芒。随着禅宗思想的流行和泰州学派的崛起,个性解放思想逐渐渗透到哲学、文学、艺术等各个层面。

一、明代后期的思想变革和个性解放思潮

社会思潮的风起云涌,酝酿着深刻的社会变革。在文化艺术领域,明代后期始终交织着守成与创新、正统与异端、循礼与非礼这两种矛盾的因素。在服饰上崇尚"去朴从艳",在文艺上出现"异调新声",在学术上追求"慕异好奇",成为晚明时期的社会时尚和基本特征。传统社会的正统意识形态受到了公开的挑战,"儒学"及其发展形态"道学"、"礼教"等受到普遍的质疑,人的价值观开始裂变,整个社会将迎来一场深刻变革。

生活于嘉靖、万历年间的著名学者、思想家李贽吹响了这一思想变革的号角,他公开批评一切道学都是假仁假义,道学家们口是心非,"口谈道德而心存高官,志在巨富;既已得高官巨富矣,仍讲道德,说仁义自若也"①。李贽大胆提出"天生一人,自有一人之用,不待取给于孔子而自足矣"②。他主张要尊重个人欲望享受的合理性,认为:"穿衣吃饭,都是人

---

① (明)李贽:《焚书》卷二《书答·又与焦弱侯》,中华书局 1974 年版,第 135 页。
② (明)李贽:《焚书》卷一《书答·答耿中丞》,中华书局 1974 年版,第 43 页。

伦物理,……世间种种,皆衣与饭耳!"①这对于长期以来受孔孟儒学和程朱理学等封建正统意识影响的士人们来说,不啻为惊世骇俗之论。

李贽公开反对世俗社会中"以孔子之是非为是非"的盲目迷信,也反对程朱理学"存天理,灭人欲"的极端说教。他提出了自己著名的"童心说":"夫童心者,真心也。……童心者,绝假纯真,最初一念之本心也。若失却童心,便失却真心,失却真心,便失却真人。人而非真,全不复有初矣。"②一个人一旦受到封建礼教的束缚和程朱理学的桎梏,就变成了"假人"。只有挣脱封建礼教的束缚,摒弃程朱理学的桎梏,才能成为保持"童心"的真人。用李贽的话说:

> 且夫世之真能文者,比其初皆非有意于为文也。其胸中有如许无状可怪之事,其喉间有如许欲吐而不敢吐之物,其口头又时时有许多欲语而莫可所以告语之处,蓄极积久,势不能遏。一旦见景生情,触目兴叹,夺他人之酒杯,浇自己之垒块,诉心中之不平,感数奇于千载。既已喷玉吐珠,昭回云汉,为章于天矣,遂亦自负,发狂大叫,流涕恸哭,不能自止。宁使见者闻者切齿咬牙,欲杀欲割,而终不忍藏于名山,投之水火。③

李贽非圣无法、揭露道学、抨击迂腐、挑战圣贤的惊世之论,极大地解放了晚明知识分子的思想,一批文人艺术家开始了对于人的独立价值的思考。

这种思考,具有重要的思想启蒙作用。以心灵觉醒为基础的社会心理开始逐渐发生变化。伴随着高压在人性上面的名教磐石开始动摇,整个社会迸发出一股新鲜的活力。尽管李贽本人最后被官府陷害下狱致死,但他的著作和思想却在士人心中广为流传。换句话说,明代中后期整个社会思想意识形态的历史性转变,为晚明书法艺术的发展和突破提供了思想基础和精神力量。人们开始意识到,艺术不应成为名教的奴隶,而应顺从和反映真实的人性和个性,表现出本真的"童心"。这一时期的书

---

① (明)李贽:《焚书》卷一《书答·答邓石阳》,中华书局 1974 年版,第 10 页。
② (明)李贽:《焚书》卷三《杂述·童心说》,中华书局 1974 年版,第 276 页。
③ (明)李贽:《焚书》卷三《杂述·杂说》,中华书局 1974 年版,第 271—272 页。

法家,也顺应了这一思想变革的洪流,表现出鲜明的时代特点。

明代后期书坛的深刻变革,不是一两位书法家在短期内的个人行为,而是一大批书法家在长达数十年中的主流审美意识。这股审美思潮使得很多书法家逐渐摒弃元代以来那种温和圆润、整饬甜熟的风格特征,开始追求个性的表现和强烈的风格特征,他们整体上构成了晚明书坛的基本面貌。受李贽"童心说"的影响,书法家们在艺术上追求写出真感情、真个性、真欲望。他们既不是代圣人立言,做道德的奴婢;也不是简单摹拟前人,作古人的书奴。他们认为每个人都有自己的价值,都要表达自己的种种真实。这种以心灵觉醒为基础,提倡"童心"和"真情"的艺术观念,实际上是对追求个性解放的呼唤。

从整体上看,明代后期书法审美意识以个性解放为旗帜,以写出真性情为旨归,追求个性与情感的完美结合和淋漓宣泄。这带来了明代后期温和敦厚的正统古典书法美学(项穆《书法雅言》为代表)与求异尚奇的新型书法美学并驾齐驱,并以后者为时代主流的景象。这一时期书法的繁盛表现在,书法大家比明代任何一个时期都多,书法风格流派比明代任何一个时期都丰富,书体丰富性也比明代任何一个时期都齐备。更重要的是,在这一时期由于新的书法审美观念已经酝酿着清代碑学兴起的某些端倪,具有重要的承上启下作用。在这一时期中,出现了董其昌、徐渭、张瑞图、黄道周、倪元路、王铎、傅山、朱耷等一大批声名显赫的书法大家,他们在中国书法史上占据着重要的地位。他们在书法创作中所表现出的创作者自己不断认识和表现自我内在的生命力,把书法艺术的个性和风格发挥到了极致。

另一方面,在动荡的时代,文人往往多倾向于解脱烦恼。而禅宗思想在明代后期的广泛流布,正契合了这一心理需求。在文人书画家中,谈禅之风大盛。禅宗的思想,强调即心是佛,息妄显真,见性成佛。它以简便易行的修持方式,以及机锋敏锐、启发智慧的禅宗公案,吸引着众多的士大夫文人,很多人都是"居士"。在这时,禅宗思想渗透到士大夫们的思想意识中,与心学思潮合流。禅宗的人生观,尤其成为失意士大夫寻找精神解脱所向往的境界,而禅宗崇尚天真、自然,主张表现本心、息妄显真,实际上与李贽的思想有着某种程度的契合,并进一步对士大夫的书法观念产生了深刻的影响。

　　禅悦之风在士大夫文人圈子中的流行,并不是偶然的思想碰撞。自从王阳明公开摒弃了反佛的儒家原则,心学思想家便率领着明代后期士大夫们掀起了禅悦之风。三吴名士普遍以儒禅融合为新的思想观念。比如,董其昌以及与董其昌交往密切的陶望龄、袁中道等人都是禅宗居士,而紫柏禅师和董其昌是交往最多的好友。但是,此时的朝廷处于风雨飘摇、国事蜩螗之秋,城市经济造成社会政治结构的变化,阉党宦官的恐怖统治令士子们既感到不满和愤恨,同时又深感无奈。他们通过掀起禅悦的风气,试图在无奈的现实之中获得某种精神的逍遥。这时,作为中国人对于外来宗教的成功改造形式,禅宗已然具有鲜明的中国特色。它在哲理思辨方法以及审美观念方面,实际上都是外来佛理与中国老庄哲学的合流,并且更多的时候包含庄子哲学的思想,是所谓"道禅哲学"。文人书家们从禅宗思想中汲取精华,启发自己的智慧,丰富自己的审美观念,而明代后期的大书法家董其昌就是一个显例。

二、禅悦之风与董其昌的"淡"

　　董其昌的好友陈继儒在《容台集叙》中曾说董氏"独好参曹洞宗,批阅永明《宗镜录》一百卷,大有奇怪"①。《无声诗史》卷四也说董其昌万历中举入仕后,"日与陶周望(望龄)、袁伯修(中道)游戏禅悦,视一切功名文字,黄鹄之笑壤虫而已"。董其昌《容台别集》中有一卷便专门是谈禅之语,他还自名书斋为"画禅室",又以禅宗的南顿北渐,来划分画的南北宗的来源。由此来看,以自然澹泊、净化解脱为特征的禅宗思想,应该是董其昌艺术创作的思想源泉。他在艺术创作上也重视顿悟,反对渐修,强调韵致,反对刻板,认为风格的形成主要在于人内在精神的作用,人的内在心性是艺术的根本,即"所谓神品,以吾神所著","未有精神不在传远而幸能不朽者",等等。欣赏艺术,也要追求"天真烂漫"、"萧散古淡",甚至追慕"奇怪"和"险绝"。董其昌喜欢以禅论书,实际上是因为庄子与

---

　　①　(明)董其昌:《容台集》,邵海清点校,西泠印社出版社2012年版,第725页。

禅有相通的地方,他的游戏禅悦,正和他的墨戏一脉相承。

禅的思想,很自然地成为了董氏尚"淡"思想的背景。董其昌积极地肯定了艺术意境上的淡。淡的意境,是从庄学中直接透露出来的意境。董其昌生当庄学式微,而禅学盛行的时候,他时常将庄子和禅家的话,完全作同一领会,看作是同一性格和同一层次的东西。董其昌曾说:"晦翁尝谓禅典都从《庄子》书翻出",又在《题画寄吴浮玉黄门》一诗中说"林水漫传濠濮意,只缘庄叟是吾师",他在不经意中,便把自己对庄学精神的依托透露出来了。也就是说,淡的意境是由玄学而出,是由庄学而出,是从有限以通向无限的连接点。顺乎万物自然之性,不加以任何人工矫饰之力,这就是"淡"的精神。

庄学的精神,是艺术的精神,反映到艺术作品中,会表现为某种性格的美。这种美,大体可以用清淡和朴素来概括。以庄学为根柢的作品,风格一定是淡的。淡的精神,就是逸的精神。以淡为贵,就是以清为贵,以远为贵,以虚为贵,以无为贵,这是庄子的精神落实到艺术作品上必然的结果。艺术作品中生命意境的淡远,应该从空阔处去领会,从境外去领会,在空境中领会,也就是在无笔墨处去领会。虚廓空远,笔尽而意无穷,意味不在有形处,而在无形处,淡境之难,难在逸。

董其昌在艺术方面,以"淡"为宗。他说:"质任自然,是之谓淡。"他以淡的意境和形象,作为作文的祈向。而且不仅文学,董其昌以二米的山水画为骨干,建立起来的南北宗论,也是以淡为宗,以天真自然为宗。董其昌多次援引苏东坡的话,比如"绚烂之极,归于平淡","天真烂漫是吾师",等等,并激赏不已。董其昌在文学和绘画上的追求,自然也贯通到书法方面。在《容台集》卷一中,董其昌说:"作书与诗文同一关捩,大抵传与不传,在淡与不淡耳。极才人之致,可以无所不能,而淡之玄味,必由天骨,非钻仰之力、澄练之功所可强入。"①董其昌所推举的书法的意境,乃是平淡的意境。董其昌自己的书法创作,即倾向于南派之帖学,崇尚秀

① (明)董其昌:《魏平仲字册》,见崔尔平选编、点校:《明清书法论文选》,上海书店出版社1994年版,第217页。

雅古淡的姿致,他认为自己"书中稍有淡意",原因在于自己"不好书名",这和宋人的"无意于佳"、"不计工拙"极其相似。

董其昌的淡,首先是笔淡。他说:"作书最要泯没棱痕,不使笔笔在纸素成板刻样。"①棱角峥嵘,凝涩刚劲,是以一种严峻的直线和折角,来表现一种态度的坚毅和意志的强大,有一种儒家"知其不可而为之"的气概,就像中国画中猛烈的斧劈皴一样,风格刚硬雄强。而董其昌要涤除一切圭角和锋芒,总是以柔柔的、淡淡的笔致来抚爱生命,亲近自然,表现一种自然的、萧散的、洒脱的心灵韵律和人生情怀。在书法的笔法中,转如流水,折似劈刀,董其昌喜欢转法,不喜欢折法,多用柔曲的线条,在和缓摇摆的运动中使人松弛舒畅,而避开直线和突然猛烈地改变方向,所以他说"书道只在巧妙二字,拙则直率而无化境矣"。不仅笔法上如此,结构上他也努力增加飘逸的风致,所以他不喜欢方正刻板的结字,要"以奇为正"、"不作正局",而王羲之的字妙就妙在"迹似奇而反正",奇宕潇洒,时出新致,不主故常。为了出"奇",董其昌提出"书家以险绝为奇",也正是在这个意义上,他不满于明代前中期普遍被书家奉为圭臬的赵孟頫,转而取法米芾,并上追南朝及晋人的潇洒古淡。

董其昌的淡,不仅在笔,更在于墨。他说:"字之巧处在用笔,尤在用墨",他在书法墨法发展中有着特殊的贡献。董其昌曾说:"用墨须使有润,不可使其枯燥,尤忌秾肥,肥则大恶道矣。"董其昌用墨忌浓、忌枯,主张秀润淡逸,他的墨法源自水墨画的发展。水墨的颜色,是庄子所要求的重素重朴的颜色。当水墨能用得自然合度,在水墨的身上,就能表现出一种深不可测的生机在跃动,变化无迹,此之谓独得玄门。所以,后来的书法家和画家,一下笔便深浅数重,也就是董其昌所说的"下笔便有凹凸之形",就好像造化自然在那里自由地展开,自在地舒卷。

董其昌的书法,笔淡墨淡意更淡,在散淡中透出空明灵透。意的淡,就是人生态度和艺术精神的淡。淡与不淡,不在功力和技法,而在于心志

---

① (明)董其昌:《画禅室随笔·论用笔》,见华东师范大学古籍整理研究室选编、校点:《历代书法论文选》,上海书画出版社 1979 年版,第 540 页。

的淡泊,所以,董其昌有时强调淡"必在生知","乃天骨带来,非学可及","关乎神明"。但这并不是说,淡只能是一种遥不可及的等待。淡,实际是出于性情的自然,而性情的自然,又关乎平日之所养。不过,仅仅有一副素朴的性情,并不能创造出艺术品来,还需要技巧的钻仰和澄练。只有当技巧的熟练臻至于极,以至于忘记其为技巧,到这时,技巧就融入了性情。于是,创作就不以技巧本身出现,而是以性情出现。

在这个意义上来说,淡,是一种人生历练,是"绚烂之极,归于平淡",是喧嚣之后的沉淀,是沉淀之后的飞升。人生的淡,不是一蹴而就的。董其昌说:"诗文书画少而工,老而淡,淡胜工,不工亦何能淡。东坡云:笔势峥嵘,文采绚烂,渐老渐熟,乃造平淡。实非平淡,绚烂之极也。"[1]陈继儒在《容台集叙》中也说:"渐老渐熟,渐熟渐离,渐离渐近于平淡自然,而浮华刊落矣。"他们都是把人生的历练和修为,与淡逸境界的追求结合在一起的。

董其昌一生多次做官,多次下野,对世事明了如灯火。他深受禅宗与庄子思想的影响,平和而淡定。他的老朋友陈继儒称他"笔下无疑,眼前无翳,胸中无一点杀机"。董其昌是一个精神世界极为复杂、内心十分丰富的人,但他又是一个极其能够超脱的人。在他的书画里,荡尽了尘烟和杀气,体现出一种清风淡远的境界。他是一个多种文化的复合体,他的内心里有着多种文化的支撑。在书法中,他的线条能委运任化,与世浮沉,他淡逸萧散的书法艺术,正是他放逸情怀的迹化。一般书法家,都是主浓不主淡。书法中的"淡",并非始于董其昌,但明确把"淡"作为中心范畴,以此作为衡量书法优劣之首要标准,并把书法中的"淡"升华到人生态度和艺术精神的高度,盖自董氏始。

三、个性解放思潮下徐渭的"狂狷之美"

在明代末期国事动荡、风雨飘摇的社会环境下,士大夫们从禅宗那里接受的主要不是宣扬清净佛性的佛理。徐复观曾经指出,董其昌所把握到的禅,往深一层追溯,只是与庄学在同一层次的禅。也就是说,他所游

---

① （明）董其昌:《容台集·别集》卷四,明崇祯三年董庭刻本。

戏的禅悦,只不过是清谈式的、玄谈式的禅,与真正的禅,尚有向上的一关,未曾透入。《无声诗史》里说董其昌"日与陶周望望龄,袁伯休中道,游戏禅悦,视一切功名文字,黄鹄之笑壤虫而已"。禅的超然出世的态度和众生平等观,固然和"名心薄而世味浅"相通,和艺术上趋于"大雅平淡"也相通,但游戏禅悦,只是看淡"功名文字",看淡现世人生的计较利害,从而获得精神的超越,他们并不从根本上否定现世人生,并不否定生命,所以和真正意义上的禅,还隔着一层。董其昌喜欢以禅论书,实际上是因为庄子与禅有相通的地方。

明代后期的士大夫们从禅宗那里接受的,是禅宗呵佛骂祖、否定外在经典桎梏的反叛精神,他们利用禅宗强调的"本心"的思想,来揭示尊重个人思考的独立性。换句话说,禅悦之风不仅没有使士大夫们心理封闭,反而冲溢出一种追求个性表现的异端思想,这无疑是禅宗的大胆怀疑和叛逆精神启迪了他们。由于万历中期以后禅宗所引发的异端思潮受到了明王朝的禁止和镇压,一些封建卫道士不断攻击"狂禅"之风。在强大的保守势力的压抑下,以禅悦为纽带联结起来的一群异端士大夫们被迫离散,和董其昌交游密切的紫柏禅师甚至被害致死。所以,明末这场以个性解放为目标的异端运动,在本质上带有士大夫们放浪形骸、风流不羁的成分。徐渭的狂放和董其昌的平淡,看似截然不同的艺术状态,实际上都是同一思潮下的产物。今人往往依据董其昌笔笔取法古人,有本有源,将他列为复古派,并将他与徐渭对立起来,这实在是一个误会。

徐渭的思想深受王阳明心学的影响,他是王阳明弟子王畿和季本的弟子,思想来源即是王阳明心学左派一脉。他强调天成,亦即人原本之素质的重要性,所以他认为一般的人大抵"始于学,终于天成",并认为"天成者,非成于天也,出乎己而不由乎人也"。徐渭的书法观念即根植于他所接受的心学思想,其书法以行草为主,或以行书为主夹入草书,这大约是行草书最少约束而又能萧散风流的缘故。徐渭的书法,笔法多用米芾法,而结字又趋扁,能窥见东坡书法的沾溉。他也喜欢倪瓒的书法,曾自言"倪瓒书从隶入,辄在钟元常《荐季直表》中夺舍投胎。古而媚,密而散,未可以近而忽之也"①。这段话反映了徐渭书法基本的审美追求,"古而媚、密而散"正体现出他书法的基本风格特征。

在名家林立、风格多样的明末书家群中,徐渭的书法面貌是极具个性的。其用笔之大胆,风格之奇特,在同时代书家中无有可参照者。他毫无束缚的笔墨表现,让人们几乎无法分辨他的师承,但实际上徐渭是广采诸家,有所取舍,他的核心的审美追求是萧散和脱俗。其《题自书一枝堂帖》云:"高书不入俗眼,入俗眼必非高书。"他论书主张寄兴,追去真面,他说:"非特字也,世间诸有为事,凡临摹直寄兴耳,铢而较,寸而合,岂真我面目哉?"不过,在追求己意的同时,徐渭并非一个放弃传统书法技法和功力的书家。他曾著有《玄元类摘》一书,详论点画,精研笔法。他把"出乎己"置于天才与功力的关系中来理解:"夫不学而天成者尚矣。其次则始于学,终于天成。天成者,非成于天也,出乎己而不由乎人也。"在强调"出乎己"是"天成"的关键时,他也批判了那种连点画都不懂的人,"近世书者阔绝笔性,诡其道以为独出乎己,用盗世名,其于点画漫不省为何物,求其仿迹古先以几所谓由乎人者,已绝不得,况望其天成者哉"②。

徐渭本人确乎是在传统的基础上"出乎己",从而实现自己的书法理想。虽然由于他身份地微,命运坎坷,在生前他的声名并未能远播;但是卒后由于陶望龄和袁中道的推崇,他越来越受到世人的推重,袁中道赞其为"八法之散圣,字林之侠客也"③。徐渭以其奔放狂肆的书风,使得晚明书坛如魇得醒。他对宋人书法多所偏爱,对于苏、黄、米、蔡均有独到见解。他追求己意,但不放弃传统,要求在临帖时"时时露己笔意者,始称高手"④。徐渭擅长写大幅巨制,用笔沉雄豪放,节律跌宕起伏,行间茂密,似疾风骤雨,再加上破锋、露锋、涩笔的交替使用,使得作品的笔墨语言丰富而多元,能够形成强烈的视觉震撼。更重要的是,他把书法家的人

① (明)徐渭:《杂著·评字》,《徐渭集》,中华书局 1983 年版,第 1054 页。
② (明)徐渭:《跋张东海草书千文卷后》,《徐渭集》,中华书局 1983 年版,第 1091 页。
③ 马宗霍辑:《书林藻鉴》卷十一,文物出版社 1984 年版,第 325 页。
④ (明)徐渭:《书季子微所藏摹本〈兰亭〉》,《徐渭集》,中华书局 1983 年版,第 577 页。

格精神迹化于纸上,让人能感受到一种"磊磊不平之气"。从这个角度看,徐渭书法的真精神就是写出活的自己、真的自己。他曾说:"故笔,死物也;手之支节,亦死物也。所运者,全在气,而气之精而熟者为神。故气不精则杂,杂则驰,而不杂不驰则精,常精为熟,斯则神矣。以精神运死物,则死物始活。"①由此来看,徐渭之书即徐渭之人,在他酣畅淋漓的笔墨挥洒中,展现的是一个有血有肉有精神的活生生的人。

实际上,在整个明末的书坛上,像徐渭这样具有革新精神的书法家还有很多,比如张瑞图、倪元路、黄道周、王铎等。在他们身上,能清楚看到个性解放思潮给他们的书法带来的强烈鲜明的艺术语言和审美观念。他们鼓吹个性自由,强调精神解放,冲破传统的形式和法度,甚至以丑怪的方式、奇异的笔墨来表现出一种不和谐的、惊世骇俗般的狂狷之美,形成一种不合俗流、与世抗争的视觉效果。他们普遍以八尺、丈二尺寸来代替原来普遍流行的尺牍手卷,使得书法表现的空间得以极大释放,书法的视觉效果也得以有效强化。书法的审美观念开始由正向奇、由态向势的方向发展。可以说,从徐渭到王铎,诸多书家虽然各具个性,师承以及用笔、结字、章法各有特色,但在他们的笔下都真实地反映了那个天崩地裂的时代。在这股变革的潮流中,传统的书法形式得到极大发展,这些书法家手中如云烟变幻,如飞瀑倾泻,其气势之大,确实史无前例。不要说明代前期在拟古风气下的裹步不前,即便是明代中期吴门书家审美观念,依然是以典雅平和为基本规范,从晚明诸家大幅作品的汪洋恣肆和气吞山河来看,在审美观念上确实与明代前期、中期相比发生了巨大的变化。

四、明清鼎革之际王铎的"挣扎之美"

王铎是书法史上最有争议的书法家之一。一方面,他作为明末清初浪漫派书家的代表,在继承传统和艺术创新方面(如涨墨的运用和章法的创新)取得了卓越成就,多为后世书家所师法;另一方面,他作为降清

① (明)徐渭:《玄抄类摘序说》,见崔尔平选编、校点:《明清书注论文选》,上海书店出版社1995年版,第130页。

的明臣,"人品颓丧",多为人们所不齿,甚至被清人纂修的《明史》列入《贰臣传》。中国书法的欣赏历来兼论人品,"作字先作人"①,所以,人们在叹服王铎的艺术魅力时,也为他的人生悲剧感到遗憾。但近年来"王铎热"的兴起和日本现代书法派系中"明清调"对王铎书法的推崇引发了我们对王铎新的思考。

作为一位官员,王铎是失败的。在明代天启、崇祯两朝,他担任的多是闲职,也无做官的兴趣,在仕途上似乎并没有什么抱负和野心。但是,生逢历史转折之际,他身不由己地卷入了历史旋涡之中。崇祯在景山自缢后,马士英、史可法拥立福王朱由崧在南京称帝,当时还在苏州一带漂泊的王铎,竟然糊里糊涂地被推为东阁大学士,进而卷入了权力的中心。

王铎在政治上可以说是两边不讨好的人。他与阉党有冲突,对东林党多同情,与党社中人黄道周、倪元璐、吕维祺等皆为交往好友。在弘光朝时,他努力使自己表现出清流的一面,所以更倾向于东林党,比如在对待"逆案"的问题上,对复社之人多加袒护,而对马士英等颇有微词。但是,王铎又非复社成员和东林党人,所以,在东林党与马士英、阮大铖之间你死我活的政治斗争中,王铎的态度并不能让东林人士满意。由东林所把持的社会舆论自然对王铎评价不高,认为"孟津未协人望"。所以,王铎斡旋于官场,感到非常困苦孤独。他对弘光皇帝说:"鼎铉之地,河南止臣一人,蜡蜡凉凉,困穷无告。臣不言不可,欲言不能,如哑人吞黄蘗,最苦之味,填在心区。"所以他请求"皇上万勿留臣,令言者快意于蜂螫,得献其伎俩于词林"。

然而,十多天后,就出现了震动朝野的北来伪太子事件。在伪太子案中说了实话的王铎,却遭到了南京市民的忌恨,闾巷民众欲生食王铎之肉。与肉体的摧残相比,心灵上的所受的折磨,更使王铎痛苦。短短的时间,经历了家破国亡之痛。王铎已经是生气全无,只好放纵自己,沉湎于诗酒书画以自遣。一年前,王铎还为弘光朝内殿书一对联:"万事不如杯在手,一生几见月当头。"这时,却成了他自己生命的真实写照。他借着

---

① (清)傅山:《作字示儿孙》,《霜红龛集》,山西人民出版社1985年版,第90页。

他人的酒杯,浇自己胸中的块垒,其心态的消极,是完全可以看出来的。降清后的王铎,终日沉湎于诗酒书画与歌妓的清歌妙舞之中。放浪形骸,是对现实世界的颓废逃遁,是对精神苦痛的消极排遣。

王铎的一生是矛盾的,是痛苦的,也是挣扎的。在他的诗文艺术之中,我们可以领略到那种源自灵魂深处的"挣扎之美"。他由一个中小地主家庭靠刻苦读书进入仕途,不由自主地卷入了政治斗争,得不到东林党和阉党任何一方的喝彩。他忠勤于福王朝廷,却无力施展,反被民众忌恨和奸相排挤。他在降臣之列,做了清朝的贰臣,但降清后,却又不与清廷合作。他的思想处于极度的矛盾之中,时时感到补天乏术,出世无门。他的精神世界是分裂的,人格是双重的。这种思想矛盾无疑也影响了他的书法创作:一方面是对古代书法大师的痴迷与神往;一方面又放浪笔墨,狂放不羁,愤世嫉俗。

王铎在诗文书画上都有很高成就,善画梅兰竹菊,而于书法声名最著。他对自己的文艺才能很自负,称"余于书、于诗、于文、于字,沉心驱智,割情断欲,直思跋彼室奥,恨古人不见我,故饮食梦寐之"①。但他并不排斥古人和否定传统。恰恰相反,与明清其他书家相比,王铎有着公认的正统性。王铎重视临摹古人法帖,现传世王铎墨迹刻帖 400 余件中,临作约占二分之一,这正应了他自己的话,"一日临帖,一日应索请,以此相间,终身不易"。他是真正正确地处理了创作与临摹的关系的。在他的临作中,临二王的法帖又占了一半以上。他 13 岁专攻《集王圣教序》,自言"临之三年,字字逼肖",后又与《阁帖》结下不解之缘,用功最深,浸淫最久。他在《跋淳化阁帖》中就说:"余书独宗羲献"②,可见他对二王法帖是情有独钟的。沙孟海先生在《近三百年的书学》中评论他"一生吃着二王帖,天分又高,功力又深,结果居然能够得其正传,矫正赵孟頫、董其昌的末流之失,于明季书坛可谓中兴之主",对他评价甚高。但王铎并未终身拘泥于二王,又转益多师,学米南宫,攻颜真卿得《争座位》、《祭侄文

---

① (明)王铎:《琼蕊庐帖》跋。
② (明)王铎:《临淳化阁帖与山水合卷跋尾》。

稿》之髓,又从李北海处取势,行草遂能自成一家之法。

王铎用笔沉雄而富于变化,豪放又不失法度,既发扬了明代后期行草气势奔放、直抒性灵的优点,又矫正了明代行草线条粗率、缺乏蕴藉的偏失。他以篆书笔意写行书,从颜真卿处得益颇多;而结体险劲,跌宕错落,如天马行空,不拘一格,受米芾影响很深。如果说王字是他的根基,那么米字就是他形成风格的支点。但与南宋王璪学米几可乱真而不能创新相比,他自己创造了不少新奇的构成方式,节奏变化丰富,可谓“风樯阵马、沉着痛快”,堪称米芾后又一位结构大师。王铎学习古人,兼晋、唐、宋各家之长,又力创新格,打破当时书坛由婉约渐媚俗的格局。在偏于帖学的阴柔之风流行之际,倡明末雄健阳刚之风,这既是一种矫正和补救,实则亦开后来碑派书法美学追求之先声。

王铎临书不满足于“如灯下取影,不失毫发”,喜作巨幅行草,临时“拓而大之”。但他不仅注意到势的扩展,亦留意精微的笔法,所以十分耐看。他常常十余字一笔而成,被称为“一笔书”,这是他对书法史的杰出贡献。加上结字、章法、墨法的变化,人称“神笔王铎”。有人认为,徐渭破坏了笔法,董其昌破坏了墨法,王铎破坏了章法,这里的“破坏”亦即“丰富”也。王铎创造的奇崛的章法确实无与伦比,而他书法中涨墨的运用更是书法史上前无古人的现象。笔画因墨色晕化而相互粘连,有时一个字笔画间的空白全被墨晕作一团,仅可通过字的外形来辨认。这种对墨法的新追求与当时水墨画及文人印章艺术的兴起有关。

王铎年轻时曾精研六书古文字学,作书喜掺入古文奇字,颇受时人欢迎。在封建正统意识孔孟儒学和程朱理学受到冲击的明末,以李贽“童心说”为代表的新的世界观和美学观开始兴起。旧的典范丧失了神圣性,人们才易于以更开放的心态去接受新的艺术范式的形成。“奇”是晚明文学艺术中一个重要的概念,被友人称为“来历奇,行事奇,诗文书画奇”的傅山便高吟“作字先作人,人奇字自古”①。王铎书法中冷僻的古文奇字和变体别体的运用所造成的阅读上的障碍使人们获得一种无以名状的挫折愉悦

---

① (清)傅山:《作字示儿孙》,《霜红龛集》,山西人民出版社1985年版,第90页。

感。这固然与当时人们的审美习惯相合,而王铎临书时把行书临成草书,把楷书临成行草,却正是经典崩溃的时代在书家身上的烙印。

学习古人又不泥于古人,迎合时代又不满时风,是王铎的高明之处,也是他的矛盾所在。晚明时代,一方面市民文化泛滥,吟花弄月的闲情小品充斥社会;另一方面,人们又要避时避俗,复社就公开亮出"兴复古学"的旗号。这就是晚明文化的多元化特征,也是王铎对待继承与创新问题的时代参照坐标。王铎在他的美学著作《文丹》中表达了自己的艺术观点和美学追求。他讲求"怪"、"狠"、"胆"、"气"、"力"等。如:

怪,则幽险狰狞,面如贝皮,眉如紫棱,口中吐火,身上缠蛇,力如金刚,声如彪虎,长刀大剑,壁山超海,飞沙走石,天旋地转,鞭雷电而骑雄龙,子美所谓"语不惊人死不休",文公所谓"破鬼胆"是也。

狠,为人不可狠鸷深刻,作文不可不狠鸷深刻。

胆,文要胆。文无胆,动即物促,不能开人不敢开之口。笔无锋锷,无阵势,无纵横,其文窄而不大,单而不耸。

气,文有矜贵气,有死亡之气,全无气,不名为文!

力,大力,如海中神鳌,戴八肱,吸十日,侮星宿,嬉九垓,撞三山,踢四海!

从以上所引述则可见王铎于文艺重生气、重胆魄、重奇怪,以"使人目怖心震"、"骇人耳目"为旨归,这与他书法追求的风格是一致的。

寄情于书法,以恣肆的笔触,写平生的痛苦,这是追悔时的发泄。王铎四十七岁时说:"予于世读书作文外,无一乐也。"①后来又说:"我无他望,所期后日史上,好书数行也。"可见,他对当时仕途险恶、朝廷党争误国的厌恶和失望。他担心"将来齿颓西榆处,不事书画,识者寥寥也"②。在给张玉调的信中,他不无感伤地说:"弟于笔墨敝帚也,无益国家,暇中偶一戏为之。全力惟求经史,批观诗文,操觚求知己,不易之耳。至今画书作文,积如山陵,反生诸苦,矧劳心疲力,耗日持去皆为幻梦。"③可以想

---

① (明)王铎:《拟山园选集》卷三十六《女佐圹碣》,《北京图书馆古籍珍本丛刊》本。
② (明)王铎:草书《琅华馆学古帖卷》署款。
③ (明)王铎:《求书帖》,《琅华馆帖》。

见他当时对政治彻底失望后,栖身于诗文书画时的苦闷和孤寂。

　　但历史公允地肯定了王铎的书法艺术。他的线条所具有的魔鬼般的神奇魄力,牢牢地把握了书法艺术表情达性的灵魂,跌宕的形体和强烈的节奏与现代审美趋势相契合,这也是当代"王铎热"兴起的原因。有人甚至提出"后王(铎)胜先王(羲之)"的口号,并不因为王铎的失节而否定他的艺术成就。而早在三百多年前,与王铎一起身历明清鼎革遭遇的明代遗民傅山对仕清的王铎已做到了不因人废书,称王铎"四十年前字极力造作,四十年后,无意合拍,遂成大家"①。王宏则赞扬王铎"学问才艺,皆不减赵承旨"②。钱谦益在《宫保孟津王宫墓志铭》中说他"蝇头小楷,擘窠狂草,风雨发作于行间,鬼神役使其指臂,师宜官之挥壁,子敬之扫帚,天地万物,若有动于中,无不发之于书"。这些都是对王铎书艺很高的评价。

　　王铎因为降清仕清落得千古骂名,为封建正统道德所不齿。但评价一个艺术家,不能仅仅从道德的层面作出评判,也不能仅仅从政治是否正确作出认定,我们更要走进一个艺术家的灵魂深处,感同身受地去体会他的痛苦、他的矛盾、他的泪水、他的挣扎,只有走到王铎的灵魂深处,才能真正感受到一个书法家线条中所涵摄的那种"挣扎之美"。

―――――――――

① （清)傅山:《霜仁龛集·家训·字训》,山西人民出版社1985年版,第90页。
② （明)王宏:《砥斋题跋》。

第五章

明代绘画的审美意识

　　在中国绘画发展史上,明代绘画是继宋元两代后的又一高峰。明代绘画的繁兴,既与延续宋元绘画传统的自律性发展有关,又与此期的经济、政治、思想、文化的发展和变化密切相关,整个明代绘画体现出在继承传统中又趋向探索创新的审美风貌。明代绘画发展基本对应明王朝由盛至衰的早、中、晚三个历史阶段,各个阶段都有引领绘画潮流转变的画派和名家,不同的审美追求彼此对峙和交融,使得明代绘画出现艺术风格多样化的特点。明代早期以传承南宋院体的宫廷绘画和"浙派"风靡一时,明代中期以发扬文人绘画的"吴门四家"蔚为大观,至晚明则几乎浓缩了宋、元、明、清四朝绘画的艺术风格,以整合传统的形式表现出前所未有的新机运,以董其昌为首的"松江派"独占鳌头,勾勒出一条"院体"绘画中衰、文人画兴起并取得正统地位的发展脉络。

　　明代早期"院体"绘画取得成就,与皇家的审美意趣有着莫大的关联。出身垄亩的朱明统治者,在审美意趣上并不讲究文学性、思想性和哲学性,对宋代粗狂开放、清秀刚健的绘画风格推崇备至。加之明王朝在文化上管控得十分严格,需要绘画"成教化"的社会功能,所以出现了承接两宋院画传统,表达歌功颂德、太平盛世的"院体"画风。明代前期绘画的另一显著特点是,院内画家与院外职业画家互动频繁,许多院外画家都曾在院内供职,在成化、弘治年间,伴随着"浙派"领军人物戴进及其发扬者吴伟在朝野影响的进一步扩展,明代"院体"已与戴、吴引领的"浙派"逐渐合流,成为笼罩明初画坛的主流。院画和"浙派"涉足山水、花鸟、人物三大画科,其中花鸟画成就最为突出。他们以受古为更新,继承宋画传统的过程中有所革新,用笔精工细琢,构图饱满饶有气势,常把花鸟置于特定环境中,使奇珍异鸟的细腻与山木树石的粗劲呈现映衬关系,风格较之宋代更为浑厚、宏丽。"浙派"的戴进、吴伟在山水画上真正复兴南宋"院体"画风并大有发展,用笔爽快犀利而严守法度,构图裁剪得当而意象恢宏,善于在写实的山水之景中安排点景人物,在创作出兼具细丽精致与古拙淡雅的审美格调,反映出"浙派"绘画的基本特色。"院体"和"浙派"在人物画上的成就,相比花鸟、山水,略显逊色,亦是继承两宋传统,但创新不足,内容多表现帝王贵族的行乐图、借古颂今的历史故事,甚至一些人物画因过多地扩大景物的描写而变成山水人物画。

明代中期,以吴门画派为代表,主张回到继承元代水墨画法的文人绘画,该派兴起于沈周,成熟于文徵明。他们通过师生、父子、姻亲、诗画郊游等各种途径形成千丝万缕的关系,使宋、元以来的文人画传统薪火相传。他们秉承文人士大夫温文尔雅的气质与情怀,在审美趋向上彼此渗透,在创作风格上彼此影响,改变了"浙派"末流狂纵彪悍,刻意造作的审美趣味,确立了一种宁静典雅、高闲清旷的文人画作风,并取代"院体"和"浙派"的地位,成为明中期画坛的中坚力量。沈周取法宋、元诸位名家,对黄公望、吴镇尤有心得,画面笔墨变幻莫测,意态轩昂不俗,在恬静安详的氛围中平添恢宏的气魄,表现其充沛的活力与丰富的想象力。文徵明作画最重文人气息,在传统的梅兰竹菊绘画题材中加入湖石和禽鸟,把文人写意花鸟画推向成熟,更趋向于文人画。山水画多宗法赵孟頫、王蒙等人,能于繁密中见条理,古拙中寓典雅,体现出苍郁秀雅、细密温润的文人画审美倾向。与沈、文齐名的还有唐寅和仇英。唐寅初学周臣,取法南宋,后转师于沈周,尤善山水与工笔人物,其画风颇具清雅、含蓄之感,将宋人的写实与元人的写意淋漓尽致地表现出来,很好地把文人修养融入吴门温文尔雅的审美风尚中。仇英与沈周、文徵明、唐寅有所不同,出身工匠,不具有很高的文化修养,但他极具绘画天赋,擅长临摹古画,笔墨功夫深厚,深受文徵明的推崇和赏识。他的绘画透露出一股雅俗共赏的审美品位,以精妍秾丽、温润秀美的审美风格享誉一时。

晚明的社会矛盾日益尖锐,旧有的社会秩序趋于崩溃,社会精神生活领域出现了巨大的变化。随着人文主义思潮兴起,绘画领域也在各种审美思潮和艺术主张中迸发出耀眼的火花。以董其昌为代表的"松江派"获得了压倒性的胜利。他提出的"南北宗论"是绘画理论上最有影响的部分,从明末到民初笼罩画坛三百多年。他的山水画创作,以书法入画,强调笔墨虚实关系,讲究章法形式,竭力追求画面"平淡天真"的艺术境界。董其昌的巨大成就和影响标志着文人山水画艺术的成熟将近顶峰。概言之,明代绘画名家辈出、画派林立,艺术门类、题材众多,涉及山水、花鸟、人物等重要区域,是中国绘画史上一个承前启后的重要历史时期。

第一节　"院体"和"浙派"崇尚传统的审美意识

　　"院体"和"浙派"存在着亲密的血缘关系,又各自呈现出不同的艺术特点。他们在明前期的崛起,在某种程度上可以看作是南宋院体画风在明代的延续及革新的产物。南宋以李、刘、马、夏为代表的院体画风雄极一时,但在进入元代以后便很快就衰落了。首先因为元朝统治者在实施文化政策时有意打击和排斥南宋文化,其次与元代文人画家抒发隐逸情怀的需要有关,都有意无意地摒弃精工细琢和刻意粉饰的南宋院体画风,标榜"聊以自娱"、"抒写胸中逸气"①,把"士气"②作为绘画的最高审美标准,更加注重绘画中的人文精神。但随着改朝换代的历史变迁,尤其是汉文化重新确立统治地位,在文人的文化心理和思想意识上的改变是巨大的,这在明前期的画坛上体现得尤为明显:"院体"和"浙派"的绘画作品中缺失了那种萧散、远逸的高蹈韵致。"院体"作为御用美术,其发展和风格特征被帝王的喜好和审美所左右,无论是题材的选择还是艺术形式的表达都呈现出为宫廷文化服务的意图。"浙派"主要继承南宋"院体"绘画,取材广泛,用笔劲健,画面气势纵横。

----

　　①　元代画家倪瓒主张:"仆之所谓画者,不过逸笔草草,不求形似,聊以自娱耳。"〔(元)倪瓒:《清閟阁集》卷十《答张藻仲书》,西泠印社出版社 2010 年版,第 319 页〕"余之竹聊以写胸中逸气耳。"〔(元)倪瓒:《清閟阁全集》卷九《跋画竹》,西泠印社出版社 2010 年版,第 302 页〕

　　②　元代画家钱选提出的"士气"说。所谓"士气"或称书卷气、卷轴气,即文人气。

一、崇古务实的"院体"

"院体画"作为御用美术,主要为皇家服务,一般从事于宫廷壁画、帝王御容的绘画活动,其目的在于满足统治阶级的娱乐享受及发挥绘画"人伦教化"的作用,作品在整体上呈现精细雕琢、雍容华贵的审美意趣。明代"院体"虽不及宋代院画的辉煌成就,但亦有新的时代特色。在继承前人绘画基础上有了进一步的发展,出现了刘俊、谢环、倪端、尚喜、边景昭、吕纪等一批宫廷画家,其主要成就在山水、花鸟、人物三个方面。其中山水画多取法南宋马、夏和北宋李、郭,出现了南北融合的趋向;花鸟画在明代宫廷绘画中的艺术成就最为突出,在设色没骨、工笔重彩、水墨写意、工写相兼等绘画技法上有所突破创新,人物画带有明显的政治宣教功能,多描绘先贤帝王、历史故事、宫廷行乐等内容,并流溢出平民化的审美品位。

明代宫廷绘画中的山水画主要是继承两宋"院体"绘画风格,以宣德至弘治的李在和王谔为最,他们精湛的技艺融南、北宋画风于一体,形成独具时代特色的明代"院体"山水画风。

李在,明何乔远《闽书》称其"细润者宗郭溪,豪放者宗夏圭、马远"①。可以看出他的山水画风源于两个传统绘画系统:一是北宋郭熙;二是南宋马远、夏圭。代表作品有《琴高乘鲤图》、《阔渚清峰图》、《山水》轴、《归去来辞》等作品。其中最能代表其山水绘画水平的当推《山水》轴,这幅作品不仅能够反映李在晚期绘画的审美特点,更能使我们窥见院体画山水的新方向。从这幅作品的构图可以看出李在还是采用郭熙的布局方法,以全景山水入图,布局饱满,由近及远,层层推进,呈现一股气势恢宏的视觉效果。画面自下而上呈现近、中、远三个部分。近景中的山石采用卷皴法,树枝虬曲有力似蟹爪,不过线条更加厚重,笔墨也相对豪放,体现出融南北两宋画风于一体的审美效果。中景部分有流觞曲水

---

① (明)何乔远:《闽书》,见穆益勤编:《明代院体浙派史料》,上海人民美术出版社1985年版,第31页。

点缀其中,潺潺的流水声,增添了画面的活泼气氛,远处朦胧的树木在缥缈的云朵中忽隐忽现,若即若离,又烘托出更为空旷的艺术妙境。远景奇峰突起的连绵高山,几乎占满了整个空间,营造出一种高远幽深的绘画意境。最精妙的地方在于,他表现群山的具体形态时,不再以郭熙那种整体有机的方式去处理,取而代之的是以简单的明暗对比去区分相互重叠的岩块,使画面的高山不是曲折深入,而是正面平铺式的上升。精细处刚健有力的用笔,隐隐之中又透露出画家的"逛"的性格特点,兴化知府岳正就曾题诗赞许过李在的山水画:"草草如荒意不荒,云根老树带疏篁。摩挲二十年前墨,还有谁如李在狂!"①可见,李在的山水绘画颇具情调和生趣,充分展现了艺术家的才华与性情。

与李在同时期的宫廷山水画家还有王谔,他深受明孝宗的赏识,其绘画风格酷似马远,被称为"今之马远也"②。但其在追求工整细腻的同时又缺少了些许灵动和变化,故郎瑛在《七修类稿》中评价王谔:"其画树木,多着烟霭之态,势如泼墨,而无四面枝干丛生疏密之意,予谓之锅焦片。初学效之,犹恐刻鹄画虎。"③他的代表作品《江阁远眺图》,采用对角线的构图,布局疏朗开阔,笔触工整,造型严谨,墨色淡雅,深得马远、夏圭妙法。画面描绘的是隔江远眺的景象,险峻的石壁生出稀疏的松林,水榭阁楼依山傍水,隔江远远望去,云雾缭绕中又峰峦叠起,两艘忙碌的商船停泊江岸,可以推想深山之后必有商业繁忙的锦绣山城。中间是水天相接,横无际涯,涟涟清波,犹如孟浩然"移舟泊烟渚,日暮客愁新"④所描绘的景象一般。这浩渺的江面不仅开阔画面的视觉范围,更加使画面充满静谧轻柔的审美意境,近景描绘了主仆三人凭栏远眺,他们泰然自若,似乎还在畅聊心中的愉快之事,时时传来阵阵欢声笑语。整个画面沿对角线的方向形成浓淡对比,近景中浓墨渲染的松叶与晕染清淡的对岸远山

① 梁桂元:《闽画史稿》,天津人民出版社 2001 年版,第 67 页。
② (明)朱谋垔:《画史会要》,见潘运告:《明代绘画》,湖南美术出版社 2002 年版,第 396 页。
③ (明)朗瑛:《七修类稿》,上海书店出版社 2009 年版,第 206 页。
④ (唐)孟浩然:《宿建德江》,人民文学出版社 1983 年版,第 25 页。

遥遥相对,前重后淡的处理方式更加突出描绘景象的空旷辽阔,同时也加强了画面的层次感。此图与马远《踏歌图》有异曲同工之妙,工整细腻的用笔,洗练的斧劈皴,但是王谔有意师法而又有革新,表现手段不落俗套。城外江面的几艘商船透露出浓烈的生活气息,颇有明代绘画的时代特色。

明代院体花鸟画既有宋元余韵又不断推陈出新,在继承前人的过程中力求表现出不同于前代的技法和特色,构图宏达,讲究法度。其审美意趣显示出贵族平民化的趋向,更具叙事性、写意性,风格样式多变,有浓彩、淡彩、工写相兼、水墨写意等,又因为画家身份、文化修养、政治背景、地域环境的不同呈现出各自不同的绘画风貌特点。边景昭与吕纪是当时尤为出名的两位宫廷花鸟画家。

边景昭,画工艳丽生动,精妙绝伦,在继承两宋院体和黄荃工笔写生法的基础上,有所创新,有"当代边鸾"[1]之称。《三友百禽图》描绘的是冬去春来、百鸟争鸣的初春景色。在构图上,将折枝式构图融入全景式构图中,画面饱满,气氛浓烈,颇具年画风味。画家十分注重观察花鸟的形神特征和生活习性,故近百只鸟雀的品类一一可辨,有山雀、八哥、麻雀、白喉叽鸫等,它们情态生动活泼,画中的山石、鸟、树之间的构图关系也营造出格外逼真的环境。在色彩上,设色艳丽而素雅,较之宋画多了几分清淡之韵。画家一方面有意识地将浓艳的颜色集中于画面的上部,又集中对几只鸟雀着重赋色,强调画面的主体;另一方面,树干、土坡、石块等用笔洗练劲健,用水墨渲染,呈现出沉着色系的灰调子,部分鸟雀也处理成深浅不一的灰色,使画面色调和谐统一。颜色浓淡的对比处理,继而平添了画面的节奏性。在造型上,画家注意到头部与躯干的透视效果,不再单纯性地表现鸟雀头部的正面,鸟雀的头部随着身体姿势的变化而变化,有的抬头张望、有的歪头凝视、有的低头啄羽……同时,画家在鸟雀的整体造型上加入自己的独特见解,趋向畅快、简易。在寓意上,画家寄情于物,发挥了花鸟画以物寓志的特点,使自然物的刻画与画家的情趣巧妙的结

---

① 边鸾是唐代杰出的花鸟画家。解缙《解学士集》卷九《送边文进归闽》诗有"当代边鸾最得名,几回待诏话西清"之句,称边景昭为"当代边鸾"。

合,表达了社会和谐安定、君臣和平相处的理想。画面中各类鸟雀聚集在一起,隐喻百官朝拜天子,顺承天意之象。借"松竹梅"生长的自然特性来表现一派万物复苏、欣欣向荣的初春盛景,突出了绘画主题。

吕纪,清人徐沁《明画录》评其花鸟画"初学边景昭,后摹仿唐宋诸家,始臻其妙,……其写凤鹤孔翠之属,杂以花树,秾郁烁烁夺目"①。据此可知,他早年入宫前主要学习边景昭的工笔重彩花鸟画,至画院初期又临摹仿效林良的水墨写意画,之后又结合取唐宋各家之长,工写结合、粗细相兼,精细严谨之中又不乏活泼强健之趣,创立了新的绘画风格,有"独步当代"的美誉。现存的作品可以分为两类:一类是工笔设色花鸟画,如《桂菊山禽图》;另一类是水墨写意花鸟画,如《残荷鹰鹭图》。《桂菊山禽图》是吕纪工笔设色花鸟画的典型代表作,画面以一株大桂树为中心,分别展示了各种奇禽异鸟,它们形态各异,或树间嘻唱,或展翅欲飞,或觅食打闹。喜鹊、八哥、花卉、枝叶都以工笔重彩勾勒后浓淡设色,精巧富丽,栩栩如生。桂树下面的坡石用粗笔水墨绘出,用笔刚健苍劲,刻画出石块凹凸有致的体积感,体现了"瘦、皱、灵、透"的审美标准。丛生的杂草和深处的菊花构图精妙,使画面疏朗充实。也正是因为画面中坡石、树干采用了粗笔皴擦的画法,才更能衬托出菊花的精致、禽鸟的灵动,精细严谨的线条中又融入肆意的笔意,这种强烈对比也丰富了绘画形式的表达,粗细对比之中达到和谐,传达出别样的美感,体现了他"笔工而文,色缛而雅"②的绘画特点。

《残荷鹰鹭图》迥异于富丽工整的工笔花鸟画,颇具狂野和粗犷之感,于简练奔放中融入精细的勾勒和严谨的造型,笔墨比林良收敛,于潇洒之中不离法度,注重形神兼备,属于他的变体画风。此图描绘了苍鹰追捕白鹭的有趣场面,俯冲直下的苍鹰、仓皇而逃的白鹭、翻飞的败荷、摇曳的芦苇,都被描绘得绘声绘色,妙趣横生,有着惊心动魄、扣人心弦的艺术感染力。笔墨形式也紧密配合内容,画面粗细黑白对比强烈,苍鹰用写意

---

① (清)徐沁:《明画录》,见安澜编:《画史丛书》第三册,上海人民美术出版社1963年版,第77页。

② (明)詹景凤:《东图玄览编》,明抄本。

水墨法,笔锋粗劲,水墨淋漓,展示出苍鹰的雄强威猛;白鹭用白描细线轻轻勾勒,显现出白鹭的娇小和洁白;芦苇用浓墨粗笔纷披,荷叶用泼墨点染后淡柔轻细的线条勾出轮廓和叶筋。同时,画面中的形象生动逼真,在情态上也是相互照应,既增强了动静对比,又突出了笔墨的变化,增强了画面的生动感,彰显了画家扎实的绘画技艺,注重以形写神的艺术特色。

明代宫廷绘画中的人物画取材比较狭窄,主要是描绘帝王贵族的宫廷生活、文人贤士的雅集、君王的文治武功,以商喜《明宣宗行乐图》、谢环《杏园雅集图》、刘俊《雪夜访普图》为代表。《明宣宗行乐图》是一幅写实性较强的人物绘画,画面可以分为六段,细腻真实地再现了明宣宗朱瞻基在数十骑兵的伴随下打猎游乐的情景,包括射箭、蹴鞠、马上弄丸、捶丸、自投壶、步辇回宫等娱乐场面。作者把人物穿插在山林岩石之间,画中随行的一队人马经石桥出宫苑,浩浩荡荡、迂回前进入林郊。他们的年龄、相貌、体型、神态、肤色都各不相同,并带有肖像的特点。这二十多骑内侍头戴青纱小帽,衣着红、蓝、绿各色不同纹饰的官袍,每人旁边有一个净面无须的太监随从,队伍整齐壮观。在队伍之首有位体态雍容、体格魁梧,头戴黑色尖顶圆帽,身着红色窄袖衣,外罩黄色袍服骑马前行的人,根据衣服上的龙纹来看,无疑就是明宣宗。他身背弓箭,手持宝剑,坐骑后面三名随时待命的侍从都手抱琴器,这一细节性描写突出了声势浩大的行乐场面。根据文献记载,明代皇帝出宫游玩时的官服仍然保留金、元的特色,保留"胡服"的特色,画面中的尖顶圆帽就是源自元代的"笠子帽",这也从侧面反映出绘画的高度写实性。画面中的环境描写更是细腻丰富,坡岗上树木繁盛,繁花盛开,松柏环抱,涓涓细流,莺歌燕舞,芳草萋萋,一派生机盎然的春日景色,还有溪水、小桥边的麋鹿、白兔、鸳鸯、喜鹊等动物,它们活灵活现的形象跃然纸上,带给观画者积极乐观的人生态度。整幅作品设色华贵艳丽,刻画细腻,十分逼真地再现了历史原貌,给后人留下了珍贵的历史图像资料。

谢环,颇具文采,深受宣德皇帝的敬重,常常与其探讨绘画之事。《杏园雅集图》是他的传世代表作,描绘的主题是1437年达官贵人们在杨荣后花园(杏园)的春日雅集,画家主要运用传统构图方法把文人雅士分成数组。杨荣在《杏园雅集图后序》中这样描述："倚石屏坐着三人,其左,少傅庐陵杨公,其右为荣,左之次少詹事泰和王公……最后至者谢君,其官锦衣卫千户。"①这里的描述提供了一个重要的线索:由于受传统文化中尊卑有别的影响,座次严格按人物身份的尊卑来排列,画面最中心的一组是由地位显赫的杨士奇和杨荣等人。而杨溥则坐在另一组居中位置的罗汉床上,正与王英欣赏一幅立轴画,由站在一旁的童子用类似竹竿挑起悬挂,站在他们身后的童子正准备打开另外一幅挂轴,还有一位官员举笔欲落,似乎心中已经构思好一首绝妙的诗词来描绘这次的雅集。可见,画家在刻画人物时张弛有度并富有变化。画面中自然景象的描画也是相当出彩,蜿蜒盘踞的长藤、繁花锦簇的杏树、苍翠的竹子都是用笔工细。画家还将"石屏"安排在画中,它能起到隔断或转移视线的作用,增添了绘画格局的丰富性。也许是画家出于政治因素的考虑,绘画缺少了"趣"的韵味,但写实性较强。

刘俊,善人物、山水。《雪夜访普图》取材于北宋开国皇帝赵匡胤雪夜拜访赵普,共商举国建业的历史故事。作品按照史书记载,具体细微地表现了主要情节。画面中心展现的是在高大明亮的大厅,两人正交心相谈,正面而坐的是君主赵匡胤,他头系巾帽,身着龙袍,腰束朝带,正侧脸聚精会神地倾听主人的述说,显示出他登门造访的诚意和心态。画家把他面部神态捕捉得十分准确。便服扎紧的赵普,拱手施礼并侃侃而谈,画家抓住了这位心腹大臣的气度和风神。赵普之妻在侧门手托杯盘,侍候宴饮。温酒、烧肉、炭炉也展示了主妇精心款待贵宾,与史书记载相符。门外撑伞、牵马的四个侍卫,已经被冻得寒战而立,衬托出交谈时间之久。石阶、树枝、庭院、竹林上都银装素裹,透出阵阵寒气,使雪夜幽静而空旷。这雪景的渲染、场景的刻画都意在突出君臣共谋大业的历史主题。

二、雄厚粗犷的"浙派"

"浙派",是指在明代画院鼎盛时期,以戴进为领军人物,产生于浙江

---

① (清)孙承泽:《天府广记》,北京古籍出版社 1982 年版,第 566 页。

一带的画派,它是中国绘画史上第一个以地域为名的绘画流派。浙派之称,首见于明末董其昌的《画禅室随笔》:"国朝名士仅戴进为武林人,已有浙派之目。"①浙派绘画重要的旁支江夏画派代表人物是吴伟。明初王翚《清晖画跋》记载:"泊乎近世,风趋益下,习俗愈卑,而支流之说起,文进、小仙以来,而浙派不可易矣。"②"浙派"与"院体"绘画可视为同源异流的关系,由于其代表画家戴进、吴伟曾进过宫廷画院,在画风上,与"院体"一致,均以传承南宋院体为主并吸收元代李、郭一派的区域画风,但较明初的院体画家有更大的创作自由空间。"浙派"画家多以人物画创作为主,感情真挚,笔墨放纵,粗犷自由,极其富有节奏感,画风透出雄浑阳刚之气。

从"浙派"的主要代表人物戴进和吴伟的艺术作品中我们可以进一步对该流派的审美理想和风格特征进行更为深入细致的了解。戴进一生致力于绘画艺术,其可贵处在于,笔墨、形式不局限在马、夏,同时又兼取唐宋壁画、北宋山水、元人笔墨之长。而其本人曲折坎坷的人生履历也给他的绘画风格打下了深深的烙印,形成了刚劲而清润、简易而放纵的主体风貌,为当时画坛注入了拼搏向上、积极进取的新鲜血液。《詹氏小辨》论戴进所云:"其画雄俊高爽,苍郁浑深,古雅不群,超然自得,虽云行家,骨气非凡,仙仙乎飘飘乎,若乘风云跨赤龙,纵横天上,亦国朝圣作也。"③在戴进的众多绘画门类中,山水画最见其笔墨功力,被称为"院体中第一手"④。他在继承南宋"院体"山水技法的同时,又融入文人写意之法,形成自己独树一帜的艺术风格,纵意遒劲的用笔特点又增强了劲拔激昂的格局和气势,他这种经过改良的新型山水画风格被后继者进一步发扬后,成为"浙派"独具的山水画风格和样式。《明画录》卷二载:"其山水源出

---

① (明)董其昌:《画禅室随笔》,周远斌点校、纂注,山东画报出版社 2007 年版,第68 页。

② (清)盛大士撰:《溪山卧游录》,见安澜编:《画史丛书》第五册,上海人民美术出版社 1963 年版,第 60 页。

③ (明)詹景凤:《詹氏小辨》,齐鲁书社 1995 年版,第 566 页。

④ (明)何良俊撰:《四友斋画论》,俞剑华编:《中国古代画论类编》(上),人民美术出版社 2004 年版,第 112 页。

郭熙、李唐、马远、夏圭，而妙处多自发之，俗所谓行家兼利家者也，神像人物杂画无不佳。"①他的山水作品多以结合人物活动为主，且风格面貌多变，这不仅得益于他师承众家、不拘一格的学习途径，还得益于他亲身目睹山川、名胜等景观的人生经历。如他的《江山胜揽》、《春山积翠》、《江村雪霁》、《水石松云》等都是借自然瑰丽之盛景来抒发心中真、善、美的审美情操。在其众多的山水画作中，无疑《南屏雅集图》最负盛名。

《南屏雅集图》是戴进受同乡莫琚之邀所作，描绘的是元代著名文人杨维桢与当时名流在南屏山下的莫景行别墅"杏花庄"宴饮酬唱的盛景。根据年款天顺庚辰，可推知此画作于戴进去世前二年，是戴进现存有纪年的最迟的作品，可以反映他晚年归隐故乡时集大成的艺术风貌。引首为王叔安的篆书"南屏清赏"四字。画作有戴进自题："昔元季间，会稽杨廉夫先生尝率故老宴于西湖广莫子弟，以诗文相娱乐，留传至今盖百年矣。其宗人季珍进士因辑录成卷，嘱余绘图于卷首，将以垂远也。后之览者，亦足以见一时之盛事云。天顺庚辰夏钱塘戴进识。"②钤印"钱塘戴氏文进"。题跋内容足以说明戴进本人学识修养颇高，并非目不识丁的普通画匠。后段杨维桢书记文并诗，莫昌、韩元壁、刘俨、王霖、王廉、范观善、赵章、魏本仁、王玉、帖木儿、陆性初、项允信、吴晋、叶森、莫孜、曹淑清、施振、季镇等十九人唱和诗，另纸则有明代孙适、镏英、夏时正、莫琚等人的诗和题记。

此画幅开卷展现的是一片碧波荡漾、水天一色的西湖云水，几艘惬意的小船渐渐远去，夹岸垂柳婀娜多姿，苍翠欲滴的远山迤逦如画……具有写实性的因素，生动形象地表现出南屏一带西湖的美丽风光。随着画卷的展开，画面从天地开阔的西湖转入南屏山下幽邃的私人花园，这里屋舍宽敞，杏花锦簇，松若蟠虬，巉岩如屏。人物场景的刻画尤为精致细腻：雅集的名士或展卷观赏，或举杯畅饮，或闲庭信步……诸多侍童或捧盒，或携琴，或持瓶，或侍奉主人左右，等等。画家还有一处特写场景：在两棵松树之

①　（清）徐沁：《明画录》，上海古籍出版社2002年版，第653页。
②　（明）戴进：《南屏雅集图》，故宫博物院藏。

下,有一女子扶案挥毫,三人旁立围观。夏时正题跋曰:"盖以杨信善游,游每挟红以行,此游实无,想象企慕云耳"①,可知这一挥毫的女子是戴进想象平添于画面之中的。此画既有具体入微的写实描写,又不乏概括寓意的虚拟表现。它给人的感受与戴进常见的简劲放纵风格迥然不同,体现了他晚年登峰造极的绘画境界。在取材构思和布局造诣上,效仿北宋李公麟;在笔墨上则是融会诸家之长:皴染繁细的山石宗法元代盛懋;水墨渲染的远山源自南宋马、夏;工整严谨的屋舍、人物、湖船线条和细劲流畅的衣纹线条,都近似南宋刘松年;攒针松与蟹爪枝则明显受北宋郭熙、李成的影响。全图画面轮廓柔和,皴染率意多变,一扫"浙派"标志性的粗犷豪放气势与迅疾快速的笔墨,取而代之的是清秀温雅的气质与圆润含蓄的笔法,跟"雅集"主题十分契合,与中年时期泛学宋元诸家的风格相比,显得圆浑成熟得多,反映了他晚年艺术的又一次升华。

"浙派"的另一个重要人物是吴伟,以粗犷率达、水墨酣畅、气势磅礴见胜。李开先在《中麓画品》中称赞吴伟的画"如楚人之战巨鹿,猛气横发,加乎一时"②,继承和发扬了戴进雄健豪放之风,为"浙派"绘画发展方向奠定了基调,成为浙派后学师法的典范,堪称"浙派"的主将。又因其籍贯是江夏,后人称其画风的艺术特征及其追随者张路等人为"江夏派"。与戴进相比,吴伟也是山水、人物、花鸟兼擅的多面手,他取材广泛,画风多变。流传下来的优秀作品中,以人物画居多,山水画其次,花鸟画则极为罕见。

吴伟的人物画在取材上有很大的突破,内容涉及文人义士、道释神仙、禅宗高僧、农夫、渔夫、妓女等,而且画家在塑造这些艺术形象时大胆创新,突破传统固有的模式,融入自身的创作理念,传达出了该时代特有的审美追求,从而使艺术形式与表现内容紧密结合。其人物画运用多种技巧和画法,主要可分为两种风格:一是白描细笔画,继承了顾恺之、李公麟一脉的工笔白描传统;一是粗笔写意画,取法吴道元,也兼及梁楷粗简

---

① 转引自穆益勤:《明代院体浙派史料》,上海人民美术出版社1985年版,第192页。

② (明)李开先:《中麓画品》,见黄宾虹、邓实编:《美术丛书》,江苏古籍出版社1997年版,第1277页。

纵意的减笔画法。

《铁笛图》是吴伟现存最早的白描细笔作品,从中可以看出他尊重传统的创作意识,深得顾恺之、李公麟的画法精髓,线条大都凝练婉转,衣带折痕处也是圆润俊秀,越发显飘逸轻柔之感。该图描绘了元末诗人杨维桢的风雅生活,他曾得一柄古铁剑,冶炼为笛,因笛声美妙奇绝,遂自称"铁笛道人"。此幅画作是仿李公麟白描法的典型代表,使人很容易联想到李氏的《维摩演教图》。图中左侧两位仕女面对主人端坐在圆凳上,其中一位正拈花插发,另外一位则持扇掩面,她们含情脉脉,姿态娇柔。但杨维桢似乎没有被这两位妙龄女子吸引,他正低手沉思,双唇微启,右手上提,似在低声吟唱而无暇他顾。背景中的松柏、山石均是先用粗笔浓墨来勾勒外部轮廓,再用浓淡有致的墨色加以反复罩染来刻画树木的肌理,松针则繁密不乱,笔法遒劲;人物的面部神情部分则是用淡墨描绘,眼睛刻画得十分细腻传神,勾勒发鬓的线条纤细却不失凝练简洁,不同于其他文人画所采用的铁线描。还有衣物条纹也尤其精细,线条行云流水,简洁朴素,衬托出了女子婀娜多姿的风韵;书案上摆设书册、纸卷和毛笔,暗示了主人公的身份,这些足以见得画家的构思巧妙。

吴伟的山水画远及南宋院体画家马、夏,近学戴进,但笔法更加奔放和刚健。如李开先就曾简明扼要地指出戴、吴两人各自的艺术特征:"小仙其源出于文进,笔法更逸,重峦叠嶂非其所长,片石一树粗且简者,在文进之上。"①另外,也有融汇元人笔墨技巧,形成写意又繁缛的集大成风貌。虽取景较为真实,但构图多变,强调景物的远近虚实关系,既追求所绘景致的原始风貌,又体现自然景观的气势和意趣。笔墨苍劲老辣,十分灵活,会根据不同的描绘对象采用不同的落笔方式,有中锋圆笔、侧锋卧笔、阔笔泼墨等。墨色也是婉转含蓄和刚健遒劲并用,描绘出山石自身具体情境。一气呵成的线条和快速挥洒的笔墨,则突出了画面的动感和情趣。《溪山鱼艇图》和《长江万里图》为此风格的代表作。

---

① (明)李开先:《中麓画品》,见黄宾虹、邓实编:《美术丛书》,江苏古籍出版社 1997年版,第 1277 页。

《溪山鱼艇图》原名《渔舟图》。"渔乐图"是吴伟绘画中的常见题材,由于他"独乐与山人野夫厚"①,对下层生活有切身的了解,所绘渔夫、耕读、农夫等内容,多取自现实生活,他们形象朴实,辛苦劳作,境界天真自然。此画作描绘了渔夫悠闲无虑的生活场景,渔夫们或撒网捕鱼,或相聚闲谈,或烧柴做饭,或对酒当歌,虽寥寥数笔却神态毕现,好一幅山村渔乐唱晚的佳作。选取的景物依旧简洁写实,近处是几块嶙峋的大山石,石上绘有三五偃蹇古树,数艘渔船停泊岸边,舟中的点景人物姿态盎然;中景是一片连绵的山峦和委婉而下的溪滩,滩上几棵稀疏的垂柳;远处是水雾缭绕的高山峻岭,峰岭背后大片的留白巧妙地与湖水衔接,显示出水天一色的俊美。画面讲究山水画构图的开合呼应,湖水和舟船将前后景物连接一体,虚实结合,简单明了地概括出江南渔港的宁静之美。这一角画面吸取马、夏"以小见大"的布景方法,但又不是机械死板地套用马、夏特有的"截取法",刻意把峰顶截去或不露山脚,通过浓淡相宜的勾染来体现自然景色的明暗变化和高低韵致,突出了远处群山的高拔体势,丰富多变的布局又使画面境界完整开阔,气势雄伟,这正是吴伟的创新之处。他的画法不拘一格,既有近似戴进断续短促的山石勾皴;也有类似宋元文人画中的笔墨技巧,形同"披麻皴"的画法,浓淡有序的墨色变化,含蓄委婉的转折;而那种酣畅淋漓、劲健苍茫的画风又源于马、夏。但与他们相比,吴伟《溪山鱼艇图》构图饱满而不凌乱,笔法恣纵而不失法度,体现出他兼取众家之长而笔法灵活多变的风格特征。除此,这幅画在题材上也融入画家自己复杂的心情。远离尘嚣的山区、幽静的渔港、恬淡的生活,这种淳朴自然的生活场景,寄托了画家对山野渔夫自由生活的向往和追求。与吴伟创作的其他"渔乐图"相比,它更多集大成特色,当属晚年技艺精湛的佳作。

《长江万里图》卷,完全融入自己的情趣在作画,以写意手法概括出长江沿途的风景。全图笔墨纵横恣肆,尤其是开始的山石信手涂鸦,全无法度,既无墨色浓淡有序的变化,又不能表现山石的凹凸特征,难怪屠隆

---

① （明）周晖:《金陵琐事》卷三,见穆益勤编:《明代院体浙派史料》,上海人民美术出版社 1985 年版,第 55 页。

贬低他"徒呈狂态"①。画面动感强烈,可以感受到画家作画时的跌宕起伏的心情,由紊乱烦躁的情绪慢慢转向安定平和,卷末山石的勾皴不再像刚开始那样草率,远景的墨色渲染也显得规律稳重。从这幅图上看,他主要采用刚健奔放的勾勒和水墨晕染相结合的手法,用笔挥洒自如,表现出万里长江摄人心魄的恢宏气势,表现出吴伟以苍劲雄强取胜的艺术特色,其突出的艺术成就在于他对宋元以来笔墨技巧、构图布局等绘画语言的变革和创新,形成了他作为"江夏派"代表画家的艺术本色。

三、"院体"与"浙派"的关系、审美特征之比较

从历史客观的角度来审视"院体"和"浙派"这两个流派的关系时,不难发现,他们在绘画技巧上直接继承了南宋"院体",深受马远、夏圭等画家的影响,二者之间有着千丝万缕的亲密关系,但彼此又呈现出各自不同的艺术风格和审美特征。

"浙派"的两位代表人物戴进和吴伟都曾在画院中任职。戴进早年从宫廷画院中受益,在融入文人画笔墨因素的基础上形成自己独特的绘画风格,同时这一画风又反过来影响了宫廷画院的创作风格,给其他绘画以深远的影响。而"院体"绘画在创作上只在明早期起到了领袖画风的作用,主要继承和研习两宋绘画,与当时的政治氛围和文化政策有关,鲜有成就者。在宣德之后,"浙派"的创作风格统领整个画坛,再也没有出色的宫廷画家可以影响他人,宫廷画家纷纷向"浙派"画家学习。吴伟从一进宫就以鲜明的个人画风深深地影响着宫廷画派,尤其是在他获得"画状元"之后,朝野之中声名鹊起,从其画风者更是屡见不绝。如王谔、朱瑞等宫廷画家的作品中可以明显地看出吴伟作画的影子,出现了大刀阔斧、潇洒淋漓的审美特色。宫廷画家钟钦礼更是追求吴伟绘画中的市民意趣和时代气息,就是所谓的"叫嚣之气"②,与文人画的宁静淡远和宫

---

① (明)屠隆:《画笺》,见吴孟复主编:《中国画论》卷二,安徽美术出版社1995年版,第294页。

② 李修易《小蓬莱阁画鉴》批评吴伟说:"若吴小仙,不免玩世不恭,索隐行径,故小仙画有叫嚣之气。"

廷画的富丽堂皇相去甚远。孝宗赞赏他的画："天下老神仙"，兼具戴进的粗豪和吴伟的纵横。但是由于两派画家身份、经历、地位的不同，所表现的笔墨技巧、追求的艺术格调、呈现的审美情趣也有很大的差别。从创作的目的来看，"院体"主要服务皇室贵族，以富贵艳丽的形式来宣扬皇权的威严和神圣，来满足统治阶层的审美追求，绘画内容带有鲜明的政教功能和装饰性质。而"浙派"大多数为职业画家，不能得到皇家的赏识和肯定，只能把眼光投向社会下层，以描写和刻画现实生活为主，作品具有一定的世俗品位和生活气息，这种审美特征是宫廷画家不可能具有的。从笔墨风格上来看，"院体"由于受政治上的影响，在创作上缺乏自由，作品创作难免会流于程式化，也会有死板生硬之感。相比较而言，"浙派"画家创作能突破传统，富有新意和变化，画家的个人风格更加强烈。在继承南宋"院体"的基础上，进一步发展了劲健、淋漓的一面，笔墨更加粗犷，挥毫更迅疾，有时甚至横涂竖抹，风格简劲粗放，透出一股雄厚阳刚之气，与"院体"工整严谨、含蓄庄重的艺术特色截然不同。从审美意境来看，"浙派"的作品中渗入文人画的因素，发展形成全新的绘画系统。戴进在离开画院之后，醉心于绘画，常与文人画家、士大夫等儒雅之士交游，在潜移默化的影响下，他不仅在心境和节操上与之靠拢，在绘画主张、风格、审美特征上也都出现文人画的因素，具有作画"不耐拘束"[1]的个性。他作画常用纸本，方法上与绢本有所不同，主要用淡、湿墨，在纸本上的笔墨变化丰富、生动活泼，使画面的表现力推向一个新的境界。但这种审美的新境界由于得不到皇家的支持和推崇，影响极为有限，在"院体"绘画中并没有找到这种审美风格。

总之，明代"院体"和"浙派"在表面上继承南宋"院体"绘画的同时，一直在寻找各自的发展之路，两者彼此交融又呈现出不同的审美特征，他们共同组成明中前期的绘画风格。尤其是"浙派"的代表人物戴进、吴伟都是师承广泛、功力深厚、技巧丰富的画家，他们的作品体现出该时代独有的审美特色，并对后来的吴门画派产生了一定的影响。

---

① （明）田汝成：《西湖游览志馀》，陈志明校，东方出版社 2012 年版，第 346 页。

第二节 吴门画派雅俗互渗的审美趋向

　　吴门画派,亦称"吴门派"。它是明代中期在苏州(旧称吴门)地区形成并崛起的一个绘画流派,继明代前期"院体"绘画和"浙派"兴盛后,一跃成为画坛盟主。吴门画派这一称谓最早由董其昌提出,他在杜琼《南村别墅图册》题跋中曰:"沈恒吉学画于杜东原(琼),石田(沈周)先生之画传于恒吉,东原已接陶南村(宗仪),此吴门画派之岷源也。"①该画派是在特定社会历史条件下酝酿而成的一个新文人集团,与明代当时的政治、经济、文化、风俗、艺术审美等有密切联系。吴门画派的画家大都接受良好的传统文化的浸染,诗书画兼备。在学识修养上,他们注重完善自我品格和追求清高的人格精神;在创作思想上,他们主张抒发胸臆,怡情养性,重视意境与笔墨相结合,强调艺术形式的多样化。整体看来,吴门画派在继承宋元文人画的传统上,加以创新发展形成了淡雅清新、繁荣丰富、自由奢华、以雅入俗、雅俗互渗的艺术审美特色,开启了有明一代绘画的新风尚。这所有取得的艺术成就在画派领袖人物沈周、文徵明、唐寅、仇英四人身上体现得最为突出。

一、吴门画派绘画发展的文化背景

　　任何一种绘画流派和绘画样式的发展与成熟,都无法脱离孕育它的时代,独立于政治、经济、思想文化发展的影响。明代是中国封建社会中央集权高度发展的时期。明初,统治者在思想方面推行程朱理学,用严格苛刻的封建礼教来理治天下,推行八股取士的科举制度,使得文化在价值观念上保守而落后,贵贱有等的社会秩序相对稳定。但随着商品经济的发展和资本主义生产关系的萌芽,到明代中期,社会经济、文化思潮、市民生活等方面都呈现出与以往不同的新局面。吴门画派的发展与成熟就是在这样的社会背景和时代条件下进行着,这个流派的画家都具备艺术发

---

　　①　杜琼:《南村别墅图册》后董其昌跋,藏于上海博物馆。

展的眼光和世俗性的思想意识,绘画作品呈现出自由奢华、雅俗共赏的审美追求。

(一)政治环境的高压

政治上,朱元璋为了实现皇权的高度集中,实行"明律",在一定程度上起到了稳定社会秩序的作用,但在对文人士大夫阶层实行制约和打击。明初官方十分重视艺术"助名教而翼彝伦"①的社会教化功能,艺术的发展受到统治者意识形态的严格限制,他们推崇宋代画风,对遵循元代绘画的画家加以迫害,甚至曲解诗文画意,强加一些莫须有的罪名,吴中许多著名的艺术家生活在水深火热的政治境遇之中,都曾受到朱明王朝的残酷的压制和戕害,这使得他们身心都受到极大的摧残。史载:明初的"吴中四杰"中,高启因诗文中有"龙盘虎踞"之语冒犯朱元璋,后来被斩于市,徐贲因为未及时犒劳军队,在狱中含冤而死。由元入明的著名画家王蒙、谢缙、倪云林、陈汝言等相继被害。

明初的文人士大夫在这样苛刻严格的政治制度下,只求自保,已没有闲情逸致去赋诗作画,文艺领域一度出现了自元以来的低谷。直到明中期这种文化高压才有所缓和,从明代中叶开始,连续几代皇帝都碌碌无为,不理朝政,朝堂被锦衣卫等特务机构一手遮天,中央集权也被严重削弱。由于政治高压政策的缓解,给文艺领域的发展带来了一丝生机,文人士大夫的创新意识又重新活跃起来,他们自由选择艺术形式和绘画语言,不再以统治阶层的意识形态为首要的考虑因素,拓宽了艺术题材的表现内容,解放了绘画语言的多样形式。按照艺术发展的基本规律,继承元代绘画"人文性"的传统,重视元代绘画审美情绪的历史推进,强调客观对象对审美理想的抒发效果,一度被打压的文人画又逐渐繁荣起来。吴门画家与黑暗的官场保持距离,他们大都不愿入仕,对朝廷采取不合作的态度,坚守着文人的禀赋和独立人格,这是吴门画派代表画家的共同立场,也是吴门画派继承、发展"文人画"的传统,体现"人文性"精神的内在原因和政治原因。以沈周、文徵明为首的吴门画派就是在这样的政治背景

---

① (明)宋濂:《画源》,《宋濂全集》,浙江古籍出版社 1999 年版,第 542 页。

中崛起于明代画坛。

(二)近代启蒙思想意识的觉醒

明代初期,文化专制制度空前强化,僵化的程朱理学还占有统治地位,成为禁锢人们心灵的枷锁。到了明代中期,随着社会思想意识的发展,哲学家在吸收儒、释、道合一思想的基础上,对宋明理学进行重构,并融入唯心成分,初步建立起以心为本的主体思想。哲学家王明阳吸收道家禅宗思想,确立了以"正心"为旨的心学观念,提出"心即宇宙,宇宙即心"的唯心主义观念,明代的哲学体系"格物致知"的理学逐步让位于"主体本位"的心学。许多艺术家从心学中找到艺术创作的灵感,他们开始肯定主体意识,强调个人欲望的满足,艺术创作成为主体表达思想、释放情感的途径和手段。沈周曾说:"山水之胜,得之目,寓诸心,而形于笔墨之间者,无非兴而已矣。"①他认为山水创作要讲究内心感受,主张自然山水世界"遣兴移情"的作用,积极塑造一种体道神合、物我统一的境界。这种创作理念与陆王心学的观念冥冥相合。同时伴随着市民阶层队伍的不断壮大,代表市民利益的泰州学派崛起,拉开早期启蒙思潮的序幕。李贽作为泰州学派的重要继承者,为市民的思想解放更是提出明确的主张,对程朱理学进行了猛烈的抨击,他把人的基本生理需求提高到对"道"的体验,打破了程朱理学压制个体个性发展的樊笼,主张满足个人的自然心性和物质追求的快乐,这是对人本的极大推崇,对主体意识哲学的肯定。这些思想在社会上产生了巨大的影响,一场追求解放个性和功利主义的人文新思潮开始出现。

儒家理学体系受到"心学"的冲击,释道思想也出现平民化的倾向。各种学派纷纷涌现,诸说并立,各自都在宣扬自己的学术思想,并以开门授徒的通俗形式在民间进行广泛传播,形成一股强大的力量,一时"童心说"、"性灵说"、"唯情说"影响并渗透到市民文化的各个层面。尤其是李贽的"童心说",与"存天理,灭人欲"的传统观念完全相对,肯定人性本真,主张发展自我,随心所欲,不受约束。他极其反对传统儒家思想的禁

---

① (明)沈周:《书画江考》,见俞剑华编:《中国古代画论类编》下册,人民美术出版社2004年版,第711页。

欲主义,强调人欲存在的必要性和合理性,认为人道才是真道学,满口的仁义道德是假道学而已,他唤醒了人们对真实生活的向往。他这种主张正好为市民阶层反抗封建专制、争取民主自由、发展商品经济提供了思想支撑和理论依据。明代哲学思想重心的转移,儒释道平民化的发展,精英文化向世俗文化的转变,这些进步的启蒙思想使人们的价值意识开始觉醒和发展,催生出艺术创作的自由化,无论是艺术题材还是艺术风格都体现出时代新风貌,同时对艺术审美意识的世俗化起到了推波助澜的作用。

(三)商品经济的发展和书画市场的繁荣

吴门画派之所以在苏州发展壮大起来,和苏州当时城市经济的繁荣发展有着密切关系。各种文化的发展,就其存在的特定地域来说,经济物质基础是其内因,其他各种文化积极因素的影响则是外因,后者只能通过前者起作用。苏州地处三江五湖环抱之中,左拥太湖,资源丰富,风光秀丽,右揽京杭运河,贯通南北,交通便利,典型的亚热带季风气候又使其温暖湿润,雨水充沛。另外,又有灵岩、阳山、虎丘等名胜遍布其中。苏州优越的地理环境和适宜的气候特征造就了发达的农业文明,自北宋以来就成为南方富庶的鱼米之乡,民间更是流传着"苏湖熟,天下足"的说法。

社会相对安定,苏州传统的纺织、手工业也迅速发展。永乐年间,朝廷疏浚大运河,极大地促进了南北物质交流,使其成为太湖流域米粮、丝织品贸易的集散地,与全国各地乃至海外都有商业往来,成为举足轻重的经济重镇和东南一大都会。明代中期以后,江南一带的制笔业、造纸业已远超过前代规模达到了手工业的高峰,文化用品制造精良,种类丰富多样,商品经济的繁荣为吴门画派的崛起奠定了良好的物质基础。从明代初期到成化年间,吴门社会经济经历了一个螺旋上升式的快速发展,明人王绮对此作了一番客观生动地描述:"吴中素号繁华。自张氏之据,大兵所临,虽不被屠戮,人民迁徙,实三都、戍远方者相继,至营籍亦隶教坊。道里萧然,生计鲜薄,过者增感。正统、天顺间稍复其旧,逮成化间则迥若异境。以致于今,观美日增,闾阎辐辏,绰楔林丛,城隅溇股,亭馆布列,略无隙地……游山之舫,载妓之舟,鱼贯于绿波朱阁之间,丝竹讴歌,与市声相杂。凡上供锦衣文贝,花果珍馐,奇异之物,岁有所益。若刻丝累漆之属,其艺久废,今皆精妙。人性愈巧而物产愈多,至于人才辈出,尤为冠绝。"①"经济基础决定上层建筑",商品经济的繁荣为艺术门类的创新和自由流通提供了物质条件和发展空间。

经济的繁荣使吴门出现了不少富豪之家,他们普遍具有很高的文化素养,都很愿意花费大量的金钱在文化事业和艺术收藏上,成为绘画市场的主要消费者,这是推动文艺发展的经济基础。在我国古代,社会地位以"士、农、工、商"的顺序排定,士大夫阶层在生活上养尊处优,他们的世界充满风雅趣事,而处在"四民"最末的商贾几乎与风雅无缘。但随着商品经济的快速发展,商贾阶层的队伍也随之壮大,他们迫切需要对自己"四民"之末的地位进行改变,以追求儒商形象为尚,积极向士大夫阶层靠拢,以其自身雄厚的经济实力,通过赞助文人、开展多种教育事业、投资艺术典藏活动等形式来繁荣商业文化。商业市场规模的不断扩大对文化艺术层次的要求不断提高,经济发展迫切需要相应的文化水平。商人社会地位的不断提高使得他们的形象有了很大的改变,尤其在"高雅"的文人士大夫中间,儒生、仕人弃官从商的例子俯拾皆是。出现了文人商人化、商人文人化的社会现象,两个阶层的社会身份不再泾渭分明。一些文人士大夫纷纷开始投身商业,他们的加入提高了商业市场的文化艺术层次。许多画家公开列出"润格",出卖自己的诗文书画,出现了以画取酬的社会新现象。"吴门四家"及其他画家概莫能外:沈周遭遇"贩夫牧竖"来索,也"不见难色"②,有时干脆让弟子代笔来对付应酬;号称"江南第一风流才子"的唐寅也是"闲来写幅丹青卖,不使人间造孽钱"③;据史料载,当时仇英把"润格"定在"五十金"到"百金"之间;曾担任"翰林院待诏"之职的文明徵也直接参与书画交易,他在给弟子朱郎的书简中清楚地交代了扇面的价格。这样一来,一个能提供各种层次需求的书画市场

① (明)王琦:《寓圃杂记》,中华书局 1984 年版,第 42 页。
② (明)王鏊:《石田先生墓志铭》,《王鏊集》,吴建华校注,上海古籍出版社 2013 年版,第 410—411 页。
③ (明)唐寅:《言志诗》,见(明)抱瓮老人辑:《今古奇观》,廖东校点,岳麓书社 2004 年版,第 502 页。

在明代的吴门正式形成,正是商品经济的繁荣,导致了中国绘画史上第一个艺术商品化的高潮应运而生。

(四)市民阶层的发展壮大和审美趣味的雅化提升

明代中期,市民阶层的不断壮大是一个较为明显的社会现象。一方面,"弃本逐末"或"弃儒经商"的社会观念深入人心,使得大量的农村人口涌入城市,壮大了手工业、制造业等行业的劳动队伍;另一方面,"学而优则仕"的传统本位观念,在商品意识和艺术商品化的兴起下不断地被动摇,科举考试求取功名不再是文人实现人生价值的唯一标准,大批落魄的文人士子走出封闭的书斋,涌入热闹繁华的市井,他们乐于与商人、工匠、民间艺人交往,并渐渐融入新兴阶层,在一定程度上增加了新兴阶层的数量。

明中期,资本主义生产方式的萌芽,带来了江南一带商业经济的繁盛,教育事业也迅速得到普及,市民的文化水平普遍有所提高,文化呈现多元化的发展局面。文人和市民之间的社会关系日趋紧密,彼此之间活动频繁,精英和通俗的审美意识相互融合,反映到绘画作品中体现出一种审美理想的转变——艺术中的贵族气质已被削弱,高雅的审美趣味让位于世俗生活的真实。明代市民阶层整体审美趣味雅化是绘画走向世俗性的重要原因。商品经济的活跃和城市财富的繁荣膨胀,让市民阶层有了较为雄厚的经济实力和充裕的闲暇时间去追求丰富的精神生活。繁荣发展的市井文化也引起了士林文人的关注,他们积极投身其中,为其日常生活注入风雅因素,在潜移默化中提升了新兴阶层的审美趣味和鉴赏能力。他们并不仅仅满足于普通形式的民间文艺活动形式,对精神生活水平的要求显著提高。生活方式的改变使得两个文化阶层紧密相连,便直接导致一种雅俗审美互融的文化现象:市民阶层的发展壮大,促使以吴门为代表画家的文人士大夫在审美趣味上迎合世俗大众的选择和需要,不同程度上体现出世俗日常生活的场面。沈、文等画家的绘画作品开始摒弃之前孤芳自赏的姿态,在吸收民间文化后,以一种雅俗共赏的风貌面世。在"人文性"精神的长期传播与影响下,高雅文化活动的主体逐渐面向城市广大的市民,他们有机会接触到高高在上的文苑风雅,赏花、游园、品茗、收藏书画古董等贵族生活已成为寻常百姓的日常生活乐趣,对风雅生活的追求成为上至达官士族下至普通民众的一种共同选择。

吴中文人画家阶层与市民、商贾阶层通过不断深入的交往,二者在审美趣味上完成了相互认知的心理过程,市民的日常生活逐渐融入到吴门画派的书画作品中,艺术作品在取材和表现内容上逐渐风俗化,多呈现装饰性和吉祥寓意,并通过梅兰竹菊等具体形象来表现寓意丰富的人生哲理或高尚的道德情操。由此可以看出,市民阶层对雅文化鉴赏力的提高进一步促使绘画朝着大众世俗化的方向发展,吴门画派的艺术作品与"成人伦、助教化"以及"自娱"等传统功能已相去甚远,不再注重精神价值的传统观念,深刻地体现出世俗化倾向的艺术格调。

二、清新典雅的文人画审美趣尚

吴门画派的画家大多是文人,作画以诗、书、画、印四艺结合并重,崇尚儒雅、高洁的艺术格调,通过绘画形式来表现他们理想的君子人格和独立精神。并在特定的历史背景下,吸收宋元以来绘画传统和创作方式,加以更新和发展,形成宁静典雅、蕴藉风流的文人画审美意趣。

(一)诗书画印四艺相结合

在绘画史上,王维被认为是实践诗画结合的第一人。苏轼评价其画为"诗中有画,画中有诗"①,意思是说他的画中蕴含着诗意,并非指在画面上直接题写诗文。宋以前绘画上少有题款,即使题款也是在树干、岩石的夹缝等不起眼的地方落个穷款,不能影响画面的整体感。宋以后随着绘画艺术的发展,苏轼、米芾等人掀起文人画之风,提出"诗为有声画,画为无声诗文"的艺术观点,题画诗随之而起。具有书法美感的题画诗既丰富了画面的层次感,又提高了作品的文化欣赏价值。到了元代,以赵孟頫为代表的文人画家大力推崇文人画,但是由于元代特殊的时代背景,题画诗表现相对单一,所流露出的感情也较为沉郁寂寥。沈颢的《画麈·落款》总结道:"元以前多不用款,款或隐之石隙,恐书不经,有伤画局。

---

① 语出苏轼《书摩诘蓝田烟雨图》,原文为"味摩诘之诗,诗中有画;观摩诘之画,画中有诗。"(《东坡题跋》,上海远东出版社1996年版,第261页)。

后来书绘并工,附丽成观,迂瓒字法遒逸,或诗尾用跋,或跋后系诗,随意成致,宜宗。衡山翁行款清整,石田晚年题写洒落,每侵画位,翻多奇趣,白阳辈效之。一幅中有天然候款处,失之则伤局。"①到明中叶经过以沈周、文徵明为代表的吴派画家积极实践后,文人画传统绘画形式有了新的拓展,题材多样表现力丰富,又充满生活情调。最为突出的一点是诗、书、画、印相结合的文人画审美范式得到确立并逐渐成熟。自此以后,诗书画印四种元素的紧密结合成为文人画家作画追求的基本形式,这种完美形式甚至已超出文人画范畴成为整个中国画审美原则而被延续至今。

首先诗词题跋的大量入画,丰富了画家创作手段的多元性,使这些文人画家能够从容不迫地传达出自己的审美思想或艺术情感。诗与画的结合,增大了画面所能承载的信息容量,使欣赏者可以借助诗对绘画境界的描述进一步发挥想象力,扩展出更广阔、更高层次的审美境界,并与画家情感交融,产生共鸣,达到审美移情的作用。明代的孙矿曾有题跋曰:"诗中有画,画中有诗,昔人于摩诘有是评矣。然诗中画非善画者莫能拈出;而画中诗亦非工诗者莫能点破。二者互为宅第。画无所不可诗,而诗容有不可画,则是两语者,又若专为画论也。"②他指出诗与画相融不可分割、"互为宅第"的关系,直观具体的画面通过诗文的传达,可以不受时空的局限,表现出古今往来、自由驰骋的艺术特点。与宋元以来的题画诗有所不同,吴门画家的诗作明显缺乏高妙的韵致和冷静的思考,处处流露出他们对美好生活的向往和赞美,极富有自然清新的艺术感染力,这一点从沈、文的诗作中可窥斑见豹:"苏州南来是太湖,少见杨柳多桑株。谁家女子在楼上,手揭红帘看打鱼。"③以朴素的语言来写太湖的风光美景,以民歌的情调来凸显江南水乡独有的农家生活特色。沈周淡化了文人士子的隐逸情趣,这正是对传统题画诗题材的创新。另外,沈周的诗作深受白

---

① 李来源、林木编:《中国古代画论发展史实》,上海人民美术出版社 1997 年版,第 248—249 页。

② 周积寅:《中国画论辑要》,江苏美术出版社 1985 年版,第 557 页。

③ (明)沈周:《太湖竹枝歌二首》其二,《沈周集》(上),张修龄、韩星婴点校,上海古籍出版社 2013 年版,第 122 页。

居易的影响,常以俚语入诗,显得通俗易懂又具有浓厚的生活气息,文徵明把沈周作诗的这一特点称为"雅意白传"①。他的花鸟画之所以能够使人产生丰富的联想,扩展出更为广阔的意境,就得益于其题画诗的朴实无华的生活文字。这些文字可以记载画家当时作画的具体情境,亦能充当历史研究材料,还可以与画面组成巧妙的艺术情趣,体现出画家深厚的涵养、高超的艺术表现力。由于沈周在吴门画坛的地位之高,他以俚语入诗的创作风格在吴中文艺界产生了广泛的影响,唐寅的《百忍歌》就是很好的说明,从其内容可以看出他宣泄感情方式较沈周更为肆意放任。

除了题画诗之外,吴门画家还充分意识到书法的重要性。文人画家在诗文书法等艺术领域都有较高的修养,作画时不自觉地引书入画以彰显文人画家特有的艺术气质和文化价值。书画同源是在笔法上的认同,而这里所说的书画结合是从平衡构图的角度出发的。吴门画家的作品中往往会有很长的题跋,具有书法艺术美的题跋已经成为画面不可分割的一部分,他们把书法对于绘画的重要性发挥到无以复加的地步。一方面,书法线条的抽象美与绘画造型的具象美在形式上可以起到彼此配合的作用,具有书写意味的文字与画面在视觉上显示出"奇趣"的艺术效果;另一方面,题跋中的书法风格要与画意相和谐,书体要与画面风格相统一。书法的不同用笔和风格,对绘画表现力的影响也各有不同。吴门四家在书法上都有很高的造诣,其中沈周开明代学宋人风气之先,他初学沈度,后来又对黄庭坚的书法进行了系统性的研习并深得要领,同时为后辈书家拓宽了学书之路。他成熟时期的书法以欹侧取势,中锋行笔苍劲雄厚,更能承接山谷之韵,体现出萧疏远淡、灵动洒脱之感,与其写意的"粗笔"画风达成一致的艺术效果。清代盛大士说:"石田画最多题跋,写作俱佳。"②由此可见,沈周追求题跋形式美的意识已相当自觉。除了沈周之外,文徵明、唐寅更是独步一代的书坛圣手,他们在追求书画相融的基础上,在绘画作品中进一步加强了书法的重要性。文、唐二人对于题跋书法

① (明)文徵明:《沈先生行状》,《文徵明集》(上),上海古籍出版社1987年版,第594页。
② (清)盛大士:《溪山卧游录》,见安澜编:《画史丛书》第五册,上海人民美术出版社1963年版,第20页。

的风格与画面要追求的意境把握得十分到位,他们在情绪高涨时作画,会以跌宕起伏的行草书助兴,在娴静温雅时作画,会配以楷、篆等正书相呼应,画面蕴含的审美意趣与书法的风格特征都达到了高度的统一,他们的作品充分地印证了这一点。另外,吴门画派在诗书画的完美结合上还增加了印章的运用,并使之规范化,这在文人画发展史上是一个不小的突破。他们十分讲究印章与题跋、画面之间的空间配置关系。以文徵明的《溪桥策杖图》为例,整幅画作古木森郁,山谷幽静,溪水缓缓流淌,有一诗人伫立桥头,策杖观溪似在沉思,将人物与山水有机结合,雄健之中又不失古雅。图中近景的坡石,用质朴的长披麻皴,略用淡墨渲染,树根则用浓墨突出空白部分,墨色干湿浓淡相宜,层次分明。三株枒槎盘旋的古树是构建画面的骨架,一株花叶繁茂,一株刚吐新叶,画家借物喻志,故意加强了树干生长的动势,并适当地扭曲和变形,来表现他不畏艰险、顽强不屈的人格精神。桥头的诗人继承传统点景人物的绘画规格,仅用几根线条勾勒而成,用笔寥寥,笔简意足。一泓溪水,几乎全是空白,把我们的视线引向山谷深处,给人以无限的遐想,同时又与岸边的树木构成虚实关系,相映成趣。中景是连绵不断的峰峦,勾皴点染,烘托出深远空灵的空间感。中景峰峦后若隐若现的远岫,直接以浓墨涂染,打破近深远淡的常规处理手法,给人以缥缈空灵之感。画作上的题诗:"短策轻衫烂漫游,暮春时节水西头。日长绿树青帏合,雨过遥山碧玉浮。"形象地展现了画面幽静空灵的审美意境。最妙处是长诗后落有款识,款下有一小一大枚方印,左下方和右下方又钤有数枚长印和方印,朱红色的印章在画面上尤为精彩,起到画龙点睛的作用,文人画诗书画印相结合的完美形式已经至臻至善。

诗书画印四种艺术因素的综合运用增加了画面形式的趣味性,使画面更趋向一种本体美的构建,在更高的层面上凸显出文人画家在绘画上的细腻、书法上的潇洒、诗意上的圆融、印章上的灵活。文人画家的精神内涵和个人才情渗透到绘画中,不仅表现在内容上,更贯穿于作品的造型、笔墨、线条、空间、款识题跋及审美意境之中。经过吴派画家的绘画形式上的创新后,文人画的发展进入到一个新的自觉时期,诗书画印相结合的形式美成为明清后乃至今天文人画创作的一种审美追求。

(二)园林化的山水画

在绘画史上,吴门画派一直被认为是保守派,他们取法宋元诸家,多营造平远的山水画构图。在吴门画派的作品中,我们确实可以看到董、巨以及元四家的影子,除了他们创作的经典图式外,还包括笔法、构图、设色等要素。明代之前的山水画传统主要遵循张璪"外师造化,中得心源"的创作方法,在表现自然山水的基础上融入画家心灵世界的感悟,绘画中的物象是模糊不定的,具有很大的意象性和抽象性。但文人山水画发展到吴门画派时在题材和形式上出现了巨大的转变,产生了"写景图",也称为"实景图"。这种"写景图"的出现不一定完全是从古代绘画中得到的灵感,它更有可能出于画家对自然山水观察或日常生活环境的体悟。"写景画"所描绘的对象不是经过记忆和想象后的"意象"化山水,而是具有客观真实性的当地山水风光、园林景观。吴派画家的园林山水画作品中具有鲜明的入世情怀,与宋元以来的文人画表现特点有所不同,寂寥萧瑟的画风已经转变为对文人生活的由衷赞美。这是吴门画派在艺术题材上积极探索的结果,是其文人画审美取向的一个显著体现,为后来文人画的发展拓展出新的表现空间和艺术形式。

从吴门画派传世的绘画作品中,园林绘画占有相当大的比重,归纳起来可以分为三类:第一类是以斋号、室名为题的作品,如沈周的《邃庵图》,文徵明的《猗兰室图》、《真赏斋图》,唐寅的《毅庵图》等。第二类是以庄园、园林为题材的作品,如沈周的《东庄图册》,文徵明的《拙政园图册》、《横塘图》等,这类作品虽然是在描绘自然山水景观,但却带有文人化的园林特征。第三类是以文人出游、造访、雅集为题材的作品,如沈周的《盆菊幽赏图》,文徵明的《绿荫清话图》、《兰石图》等。表现园林、庄园的山水画,并非是吴门画家的首创,但他们却将此类题材的表现形式发挥到了极致,在艺术形式和表现内容上都有新时代的审美意识。无论是根据斋号、室名的寓意来撷取山水竹木、松柏梅菊等物象,以凸显主人的情操与人格的园林小景,还是将自然园林与人文理想生活融为一体,具体表现充满"人化"特征园林景观的长卷巨幅,抑或是描写文人雅士,突出表现人们醉心山水、林木、山石,畅游于"天人合一"境界的小景册页,都能体现出独具地域特色的吴门文化对绘画艺术的影响。吴门画派的画家作品中的园林不是客观山水世界的再现和复制,而是融入画家主体意识的取舍和表现,突出了山水画"人性"化的因素,抒写主体自得其乐的精神生活,着意渲染出一种诗意生活的场景来安顿主体精神和心灵,画面中的山水世界洋溢着特殊地域的人文风情。高居翰指出:"一般的理念认为中国山水只描写理想山水,而不表现特点实景。实际上,山水画可说是根源于对特定地方实景的描绘的,而且是在经过了几世纪以后,才在五代和宋代大师手中,一变而为体现宇宙宏观的主题。然而,即便是这些大师所作的画,也不完全偏离山水的地理特性,相反地,他们是根据自己所在地域的特有地形,经营出各成一家的表现形式。"①高居翰这一表述是精确的,吴门画家的"写景图"在创作意图上虽然是为了逃避喧嚣的现实生活,为自己营造一片心灵净土,但他们仍然尊重自然山水的客观因素。以文徵明《绿荫清话图》为例,该作品取法王蒙的繁密、黄公望的空灵以及赵孟頫的雅秀,又不失自家本身特色,构成柔美俊秀的风貌,具有鲜明的文人书卷气。画面讲究疏朗开阔的布局、工拙有度的用笔、淡雅清幽的用墨、宁静轻柔的境界,体现出文人画家淡泊名利的隐士情怀。画家以细笔水墨表现深山静谧环境中文人悠闲自得的生活追求,山峦层叠而上,于树荫下有两人席地闲聊,岩壑中蜿蜒崎岖的夹道伸向山的深处,夹道两旁耸立着苍翠的松柏,参差的怪石间有小桥、亭榭点缀,泉水瀑布泻于山间。整幅画面在构图上深邃缜密,皴法简劲,线条枯淡绵柔,风格清秀静雅。此图很少渲染,稀稀疏疏的干枯皴法,达到了墨色秀润的视觉效果,其中山石用笔疏阔放逸,用细实活泼的线条勾勒轮廓结构,树木用笔则相对精细严谨,枝干细笔皴染,两者对比和谐,层次感强烈。人物用线高古,勾松针点绿叶一丝不苟。在画的左上方有画家自题诗:"碧树鸣凤涧草香,绿荫满地话偏长。长安车马尘吹面,谁积空山五月凉。"诗画相映,意境清

---

① [美]高居翰:《气势撼人:十七世纪中国绘画中的自然与风格》,生活·读书·新知三联书店2009年版,第8页。

幽,画家凭借空寂的内心和平静的心态去领悟大自然的万水千山,静寂之中蕴藏着无限的生机,体现出文徵明作画受禅宗和心学的影响,追求"空山无言,水落花开"的审美意境。

吴派画家对园林山水画题材的热爱有着鲜明的时代审美意识,并反映出画家有着平民化的审美理想。吴派画家作为一个特殊的文人画家群体,由于其所处的时代的特殊性,他们既没有像传统文人那样走向仕途之路,也没有像传统隐士那样深居简出,而是短暂地逃离现实的喧嚣,让内心暂时回归平静,最终还要回到社会生活中去。我们可以认为吴派画家是"隐于世"的中隐,他们的行为方式与古代传统隐士相似,但又有能享受到传统隐士所没有的权利和地位,也不必有强烈的社会责任感和济世情怀。对于吴派画家来说,隐逸被作为一种生活姿态提出,目的是满足精神世界和世俗生活的需求,他们更多地关注"家"而非"天下",专注世俗生活的平民文人。在他们笔下,那种远离人间、气势撼人的高山远水已经不能满足他们的审美需求,然而渴望寻求清幽之地的文人必须在这赖以生存的市井中寻求一方净土来安顿纯净的心灵,所以他们在距离城市的不远处开始修建庄园、园林。郊区附近修葺的庄园、园林清淡悠远,远离喧嚣的市井,却没有与世隔绝。陈继儒详细描述过当时的文人生活:"凡焚香、试茶、洗砚、鼓琴、校书、侯月、听雨、浇花、高卧、勘方、经行、负暄、钓鱼、对画、漱泉、支杖、礼佛、尝酒、晏坐、翻经、看山、临帖、倚竹、喂鹤,右皆一人独享之乐。"①吴门绘画中的点景人物常烘托文人高雅清闲的生活内容,沈周晚年所作《沧州园趣图》就描绘了一位高人临湖而居的悠闲生活。画面中的山水似乎不是真正的山水,一叶扁舟中的弹琴高士看似是点睛之笔,但却代替意象山水成为画面的主角,是画家向往的幽静生活的再现。正如韩国学者所说:沈周之所以能以如此简单的手法描绘出水天相接的景色,就在于他常年生活的地方就是湖水与银河相连、平地与水面相接。② 沈周描绘的就是日常生活中的所见所感,画中高人那"浩然养

① (明)陈继儒:《太平清话》卷二,中华书局 1985 年版,第 38 页。
② 参见[韩]曹圭百:《出仕与隐退之间的纠葛及其消解:东坡诗的一个侧面》,《中国学研究》第 6 辑,济南出版社 2003 年版,第 134 页。

素,藏声江海之上"①的行为也不妨视为沈周生活的一部分。后来文商贾也纷纷效仿文人的举动,在城市之郊筑室建园以附庸风雅。有了这些商贾阶层的经济支持,吴门画家更是热衷于表现这些理想的精神家园的生活环境。吴派园林化的山水画突破了宋元以来已有的固有创作程式,画中的山水已经不再是原本意义上的真实山水,而是作为"人"日常生活世界中的一个组成部分而存在,在表现园林外在环境时着意体现出人工的景致,体现出独特的时代审美追求,并为山水画的发展注入了新的生机并影响深远。

三、以雅入俗的平民世俗化审美取向

吴门画派的画家中,沈周的绘画尤其自然可亲,在他画中我们看不到宋代画家追求理想的入世情怀,也没有元代画家不食人间烟火的孤寂脱尘,他的画是对"日常生活审美化"的表达。他出生在文人书香之家,从小就受到良好的传统文化教育,具备传统文人良好的学识修养。大概是受家庭氛围的影响,沈周终身未仕,但他乐于同朝廷重臣交往,并十分关心朝中政事的动态变化。没有走向仕途的他,却不像"元四家"那样成为一个超脱世俗的儒家"隐士"。资本主义萌芽的江南名镇,繁华多彩的商业文化,已经让他摆脱传统文人的价值追求和审美趣味,成为一名"非士非隐"的文人画家。其绘画艺术应归属于文人画范畴,但也有相当一部分,无论在艺术题材、创作内容还是表现形式上,都呈现出平民世俗化的审美取向。

沈周为人较为谦和,与其交往的社会成员混杂多样,上到朝廷权贵,下到地方富贾、市井小民,他们对沈周艺术创作风格的形成起着一定的影响。沈周的画渗透出强烈的平民性,描写出他作为庶民文人真实鲜活的生活状态。这种具有革新意义的创作态度和审美取向使其绘画题材进一步扩展,除了赋予梅兰竹菊等传统的绘画内容以新的情趣和内涵外,还更多地关注身边日常生活,他以敏锐的眼光积极探索自然的美,以极大的艺

---

① (唐)房玄龄等撰:《晋书》卷九十四《列传第六十四·隐逸》,中华书局 2000 年版,第 1619 页。

术热情去表现各种生命之美,使其绘画题材进一步扩大,这在花鸟画中得到最为充分的表现。沈周的花鸟画以写生居多,笔墨精妙,设色雅致,题材不拘一格,各种奇禽异鸟、瓜果蔬菜信手拈来,花鸟世界的生机尽收画中,它们充满浓厚的生活气息、妙趣横生、自然拙朴。在他的花鸟世界中,不仅有寻常之花树,更有木棉、枇杷、石榴、鸡冠花、秋葵等前人少有或未曾表现的花卉,还有鹦鹉、喜鹊、野鹜、白鸥等禽鸟,有虾、蟹、蛙、蚌蛤等水产水禽,还有鸡、鸭、鹅、猫、狗、驴等家禽家畜,乃至寓意深厚、吉祥色彩浓重的灵芝、桑蚕等都成为其笔下所喜欢表现和刻画的对象。如《写生册》,写萱草花、玉兰、荷、菊、鸭、猫、虾蟹等,其中除了葡萄一页是淡设色外,其余皆笔墨写意。用水墨表现绘画题材,进一步淡化了文人画和“院体”画之间的界限,一方面将“画院”常表现的艺术题材高雅化,一方面打破了传统文人画寄情达意之题材的局限性。绘画题材的广泛涉猎,使其花鸟画从宋代画院繁复艳丽、元代文人超脱俗尘中回到活泼生动、丰富多姿的人世间。此册前有沈周自题:“我于蠢动兼生植,弄笔还能窃化机。明月小窗孤坐处,春风满面此心微。戏笔此册随物赋形,聊自适闲居饱食之兴。若以画求我,我则在丹青之外矣。弘治甲寅沈周题。”①画家直抒胸臆,不拘泥于形似,强调“贵在意到情适”②,将日常所见物象的生趣,以独特的方式加以诠释。这种自适之兴,使他的画情、画境与物象之美达到了理想的和谐,运用活泼的手法,刻画花鸟的凝练造型和独特性格,如屈身盘卧的小猫、可爱稚拙的雏鸡、曳曳生姿的桃花。他一改文人画的清高、孤冷的审美倾向,画面洋溢着一派生机勃勃、欣欣向荣的精神风貌,创作出“似与不似”之间的生动天真。董其昌《题沈启南画册》云:“写生与山水画不能兼长,惟黄安叔能之,……我朝则沈启南一人而已,此册写生,更胜山水,间有本色,然皆真虎也。”③可见沈周在写意花鸟画创作上所达

① （明）沈周:《观物写生册》,台北故宫博物院藏。
② （明）沈周:《题画》,见周积寅编:《中国历代画论:掇英·类编·注释·研究》下编,江苏美术出版社2007年版,第566页。
③ （明）董其昌:《画禅室随笔》,周远斌点校、纂注,山东画报出版社2007年版,第101页。

到的成就是非常之高的。如果在山水画方面,可以明显看出前人自始至终丰富着他的笔墨技巧,那么在花鸟画方面,他的革新意义则更为深远。明代画坛圣手陈淳、徐渭等人的泼墨写意创作,均受到他强烈的影响。

世俗化的审美取向是吴门画派共同的画风特征,但这一特征在画家艺术作品中体现的程度不尽相同,唐寅绘画中世俗化特点较为鲜明,这与他的出身和人生经历密切相关。唐寅的父亲是当时苏州有名的商人,平时常与文人士子交往,多以儒商自居,重视社会主流的儒家文化。他对唐寅的教育付出了很大的心血,希望他能通过科举登第的方式来光耀门庭。殷实的家境为唐寅提供了优越的条件,读书涉猎颇为广泛,凡举天文、历法、诸子、数学、音乐无不钻研。但是后来家庭突遭变故,贫困潦倒的生活和炎凉无情的世态让他痛不堪言,接着又经历科考舞弊案的打击,他已是身心俱疲,身败名裂。这一系列遭遇使他天真浪漫的天性变得放纵不羁、任意妄为,经常出入于酒楼歌肆之间,借酒度日。青楼女子身处封建社会的底层,唐寅在她们身上看到自己多舛命运的缩影,给予了极大的关怀和同情。唐寅在人物画上有很深的造诣,多画仕女图,以青楼女子居多。远追唐人顾闳中、北宋李公麟,下至元代赵孟頫、明代杜瑾。人物线条细如铁丝有弹性,造型准确精美,情态雅韵潇洒。《秋风纨扇图》是唐寅水墨仕女图中的扛鼎之作。此画笔墨遒劲爽利,线描顿挫起伏,形象简练传神,洋溢着浓重的文人画气息。画中描绘了一位手持纨扇伫立于瑟瑟秋风中的美人,她发髻高挽,凝眸远望,圆润的脸上似乎流露出一丝怅然若失的忧愁和无奈。唐寅在衣褶的处理上充分融合李公麟的云流水描和颜辉的折芦描,运笔挥洒自如,线条高度洗练,转折劲有力,富有韵律情趣。背景处理极为简括,不显繁复,一角坡石,几株湘竹,大面积的空白使得人物显得特别突出,在视觉上给人以空旷萧瑟、孤苦伶仃的感受,巧妙营造出"秋风见弃"的主题。画面左上方的题诗更是深化了这一主题,诗云:"秋来纨扇合收藏,何事佳人重感伤。请把世情详细看,大都谁不逐炎凉?""纨扇"的使用最早见于汉成帝的宫妃班婕妤,她失宠后常手执纨扇作诗伤悼。自此以后,诗歌中的"纨扇"常用来形容宫中妇女被遗弃的命运。唐寅借用"纨扇"来比喻自己的悲惨遭遇,讽刺了世态炎凉的社会,为突破传统绘画题材作出了新的尝试。画家似以看破世情的口吻劝慰画中女子,但细细品味,在画家旷达的背后又潜藏着无尽的幽怨、愤懑与伤感,画面中稀稀疏疏随风摇曳的竹叶,不正是画家借物喻人来表达对自己人生的感慨吗?类似风格的还有《东方朔》、《持弓人物》等,这些作品大多用笔粗犷豪放,着重刻画人物轻盈飘逸的仪态,再配以简洁、典型景物,来烘托人物的内心情思,将高雅艺术与世俗的生活化融为一体,体现出明代审美趣味向世俗化的转变。

仇英是吴门画派中比较特殊的一位,出身工匠的他在绘画创作的过程中,力求在艺术风格、表现内容、审美意趣等方面表现出文人画的飘逸典雅,被董其昌称为"近代高手第一"[1]。其作品具有双重审美的艺术特点,既沿袭古代传统绘画中的工整雅丽,又兼容文人画的轻柔典雅、清新脱俗,整个作品严谨而不刻板,妍丽而不甜俗,强调真实的画面感和幽淡的意境美,具有鲜明的个人绘画风格。从现存的艺术作品中,不难发现,他紧追时代审美的步伐,在题材、内容的选择上以及审美境界的追求上都充满世俗平民化的艺术特征,展现出他对世俗民情和真实世界的关注。他的山水画作品中都注重融入生活气息的元素,并带有一定的故事情节,很好地将山水画与人物画结合起来。他清楚地认识到人物的形象始终是与人物的生活环境、社会文艺思潮紧密相关的,人物形象的刻画就是一个时代的缩影。在雅化自己的绘画格调,提升自身作品的审美品位的同时,还注重绘画内容的亲切感,以迎合市民百姓的审美选择,来保证自己在书画市场中能够生存和竞争。他的绘画作品常常表现身边周遭的景或事,比如对吴中地区自然风光和市井文化的描写,传达出的审美追求时刻把握时代审美的主旋律,并展现出社会生活的变化和市民生活的现实状况,颇有生活趣味。《捉柳花图》这幅画十分接地气,描绘的是孩童在屋檐外柳树下嬉戏玩耍的愉悦场景,整个画面洋溢着浓郁的田园诗情。画面中的白衣高士和小书童正以淡然的心境欣赏孩童的嬉戏玩耍,人物形象刻

---

① (明)董其昌:《画禅室随笔》,周远斌点校、纂注,山东画报出版社2007年版,第160页。

画十分传神;外部环境氛围的烘托,进一步提升了画面的观赏性和装饰性。将身边随处可见的生活场景置于幽静的环境中,既贴近市民真实的生活状态,又体现出仇英本人对美好生活的向往和憧憬。这种对真实生活场景的再现,符合当时书画市场的需求和市民阶层对艺术作品世俗性的审美需求。除此,在其临摹的名家作品中也体现出以雅入俗的审美倾向,他在各家的作品中寻找适合自己的风格和内容,并逐渐形成具有时代性的审美主张。《摹清明上河图》以苏州当时各个阶层的人物为主要描写对象,充分体现出他以人为本的绘画思想。漆工出身的他从小就接触广大的劳动群众,非常了解下层劳动人民的生活状况,对劳苦人民的苦楚和遭遇有着切肤之感,对于仇英来说,那些最普通不过的船夫、纤夫、小商小贩、纺织工人才是苏州真正的主人,他在绘画中形象地刻画出这一时期劳动人民的生活状态和社会发展动态。与张择端描绘的汴京繁荣景象相比,体现出截然不同的风格和审美取向,作品中加入了市民生活这一时代新意的元素,充满生活乐趣和世俗情调。另外,除了对城市建设和市井生活的描绘外,他还对社会职业的分类作出了新的扩张和规划。画面中有装裱字画的店铺、收藏古玩的店铺、金银首饰的店铺,还有弹奏琵琶的青楼歌妓、玩荡秋千的深院仕女以及街头说书的表演家,等等,这些人物形象都根据苏州当时特有的社会风情作了精心的安排与设计。在他细腻灵动的笔墨中处处传递出普通民众生活的气息,展示出雅俗互渗的审美追求。

吴门画派作为有明一代最为重要的绘画流派,给画坛带来了深远的影响,在整个绘画史上有着重要的历史地位。他们具有深厚的文化修养,并重视古人传统的笔墨精神,强调神韵的传达。作画以文人画为主,取材广泛,标新立异。他们在继承传统的绘画的道路上没有走向保守封闭,而是打破了前辈创作的固有程式,深入了解周遭的生活,为自己"布意立趣"①寻找创作动力和源泉。他们既恪守文人君子人格又体现世俗生活,具有雅俗共赏的审美效果。

---

① （明)沈周:《石田论画山水》,见俞剑华编:《中国古代画论类编》下册,人民美术出版社 2004 年版,第 711 页。

第三节 董其昌"南北宗论"及其"以淡为宗"的
文人画审美意趣

在明代绘画史上,董其昌是一位举足轻重的人物,其精妙的笔墨语言、独特的绘画风格,在当时既独树一帜又令人耳目一新。他梳理山水画发展体系,提出的"南北宗说"成为绘画领域中的"心学",追求"以淡为宗"的审美情趣对明清两代绘画审美理想的塑造起着一定的决定性作用。他"以禅喻画",重顿悟、轻渐悟,重笔墨、轻丘壑的艺术创作理念更是影响深远。

一、"南北宗论"的提出

关于"南北宗"的首先提出者,学术界近几十年一直争论不休,莫衷一是,本书姑且搁置这个"公案",认为"南北宗"的首创者是董其昌。中国画论从北宋至明,就其影响来说,以董氏"南北宗"为要,成为以后三百多年的画坛主流,至今仍有余响。"南北宗论"的提出,反映了山水画实际的历史发展过程,为文人山水画的发展确定了历史上的系统。同时也凸显出他对天真自然的理想人格的追求,认为幽淡清寂的审美意境为文人画创作的最高追求,树立起温文尔雅、精气内含的文人画标准,给予文人画理论上的指导和支持,奠定了文人画崇高的历史地位。山水画南北宗的分歧是两种不同的绘画精神和思想的分歧,反映出绘画作为一门艺术它本身所具有的一套内在发展规律。董氏这一论说的提出是对中国古代绘画审美思想的总结和发展,成为画论研究和艺术实践取之不尽、用之不竭的思想源泉。

关于"南北宗论"的言论共有两处,意思大同小异:

> 禅家有南北二宗,唐时始分。画之南北二宗,亦唐时分也,但其人非南北耳。北宗则李思训父子著色山(水)。流传而为宋之赵幹,赵伯驹,伯骕,以至马、夏辈。南宗则王摩诘始用渲淡,一变钩斫之法。其传为张璪、荆、关、郭忠恕、董、巨、米家父子以至元之四大家。

> 亦如六祖之后,有马驹、云门、临济儿孙之盛,而北宗微矣。要之摩诘
> 所谓"云峰石迹,迥出天机。笔意纵横,参乎造化"者。东坡赞吴道
> 子、王维画壁亦云:吾于维也无间然。知言哉。①

在莫是龙、陈继儒的画论中也有类似的文字,主要观点基本相同,只不过是在列举南北宗画家人名时稍微有所出入。董氏对文人画进行界定和阐释时也有涉及"南北宗论":

> 文人之画,自王右丞始。其后董源、僧巨然、李成、范宽为嫡子。
> 李龙眠、王晋卿、米南宫及虎儿,皆从董巨得来。直至元四大家黄子
> 久、王叔明、倪元镇、吴仲圭皆其正传。吾朝文、沈则又遥接衣钵。若
> 马、夏及李唐、刘松年,又是大李将军之派。非吾曹易学也。②

董其昌的"南北宗论",与当时的政治、经济、哲学思想、社会风气等方面密切相关,是当时社会动荡不安、各种矛盾冲突剧烈、民间画派相互竞争的产物,是资本主义萌芽、商品货币经济发展、绘画进一步市场化的产物,也是院外文人画家势力日益增长的产物。而它的产生,除了与社会的一切根源相联系外,还与绘画艺术本身的发展有莫大的关系,山水画在艺术面貌、审美风格、创作态度等方面存在着各种斗争和矛盾。晚明画坛已经发展到了僵化死板和陈腐透顶的地步,"浙派"历经百多年到张路、蒋嵩已是一味粗笔,唯取狂漫豪放之风,"吴派"末流也是毫无生气,平庸雷同。旧有的艺术风格已图存躯壳,必有新风格取而代之。"南北宗论"的提出是新兴风格取代陈腐风格的体现,是平淡幽远风格取代雄壮豪放风格的表现,也是"抒写性灵"取代"精于刻画"的显现。其目的在于抨击"浙派"末流的剑拔弩张和"吴派"末流的模拟复制,并进而贬低职业画,竭力抬高文人画,另创画坛新局面。

董其昌上述两点论证,归纳起来,所谓"文人画"就是南宗画;反之,北宗画不是"文人画"。董氏以唐为界,认为山水画日渐发展为南北对峙

---

① (明)董其昌:《画禅室随笔》,周远斌点校、纂注,山东画报出版社 2007 年版,第52 页。

② (明)董其昌:《画禅室随笔》,周远斌点校、纂注,山东画报出版社 2007 年版,第49—50 页。

的两大派系：一是以李思训为代表的北宗行画家；一是以王维、董源为代表的南宗文人画。道明了两种不同的审美意趣和艺术格调，宫廷职业画家是得北宗之精髓，文人士大夫是接南宗之衣钵。以李思训为祖的北宗是着色山水，以王维为祖的南宗是水墨山水。"用渲淡，一变钩斫之法"①，王维"变钩斫之法"就说明李思训父子用钩斫之法。何谓"钩斫"，顾名思义，就是先钩山、石、树木之轮廓，后施以皴法。李氏父子多用斧劈皴。根据文献记载，王维的水墨山水画有过渡性艺术风貌，时时出现精细刻画之处，并没有脱离"钩斫"之法，董氏说他"一变钩斫"，不是指其山水画没有轮廓而是强调"渲淡"、"渲染"，即是说关于运墨的问题。因为不管水墨山水还是青绿山水都离不开皴法，两者在运墨上的差别是明显的，运墨的不同是导致两种山水画艺术风貌不同的关键因素。

为了显示自己"南北宗论"的合理性和准确性，他"以禅喻画"。明代中叶以后最大的哲学思潮转变就是"陆王心学"取代了"程朱理学"，理学讲义理，心学明本心，两者的区别可以在"致知在格物"这句话的解释上体现出来，朱熹认为知识的获得必须要研究物理，王守仁主张致良知必须格去物欲。心学在思想上强调"心外无理"、"心外无物"，将心的意义提高到顶点，把对心的关注和体验作为重要的内容加以表达。"宇宙便是吾心，吾心便是宇宙"，成为晚明文艺思潮的理论基础，在文艺思想上弘扬主体精神的自由和解放，摆脱温柔敦厚的谨言慎行，主张以"心之本体"统摄万物。禅宗在晚明特定的时代背景下也开始兴起，并且和心学交织在一起发展，许多文人既是心学之代表，又是禅学之宗师，心学与禅学的合璧在当时成为风靡一时的思想趋势。"心禅"之学所蕴含的丰富的智慧和哲理被文人士大夫所青睐，他们"游戏禅乐"，放浪形骸，强调主体精神的自由表达，反对温柔敦厚的谨言慎行。这股哲学思潮渗透到明晚期的各个艺术门类中。董其昌与戏剧界的汤显祖、文艺界的李贽等人在心禅之学思潮的旗帜下遥相呼应，共同掀起一股浪漫的文艺思潮。

---

① （明）董其昌：《画禅室随笔》，周远斌点校、纂注，山东画报出版社 2007 年版，第 52 页。

　　董其昌与这股人文主义思潮"声气相求",在青年时代就对禅宗产生了极大的兴趣,中年读禅尤勤,经常与陶望龄、袁宏道等人探讨禅学的奥秘,还经常游历寺院拜访高僧,与禅僧、居士一同参禅论佛,这些经历对董其昌在禅学上的造诣有极大的影响。"董氏性和易,通禅理,萧闲吐纳,终日无俗语"正是说他参禅颇有功夫,已经达到悟道的境界。在他的《容台别集》里就有《禅说》五十二条之多,并自命其书斋为画禅室。不仅用禅学来解释老子,而且用禅学来论八股文、论书法,可见与心学相融的禅学是他论艺思想的来源,论画的宗派借用禅宗的"南北宗"也是很自然的。

　　所谓"以禅喻画",是说在某些程度上,山水画的发展与禅学的发展相似,用禅学的南、北宗来比喻画派发展中出现的两种不同表现方法的现象。禅宗在盛唐时日渐强盛,于弘忍的两个弟子神秀和慧能开始分为南北宗。他们二人在"修道"上有着截然相反的方法:神秀主张"渐修",积行修学,重"功力",流行于北方,是为北宗;慧能主张"顿悟",直闻大道,重"天趣",流行于南方,是为南宗。自晚唐以后,在佛教中诸宗皆衰,唯"教外别传"的禅宗独盛,尔后北宗也一蹶不振,唯南宗发展迅速,成为佛学之正宗。董其昌认为在唐以前,山水画还未发展,不是画家从事的主流画科。但在盛唐以后,逐渐发展成为画学之大宗,犹如佛学中"教外别传"的禅宗。在表现方法上,山水画又分为南北对峙的两个派别:一是以李思训为代表的北宗行画家;一是以王维、董源为代表的南宗文人画系统。南北宗在绘画技巧和笔墨语言上有明显的不同,北宗推崇精工,多为苦修功利,追求豪放刚劲,犹如神秀的"渐悟";南宗是水墨渲染,一变钩斫,渐近天然,犹如慧能的"顿悟"。又山水画家以文人居多,绘画中充满文人气息和文学情趣,他们大多用水墨渲染,注重个人主体精神的发挥,极力摆脱世俗的烦恼,一时间文人画兴起,这好似禅学中的南盛北衰。他系拟分南北二宗,然鄙夷之情溢于言表,轩轾显分,对南宗极为推崇,对北宗则是贬斥。他认为王维"云峰石迹,迥出天机。笔意纵横,参乎造化"①

---

　　①　(明)董其昌:《画禅室随笔》,周远斌点校、纂注,山东画报出版社 2007 年版,第 52 页。

的画境是文人画的最高追求,他遵循南宗"顿悟"式的感性创作,正所谓"可一超直入如来地也",是应该继承的衣钵,对于李思训的态度则是"非吾曹所当学也",不应该学习其"精工之极"的作画路数。

对于董其昌"南北宗"的问题上,后人褒贬不一。朱良志认为主要有三大贡献:"一是在肯定'文人艺术'的理论中,突出艺术作为心灵寄托的思想;二是通过对人工和妙悟的辨析,强调妙悟作为艺术创造根本方式的地位;三是在南北两种不同风格的辨析中,高扬和谐、优柔、含蓄的学术风范。"①伍蠡甫先生则对此持批驳的态度,他认为:"董氏'二宗'之说是为了标榜门户,便不免牵强附会、自相矛盾。"②陈传席认为:"'南北宗论'以及围绕此论的有关论述,细究起来很多地方不能成立,但其基本精神是颇有可取之处的。其价值在于发现了中国绘画史上具有两种不同的风格和不同的审美观念。"③虽然这两种审美风格的划分带着个人喜恶和想象,不免有些偏颇之处,但其基本观点还是成立的。从表面看,董其昌是借禅学分南北宗对绘画风格和流派作出梳理和归纳,其本质目的并不止于此,而是要透过画坛纷繁复杂的历史现象去把握和窥探文人画内在精神规律性的因素,从而进行艺术实践上的指导,以扭转晚明绘画每况愈下的局面。

这个内在精神规律性的因素就是"禅趣",在"南北宗论"中我们没有找到董其昌对"禅趣"的明确界定,但从他诸多的绘画题跋中可见其微意。他评价倪瓒晚年"聚精于画,一变古法,以天真幽淡为宗"④,又说"吴仲圭大有神气,黄子久特妙风格,王叔明奄有前规,而三家皆有纵横习气。独云林古淡天然,米痴后一人而已"⑤。由此可推断,具有"禅趣"之美的绘画作品应当是指用笔自由洒脱,直抒胸臆,脱尽甜俗刻画和纵横

① 朱良志:《中国美学名著导读》,北京大学出版社 2004 年版,第 213 页。
② 伍蠡甫:《名家画论》,东方出版中心 1988 年版,第 135 页。
③ 陈传席:《中国绘画美学史》,人民美术出版社 2002 年版,第 476 页。
④ (明)董其昌:《画禅室随笔》,周远斌点校、纂注,山东画报出版社 2007 年版,第 65 页。
⑤ (明)董其昌:《画禅室随笔》,周远斌点校、纂注,山东画报出版社 2007 年版,第 60 页。

习气,体现出天真自然、古淡幽然的审美情趣。在他看来这种"禅意"之美在王维画中已初露端倪,他天机迥出,用水墨渲染,变刚硬线条之钩斫为柔性线条之圆润,而后经过董源、巨然、二米的逐步发展,至元四家达到成熟风貌,其中尤以倪瓒萧散孤寂的艺术格调表现得最为显著。倪瓒作画无一根笔刚劲挺利的线条,是以极其蓬松柔弱而富有弹性的笔写出,以韵胜。在禅宗"般若性空"、"禅净合一"的哲学思想的熏陶下,董其昌是以清淡为宗,其山水画呈现出宁静淡远的独特艺术审美性,在视觉和精神上充满浓郁的感染力。所以说董氏发明"南北宗"论,是标榜文人画,推崇以"淡"为宗的审美意境,为晚明山水画开辟了新的发展的方向。

二、平淡审美意趣的体现

董其昌定义的南宗画家都有相似的艺术风格,董源"平淡天真"、米芾"淡古之趣"、倪瓒"天真幽淡",突出了一个"淡"字。又以"淡"来评论书家各自风格,评王珣书法"潇洒古淡"、怀素书法"以淡古为宗",并且在论诗文时,进一步对"淡"作了细致入微的阐释:

> 作书与诗文同一关捩。大抵传与不传,在淡与不淡耳。极才人之致,可以无所不能,而淡之玄味,必由天骨,非钻仰之力,澄练之功所可强入。……苏子瞻曰:笔势崎崎,辞采绚烂,渐老渐熟,乃造平淡;实非平淡,绚烂之极,犹未得十分,谓若可学而能耳。《画史》云'若其气韵,必在生知',可为笃论矣。①

"淡"就是天真、自然,就是不做作、不刻意精雕细琢。"淡",本义味薄,《说文解字》谓:"薄味也。"②但在美学范畴里首先提出"淡"的是老子,他说,"游心于淡,合气于漠"③。而庄子所谓"淡然无极而众美从之"④,则把"淡"的美学意义给确立起来。无论是在中国古代的文学还是在美学

---

① （明）董其昌:《容台别集·魏平仲字册》,见崔尔平选编、点校:《明清书论集》,上海辞书出版社 2011 年版,第 222 页。
② （汉）许慎:《说文解字》,中华书局 1963 年版,第 236 页。
③ 陈鼓应:《老子今注今译》,中华书局 1983 年版,第 399 页。
④ 陈鼓应:《庄子今注今译》,中华书局 1983 年版,第 394 页。

领域，艺术家们都在创作实践中表达着对"淡"这一审美境界的追求，把"淡"作为艺术评价的最高准则。由于受"淡"之美的文化根源的影响，董其昌在绘画创作和审美中极力推崇以淡为宗的情趣和意境，他认识到艺术语言本身也具有丰富的审美内涵，内敛的线条、淡淡的墨色中蕴含了平淡天真之机。其潇洒生动的山水画在用笔、构图、墨色等方面都很好地诠释出超凡脱俗和宁静致远的精神品格。

董其昌在笔法上博采众长，兼有工笔之韵，整体呈现内敛秀润之美。中国画在历史的发展过程中，每一个时代都具有其不同的审美特点和艺术风格。从董其昌的用笔特征可以看出晚明中国文人画笔墨语言的审美趋向于"线"的独立性，画面的中心从对自然山水的准确描摹转向了线条本身审美韵味的表达。以线条为主要造型手段的中国画，从其产生开始就与"用笔"密切相连。相对于其他画科，山水画对用笔的要求似乎更加苛刻，几乎囊括了人物画、花鸟画中所有的用笔技巧，它可以被称为中国画用笔的百科全书。董其昌在追求个人画风的新变过程中，将书法用笔引入绘画。他早年学习书法，远追晋唐宋大家，兼备二王柔媚隽秀、宋人率真自然于一身，以温润秀雅的独特风格而享誉明代书坛。高超的书法造诣对其山水画的整体用笔产生了重要影响。董其昌在书法中强调古拙之味，以生拙的审美形式来掩饰技巧的娴熟，以突出作品的"士气"，这一思想在理论上与绘画是相通的。"士人作画，当以草隶奇字之法为之。树如屈铁，山似画沙，绝去甜俗蹊径，乃为士气。不尔，纵严然及格，已落画师魔界，不复可求药矣。若能解脱绳束，便是透网鳞也。"①在绘画中表现书法用笔的意味，借书法抽象的艺术线条来反映画家的主体精神。在董其昌山水画作品中，经常可以看到以楷书之中锋勾描出细密如茵的汀州野草，以行书之侧锋点画连绵起伏的高远峰峦，但在这两种游走交融的笔法中，画家又有意冲淡楷书的方硬爽利，平添行书的潇洒韵致，以诠释出他超凡脱俗和宁静致远的精神品格。

董其昌秉承"南宗"画家的用笔传统，初学黄公望，从元四家入手，远

---

① （明）董其昌：《画禅室随笔》，周远斌点校、纂注，山东画报出版社2007年版，第3页。

追五代董、巨,又深受二米影响,集诸家之长而成,将以阴柔秀美为主要特征的披麻皴作为最基本的用笔技巧,指出画家的"第一义"是"皴法","盖大家神品,必于皴法有奇"①。披麻皴属于线型皴法,主要指以中锋用笔为主,多以书法用笔特征来表现南方土山的苍润圆融之美。"画平远师大年,重山迭嶂师江贯道,皴法用董源麻皮皴及《潇湘图》点子皴。"②需要指出的是,董源、米芾等人所用的"点子皴",没有违背南宗圆润柔和的用笔原则,只是将披麻皴的中锋用笔缩短为点。董其昌作为南宗艺术的集大成者,已经将披麻皴的使用作为一种有意识的自觉行为。披麻皴的独特表现力,使他笔下的山石、树木呈现出疏淡浑化、朦胧秀润的江南风貌。董其昌对前人技巧的学习不是机械地模拟复制,而是融入自己对绘画的深入理解和体会。他对倪瓒绘画用笔有独到的见解:"作云林画须用侧笔,有轻有重,不得用圆笔,其佳处在笔法秀峭耳。宋人院体,皆用圆皴,北苑独稍纵,故为一小变,倪云林、黄子久、王叔明皆从北苑起祖,故皆有侧笔,云林其尤著者也。"③他发现倪瓒的折带皴虽以侧锋入画,但与北宗惯用斧披皴所造成的刚硬效果有所不同,它极具书法的书写性,更加适宜表现其"古淡天然"的绘画风格。然董氏不仅发现倪瓒折带皴的独特之处,更为重要的是他在作画时化为己用,用笔突出柔韧和淡雅,再配合节奏感强烈的披麻皴,使画面显得松秀峭峭,柔软秀润中又往往给人一种排山倒海、气贯长虹的视觉冲击力。

董其昌通过对古人大量优秀作品的仔细研究,找到了最适合自己表现的因素,并对其融会贯通后,创作出自己组织画面的一套规律。他发现古人绘画尤其注意作品整体的均衡性、和谐性以及稳定性,这种平和的绘画感觉不是无分别、无等差的,而是在对立和矛盾中实现的。他"集大成"的绘画道路上,运用虚实、开合、动静等一系列对立统一关系来结构

---

① (明)董其昌:《画禅室随笔》,周远斌点校、纂注,山东画报出版社 2007 年版,第191 页。

② (明)董其昌:《画禅室随笔》,周远斌点校、纂注,山东画报出版社 2007 年版,第28 页。

③ (明)董其昌:《画禅室随笔》,周远斌点校、纂注,山东画报出版社 2007 年版,第17 页。

画面,通过营造位置来渲染画面的某种气氛,以表达他淡泊名利、宁静致远、寄情山水的诗性生活。"凡画山水,须明分合,分笔乃大纲宗也。有一幅之分,有一段之分。于此了然,则画道过半矣。"①这是董其昌对绘画"经营位置"提出的总体要求,指出"分合"对于"画道"的重要性。画面的构图章法关系着整幅作品的审美面貌,它是一种统领全局的关键所在,一幅作品能正确传达出画家心中之丘壑就在于作品中全部艺术要素有机的组织,所以对置陈布势的熟练运用是优秀画家应该具备的基本能力,应该是"了然"于胸的。

在对绘画的布局提出总体性要求后,他还特别关注到画面局部经营的要求,其中对山和树的处理尤为精妙。在具体谈到山水、树石等景物的位置安排时,每每都有细微的体会,强调灵活多变而不拘于一格,体现出他敏锐的洞察力和丰富的艺术涵养。他一生服膺倪瓒,有多幅仿作,而构图也受其影响。倪瓒构图多采用一水两岸式的三段分法,画面空阔、寂寥,有幽淡萧瑟的意境。董氏深谙计白当黑的布局原理,善于用水来平添画面气韵流动之感,常在山体之间绘一蜿蜒流淌的清泉,这种着眼于用虚来结构画面的方法就得益于倪瓒的布局模式。除大的空间关系受倪瓒影响外,董其昌又作了自己独到的改造,这就是斜侧的山势和穿插呼应的组合特点,又通过山林的不同取势来连接山体,使其在远处相连,这成为他布局构图的基本规律之一。董其昌还以书法中的"奇正"关系来展开绘画布局趋势的实践创作,提倡"依奇取势"的创作思想,在画面中前后景的衔接主要依靠树木的不同势态来完成,高山、树林之间的复杂空间关系却仍有一条清晰可见的主线。强烈的大小、纵横对比,给人一股逼人的气势。

在用墨上,董其昌讲究清润灵秀,重视用墨结构的推敲和韵致,强调墨色本身的纯净之感。中国绘画发展到唐朝,对墨法的开拓使得绘画在用墨方面取得明显优势。张彦远"运墨而五色具"②是对用墨形式丰富性的经典概括,墨法在绘画中受到较为普遍的关注,出现了一大批善于运用

① (明)董其昌:《画禅室随笔》,周远斌点校、纂注,山东画报出版社 2007 年版,第15 页。

② (唐)张彦远:《历代名画记》卷二《论画体工用榻写》,中华书局 1985 年版,第 72 页。

水墨渲染效果作画的画家,他们为用墨之道的确立作出了贡献。被董氏视为"南宗"之祖的王维作画讲究破墨、积墨、泼墨等方法。宋代水墨画大兴发展,墨法运用十分成熟,真正迎来了"运墨而五色具"的时代。米芾在用墨方面尤其值得研究。他独创的"云山墨戏",采用米点式用笔,随意点染,不求形似,逸笔草草,是画家畅游激情的瞬间表达。米家山水墨色变幻莫测,墨趣跃然纸上,随手点染出烟云、临泉迷蒙秀润之态,具有浓厚的墨戏特征。米芾对水墨效果的独特把握,引领山水画中用墨之法走向新局面。元人用墨成就以元四家为代表,黄公望干湿浓淡兼施,秀润苍茫;吴镇重墨湿笔,淋漓雄厚;倪瓒惜墨如金,简括平淡;王蒙"水晕墨章",郁葱深秀。中国画对于墨法的探讨和研究从唐五代绘画变革开始,使墨法的附庸地位发生了根本性改变,成为与笔法有同等艺术价值的绘画语言质素,而墨法独立的审美价值直至元代才最终确立起来。董其昌对用墨的重视是对前贤笔墨理论的继承和发展,在结合自己艺术实践的基础上,形成了自己古雅秀润的"淡墨"特色。清代沈曾植《海日楼札丛》里说"墨法古今之异,北宋浓墨实用;南宋浓墨活用;元人墨薄于宋,在浓淡间;香光始开淡墨一派;本朝名家又有用干墨者"①。董其昌在美学层面上进一步提升墨法的审美价值,体现在用墨具体方法上超越前人,擅泼墨、惜墨之法,又淡湿、干浓变化丰富,自然合拍,意味无穷,呈现清新脱俗、淡雅之韵的审美意趣。

董其昌高超的用墨技巧还体现在"画欲暗不欲明"的绘画美学观点中,在《画旨》中他这样说道:

> 余尝与眉公论画:画欲暗不欲明,明者如觚棱钩角是也,暗者如云横雾塞是也。眉公胸中素具一丘壑,虽草草泼墨,而一种苍老之气,岂落吴下之画师恬俗魔境耶? 同观者修微王道人。②

他所谓"明"、"暗"不是指物理学意义上的明或暗,而是指物象的表达有明、暗之别。"明"为分明、刻露,较为直白;"暗"分模糊、蕴藉,较为含蓄。

---

① 华人德主编:《历代笔记书论汇编》,江苏教育出版社 1996 年版,第 567 页。
② (明)董其昌:《画禅室随笔》,周远斌点校、纂注,山东画报出版社 2007 年版,第 163 页。

这番话的意思就是说,绘画应该避免着意刻画,须像云雾一般空灵剔透,景色似塞而实通,笔有尽而意无穷。反之,状物若求其全备,则不免烦琐呆滞,物象的灵动活泼反而会被花哨的用笔所掩盖。董其昌不遗余力地追求"暗"的境界,离不开对墨的成熟掌握和运用。因此他进而论述墨法中的"惜墨"和"泼墨":"夫学画者,每念惜墨泼墨四字,于六法三品,思过半矣。"①"惜墨"不会沦为枯槁,"泼墨"不会病于痴肥,浓淡干湿才会各得其宜。董其昌还把书法中的"飞白"与"泼墨"相结合,先用泼墨大刀阔斧地渲染,在运以飞白的笔法,增强树木、山石的凹凸、灵动之感,使"暗"的取形技巧另辟新径。飞白中的丝线笔笔精到,黑线中夹杂着数以白线,黑白双线在流转、连绵中虚实相生、深浅映发,这样黑白共济的艺术效果在线与面的交融中体现得更为完满。在董其昌绘画作品中,我们也可以发现他善用积墨法,就是用淡墨层层叠加,积淡成浓,在反复皴擦的过程中展现墨色神气的变化。他能很好地控制墨色的浓淡深浅对比,画面不是死的涂染,而是层次分明,妙合化工,即使是焦墨也能鲜丽有韵、淋漓欲滴。董其昌用墨挥洒自如,纵横驰骋,变化灵动,突出了墨色语言的趣味性表达,在自我界定的"淡"之范围中不动声色地追求笔墨的标新立异。

三、具体作品的审美意趣分析

董其昌关于"以淡为宗"审美思想和独特的艺术语言在其大量的绘画作品中得到了集中体现,不同绘画风格的艺术作品共同承载着董其昌对绘画艺术的精辟见解和独特审美。在其风格多变的绘画作品中,墨笔山水画最能代表他的审美情趣,他以水墨入画,基本不施色彩,在黑与白的世界里彰显他超群的艺术涵养和炉火纯青的绘画技巧。

《高逸图》是董其昌在镇江的养心之作,代表其晚年成熟的艺术风格。全图笔墨苍秀,意境深远开阔,体现出董其昌"以淡为宗"的审美情趣和艺术格调。在构图上,深受倪云林的影响,整幅作品采用一河两岸的三段式构图法。近景画高低不平的坡岸,三组杂树错落分布;中景溪水宽

---

① (明)董其昌:《画禅室随笔》,周远斌点校、纂注,山东画报出版社 2007 年版,第 9 页。

阔,两岸平滩浅渚,溪水蜿蜒流向远方;远景山林深处茅舍数间,画面分合有度,虚实、动静各有表现。山石树林、湖滨坡岸用笔浓密为其实,溪水不着一笔为其虚,缓缓流淌的溪水与浑然不动的坡岸共同烘托出高远清古之韵。董其昌绘画特别注意画面细处的营造,山、树等景物的描绘和安排往往是其作品以势取胜的点睛之笔。近景三组树木的空间位置设计得十分精妙,它们高低起伏、错落得当,在树木的顶端形成优美变化的曲线,使画面平添了几分层次感。画家尤其注意到中间一组树木在画面位置的重要性,树木之间的穿插关系繁密而不散乱,且树种不同,它们彼此勾连,婀娜多姿,意趣盎然,体现出春天万物复苏的景象,所以说董其昌较倪瓒少了几分萧瑟冷寂之感,多了几分生命情趣。山石的皴法是师承倪瓒,多采用折带皴与披麻皴兼用,以侧笔为主。但董其昌的杂树画法和倪云林的又有所区别,以柔浑的笔墨写出枝干,然后再皴染点叶,有种秀而不峭的感觉,笔墨组合中更多地体现出"秀润"之味。他"引书入画",把草隶奇字联系绘画用笔,借用书法之笔法表现绘画中的钩、斫、皴,借取草隶之抽象表达沟壑的情趣和灵性。他成功将书法的笔墨技巧作为构成绘画的基本要素,绘画笔墨凝重练达,不狂不躁,凝重浑厚中不乏清润透明。画面中树木、山石的轮廓线用笔有力劲挺,石面的皴擦轻柔富有节奏,恰到好处地表现出江南土山湿润松软的质感。除了用披麻皴和折带皴来表现圭棱方硬的山石外,还用点叶法来表现郁郁森森的树林。中间一组最前面的树叶采用垂叶点法,极其讲究笔法、疏密、浓淡相宜。这种点法要求笔与笔的连贯、叶与叶的高低、疏密、参差变化要充分体现。旁边一棵树叶则采用仰头点,毛笔落纸后向下渐按,然后向上而轻轻提起作仰头状即成。后边一棵松树画扇形松针,以遒劲挺拔的中锋用笔运墨,注意疏密、穿插的关系和墨色前后的干湿、浓淡变化。松树的刻画有些难度,画家在下笔之前,必须对其要表现的对象了然于胸,要精确地把握它的气韵和神态。这颗松树主干分明,增枝体现出"枝分四枝"的绘画原理,枝下多挂,两侧树枝有多少之差,又分前后左右之别,树干上的鳞皴用笔老辣,用干墨擦上几笔,尽显苍莽之感。在墨色上,整幅作品纯以淡墨勾描点划,极尽淡远清疏之妙韵。用墨特点主要体现在细微之处,画面中间一组树木用墨浓淡相宜,前面一棵树的右下一组叶子与左上一组叶子墨色稍重,其余墨色较淡,形成鲜明的反差和对比,深浅变化丰富;后边一棵树画得较简练,在墨色上更厚重,与前边的树叶在形上、浓淡上均有区别,丰富了画面。画面右边的六棵树,在树叶的处理上墨色浓厚,董氏善用"暗"的表现方法,用极润之笔绘出通透、清爽之感,起到承上启下的作用。单笔式的破笔法,使墨色浓淡互参,过渡自然,并且与中间一组树在整体视觉效果上形成浓淡、干湿对比。

董其昌在构图、笔墨、趣味上,积极营造和追求一种平淡高逸的审美意境。在粗细轻重、浓淡干湿、动静虚实等变化中流露出他"师古不泥古"的革新精神,比起元代高逸的绘画作品,其艺术情感表达得更为自由潇洒,显示出温和、清秀和苍润的格调,体现出与天地自然相融之美。同时从他的绘画风格中可以看出晚明山水画笔墨审美取向,笔墨语言成为画家宣泄情感的主要手段,画家的主体性被极大地强调,主体内心自由潇洒地畅游在自然世界中,不奴役于物象,不拘泥于精琢细雕,而是以心去统摄万物,达到物我统一,相融契合。

第六章

明代江南文人园林中所寓的审美意识

　　天下有文章之胜,也有山石花木之胜,荟萃山石花木之胜,又兼以人力人工之巧智,成就了这一人工与天然、物质与精神、艺术与文化、时间与空间相结合的人间胜迹——园林。园林是中国建筑文化的重要类型,包括了皇家园林、陵墓园林、文人园林和道观园林,每一类的园林建筑由于文化功能不同,其审美负载也不同,体现的审美意识也有差异。

　　园林是一种文化思维和审美诉求相结合的建筑空间,是一种生活空间,同时也是一种艺术空间、文化空间,更是一种精神空间、心灵空间,它比一般建筑蕴藏着更大、更多的艺术目的与艺术功能,包含更加丰富的审美意识。在园林这一空间之中,凝聚了中国人的游戏哲学、颐养哲学、美学思想、空间观念、工艺章法,同时包含着园主和工匠乃至时代关于大与小、虚与实、有与无、因与借、阻与隔、扬与抑、方与圆、曲与直、动与静、藏与露、局部与整体、暂时与永恒、有限与无限、自然与人工等诸多对立因素的认识,包容了中国哲学关于世界和人生的一切思考,是一个哲学观念和人生理想的大熔炉、大载体。它融汇绘画、书法、诗歌、工艺等诸种艺术于一堂,是一门综合性的艺术类型;它实现了物质与精神、生活与艺术的统一,将抽象的人生理想和现实的人间生活联系起来,实现了完美谐和的统一,形成一套生活的秩序和见解。正因如此,我们可以将它界定为精神文化的物质载体。作为大地上的文章,园林是主体亦即园主、筑园者甚至整个中国人观念的表征。"中国园林蕴含了国人存在于天地之中的宇宙意识,生存于自然万物之中的自然观念,立于天地万物之间的生命感觉,乃至演化而来的天地万物于我的价值意义。同时也用实物形象表征了我在天地万物中的位置作用,万物契合中的我对大千世界的理解、认知、感受、寄托、期望等等,这些都是造园的思想意旨。"①所以在园林中寻绎时代和个人的审美意识是必要的,也是可能的。

　　魏晋以来,园林不仅是人的物质居所,更是人的精神居所;是人的现实活动空间,更是人的精神活动空间;是一个精致的物理空间,也是一个深奥的心理空间。园林兼具了物质和精神两个维度,既有自然又有人文,既有充分的物质满足,又有丰裕的精神快乐;既可亲近自然,翳情林水,又可"目极世间之色,耳极世间之声,身极世间之鲜,口极世间之谭"②,眼观、耳听、鼻闻、舌尝、身触、心游,将袁宏道所言的人间五快活之一的诸种快活集合、集成于一处,让人能够"随时即景就事行乐"③,使人随时随地都能得到诗性的生活体验,获得适性甚至诗性的生活效果。这种情形以文人园林为最,尤其以江南私家园林为最,它比较集中地体现了中国古典园林建设的基本理念和艺术方法,其中体现的审美意识也最为集中。④明清时期是江南文人园林兴建最为集中的时期,也是园林建设成就最为突出的历史时期,技法与命意都愈趋精密,技术和艺术成就也最高。"江南的私家园林遂成为中国古典园林后期发展史上的一个高峰,代表着中国风景式园林艺术的最高水平"⑤。也成为明清时期文人审美意识重要表征之一。

　　文人园林是当时士大夫或者知识阶层理想的景与境、生活追求与审美情趣的综合表达。中唐以后,"文人进行文化实践的一种十分重要的形式就是建造或者拥有园林,这种形式在明代中后期非常引人瞩目"⑥。

---

　　① 刘强:《审美发生与美的鉴赏》,中国书籍出版社 2013 年版,第 132 页。

　　② (明)袁宏道:《龚惟长先生》,(明)袁宏道著,钱伯城笺校:《袁宏道集笺校》,上海古籍出版社 1981 年版,第 205 页。

　　③ (清)李渔:《闲情偶寄》,孙敏强注释,浙江古籍出版社 2000 年版,第 299 页。

　　④ 明清以来江南古典园林遗存的"数量之多、质量之高均为全国之冠"、"代表着中国风景式园林艺术的最高水平",陈从周先生《说园》五篇也主要是以江南园林来论述、分析"中国园林",可见江南园林实际上已被视作中国园林的代表,尤其是文人园林的代表。

　　⑤ 周维权:《中国古典园林史》,清华大学出版社 1999 年版,第 257 页。

　　⑥ [美]肯尼斯·J.哈蒙德:《明江南的城市园林——以王世贞的散文为视角》,见[法]米歇尔·柯南、陈望衡主编:《城市与园林　园林对城市生活和文化的贡献》,武汉大学出版社 2006 年版,第 83 页。

在明代生活审美化、审美生活化的潮流中,园林成为审美文化的重要组成部分。"文人园林作为一种风格几乎涵盖了私家的造园活动,也涵盖了绝大部分寺观的造园活动。所以各种艺术成了园林艺术的重要组成部分,所建之园处处有诗情,处处有画意,步步有曲韵,使私家园林达到了艺术成就的巅峰。北方的帝王宫苑,除发挥着皇家的物质优势外,也吮吸着江南私家园林艺术的乳汁。"①就江南园林来讲,文人园林具有典型性和代表性。"文人园林突出之处在于它不仅是一种充分艺术化的居住环境,而且更是文人阶层借以维系、传承和彰显自己政治理念、社会抱负、人格追求等等精神价值的基本方式。"②其于物质性的构造中体现了丰富的精神意蕴,"文人园林种种艺术方法、艺术手段的不断发展和不断精致化,也使得文人阶层的人格理想和社会理念可以通过一种高度艺术化的形式表现出来,使其具有了更为隽永深厚的文化内涵。"③文人园林于是成为一个多种艺术形式和艺术理想相结合的审美对象,与此同时,文人在这种审美空间之中的各种活动,都成为园林文化的重要组成部分,与园林文化相关,园林营造和园居活动也成为时代审美意识的重要表征,其中园居活动作为中晚明文人仕宦思想和行为的重要表现之一,是一种更加倚重外物的"寄情山水,托迹园圃"的行为艺术,相对于寄情托意于山林、草木虫鱼,把身心寄寓园林这样一个更加现实的时间和空间,一变传统的"假物以托心"④而为"借怡于物"⑤,体现了文人审美体验方式、体验结构的变迁,也体现了精神与物质相结合的审美取向。中国传统的不依赖于外物、"不假外求"的内心满足和愉悦的自得式的审美体验在此一变而为借物、接物寓情、怡情,而且经过寄托在生活中,开拓出一片片审美的世界和境界。在这种审美体验方式之下,"士人的文雅生活其实是充满感官

---

① 张路红:《园林艺术:情感与自然的交融》,安徽美术出版社 2003 年版,第 46 页。

② 王毅:《翳然林水:棲心中国园林之境》,北京大学出版社 2008 年版,第 15 页。

③ 王毅:《翳然林水:棲心中国园林之境》,北京大学出版社 2008 年版,第 27 页。

④ (魏)嵇康:《琴赋并序》,见(南朝·梁)萧统选:《昭明文选》(上),李善注,京华出版社 2000 年版,第 499 页。

⑤ (明)袁中道:《赠东粤李封公序》,见黄卓越主编:《中华古文论释林·明代下卷》,北京大学出版社 2011 年版,第 315 页。

性的：他们将物纳入个人的感官世界中，以感官来接触、渗透物体，也因此藉由物质的感官来承载个人的情感，再经由情感的投注，融合物我，而形成一种脱俗文雅的生活情境"①。由此衍生、延伸出对物的精致化、艺术化的审美诉求，园林和器物玩赏可以说是这种转变的产物。

就中国审美的历史来讲，尽管赋予"物"以情感生命的"咏物"传统由来已久，然而，"将这种观念带入实际生活层面中，以之建构新的生活情境，在生活经营上，尝试与物相交感，因而别创出一个独特的文雅情境出来，以为个人生命之寄托，这仍可说明清文化的重要特色，这也是文人文化的重要基础。物一旦被'性情化'，就可以作为人的交往（感）对象，而人与物在感官、情感上的交流互动，则可以营造出一个寄托个人生命的'情境'出来。"②明代文人园林即可作如是观，它是时代审美风气和文人审美意识共同作用的产物，是明代文人寄托个体生命的情境和物境之一。

第一节　适世心态下居游一体的审美时空的营构

宋代李格非《书〈洛阳名园记〉后》曾云："园圃之兴废，洛阳盛衰之候也。"③一个地方园圃的兴废表征着这一地域经济文化的荣枯，一个时代园圃的兴废则表征着一定历史时期经济文化的盛衰，甚至一定历史时期人生观念和审美意识的变迁。从这一角度看，江南文人园林在明代尤其是明代中晚期达到鼎盛和成熟是有原因的，这些原因既有历史的、文化的，又有观念的。在此，我们从客体、主体和心态三个方面来分析、论述。

---

① 王鸿泰：《闲情雅致——明清间文人的生活经营与品赏文化》，《故宫学术季刊》第二十二卷第一期，第83页。
② 王鸿泰：《闲情雅致——明清间文人的生活经营与品赏文化》，《故宫学术季刊》第二十二卷第一期，第89页。
③ （清）吴楚材、吴调侯编选：《古文观止》，周子来、陈穆校注，江苏文艺出版社1995年版，第382页。

一、园林:社会经济文化基础造就的审美客体

(一)园林风尚形成的社会历史地域文化基础

中华早期的文明主要在黄河流域和中原之地,江南的兴起应自东晋始。东晋之时,五胡乱华,北方战乱,名门望族移居江南,形成一些政治文化中心。比如南京,"金陵大都会,人文之盛自昔艳称之。考之于古,顾陆谢王皆自他郡徙居之。所谓避地衣冠尽向南"①。唐代安史之乱,"三川北虏乱如麻,四海南奔似永嘉"②。历史上这两次"衣冠南避"使当地人口猛增,文化迅速发展,江南迅即成为人们留恋之地,文人对江南的缱绻流连则较多地见诸诗文③。靖康之耻,金人的铁蹄南下,导致再一次衣冠南渡,南宋赵氏偏安一隅,立都杭州,完成了政治中心的南移。与此同时,"无论农业、手工业还是城市商业,南优于北的局面已经形成,它标志着我国经济重心南移的完成"④。至于元代,经济上基本形成北方倚重南方的局面。曾经的江南蛮荒之地逐渐了变成政治、经济乃至文化的中心。南宋以来,由于自然条件优越,加之文官政治制度的实施使得城市的政治、军事功能大为降低,经济地位逐渐升高,使得沿河、沿江、沿海交通运输业发达的地区形成发达的大城市,百业兴旺,游人如织,江南真正成为"形胜"、"繁华"之地,呈现出北宋词人柳永在《望海潮》一词中描写的情形:"东南形胜,三吴都会,钱塘自古繁华。烟柳画桥,风帘翠幕,参差十万人家。……市列珠玑,户盈罗绮,竞豪奢。"词中描写的杭州,则呈现出"山水明秀,民物康阜,视京师其过十倍矣。虽市肆与京师相侔,然中兴已百余年,列圣相承,太平日久,前后经营至矣,辐辏集矣,其与中兴时又

---

① (清)程廷祚:《文木山房集序》,见朱一玄、刘毓忱编:《〈儒林外史〉资料汇编》,南开大学出版社 2003 年版,第 126 页。

② (唐)李白:《永王东巡歌十一首》其二,裴斐选注:《李白选集》,人民文学出版社 1996 年版,第 155 页。

③ "江南忆,其次忆吴宫。吴酒一杯春竹叶,吴娃双舞醉芙蓉。早晚复相逢?""人人尽说江南好,游人只合江南老","江南好,风景旧曾谙,日出江花红盛火"等,文人怀恋江南的诗歌是比较多的。

④ 武汉大学历史系中国通史教研组编:《中国古代史稿》下册,1972 年印刷,第 386 页。

过十数倍也……车书混一,人物繁盛,风俗纯厚,市井骈集"①的景象。一些小城市逐渐变成天下大郡。比如,"吴在周末为江南小国,秦属会稽郡,及汉中世,人物财赋为东南最盛,历唐越宋以至于今,遂成天下大郡"②,成为朝廷财赋重要出产之地。晚明吴地文人张瀚说:"今天下财货聚于京师,而半产于东南,故百工技艺之人多出于东南,江右为夥,浙、直次之,闽粤又次之。"③实际上,历史上的吴地及其周边地区在明代的情形比上述的情况还要繁华。

1368 年,朱元璋建立的明王朝第一次将统一的封建王朝的首都建立在应天府,命名为南京。南京作了 53 年的京都。即使明成祖迁都北京之后,南京还作为明朝的"留都","陪京乃祖宗根本重地",有着重要的政治和文化象征意义。尽管后来明朝的政治中心北迁,但明代统治者也一直存有"政本故在南"的思维定式,把江南视作明朝的政治后院,是明朝统治者的精神老家。北京的明王朝灭亡之后,南明王朝弘光政权的建立,又一次使江南成为政治的中心。张瀚《松窗梦语》说南京"乃圣祖开基之地,北跨中原,瓜连数省,五方辐辏,万国灌输。三服之官,内给尚方,衣履天下,南北商贾争赴。自金陵而下,控故吴之墟。东引松常,中为姑苏,其民利鱼稻之饶,极人工之巧。服饰、器具,足以炫人心目,而志于富侈者,争趋效之"④。以南京为中心的江南地区以发达的农业、兴盛的手工业、频繁的贸易、丰富的物产支撑着明朝政权,见证了明王朝走向鼎盛和走向衰落的整个过程,也经历了走向鼎盛的喜悦和走向覆亡的苦痛。同时,以绮靡的服饰、精美的器物、婉转的昆曲、幽曲的园林、多变的式样表征了明代文化,表征了明代文化的繁盛和审美的变迁。

---

① (宋)灌圃耐得翁:《都城纪胜序》,见(清)朱彭等:《南宋古迹考(外四种)》,浙江人民出版社 1983 年版,第 79 页。

② (明)宋濂:《吴郡广记序》,罗月霞主编:《宋濂全集》,浙江古籍出版社 1999 年版,第 1661 页。

③ (明)张瀚:《治世余闻　继世纪闻　松窗梦语》,盛冬铃点校,中华书局 1985 年版,第 76 页。

④ (明)张瀚:《治世余闻　继世纪闻　松窗梦语》,盛冬铃点校,中华书局 1985 年版,第 83 页。

政治地位的变化,经济地位的巩固,江南区域文化的发展、人才的培养以及杰出人物的贡献和影响,使江南的地位日益突出,形成了自己独特的地域文化风貌以及特殊的审美意识。繁若星辰的江南人才群体创造了灿烂辉煌的江南文化,其所具有的区域特征和审美风貌,是江南审美意识的重要体现,以南京为中心的江南之地迅速从一个帝王将相、虎踞龙盘之地一变而成为才子佳人的世界,变成了一个文化之区,风习日炽,汇聚和引领全国的审美风尚,成为审美意识的汇集之地。

文化与地域相结合,产生了地域文化、地域文化精神、地域文化风貌,这是中国文化的一个重要特点。就江南文化而言,吴越文化特色和其形成的特定历史时期造就了其文化特色和文化精神。江南文化形成的历史时期为魏晋南北朝时期,刘士林把这一时期称为江南文化的轴心时代,认为"江南轴心期所带来的最根本的精神觉醒则是唤醒了个体的审美意识,它使人自身从先秦以来的伦理异化中摆脱出来并努力要成为自由的存在"①,"它积淀于内成为一种高度重视个体审美需要的诗性智能,而发之于外则成为一种不离人间烟火的诗意日常生活方式。如果说物质与精神的平衡发展已属于不易,那么江南诗性人文的本质尤在于,即使在主体内部的精神生产中,它也最大限度地实现了实用型的伦理人文机能与非功利的审美人文机能的和谐。这一点既是江南文化得天独厚之所在,也是我们说他在中国区域文化中具有最高文明水平的原因。"②从这一思路来看,"以后大凡真正的或较为纯粹的中国审美经验,可以说与江南轴心期的精神结构都是密切相关的"③。江南文人园林作为精神与物质的统一体是有历史渊源的,其文化精神早在魏晋时期就已奠定了;江南文人园林构造和游赏作为一种比较纯粹的审美经验,也是与江南轴心期的精神结构有关的,与江南的文化底蕴相关,这种精神结构在明代中后期的心学思潮和浪漫主义的氛围之中,应该是得到了更为普遍的激活,有着比历史上任何一个时期都更加活跃的表现。

---

① 刘士林:《江南文化的诗性阐释》,上海音乐学院出版社2003年版,第48页。
② 刘士林:《江南诗性文化:内涵、方法与话语》,《江海学刊》2006年第1期。
③ 刘士林:《江南文化的诗性阐释》,上海音乐学院出版社2003年版,第50页。

　　江南素来繁华,而元明之际江南之地为重点争夺地区,因此遭受战乱的重创。至明朝建立,江南多地"道路榛塞,人烟断绝"①,"耕桑之地,变为草莽"②,"邑里萧然,生计鲜薄"③。随着明王朝从开基立国向治国发展,开国之初的高赋税政策发生了重要的变化,这一变化致民力稍苏。明中叶以后,江南经济得到恢复并更快地发展,民风和审美风尚也随之变化。"至于民间风俗,大都江南侈于江北,而江南之侈尤莫过于三吴。自昔吴俗习奢华、乐奇异,人情皆观赴焉。吴制服而华,以为非是弗文也;吴制器而美,以为非是弗珍也。四方重吴服,而吴益工于服;四方贵吴器,而吴益工于器。是吴俗之侈者愈侈,而四方之观赴于吴者,又安能挽而之俭也。"④社会风气以奢靡相高,经济的发展、物质的丰富、风俗的奢靡,使江南之地成为各种风会汇聚之地。"衣服屋宇穷极华奢,饮食器具备求工巧,徘优妓乐恒舞酣歌,宴会嬉游殆无虚日,金钱珠贝视为泥沙。"⑤经济的发展使市民中出现了有闲阶层,人们的生活变得悠闲自在,致仕居家的仕宦和科举无望的文人也加入了这一行列,"有明中叶,嘉靖及万历之世,朝政不纲,而江左承平。斗米七钱,士大夫多暇日。以科名归养望者,风气渊雅……"⑥高度累积的物质文明,使世代富足的有钱人家、新近的暴发户和贫寒的书生都享受着前所未有的富足,尤其是前所未有的物质满足。于是,一些"长物"即无用之物成为赏玩的对象,"有明中叶,天下承平,士大夫以儒雅相尚,如评书品画,瀹茗焚香,弹琴选石等事,无一不精,而当时骚人墨客,亦皆工鉴别、善品题,玉敦珠盘,辉映坛坫"⑦。供人

----

　　① 《明太祖实录》卷二八,北京大学图书馆藏本。
　　② 《明太祖实录》卷五十,北京大学图书馆藏本。
　　③ (明)王锜撰:《寓圃杂记》卷之五"吴中近年之盛"条,张德信点校,中华书局 2007年版,第 42 页。
　　④ (明)张瀚:《治世余闻　继世纪闻　松窗梦语》,盛冬铃点校,中华书局 1985 年版,第 79 页。
　　⑤ 嘉庆《两淮盐法志》,见张荣生编:《中国历代文学作品选注》,凤凰出版社 2012 年版,第 315 页。
　　⑥ (清)龚自珍:《〈江左小辨〉序》,《龚自珍全集》,上海人民出版社 1975 年版,第 200 页。
　　⑦ (清)武绍棠:《长物志跋》,见(明)文震亨著,陈植校注:《长物志校注》,杨超伯校订,江苏科学技术出版社 1984 年版,第 1 页。

休憩的园林也成为身份的象征,生活用品越来越奢华,形式的美好远远大于实用的内容,象征意义越来越明显。然而就是这些成为一个时代文人藉以建立其精神生活的依凭。人们更注重将精神性的审美和审美意识建立在物性和感官基础之上,在不离人间烟火的日常生活中建构诗意,追求诗意,这成为明代尤其是晚明审美的重要特征。

从历史传统来看,中国人有"拥赀则富屋宅"①的传统,且中国人历来重视现世生活,所以作为生活必需的屋宅建设受到重视。最初的园亭都与住宅相连接,可以视作屋宅诉求的延伸。而"嘉靖末年,海内晏安。士大夫富厚者,以治园亭、教歌舞之隙,间及古玩"②,安居才能乐业,云集于江南富庶之地的商人,出于安居的需要和身份转换的目的,"购买园亭宾亦主"③,也参与了这一过程。治园亭成为一种遍及江南之地的风气,时人对此种情形多有记载和描绘。何良俊《何翰林集》载:"凡家累千金,垣屋稍治,必营一园。若士大夫家,其力稍赢,尤以此相胜。"④明人沈鲤《亦玉堂稿》载:"里中士大夫有饶于财者,……未有不盛饰山池台馆鸟花竹,声容耳目之玩,而费累千金不惜也。"⑤造园或者拥有园林成为一种社会需求,文人名士如果无园,是一件令人羞愧和遗憾之事。生于万历年间的黄周星在《将就园图记》中说:"今天下有园者多矣,岂黄九烟而可以无园乎哉!然九烟固未尝有园也。九烟曰:'无园',天下之人亦皆曰:'九烟无园',九烟必慊之。"⑥又如《吴风录》所载:"虽闾阎下户亦饰小山盆岛为玩",可见这种风气已经波及民间,成为一时之尚。对于文人个人而言,"玩古董,葺园亭,种花木,讲论书画……知无不为,兴无不尽"⑦

---

① 《同治湖州府志》卷二十九《舆地略·风俗》,见谢国桢编:《明代社会经济史料选编》(下),福建人民出版社 2004 年版,第 129 页。

② (明)沈德符:《万历野获编》卷二六《玩具》之"好家事",中华书局 1959 年版,第654 页。

③ (清)惺庵居士:《望江南百调》之一。

④ (明)何良俊:《西园雅会集序》,《四库全书存目丛书》(集部 142),齐鲁书社 1997年版,第 109 页。

⑤ (明)沈鲤:《亦玉堂稿》卷八《社仓》,见张荣生编:《中国历代盐文学作品选注》,凤凰出版社 2012 年版,第 315 页。

⑥ 陈植、张公弛编:《中国历代名园记选注》,安徽科学技术出版社 1983 年版,第437 页。

⑦ (明)张岱:《五异人传》,《琅嬛文集》,云告点校,岳麓书社 1985 年版,第 187 页。

成为文人的喜好。在此情形之下,文人园林修建遂异军突起,造成吴、越之地园林遍地的局面。祁彪佳的《越中园亭记》就记录越中园亭二百七十多座,王稚登《寄畅园记》曰梁溪(无锡之别称)"环惠山而园者,若棋布然",整个吴越之地实际上变成了一个大花园,修筑园亭的嗜好和风习相习染,遂形成一时之气候、一时之风尚,且在当时被认为是名士风标、风流韵事。不唯江南之地,这种风气事实上遍及全国,而且被人们认为是润色宏业的佳事。比如钱谦益就认为:"士大夫闲居无事,相与轻衣缓带,留连文酒。而其子弟之佳者,往往荫藉高华,寄托旷达。居处则园林池馆,泉石花药。鉴赏则法书名画,钟鼎彝器。又以其闲征歌选伎,博簺蹴鞠,无朝非花,靡夕不月。太史公所谓游闲公子,饰冠剑,连车骑,为富贵容者,用以点缀太平,敷演风物,亦盛世之美谭也。"并认为这是"世之盛也,天下物力盛,文网疏,风俗美"①的重要表征。沈德符在《万历野获编·京师园亭》中也说:"都下园亭相望,然多出戚畹勋臣以及中贵,大抵气象轩豁,廊庙多而山林少,且无寻丈之水可游泛。……盖太平已久,但能点缀京华即佳事也。"②对园林等点缀太平,标示盛世,引领风气和敷衍风物方面的功能进行极力彰明,津津乐道之意溢于言表,却闭口不提耗散财用之事,这就是文人的态度,审美的态度。

(二)江南文人的财力风雅与园林风尚

"吾国凡有富宦大贾文人之地,殆皆私家园林之所荟萃,而其多半精华,实聚于江南一隅。"③为什么江南会成为园林汇聚之地,这与江南人才荟萃有关。

"东南财赋地,江左人文薮。"④江南之地自魏晋时代以来才人辈出,人文昌盛,名士风流,流衍积聚,与时俱进。仅就明代而言,明代的状元、榜眼、探花88%是南方人,宰相89人,南方人占三分之二。以科举数字而

---

① (清)钱谦益撰,钱曾笺注:《牧斋初学集》(下)卷七十八《瞿少潜哀辞》,钱仲联标校,上海古籍出版社1985年版,第1690页。

② (明)沈德符:《万历野获编》,中华书局1959年版,第609—610页。

③ 童寯:《江南园林志·著者原序》,中国工业出版社1961年版,第3页。

④ 康熙:《示江南大小诸吏》,见鲁金波编:《治国诗词殷鉴》,中共中央党校出版社1998年版,第378页。

计,有明一代共录取进士 24876 人,其中江南的南直隶和浙江二省即取了 7548 人,占全国进士人数的 30.34%。但就在这样一个人文荟萃、文教昌明之地,明秀的山水孕育陶冶出灵秀的才子佳人,遍地都是风流倜傥的才子而且多出灵秀多才的女子,多为擅文善艺之人,却很难找到一个挥戈跃马的武将,也没有孕育出几个思想、政治上卓绝之人。人才的频繁出现,为江南形成人文渊薮奠定了基础。文人的众多,也为江南形成优雅的文人追求树立了风标。然而,由于明朝官僚制度的原因,输送人才比较集中的江南之地也成为辞官归里、归里养老的官员名士最多的地区,这些人有较为丰裕的资财"买山而隐"①,也有宽裕的时间悠游自在,他们也有较高的审美情趣使园林成为可居可游的渊薮。没有雄厚的财力,江南的青山绿水也不能成为文人学士驰骋才情的处所;没有雄厚的财力,粉墙黛瓦和曲院回廊也不能成为文人学士演绎风流的场所。不论是青山秀水还是穷山恶水,只能在生存和物质保障之时才能成为审美对象。因此,落魄失意的官僚、满腹经纶才情豪纵的文人、屡考不中而转行经商的儒商都参与了这一文化工程的构筑,参与了这一审美风尚的推动,参与了这一时代审美意识的建构,园林甚至成为这一时代文人雅士寄托志意、抒发性情,标举才情,追求精神享受的高级形式。

还有,政治中心、重心北移,所以官员到南京或者江南任职,一般被视为贬谪。许多到江南任职的官员、仕宦无心于仕进,所以兴办了许多书院,修建了许多园林,开发了许多戏楼,创作了诸多剧作,却很难发现他们有多少骄人的政绩,他们的贡献主要在文化和审美上。江南水乡的环境和士人悠游恬安的心态共同造就了江南独特的艺术气质,在明代中后期的时代氛围中得到广泛认同,为中国审美文化的发展作出了自己的贡献。在园林建筑方面,"园主及设计者,有风流倜傥的诗人、潇洒奔放的画家、著书数百卷的学者,他们将自己的社会理想、宇宙观、审美观、人格价值等精神文化信息纳入这一方方小园之中,借助有限的物质实体组成的空间,

---

① (明)袁中道:《杜阔记》,《珂雪斋集》卷十二,钱伯城点校,上海古籍出版社 1989 年版,第 527—528 页。

构建出精神的无限天地"①。他们的生活意志、生活情趣、审美意识都充分地体现在了这一物质实体的建构之中,也体现在园居生活流动的过程之中。

从某种意义上讲,是政治上的无路可走驱使他们在园林这一小天地中寻找生活的乐趣,驱使他们把满腹的才华透溢于书画之中,将娴雅的追求投放在营造构筑自家小园和小园的活动中。这些活动,在为他们的才情和审美意识找到了一个寄寓之所的同时,也造就了一类艺术的空前繁盛和成熟。从文化传统和心理渊源上讲,这是文人隐逸意识遇上了中晚明合适的土壤和气候,造园、赏园在某种意义上成为表达隐逸意识的方式之一,在这里,人们既达到了退隐自然山林的目的,又达到了回归田园蔬菽的目的。在这种情形之下,江南的才情也随着文人学士才情的展开而尽显,地域文化的特征因此而彰显,小桥流水、杏花春雨、亭台楼阁、粉墙黛瓦、才子佳人、粉黛戏曲……遂成为江南文化的审美标志、文化符号。与此相适应,琴棋书画、观鱼赏月、看竹品泉成为与江南地域审美相对应的生活方式、生活情趣、审美趣味。

相应的财力、广泛的见识、高雅的情趣、闲适的时间、恬安的心境,使这批人成为建筑园林和享受园林的生力军。从筑园的主体来讲,建筑园林这样一种物质艺术,需"财有余力,心怀风雅",两者缺一不可。然而园林毕竟不是在纸上画图,而是借用自然之物造景、造境的活动,其建设成果也是立体的、闲适的。所以江南之地的自然、地理甚至文化条件就成了人们利用的基础。他们充分利用江南之地得天独厚、水网密布、出产丰富、气候温和、景色秀丽、通江近海的优越自然条件,兴建园林,将自己的情趣追求表达出来,在相应财力和技术的支持下变成了物质性的时空。当然仅有这些是不够的,还需要时代风气和社会观念与之相呼应。园林的形成当然也是这样,"社会风气的越礼逾制,传统观念的分崩离析,富庶的江南地区因远离管制森严的京城,加之得天独厚的自然山水优势,先于成化、弘治、正德年间开风气之先,迎来竞筑园林的第一个高潮;至嘉

---

① 曹林娣:《苏州园林匾额楹联鉴赏》,华夏出版社 2009 年版"序言"第 1 页。

靖、万历年间,则将园林兴造之风推向鼎盛"①。

二、闲适心态培育的审美主体

(一)个体自适审美意识的自觉

"田园有真乐,不潇洒终为忙人;……山水有真尚,不领会终为漫游。"②陈继儒《小窗幽记》对田园、山水欣赏的言说触及审美主体的问题。"园既成矣,又要与主人相配,位置之得宜,不可使庸夫俗子驻足其中,方称名园。"③从园林建造的历史来看,往往是先有名士,后有名园,园人相济相彰才形成了这一特殊文化现象。

"明代时期宅园遍及全国,园主大多是'三绝诗、书、画,一官归去来'的士大夫文人,园林成为一篇篇'地上的文章',大多具有深刻的内涵:或羡慕'摇首出红尘'的渔父(苏州网师园、渔隐小圃),或守拙归园田(拙政园、耦园、涉园、归园田居),或表示澄怀观道,寄畅所在因(北京澄怀园、无锡寄畅园);或知足常乐、容膝自安(容膝园、一枝园、半枝园、半园、残粒园、纫园、北京勺园、一亩园、自得园);或陶融自然,与风月为侣(苏州的寒碧山房、留园、环秀山庄、拥翠、听枫园、北京的蔚秀园、朗润园、镜春园、畅春园等);或怡亲、娱老(怡老园、豫园、怡园),或抒发方外之情(壶园、弇州园)等。"④"主人无俗态,筑圃见文心"⑤,他们营造的均是具有较高文化品位的具有画境文心的身心居所,因此有的成了对后世影响巨大的文明成果。不管造园者赋予园林何等寓意,都体现出了一种闲适心态,造园和园居活动是明代文人适世心态的反映,是隐逸心态和追求的一种反映。

由于朝政腐败,皇帝怠政,内侍擅权,党争不断,国事日非,内忧外患,

---

① 王春瑜:《论明代江南园林》,《明清史散论》,东方出版中心 1996 年版,第 156 页。
② (明)陈继儒:《小窗幽记》(插图本),中华书局 2008 年版,第 127 页。
③ (清)钱泳:《履园丛话》丛话二十《园林·造园》,中华书局 1979 年版,第 545 页。
④ 曹林娣:《静读园林》,北京大学出版社 2005 年版,第 4—5 页。
⑤ (明)陈继儒:《青莲山房》诗,见(明)张岱:《陶庵梦忆 西湖梦寻》,上海古籍出版社 1982 年版,第 30 页。

危机四伏,政治情势的严酷成为文人调整心态的主要原因;社会观念的变化也使得文人在政治生活和日常生活方面都受到严重挤压,社会生态、价值观念的变化,加之对性灵等的提倡,促使明代士人积极调整自己的心态,积极调整自己的人生理想和生活方式,开始寻找新的人生寄托。他们从兼济天下转而独善其身,从君王、黎民、苍生转向个人生活,从关心社会现实转向关注一己身心,个体性的意识逐渐凸显,如李泽厚所言"不在马上,而在闺房;不在世间,而在心境"①。袁宏道在一封《又与冯琢菴师》的书信中说:"近日国事纷纭,东山之望,朝野共之。但时不可为,豪杰无从着手,真不若在山之乐。"②由于政治和时局无可措手,一些才士便耽溺长物,寓情寄志,成为某些方面的专家,比如王路撰写《花史左编》,"其所撰《花史》二十四卷,皆古人韵事,当与农书种树书并传,读此史者,老于花中,可以长世;披荆畚砾,灌溉培植,皆有法度,可以经世;谢卿相灌园,又可以避世,可以玩世也"③。一些人则"闭门作阁部"④,既在做官,又没任事,或者在体制之内有意不视事,甚至过着醉生梦死的生活;一些文人才士则着手建立退却的处所,决意"意尽林泉之癖,乐余园圃之间"⑤。此时,"相对于常世的安镇、安定,在变世、乱世情境中,又如何建立其安定的空间感,就成为一种更为深刻的文化心理"⑥。随着心学思潮的兴起,以内心世界的反省代替了对社会的关心,张扬个性和享受人生成为一种潮流,达官贵人和有一定经济实力的文人、商人热衷于园亭建筑,成一时风气,正德嘉靖后,南京即有一百多所,苏州也有好几十所。江南

---

① 李泽厚:《美学三书·美的历程》,安徽文艺出版社 1999 年版,第 154 页。

② (明)袁宏道著,钱伯城笺校:《袁宏道集笺校》,上海古籍出版社 1981 年版,第 782 页。

③ (明)陈继儒:《花史题词》,见赵伯陶选注:《明文选》,人民文学出版社 2006 年版,第 380 页。

④ (明)汤显祖:《与丁长孺》,《汤显祖诗文集》(下),徐朔方笺校,上海古籍出版社 1982 年版,第 1304 页。

⑤ (明)计成著,陈植注释:《园冶注释·屋宇》,杨超伯校订,陈从周校阅,中国建筑工业出版社 1981 年版,第 71 页。

⑥ 李丰琳、刘苑如主编:《空间、地域与文化——中国文化空间的书写与阐释》,(台北)"中研院"文哲所 2002 年版,"导论"第 10 页。

水乡山川秀丽,水泽宜人,草木丰茂,婉约多姿,适合于建造园林,正好适应人们热爱自然、唯美享受的心态,同时为时代风气的实现和蔓延提供了条件。

归田园居本是一种隐逸态度和生活方式,在相当长的时间内,归隐或者筑园而居是一种对抗政治的方式,直到明代初年,许多人归隐都是出于无奈,但是到了晚明,由于物质条件和思想环境的变化,这种情形有所改变,"适意的人生理想、浪漫的时代氛围、诱人的市井生活、动荡的社会环境给晚明隐士的大量滋生提供了土壤"①。"明代中期阳明心学兴起,以内心世界的反省来代替对社会的关心。与此同时,伴随资本主义因素的成长和相应的市民文化的勃兴,知识界出现一股人本主义的浪漫思潮:以享乐代替克己,以感性冲动突破理性的思想结构,在放荡形骸的厌世背后潜存着对尘世的眷恋和一种朦胧的自我实现的追求。文人们的生活方式也产生了极大的变化,带有一定享乐主义成分的世俗文化比前代更为强烈。反映在园林艺术上,远离城市的'灌园鬻蔬'、'采菊东篱'的园景生活已不是文人所向往的场景,而是在城市园林中文人们找到了闲赏生活的依托,从而促进了'城市园林'的发展,也促成了明清园林的文人风格的深化,把园林的发展推向了更高的艺术境界。"②相对于此前的被迫归隐,晚明士人的归隐大多有主动的成分,而建园则是归隐后的重要活动,也是重要的情趣寄托方式。如袁宏道辞官返回家中,于公安城南购得低洼之地百亩,围堤植柳,名曰"柳浪",与其弟袁中道等人隐居其中,探究佛禅、吟诗作文,过着安闲的生活。一般说来,归居园林之人,大多在官场屡遭挫折,有的对仕途和政治心灰意冷,有的暂时遇挫而失意,所以寄情园林,以极个人性情之钟,并作为"以荣其归"的凭借和"读书终焉"的归宿。"年来壮心已尽,深情犹存,一丘一壑,聊以极余情之所至耳。"③许多文人筑园,多在回归故里之后,一方面满足回归故里之情,一方面得到山

---

① 史小军:《复古与新变——明代文人心态史》,河北教育出版社 2001 年版,第 153 页。

② 张淑娴:《明清文人园林艺术》,紫禁城出版社 2011 年版,第 6—7 页。

③ (明)萧士玮:《春浮园集》,见赵厚均、杨鉴生编注:《中国历代园林图文精选》第 3 辑,同济大学出版社 2005 年版,第 315 页。

林皋壤的陶养,"脱迹于名利之场,休心于寂寞之境,是宜得其乐,而自附于乃祖,以荣其归"①。或因"所遭不偶,学殖荒落,卜得城南废圃,将葺茅舍数椽,为养母读书终焉之计,间以余闲,临古人名迹当卧游"②。

总之,筑庐以畜妻子,扶板以奉双亲,舫咏以谢湖山,闲赏以乐余生,人生诸多情趣可谓兼得于园林之中。生活在这样的氛围之中,令人产生遗世之想,"令人真作濠濮间想"③,"欲终老于其中"④。宋人朱文长《沧浪亭》引苏舜钦的话说:"家有园林,珍花奇石,曲池高台,鱼鸟留连,不觉日暮。"⑤可见在园林之中时间过得真快。方孝孺《菊趣轩记》曰:"睹园林之靓丽,无复隐居之适。"⑥所以古人有"静念园林好,人间良可辞"⑦的诗句,白居易甚至说"歌酒悠游聊卒岁,园林潇洒可终身"⑧,单道园林的好处,因为它是"人间天堂"。

园林的兴盛与明代士人的心态相关。明代士人的心态历程可以总结为:"明代士林心路曲折起伏,大致呈现出初期沉寂(袭宋而崇理)、中期振奋(慕古而尚气)、后期飞扬(趋俗而尊情)三种状态,与此相应,文学的发展则形成初期因袭、中期突破、后期超越三个阶段。"⑨明朝初年崇尚理学,士人按照儒家的理想培育人格节操,"恒以明王道,致太平为己任",

---

① (宋)韩元吉:《东皋记》,见翁经方、翁经馥编注:《中国历代园林图文精选》第2辑,同济大学出版社2005年版,第107页。

② (明)郑元勋:《影园自记》,见陈植、张公弛编:《中国历代名园记选注》,安徽科学技术出版社1983年版,第221页。

③ (明)顾大典:《谐赏园记》,见陈植、张公弛编:《中国历代名园记选注》,安徽科学技术出版社1983年版,第109页。

④ (明)萧士玮:《春浮园集》,见赵厚均、杨鉴生编注:《中国历代园林图文精选》第3辑,同济大学出版社2005年版,第315页。

⑤ (宋)朱文长:《沧浪亭》,《苏舜钦集》,沈文倬校点,上海古籍出版社1981年版,第228页。

⑥ (明)方孝孺:《逊志斋集》卷十六,商务印书馆中华民国二十四年版,第502页。

⑦ (晋)陶渊明:《庚子岁五月中从都还阻风于规林二首(其二)》,袁行霈撰:《陶渊明集笺注》,中华书局2003年版,第191页。

⑧ (唐)白居易:《从同州刺史改授太子少傅分司》,《白居易集》,顾学颉校点,中华书局1979年版,第736页。

⑨ 夏咸淳:《明代文人心态之律动》,《东南大学学报》(哲学社会科学版)2003年第4期。

甚至"未视文艺"①，"士人无论是现实生活还是精神生活均被缚于一个狭小的空间"②，然而兢兢业业于王道构建的士人的理想却被政治现实无情地击碎，同时"阳明心学的出现重塑了明代士人的心态"③。明朝中后期，心学曾风靡一时，繁衍出许多流派，是明清之际影响很大的社会思潮。王阳明主张心之本体便是自得自足的，认为"世之人徒知君子之于富贵贫贱、忧戚患难无入而不自得也，而皆以为独能人之所不可及，不知君子之求以自快其心而已矣"④。李贽、袁宏道等人的思想都受到心学的深刻影响，他们的心态是明代社会心态和社会风气的重要代表。"王阳明的人生实践与心学理论却向士人指出：判断人生价值的标准并不在外部世界，它既不是常听的褒奖或贬斥，也不是先圣的经书与格言，更不是世俗的诋毁与赞誉，这个标准就在你自己的心中，除了追求自我的心安与自足外，你无法用其他的外在标准来衡量自我生命的有无意义；同时作为一个士人，出仕为官并不是其生命意义的全部，追求山水审美，获得自我愉悦，对于人生的价值来说是同等重要的。况且，即使要实现救世济民的儒者理想，也并非只能奔波于官场仕途，退隐乡野以讲学论道，同样能感发人心，振作士气，承千圣之绝学，垂万世之典宪。这不仅大大拓展了士人的现实生活空间，同时也使其精神世界更为丰富，从而使他们的自我生命得到了安顿。"⑤受这种思想的影响，那些被迫退出仕途的或者心灰意冷放弃仕途的士人，开始调适自己的心态和人生诉求，重新安顿自己的生命，他们高扬主体意识，摆脱理学的拘检，通过自己的行为或者借助一定的艺术形式痛快地发泄真情实性，人们选择了寓居园林、纵情山水或者"留心词曲"的方式来安顿自己的身心，做到了自快其心，张扬个性。这种以个体为中心的"适"与"快"的心态，这种"快耳目之观"的主体性要求，与时

① （清）张廷玉等撰：《明史》卷一四一《列传第二九·方孝孺》，张天有等标点，吉林人民出版社 1995 年版，第 2740 页。
② 左东岭：《王学与中晚明士人心态》，人民文学出版社 2000 年版，第 265 页。
③ 左东岭：《王学与中晚明士人心态》，人民文学出版社 2000 年版，第 265 页。
④ 《王阳明全集》卷二十四，上海古籍出版社 1992 年版，第 925 页。
⑤ 左东岭：《王学与中晚明士人心态》，人民文学出版社 2000 年版，第 265 页。

代风气相结合、与江南地域文化特性相适应,流播成为晚明江南社会士人的普遍心态。

可以说,明代士人在传统的经世济民、内圣外王、载道宗经、感时忧国的主流价值观之外,发展了闲隐、仕隐、逸乐、侠游等异质的文化诉求。这是一种与个体性感性愉悦相关的文化诉求,更是一种审美的人生诉求。这种情形一直是中国文化的副线,时隐时现地出现在明中期之前的中国社会之中。到了明朝中后期,这种文化、审美诉求一度发展成为当时文化的主流、审美意识的主导,于是生活情调的闲雅、园林笙歌的绵邈、声伎好尚的痴狂、山水园林的游赏等成为生活的主流作明代审美意识的描述和研究,必须对此加以特别的注意。

伴随着文学、艺术形态以及社会心态的变化,人们审美体验方式、审美意识随之变化。"对自然人性的束缚与释放,对主体精神的压抑和对压抑的反抗,矛盾的冲突使得赏园之乐由以往的宁静转向了对性情的放纵和恣意享乐,这正是明清园林建筑的内在审美心理不同于以往之处。同是自然之趣、'真'的境界,明清园林则将自然山水之真引向了人性之真,在自然美面前将主体树立起来,所以说,明清园林的自然美追求不同以往。"①当然这种变化还体现在其他方面。加之"明中叶以后,由于资本主义萌芽破土而出,城市手工业与商品经济的发展,以及市民地位的提高,加上'西学东渐'的潜移默化,一种与'空寂寡实'的性理、心学赫然对立的功利主义的人生价值观,标志着由于封建道德观念普遍贬值而引起的晚明文人的生活方式和思维模式的某种程度上的转变。这种转变首先表现在人生欲望、市俗生活经过恢复名誉,被公认为人们生活的动因、目的"②。审美追求从传统的载道事功的"适志"向注重个性自由、生活情趣的"适趣"转化,崇尚个性、注重感性、纵心纵情成了生命的本质体现,人文体验、体察向体味人情物理的方向发展,使明代人达到了主体及个体自觉,其中当然也包括了审美意识的自觉。

---

① 周纪文:《中华审美文化通史·明清卷》,安徽教育出版社 2006 年版,第 247 页。

② 吴调公、王恺:《自在 自娱 自新 自忏——晚明文人心态》,苏州大学出版社 1998 年版,第 69 页。

(二)适世心态的萌生与蔓延

为此许多文人士人生发理论观点，为自己的行为和选择寻找相应的理论根据。其中，袁宏道在儒家"偕世"、道家"玩世"、佛家"出世"观之外，构筑了属于自己感性生命体悟的"适世"的生命观，也由此形成了独立于儒家入世、佛家道家出世之外的人格模式——适世的人格模式。他夫子自道说："世间学道有四种人：有玩世，有出世，有谐世，有适世。……独有适世一种其人，其人甚奇，然亦甚可恨。以为禅也，戒行不足；以为儒，口不道尧、舜、周、孔之学，身不行羞恶辞让之事，于业不擅一能，于世不堪一务，最天下不紧要人。虽于世无所忤违，而贤人君子则斥之惟恐不远矣。弟最喜此一种人，以为自适之极，心窃慕之。"①袁宏道所追求的适世人格模式，非儒、非道也不是释，不要求主体适合于社会，也不要求主体适合于自然，只要求主体适合于自身，任一己之情，行欲行之事，高扬主体意志，重视感性生命。受此影响，明代人具有了很强的生命意识，他们沿着感性生命体悟，将舒适看作生命本质，形成崇尚情欲、感性和自然人性论等哲学主张，在谐世与玩世之间找到了一条适世的道路。

这是一种回归人性、回归自然的内在冲动，在晚明这种时代文化背景下是难以阻遏的时代冲动和社会潮流。就袁宏道而言，其所主张的"五快活"，就将目、耳、身、口的快活作为最基础、最基本的快活，这是对个体生命享受重视的表现，他将"适世"建立在"自适"的基础上，认为"世间第一等便宜事，真无过闲适者"②。明人对如何达到自适有过众多的探讨，有过多种现实性的设想，其中当然包括园居的生活方式，但他们认为主要的还是心态和心境。文徵明一首题为《谒江浦庄先生留宿定山草堂》的诗可谓一语道破："十亩青松四面山，草堂宛转乱流间。若非清福安能主？为访主人得暂闲。竹圃眠云秋灌灌，水舂供枕夜潺潺。就中何事尤

---

① （明）袁宏道:《徐汉明》,（明）袁宏道著,钱伯城笺校:《袁宏道集笺校》,上海古籍出版社 1981 年版,第 217—218 页。
② （明）袁宏道:《识伯修遗墨后》,（明）袁宏道著,钱伯城笺校:《袁宏道集笺校》,上海古籍出版社 1981 年版,第 1111 页。

堪羡？国是人非了不关!"①其中最值得关注的话语应该是"国是人非了
不关",持这种心态的人无非是一种闲人。明人关于这种自适的"闲",还
有多种解释,如高濂《遵生八笺》曰:"心无驰猎之劳,身无牵臂之役,避俗
逃名,顺时安处,世称曰闲。"②汤显祖《临川县古永安寺复寺田记》曰:
"何谓闲人,知者乐山,仁者乐水,此皆天下之闲人也。"③陈继儒《小窗幽
记》道:"人言天不禁人富贵,而禁人清闲,人自不闲耳。若能随遇而安,
不图将来,不追既往,不蔽目前,何不清闲之有?"④他还认为:"闲之一字,
讨了无万便宜"⑤,"人生待足何时足,未老得闲始是闲"⑥。他们在诗文、
剧作中不断强调"闲"、"适"的姿态,并身体力行之。屠隆"手提着闲中风
月,一任他乌兔奔忙;肩担着物外乾坤,都不管春秋来往"⑦。汤显祖言
"忙处抛人闲处住"⑧,沈璟的"一片闲心休再热"⑨,"闲"成了晚明人酷
爱的字眼,成了他们追摹晋人风范的风标。在这些解释中,最值得关注的
就是"顺时安处"、"顺时安命"、"随遇而安"这些字眼。正是由于有了这
样的心态,才有了这样的姿态,加之有山水、园林可以寄情,明人才能在岌
岌危局之中过着悠游自在的生活而心安理得。生活中的诸种苦痛在山
林、园林和器物的赏玩中得到纾解,得到释放,一些人在这种生活中甚至
成为某方面的专家,对花、瓶、家具等有了精深的研究,有了独到的审美感
受,这些精细的审美感受在某种意义上成就了小品文,成就了一种悠游自
在而情趣独到的审美,成就了中国审美意识史上独一无二、不可重复的审
美意趣。

---

① 《文徵明集》卷七,周道振辑校,上海古籍出版社 1987 年版,第 127 页。
② (明)高濂:《遵生八笺》,巴蜀书社 1988 年版,第 431 页。
③ 《汤显祖诗文集》(下),徐朔方笺校,上海古籍出版社 1982 年版,第 1125 页。
④ (明)陈继儒:《小窗幽记》(插图本),中华书局 2008 年版,第 41 页。
⑤ (明)陈继儒:《小窗幽记》(插图本),中华书局 2008 年版,第 27 页。
⑥ (明)陈继儒:《小窗幽记》(插图本),中华书局 2008 年版,第 38 页。
⑦ (明)屠隆:《乌栾》,《娑罗馆逸稿》卷一,中华书局 1985 年版,第 1 页。
⑧ (明)汤显祖:《牡丹亭还魂记》第一出"标目"【蝶恋花】,《汤显祖戏曲集》,钱南扬
点校,上海古籍出版社 1978 年版,第 233 页。
⑨ (明)沈璟:《红蕖记》第一出,《沈璟集》,徐朔方辑校,上海古籍出版社 1991 年版,
第 5 页。

国事日非,士大夫何以能闲,明人张潮的解释可作一说。"能闲世人之所忙者,方能忙世人之所闲。""人莫乐于闲,非无所事事之谓也。闲则能读书,闲则能游名胜,闲则能交益友,闲则能饮酒,闲则能著书。天下之乐,孰大于是?"①这种"闲"被看作人生态度的一种大境界,"必须要有一个恬静的心地和乐天旷达的观念,以及一个能尽情玩赏大自然的胸怀方能享受"②。林语堂还说"在中国,消闲生活并不是富有者、有权势者和成功者独有的权利(美国的成功者更形匆忙了!),而是那种高尚自负的心情的产物"③。但是还有一点值得注意,这就是追求自适的好适之心不胜欲官之心也是一个重要原因,这一点决定着明代许多归里园居者不同于历史上其他归园田居者。袁宏道以陶渊明为例,说明明代士大夫不官而隐,并不单纯由于政治原因,而是闲适心态之下的一种自我追求。他说:"每看陶潜,非不欲官者,非不丑贫者;但欲官之心,不胜其好适之心。丑贫之心,不胜其厌劳之心。"④在注重个体和感性的时代氛围之下,袁宏道甚至宣称"天下有大败兴事三,而破国亡家不与焉",也就是说国破家亡并不是他所认为的败兴之事,而其所重的败兴竟然是"山水朋友不相凑,一败兴也;朋友忙,相聚不及,二败兴也;游非其时,或花落山枯,三败兴也",而"国破家亡不与焉"⑤,可见这一时期所谓的大境界形成于这种置家国于不顾的个人感性主义。

至此,中国传统上形成的"傲世"、"虚己游世"的情形逐渐被"适世"的生存方式所代替,从"避世"到"适世",审美体验方式也发生了变化。有人认为,心态(体验结构)的转型比历史的社会经济制度的转型更为根本,这一点在明代审美意识中可以得到证明。"在晚明,文人以适世的姿态将入世与出世的矛盾化解。晚明文人疏离人世而又熟谙人情世故的哲

---

① (清)张潮撰:《幽梦影》第 209、96 则,中华书局 2008 年版,第 208、104—105 页。
② 林语堂:《生活的艺术》,华艺出版社 2001 年版,第 161 页。
③ 林语堂:《生活的艺术》,华艺出版社 2001 年版,第 160 页。
④ (明)袁宏道:《汤义仍》,(明)袁宏道著,钱伯城笺校:《袁宏道集笺校》,上海古籍出版社 1981 年版,第 215 页。
⑤ (明)袁宏道:《吴敦之》,(明)袁宏道著,钱伯城笺校:《袁宏道集笺校》,上海古籍出版社 1981 年版,第 506 页。

学,使他们不同于前贤一味单纯避世,即便是理想幻灭,也会在政治危局中寻求自我保护,寻求自我快乐。他们采取心出世、身入世的适世做法,入世为满足口体之奉,出世则为满足自我的个性自由,出世与入世同体,和谐共存。"①笔者感觉,园林实际上就是文人仕宦所找到的心出世、身入世的最好载体,这一点不仅可以在"拙政园"这样的园林命名中得到佐证,而且可以在一些园记中找到记述。比如,明人顾大典,隆庆间进士,官至福建提学副使,为人正直不受请托,为人所指谪,遭贬后自求解官,在"去家园二十年,官两都、历四方,足迹几半天下,尝登泰山,谒阙里,入会稽,探禹穴,陟雁荡,访天台,睇匡庐,汛彭蠡,穷武夷之幽胜,弔鲤湖之仙踪"之后,感觉"江山之胜,颇领其概,意有不合,退而耕于五湖",归吴江筑"谐赏园","得以佚吾老于兹园也"。过着"入则扶持板舆,出则与昆弟友生觞咏为乐"的生活,筑园将"江山昔游,敛之邱园之内,而浮沉宦迹,放之何有之乡,庄生所谓自适其适、而非适人之适,徐徐于于,养其天倪"②。潘允端万历五年自任上解官归里,在上海筑豫园,"构以娱亲","时奉老亲觞咏其间","卉石之适观、堂室之便体、舟楫之沿泛,亦足以送流景而乐余年矣"③,过着自适其适的生活。而园主顾名世在"露香园"中"奉长君(谓长兄,引者注)日涉于园,随处弄笔砚,校雠坟典以寄娱,暇则与邻里穷弈旨之趣,共啜露芽、嚼米汁,不知世有陆沉之苦矣"④。以上诸人,皆为官宦,或遭贬而心灰意冷,或自解以求性适,或地偏而心远,或"心远地自偏"⑤,皆在园林这一环境中找到了自适的感觉,是自适的追求使他们悠游自在,还是园林环境的优雅舒适使他们获得了自适的感觉,乐

---

① 王晓光:《喧闹与闲适——休闲视野下的晚明文学研究》,高等教育出版社 2012 年版,第 299 页。

② (明)顾大典:《谐趣园记》,见陈植、张公弛编:《中国历代名园记选注》,安徽科学技术出版社 1983 年版,第 110 页。

③ (明)潘允端:《豫园记》,见陈从周、蒋启霆选编:《园综》下册,赵厚均校订、注释,同济大学出版社 2011 年版,第 4—5 页。

④ (明)朱察卿:《露香园记》,见陈从周、蒋启霆选编:《园综》下册,赵厚均校订、注释,同济大学出版社 2011 年版,第 4 页。

⑤ (晋)陶渊明:《饮酒二十首·结庐在人境》,王瑶编注:《陶渊明集》,作家出版社 1956 年版,第 63 页。

而忘忧,这难以判断,也许是前者,也许是后者,也许是两者相互作用的结果。李渔在戏曲中对这种在政治、社会的夹缝之中获得的闲适之情有比较精彩独到的描绘和界说,他说"名教之中不无乐地;闲情之内也尽有天机,毕竟要使道学、风流合二为一,方才算得上学士文人"①。1597 年,"有仕才而素无仕志"②的袁宏道获准解官卸任,游赏于江浙之地,"时心闲意逸",所以游赏之中获得"人境都绝"的效果。可见是个人心态、社会

---

①　(清)李渔:《慎鸾交》第二出,《李渔全集》第五卷,浙江古籍出版社 1991 年版,第424 页。

②　语出杨维桢《玉山佳处记》,此语用以概括袁宏道的仕宦之志、之途比较准确。从有仕才的角度讲,袁宏道万历二十二年(1594)初仕,授吴县县令,在任职期间,惩罚害民的官吏,革除冗员,为政明敏朗彻,"治吴严明,令行禁止","征租不督而至",决断迅速,"狱讼到手即判",清廉为政,"惟饮吴中一口水"(《寄三弟》),深得当地人的拥戴,解官之日,吴地百姓"骇叫狂走",聚集神庙之中为"詹姑"祈福延寿,以示挽留。万历二十六年(1598),被任命为京兆校官、顺天府教授,僦居于东直房,与弟子谈时艺、相与论学。万历二十八年(1600)授礼部仪制清吏司主事。万历三十四年(1606)秋,补礼部主事。万历三十五年(1607)十二月,任吏部验封主事,摄选曹事,政绩最为突出。万历三十七年(1609)被任命为陕西主试。自柳浪再度出仕后,其委屈通融又干练明敏的办事作风受到赏识。以上可见他是有相当政治才能的。从仕志的角度讲,袁宏道显然不是那种汲汲于功名的人。赴京会试期间,就在诗文中流露出对浮名的厌倦,赴京候选期间往来于山房古寺,赏悦莲台之叶、佛果之花,即使在县令的任上也是经常酒弈为欢,悠游不止,在书信、诗文中则大谈为官的苦楚,并七次具牍乞归、乞改,自诉"令甚烦苦,殊不如田舍翁饮酒下棋之乐也"(《毛太初》),甚至认为"吏道缚人"(《寄同社》),怀念"故园松菊,若复隔世"(《与沈博士》),终于在万历二十五年(1597)获准解官,暂寓无锡,进行东南之游,三月之中登山临水,放浪湖山,周游吴越,结交友朋,谈禅论诗,竟岁忘归,以为"自堕地来,不曾有此乐"(《与伯修》)。之后侨居真州,江上柳下,纳凉赋诗,万历二十九年(1601)辞官获准,家居六年,遁迹柳浪,游踪甚广,踏烟霞,穷极幽壑。即使是在京城做官期间,也多在闲暇研读宋人著作,与高僧相往还,渐生栖隐之意,加之此间袁宗道去逝,于是又上《告病疏》,企求长期归里。此后六年间,他高卧柳浪,终日麈谈性理,倦则泛舟夜月,笑傲烟云,时有挥洒,诗文中的佛光禅影日渐浓郁。待到蛰伏日久,寂寞难耐,又入京做了一个萧然无事的闲官,终日与宾朋文酒赏适,邀友观览古树巉岩,闲适而无聊。出试秦中,与人论学谈禅,游览山色烟岚、奇石幽峦、古藤红树,遍游秦中名胜。考功告竣又请假南归,身心疲惫,宦情已冷,在沙市风景绝佳之地筑楼,意欲栖迟林下,息业养神,在身体不允许的情况之下,还想远游,可谓与山林云霞结下不解之缘。他自言:"宁作西湖奴,不作吴宫主。"(《湖上别,同方子公子赋》其一)袁中道《与伯修兄》对袁宏道的性格有比较明确的评价:"中郎明胆具足,实有用世之具;而天性慵懒,置之山水间则快,而置之朝市中则神情愀然不乐。"有用世的才具与魄力,却欣慕山水自放的自由悠闲。鉴于此,说袁宏道"有仕才而素无仕志"也未尝不可,甚至至为恰切。

心态、社会风气共同造就了这种情形。

到清乾隆末年,由于社会风情和心态的变化,士人由园林退回书斋,专注于学术,人生诉求与价值取向发生改变,士人间的社交亦由园林笙歌、听曲观剧,一变而为相互砥砺、磋谈学问,自明中叶以来的江南园林文化渐趋衰落,士人那种臻于极致的闲雅生活与情感规范亦成明日黄花,士阶层引领社会思潮的主导作用大大削弱,他们的审美趣味再也不能成为引领和推动审美时尚形成的动力。

在园林从兴到衰的过程之中,主体和主体心态具有重要的决定性作用。在闲适心态和玩赏心态之下,一切"非时之游宴"、"无益之玩好"①、好货好色之癖好甚至玩弄妇女的恋妓、娈童活动都成为具有审美意义的审美活动,至少在时人看来是一种风雅姿态和名士风度。可以说,晚明时代的审美意识在偏离、突破传统审美意识的同时已经走上了畸变的道路,一些以审美为名义的行为已经从狂狷发展、演变而成狂怪,一些尚可同情的避世行为已然变成了玩世行为。造园成为一种标榜,成为一种癖好,时风所及,影响巨大。

虽然"境无凡圣,以会心为悦"②,但是在明代社会风气的引领之下,造园还是一件值得倾心竭力而为的事情,不仅有经济实力并趣尚风雅的人士倾力造园,就连家境不济,造不起园林的人也在造园,只不过他们造的不是物质的园林,而是意念之中的园林。一些文人才士没有经济实力造园,就用手中的笔墨和心中的想象构筑园林,或"心游"其间以寄托趣尚,或者涂抹纸上以乐其趣,或者在心意之中据大自然为我之园以满足其兴,这样的园林被名之为"乌有园"、"意园"、"心园"等。明代寒士刘士龙,无力无赀构建园林,因作《乌有园记》以慰自己和同侪:

> 乌有园者,餐雪居士刘雨化自名其园者也。乌有则一无所有矣。非有而如有焉者何也?雨化曰:吾尝观于古今之际,而明乎有无之数矣。金谷繁华,平泉佳丽,以及洛阳诸名园,皆胜甲一时。迄于今求

---

① 《明武宗实录》,北京大学图书馆藏本。
② (宋)米芾:《宝晋英光集》,中华书局1985年版,"序"第1页。

颓垣断瓦之仿佛而不可得,归于乌有矣。所据以传者,纸上园耳。即今余有园如彼,千百世而后,亦归于乌有矣。夫沧桑变迁,则有终归无。而文字以久其传,则无可为有,何必纸上者非吾园也。景生情中,象悬笔底。不伤财,不劳力,而享用具足,固最便于食贫者矣。况实创则张设有限,虚构则结构无穷,此吾之园所以胜也。园之基,凭山带水,高高下下,约略数十里。园之大者在山水。园外之山,群峰螺黛。园内之山,叠嶂黛秀。或横见,或侧出,或突兀而上,或奔趋而来。烟岚出没,晓夕百变。时而登眺,时而延望,可谓小有五岳矣。山泉众注,疏为河渠。一棹中流,随意荡漾。傲睨放歌,顿忘人世。穿为池而汇者,以停云贮月,养鱼植藕;分为支而导者,以灌树浇花,曲水行觞;沦其滞而旁达者,接竹腾飞,焦岩沾润。刳木遥取,隔涧通流。此吾园山水之胜也。而其次在树木。秾桃疏柳,以妆春妍;碧梧青槐,以垂夏荫;黄橙绿桔,以点秋澄;苍松翠柏,以华冬枯。或楚楚清圆,或落之扶疏,或高而凌霄拂云,或怪如龙翔虎踞。叶栖明霞,枝坐好鸟。经行偃卧,悠然会心。此吾园树木之胜也。其次在花卉。高堂数楹,颜曰"四照",合四时花卉俱在焉。五色相错,烂如锦城。四照堂而外,一为春芳轩,一为夏荣轩,一为秋馥轩,一为冬秀轩,分四时花卉各植焉。艳质清芬,地以时献。衔杯作赋,人以候乘。此吾园花卉之胜也。而其次在缔造。飞阁参天,云宿檐际。崇楼拔地,柳拂雕栏。曲房周回,户牖潜达。洞壑幽宵,烛火始通。种花编篱,香吹满径,插棘为限,棘欲钩衣,此吾园缔造之胜也。更一院而分为四,贮佳醖、名茶、歌儿、舞女各一焉。又一院而分为三,贮佛道儒三蒙者各一焉。又一院而分为二,贮名书画、古鼎彝者各一焉。而又有雨花之室,衲子说空;碧虚之阁,羽人谈玄。加以猿啸清夜,鹤唳芳晨,盆草吐青,文鱼跳波,幽韵胜赏,应接不暇。他如山鸟水禽,鸣蛙噪蝉,时去时来,皆属佳客,偶闻偶见,俱属天机,此又吾园人物之胜也。至于竹径通幽,转入愈好,花间迷路,壁折复还,则吾园之曲也。广岫当风,开襟纳爽,平台得月,濯魄欲仙,则吾园之畅也。出水新荷,嫩绿刺眼,被亩清蔬,远翠海空,则吾园之鲜也。积雨阶坪,苔藓班驳,深秋霜露,蒹葭离披,则吾园之苍也。怪石如人，隽堪下拜，闲鸥浴浪，淡可为朋，则吾园之韵也。孤屿渔矶，夕阳晒网，烟村酒舍，竹杪出帘，则吾园之野也。瀑惊奔雷，尘不到耳，藤疑悬绠，枝可安巢。亭置危峦，升从鸟道，桥接断岸，度自悬空，则又吾园之奇而险也。园中之我，身常无病，心常无忧。园中之侣，机心不生，械事不作。供我指使者，无语不解，有意先承。非我气类者，望影知惭，闻声欲遁。皆吾之得全于吾园者也。吾之园不以形而以意，风雨所不能剥，水火所不能坏，即败类子孙，不能以一草一木与人也。人游吾园者，不以足而以目。三月之粮不必裹，九节之杖不必扶。而清襟所记，即几席而赏玩已周也。又吾之常有吾园，而并与人共有吾园者也。读《乌有园记》者，当作如是观。①

与实际的物质空间相比，心灵和精神臆造之园更加完美，更加全面，更适人意，更合人情，更符合审美理想。它将主人的园林理想建筑在心灵上，以使他在精神上拥有一座最为美好的园林，借以抚慰心灵。这种园林尽管很是完美，但它毕竟不是物质的存在，难以实现可居、可观、可游的现实目的。清人钱泳《履园丛话》中说："吴石林痴好园亭，而家奇贫，未能构筑，因撰《无是园记》，有《桃花源记》、《小园赋》风格。……余见前人有所谓'乌有园'、'心园'、'意园'者，皆石林之流亚也。"②可以见出，以文字来构建"纸上园林"的大有人在。在此不厌其繁，再举一例以说明文人所建"纸上园林"实际上是文人关于园林审美意识的最集中体现，也是时代审美风气的产物。这里举的例证是黄周星《将就园图记》。

黄周星，字九烟，上元（今南京）人氏，生于明万历三十九年（1611），崇祯十三年进士，在弘光朝（南明政权）时官至户部主事，入清后隐居教授，为明遗民，撰有《阅世编》。其文《将就园图记》这样开首："自古园以人传，人亦以园传，今天下之有园者多矣，岂黄九烟而可以无园乎哉！然九烟固未尝有园也。九烟曰：'无园'，天下之人亦皆曰：'九烟无园'，九烟必慊之。一日者、九烟忽岸然语客曰：'吾园无定所，惟择四天下山水

① 赵厚均、杨鉴生编注：《中国历代园林图文精选》第 3 辑，同济大学出版社 2005 年版，第 386—387 页。

② （明）钱泳：《履园丛话》，张伟点校，中华书局 2006 年版，第 546 页。

最佳胜之处为之；所谓最佳胜之处者，亦在世间，亦在世外，亦非世间，亦非世外，盖吾自有生以来，求之数十年而后得之，未易为世人道也。'客曰：'请言其概。'九烟曰：'诚然。'"就在这样一个假设的情境之中，黄九烟先生对客描绘了其意念或理想中的园林所处的自然和人文环境。从自然的角度讲，"其地周遭，皆崇山峻岭，匼匝环抱，如莲花城。绕城之山，凡为坯焉者，岊焉者，霍焉者，岠焉者，不知其几也，名皆不著；其著者，惟左、右两山，左曰：'将山'，右曰：'就山'，高各数千仞，而'将'之高过于'就'，'就'之视'将'，大约减三之一耳。……此则兹山之界限也。""又地气和淑，不生荆棘，亦无虎狼蛇蚊蚋蝥蚩惹之属。""两山之下，溪流环绕十余里，中为平野，亦复有冈岭湖陂，林薮原隰，参差起伏，此吾园之所在也。"且有山有水有瀑，可谓地理间佳山佳水也。从人文的角度讲，该园"山中宽平衍沃，广袤可百里，田畴村落，坛刹浮图，历历如画屏，凡宇宙间百物之产，百工之业，无一不备其中者。居人淳朴亲逊，略无嚣诈，髫耇男女，欢然如一，盖累世不知有斗辩争夺之事焉"。可谓民风淳朴，遗世独立，与桃花源相若，不分彼此。

"将园"和"就园"被设立在这样的自然及人文环境之中，有桥通两园之往来，主人居两园之中，自号"将就园主人"。在总体上叙述了两园大概之后，作者分别对"将园"和"就园"作了精细的描述，主要是循园中路径描绘了其心目中理想的园林陈设，无非是有径、桥、亭、堂、楼、台、廊、槛等人工建筑；园内曲水环绕，可通各处境界，"舫屐皆可径行"，也就是既有步行的途径，又有游船画舫可到的路径；园中"楼后隙地遍植名花异卉，是为'百花村'"，种植以"松、柏、梧、竹之属为多"；"宾客往来其中，游涉眺览，无适不可"，且可宴集，美人时至；两园相通，"分而实合，合而实分，其中止一垣之隔耳"，两园各有特点，各有所用，各有所适，"论其概：则'将园'多水，'就园'多山，然'将园'所见皆水，……'就园'所见皆山，……'将'旷而'就'幽，'将'疏而'就'密，'将'风流而'就'古穆，'将'富贵而'就'高闲。四时之中，'将'宜夏，'就'宜冬。然'将'有梅数亩，两楼面南暄燠，可临湖看雪，亦未尝不宜冬；'就'之岩壑幽深，竹树森靓，能使六月无暑，亦未尝不宜夏。若春秋佳日，则无一不宜矣。'将'之东面为'将',其上珠泉百道,四时飞瀑;'就'之西面为'就山',其下平畴万顷,终古斜阳,此两园所见之不同者也。至于两园相比,争奇竞秀,回互生姿,登'将园'之楼台,西望'就'之两峰蠹霄,不异云中双阙,一望松柏郁葱,则五陵佳气也;登'就园'之峰,东望'将'之崇台杰阁,宛如'蜚廉'、'桂观',遥睇湖光,又令人作'瀛洲','方丈'之想,岂非两美必合、相得益彰者乎!"在如此精美极端的描绘之后,主人还说:"苟穷极两园之譬,虽什佰不为多,而主人自以德凉福薄,惟恐太奢侈以犯造物之忌,故每园仅节取其最胜,为目各十,以小诗记而传之,非敢言园也,亦云'将就'而已。"①

经过文学性的具体描绘,这种心中经营的理想园林宛然如在,栩栩如生。通过想象性的规划,这种"纸上园林"突破了自然和物理对于园林规划的限制,而使理想中的园林变得更加符合文人的理想,从美学意义上来说更符合人们的审美理想,更能充分地展示人们的审美意识。财力和物力不及、不济,文人寒士只有画饼聊以充饥,在思想或者字面、纸面之上,通过文字、绘画等艺术方式实现自己"有园"的愿望,虽为空中楼阁,但却美不胜收,意兴盎然。从文人耿耿于"无园"的慊意中,我们可以看到"士必有园"的时代风气给文人寒士造成的窘迫。相对于清人画饼充饥的窘迫,明人则在优裕的物质条件和宽松的时代氛围之中将自己的理想变成了现实。

至于倾其财赀,劳其筋骨,烦其心志而不悔改筑园之志者,也大有其人在。对此,我们可以从祁彪佳的《寓山注·序》中可以看出:

> 卜筑之初,仅欲三五楹而止,客有指点之者,某可亭,某可榭,予听之漠然,以为意不及此。及于徘徊数回,不觉问客之言,耿耿胸次。某亭、某榭,果有不可无者。前役未罢,辄于胸怀所及,不觉领异拔新,迫之而出。每至路穷径险,则极虑穷思,形诸梦寐,便有别辟之境地,若为天开。以故兴愈鼓,趣亦愈浓,朝而出,暮而归,偶有家冗,皆于烛下了之。枕上望晨光乍吐,即呼奚奴驾舟,三里之遥,恨不促之于跬步。祁寒盛暑,体粟汗浃,不以为苦。虽遇大风雨,舟未尝一日

---

① 陈植、张公弛选注:《中国历代名园记选注》,陈从周校阅,安徽科学技术出版社1983年版,第437—442页。

不出。摸索床头金尽,略有懊丧意。及于抵山盘旋,则购石庀材,犹怪其少,以故两年以来,囊中如洗。予亦病而愈,愈而复病。此开园之痴癖也。①

他对于园林的痴爱可以说已经达到了癫狂的程度。尽管耗尽资材,累垮身体,劳力劳心,但是拥有一座自己的园林还是可以告慰平生,值得夸耀的。明清之际的吴伟业,晚年曾沾沾自喜地夸耀说:"吾平生无长物,惟经营贲园,约费万金。"②可见在那样一个时代氛围之中,修建一座私园是多么重要,也是多么荣耀的事情。

当然,人类的建造活动,并不是单一因素作用的结果,而是多种文化因素合力作用的结果。如上所述,文人园林的建造、园林艺术的发展,与这一区域的经济状况、生产方式等经济基础直接相关,与时代哲学思想、艺术审美观念、审美意识,以及融合了诸多因素的民俗、士风,都有着千丝万缕的联系,更与独具风雅、具有很高审美水平的主体有直接的关系,这些因素共同作用而产生了文人园林这种文化艺术形式,而园林这种文化艺术形式的产生又积淀和汇聚了诸多的审美意识,成为一个时代地域的、文化的、审美的标志物。

三、适世心态下的造园活动与园居的适世心态

园林作为一个相对封闭的物质和精神空间,是一个个人性空间。许多园林事实上是园主为自己营造的可居可游的空间。一堵粉墙将墙内的世界和墙外的世界分割开来,成为一个相对独立的时空。开门踏进现实,接触都市喧嚣;关门自成一体,享受山林野趣。一道粉墙,两个世界:粉墙之外,车水马龙,人声鼎沸,市井味十足,喧闹无比;粉墙之内,黛瓦之下,却是鱼戏莲叶间的悠游自在,是满地蕉阴的恬静安闲。江南园林"缭以皓壁"③,

① 赵伯陶:《明文选》,人民文学出版社 2006 年版,第 561 页。
② 吴伟业:《与子暻疏》,李秀忠、李树房主编:《名人遗书》,山东友谊出版社 1998 年版,第 127 页。
③ (明)朱察卿:《露香园记》,赵厚均、杨鉴生编注:《中国历代园林图文精选》第 3 辑,同济大学出版社 2005 年版,第 196 页。

"墙"以是白墙灰瓦为基本的外观色相,以单纯、朴素的色泽构成不温不火的中性基调,而园中植物则使"绿"的色调得以突出,这一切显示了江南文人以淡为高、贵淡不贵艳的审美意识和审美情结。事实上,淡雅相尚的文人情结、情趣存在于园林的角角落落。主人在这充满诗情画意的天地中,将日常的普通的生活变成了艺术化的、"有意味"的生活,使自己的理想生活变成现实。就整体趋势而言,文人园林可谓是喧中取静,闹中寻幽,同时在小中求大,近中求远,以有限实现对无限的追求。精美的园林、高雅的文士、闲适的心态,使园与人相得益彰,交相辉映,最终达到魂灵合一、天人一体的境界。明末季世,江南的文人们躲进自己的小院,在一堵粉墙这样一个小空间里追求着属于自己恬静幽情和清雅超逸,以此作为他们对世俗的逃离方式,以此作为他们遗世独立的风标,在有意无意中造就了中国园林的一道风景线,以自己的心力和财力为园林审美意识的积聚作出了不可磨灭的贡献。

在粉墙阻隔而成的空间之中,有自然、人工建筑,有经过人工处理的山石花卉,也有为生活和情趣设置的家具乃至书房、佛堂等生活设施,是一个可以满足精神需求也可以满足物质需求的封闭空间。园林的建设既考虑到了生活需要,还考虑到了园主个人精神世界和情感世界的安身立命需求,比如说佛堂等参禅礼佛之所的设置,便是着意于精神和心灵的安顿。园林中有满足主人山水之乐的自然景物,也有满足主人物质精神诉求的人工建筑。所以是一个适世、避世的好去处。

试看袁宏道客居柳浪的生活:"客居柳浪馆,晓起看水光绿畴,顿忘栉沐。晨供后,率稚川诸闲人,杖而入村落。日晡,棹小舟以一桡划水,多载不过三人。晚则读书,尽一二刻,灯下聚诸衲掷十法界谱,敛负金放生。暇即拈韵赋题,率尔倡和,不拘声律。闲中行径如此,聊述之去岁,以当一夕佳话也。"[①]除了种种雅趣的生活之外,在园林中也有一些"畜伎乐、挟倡优、耽博弈"的活动。不管是颐性养寿、疏花莳草,还是游山玩水,都是

① (明)袁宏道:《龚惟学先生》,(明)袁宏道著,钱伯城笺校:《袁宏道集笺校》,上海古籍出版社 1981 年版,第 1233—1234 页。

一种没有危险的避世、适世之道,而得这种趣味者反而成为幽人韵士。袁宏道对此有精到的解说:"夫幽人韵士,屏绝声色,其嗜好不得不钟于山水花竹。夫山水花竹者,名之所不在,奔竞之所不至也。天下之人,栖止于嚣崖利薮,目眯尘沙,心疲计算,欲有之而有所不暇。故幽人韵士,得以乘间而踞为一日之有。夫幽人韵士者,处于不争之地,而以一切让天下之人者也。惟夫山水花竹,欲以让人,而人未必乐受,故居之也安,而踞之也无祸。嗟夫!此隐者之事,决烈丈夫之所为,余生平企羡而不可必得者也。"①这种生活也是令人向往的,祁彪佳也说"当居官之日,亟思散发投簪,以为快心娱志,莫过山水园林"②。

　　所谓适世,就是与世无忤,顺其自然,让自己身心得到最自由的、最舒适的发展。就此而言,园林是寓志的而不是励志的处所,寄居在这里的文人仕宦大多数是曾经博取功名但仕宦之途不顺的人,其中也有对官场厌弃和绝望者,比如明朝嘉靖年间曾任御史,后退隐苏州的王宪成,曾费时20年修筑拙政园,园林命名则取法晋人潘岳《闲居赋》之意,意谓"灌园鬻蔬,供朝夕之膳,……亦拙者之为政也"③。尽管其中有标榜自己清高之意涵,但是其在园中的活动实际上已经不是经世务国了,而是蜷缩在个人"适性"的小天地里,过着"适心任性"的生活。"园林创造的净化、诗化环境,是一种艺术养生模式,它建立在中国哲学重人生、重道德的伦理型文化基础上。园林追求'内适外和',生存空间和精神空间环境并重,返璞归真,陶然忘机,体现了中华先人对生命的关注,对生活质量的关注。"④园林及园居生活,在象征意义上体现人与天调、与世无争的处世智慧,其"养生功能是多方面的:超俗涤烦、居尘出尘、休闲玩乐、致虚守静、

---

　　① (明)袁宏道:《瓶史引》,(明)袁宏道著,钱伯城笺校:《袁宏道集笺校》,上海古籍出版社1981年版,第817页。

　　② (明)祁彪佳:《林居适笔引》《祁彪佳文稿》(二),书目文献出版社1991年版,第1037页。

　　③ (晋)潘岳:《闲居赋并序》,见张国星编:《六朝赋》,文化艺术出版社1998年版,第74页。

　　④ 曹林娣:《苏州园林与生存智慧》,《苏州大学学报》(哲学社会科学版)2004年第3期。

养体劳形、祛病谢医……至于澄怀观物,特别是物谐其性、人乐其天、外适内和、体宁心恬……体现了天人协和、身心谐调的最高表现"①。环境具有育人的功能和作用,白居易对这种由环境带来的效果有极其详尽的描写,他在《庐山草堂记》中这样写道:"……乐天既来为主,仰观山,俯听泉,傍睨竹树云石,自辰及酉,应接不暇。俄而物诱气随,外适内和,一宿体宁,再宿心恬,三宿后颓然嗒然,不知其然而然。"②在生活意义上则呈现出一种遵生顺时的养生智慧。园林美好的环境使主体达到自身的和谐,而主体自身的和谐又消解了他与世界的不和谐,从而使主体由"自适"进入到了"适世"的生存状态,忘得失,顺自然,自适而适,从而达到了庄子所言的"真人"境界。

明代审美意识中对性灵、情欲和情趣的关注,对个性自由的崇尚,强调审美化的日常生存实践,一些文人雅士,在体制内生活时,却"身穿朝衣,心在烟壑","面有回飙吹沙,而吾胸中有青溪碧石"③,生活也是相当丰富和潇洒的。万历年间,地方官每以"仙令"自诩或相高,明代名士屠隆、顾大典、袁宏道、汤显祖都在此列,身在县令貌似仙,有人将这种隐居方式称为"吏隐"。《列朝诗集小传》叙述说,"隆,字长卿,鄞县人。万历丁丑进士……长卿令青浦,延接吴越间名士,沈嘉则、冯开之之流,泛舟置酒,青帘白舫,纵浪泖浦间,以仙令自许。在郎署,益放诗酒,西宁宋小侯少年好声诗,相得欢甚,两家肆筵曲宴,男女杂坐,绝缨灭烛之语,喧传都下,中白简罢官"④。《青浦县志》说:"隆有异才,在任,尝作祠祀陆机、陆云。时招名士为峰、泖之游,以仙令自许。"屠隆青浦县任上宽刑减赋、与民同劳、为民请命,人民对这个父母官是认可的,曾发生一县之民欣欣然跟随他游天马山的事,值得注意的是青浦一邑之人对他游九峰三泖、吟咏赋诗于其间的行为,赞赏不已,乐于认同,被认为有古隐者之范。吴江人

---

① 金学智、陈本源:《园林养生功能简论》,《文艺研究》2003 年第 6 期。
② (唐)白居易:《白居易集》卷四十三"记序",顾学颉校点,中华书局 1979 年版,第 934 页。
③ (明)屠隆:《答李惟寅》,见谭邦和主编:《历代小品尺牍》,崇文书局 2010 年版,第 149 页。
④ (清)钱谦益:《列朝诗集小传》(下),古典文学出版社 1957 年版,第 445 页。

顾大典"为郎时,放于诗酒"①,他们或者"放衙召客,刻竹赋诗,清言霏霏不觉",或者"昼了公事,夜接词人"②,一副超然世外的姿态。值得注意的是,这些人是怎样能达到这种境界的。我们认为主要是那种在特殊的时代氛围中形成的心态在起作用,从审美的角度讲是审美理想和审美态度在起作用。态度、心态之于审美是十分重要的。李渔在《闲情偶寄》中说:"若能实具一段闲情,一双慧眼,则过目之物,尽是画图;入耳之声,无非诗料。"这些人在等级分明、结构方正严整的衙署和公务活动中尚且如此,更何况是环境优雅、气氛宽松的园林。于是,他们或"一香一茗,同心良友闲日过从,坐卧谈笑随意所适,不营衣食,不问米盐,不叙寒暄,不言朝市,丘壑涯分,于斯极矣"③;或"坐间谈山川景物之胜,农圃树艺之宜,食饮起居之节,中理快心之事,若官府政治市井鄙琐,自不溷及"④。明代文人在体制之内和体制之外都过着悠闲自适的生活,如不是身心自放,这是不容易做到的。

因此,许多寓居园林之中的人至少在寓居期间,没有"梁园虽好,非久恋之家"的慨叹,也没有东山再起的希图。江南水乡的温婉明丽,再加小桥流水的缠绵,更兼戏曲名妓的婉转,生活的悠游自在,导致仕宦久居园林之后很难出现希图再起的愿望。江南之地呈现出的物质的富足、消费的奢华、人情的放纵等繁盛气象,以及商业大都市的物质条件和消费欲望取代了江南传统的古朴遗风,自然寓志的意义也变成了生活享受的部分。以山水为骨干,亭台楼阁为居所,以花草树木为点缀的居游一体的生活空间的构建,满足了自己心目中舒适而有情趣的家居生活需求,在"娱目欢心之物备"⑤的满足中,人们不再去追求野宅幽栖的生活,这些都与

---

① 乾隆《震泽县志·小传》。

② (清)吴梅村:《陈昆仑文集序》,《吴梅村全集》,上海古籍出版社1990年版,第82页。

③ (明)谢肇淛:《五杂组》卷十三《事部一》,上海书店出版社2001年版,第258页。

④ 转引自郭绍虞:《明代的文人集团》,见《照隅室古典文学论集》,上海古籍出版社1983年版,第549页。

⑤ (晋)石崇:《金谷诗序》,见崔承运、刘衍主编:《中国散文鉴赏文库·古代卷》,百花文艺出版社2001年版,第427页。

明代追求性灵、浪漫的思潮相表里,与追求"自娱"的生活目的相契合,体现了明代人对人伦世俗生活情趣的憧憬和兑现,这也与市民文化兴起后出现的模糊审美与实用、伦理与情理、艺术与非艺术的思潮相消长、相应和,成为明代审美意识突出的特征。

物质的富足、思想的宽松、习俗的鼓荡、人情的怡荡与江南文化的诗性气质相结合,迸发出主体的真情实性,形成罕见的文化盛景,焕发出独特的审美意识。可以说,闲适的心态造成了对园林幽雅景境的追求,而园林的幽雅景境又加剧了心态的闲适。主体在园林中陶冶于自然之美,起居安宁而精神内守,达到"自适"、"丧我"、"忘机",甚至达到"淡然泊然,欣与厌俱冥"①的心理状态和精神境界。风习相染,明代中后期江南文人自适其适、自得其得而适己逐人,相互影响而形成了一种安闲自适的时代风气。

第二节 艺术与生活相结合的审美时空的创设

一、园林和园居对礼制的突破

史宾格勒指出,中国文化"是将园林艺术视作一种伟大的宗教艺术的文化"②。诚如他所言,"中国文化是唯一把庭园作为生活的一部分的文化,唯一把庭园作为培育人文情操、表现美学价值、含蕴宇宙观人生观的文化,也就是中国文化延续四千多年于不坠的基本精神,完全在庭园上表露无遗。这样的文化结晶无疑是唯一的,世无其匹的"③。一般认为,家居和园居是中国人家庭生活的两大部分,其中家居(居家)是中国人以"礼"为核心的正统居处方式,要求"居处恭"④,要求在居家生活中经常保持一种中庸、恭持的状态,视"修身、齐家"为"治国、平天下"的进阶之

---

① (清)朱鹤龄:《俞无殊山居记》,见衣学领主编,王稼句编注:《苏州园林历代文钞》,上海三联书店 2008 年版,第 182—183 页。
② [德]史宾格勒:《西方的没落》(全译本),吴琼译,上海三联书店 2006 年版,第 191 页。
③ 黄长美:《中国庭院与文人思想》,贺陈词序,(台北)明文书局 1985 年版。
④ 《论语·樊迟问仁》,杨伯峻、杨逢彬注译:《论语注译》,岳麓书社 2000 年版,第 123 页。

基,不可马虎。《黄帝宅经》序曰:"夫宅者,乃是阴阳之枢纽,人伦之轨模"①,在中国传统文化的视野之中,住宅不仅仅是个生活的处所,还是一个秩序的象征,在这个家国一体的国度,历代封建统治阶级都把家院、家园的建制作为重要的人伦和礼制规范,作为中国等级制度的重要组成部分。"寻常之室无奥剽之别,则父子不别;六尺之舆无左右之义,则君臣不明。寻常之室、六尺之舆处无礼,即上下踏逆,父子悖乱,而况其大者乎?"②门第观念始终是中国文化的重要组成部分。明代更将房屋作为等级制度的重要体现,并辅之以严厉的行政手段,所以各个阶层对于房屋居住制度的遵守比较严格,贵贱不相逾越。《明会典》专门开辟《房屋器皿等第》一项,对房屋居住作了非常严格的等级限制:

公侯前厅七间,或五间,两厦九架造,中堂七间九架,后堂七间七架,门屋三间五架,门用金漆,及兽面摆锡环。家庙三间五架,俱用黑板瓦盖,屋脊用花样瓦兽,梁栋、斗拱、檐桷,用彩色绘饰,窗枋柱用金漆或黑油饰。其余廊、庑、库、厨、从屋等房,从宜盖造,俱不得过五间七架。

一品、二品厅堂,五间九架,屋脊许用瓦兽,梁栋、斗拱、檐桷用青碧绘饰。门屋三间五架,门用绿油及兽面摆锡环。

三品至五品,厅堂五间七架,屋脊用瓦兽,梁栋、檐桷用青碧绘饰。正门三间三架,门用黑油摆锡环。

六品至九品,厅堂三间七架,梁栋止用土黄刷饰。正门一间三架,黑门铁环。

一品官房舍,除正厅外,其余房舍许从宜盖造,比正屋制度,务要减小,不许太过。其门窗户牖,并不许用朱红油漆。

庶民所居房舍,不过三间五架,不许用斗拱及彩色装饰。

这套民居房舍制度,遵循了明初朴实无华、遵循礼制的风貌,体现出朴实的审美意识。庭院、住宅成为"礼之具"③,要求人们在行动中不断地定

---

① 张述任著,张怡鹤绘:《黄帝宅经风水心得》,团结出版社 2009 年版,第 3 页。
② 吴云、李春台校注:《贾谊集校注》(增订版),天津古籍出版社 2010 年版,第 179 页。
③ 阮籍《乐论》曰:"车服、旌旗、宫室、饮食,礼之具也。"(于民主主编:《中国美学史资料选编》,复旦大学出版社 2008 年版,第 123 页)

位、定向以满足礼仪规程的要求,在情绪上则提出"恭"和"敬",让人们始终处于严肃、端庄甚至矜持的状态之中。而园林,可以说是正规生活的补充形式,起初的园林基本与生活的家园相连接,但是环境和格局的整饬程度不一样,生活的方式也是不一样的,由于与正规的庭院居家生活相对,因此园林的自然、舒适、适性的特征得到了充分的强调。中国古代独有的居住特色就是在对住宅构造和装饰进行美化的同时,偏重于园林精致的创造,但是由于以居住为主体,故而在相当长的时期内,园林的建造只是宅院美化的一部分,而到了明代,江南文人园林基本脱离了住宅美化的附庸地位,而成为一个独立的艺术结晶。

江南园林建筑风格淡雅、朴素,沿袭传统文人园轨辙,布局自由,建筑朴素,厅堂随宜安排,结构不拘定式,亭榭廊槛,宛转其间,一反宫殿、庙堂、住宅之严整、拘泥和对称,清新洒脱,更加宜人。这种风格和审美意识,为后来衙署、寺庙、会馆、书院所附庭园,乃至皇家苑囿所取法,影响深远。这种园林和文人在园居中自由自在的生活,实际上突破了旧的审美规范,建立了新的审美意趣,为园林之中"适心任性"生活的展开提供了基础。

二、自然成为生活的背景

"儒道虽异门,云林颇同调。两心喜相得,毕景共谈笑。"①中国自魏晋以来山水就成为审美对象,但不论儒、道、释三教在观念上有多大的差异,他们却在自然的欣赏上具有一致性。在相当漫长的时间内,中国人比较欣赏纯粹的自然,山水清音是他们的精神寄托,但到了明代中后期,这种审美意识发生了变化,开始"从孤墟野店的宁谧之韵转而为城市的微喧之趣了"②。都市喧嚣成为欣赏对象,对城市园林的欣赏成为时代的趋势。自然于是从古代精神寄托的对象成为人们生活的环境。

江南私家园林象征个人的精神世界,是一个私人空间,介于自然和人

---

① (唐)孟浩然:《宿终南翠微寺》,《孟浩然集》,岳麓书社1990年版,第6页。
② 吴调公:《晚明文人的"自娱"心态与时代折光》,《社会科学战线》1992年第2期。

文之间,介于庙堂和田园(山林)之间,是情感与自然的交融。它让人于咫尺山林之间翳然林水,寄寓山林向往,其内容丰富细腻,包含了隐逸思想、宗教信仰和文人精神等多个方面的意蕴;它以委婉曲折的方式表达意蕴,以含蓄蕴藉的风格寄寓理想,象征方法手法多样,追求婉丽的特征,含蓄表达审美意趣,更具有文人气质、人文气息和审美意识,更加符合宋以后中国美学含蓄内敛的意趣和追求。从美学的角度讲,明清时期的园林是真正意义上的园林,它已经脱离了生产性园林的功能而进入纯粹审美的园林阶段,属于纯然追求诗情画意的艺术。"明代晚期的文人、艺术家、鉴赏家们参与园林的规划、建造、品评,加强了文人意趣在园林艺术的应用,是文人园林审美意向的定型时期。"①

近人梁启超说:"我确信'美'是人类生活的一要素——或者还是各种要素之中最重要者,倘若在生活全部内容中把'美'的成分抽出,恐怕便活不自在甚至活不成!"②仅就对待自然的态度而言,中国古代自然审美经历过纵游山水、诗咏画描和引自然入人间三个阶段、三种形态,明清园林建筑正是将大自然请回家,将自然审美和生活享受融为一体的自然审美的最高阶段和最高形态。从园林的发展历史来看,早期的园林多模仿神居仙境,有通天祈神、令王权获得神圣意义的目的。③ 春秋战国以降,随着人们神性崇拜观念的变化,上古园林的"娱神"性质开始走向"娱人"的性质,衍生出娱乐的功能。从魏晋开始,一些代表文人审美情趣的士人园林开始兴起,经由唐、宋两代的发展,到明清时期达到鼎盛,成为中国园林的重要组成部分,也是最具审美意识和文化内涵的一类。

李泽厚说:"大概随着晚期封建社会中经济生活和意识形态的变化,园林艺术日益发展。显示威严庄重的宫殿建筑的严格的对称性被打破,迂回曲折、趣味盎然、以模拟和接近自然山林为目标的建筑美出现了。空间有畅通,有阻隔,变化无常,出人意料,可以引动更多的想象和情

---

① 张淑娴:《明清文人园林艺术》,紫禁城出版社 2011 年版,第 7 页。
② 梁启超:《八月十三日在上海美术专门学校讲演》,金雅选编:《中国现代美学名家文丛·梁启超卷》,浙江大学出版社 2009 年版,第 10 页。
③ 参见王毅:《中国园林文化史》,上海人民出版社 2005 年版,第 13 页。

感,……这种仍然是以整体有机布局为特点的园林建筑,却表现着封建后期文人士大夫们更为自由的艺术观念和审美理想。……实际上,它是以玩赏的自由园林(道)来补足居住的整齐屋宇(儒)罢了。"①于是,在摆脱了官场和居住的整齐屋宇的礼制束缚之后,在排除了远足劳顿才能到达的疏野山水的野远之后,在获得人事和自然的双重满足之后,在综合了自然和人工的双重优势之后,园居生活就成了日常生活审美化实践的重要组成部分,成了文人士大夫最佳的选择。

明人于谦《题李景昌竹间书舍图》诗云:"小窗展卷循环诵,古鼎焚香取次添。爽籁随风来净几,清阴和月度疏帘。"②伴随着清风明月,展卷读书是人间快乐之事。因为在他们看来,"家居苦事物之扰,惟田舍园亭,别是一番活计"③。他们把园亭当作清幽宁静之地。李开先《后知轩记》曰:"予家城市,人事丛委,应酬为劳。老母在堂,于礼不能远离,日惟避喧南园内。园去城二余里,跨一蹇,携二童,凌晨而出,薄暮而还,稍得塞兑宁神,绎寻旧业,而读所未读之书。"④园林成为他们"避喧"、"塞兑宁神"、寻求宁静的重要场所,被当作以"地偏"求"心远"的方式。园林虽小,可以安顿一切,"思想和精神是无形的,但可以在一座园林的形式中展现出来。'吾心即是宇宙',不要以为这只是汉语的夸张、精神的膨胀,心灵在园林里,那感觉早已'上下与天地同流'了。园林有边际,宇宙则无限,但园林里有一条从有限通往无边的路。曲径通幽,一径蜿蜒,入田野,连山川,还有山水尽头那条天际线,是亭榭间的眼际,阁窗后的眺望,是心灵的尺度。身边,则莺歌燕舞,鸢飞鱼跃,水长山远,天造地设,尽入一园。人居园中,远望,一园有吞吐万里之势;近瞧,有花鸟鱼趣,顿生'万物皆备于我'的自得,索性在这样的精神园林里自足一生"⑤。

那么,经过精心营构的园林究竟有些什么,明人程羽文在《清闲供·

---

① 李泽厚:《美学三书·美的历程》,安徽文艺出版社 1999 年版,第 70—71 页。

② 成乃凡编:《增编历代咏竹诗丛》(下),山西人民出版社 2010 年版,第 900 页。

③ (明)陈继儒:《小窗幽记》(插图本),中华书局 2008 年版,第 127 页。

④ 赵厚均、杨鉴生编注:《中国历代园林图文精选》第 3 辑,同济大学出版社 2005 年版,第 51 页。

⑤ 李冬君:《沐心文丛 一年景》,希望出版社 2013 年版,第 9—10 页。

小蓬莱》一文中写道：

> 门内有径，径欲曲。径转有屏，屏欲小。屏进有阶，阶欲平。阶畔有花，花欲鲜。

> 花外有墙，墙欲低。墙内有松，松欲古。松低有石，石欲怪。石旁有亭，亭欲朴。

> 亭后有竹，竹欲疏。竹尽有室，室欲幽。室旁有路，路欲分。路合有桥，桥欲危。

> 桥边有树，树欲高。树阴有草，草欲青。草上有渠，渠欲细。渠引有泉，泉欲瀑。

> 泉去有山，山欲深。山下有屋，屋欲方。屋角有圃，圃欲宽。圃中有鹤，鹤歌舞。

> 鹤投有客，客愿不俗。客至有酒，酒愿不却。酒行有醉，醉愿不醒。①

该文是从园林构成要素及其审美要求来展开的，将一个理想的幽居之所描绘得活色生香，结合精致宛妙的江南园林实景，可以见出明代人对于生活环境和寓居之所的重视。从中可以看出，一个精心营构的园林无非有自然和人工两部分。自然环境往往是风景优美，而人工创造的条件实际上是为生活准备的，一般"堂宇轩豁，廊庑周环，藏书有室，留宾有馆"②，访客之来，就会有一些待客的活动。有山、有水、有草、有树的园林，有若自然，使人入园如入自然之境，感物生情。园林让人在具体的时空之中感受朝明夕晦，花开花落；在投身万物之中，在时空的流变中感受自然的易变。"芳草留人意自闲"③，相对于纯粹的自然，这些条件经过构思，在高低、远近、虚实、曲直、因借等方面进行艺术处理后，就会形成不同的意境，就会更具有悠远深邃的意味，更能满足"怡情适性之具"④的功能。可以

---

① 转引自张家骥编：《中国园林艺术小百科》，中国建筑工业出版社 2009 年版，第 457 页。

② （清）钱大昕：《寒碧庄宴集序》，见衣学领主编，王稼句编注：《苏州园林历代文钞》，上海三联书店 2008 年版，第 53 页。

③ （宋）欧阳修：《再至西都》，《欧阳修集》，中国戏剧出版社 2002 年版，第 73 页。

④ （明）郑元勋：《影园自记》，见陈植、张公弛编：《中国历代名园记选注》，安徽科学技术出版社 1983 年版，第 221 页。

说园林就是一个经过人工营造的自然与艺术合一的审美对象,其中的泉石之胜,花木之美,亭台之幽深,都是等待雅士登临、攀玩、游憩的审美客体,是一个花木寓意、叠石寄情、能产生人园互化作用的审美客体。

至于园林为何具有如此大的吸引力,明人祁彪佳以自己建筑的寓山园为例加以说明:"寓山之胜,不能以寓山收,盖缘身在山中也。子瞻于匡庐道之矣。此亭不昵于山,故能尽有山,几叠楼台,嵌入苍崖翠壁,时有云气往来缥缈。披层霄而上。仰面贪看,恍然置身天际,若并不知有是亭也。倏然回目,乃在一水中激石穿林,冷冷传响,非但可以乐饥,且涤十年尘土肠胃。夫置屿于池,置亭于屿,如大海一沤然。而众妙都焉,安得不动高人之欣赏乎!"①我们可以发现,园林审美实际上是园林审美客体与高人闲适心态的一种绝妙遇合,是自然与人工的绝妙遇合。欧阳修以为,"夫穷天下之物,无不得其欲者,富贵者之乐也。至于荫长松,籍丰草,听山溜之潺湲,惟石泉之滴沥,此山林者之乐也。……彼富贵者之能致物矣,而其不可兼者,惟山林之乐尔"②。在被喻为"城市山林"的园林里,园主兼有了富贵与山林之乐,可谓达到鱼和熊掌兼得的至乐。

三、明人园居生活的时空展开

经过人工建构的园林,以全、精、巧而著称。厅、堂、楼、阁、轩、亭皆有,累翼重檐,廊宇周绕,四面虚敞,古朴轩豁;池、泉、涧、谷、桥齐全,湖石临溪,水随山转,溪涧相连,泉水逶迤;花、草、树、竹点缀其间,松竹夹植,色彩悦目,香味袭人,各饶佳致,各得其宜。如王世贞自称其弇山园宜花、宜月、宜雪、宜雨、宜风、宜暑,四时变幻皆为胜绝。作为一个立体的物质性的精神氛围,它需要调动人的感官——眼、耳、口、鼻、身、意以及与之相应的视觉、听觉、味觉、嗅觉甚至触觉来参与。对此,清代文人厉鹗在杭州游览小孤山的四照亭时记录其所察之情曰:"献于目也,翠

---

① (明)祁彪佳:《寓山注·妙赏亭》,见冯骥才主编,潘静选编:《中华散文精粹·明清卷》,作家出版社 2006 年版,第 216—217 页。

② (宋)欧阳修:《浮槎山水记》,《欧阳修集》,中国戏剧出版社 2002 年版,第 238 页。

潋澄鲜,山含凉烟;献于耳也,离蝉碎蛩,咽咽喝喝;献于鼻也,桂气奄
荽,尘销禅在;献于体也,竹阴侵肌,痹瘴以夷;献于心也,金明紫情,天
肃析醒。"①可见造园活动是对生活的全方位的预设,是一种全感官的、
全方位理想生活的营构。而在已经营构停当的中国传统园林中,人们
以虚静之心,入虚静之境,耳之闻、目之接、鼻之嗅、足之行、手之触、心
之想、神之会,从而进入大自然怀抱之中,进行多方面的感兴,最终达到
"烦顿开除"、陶冶情操、拓展襟怀之目的,使人从感官愉悦到心情舒畅
再到精神升华。

视觉的感受在园林文学中描写得比较多,这里说说园林中听的丰富
性。乾隆《璎珞岩》诗序曾描绘说:"泉水漫流其间,倾者如注,散者如滴,如
连珠,如缀旒,泛洒如雨,飞溅如雹。萦委翠壁,溇溇众响,如奏水乐。……
亭之盛以耳受,……滴滴更潺潺,琴音天地间。"②园林中有山有水,有花有
树,有鱼有鸟,它们都是美好音声的来源,且百鸟遥集,众声和鸣,如奏音
乐。"竹树交戛,不风而鸣,琮琮玲玲,天籁自发。"③张潮《幽梦影》中有"春
听鸟声,夏听虫声,秋听蝉声,冬听雪声"④之说,可见"听"是园林生活的重
要情趣。造园者往往通过栽种阔叶植物来实现这种趣味。在园林建造中,
芭蕉、荷花等阔叶植物往往受到青睐,是为增强视听效果而着意选择和栽
植的,由此也产生了一些景点。明人张凤翼在《乐志园》中描述:"阁外有松
一株,数百年物,虬枝龙干,覆盖亩许,风起涛鸣,泠泠然,空山幽涧,予制
'听涛亭'以赏之。"⑤又如芭蕉可以产生的美好音声效果,"隔窗知夜雨,
芭蕉先有声"⑥,"芭蕉叶上潇潇雨,梦里犹闻碎玉声"⑦,"蕉叶半黄荷叶

① (清)厉鹗:《秋日游四照亭记》,见曹文趣等选注:《西湖游记选》(增订本),浙江文艺出版社1985年版,第138页。
② (清)于敏中等编纂:《日下旧闻考》,北京古籍出版社1985年版,第1442—1443页。
③ (明)顾大典:《谐赏园记》,见陈植、张公弛编:《中国历代名园记选注》,安徽科学技术出版社1983年版,第108页。
④ (清)张潮撰:《幽梦影》第7则,王峰评注,中华书局2008年版,第19页。
⑤ (明)张凤翼:《乐志园记》,见陈植、张公弛编:《中国历代名园记选注》,安徽科学技术出版社1983年版,第207页。
⑥ (唐)白居易:《夜雨》,《白居易集》,顾学颉校点,中华书局1979年版,第183页。
⑦ 周瘦鹃:《花语》,上海文化出版社1999年版,第87页。

碧,两家秋雨一家声"①。宋代杨万里的《芭蕉雨》诗还详尽地描写了雨打芭蕉的音声效果:"芭蕉得雨便欣然,终夜作声清更妍。细声巧学蝇触纸,大声锵若山落泉。三点五点俱可听,万籁不生秋夕静。"②计成《园冶·园说》中说:"夜雨芭蕉,似杂鲛人之泣泪;⋯⋯瑟瑟风声;⋯⋯清气觉来几席,凡尘顿远襟怀;⋯⋯"③冯时可在《蓬窗续录》中写道:"雨于行路时颇厌,独在园亭静坐高眠,听其与竹树飕飕相应和,大有佳趣⋯⋯尝与友人万壁同坐,窗外倚一蓬,雨滴其上,淙淙有声。"④特别指出园亭中听雨是一种佳趣。声音最为婉转多变的要数鸟声。陈扶摇《花镜》说:"枝头好鸟,林下文禽,皆足以鼓吹名园,针砭俗耳。故所录之禽,非取其羽毛丰美,即取其声音娇好。"⑤可见,鸟以其色泽美、形态美和声音美成为园林美景,增添不少趣味。有时鸟儿在唱歌,"好鸟相鸣,嘤嘤成韵";有时鸟儿在说话,"春从鸟能言";鸟声万物更新,"鸟语山容开";鸟在赞花,"一群娇鸟共啼花";鸟在唤人,"隔花啼鸟唤行人";喧闹的鸟声让景物更为幽静,"鸟鸣山更幽"。苏州太平山庄半山亭有对联云"高树鸟啼青嶂里,半山泉响白云中"。钟惺《梅花墅记》还指出实现和营造声响的方法,"修廊中隔水外者,竹树表里之,分风争日,往往可即"⑥,通过自然与人为的创造,在园林之中各种声音美好而和谐,形成一种音韵的交响,营造了一种目视、身接、耳闻相结合的审美体验环境。青枫秀色皆入目,松竹鸟语皆入耳,闲窗听雨摊诗卷,静坐小寮听涛声确实是文人园居生活

---

① (宋)杨万里:《秋雨叹十解》,(宋)杨万里著,王琦珍整理:《杨万里诗文集》,江西人民出版社 2006 年版,第 127 页。

② (宋)杨万里:《秋雨叹十解》,(宋)杨万里著,王琦珍整理:《杨万里诗文集》,江西人民出版社 2006 年版,第 176 页。

③ (明)计成著,陈植注释:《园冶注释》,杨超伯校订,陈从周校阅,中国建筑工业出版社 1981 年版,第 44 页。

④ (明)陶珽编:《说郛续》卷一七,见(明)陶宗仪等编:《说郛三种》第 9 册,上海古籍出版社 1988 年版,第 810 页。

⑤ (清)陈淏子辑:《花镜》(修订本)附录"养禽鸟法",农业出版社 1962 年版,第 403 页。

⑥ (明)钟惺:《梅花墅记》,见陈植、张公弛编:《中国历代名园记选注》,安徽科学技术出版社 1983 年版,第 216 页。

重要的雅趣之一,是园居生活诸多审美感受的重要组成部分。鸟声、泉声、蝉鸣、松涛、林籁合奏一曲天籁之音,在青嶂白云、粉墙黛瓦、雕梁画栋、楼台亭榭之间回响,这些悦耳的声音使园林的氛围里多了些生动活泼的气息,显得更加富有生机和活力。

拥有一个自己的园林,实际上意味着另类人生的起点。许多文人本性"好交游,重文辞",喜好一些风雅之事,他们虽然归处闲居,但是不甘心沦入寂寞之乡,也不愿离群而索处,所以"创建园亭,招致文士"以广泛交游,扩大社会影响,建立自己的社会交往圈子。有着优美自然氛围和完备人工环境的园林在这种交往中确实起到过重要的作用。那么,园主和游园之人究竟会干些什么,是怎样生活的呢? 事实上,他们园居生活的展开,蕴含着他们对生活的理解乃至他们的审美意识。

这种情形我们在诗歌、园记、笔记、小说、戏曲等文献中都可以看到。

他们或在园中"登楼远眺,则粉堞雕甍,逶迤映带。眺视则园景可得十之八九",享受"心与景会,鱼鸟亲人。令人真作濠濮间想"[1]的乐趣。

他们或在园中赏玩,集置石、叠山、理水、莳花之实境和诗词、书画、琴茶、文玩之雅态为一体,从而赋予更浓郁的诗情画意,"壶中天地"的园林渗透着诗心、词意、乐情、茶韵、书趣、画境,体现了文人容纳万有的胸怀。

他们或进行一些时令性的活动,适时而赏。"春气和煦,海棠名花竞放,浦阳郑太常仲舒,开宴觞客于众芳园。时日已西没,乃列烛花枝上,花既娟好,而烛光映之,愈致其妍。于是众宾客咸悦,衔杯咏诗,亹亹不自休。"[2]他们在四季不同时节安排不同的游赏活动,同时伴随着相应的文化活动。"春时小辋川花丛如锦,侍御日偃息其间。令诸妓或打十番,或歌清曲。张素玉中坐司鼓,余女团栾四面,笙歌相间,几于满谷满坑。……秋时或游小辋川,或坐四照轩。遇枫叶,则登抱翠亭,列酒肴,命诸妾或唱《红梨记·花婆》曲一阕。每一阕,则侍者进醇醪一杯。颓然独

---

① (明)顾大典:《谐赏园记》,见陈植、张公弛编:《中国历代名园记选注》,安徽科学技术出版社 1983 年版,第 109 页。

② (明)宋濂:《春日赏海棠花诗序》,罗月霞主编:《宋濂全集》,浙江古籍出版社 1999 年版,第 1235 页。

坐。至暮,则张灯亭上,弦管齐发,和以清讴,都人士女每从城西山上遥望之,以为不减谢安。"①日以继夜,秉烛夜游和伴以歌舞成为惯常之事。

再看他们一天的生活:"客居柳浪馆,晓起看水光绿畴,顿忘栉沐。晨供后,率稚川诸闲人,杖而入村落。日晡,棹小舟以一桡划水,多载不过三人。晚则读书,尽一二刻,灯下聚诸衲掷十法界谱,敛负金放生。暇即拈韵赋题,率尔唱和,不拘声律。闲中行径如此,聊述之去睽,以当一夕佳话也。"②袁宏道的园居生活可以说比较有代表性。

许多文士将大量时间用于与友人往来,接待游士,在彼此的家园中游赏、饮酒、赋诗和观剧,相互酬答,在园林中的活动成为其人生交游的重要组成部分。"光中上人遣其徒至……举酌演戏及暮与之游寓园更游密园乃别。"③"于四负堂观《千金记》,已,小坐浮景台,观花火,主客之情甚畅,子夜送之。"④"邀张宗子、介子至,平子后至。举五篚之酌已,与同游彤山,再至寓山,燃灯月下,月色甚皎,小酌于妙赏亭,听介子所携优人鼓吹,又登远阁望月。"⑤以上关于祁彪佳生活的记载就可以看出,园林是其交游活动的重要场所之一,而在园亭中活动的过程中产生的有诗文、园记、图绘、戏文和风流韵事,等等,园林也被称为明代文化成果及风流韵事的策源地。

可见,在这优美的自然环境和精心营造的人文情境之中,可以"挟书砚以伴孤寂,携琴弈以迟良友"⑥,或"随意阅老庄数页,或展法帖临池,……与忘形友谈奇谐山海"⑦;可以栽花果、种瓜菜,"蓄山童灌薤

---

① 据梧子:《笔梦叙》,《丛书集成续编》第 214 册,(台北)新文丰出版公司 1989 年版,第 404 页。

② (明)袁宏道:《龚惟学先生》,(明)袁宏道著,钱伯城笺校:《袁宏道集笺校》,上海古籍出版社 1981 年版,第 1233—1234 页。

③ 《山居拙录》8 月 11 日条,《祁彪佳文稿》(二),书目文献出版社 1991 年版,第 1094—1095 页。

④ 《山居拙录》9 月 18 日条,《祁彪佳文稿》(二),书目文献出版社 1991 年版,第 1098 页。

⑤ 《自鉴录》9 月 14 日条,《祁彪佳文稿》(二),书目文献出版社 1991 年版,第 1131 页。

⑥ (明)陈继儒:《岩栖幽事》,中华书局 1985 年版,第 16 页。

⑦ (清)陈淏子辑:《花镜》(修订本)卷二课花十八法之"花间日课四则·夏",农业出版社 1962 年版,第 76 页。

草"①;也可于园林中"读理义书,学法帖字;澄心静坐,益友清谈;小酌半醺,浇花种竹;听琴玩鹤,焚香煮茶;泛舟观山,寓意弈棋"②;"明窗之下,罗列图史琴尊以自娱,有兴则泛小舟,吟啸览古于江山之间,渚茶野酿,足以消忧;莼鲈稻蟹,足以适口。又多高僧隐士,佛庙绝胜,家有园林,珍花奇石,曲沼高台,鱼鸟流连,不觉日暮"③;"净一室,置一几,陈几种快意书,放一本旧法帖;古鼎焚香,素麈挥尘,意思小倦,暂休竹榻。饷时而起,则啜苦茗,信手写汉书几行,随意观古画数幅。心目间,觉洒洒灵空,面上俗尘,当亦扑去三寸"④。或者会友品茗,希求一种"茗寒酒冷,宾主相忘"⑤的恬淡自适的生活;或者"园居无事,技痒不能抑,则以蒲团销之。跏趺出定,意兴偶到,辄命墨卿,《昙花》《彩豪》纷然并作"⑥。他们或在园林之中接待亲朋,与人雅集,有客来则必置酒家园相款,"名士清客至则留,留则款,款则饯,饯则尽"⑦,他们在此延接四方名士,与四方名士极游湖山佳处,既载肴馔,兼携丝竹唱咏,过着非圣非凡、亦圣亦凡的生活,艺术与生活、审美与休闲在园林提供的特殊时空中融为一体。从明代小品文中,我们可以看到明代尤其是晚明文人对这种生活颇为喜爱和陶醉,他们品味着生活的滋味,享受着生活的格调,活像一个闲人,但是他们都不是等闲之人,都是具有明确、高雅、超逸审美意识的人。

中国人很早就认识到了不同自然带给人的不同感兴,带给个人的不同心境。"情因所习而迁移,物触所遇而兴感。故振耸于朝市,则充屈之心生;闲步于林野,则辽落之志兴。"同时还认识到了自然在化解心灵郁结方面的重要作用,"仰瞻羲唐,逊已远矣;近咏台阁,顾深增怀。为复于

---

① (明)陈继儒:《岩栖幽事》,中华书局1985年版,第16页。
② (明)陈继儒:《小窗幽记》(插图本),中华书局2008年版,第114页。
③ (明)陈继儒:《小窗幽记》(插图本),中华书局2008年版,第158页。
④ (明)陈继儒:《小窗幽记》(插图本),中华书局2008年版,第128页。
⑤ (明)陈继儒:《小窗幽记》(插图本),中华书局2008年版,第173页。
⑥ (明)屠隆:《婆罗馆清言叙一》,《婆罗馆清言 续婆罗馆清言》,中华书局2008年版,第3页。
⑦ (明)张岱:《陶庵梦忆》卷七《愚公谷》,中华书局2008年版,第140—141页。

暧昧之中,思萦拂之道、屡借山水,以化其郁结,永一日之足,当百年之用"①。白居易《读谢灵运诗》:"谢公才廓落,与世不相遇。壮士郁不用,须有所泄处。泄为山水诗,韵逸谐奇趣。"②历史上人们的郁结"情动于中而形于言"形成山水诗,在一定物质条件的支持下又形成可以寄情的园林,从而将文人的审美意趣落到实处。必须承认,"主人之所以将他这个幽静园林别墅看得胜过洞天福地、象外之观,是出于其对大自然变化多姿的天然景色的热爱。让人心驰神往的八大景观,雨天有其扑朔迷离之情,晴日有其一览无余之美,夜有月色之可爱,昼有霞光之灿烂,山有翠树鲜花点缀,水有碧波惊涛变幻,在这样的优美环境中,人不仅满足了耳目感官上的声、香、光、色等种种审美享受,更重要的是获得了精神的放松,身心同时陶醉于山水之中。从这个角度而言,明人的游兴虽大多源于逃避现实困扰的需要,但最终使真正得到身心上安慰与快乐的却是一种审美享受"③。

园林以其独特的消解与调节方式为居住者释放精神压力,提供愉悦,因为其娱情功能而成为居家环境的构成要件,成为一种比较自由、悠游甚至非正式的生活方式,其所呈现的是一种自然、平和、恬淡、自由的生活环境。关于明人园林中的生活,见诸史书的记载,见诸绘画的描摹,更见于戏曲的表现和小说的具体描写,从中可以看出,拥有这种生活的有仕宦、富绅、文人等。

这种情形,在明代小说中体现得最为全面。从《金瓶梅》等小说和一些戏曲的描写中可以看到,家中或者府中建有园是明代社会普遍的一个重要生活现象,不仅仕宦之家建有园林,而且普通人家也建有园亭,有一定经济实力的富商就更不待言。比如《金瓶梅》"第十九回 草里蛇逻打蒋竹山 李瓶儿情感西门庆"关于园林的描写:

……开了新花园门游赏。里面花木庭台,一望无际,端的好座花园。但见:

---

① (晋)孙绰:《三月三日兰亭诗序》,见(清)严可均辑:《全晋文》卷六十一,商务印书馆1999年版,第638页。
② 《白居易集》,顾学颉校点,中华书局1979年版,第131页。
③ 罗筠筠:《残阳如血》,河南人民出版社2000年版,第205页。

正面丈五高,周围二十板。当先一座门楼,四下几多台榭。假山真水,翠竹苍松。高而不尖谓之台,巍而不峻谓之榭。四时赏玩,各有风光:春赏燕游堂,桃李争妍;夏赏临溪馆,荷叶斗彩;秋赏叠翠楼,黄菊舒金;冬赏藏春阁,白梅横玉。更有那娇花笼浅径,芳枝压雕栏。弄风杨柳纵娥眉,带雨海棠陪嫩脸。燕游堂前,灯光花似开不开;藏春阁后,白银杏半放不放。湖山侧半绽金钱,宝槛边初生石笋。翩翩紫燕穿帘幕,呖呖黄莺度翠阴。也有那月穿雪洞,也有那水阁风亭,曲水方池,映阶蕉棕,向日葵榴。游鱼藻内惊人,粉蝶花间对舞。

正是:

芍药展开菩萨面,荔枝擎出鬼王头。

当下吴月娘领着众妇人,或携手游芳径之中,或斗草坐香茵之上。一个临轩对景,戏将红豆掷金鳞;一个伏槛观花,笑把罗纨惊粉蝶。月娘于是走在一个最高亭子上,名唤卧云亭,和孟玉楼、李娇儿下棋。潘金莲和西门大姐、孙雪娥,都在玩花楼望下观看。见楼前牡丹花畔芍药铺、海棠轩、蔷薇架、木香棚,又有耐寒君子竹,欺雪大夫松。端的四时有不卸之花,八节有长春之景。观之不足,看之有余。①

富绅西门庆家的花园也就是园林,可以进行日常生活中的各种休闲活动,不仅是生活环境的艺术化,更是日常生活的审美化。园林在这种意义上让生活具有了审美的意义。同时,对于被长年禁锢后宅的内眷来说,这所谓"后花园"是她们排遣无聊和进行幽会的场所,相对于家居的厅堂来说,这是一个自由的空间。

这样的例证还有《古今奇观》第十五卷《卢太学诗酒傲公侯》。在这篇小说中,作者以小说的笔法,详尽地描写了一座"为一邑之胜","邑中园亭,推他家为最"的园林,名为"啸圃",小说之中对于该园的描绘如下:

楼台高峻,庭院清幽。山叠岷峨怪石,花栽阆苑奇葩;水阁遥通行坞,风轩斜透松寮。回塘曲沼,层层碧浪漾琉璃;叠嶂层峦,点点苍

---

① (明)兰陵笑笑生:《张竹坡批评第一奇书金瓶梅》(上),王汝梅、李昭恂、于凤树校点,齐鲁书社 1987 年版,第 282—283 页。

苔铺翡翠。牡丹亭畔,孔雀双栖;芍药栏边,仙禽对舞。萦纡松径,绿阴深处小桥横;屈曲花岐,红艳丛中乔木耸。烟迷翠黛,意淡如无;雨洗青螺,色浓似染。木兰舟荡漾芙蓉水际,秋千架摇曳垂杨影里。朱栏画槛相掩映,湘帘绣幕两交辉。

后面又通过差人的视角进行描绘:

差人随进园门,举目看时,只见水光绕绿,山色环青,竹木扶疏,交相掩映,林中禽鸟,声如鼓吹。那差人从不曾见这般景致,今日到此,恍如登了洞天仙府,好生欢喜!……遂四下行走,恣意饱看。弯弯曲曲,穿过几条花径,走过数处亭台,来到一个所在。周围尽是梅花,一望如雪,霏霏馥馥,清香沁人肌骨,中间显出一座八角亭子,朱甍碧瓦,画栋雕梁,亭中悬一个匾额,大书"玉照亭"三字。下边坐着三四个宾客,赏花饮酒,旁边五六个标致青衣,调丝品竹,按板而歌。

差人第二次来到园林,看到的是:

已到仲春时候,……那差人来到卢家园中,只见园林织锦,堤草铺茵,莺啼燕语,蝶乱蜂忙,景色十分艳丽。须臾,转到桃蹊上,那花浑如万片丹霞,千重红锦,好不烂漫。有诗为证:

桃花开遍上林春,耀服繁华色艳浓。

含笑动人心意切,几多消息五更风。

卢楠正与宾客在花下击鼓催花,豪歌狂饮,……

差人第三次来到园中:

不觉春尽夏临,倏忽间又早六月中旬,……差人随着门公,直到一个荷花池畔,看那池团团约有十亩多大,堤上绿槐碧柳,浓荫蔽日;池内红妆翠盖,艳色映人! 有诗为证:

凌波仙子斗新妆,七窍虚心吐异香。

何似花神多薄幸,故将颜色恼人肠。

原来那池也有个名字,唤做滟碧池。池心中有座亭子,名曰锦云亭。此亭四面皆水,不设桥梁,以采莲舟为渡,乃卢楠纳凉之处。门公与差人下了采莲舟,荡动划桨,顷刻到了亭边,系舟登岸。差人举目看那亭子,周围朱栏画槛,翠幔纱窗,荷香馥馥,清风徐徐,水中金鱼戏藻,梁间紫燕寻巢,鸥鹭争飞叶底,鸳鸯对浴岸旁。去那亭中看时,只见藤床湘簟,石榻竹几,瓶中供千叶碧莲,炉内焚百和名香。卢楠科头跣足,斜据石榻,面前放一帙古书,手中执着酒杯。旁边冰盘中列着金桃雪藕,沉李浮瓜,又有几味案酒。一个小厮捧壶,一个小厮打扇。他便看见行书,饮一杯酒,自取其乐。

知县在赏菊之时到来,所见自是不同:

> 只见门上一个匾额,白地翠书"啸圃"两个大字。进了园门,一带都是柏屏。转过弯来,又显出一座门楼,上书"隔凡"二字。过了此门,便是一条松径。绕出松林,打一看时,但见山岭参差,楼台缥缈,草木萧疏,花竹围环。知县见布置精巧,景色清幽,心下暗喜道:"高人胸次,自是不同?"……此后来到一个所在,确实三间大堂。一望菊花数百,霜英粲烂;枫叶万树,拥若丹锦,与晚霞互映;橙橘相亚,累累如金。池边芙蓉千百株,颜色或深或浅,绿水红葩,高下相映,鸳鸯、鹈鹕之类,戏狎其下。①

我们在小说细腻的描绘中看到园林作为一个审美时空的两维,即时间的维度和空间的维度。从时间上来讲,四时不同,景色亦不同。差人第一次到园亭时,腊梅盛开,第二次是仲春时候,第三次是六月中旬,知县到来之时是秋天,小说有意从四时的角度展示园亭在人眼中的呈现,将美景一一描绘而出。与此同时,通过差人的视角和主人的活动,展示了园中的活动,值得注意的是每次活动均不相同,从中可见的有"调丝品竹,按板而歌","击鼓催花,豪歌狂饮","斜据石榻","执酒看书",从这些描写中可以看出园主或者园中客的主要活动,可谓"闲雅"之至,蕴含在生活活动中的生命感觉、审美意趣便由此而流露出来,一个时代或者一个阶层人们的审美意识便蕴含在这种生活活动、生命感觉和审美意趣中。

美的环境、美的情趣成了日常生活的重要组成部分,成为一种触目即

---

① (明)抱瓮老人辑:《今古奇观》,廖东校点,岳麓书社 2004 年版,第 214—224 页。

是的存在。寓居于其中的人,可以"随时即景就事行乐"①,可以"得闲即诣,随兴携游"②,也可以应节即时而动,由此也产生了许多雅集和峰会,这些雅集活动即为在园林这种审美空间中进行的时间性审美。比如郑元勋的影园,为扬州名园,园中有"奇花异树",有些花树会在特别的时间开放,由此成为一次聚会的时机和由头。据记载,该园有一棵姚黄牡丹于崇祯年间开放,园主郑元勋遂于花期召集文士,竞诗吟咏,当时名流钱谦益也参加了这次集会,并作《姚黄集序》以记其事:"姚黄花世不多见,今年广陵郑超宗园中,忽放一枝。淮海、维扬诸俊人,流传题咏,争艳竞爽,至百余章,都人传写,为之纸贵。"一枝花的开放成为一次文化生产的契机。钱谦益在序中认为,"花发于超宗之圃,人亦曰:超宗之花瑞也。……诸君子之咏姚黄,取其正也"③。赏花咏花实在是一次雅正的文艺活动。

除了这种典型的享受,寓居园林还能享受自足自给的生活乐趣。"菴居柳浪湖,长杨万株,柏千本。湖百余亩,荷叶田田,与行藻相乱;树下为团瓢,茶瓜,莲藕,取给有余。"④诚如袁宏道所言,部分园林确实兼有生活供给的功能。尽管园林可以提供生活供给,但它的主要功能并不是生产,而是精神栖息和精神活动。

"晚明园林建构者上承传统隐逸、田园诗人,选择一栖止盘桓之地,主体心灵便在一方空间中与大自然往返周旋。然而园林建构者与归隐田园者却又可能形成另一组对照的型态,后者的胜场在于顺随月起日落、花谢鸟鸣的自然景观,体证物我相安的和谐境界,而园林建构者则在一览揽山林湖水之胜之余,更要引水注沼、叠石为山,强调以主体意识开显自然面貌,建构新的空间内容,进而借由命名、吟咏、书写等活动,赋予内省式的象征意涵,这样的园林文学活动随着园林艺术的精致发展,到了明清已

---

① (清)李渔:《闲情偶寄》,孙敏强注释,浙江古籍出版社 2000 年版,第 299 页。

② (明)计成著,陈植注释:《园冶注释·屋宇》,杨超伯校订,陈从周校阅,中国建筑工业出版社 1981 年版,第 53 页。

③ (清)钱谦益:《牧斋初学集》卷二十九,钱曾笺注,钱仲联标校,上海古籍出版社 1985 年版,第 885—886 页。

④ (明)袁宏道:《萧允升庶子》,(明)袁宏道著,钱伯城笺校:《袁宏道集笺校》,上海古籍出版社 1981 年版,第 1240 页。

展现十分鲜明的特质。"①

四、园林衍生的文化生活

自古以来,中国人注重感物而动,也有"思假物以托心"②的传统,对于园林也是这样。"凉台燠馆,华轩美榭,卉木秀而云日幽,皆足以发人才趣。"③园林确实可以感物兴怀,因物移情,缘情发趣,动人遐想,发人才思,然而天天生活在这样的环境中,并不是每天都会有新发现,都会产生新情趣,所以园林主人必须着意营造生活活动和文化活动以销永日。

园林本是一种实用艺术形式,设计者在设计之初就考虑到了一些起居、游赏、宴乐和聚会的功能并加以精心设计,以使其实用功能和审美功能完美合一。"有堂有亭,有桥有船;有书有酒,有歌有弦。有叟在中,白须飘然;识分知足,外无求焉。"④园内既有自然山水林木花卉,又有人工建筑,可以满足人们的需求而不思外求。从明代园记中可以看到,晚明江南园林建筑多有华丽外观,比如屠隆《蔪山文园记》中描写绍兴"吕园"为"层轩画栋,雕阑曲房,洵华整都美哉",潘允端《豫园记》自述"乐寿堂"则"颇擅丹膛雕镂之美",在苏州"甲于一城"的徐廷裸园,王世贞《游吴城徐少参园记》中提到"崇堂五楹,雄丽若王侯",这种对奢华环境的创造已经明显超越了对"自然天趣"的追求,纯然变成功能完备、不假外求的生活空间。

人工建筑的存在,使得对于园林的游赏"不窘寒暑"⑤,不受时间的限制,可以随性而游,随心而游,因此更有利于人们舒畅个性,激发才情,修

---

① 曹淑娟:《孤光自照——晚明文士的言说与实践》,天津教育出版社2012年版,第248页。

② (魏)嵇康:《琴赋并序》,见曹道衡主编:《汉魏六朝辞赋与骈文精品》(一),时代文艺出版社2003年版,第233页。

③ (元)黄溍:《玉山名胜集序》,(元)顾瑛辑,杨镰、叶爱欣整理:《玉山名胜集》上册,中华书局2008年版,第5页。

④ (唐)白居易:《池上篇并序》,《白居易集》,顾学颉校点,中华书局1979年版,第1451页。

⑤ (宋)曾巩:《思政堂记》,《曾巩集》,陈杏珍、晁继周点校,中华书局1984年版,第288页。

身养性。园林中有为游览小憩设置的亭轩,有为观赏、远眺建造的楼台,有为宴会、观剧建造的堂榭,而这一切具有实用性的设置都被巧妙地组织和设计在景物之中,实现了实用功能和审美意趣的有机结合,无论是休憩、对弈、小酌还是比较大的活动如观剧,均被有效地落到实处,成为园林完善生活功能的重要组成部分。

“园林初夏有清香,人意乘闲味愈长。日暖鱼跃波面静,风轻鸟语树荫凉。野亭飞盖临芳草,曲渚回舟带夕阳。所得平时为郡乐,况多嘉宾共衔觞。”①明人杨荣认为,“夫山水之秀,非有庭馆台榭以资宴游登眺之乐,则不能以周览其胜概。居室之华,非有文人秀士以处乎其间,则不能以铺张其盛美”②。所以园林不唯自然风光在吸引人,更重要的还要有丰富的人物活动痕迹和文化生活。从历史上看,园林不唯发生怡情悦性之事,而且发生人性觉醒之事(比如杜丽娘游园惊梦),那些人性的放纵和狂欢也发生在园林,更有一些政治权谋酝酿于园林之中,园林先前比较单纯的精神颐养功能变成了多种功能的集合,与此相伴随的诸如戏曲、书画等艺术形式也得到充分的发展,成为园林生活的重要组成部分。

园林风景的营造、器物的布置等与人物的游赏、艺文活动相互配合,自然与人文的要素相互交融,又以参与人的清逸雅趣贯穿之,使文人性灵在活动中与外在环境相沟通、相呼应,最终达到畅怀尽兴的境界。“家有名园,日涉成趣,微言托意,无不出自性灵,非耳食者所能知。”③美好的自然环境与闲情逸致的精神活动形成互生互动的关系,相映成趣,这也许是晚明时期士人生活的一个缩影,也是这一时期审美意识的集中体现。见诸于文震亨之《长物志》、陈继儒之《岩栖幽事》、李渔之《闲情偶寄》、高濂之《遵生八笺》、张岱之《陶庵梦忆》的文人生活大抵相同,可以见出在园林中进行一些艺文活动是当时文人生活的重要方面,是重要的审美活

① (宋)欧阳修:《酬张器判官泛溪》,(宋)欧阳修著,张春林编:《欧阳修全集》,中国文史出版社 1999 年版,第 68 页。
② (明)杨荣:《文敏集》卷十四《西庄园诗序》,文渊阁《四库全书》本。
③ 陈从周:《〈长物志校注〉序》,(明)文震亨著,陈植校注:《长物志校注》,杨超伯校订,江苏科学技术出版社 1984 年版,第 1 页。

动,是重要的文化活动。这些文人,在园林的居住生活中追求幽人风致、旷世情怀,颇有点"大隐隐于市朝"的味道,呈现了文人特有的审美趣味,这是文人审美意识之定式在园居生活中的延续。所以在园林中进行的文化活动也带有这种审美意识和审美特点。

（一）宴集、雅集

聚会是历代文人交友、社交的重要方式,其聚会之地有酒楼、居室书斋、私家园林、风景名胜、庙宇禅院等,其中私家园林是一个文人雅集的重点地方。

雅集是风雅的集会,常常是在风景优美的地方,以赏景、品艺、饮酒、赋诗、作画、听曲等形式来开展的活动,既高尚、有趣,又能通过交友、交流,使文学艺术获得更多人的欣赏,也可以在特殊的氛围中展露自己的才艺和情怀,因此备受文人特别是士林名人的钟爱,渐渐演化成文人士大夫的一种生活方式。由于园林的环境优美,可以感物兴怀,所以园林雅集就成为一种特有的文化现象。

最早的文人宴集、雅集据说可以从东汉曹丕等人的"西园之会"算起,此后谢灵运等文章四友常"以文章赏会,共为山泽之游"①,以嵇康为代表的竹林七贤常聚于竹林,肆意酣畅,还有以石崇的金谷园为中心形成的"文章二十四友",均是以雅集形式而形成的文学团体,把他们的风雅和文化创造留在了历史上,为人们所乐道。而对于文人雅集具有母题意义的是兰亭修禊(亦称"祓禊")活动,其源自一种风俗、习俗,是一种在共同时刻即上巳日(农历三月三)举行的游春活动,由于王羲之等人在江南会稽山阴兰亭的一次著名聚会而成为一种文化活动的标志,成为一种名士风采。"'祓禊'从习俗向士风演进,反映出士人以个体生命意识投注到自然生命并使之谐和统一的理想欲求。"②这不仅仅是一次文人的聚会,更是一种文化活动的开启,此后成为文人高行的一种标志,成为文人标榜高雅的一种文化形式,不断地被诗人、画家加以表现,逐渐成为一种

---

① （唐）李延寿撰:《南史》卷十九《谢灵运传》,中华书局 1978 年版,第 539 页。

② 雷子人:《人迹于山——明代山水画境中的人物、结构与旨趣》,北京大学出版社 2010 年版,第 154 页。

文章、画绘表现的重要母题。"伴随自然景观的转换,以会稽为中心,作为士人集群性山水赏会高潮而出现的'兰亭禊集',反映出作为山水文化核心的自然审美意识在习俗礼仪中的铺展。"①《晋书》卷八〇对此次盛会的记载如下:"羲之雅好服食养性,不乐在京师。初渡浙江,便有终焉之志。会稽有佳山水,名士多居之,谢安未仕时亦居焉。孙绰、李充、许询、支遁等皆以文义冠世,并筑室东土,与羲之同好,尝与同志宴集于会稽山阴之兰亭。羲之自为之序以申其志。"②根据这个记载,关于雅集有几点值得注意,这就是地点必须是佳山佳水,关于聚会的兰亭,王羲之《兰亭集序》中的描写如下:崇山峻岭,茂林修竹,清流激湍,映带左右。从中可以看出这种活动的特色:首先,时间必须选在惠风和畅、天朗气清的时间;其次,参加之人必须是同志、同好,必须是雅士,必须可诗可文,必须有出世之情怀,即有"终焉之志";再次,这种活动还伴随着觞酌流行、丝竹并奏、酒酣耳热、仰面赋诗等人文活动。可以说文人宴集、雅集是一种高端聚会,"主客之志趣不尽同,要皆倜傥奇伟,文行有过人者"③,宴集的主要活动是曲水流觞,亦觞亦咏,赋诗饮酒,极目骋怀,极视听之娱。这种聚会所产生的效果便是"嚣尘自兹隔,赏心于此遇"④,产生的文化成果往往是诗集等,"固非独一时宴游之盛而已也"⑤。

可以说,兰亭雅集为此后的宴集活动定下了基调,策划了活动内容,奠定了活动性质。江南优美的风景和清雅的文化氛围,"境牵吟咏真诗国,兴人笙歌好醉乡"⑥,使得文人雅集成为一个不断的传统,如唐人皇甫

---

① 李亮:《诗画同源与山水文化》,中华书局 2004 年版,第 26—27 页。

② (唐)房玄龄等撰:《晋书·王羲之传》,中华书局 1974 年版,第 2098—2099 页。

③ (清)钱大昕:《寒碧庄宴集序》,见衣学领主编,王稼句编注:《苏州园林历代文钞》,上海三联书店 2008 年版,第 5 页。

④ (南朝·宋)谢朓:《之宣城郡出新林浦向板桥》,见余冠英选注:《汉魏六朝诗选》,人民文学出版社 1958 年版,第 249 页。

⑤ (清)钱大昕:《寒碧庄宴集序》,见衣学领主编,王稼句编注:《苏州园林历代文钞》,上海三联书店 2008 年版,第 5 页。

⑥ (唐)白居易:《见殷尧藩侍御〈忆江南诗〉三十首,诗中多叙苏、杭盛事。余尝典二郡,因继和之》,《白居易集》,顾学颉校点,中华书局 1979 年版,第 586—587 页。

冉所云"壶觞须就陶彭泽,风俗犹传晋永和"①,可以看出这个传统的本色。雅集、宴集同题吟诗、分题、分韵、联句成诗,成为一种重要的文学创作形式,有人甚至认为,文人宴集推动了文学艺术的繁荣,此言应该不虚。

明代园林兴盛,文士赋闲园居,他们往往以自己的园林为据点,邀朋聚友,举行琴会、曲会、诗会、画会等。梅前聚饮、煎茗品诗、度曲会唱,风雅相传,留韵古今,成为吴中乃至江南文士的一大生活趣事,也是标志其风流的韵事,风习相染,成为一时风尚。这种聚会往往是一种文雅的私人聚会,多以文化活动为主,欣赏园林景色尚在其次,最主要的是氛围宽松自由,"燕私相聚,尚齿不尚官。自乐天之会已然"②。这种聚会除了"游目骋怀"之外,还有谈玄论道、推敲诗文、切磋技艺、展画观彝、还有"极视听之娱"的清歌佐觞以及戏曲演出等活动。许多雅集具有时令性,比如三月三日修禊,或者花开花落时节。影园,为江南著名园林设计家计无否设计,为明人郑元勋所建,当时名重一时的书法家董其昌题额,建成于崇祯七年(1634),常有名人文士载酒听莺,游赏其间。崇祯十三年,元勋延名流宴赏黄牡丹,观花赋诗,得七律九百首,经钱谦益评定,以南海黎遂球(美周)十首为第一,曲尽牡丹之神妙,元勋赠以特制金杯二,并镂以"黄牡丹状元"字样,影园豪举如此在当时产生了重大影响。文人在雅集的过程中,觞咏的成果如诗文之类"久之成帙,乃诠次而汇梓之,诚一时之盛事"③,形成文学文化成果流传于世。比如祁彪佳亲自为其寓山园中景观作注,又广邀文士名流观赏,并裒集他们吟咏寓山的诗文,刊刻成《寓山志》一书。对寓山园中四十九处堂、亭、廊、台、阁、榭、堤、池、桥、轩、斋、庵等景观,每处撰解释景观的小品文一篇,短则二三十字,长者也不超过三百字,结集于《寓山注》。对此,张岱高度评价说:"主人作注,不事铺张,不事雕绘,意随景到,笔借目传,如数家珍,如写家书,如殷殷诏语家之

① (唐)皇甫冉:《三月三日义兴李明府后亭泛舟》,见(清)沈德潜选编:《唐诗别裁集》,李克和等校点,岳麓书社 1998 年版,第 324 页。

② (宋)司马光:《洛阳耆英会序》,见曾枣庄、刘琳主编:《全宋文》第 56 册,上海辞书出版社、安徽教育出版社 2006 年版,第 222 页。

③ (明)徐𤊻:《萍合社草序》,《鳌峰集》(下),广陵书社 2012 年版,第 1311 页。

儿女僮婢。闲中花鸟,意外烟云,真有一种人不及知,而己独知之之妙。不及收藏,不能持赠者,皆从笔底勾出,如苏子瞻风翔寺观王摩诘壁上画僧,残灯耿然,踽踽欲动。非其笔墨之妙,特其闻见之真也。区区门外汉,何足以深语!"①

　　园林雅集等活动实际上在增加园林生活文化含量的同时,对园林知名度的提高也有十分重要的作用。"文人名士相与过从,不止作为园林的附加价值,他们往往以群体的诗文歌咏,写景记事,抒发游园的审美经验,并彰显园主的精神意趣,可视为园林建构工程的。"②"山不在高,有仙则名;水不在深,有龙则灵"③,园主及其活动确实为园林增添了不少附加价值。柳宗元说,"美不自美,因人而彰。兰亭也,不遭右军,则青湍修竹,芜没于空山矣"④。许多园林或自然风光确实是因名人的活动而被人知晓,成为自然名胜或者文化胜迹。"智者创物,能者述焉"⑤,文人作为能者对于园林的记述、描绘和感悟,也成为园林文化的重要组成部分,成为园林审美意识的重要载体。比如王世贞喜爱林泉庭园,游而不倦并多作记以纪之,其《安氏西园记》、《灵洞山房记》、《游金陵诸园记》、《弇山园记》不仅是重要的园林文献,还是精美的文学作品,纪实性和文学性兼美。其中《游金陵诸园记》,是"予以召,陪留枢"之时,由于"职务稀简"⑥,所以燕游金陵诸园所记,各园的规模及景物都见诸文字,时过境迁,其所记园林已荒废芜没,无处寻迹,所以这些游记,可作为今日研究南京园林变迁的重要史料,让今天的人们还能从文字之中想见那些历史胜迹,感悟岁月之无情,留恋造物之精美。因此其价值并不仅仅是文学,还

---

① (明)张岱:《跋寓山注》(二则其一),《琅嬛文集》,云告点校,岳麓书社 1985 年版,第 210—211 页。

② 曹淑娟:《流变中的书写:祁彪佳与寓山园林论述》,里仁书局 2006 年版,第 8 页。

③ (唐)刘禹锡:《陋室铭》,见《全唐文》卷六百〇八,中华书局 1983 年版,第 6145 页。

④ (唐)柳宗元:《邕州柳中丞作马退山茅亭记》,《柳宗元集》,中华书局 1979 年版,第 730 页。

⑤ (宋)苏轼:《书吴道子画后》,《苏轼文集》,孔凡礼点校,中华书局 1986 年版,第 2210 页。

⑥ 程国政编注,路秉杰主审:《中国古代建筑文献集要》(明代 下),同济大学出版社 2013 年版,第 58 页。

在于它是史料。当然，其他的园记也有此功能。

（二）园林中的演剧生活

园林不仅将大自然缩微于其中，同时也将各种乐园理想浓缩于其中。"无邻无里不成村，水曲云重掩石门。何用深求避秦客，吾家便是武陵源。"①神仙、仙乡的信仰被折中调和至人间，使虚幻想象逐渐人间化与世俗化，变成现实。园林在设计之初就已考虑到人间生活或者娱乐活动的需要。《汉书·五行志》中说，"榭者，所以藏乐器，宣其名也"②。在时人看来，榭就是为收藏乐器和进行音乐活动所建造的设施。后世园林建筑之时，就已考虑到了行乐之所的建造。明代钟惺《隐秀轩集》卷二十一《梅花墅记》就记录："入得闲堂。堂在墅中最丽，槛外石台，可坐百人，留歌娱客之地也。"③也就是说，在堂外建立可坐百余人的石台，专门留待娱乐宾客。同时可以佐证，在明代的园林或者别墅中就已建有可容纳百人的"留歌娱客"之地。硬件设施的预设以及当时的风气与士人的雅好，共同促进了戏曲等声伎与园林的深度融合。

园林与声伎在明代人的文字中每每被提及，一些园林在获取美名的同时，其中的声伎活动也给时人留下深刻而美好的印象。挂冠归里的文士多"治园圃，亲声伎"④，被认为是"江左风流"的重要标志，在文人雅士的推动之下，园林与声伎同为时尚的风标。元明时期，戏曲发达，也最为流行，因此声伎中必然包括了戏曲艺术。

我们从一段比较感性的记述中切入这个论题：

> 甲戌十月，携楚生住不系园看红叶。至定香桥，客不期而至者八人。……余留饮。章侯携缣素为纯卿画古佛，波臣为纯卿写照，杨与民弹三弦子，罗三唱曲，陆九吹箫。与民复出寸许界尺，据小梧，用北调说《金瓶梅》一剧，使人绝倒。是夜，彭天锡与罗三、与民串本腔

---

① （唐）吴融：《山居即事四首》，见《全唐诗》第二十册，中华书局1979年版，第7848页。
② （汉）班固：《汉书》上册，岳麓书社2008年版，第548页。
③ （明）钟惺：《隐秀轩集》，李先耕、崔重庆标校，上海古籍出版社1992年版，第351页。
④ （明）范允临：《明太仆寺少卿舆浦徐公暨元配董宜人行状》，《输廖馆集》卷五，明万历刻本。

戏,妙绝;与楚生、素芝串调腔戏,又复妙绝。章侯唱村落小歌,余取琴和之,牙牙如语。①

从张岱《陶庵梦忆·不系园》的描写中可以看出,园林作为物质空间场所,文人雅士作为活动的主人在其中各显所能,艺文生活成了园林活动的重要组成部分。除了这种文人以自己的才艺为基础进行的文化活动,还有专门蓄养的戏曲班子或者服务组织从事园林中的文化活动。

元明清,戏曲艺术发达,文人学士又多了一个寄情的艺术类型,所以在生活活动中"流连声伎"成为一种重要的生活方式,甚至可以说"流连声伎"是与"放情山水"相伴生的重要活动。至少在明代初年以前,文人留恋于戏曲类的声伎是没有品位的表现,是一件耻辱的事情。但是到了隆庆(1567—1572)以后,这种情况屡见不鲜,见诸史册也不为怪。隆庆年间,吴江人顾大典任福建提学副使,因力拒请托、为人所忌而谪知禹州,遂自免归。再知开州不就,乃居乡蓄声伎自娱,并筑有"谐赏园",常于园中自按红牙度曲,或与沈璟等友人流连其间。万历年间,秀水人冯梦侦选庶吉士,累迁国子监祭酒,后被弹劾罢职。归乡后即于西溪湿地构"西溪草堂",选伎征歌,纵情逸乐。无锡人邹迪光官至湖广学宪,然中年即遭解职。去官归乡后,广蓄妓乐,并于惠山之"愚公谷",时与当世名公巨卿游宴其间,享园林声伎之乐几三十年。从以上史书辑录的明代仕人的行状中,我们可以频繁地发现两个词,这就是园林和声伎(妓乐),可见园林和伎乐在辞官归里生活中的重要地位。

有人认为,这种情况实际上是历史文化传统、地域文化风貌和时代风气相结合的产物,是一种时地人互动结合的结果。"江南,亦是士文化传统深厚的地域,东晋以来'江左风流'的标举,提示了一种于政事荒败之际隐逸山水、藏身艺术而别立精神空间的可能——那也正是'园林声伎'的历史源头。此一传统和晚明社会现实取得了接应:以当年王谢士族的'江左风流'为精神前导,以活泼新鲜的世俗生活为现实指向,精神标高与物质享乐两不相妨。……明代'园林声伎'的风习即是由江南退休官

---

① (明)张岱撰:《陶庵梦忆》(插图本),中华书局2008年版,第65页。

员推动的,他们由衙斋而园林、由政事而艺事、由'忙处'而'闲处',融市民文艺于文人高致,在风花雪月和诗酒声歌中消解着那曾经的壮心和忧心,同时自觉不自觉地完成了一种文化构建。"①从时代风气来看,"在正德、嘉靖以前,缙绅以文章政事、行宜气节为常"②,而正德、嘉靖以后,风尚大变,士大夫开始求田问舍、营声利、畜伎乐、挟倡优、耽博弈等,而在这一个过程获得自觉不自觉完成的文化建构便是戏曲这一艺术形式,至少是完成了其艺术审美风貌的重要转型。

明代中后期,戏剧演出从宋元时期的公共性逐渐变为私人性活动,戏班被大家族、文化名人蓄养,进入私人性、小众化的场所如园林、厅堂等,一种大众艺术逐渐变成了私人意愿和情趣的表达方式,演剧的风格也由勾栏的喧嚣变成与园林风貌相合的清幽绵邈,这对戏剧脱离民众变成文雅的艺术形态有重大的影响。其雅化的重要表现之一就是走进园林,演出风格与园林环境的优雅相适应。于是,园林中的厅堂、庭院、露台、水畔的亭榭均成为演剧的场所,园林主人的趣味和园林优雅的氛围使得本为平民艺术,原先在人员嘈杂、一派市井之气的勾栏瓦舍进行演出的戏剧,转到了私家园林中进行演出。这一转变的原因很多,一方面崛起并流行于江南的缓歌慢弦的昆曲已经不适合于在勾栏瓦舍中演出;另一方面就是接受主体逐渐以文人为主,接受方式、接受场域也发生了变化,其中园林这一场域的形成对戏曲风格的演变影响不小,园林声伎也成为戏曲的重要演出形式。

首先,有明一代,尤其是晚明,"每见吴越间缙绅燕会,即不张乐,幕宾亦以曲声唱和为常。……今鹿鸣旧谶,且为戏乐所夺也。即曾点童冠咏归之趣,杳不可追"③。这条记载同前《不系园》一文可以提供的信息有:园林活动中的娱乐活动有他娱即张乐,以曲侑觞;也有自娱,及参与人

---

① 姚旭峰:《"忙处"与"闲处"——晚明官场形态与江南"园林声伎"风习之兴起》,《福建师范大学学报》(哲学社会科学版)2008 年第 1 期。

② (明)陆灿、顾起元撰:《客座赘语》卷一《正嘉以前醇厚》,谭棣华、陈嘉禾点校,中华书局 1987 年版,第 25 页。

③ (明)管志道:《从先维俗议》卷五《深追先进遗风以垂家训议》,见王晓传辑录:《元明清三代禁毁小说戏曲史料》,作家出版社 1958 年版,第 145 页。

互相以曲唱和,互为娱乐。其次,宴会的音乐已经以戏曲或者戏曲音乐为主了。私家园林成为戏曲活动的主要场所之后,戏曲尤其是昆曲的演出成为江南园林生活的重要组成部分。明代在园林诗情画意的基础上又增加了曲韵,丰富了园林的文化内涵。与此同时,与士人生活相关联、与士人审美情趣相映照的园林文化空间成为诸多传奇叙事和抒情的重要象征和符号。明代许多戏曲、小说作品中有许多故事就发生在一个叫作"后花园"的地方,"后花园"实际上就是一个小园林,同时"游园"成了戏曲、小说中的一个重要情节,也成为文人雅士活动的重要场景或者身份情趣的标志①,园林不仅成为人们生活的重要组成部分,而且成为戏曲艺术、绘画艺术的重要表现对象。

从文献中,我们可以看到,园林具体的艺术化的精致的生活方式,最主要的有琴、棋、书、画、茶、演奏、戏曲演出等。园林之中除了有花香鸟语之外,通过植物的栽植等方式营造"天籁"之音,并以此为尚,将风声、雨声、鸟鸣声、秋虫声等自然之声进行充分的利用,营造出相应的意境,为园林增添美妙的景色,为园居生活增添无限的乐趣。这些天籁之声往往产生一种天趣之美,再加上人工的歌唱,园林确实成了一个各种音声交响的场所。李流芳《许母陆孺人行状》云:"暇则辟圃通池,树艺花竹,水亭山榭,窈窕幽靓,不减辋川、平泉。而又制为歌曲传奇,令小队习之,竹肉之音,时与山水映发。"②黛瓦粉墙、雕梁画栋、花木扶疏的江南文人园林与抑扬、绵延、婉转的江南丝竹之声实属绝配,景色的美好和音声的效果无疑增添了音乐和戏曲的审美效应,产生相互映发的效果。与园林意境相适应,园林中进行的人文活动尤其是音乐活动均与这种氛围相适应,一方

---

① 清代孔尚任的《桃花扇》中书写阮大铖这一"人人唾骂,处处攻击"的贰臣出场之时,却用了几分力气去交代和铺叙那"裤子裆里","巧盖园亭,精教歌舞"的大宅,而且流露出欣赏口吻:"(进介)这是石巢园。你看山石花木,位置不俗,一定是华亭张南垣的手笔了。"(指介)【风入松】花林疏落石斑斓,收入倪黄画眼。(仰看,读介)"咏怀堂,孟津王铎书。"(赞介)写的有力量。(下看介)一片红毹铺地:"此乃顾曲之所。草堂图里乌巾岸,好指点银筝红板。(指介)那边是百花深处了。"可见这里是将园林看作文人意趣的标志来对待的。

② (明)李流芳:《檀园集》,(台北)学生书局1975年版,第383—384页。

面常见的有"江南丝竹",一方面专门演出的是昆曲等,用的多是南音、软侬吴语,江南诗性文化孕育的昆曲成了风行一时的文化活动主角,也成为与园林自然音声相得益彰的和谐因素。

在相当长的时间内,文人们在"水木佳胜,宾友翕集,声伎杂进"中"享诗酒谈讌之乐"①。嘉靖年间,曲家魏良辅对传奇昆山腔进行了革新,创造出了一种最适合文人欣赏、吟唱的唱腔。尔后,经梁辰鱼创作的《浣纱记》风靡传播,昆剧成为文人欣赏、创作的时尚性选择。明人顾起元《客座赘语》卷九记载:"南都万历以前,公侯与缙绅及富家,凡有宴会,小集多用散乐,或三四人,或多人,唱大套北曲……若大席,则用教坊打院本,乃北曲四大套者,……后乃变而尽用南唱……大会则用南戏,其始止二腔,一为弋阳,一为海盐……今又有昆山,较海盐又为清柔而婉折,一字之长,延至数息。士大夫禀心房之精,靡然从好,见海盐等腔已白日欲睡,至院本北曲,不啻吹箎击缶,甚且厌而唾之矣。"②时运交移,质文代变,昆曲终于成为"士大夫禀心房之精,靡然从好"的艺术形式。

许多文人在经营园林的同时也浸淫于昆曲中,度曲、观剧,蓄养家乐,组织戏班甚至亲自粉墨登场成为时尚。《万历野获编》载:"近年士大夫享太平之乐,以其聪明寄之剩技……吴中缙绅,则留意声律。……俱工度曲。"③顾大典"家有谐赏园、清音阁,亭池佳胜。妙解音律,自按红牙度曲"④,以顾大典、屠隆等一些文化名人对于昆曲的喜好以及他们在园居中的作为,产生了名人效应,"今松陵多畜声伎,其遗风也"⑤。昆曲之革新和创制,本为文人审美趣味和审美标准而设,从审美趣味的角度来看,"昆曲的所谓'水磨调',是那么的经过推敲,身段是那么细腻,咬字是那么准确,文辞是那么美丽,音节是那么抑扬,宜于小型的会唱与演出,因此

---

① (清)钱谦益:《列朝诗集小传》,古典文学出版社1957年版,第607页。
② (明)陆灿、顾起元撰:《客座赘语》卷九《戏剧》,谭棣华、陈嘉禾点校,中华书局1987年版,第203页。
③ (明)沈德符:《万历野获编》,中华书局1959年版,第627页。
④ (清)钱谦益:《列朝诗集小传》,古典文学出版社1957年版,第486页。
⑤ (清)钱谦益:《列朝诗集小传》,古典文学出版社1957年版,第486页。

园林中的厅榭、水阁,都是最好的表演场所,它不必如草台戏的那样用高腔,重以婉约含蓄移人,亦正如园林结构一样,'少而精'、'以少胜多',耐人寻味"①。审美趣味和审美意识上的一致性促成了两者的结合,事实上,园林演剧切实地促进了中国戏曲文人化的进程。一方面,园林为声伎(其中最为重要的便是戏曲)的提供创造灵感,提供展演场所;另一方面,声伎为园林生活提供了乐趣,增添了意兴。随着江南园林的渐趋衰落,士人那种臻于极致的闲雅生活与情感规范亦成明日黄花,文人繁盛的戏曲活动也逐渐走向消歇,士阶层引领戏曲发展的主导作用也大大削弱,戏曲发展的重心也逐渐转移到北方,偏于阳刚的京剧逐渐取代缓歌慢弦的昆曲,并回响于宏伟富丽的皇家园林之中。从江南士人园林到北方皇家园林,在南北园林中形成了各自的戏曲生态与接受主体,也形成了戏曲的各自风格与风貌。可以说,园林对明清南北戏曲的消长、嬗递产生过至关重要的影响。

"我国园林从明、清后发展到了成熟的阶段,尤其自明中叶后、昆曲盛行于江南,园与曲起了不可分割的关系。不但曲名与园林有关,而曲境与园林更相互依存,有时几乎曲境就是园境,而园境又同曲境。文学艺术的意境与园林是一致的,所谓不同形式表现而已。"②同时,南曲"彩笔如林,尽是呜呜之调;红牙迭响,只为靡靡之音"③。"所谓南者,皆风流自赏者之所为也"④,这种南曲只宜写情及闲逸悠闲之境。园林闲情与昆曲只宜写悠闲之情和闲逸悠闲之境在趣味上具有一致性,在形式上具有相合性,悠扬婉转的南曲与风光婉丽的园林结合在一起可谓是相得益彰,互相影响相互提升。《牡丹亭·游园》中的曲境、园境双美,互相生发,颇得园林精神和清幽婉转的韵致。同时,园林也是戏曲表演的理想场所,特别是小规模的戏曲表演和清唱非常适合在园林中进行,文人士大夫经常喜欢

---

① 陈从周:《未尽园林情》,商务印书馆 2010 年版,第 38 页。

② 陈从周:《未尽园林情》,商务印书馆 2010 年版,第 37 页。

③ (明)王骥德:《曲律》自序,见中国戏曲研究院编:《中国古典戏曲论著集成》(四),中国戏剧出版社 1959 年版,第 49 页。

④ (明)徐渭:《盛明杂剧三十种序》,见吴毓华编:《中国古代戏曲序跋集》,中国戏剧出版社 1990 年版,第 190 页。

园林中的这种娱乐活动,参与其中,乐此不疲。在园林这种美好的意境之中,水殿风来,余音绕梁,隔院笙歌,月下闻笛,曲境与园境相互生发,两者都会更加优美。一些有条件的文人还在园中蓄养戏班,亲自调教,审音度曲,专供自己享乐或者雅集时展示,以提高自己的品位。园林中花亭、水阁兼作顾曲之所,经常进行一些小型的演出,园林环境为昆曲演出效果的显现提供了重要的环境。

王世贞以为,在盖房子与筑园林之间,应该以筑园为优先,原因之一是房子只是安顿身体,园子却能安放灵魂;原因之二是房子只给自家和子孙带来好处,而一个精致的园林,却能让更多人受惠。江南文人私家园林实际上是一个蕴含着精神诉求的物质空间,是一个物质与精神的统一体,是一个可以观照自身的,可以寄情、移情、怡情的生活空间。赋予园林景观以象征意义,即通过花木的种植,通过松竹梅兰等具有比德意义的植物来寓意,是园主追求超越性的一种方式和途径;另一种途径则是通过交游、雅集、展画、按歌来显示园主的生活品位以追求和实现其超然物外的追求。在园居文化之中,这两者缺一不可,相辅相成,共同形成园居审美氛围的超越性维度。

总之,"中国古典园林几乎把当时可能出现的门类艺术以及其他的精神文化种类全部综合到自己的一统领域之内,或者说,把人类种种生机、活力都根植于自己肥沃的园地里,让这些精神性因素生长发育成为精神世界的丛林。这样,园林就成为洋溢着感人的审美气氛和文化意味的艺术空间,或者说,就成为充满着多元性人文内涵的审美主体的精神家园"①。基于园林如上的物质与精神特征,园林可以为其他高雅的精神活动、文艺活动提供场所。而在王骥德看来,戏曲的演出和对戏曲的欣赏是有条件的,他说,"曲之亨:华堂、青楼、名园、水亭、雪阁、画舫、花下、柳边、佳风日、清宵、皎月、娇喉、佳拍、美人歌、娈童唱、名优、姣旦、伶人解文义、艳衣装、名士集、座有丽人、佳公子、知音客、鉴赏家、诗人赋赠篇、座客能走笔度新声、闺人绣幕中听、玉卮、美酝、佳茗、好香、明烛、珠箔帐、绣履

---

① 金学智:《中国园林美学》,中国建筑工业出版社 2005 年版,第 235 页。

点拍、倚箫、合笙、主妇不惜缠头、厮仆勤给事、精刻本、新翻艳词出"①。
在这里,王骥德言及欣赏戏曲的理想环境,其中包括华堂、水亭等外在条
件,言及欣赏演出的群体和演出的状态(包括演员和剧本)等,这一切都
可以在园林中得到满足,园林集合了华堂、水亭、雪阁等优雅环境,园林主
人和座中客人及其他欣赏者皆有着优雅的风姿和较高的欣赏趣味,另外
家中蓄养的戏班和主人亲自创作的剧本,都满足了一个较高水平、较高层
次的戏曲文化活动的条件。

　　基于明代园林独特的审美追求,基于明代园林对于主体和客体的特
别营构,可以认为,"事实上,魏晋时代提出的'适'与'足'的理想在明清
江南园林里才真正实现,而且这一概念被进一步提升到了'享'的高度。
需要再次强调的是这种'享'决不等同于前代帝王暴富之家的骄奢,而是
有一定艺术修养和文学品味的社会中层人士在追求一种有格调有品位的
生活:哲学层面上没有脱离老庄顺应自然之道,美学层面上得益于诗词文
学以及宋元绘画的指导,同时受到了时代潮流的推动,最后完成了哲学、
道德和日常生活的艺术化,诗文书画甚至曲乐三维化的过程,以达到文化
艺术享乐的最高境界"②。

第三节　山林与城市结合的审美时空的构筑

一、市俗趣味与"市隐"空间的建构

　　园林在宋元以后多是一种"城市山林",是一种山林的野趣与城市的
俗趣相结合的艺术架构,是文人仕宦的一种"市隐"空间。

　　(一)市隐思想的演变

　　"市隐"思想并非明代的产物。俗言"大隐隐于市,小隐隐于林",可见

---

　　① (明)王骥德:《曲律》卷四十《论曲亨屯》,见中国戏曲研究院:《中国古典戏曲论
著集成》(四),中国戏剧出版社 1959 年版,第 182 页。
　　② 邓洁:《汲古出新——论明清江南园林文化特征的形成》,《古建园林艺术》2005 年
第 4 期。

"隐"与"不隐"绝不止看其所在的地方或者环境,关键是看心,心隐才是大隐,形隐仅是小隐。只要淡泊名利,处于闹市之中照样可以逍遥其外,不受束缚羁绊,没必要非要跑到深山老林。东晋诗人王康琚就有"小隐隐陵薮,大隐隐朝市"①之句,显然是在林之外加上了山,在市之外加上了"朝",将可以隐居的范围再扩大。虽然在整首诗中显示了一种对隐逸之地不在乎的态度,但将隐逸的目的提高到追求适性的层面,从政治的对抗进入到个体身心的修养层面,这是对隐逸内涵认识的重要进步。在诗中,作者对"大隐"作了自证性的解说,"周才信众人,偏智任诸己。推分得天和,矫性失至理。归来安所期,与物齐终始。"认为能得"天和"、守"至理"而不"矫性"者即为"大隐",这是一种很高的自持心态,是一种需要涵养才能具有的退守、闲适和不积极用世的心态,是一种不容易达到的心态。正是出于这种隐逸心态和行为的不易达到和难以持守,所以后世之人不断地想办法降低这种要求,更多的人则游走于这野逸之隐和市朝之隐之间。到唐代白居易,对"大隐"高标进行了折中性改造。白居易《中隐》诗曰:"大隐住朝市,小隐入丘樊;丘樊太冷落,朝市太嚣喧。不如作中隐,隐在留司官。似出复似处,非忙亦非闲。不劳心与力,又免饥与寒。……人生处一世,其道难两全;贱即苦冻馁,贵则多忧患。惟此中隐士,致身吉且安;穷通与丰约,正在四者间。"②后世对这种思想评价很高,比如司马光在《洛阳耆英会序》记录宋代文彦博的话说:"凡所为慕于乐天者,以其志趣高逸也,奚必数舆地之袭焉?"③

自白居易提出"中隐"思想以来,这种思想对于园林的影响是显而易见的,在明代也有重要的回应。比如计成在《园冶・相地・城市地》中就指出"足征市隐,犹胜巢居,能为闹处寻幽,胡舍近方图远;得闲即诣,随兴携游"④。

① （晋）王康琚:《反招隐诗》,见（南朝・梁）萧统选,李善注:《昭明文选》(中),京华出版社2000年版,第76页。

② 《白居易集》,顾学颉校点,中华书局1979年版,第490页。

③ （宋）司马光:《洛阳耆英会序》,曾枣庄、刘琳主编:《全宋文》第56册,上海辞书出版社、安徽教育出版社2006年版,第222页。

④ （明）计成著,陈植注释:《园冶注释・屋宇》,杨超伯校订,陈从周校阅,中国建筑工业出版社1981年版,第53页。

明代中期陈献章就提出"山林亦朝市,朝市亦山林"①。卢柟《叙隐五首》诗言曰:"大隐在朝市,何劳避世喧?"②沈周《市隐》诗曰:"莫言嘉遁独终南,即此城中住亦甘"③。明人洪应明在《菜根谭》中言及"出世之道,即在涉世中,不必绝人以逃世"。袁中道《书邻渔子册》认为"夫隐者,心隐也,何分烟波,何分市肆。大隐居市"④。以上诸种说法为明人"市隐"园林的行为提供了观念上的支持,或者说市隐思想已经深入到明人的思想之中。相对于此前时代,明代市隐思想中的苟且之意和世俗之味更加浓郁,至于审美趣味方面对于戏曲、小说蛤蜊味、蒜酪味等普遍世俗观念追求和认同,就更不待言了。

(二)市俗生活的关注

与此同时,明代中后期,传统的自然乡村疏野散淡的审美意识逐渐淡出文人的视野,城市生活已然占据了文人的心。繁华的都市生活、庸俗的城市细民,已经不是他们鄙视的对象,而成为他们乐于表达、表现的对象。

表现城市闲人,表达都市闲情,成为晚明文人创作中的常态。比如被视作人间天堂的杭州城里的西湖,在张岱的《湖心亭看雪》、《西湖七月半》等作品之中,是一个充满着世俗化和个人化情调的所在,其中繁华热闹的生活气息扑面而来,且被表现得淋漓尽致。又如袁宏道《虎丘记》表现了市民阶层的郊游生活,把"衣冠士女"和"部屋"的市井小民作为对象来描述。在这样的作品之中,作者不是从自然山水本身获取诗情,而是在"部屋"市民参加的游览热潮中觅得了新鲜的审美感受。"漕河水暖绿澜生,听鸟看山也自清。宝马骄嘶尘百丈,朱帆高卷日千程。飞杯客子纷无数,度曲儿童浪有情。人物喧阗烟树里,桃花如锦烂春城。"⑤袁宏道这首《郊外送客即席》诗在名山胜景的书写中写入了衣冠士女或市井喧哗的

---

① (明)陈献章:《春日醉中抒怀》,《陈献章集》,中华书局 1987 年版,第 364 页。

② (明)卢柟:《蠛蠓集》,文渊阁《四库全书》本。

③ (明)沈周:《石田诗选》卷七,又见《石田诗钞》卷五,《沈周集》(上),张修龄、韩星婴点校,上海古籍出版社 2013 年版,第 131 页。

④ (明)袁中道:《珂雪斋近集》,上海书店 1982 年版,第 99 页。

⑤ (明)袁宏道著,钱伯城笺校:《袁宏道集笺校》,上海古籍出版社 1981 年版,第 66 页。

场面。在《菏花荡》一文中，袁宏道这样描写苏州夏日郊游盛景："画舫云集，鱼刀小艇，雇觅一空。远方游客，至有持数万钱，无所得舟，蚁旋岸上者。舟中丽人，皆时妆淡服，摩肩簇舃，汗透重纱如雨。其男女之杂，灿烂之景，不可名状。大约露帏则千花竞笑，举袂则乱云出峡，挥汗则星流月映，闻歌则雷辊涛趋。"①袁宏道还把"堂前列鼎，堂后度曲，宾客满席，男女交舃，烛气熏天，珠翠委地"②的混乱都市欢聚场面视为"五快活"之一。这在传统的雅士清客看来，如此男女混杂的纷乱情景，是不堪入目的，是不符合中国传统宁静美的标准的，而袁宏道等人在极富情趣的世俗风情画中发现了生活的热烈，并给予生动的表现，反映出了新的审美情趣，反映出明代人们的审美关注、观照对象和方式的变迁。"正是袁宏道向传统的价值观念告别之后所发生的审美趣味的转向，一种突破古典感应方式而形成的新的人与自然的关系。"③这是明代中后期审美意识诸种转变中的一种。

此外，在一些节日等共同时刻，城市的繁华更是登峰造极，惹人艳羡。袁宏道《灯市和三弟》则详尽地描写了他在灯市之所见、所闻、所感：

> 摩肩尽冠簪，呵呼接留鄹。空天蔽帏裳，高衢泥马汗。
>
> 古肆列商周，异物穷番汉。瞠目不能名，横陈失真赝。
>
> 僻书与蠹迹，种种觅心玩。突然发一编，如穷归里闬。
>
> 轻纱障朱楼，烟里露微粲。笑韵自空飞，幽香度帘蒜。
>
> 不觉履綦疲，唯愁眼光慢。众中虑相失，一步几回唤。④

不仅像灯市、庙会这样的特殊空间如此，事实上就连整个城市也是作为巨大的、开放的狂欢式消费、娱乐和休闲空间而存在，其间游走的是形色各异华服美饰的人物，陈列的是琳琅满目的器物，不时燃放的五彩缤纷的焰

---

① （明）袁宏道著，钱伯城笺校：《袁宏道集笺校》，上海古籍出版社 1981 年版，第170 页。

② （明）袁宏道：《龚惟长先生》，（明）袁宏道著，钱伯城笺校：《袁宏道集笺校》，上海古籍出版社 1981 年版，第 205 页。

③ 李文初：《中国山水诗史》，广东高等教育出版社 1991 年版，第 368 页。

④ （明）袁宏道著，钱伯城笺校：《袁宏道集笺校》，上海古籍出版社 1981 年版，第625 页。

火,三教九流汇聚各种庙会以及正在进行的"歌吹为风、粉汗为雨,罗纨之盛,多于堤畔之草,艳冶极矣"①的绮艳展示和表演,错杂的声色刺激,环绕而成为一个巨大、完整的审美空间,足以让人获得沉醉的体验,置身其中流连忘返。正是在这种"看多异巧睛为眩,各听乡音耳讵谙"②的声与色的错杂中,正是在这"摩肩接踵皆华裙"、"杂陈宝玉古图书"③的人与物的交响中,在游人目不暇接的艳羡流连中,在这种"摩肩逐窄恒如仆,触鼻尘污似若甘"④的既痛且快的复杂体验中,即使是身体的疲惫也可以产生"唯愁眼光慢"的感觉。

城市丰富的物质诱惑是难以抵挡的,因为城市是一个散发着巨大审美能量的生活空间。文人入市,看到如此丰饶的物质,不为所动者不多,所以"归来自怨怒,自悔身为儒"⑤。在他们的诗文中出现对城市物华的艳羡再自然不过了,在受到物质的刺激之后流露出对富有、精致、闲雅生活的羡慕与渴望,也是情理之中的事,没有人以之为耻。像颜回那样,"一箪食,一瓢饮,在陋巷,人不堪其忧,回也不改其乐"⑥的"安贫乐道"、"君子固穷"的理念遭到前所未有的冲击,传统的"谋道不谋食"和"忧道不忧贫"已然变成了道食兼谋、道贫兼忧。思想观念的变化必然包括审美观念、审美意识的变化,所以明代人尤其是晚明人在思想上出现"离经叛道"、在生活上追求奢靡舒适、在审美上追求奇异享乐就不难理解了。

人潮涌动,肩随踵接,举袂成幕,挥汗如雨。"画船鳞次,管弦如沸,

① (明)袁宏道:《西湖二》,又名《晚游六桥待月记》,(明)袁宏道著,钱伯城笺校:《袁宏道集笺校》,上海古籍出版社 1981 年版,第 423 页。
② 歙县汪逸:《城隍庙市》,见张润今主编:《中国古代旅游文学作品选》,旅游教育出版社 1989 年版,第 167 页。
③ 吴江沈孟:《城隍庙市观宣鑪歌》,见张润今主编:《中国古代旅游文学作品选》,旅游教育出版社 1989 年版,第 167 页。
④ 歙县汪逸:《城隍庙市》,见张润今主编:《中国古代旅游文学作品选》,旅游教育出版社 1989 年版,第 167 页。
⑤ 晋江黄景昉:《城隍庙市》,见张润今主编:《中国古代旅游文学作品选》,旅游教育出版社 1989 年版,第 167 页。
⑥ 《论语·雍也》,杨伯峻、杨逢彬注译:《论语注译》,岳麓书社 2000 年版,第 51 页。

都人士女,靓妆丽服,各持酒肴,弹棋博陆。"①"仕女倾城而往,笙歌笑语,添山沸林,终夜不绝,遂使丘壑化为酒场,秽杂可恨。"即使不是这样的喧嚣,人们也认为,在"风亭月榭,间以红粉,笙歌一两队点缀,亦复不恶"。尽管"不若空山人静,独往会心",但作者还是认为"月色甚美,游人尚稀"②的清静环境中并不排斥红粉笙歌的点缀。和以往的山水之作不同,体现在文章中的不是传统的青山秀水和天地之思,而是对西湖游人情态的描摹,从文章做法上讲,可以说彻底颠覆了传统山水游记的写法;从表现内容上来讲,可以说是大大扩充了中国山水文学的表现内容;从审美意识的角度讲,是审美意识的重大变迁。这种变迁不仅仅表现在文学领域,在明代的山水画中也有突出的变化。在明代吴中画派的山水画中,人物及人物活动是居于画面的正中,且活动状态甚至面目都清晰可见,山水、园林等似乎作为背景而存在;而宋元山水画中,自然山水占据画面的主体,人物只是一个点缀,隐约可见而已。

由此可见,世俗的生活已经进入文人的审美视野,对都市的热衷和艳羡表现出文人审美意识的变化,而这种审美意识的变化影响着他们的生活态度,影响着他们的生活。在张岱等人的笔下,平民的世俗性和文人的浪漫被渲染得淋漓尽致。至于园林坐落之地的繁华,明代嘉靖年间的皇甫汸曾自豪地宣称:"夫两京十三省,列郡百五十余,而吾苏为最。盖吴之巨丽,民殷物阜,财富甲于天下,素称繁剧。"③吴地如何巨丽繁华,从王锜《寓圃杂记》的记述中可以得到佐证,他说苏州城陆地上"闾檐辐辏,万瓦甃鳞,城隅濠股,亭馆布列,略无隙地。舆马从盖,壶觞罍盒,交驰于通衢。水巷中,光彩耀目,游山之舫,载妓之舟,鱼贯于绿波朱阁之间,丝竹讴舞与市声相杂。凡上供锦绮、文具、花果、珍羞奇异之物,岁有所增,若

---

① (明)江盈科:《游虎丘记》,《雪涛阁集》卷七。见《江盈科集》,黄仁生辑校,岳麓书社2008年版,第235页。

② (明)李流芳:《游虎丘小记》,见阿英编:《晚明二十家小品·袁伯修小品》,晗实、王铮标点,河北人民出版社1989年版,第496页。

③ (明)皇甫汸:《继郡守刘公溱櫂宪淮扬序》,《皇甫司勋集》,文渊阁《四库全书》本。

刻丝累漆之属,自浙宋以来,其艺久废,今皆精妙,人性益巧而物产益多"①。皇甫汸曾以"吴趋行"为题写下赞歌:"吴趋自昔称嘉丽,画栋雕楹倾甲第。陈粟流衍充海陵,杂贿筒韬溢廛肆。两塘游舫栽笙歌,十里娟楼结罗绮。津亭偃鼓昼不鸣,城门弛钥夜无闲。"②"吴王城西万家市,江雾黄开日照水。烟树微茫歌管中,楼阁参差画船里。"③"君不见,闾阖朱楼十二开,酒旗高结彩云隈。谁家宝马非留住,若个金貂不换来。吏部瓮边狂亦甚,文君垆前娇可哀。此时新酿劳相赠,此夕乡心醉里回。"④诗中明显流露出对城市生活的关注甚至艳羡之情。值得注意的是,在明代,城市发达的地域主要是吴越地区,与这一地域时代、社会风气的变化相适应,士人将隐逸风气从山林转入城市,一变"放神青云外,绝迹穷山里"⑤的"超世"、"出世"心态与形态,从心迹上构成"市隐"性格和人文心态,并由此辐射成氛围浓重的文化场。这种情形肇自明初,经成化、弘治、正德、嘉靖四朝一百年时间的充分发展,稳定成为地域性的文化精神,即特定时空间群体性趋从的一种审美意识形态或审美时尚。

(三)城市山林——"市隐"空间的建构

与此同时,人们的审美方式也发生了变化,人们接近自然的方式也发生了变化。郭熙在《林泉高致·山水训》中指出:"尘嚣缰锁,此人情所常厌也;烟霞仙圣,此人情所常愿而不得见者也。"但爱山水而厌"尘嚣缰锁"者,不一定非要"高蹈远引,为离世绝俗之行,而必与箕颍埒素,黄绮同芳哉!"所谓《白驹》之诗,《紫芝》之咏,皆不得已而长往者也。然则林泉之志,烟霞之侣,梦寐在焉,耳目断绝,今得妙手郁然出之,不下堂筵,坐穷泉壑,猿声鸟啼,依约在耳,山光水色,潋漾夺目,此岂不快人意,实获

---

① (明)王锜撰:《寓圃杂记》卷五"吴中近年之盛"条,张德信点校,中华书局 2007 年版,第 42 页。
② (明)皇甫汸:《继郡守刘公溱櫂宪扬序》,《皇甫司勋集》,文渊阁《四库全书》本。
③ (明)皇甫滓:《皇甫少玄集》,文渊阁《四库全书》本。
④ (明)皇甫汸:《张明府送吴酿戏作短歌》,《皇甫司勋集》,文渊阁《四库全书》本。
⑤ (晋)王康琚:《反招隐》,见(梁)萧统编:《文选》,海荣、秦克标校,上海古籍出版社 1998 年版,第 161 页。

我心哉！此世之所以贵夫画山之本意也"①。美好的自然风光，常在于险远，而往往人迹罕至，于是人们在自然山水之外，找到了一种接近山水的替代性方式——山水画。然而，山水画只能实现视觉的享受，是精神性的，是平面性的，而不如园林可以获得视听身心的全面享受。所以，园林实际上是一种比山水画更为真切的接近自然山水的替代性方式。明崇祯时代文人兼画家茅元仪甚至认为"园者，画之见诸行事者也"②，董其昌又提出"画可园"③，诗情画境成为园林建造的追求，而山水画的技法也成为园林建造的手法。诚然，将诗情画意见诸行事，变成为可触、可感、可处、可居、可游的现实空间，其真切性主要体现在能够立体地满足人的感官乃至精神的需求，从视、听、触、闻等诸多感官、感观层面来满足人的需要。尽管如此，"中国人建造园林是回归自然的替代意识反映"④。由于是替代，所以精神性的需求降低而物质性的需求地位升高，这也许是与明代物质的优裕紧密联系的，当然也与明代人注重生命、生活感受的审美观念相关，更是与时人现实性的审美诉求相关，也许还与明代个体审美意识的自觉相关。

寓居在园林中的文人士子实际上不想放弃城市优裕的物质条件，同时也不想远离繁盛多样的文化生活。在审美追求上，他们一方面渴望享受人间吃喝玩乐等等与物质相关的情趣，一方面又想保持自然洒脱的超然状态，呈现出雅俗兼具的特点，"目解玩山水，然又未能忘粉黛也；耳解听碧流，然又未能忘丝竹也"⑤。如何能实现这种兼具而又不悖的人生，那只有人工的、人造的园林了，因为自然景物绝不会为一个人齐聚于一处，若要游玩欣赏，鞍马劳顿之苦是必然要承受的，这一点即使是帝王将相也概莫能外，因此会产生很多遗憾。王世贞《安氏西林记》说："凡山居者，恒恨于水；水居者，恒恨于山。山水居者，或狭且瘠，而不可以园。适

① （宋）郭熙：《林泉高致》，周远斌点校、纂著，山东画报出版社 2010 年版，第 9 页。
② （明）茅元仪：《影园记》，见顾一平编：《扬州名园记》，广陵书社 2011 年版，第 1 页。
③ 董其昌《兔柴记》有言"盖公之园可画，而余家之画可园"［（明）陆云龙等选评：《明人小品十六家》，蒋金德点校，浙江古籍出版社 1996 年版，第 577 页］。
④ 吴功正：《中国文学美学》下卷，江苏教育出版社 2001 年版，第 837 页。
⑤ （明）袁中道：《西山十记·记十》，袁宏道、袁宏道、袁中道：《三袁随笔》，江问渔校点，四川文艺出版社 1996 年版，第 207 页。

于目者,不得志于足;适于足者,不得志于四体;适于四体者,不得志于口。是四者具矣,而多不得志于人与文。懋卿之'西林',佹得之哉!"①这段话的意思是说:虽然所居近山水,但是若地小而荒芜贫瘠,是不适宜于造园其间的;即使山水清嘉,若地远则往来跋涉也是辛劳之事;即使所居近便而瞬间可到,而居处不清旷,又不足以放心适体也是遗憾的;假如郊居野处,那么其遗憾就是食饮不丰美,难以满足口腹之欲;若对于目、足、口、四体无所不宜,尚须有会心的才人佳客,随时相与过从。"西林"于此种种,居然皆无遗憾! 其中有对人文因素的重视,更有对物质条件的强调。王世贞所谓"五者"皆得意,即指对耳、目、足、口、体等人体器官和感觉的物质满足,也有对居住其间的人的交游、交友等精神性需求的满足,以"西林"为代表的园林实际上已经满足了这两方面的需要,从而成为一个物质与精神的自足体,成为一个不假外求而皆可满足的所在。许多园林,虽不在城市,但是却离城市不远,既不如城市喧闹,又不似深山野居那样荒僻,再加上经过人工的斟酌与调剂,也能满足人的园居生活要求。园林就在这样与城市的若即若离的关系建构中,实现了与城市的结合,形成"城市山林"、"壶中天地"。

都市的繁华、物质的丰富、交游的便利,为隐居者的生活提供了便利。宋代苏轼对城市园林好处的言说可谓周详而准确,他说:"今张氏之先君,所以为其子孙之计虑者远且周,是故筑室蓺园于汴、泗之间,舟车冠盖之冲,凡朝夕之奉,燕游之乐,不求而足。使其子孙开门而出仕,则跬步市朝之上,闭门而归隐,则俯仰山林之下。于以养生怡性,行义求志,无适而不可。"②在这里,城市与山林之间,在开门与闭门之间,都市的繁华与园林的清净形成了可以转换的活动空间和审美空间。从园林发展史来看,较之唐宋的花园,明清两代的花园在地理空间上有了重大变化。宋以前的园林大都建在自然风光秀美的郊外或荒僻之地,而宋以后的私人园林大都位于城市近郊甚至城内。这不仅是空间位置的变化,其所折射的是

---

① (明)王世贞:《安氏西林记》,见陈植、张公驰编:《中国历代名园记选注》,安徽科学技术出版社 1983 年版,第 125—126 页。

② (宋)苏轼:《灵璧张氏园亭记》,《苏轼文集》,孔凡礼点校,中华书局 1986 年版,第 369 页。

宋以后士人心态和生活方式的变化,实际上也是审美意识的变化,"城市山林"的建设无疑是对这种审美趣味的迎合,至明代这种审美理想和时代特征则更加明显。

由于物质的富足和生活的便利,城市的乐趣由此体现出来,明代隐逸文人不愿舍弃城市生活,也是可以理解的。"不能卜居名山,即于冈阜回复及林木幽翳处辟地数亩,筑室数楹,插槿作篱,编茅为亭"①的生活已经不能适应明代文人的需求,于是他们选择了"市隐",并以营造"城市山林"的方式来实现其田园理想和都市物质生活享受的结合。"山居之迹于寂也,市居之迹于喧也,惟园居在季孟间耳。"②文人闹中取静,在坐享城市文明的同时,又满足了留恋湖山的意趣,因此这种城市园林甚至被文人仕子视为寄托终身的地方。白居易在诗中说"歌酒优游聊卒岁,园林潇洒可终身"③,欧阳修《画舫斋记》说:"予闻古之人,有逃世远去江湖之上终身而不肯返者,其必有所乐也"④。而能使一个失意之人"以抒所怀"而"洒然忘其归"的地方,必然是一个"高爽僻虚之地"⑤,这一点就决定了园林本身的审美品位。明人文震亨在《长物志·室庐》中写道:"亭台具旷士之怀,斋阁有幽人之致。又当种佳木怪箨,陈金石图书。令居之者忘老,寓之者忘归,游之者忘倦。"⑥明人李维桢在《隰洲园记》中这样描述营园的目标:"寒燠、早暮,要于合时。山不必策杖,水不必浮航,而渔樵耕牧,人间可乐之事,坐而分之。客好游者徒步出城阃即至。位置妍雅,被饰华整,草解忘忧,花堪长乐,使人不住亦终日忘疲,出户去尚有余思。"⑦现

---

① (明)陈继儒:《岩栖幽事》,中华书局 1985 年版,第 16 页。

② 江苏太仓弇园王世贞语。

③ (唐)白居易:《从同州刺史改授太子少傅分司》,《白居易集》,顾学颉校点,中华书局 1979 年版,第 736 页。

④ 《欧阳修集》,中国戏剧出版社 2002 年版,第 227 页。

⑤ (宋)苏舜钦:《沧浪亭记》,《苏舜钦集》,沈文倬校点,上海古籍出版社 1981 年版,第 157—158 页。

⑥ (明)文震亨,陈植校注:《长物志校注》,杨超伯校订,江苏科学技术出版社 1984 年版,第 18 页。

⑦ 赵厚均、杨鉴生编注:《中国历代园林图文精选》第 3 辑,同济大学出版社 2005 年版,第 343 页。

在看来,文人仕宦寓居园林而不肯离者,也必有所乐也,而且这种乐趣是建立在园林物质与精神、城市与山林、出仕与隐逸双栖功能的基础上的。关于这种情况,有一种解释值得重视。"在花园这样一个士人营造出来的陌生化空间之中,随着身体的发现,士人随之发现了一个暂时逸出礼法空间的种种义务绑定的自我,即一个独立的、可以满足自身欲望的自我。"①在这里强调的似乎是人格的独立,但是人和人格的独立都必须建立在相应的物质基础上。比如万历年间权倾一时的内阁辅臣申时行在致仕之后,写诗曰:"悠然在市城,恍若栖岩谷。神闲万虑消,心远一丘足。"②其中"恍若"二字值得我们玩味③,尽管只是一种虽然具体存在但又存在虚拟性的山林、岩谷,但在这样的审美空间之中,至少个体的生理层面得到了舒适的满足,既适身体又适耳目,在适体、悦目、赏心的基础上实现了畅神的追求,达到了"不出城廓而获山水之怡,身居闹市而得林泉之趣"、"不离轩裳而共履闲旷之域,不出城市而共获山林之性"④的兼得效果,满足了物质性和精神性的双重需求。他们"逍遥于城市而外,仿佛乎山水之间",过着既无都市喧嚣又无山野粗鄙的悠游生活。可以说,明代人将先秦时代哲人们对生命本义的发现,转化为享受生命的实践,充分地追求生活地域、生活环境与生活质量的高度融合。

　　这种园林,多建在城市之中或城市近郊,与住宅相连,由于建造者多

---

　　① 张杰:《成为陌生人:作为陌生化与多义空间的士人花园——以明清江南园记为中心》,《开放时代》2010 年第 2 期。

　　② (明)申时行:《园居三首》,《赐闲堂集》卷二,明万历刻本。

　　③ 关于园林与自然的关系,历史上早有认识,见诸文献的有:《后汉书·梁冀传》载,梁冀的园囿"采土筑石……深林绝涧,有若自然"。《洛阳伽蓝记》载,北魏张伦"造景阳山,有若自然"。《宋书·戴颙传》载,南朝的戴颙"出居吴下,士人共为筑室,聚石引水,植林开涧,少时繁密,有若自然"。姚燮在《游木渎钱氏园》中也写道:"妙构极自然,意非人意造。"明代计成《园冶》之"虽由人作,宛自天开"可谓一语概括,精妙无比。王宠《拙政园赋》之"取性自然"可以说直接揭示了园林真实而虚拟的特点。而明代邹光迪在《愚公谷乘》所言"本于天而成于人者"最能体现园林构造中人与自然的关系。童寯先生在《江南园林志》中的说法则更具特色:"惟吾国园林,多依人巧天工,有如绘画之于摄影,小说之于史实。"

　　④ (清)沈德潜:《复园记》,邵忠、李瑾选编:《苏州历代名园记　苏州园林重修记》,中国林业出版社 2004 年版,第 99 页。

依据文人情趣和天人观念,"不以豪故,废林野之趣"①,人为地营造"一花一石,俱有林下风味"②的特殊氛围,使人难以分辨自己所处的究竟是城市还是山林。这种感觉在明代陆绍珩的《醉古堂剑扫》中作如下描述:"山曲小房。入园为窈窕幽径,绿玉万竿。中汇涧水为曲池,环池有竹树云石。其后平岗逶迤,古树鳞鬣。松下皆灌丛杂木,茑罗骈织。亭榭翼然。夜半鹤唳清远,恍然如宿花坞;哀猿啼啸,如闻嘹呖惊霜。初不辨其为城市为山林。"③事实上,建园之人选取都市甚至都市繁华之地建园,从一开始就试图避免将自身置身于"猿狖群啸兮虎豹嗥,攀援桂枝兮聊淹留。……岁暮兮不自聊,蟪蛄鸣兮啾啾。坱兮轧,山曲岪,心淹留兮恫慌忽。罔兮沕,惊兮栗,虎豹穴,丛薄深林兮人上栗……虎豹斗兮熊罴咆,禽兽骇兮亡其曹"④,"放神青云外,绝迹穷山里。鸱鸡先晨鸣,哀风迎夜起。凝霜凋朱颜,寒泉伤玉趾"⑤的恶劣自然环境之中,避免了"饥来驱我去"⑥,"夏日长抱饥,寒夜无被眠"⑦的清苦生活,在都市中过着"不如家池上,乐逸无忧患"⑧,"致身吉且安"⑨的悠游的生活,甚至在清幽的园林环境中过着锦衣玉食的生活,而避免"进不趋要路,退不入深山;深山太濩落,要路多险艰"⑩的危险和艰辛。

---

① (明)王世贞:《安氏西林记》,见陈植、张公驰编:《中国历代名园记选注》,安徽科学技术出版社 1983 年版,第 124 页。

② (明)袁宏道:《园亭纪略》,(明)袁宏道著,钱伯城笺校:《袁宏道集笺校》,上海古籍出版社 1981 年版,第 180 页。

③ 转引自[日]冈大路:《中国宫苑园林史考》,常瀛生译,中国农业出版社 1988 年版,第 315 页。

④ (汉)刘安:《招隐士》,见马茂元选注:《楚辞选》,人民文学出版社 2001 年版,第 193 页。

⑤ (晋)王康琚:《反招隐诗》,见(梁)萧统编:《文选》,海荣、秦克标校,上海古籍出版社 1998 年版,第 161 页。

⑥ (晋)陶渊明:《乞食》,《陶渊明集》,王瑶编注,作家出版社 1956 年版,第 116 页。

⑦ (晋)陶渊明:《怨诗楚调示庞主簿邓治中》,《陶渊明集》,王瑶编注,作家出版社 1956 年版,第 77 页。

⑧ (唐)白居易:《闲题家池,寄王屋张道士》,《白居易集》,顾学颉校点,中华书局 1979 年版,第 821 页。

⑨ (唐)白居易:《中隐》,《白居易集》,顾学颉校点,中华书局 1979 年版,第 736 页。

⑩ (唐)白居易:《闲题家池,寄王屋张道士》,《白居易集》,顾学颉校点,中华书局 1979 年版,第 821 页。

除此而外,"城市山林"的园林还集山川、草木、泉石于壶中,通过"聚石、凿池、构亭、艺竹"等人为的创造,使"天地入吾庐"①,"天上人间诸景备"②;聚诗情画意于一庐、一园,"枕上见千里,窗中窥万室"③,形成一个"万物皆备于我"④的环境,拥有一个"移天缩地在君怀"⑤的上应宇宙、下安心灵的自由生命空间,获得以小见大,"坐观万景得天全"⑥,产生"一径抱幽山,居然城市间"、"迹与豺狼远,心随鱼鸟闲"⑦的审美效果。同时,在园林之中,通过四时的变迁、朝暮的感受、晦暝的变化、花草树木的提醒、曲径通幽的转折,造园家将本来不大的空间时间化,把"空间意识转化为时间过程"⑧,让人在园林中感受到大与小、虚与实、远与近等的变化。所谓"园虽别内外,得景则无拘远近,晴峦耸秀,绀宇凌空;极目所至,俗则屏之,嘉则收之,不分町疃,尽为烟景"⑨。

园林可以说是文人士大夫有意经营的一种物质丰裕、身体安逸、精神闲适、环境优雅的生活情境、审美时空。在这里主体与客体、物质与精神达到了"外适内和,体宁心怡"的状态。

二、物化审美与园林精神的畸变

纵观中国园林史,文人园林在明朝中后期到清代初期的兴盛和成熟,

① (清)张惠言:《水调歌头·春日赋示杨生子谈》,周显忠编译:《博古今文》,西南师范大学出版社 2003 年版,第 399 页。

② (清)曹雪芹:《红楼梦》第十八回,人民文学出版社 1982 年版,第 250 页。

③ (唐)王维:《和使君五郎西楼望远思归》,(唐)王维撰,(清)赵殿成笺注:《王右丞集笺注》上册,中华书局 1961 年版,第 17 页。

④ 《孟子·尽心上》,上海古籍出版社 1987 年版,第 101 页。

⑤ (清)王闿运:《圆明园词》,上海辞书出版社文学鉴赏辞典编纂中心编:《元明清诗三百首鉴赏辞典》,上海辞书出版社 2012 年版,第 483 页。

⑥ (宋)苏轼:《涵虚亭》,(清)冯应榴辑注:《苏轼诗集合注》,黄任轲、朱怀春校点,上海古籍出版社 2001 年版,第 642 页。

⑦ (宋)苏舜钦:《沧浪诗》,《苏舜钦集》,沈文倬校点,上海古籍出版社 1981 年版,第 83 页。

⑧ 李泽厚:《美学三书·美的历程》,安徽文艺出版社 1999 年版,第 71 页。

⑨ (明)计成著,陈植注释:《园冶注释·兴造论》,杨超伯校订,陈从周校阅,中国建筑工业出版社 1981 年版,第 41—42 页。

是特定时代氛围的产物,是时势与心态的共同产物,是中国文人精神、物质追求的特殊产物。对于汲汲于功名的中国文人来说,也许是一种无奈的选择,其中包含有特殊的审美意识。有人就指出,"江南园林还有一种基本气质就是'无奈忧伤'。园林的花容诗意表面背后,掩盖着中国文人无可奈何的深层气质。这种无奈由封建制度、文化传统、个人际遇、生命思考等因素综合而成,结果是风花雪月的低吟浅吟,繁华富丽的及时行乐,标榜附会的自我安慰,借物寓意的自励平衡,暗喻佛道的精神解脱,凡此种种无不反映中国文人对生命体验和历史文化的无奈"①。

与此同时,在园林幽寂封闭的环境中,主人悠游于其间,一方面"形骸既适则神不烦,观听无邪则道以明";一方面"情横于内而性伏,必外寓于物而后遣,寓久则溺,以为当然,非胜是而易之,则悲而不开"②。鉴此,我们可以认定,园林实际上就是一个以巨额的物质投入营造、换取的精神栖息之所,或者是开启精神澄明境界之所,实际上是一种以物质换取精神的方式。通过园林精美环境的经常性刺激、感动、陶冶,人的内心就会"感物而动",产生精神的超越。"寓于园",过着风雅的生活,可以保持既遗世独立超然物外而又与物不离不弃的生活。

在园居生活中,有的主体确实实现了精神超越,实现了自我的自在悠游超然。这一点我们在张鼐的《题尔遐园居序》中可以看到:

> 缁衣化于京尘,非尘能化人也。地不择其偏,交不绝其靡;精神五脏,皆为劳薪。能于此中得自在者,其惟简远者乎。
>
> 尔遐以治行入官柱下,卜居西城之隅。数椽不饰,虚庭寥旷,绿树成林,绮蔬盈圃。红蓼植于前除,黄花栽于篱下。亭延西爽,山气日佳。户对层城,云物不变。钩帘缓步,开卷放歌。花影近人,琴声相悦。灌畦汲井,锄地栽兰,场圃之间,别有余适。或野寺梵钟,清声入座;或西邻砧杵,哀响彻云。图书润泽,琴尊潇洒,陶然丘壑,亦复冠簪觞咏之娱,素交是叶。尔遐尝言:"高林受日,宽庭受月。短墙

---

① 居阅时:《杏花春雨——江南文学与艺术》,上海人民出版社 2010 年版,第 203 页。
② (宋)苏舜钦:《沧浪亭记》,《苏舜钦集》,沈文倬校点,上海古籍出版社 1981 年版,第 158 页。

受山,花夜受酒。闲日受书,云烟草树受诗句。"余谓非尔遐清适,不能受此六种。

　　然余尝笑人眼目不天,辄浪谈泉石,桎梏簪裾,彼实无所自树乃尔。夫能自树者,寄澹于浓,处繁以静,如污泥红莲,不相染而相为用。但得一种清虚简远,则浓繁之地,皆我用得,马头尘宁复能涸我?尔遐读书高朗,寡交游,能自贵重,而以其僻地静日,观事理,涤志气,以大其蓄而施之于用,谁谓园居非事业耶? 然尔遐临民,卓然清静,中州人比之为刘襄城、卓太傅,则今日之园居,其又以六月息者息,而九万里风斯在下,吾益信京尘之未必能息人也。①

这是作者张萘给好友尔遐的赠言。

　　张萘,字世调,号侗初,济南人,万历三十二年进士,官至南京礼部右侍郎。张萘认为尔遐由于政绩突出而入京做柱下史小官,居处于闹市却能安于小园陋室,"如污泥红莲,不相染而相为用",称赞他"能于此中得自在者,其惟简远者乎"。尔遐发觉"高林受日,宽庭受月,短墙受山,花夜受酒,闲日受书,云烟草树受诗句",热爱自然,亲近自然,于平淡中获见真趣,是简朴高远之人,使作者自己更加相信以京都为代表的繁华之地未必不能让人安静,即"吾益信京尘之未必不能息人也"。诚然,许多失意文人身居闹市之园林,而达到"适世"境界,实现了精神的超越。苏舜钦在《沧浪亭记》中说:"人固动物耳,情横于内而性伏,必外寓于物而后遣,寓久则溺,以为当然,非胜是而易之,则悲而不开。惟仕宦溺人为至深,古之才哲君子,有一失而至于死者多矣,是未知所以自胜之道。"②清代袁枚在《随园记》中也说:对于做官和园居"二者不可兼得,舍官而取园者也。……然余之仕与不仕,与居兹园之久不久,亦随之而已。夫两物之能相易者,其一物足以胜之也。余竟以一官易此园,园之奇,可以见之矣"③。

---

　　① 赵厚均、杨鉴生编注:《中国历代园林图文精选》第3辑,同济大学出版社2005年版,第76—77页。

　　② (宋)苏舜钦:《沧浪亭记》,《苏舜钦集》,沈文倬校点,上海古籍出版社1981年版,第158页。

　　③ 陈植、张公驰编:《中国历代名园记选注》,安徽科学技术出版社1983年版,第361页。

相对于溺人至深的仕宦人生而言,晚明文人似乎已经找到了自胜之道,这就是园居。然而在园林中浸淫日久,谁又能保证他们不能"寓久则溺"呢?

欧阳修《醉翁亭记》云:"醉翁之意不在酒,在乎山水之间也。"①志兴高洁者往往忽略物质的消费,而将情趣和兴致寄寓于山水,但是更多的人却不能"适于物而不累于物"。"物物而不物于物"②,或者"应物而无累于物",诚如王弼所说"今以其无累,便谓不复应物,失之多矣"③,害怕累于物而不复应物是不对的,而应物又物于物、溺于物甚至玩物丧志也是不可取的,可见要将物质与精神的关系拿捏得恰到好处,悠游自在,绝非易事。明代文人确实有在园林的活动中沉溺于物质享受而难以自拔的情况,许多士人沉溺于长物而不能自拔的情形就是很好的证明。

时人言,"重之为货利,轻之为衣食;浓之为声色,淡之为花草;俗之为田宅舆马,雅之为诗琴书画;大之为功名,小之为技艺"④,以上列举的诸种可以让人沉溺之物,明代人尤其是晚明人几乎都有涉及,且玩到了一定的境界。比如"京师人家能蓄书画及诸玩器、盆景、花木之类,辄谓之'爱清'。盖其治此,大率欲招致朝绅之好事者往来,壮观门户;甚至投人所好,而漫润以行其私;溺于所好者不悟也"⑤。对于园林的钟爱也是如此。许多江南园林,"掩映丹霄,而花石亭台,极一时绮丽之盛"⑥。不仅有草木花石,还有歌舞声色之娱。"少参范长倩居天平山精舍,拥重赀,携众美,山林之乐,声色之娱,吴中罕俪矣。"⑦从正面意义上讲,沉溺于玩物或者长物,并不一定没有意义,"然则稗官小说,奚害于经传子史? 游戏墨花,又奚害于涵养性情耶?"⑧在

---

① 《欧阳修集》,中国戏剧出版社 2002 年版,第 232 页。

② 《庄子·山木》,郭庆藩撰:《庄子集释》,王孝鱼点校,中华书局 1961 年版,第 668 页。

③ (晋)陈寿撰,(宋)裴松之注:《三国志·魏书》卷二十八《钟会传》注引何劭《王弼传》,岳麓书社 2005 年版,第 536 页。

④ (明)刘宗周:《学言》上,《刘宗周全集》第二册,浙江古籍出版社 2007 年版,第 471 页。

⑤ (明)陆容撰:《菽园杂记》卷五,佚之点校,中华书局 1985 年版,第 62 页。

⑥ (清)吴履震:《五茸志逸》卷一,见王春瑜:《王春瑜讲明史》,上海科学技术文献出版社 2009 年版,第 91 页。

⑦ 佚名:《启祯记闻录》卷一,见王春瑜:《王春瑜讲明史》,上海科学技术文献出版社 2009 年版,第 91 页。

⑧ (明)汤显祖:《点校虞初志序》,《汤显祖诗文集》(下),徐朔方笺校,上海古籍出版社 1982 年版,第 1428 页。

此,我们暂且不论这种沉溺是否对全身养性有害,也不关心这种行为对国家和社会产生多大危害,而正是这种沉溺才造就了明代造园与造物的繁盛、精致、精美,才造就了伟大的艺术和精美的艺术品。这是明人的执着对审美文化的贡献。

比如明人钱岱"有经世材,而不得施用,故以园林第宅、妙舞娇歌消磨壮心,流连岁月"①。关于他如何流连岁月,笔记中作如是记载:"春时小辋川花丛如锦,侍御日偃息其间,令诸妓或打十番,或歌清曲,张素玉中坐司鼓,余女团围四面,笙歌相间,几于满谷满墙外游人,竟日立听,皆作李暮之想矣。秋时或游小辋川,或坐四照轩。遇枫叶,则登挹翠亭,列酒肴,命诸妾或唱《红梨记·花婆》曲一阙。每一阙,则侍者进醇醪一杯。颓然独坐。至暮,则张灯亭上,弦管齐发,和以清讴,都人士女每从城西山上遥望之,以为不减谢安。"②值得注意的是,谢安寓居东山、流连山水是等待时机,企图东山再起,其游山玩水是想造成野有遗贤的状态,而其他的人就未必能把持拿捏到如此状态了。那些风花雪月、诗酒笙歌、亭榭器玩在不经意间消解了文人学士们曾经的壮心和忧心,在稍有不慎便会在日积月累的适志闲处中走向沉迷甚至堕落,然而就是在这样一种看似玩物丧志的癖好中,在有意和无意间却成就了一些文化形式诸如园林、戏曲、家具、器物等艺事。如今那些令人神往的园林,和在园林优雅环境之中成就的戏曲、曲艺等,已经成了畸形文化时代的正经产物,成了有明重要的文化成就,成了明代审美意识的重要载体。园林与其说是建筑,还不如说是文人士大夫的玩物。所谓无心插柳柳成荫,园林艺术就是在园林成为玩物的过程中形成的。

不幸的是,一些受到打击、挫折的文人学士,寓居于幽雅的园林之中,"归而一切不问户外,益治园圃,亲声伎。……以板舆徜徉其中。呼朋啸饮,令童子歌商风应蘋之曲。……于是益置高酒会,流连池馆,情景盘遝,竟日忘归。……后方曳缟、衣绮、粉白黛黑者动十计,丝竹管弦日日盈耳"③。他们

---

① (明)陈三恪等撰:《海虞别乘》卷二《邑人》"钱岱",清抄本。
② 据梧子:《笔梦》,见刘水云:《明清家乐研究》,上海古籍出版社2005年版,第386页。
③ 范允临:《明太仆寺少卿舆浦徐公暨元配董宜人行状》,《输寥馆集》,《四库禁毁书丛刊》,北京出版社1998年版。

与游士寓公于此聚会,相与穷日夜为乐,在自我满足、自我放纵中,玩物丧志,最终演变成了一种时代病,在某种意义上带坏了时代风气,也消解了士人的意志。值得注意的是,晚明文人毫不隐晦,也毫不掩饰自己的情之所寄,以至于沉湎酖溺于独特的嗜好之中成为"癖",他们甚至是以十分艳羡的口气和态度对这种风气极尽描写和赞美之能事,似乎这种情形就是魏晋风流,就是江左遗风。袁宏道在《瓶史(并引)》中认为:"嵇康之锻也,武子之马也,陆羽之茶也,米颠之石也,倪云林之洁也,皆以癖而寄其磊傀俊逸之气者也。余观世上语言无味面目可憎之人,皆无癖之人耳。若真有所癖,将沉湎酖溺,性命生死以之,何暇及钱奴宦贾之事?"①在《与潘景升》中又言,"世人但有殊癖,终身不易,便是名士。如和靖之梅、元章之石,使有一物易其所好,便不成家。纵使易之,亦未必有补于品格也"②。诸如谢安之屐、嵇康之琴、陶潜之菊等,是其归隐的凭借,也是其精神的寄托,由此也形成人物隐逸情状的标志,也是人物癖好的依托和凭借。张岱甚至认为人无"癖"则不可爱,不可交,"以其无深情也"③。王夫之《周易内传》说:"人欲行,不足以害天,则好货好色可以王。"④好货、好色作为明代人自然性灵的表现,是他们抒发自己自然个性的重要凭借,似乎应该肯定。

晚明文人确实在追慕魏晋风度,但实际上与魏晋风度的精神追求不同。明代尤其是晚明的这种追求,过于拘泥原始生命的状态,过于执着于原始生命的冲动,过于让生命匍匐于世俗之中,因此未能实现对生命本体的超越,也未能最大限度地展示生命的真正意义和生命审美的最高价值,实质上是一种没落趣味。明太祖朱元璋曾说过:"人之害莫大于欲,欲非止于男女、宫室、饮食、服御而已。凡求私便于己者皆是也。然惟礼可以制之。先王制礼所以防欲也,礼废则欲肆,为君而废礼纵欲,则毒流于民,

---

① (明)袁宏道著,钱伯城笺校:《袁宏道集笺校》,上海古籍出版社1981年版,第826页。

② (明)袁宏道著,钱伯城笺校:《袁宏道集笺校》,上海古籍出版社1981年版,第1597页。

③ (明)张岱撰:《陶庵梦忆》(插图本),中华书局2008年版,第80页。

④ (清)王夫之著,(清)曾国荃编,王鹤鸣、殷子和整理:《船山易学》,中央编译出版社2001年版,第218页。

为臣而废礼纵欲,则祸延于家。故循礼可以寡过,肆欲必至灭身。"①《日下旧闻考》中记载明成祖之言曰:"宋之不振以是(指艮岳,引者注),金不戒而徒于兹,元又不戒而加侈焉。睹其处,思其人,夏书所为傲峻宇雕墙也。吾时游焉,未尝不有儆于中。"②古人对此淫奢之欲的高涨还是十分警惕的。不过国外也有过这样的情形。比如德国哲学家康德就警示过人们:如果缺乏鉴赏力而过度社会享受,那就是"公然纵情享乐",是一种为满足物质欲望、感官享乐的非审美活动。在他看来,物质欲望的满足与审美是不能画等号的。明代人们对于园林、戏曲、造物等的追求和创造,也许不能严格区分感官享乐、物质欲望与审美的关系,但其中包含的文人士大夫的审美追求、审美意识是不容否定的。

　　"晚明文人之'癖'颇值后人艳羡的是优游丘壑,得山水之乐。"③明代中后期尤其是晚明的园林,实际上是一种幽韵与声色的审美复调,实际上是物质与精神的混响,是欲望和审美的交融。诚然,园林既是文人出仕之前的习业治学之所,又是文人退身之后的归隐静思之处;既是文人修心养性安身立命的乐土,又是文人雅聚唱吟谈古论今的园地;既是文人养精蓄锐蓄谋再起的处所,也是文人息心宁之消磨壮心的园囿。毋庸回避,园林确实也曾是"贮妓女,藏歌舞"的地方,也曾发生过许多"非骚人之事"④,同时家国理想也在不知不觉之中演变成为人欲的放纵,只不过被当时的人们认为是风流韵事,今天的人们认为是比较纯粹的审美活动而已,但却是有矫枉过正之嫌。有人认为,"中华民族审美意识的精神觉醒,最关键的条件即在于如何从沉重的政治伦理易化中解脱出来"⑤。明人感性的放纵确实对宋明理学"灭人欲"的人性钳制有矫枉的意义,然而,谁又能保证没有政治伦理牵制的审美意识不会演变成为审美异化呢?明代人唯美

---

①　《明太祖实录》卷一二六,北京大学图书馆藏本。
②　(清)于敏中编:《日下旧闻考》,北京古籍出版社1981年版,第567页。
③　周群:《袁宏道评传》,南京大学出版社2011年版,第23页。
④　(宋)王禹偁:《黄州新建小楼记》,《王禹偁诗文选》,王延梯选注,人民文学出版社版1996年版,第261页。
⑤　刘士林:《江南文化的诗性阐释》,上海音乐学院出版社2003年版,第49页。

的追求因"趣"成"癖",甚至变态性的恋物之"癖",恐怕也不仅仅是"带有令人解放的性质"①的审美吧!因为"审美中欲念也退隐了"②。明人能将这两者一锅煮,也确属不易。这也确实反映了近代性起始阶段的实际状况。如果我们把感性的放纵、人欲的觉醒看作明代近代性的表征,其中的精神性因素的不足也恰恰是不完全近代性的症候。从避世到适世到玩世,从自适到自放,并不仅仅是复杂审美意识的变迁,更是复杂现实心态的反映和表征。我们不能不承认,处于时代背景中的审美意识是复杂的。

从整个社会风气而言,园林的流行实际上有矫情的成分,袁宏道可谓一语中的地点透了这种社会风气的伪饰之处。他说:"居朝市而念山林,与居山林而念朝市者,两等心肠,一般牵缠,一般俗气也。"③这种情形与明代山人游走于宰相之府攫取富贵,市井富贵之人又在奢谈清高向往归隐生活如出一辙,也许是一种时代病。

实际上,明代中后期这种耗费巨资建园的风气,许多人是有所警觉的。比如潘允端在以华美富瞻的文字尽述了其园林之胜后,发感慨曰:"大抵是园,不敢自谓'辋川'、'平泉'之比,而卉石之适观、堂室之便体、舟楫之沿泛,亦足以送流景而乐余年矣。第经营数稔,家业为虚,余虽嗜好成癖,无所于悔,实可为士人殷鉴者。若余子孙惟永戒前车之辙,无培一土、植一木,则善矣。"④同时士大夫这种沉溺于歌舞声伎的园居生活,也受到当时或者后来志士的抨击。屠隆曾经这样评价"小辋川"的主人钱岱:"钱先生园中之室,什不能当右丞(王维,引者注)二三。右丞好禅,孤居三十年,而钱先生旁多声伎,此似有不尽同者。然先生潇洒超迈,此中旷然,倘一朝尽斥声伎,而清虚寂寞进于禅喜,遂据大士莲花座,余又何能量达人也。"⑤这是

---

① 〔德〕黑格尔:《美学》第一卷,商务印书馆 1979 年版,第 147 页。

② 〔德〕黑格尔:《美学》第一卷,商务印书馆 1979 年版,第 146 页。

③ (明)袁宏道著,钱伯城笺校:《袁宏道集笺校》,上海古籍出版社 1981 年版,第 1597 页。

④ 陈植、张公驰编:《中国历代名园记选注》,安徽科学技术出版社 1983 年版,第 115 页。

⑤ 康熙《常熟县志》卷十四《园林》"小辋川"条辑录屠隆《小辋川记》,清康熙二十六年刻本。

将晚明文人与唐代人进行心态与终极追求的对比,有历史性贬抑,也有时代性的颂扬。张岱在描绘邹迪光"愚公谷"的精美之后,在以艳羡的口吻叙写了园主"歌儿舞女,绮席华宴"的生活之后,还是忍不住说:"故居园者福德与罪孽正等。"①这句评鉴事实上涉及了美与善两个方面,意指尽善尽美、美善相谐才是中国文化的根本。明代中后期这种唯美主义的审美意识应该得到这样的评价。

当然也有人在这种貌似平淡的生活中进行自我拷问。祁彪佳说:"予至乙亥归,至此已五载,不为不久,杜门不预户外事,不为不暇。以此易逝之光阴,正当为有用之学问,乃碌碌土木,迄无已时。……五载杜门,吾欲举一事之有益于身心者不可得,岂不愧哉?"②对自己荒废光阴不致力于有用之学问而长时间投身园林建造表示愧意和悔意,还将寓山别业的一座重要建筑取名"四负堂",表示"负于君、亲、己、友"之意,显示出对因流连园林而消逝的光阴的怀念和愧悔之意。值得注意的是,在明代对沉溺于园林等造物表示自醒和警觉的人还有很多,对此批评的人也是有的。

当然更多的人则表示了他们园居时的"隐"与"仕"的矛盾之心。东林名士高攀龙的《与华蠡阳》云:"仕宦者每借山林为口吻,实以官爵为性命,盖不自知其性命也。"③可见相对于"适性"的满足而言,"适志"的追求更为重要。园林实际上是大多文士的暂时寓居之所,他们"顺情遂性"的行为和纵情声色的享受也许只是一种无奈的自我麻醉。唐顺之在《答周七泉通判》的书信中分析说:"仆自来家居,多是谢却一切应务。或闭门读书,或宴坐山水间,稍能摆脱,便谓胸中无事。其实种种欲根,潜伏不曾露出头面。既不得头面,则不知下手着实扫除,盖悠悠为之患久矣。"④从中"让我们看到了这些酷好风雅之士更为完整的内心图景:他们的半

---

① (明)张岱撰:《陶庵梦忆》(插图本)卷七《愚公谷》,中华书局 2008 年版,第 140 页。
② (明)祁彪佳:《祁忠敏公日记》,《祁彪佳文稿》,书目文献出版社 1991 年版,第 1143 页。
③ (明)高攀龙:《高子遗书》卷八下,文渊阁《四库全书》本。
④ 谭邦和主编:《历代小品尺牍》,崇文书局 2010 年版,第 26—27 页。

边身体享受着此间的声色,另一半,则像一张紧绷的弓,时刻等待着来自高处庙堂的感召"①。文人仕宦身处于繁华都市之中,又寓居于具有林野之趣的园林之中,虽有"心远地自偏"之感,但更多的人却在这样一个封闭的环境中感到了无所事事的孤独与苦闷。袁宏道在《与顾升伯宫允》尺牍中抱怨说:"山中粗足自遣,便不思出,非真忘却长安也。"②虽然"山中蒔花种草,颇足自快",但"独地朴人荒,泉石都无,丝肉绝响,奇士雅客,亦不复过,未免寂寞度日"③。他声言:"寂寞之时,既想热闹;喧嚣之场,亦思闲静。人情大抵皆然。如猴子在树下,则思量树头果;及在树头,则思量树下饭。往往复复,略无停刻,良以苦矣。"④可见园林也不是永久的乐园。园林所遵从的道家思想,是一种避世的方法,但不是长久的生活方式,它与中国传统事功的终极理想是不相合的。

有人说,明代的灭亡,士大夫们应该负责任,至少他们有只顾个人消遣、不恤国计民生的倾向。然而中国历史上末代的绮靡、香浓软艳风气的弥漫,却成就了很多艺术,诸如晚唐绮靡风气中滥觞的词,晚明奢靡风气中成就的婉转闲雅的昆曲、带有江南情调的戏曲曲艺、优美典雅的瓷器、舒适婉曲的明式家具,还有曲径通幽的文人园林等。这是从艺术类型的角度言讲的,如果从艺术创作的角度言讲,这种退隐里居、园居的生活,确实成就了不少精美的艺术作品,调教出了不少梨园班子。邹迪光居"愚公谷",亲自调教戏班,成就"梨园两部,尤冠绝江南"⑤;屠隆罢官创作传

---

① 赵柏田:《岩中花树——十六至十八世纪的江南文人》,中华书局 2007 年版,第 164 页。

② (明)袁宏道著,钱伯城笺校:《袁宏道集笺校》,上海古籍出版社 1981 年版,第 1255 页。

③ (明)袁宏道:《萧允升祭酒》,(明)袁宏道著,钱伯城笺校:《袁宏道集笺校》,上海古籍出版社 1981 年版,第 1254 页。

④ (明)袁宏道:《兰泽、云泽两叔》,(明)袁宏道著,钱伯城笺校:《袁宏道集笺校》,上海古籍出版社 1981 年版,第 747 页。

⑤ 邹迪光致仕之后,以征歌度曲为乐。由于对戏曲的爱好,遂投入戏曲活动,建立家班。由于他是戏班班主,可以将自己的戏曲理想付诸实践,其对于戏曲的贡献主要在于延请教师教导自己曲律,再由自己教习家伶;再就是对曲律高低、舞台动作、声容表情等方面都有自己的认识,并以之调教家乐班子。他所蓄养调教的"梨园两部,尤冠绝江南"。该说法见于王永积于崇祯年间所作的《锡山景物略》。

奇,"意兴偶到,辄命墨卿,《昙花》、《彩豪》纷然,并作游戏之语"①。从艺术创作的角度看,园林本身的静谧和主人心态的安闲,达到了一种生活的情致,亦即达到了庄子所言的虚静状态,以这样一种心态投入艺术创作,必然会产生精美的艺术作品。

从另一个角度看,末世唯美的审美意识往往是衰落的重要表征。"商女不知亡国恨,隔江犹唱后庭花"②,尽管秦淮自古繁华,但也是朝代更迭频繁之地,对于战争的创伤容易忘记,能在苦痛之后尽快转入对欢乐的尽情享受,这也许与这一地域的文化性格相关,也许与时代的审美氛围相关。

明代中叶以来,许多士人栖息园林、寄情山水、游吟风月,因此与以上活动紧密伴随的戏曲、书画、园林等艺术形式得到充分的发展,成就了中国戏曲、书画、园林艺术的高峰。值得关注的是,"当感官的磨砺和发达到了极致,生命离颓败就不远了,一种文化也已走到了崩盘的边缘"③。繁华和风流总被雨打风吹去,于是心生"风流得意之事,一过辄生悲凉;清真寂寞之乡,愈久转增意味"④的感慨。随着这种历史氛围的烟消云散,随着这种繁华成为沉寂,至清乾隆末年,士人由园林退回书斋,专注于学术,士人间的社交亦由园林笙歌、听曲观剧,一变而为相互砥砺、切磋学问。时代氛围、人生诉求、价值取向的改变,使得明中叶以来的江南园林文化渐趋衰落,明代士人那种臻于极致的闲雅生活与情感情趣也成为昔日记忆,风流不再,风光不再,也只能存在于笔记的记述中,只能存在于小说、戏曲的虚拟演绎中,只能存在于人们的文化记忆中。

一个时代有一个时代的艺术,一个时代也有一个时代的审美意识,园林中的审美意识以及与这种审美意识相伴生的艺术形式随着这一时代氛围的形成而诞生,并发展到极致,也随着时代氛围的消失而成为过眼云

---

① (明)屠隆:《娑罗馆清言叙一》,《娑罗馆清言 续娑罗馆清言》,中华书局2008年版,第3页。

② (唐)杜牧:《泊秦淮》,《樊川文集》,上海古籍出版社1978年版,第70页。

③ 赵柏田:《岩中花树——十六至十八世纪的江南文人》,中华书局2007年版,第164页。

④ (明)屠隆:《续娑罗馆清言》,《娑罗馆清言 续娑罗馆清言》,中华书局2008年版,第161页。

烟,而留下的和失去的均成为时代审美意识的不朽记忆。

　　宋元以后,尤其是明代中后期,社会审美趣味由内省静观进一步趋向于感官享乐,明代中期兴起的浪漫主义思潮更是注重个体感性,主张张扬个性,享受人生。随着文化的下移、价值领域雅俗界限的消失,时代审美开始从艺术审美向生活审美转移。"就整个士阶层而言,则大体循传统思想而行事,未见大震撼于士林。只有魏晋和晚明,似乎是两个有些异样的时期。士(或者说是那些引领潮流的士人)的行为有些出圈,似乎是要背离习以为常的传统了。"①这种对传统的背离其中包括了审美体验方式的背离,即背离精神性的审美进入近物性、身历性的审美,而园林提供的恰是在近物性和身历性的审美中具有精神性维度的审美空间,文人可以在这样一个物性空间,追求"适于物而不累于物"②的精神享受。作为具体的审美空间,有时间的赋予和人文的内涵,随着时间的推移和园主的更迭,许多园林已经失去了原来的意味,或者荒疏废弃,或者用作他途,变成一个历史的符号,变成一段人生经历的见证,变成一个历史的见证。比如柳浪,"空间的意义伴随人为的活动而转变,宏道展开另一程的追寻之后,江水泛滥,柳浪不适人居,终究回复为公安郊野的水泽低地,那属于柳浪的浮舟、杨柳与苍老而清素的嫦娥,也一并淹没在时间的流波里"③。与此同时,许多盛极一时的名园,"荒废不可收拾,终年键户,为游踪所不到"④,由于没有子嗣,或者没有行家经营,由于家族诸人意见不一,或者经历易代之厄,"名园鞠为茂草"⑤者不可胜数,其中包括象征封建王朝的皇家苑囿、宫殿,昔日的繁华不再,只留下"寥落古行宫,宫花寂寞红。白头宫女在,闲坐说玄宗"⑥的下场。"历代名园,其存也暂,其毁也速,得以

　　① 罗宗强:《因缘集:罗宗强自选集》,南开大学出版社 2004 年版,第 12 页。
　　② (宋)韩元吉:《东皋记》,见翁经方、翁经馥编注:《中国历代园林图文精选》第 2 辑,同济大学出版社 2005 年版,第 107 页。
　　③ 曹淑娟编:《孤光自照——晚明文士的言立与实践》,天津教育出版社 2012 年版,第 245 页。
　　④ (清)梁章钜:《小玲珑山馆》,见鲁晨海编:《中国历代园林图文精选》第 5 辑,同济大学出版社 2006 年版,第 175 页。
　　⑤ (清)叶梦珠撰:《阅世编》,来新夏点校,上海古籍出版社 1981 年版,第 216 页。
　　⑥ (唐)元稹:《行宫》,《元稹集》,冀勤点校,中华书局 1982 年版,第 199 页。

传者胥赖于文。"①历史上的许多建筑、园林、风景,正是通过诗文的吟传,而成为名胜的。许多曾经名盛一时的园林已经荡然无迹可寻,有的只留下一处残垣颓墙,只能从文人留下的文字中略窥其貌,凭借对文字的想象来恢复往日的胜迹,凭借文字的记载来想象那种风花雪月、诗酒流连、歌喉婉转的园居生活。

然而像柳浪这样的江南园林,作为一定时期审美意识载体的意义却凸显出来,从中可以窥见时代和个人审美意识的影子。现在留下来的园林,已经不是寓居其中闲赏的所在,已经不是生命的寄托之所,而成为匆匆过客"走马观花,到此一游"的去处,怎能不让人感慨系之。尽管如此,作为"精神场所"的明代文人园林虽然风光不再,但它们所遗留下来的场所精神却影响深远。明代江南文人园林所蕴含的审美意识是丰富的,也是深刻的,因此不能否认,"明代中叶以后筑造园林蔚为风潮,士人借园林空间以寓情感、以寄人生,乃是其时的一种特定生活文化,其中确有构设另类人生情境的用心"②。至于最后演变到非个人所能掌控的程度,也是历史的必然。另外,中国园林艺术发展至明清时期,就重点将自然的山水形象加以概括之后,微缩在一个固定的地方,以小见大地将大自然引入城市与社会生活之中,形成壶中天地。"明清文人将自然纳入一己的园林之内,在壶中天地之间享受自然之乐,气魄委实小了些。"③然而,从审美意识的角度讲,从汉代的"大"到唐代的"壮",再到宋元明的内敛、含蓄、宁静,审美意识渐趋内敛,气魄趋小,实际上是中国审美意识发展成熟的标志,是符合中国审美意识发展的历史趋势的。园林文化的小格局不仅仅是受自然环境、物质条件的限制,还是以优美为主导的审美意识在审美领域的反映。可以说明代园林的格局和审美追求是中国审美意识发展到明代的必然选择。

---

① 陈从周:《中国历代名园记选注序》,见陈植、张公弛编:《中国历代名园记选注》,安徽科学技术出版社 1983 年版。
② 董燕:《明清戏曲与园林文化》,陕西师范大学 2012 年博士学位论文,第 32 页。
③ 周纪文:《中华审美文化通史·明清卷》,安徽教育出版社 2006 年版,第 247 页。

第七章

明代服饰中的审美意识

　　服饰器用是人类赖以生存和发展的前提,也是日常生活的内容。从技术层面讲,服饰属于物质文明;从审美层面讲,服饰属于精神文明。不管从物质文明还是精神文明的角度讲,服饰都是人类文明的重要组成部分,属于时代文化和社会意识的重要表征要素。

　　服装与饰品共称服饰文化,服饰的基本功能是保暖,但服饰历来是一个审美对象,具有重要的装饰功能,服饰的发展与流行可以透射出社会政治、经济、文化以及审美意识的变化与变迁,甚至隐含着更多的不易觉察的社会意识。从服饰可以看到历史和社会生活,可以看到艺术与文化,可以看到民族精神和风貌。郭沫若在 1956 年为北京服装展题词说,“衣裳是文化的表征,衣裳是思想的形象”,很好地概括了服饰的文化意义。同时,衣冠服饰是时代风貌的橱窗,“古代服饰是工艺美术的主要组成部分,资料甚多,大可集中研究。于此可以考见民族文化发展的轨迹和各兄弟民族之间的相互影响。历代生产方式、阶级关系、风俗习惯、文物制度等,大可一目了然,是绝好的史料”①。明史研究专家刘志琴甚至认为服饰的变迁是一部非文本的社会思想史②,当然也包括了这个时代甚至更为久远的审美意识。服饰作为切身之物,与身俱在,无时不在,一些关于美的观念和意识会直接附丽在服饰上,有些则“积淀”在服饰上,通过服饰可以透视一个

---

　　①　郭沫若:《序言》,沈从文编:《中国古代服饰研究》,上海书店出版社 2011 年版。
　　②　参见刘志琴:《服饰变迁:非文本的社会思潮史》,《东方文化》2000 年第 6 期。亦见于《近代中国与世界——第二届近代中国与世界学术讨论会论文集》第三卷,2000年 9 月。

时代审美意识的变迁,因为其中蕴含、隐含着丰富的文化信息、审美信息,是一个时代审美意识的重要载体,而且是客观直观的载体。服饰又是重要的物质文化,对服饰的审美追求应该属于物化审美的范畴。

一代有一代之冠冕,一代有一代之服制,冠冕往往作为一种民族文化的符号和审美意识的载体深深刻画在一个朝代人们的灵魂里,蕴含着丰富的审美意识。服饰是社会发展到一定阶段显示人们身份、地位和财富的最外在的对象,也是王朝易代之际表示臣服的首要表征。对一个国家民族甚至个人来说都有重要意义,所以历代统治阶级、阶层和个人都很重视。易服之争往往与文化征服连接在一起,清代的剪辫子、明末清初的换服之争甚至与一个人生死乃至一个民族的存亡联系在一起,与民族气节相关联。所以衣冠往往成为怀念故国、寄托民族情思的重要载体和象征。衣冠虽为细小之物,但也是文化维系的重要符号,也是民族和时代审美意识的重要载体。"古人的衣冠服饰不仅是防寒、实用、审美的消费品,也是等级序列、伦理政治的物化形态。以群体性的等级之别限制人们的穿着打扮,使得这纯属私人的行为很难有自主的选择。这样的衣冠之治,塑造了中国人的外形,也制约了中国人的心灵。"①

历史悠久的汉服,自黄帝时期冕冠出现,到夏、商、周时期服饰制度初步成型,再到汉唐风韵,至明代则更加成熟、完善,历经了三千余年的发展历程。作为中国封建社会晚期的明代,继承了历朝封建文化的成果,在服饰上也是这样,它是迄今为止汉服的最后一个辉煌时期,其中蕴含的审美意识也是最为丰富的。总体而言,"明代服饰仪态端庄,气度宏美,是华夏近古服饰艺术的典范"②。夹在蒙元和满清两个少数民族政权之间的明王朝,承继周秦汉唐特别是宋代的服饰制度,并进行了发展和创造,为

---

① 刘志琴:《发现生活》,见梁景和主编:《中国社会文化史的理论与实践》,社会科学文献出版社 2010 年版,第 200 页。

② 黄能福、陈娟娟:《中国文化通志·宗教与民俗典·服饰志》,上海人民出版社1998 年版,第 408 页。

汉服的传承和发展作出了重要贡献。"明代服饰承袭了历史上的汉族服饰的古制,但稽古而不复古,有斟酌,有损益,成为集中历史上汉族各王朝服饰制度中最有特色的部分,并具有新的时代发展特点。从这个意义上讲,明代服饰确是中国历史上汉官威仪的集大成者,是明太祖朱元璋恢复大汉正统的具体表现。"①可以说,"古人穿的衣服,明以前都是由前一朝代沿袭损益而来,即使北魏和元代也未作多少改变,所以直到明代还是量变的性质。入清就从上到下彻底更改,所谓'华夏衣冠',就出现了质变"②。

明朝建立之初,服饰成为社会的焦点,明代统治阶级以极其强硬的手段推行服饰制度;明代崩溃之际,服饰既是纷乱社会现象的重要表征,更是清代统治阶级变革的对象。"明太祖驱除蒙古后三百年而满洲入主,为中国近代史上狭义的部族政权之再建。"③所以对于政权的变革更为彻底,对于服饰,满族早在入关之前就有所规定,进入北京建国之后,经皇帝"钦定"颁行天下,并通过强劲的行政手段甚至动用杀戮等手段强行推广,经过激烈的斗争甚至流血牺牲,满族的服饰逐渐推行开来,并且成为有清一代一直实行的服饰体制,汉族服饰的传统被迫中止,成为明代遗民甚至民国时期一些人还念念不忘并力图恢复的对象。这就更凸显了明代服饰在中国服饰史甚至民族文化史上地位的重要性。

作为汉族统治的最后一个封建王朝,明代服饰辉煌灿烂,是中国古代传统服饰文化的最后一次总结,集汉民族服饰之大成,其形制之复杂、文采之斑斓、质料之多样、裁制之精巧都超过了以往任何一个朝代,是汉族服饰文化和审美意识的重要代表。总体而言,明代服饰远法周汉,近取唐宋,在继承中又有创新,形成了自己的特色,如官员的补子、忠靖冠、六合统一帽等都是重要创新,是对传统服饰文化的重要发展。另外,纽扣代替

---

① 郑师渠总主编,陈梧桐主编:《中国文化通史·明代卷》,北京师范大学出版社2009年版,第433页。

② 刘蕙孙:《中国文化史述》,文化艺术出版社1997年版,第527页。

③ 钱穆:《国史大纲》(修订本),商务印书馆1991年版,第813页。

带结成为明代服饰的一种重要变革。

　　明代服饰是中国古代服饰史的重要发展阶段,也是中国服饰审美文化的重要组成部分,更是明代审美意识的重要载体。

　　明代服饰在发展演变中日臻完善,其发展演变经历了不同的时期,大致可分为初期、中期、晚期三个阶段,在不同的发展阶段有不同的特点,反映了不同的审美意识。明代史料丰富,各种史书、笔记、小说乃至戏曲服饰中有大量关于服饰的记载和描写,同时那些记录明代生活的绘画,各种书籍的插图、版画等,为我们研究明代服饰提供了间接材料;现已发掘的大量明代墓葬,出土了众多服饰实物,尤其是 20 世纪 80 年代以后,明定陵、南京、钟祥、南城、南昌侯王墓、上海明墓等一系列墓葬的发掘,为明代服饰研究提供了大量的实物凭证。文字记载和地下文物在为具体研究明代服饰演变提供了材料的同时,也为从中窥视明代审美意识提供了一条重要的线索和研究资料。

　　马克思恩格斯指出:"思想、观念、意识的生产最初是直接与人们的物质生活,与人们的物质交往,与现实生活的语言交织在一起的。""我们的出发点是从事实际活动的人,而且从他们的现实生活过程中我们还可以揭示出这一生活过程在意识形态上的反射和回声的发展。"[1]他们还说:"不是意识决定生活,而是生活决定意识。"[2]每一时期的审美意识必然根植于特定的时代氛围,植根于纷乱复杂而又具体的现实社会生活中,甚至植根于每一个人的现实生活中。"生活是实实在在的,一饮一食,一衣一帽,莫不有具体生动的样式和内容,所以衣食住行、婚丧喜庆、休闲娱乐、日用器物,无一不是文化的载体,最具体、生动地表现出一个时代的特征和社会风貌。"[3]服饰是具体社会生活的重要组成部分,审美意识的风吹草动往往比较明显地、直接地表现在服饰之上,服饰的变化既蕴含着丰富而复杂的政治、经济、文化等因素的消长与互

　　① 《马克思恩格斯选集》第 1 卷,人民出版社 1972 年版,第 30 页。
　　② 《马克思恩格斯选集》第 1 卷,人民出版社 1972 年版,第 31 页。
　　③ 刘志琴:《发现生活》,见梁景和主编:《中国社会文化史的理论与实践》,社会科学文献出版社 2010 年版,第 199 页。

动,也体现着一个民族的文化传统、精神面貌和社会历史面貌,因此从
服饰的发展与流行中可以透视出社会繁盛、经济发展、文化交流的状
况,也可以窥视出思想统治、审美时尚和民族心理等的变化。比如,魏
晋时期,儒学式微,礼法观念淡漠,老庄、佛道思想成为时尚,道、释两
教与社会上盛行的玄学相结合,形成无拘无束的"魏晋风度"。"魏晋
风度"在一定程度上表现在服饰之中,与魏晋风度相适应,宽衣博带、
大冠高履,成为上至王公贵族下至黎民百姓的流行服饰,大袖宽翩,
衣襟敞开,加之衣料轻薄,形成"翩若惊鸿"的审美风貌。魏晋时期竹
林七贤放荡不羁的性格,重神理而遗形骸的主张,也通过服饰表现出
来。他们往往追求任情放达,注重风神,不拘于礼法,不泥于形迹,常
常袒胸露脐,衣着十分随便,长衫大袖,"宽慢则肆放"①,可以尽显洒
脱与不羁,服饰上崇尚自由的风格与当时的文化思潮相表里。"这种热
衷与追求,没有神话境界的神秘,不是《周易》的垂衣治天下,淡漠了
《周礼》的服饰威仪与等级,消解了孔子的服饰伦理情感,而是从美化
人体自身、从对自身生命的珍爱与欣赏的角度出发的。"②《晋纪》所载
的"刘伶尝着袒服而乘鹿车,纵酒放荡"③,陶渊明《归去来兮辞》中的"舟
遥遥以轻飏,风飘飘而吹衣"④,王羲之袒腹东床而被招为乘龙快婿,等
等,皆是对这种审美追求的记载和表现,都说明这种风尚在当时是主导
性的审美意识,衣着打扮成为社会心态和时代审美意识的重要表征。
人们一般认为,魏晋时期服饰的变化来自中国文化内部,而唐代服饰所
显示的变化则来自于外来文化的冲击和影响。和魏晋一样,唐代是中
国服饰文化最有个性、最为自由的时代。与经济文化的发展相表里,唐
代的服装华贵秀丽,且与胡服相融合。汉服则精致艳丽,强调新奇;胡
服色彩浓丽,充满异域风情。同时追求薄、露、奇、透,袒露胸口,显示出

---

① 《童蒙须知韵语·衣服冠履》,见陆养涛编:《中国古代蒙学书大观》,同济大学出
版社 1995 年版,第 252 页。
② 魏宏灿、杨素萍:《曹魏文学论》,合肥工业大学出版社 2013 年版,第 222 页。
③ 《邓粲晋纪》,见(清)汤球辑:《晋纪辑本》,商务印书馆 1937 年版,第 44 页。
④ 《陶渊明集》,作家出版社 1956 年版,第 136 页。

开放的气度,具有鲜明的时代特色。向达先生概括唐代的地位说:"上
汲汉、魏、六朝之余波,下启两宋文明之新运,而取精用弘,于承袭旧文
物而外,并时采撷外来之精英。"①服饰也是这样。有宋一代,文官治
政,整个中国文化呈现内敛的情形,加之受到程朱理学的禁锢和钳制,
同时受到少数民族政权的挤压,文化心态比较自卑,服饰相对保守、拘
谨,色彩也不及前朝艳丽多彩,衣服的形式也不及前朝开放飘逸,整体
上给人质朴素雅的感觉。宋代也遵循严格的服饰等级制度,东京城内,
"其士农工商,诸行百户,衣装各有本色,不敢越外。谓如香铺里香人,
即顶帽披背,质库掌事,即着皂衫角带,不顶帽之类。街市行人,便认得
是何色目"②。除此而外,服饰整体趋于保守、谨严,穿着都以典雅、质
朴、内敛、含蓄为美。政治制度的严苛,文化性格的内敛,导致审美意识
的拘谨,这一点在服饰上体现尤其明显。总体而言,魏晋时代袒胸露
怀、散发赤足,唐代的雍容华贵,宋代的典雅内敛与明代初期的保守谨
严、明代中后期的僭越奢靡都是审美风尚的反映,反映的是审美心理、审
美意识的变迁。

我们的任务就是在纷繁复杂的服饰和与服饰相关的社会生活中寻找
蕴含在其间的审美意识,寻绎作为物质文化的服饰与思想观念(包括审
美意识)的对应关系。

第一节　压抑和淹没在伦理追求中的服饰审美意识

一、服饰历来是政治经济文化和审美的综合征象

在中国古代,服饰历来是一个文化范畴,是一个代表等级、礼仪等意
识形态的文化制度。它不仅是一个蔽体保暖的工具,而且还是一个区分

---

① 向达:《唐代长安与西域文明》,生活·读书·新知三联书店 1957 年版,第 1 页。
② (宋)孟元老撰:《东京梦华录》卷五《民俗》,见(宋)孟元老撰,伊永文笺注:《东京
梦华录笺注》,中华书局 2006 年版,第 451 页。

等级的工具①,更是一个文化意识特别是审美意识的载体。服饰的变迁以非文本的方式记录了社会政治、经济及文化的历史变迁,是生活整体的重要组成部分。衣食住行作为人生四事,作为四大生活要素,是社会生活进程的重要因素。吃、穿、行、住是人类社会生活的基本问题,在这四者之中,衣的地位往往被凸显,大多时候被放在了人生四事的首位,形成中国人普遍认同的顺序——衣食住行。作为一个以"衣"文明为先导的大国,历朝历代的服装都曾直接而全面地展示了那个时期所达到的文明高度,反映了当时社会发展的水平,可以视作社会发展的重要标志,也被当作社

---

① 人类的文明与服饰有很大关系,"华夏"的称呼就与服饰有很大关系。《左传·定公十年》:"中国有礼仪之大,故称夏;有服章之美,故称华。"意谓礼乐制度和服章制度是华夏文明的标志。《易·系辞下》说:"黄帝、尧、舜垂衣裳而天下治,盖取诸乾坤。"服饰也是中华礼制中重要的别尊卑、表贵贱的标志,《左传·宣公十二年》曰:"君子小人,物有章服,贵有常尊,贱有等威,礼不逆矣。"《左传·昭公九年》又有"服以旌礼"的表述,《尚书大传·帝告》中有"施章乃服明上下"之说。《管子·君臣下》则要求"旌之以衣服",以衣服表贵贱。班固《白虎通·衣裳》中称:"圣人所以制衣服何?以为绨绤蔽形,表德劝善,别尊卑也。"《史记·儒林列传》说:"冠虽敝,必加于首;履虽新,必关于足。何者,上下之分也。"服饰在一定意义上被上升到社会秩序层面,比如《后汉书·舆服志》:"非其人不得服其服,所以顺礼也。"贾谊《新书》云:"见其服而知贵贱,望其章而知其势。"由以上所引史料可以看出,衣冠之制有区贵贱、示尊卑、明伦序、严礼仪、去非辟、严威仪的社会功能,在封建统治中占有重要的地位,它起到规范不同阶层消费水平和生活方式的重要作用,由此形成衣冠之治的社会治理效果。中国历来重视衣冠之制,《荀子·王制》云:"衣服有制,宫室有度,人徒有数,丧祭械用,皆有等宜。"《礼记》中对衣着等级作了明文规定:"天子龙衮,诸侯如黼,大夫黻,士玄缤衣裳。天子之冕,朱绿藻,十有二旒,诸侯九,上大夫七,下大夫五,士三,此以文为贵也。"贾谊《新书》言:"高下异……则宫室异,则床第异,则器皿异",延伸到生活的方方面面。衣饰的用料、式样、颜色甚至尺寸均是这个等级体系中的重要因素。孔子曾在《论语·阳货》中宣称"恶紫之夺朱也",以维护正色,贬斥间色,强调别尊卑以巩固等级制度。在中国文化史上,"白衣"、"苍头"、"皂隶"、"绯紫"、"黄袍"、"乌纱帽"、"红顶"等都是一定时期内身份和地位的代表,是一定阶级制度的重要组成部分。纹饰也是重要的区别之一,明朝规定,文官的官服绣禽,武官的官服绘兽,所绣所画的禽与兽的不同意味着官阶的差异。在历史著作中,也充斥着《车服志》《舆服志》《章服品第》等专门记载、记录衣冠条例和规定的篇章,对历代服饰的成就和风尚进行记载。风尚的变迁与礼制的盛衰有着至为密切的关系,礼制失控,往往带来人情风貌的改观,而历朝"礼崩乐坏"最为外在的表现便是服饰的越礼逾制。所以历朝统治阶级十分重视衣冠之治,因此衣饰的政治化、伦理化成为中国文化的重要特征,衣冠制度在国家治理中的重要地位和作用因此凸显出来。明朝是中国历史上最后一个汉族建立的封建王朝,其服饰制度的完备与精细可以说集汉唐之大成。

会治理的重要标志。

　　历代统治阶级对于服饰都有许多明文规定,亦即衣冠之制;服饰是中国礼制的重要组成部分,对服饰的规定被作为阶级统治的重要组成部分,这就是衣冠之治。按照刘志琴先生的说法,"衣冠之治即是衣冠服饰的伦理政治化,……衣冠之治又可谓衣冠之别"①。明代作为重要的封建王朝,也不例外,与其他封建王朝相比较,对服饰的规制更胜一筹,明朝初年关于服饰的规定也许是历朝最为严格的。因为在此之前经历了中国历史上比较统一的异族统治时代,此后又被一个异族王朝所取代,所以明朝建立之初和明清易代之际都面临着一个重要的问题——服饰问题,更凸显了服饰在恢复汉民族文化和保持汉民族文化方面的重要意义。

　　在中国历史上,汉族与周边民族时有纷争,也有你来我往的争夺,但之前从来没有一个民族像蒙古族那样征服汉族、入主中原、君临中国。元末,红巾军首领朱元璋挥师北上,将那个曾经在大漠驰骋并占领中原腹地、建立世界疆域最广阔的横跨欧亚的强大帝国蒙古铁骑赶出中原,经历了160多年的异族统治之后,汉族重新建立了自己的王朝,宽袍大袖取代了蒙古服饰,步入金碧辉煌的宫殿,一个汉族衣冠为主导的王朝开始了。

　　尽管蒙元统一中国后,面对先进而强大的中原文化,他们还是有意学习汉族的,和历史上其他少数民族政权一样,"典章文物,饮食服玩之盛,尽习汉风"②,但是其民族本身的风气和审美风习不是行政命令可以改变和扭转的,蒙古人的风习在饮食、服饰上还是浸染到人们的生活之中。尽管被异族统治之后,中原人们的心理还存有一种拒斥的态度,但是潜移默化的习染并不是意识形态和民族主义的情绪所能阻止的,比如宋代,金人占领黄河以北地区,虽然在南宋所谓爱国者的眼中,"遗民泪尽胡尘里,南望王师又一年"③,似乎在坚守着自己的文化信仰,但这些只是少数人

　　① 刘志琴:《衣冠之制的解体和思想启蒙》,见薛君度、刘志琴主编:《近代中国社会生活与观念变迁》,中国社会科学出版社2001年版,第118页。
　　② (宋)李焘:《续资治通鉴长编》卷一四二,中华书局1985年版,第3412页。
　　③ (宋)陆游:《秋夜将晓出篱门迎凉有感》之二,《陆游集》第二卷,中华书局1976年版,第687页。

的坚守而已,大多数人已经进入了一种新的生活,也就是在金人统治下的生活,而衣饰的变化最为表象,最为直接,最为明显。范成大《揽辔录》中记载:"民亦久习胡俗,态度嗜好与之俱化。最甚者衣装之类,其制尽为胡矣。自过淮已北皆然,而京师尤甚。"①可以佐证此说的还有,范成大的《相国寺》诗云:"闻说今朝恰开寺,羊裘狼帽趁时新。"②该诗题下自注:"寺榜犹祐陵御书。寺中杂货皆胡俗所需而已。"刘克庄《大梁老人行》诗曰:"大梁宫中设毡屋,大梁少年胡结束。"③南宋诗人陆游在诗中写道:"上源驿中捶画鼓,汉使作客胡作主。舞女不记宣和装,庐儿尽能女真语。"④意思是说,在接待使者的驿馆中,有人敲着有彩绘的鼓,宋朝使者在这里作客,女真却成了主人。驿馆里舞女已经不再穿着宣和时代的宋装了,店中的招待已经操持一口流利的女真话在招揽客人。对于此种景象,南宋大儒朱熹在《朱子语类》中感叹道:"今世之服,大抵皆胡服,如上领衫靴鞋之类。先王冠服扫地尽矣。"他认为:"中国衣冠之乱,自晋五胡,后来遂相承袭。唐接隋,隋接周,周接元魏,大抵皆胡服。"⑤衣饰的流行和习染并不是爱国的情怀可以限制的,也不是行政命令能够禁止的,这种"夷化"现象有政治的因素,更重要的恐怕是审美意识的沟通和习俗的相染。生活在同样时空下的人们,在日常生活交往和文化交往的过程中不能不产生相互的影响,于是在相互的学习中产生了蒙古文化汉化、汉族文化胡化的双向互动,并在此基础上形成了元代文化自己的特色,形成了带有游牧文化特点的服饰文化。"在华夏大地上第一次出现了伴随胜利者而来的少数民族服饰与传统的汉唐服饰相抗衡的局面,使这段历史时期的服饰习俗以及由此产生的服饰美学思想,都呈现出前所未有的新特点。"⑥值得

---

① 《宋代日记丛编》(3),顾宏义、李文整理、标校,上海书店出版社2013年版,第797页。

② (宋)范成大:《范成大集》,三晋出版社2008年版,第30页。

③ (宋)刘克庄:《后村集》卷八,《四部丛刊》本。

④ (宋)陆游:《得韩无咎书寄使虏时宴东都驿中所作小阕》,《陆游集》第一卷,中华书局1976年版,第118页。

⑤ (宋)黎靖德编:《朱子语类》卷九十一《礼八·杂仪》,王星贤点校,中华书局1988年版,第2327页。

⑥ 兰宇:《中国传统服饰美学思想概览》,三秦出版社2006年版,第190页。

注意的是,由于元王朝文化上倾向于学习汉族,汉化的成分比较多,故而明朝初期的服饰改革遇到的阻力也不是太大,至少没有满清入主中原之时那样强烈、激烈。

由于服饰具有政治意义,所以"易服色"成为新的朝代建立的重要表征和标志之一,"昔帝王之治天下,必定制礼,以辨贵贱,明等威"①,而衣冠之制是礼制的重要组成部分,明初建立的服饰制度自然也成为其专制文化的重要组成部分。

服饰之制是中国封建社会典章制度的重要组成部分,其主要目的是实现服饰之治。统治阶级正人心、整风俗,首先抓住的往往是服饰这样一个环节,朱元璋当然也不例外。他认为,"元世祖起自沙漠,以有天下,悉以胡俗变易中国之制,……无复中国衣冠之旧"②。他还认为,蒙元一朝实行和时兴的那种不论士庶、百姓都"辫发椎髻,深檐胡帽,衣服都裤褶窄袖及辫线腰褶,妇女衣窄袖短衣,下服裙裳"的风俗习尚,"流于僭奢,闾里之民服食居处与公卿无异,而奴仆贱隶,往往肆侈于乡曲",不利于建立"望其服而知贵贱,睹其用而明等威"的服饰制度,会导致"贵贱无等,僭礼败度"的结果。他甚至认为,"此元之失政也",意思是说元代的灭亡有服饰僭越的因素。基于对服饰礼仪的重视以及对元朝失政的认识,朱元璋在新朝鼎革、百废待兴之际,在恢复社会安定、恢复社会生产的同时,迫不及待地将服饰作为立国之初建章规制的重要方面,作为政权建设的重要方面,作为"驱除鞑虏,恢复中华"的重要组成部分进行建设,并且于日理万机的忙碌中亲手抓这件事,可以看出他对衣冠之制的重视,对衣冠之治的期待。

明朝建立以后,朱元璋出手的政治措施之一便是废弃了元蒙服制,恢复汉族传统,"悉命复衣冠如唐制"③,上采周汉,下取唐宋,制定了一整套新的服饰制度。马上开国皇帝朱元璋以惊人的耐心和精细的思致亲自参

---

① (明)宋濂:《洪武圣政记·定民志第六》,中华书局 1991 年版,第 8 页。
② 《明太祖实录》卷三〇,北京大学图书馆藏本。
③ 《明太祖实录》卷二六,北京大学图书馆藏本。

与制定了衣冠的规制,史书上记载"斟酌损益,皆断自圣心"①,颇为用心。他实际上是想通过服饰的等级规制来实现意识约束的目的,并不是为了满足人们的审美需要。为此,他花费近三十年时间制定《大明律》,在建立严谨的服饰体系的同时,还规定了僭越制度的惩罚措施,其中专门设置了"服舍违式条",以维护"醇厚"的风俗和"贵贱不相逾"的衣冠秩序。明朝统治者试图通过国家权力,强制人们恪守封建礼制,保持刻板、拘泥的"醇厚"风俗,从而实现"贵贱不相逾"的生活方式,以维护社会的稳定。明代初期,政治严苛,法律酷峻,不仅对政治上出现问题的人施以严刑,甚至诛灭十族,对服饰、房舍、器用等的越级僭用也进行严厉的惩处。比如违章的庶民鞭笞五十大板,违章的官员施以杖刑一百,甚至殃及工匠。②在明代,由于冠服和房舍违式而受到惩罚的大有其人。比如德庆侯廖永忠就因为服饰上有龙纹而被处以死刑。

历代王朝都以会典、律例、典章,或车服志、舆服志等各式法制条文和律令来管理和统治人们的物质生活,并使之符合礼制,其中以明代初年制定的礼制最为烦琐、苛刻。在这制度之中,服饰在礼制中的意义得到了充分的强调,而审美意识却被压抑,明代初年形成"敦厚俭朴"的社会风气和审美意识就是这种诉求的产物,"人遵画一之法"③也是这种制度的产物。

---

① 《明太祖实录》卷三〇,北京大学图书馆藏本。

② 朱元璋《大诰续编·居处僭分第七十》称:"民有不安分者,僭用居处、器皿、服色、首饰之类,以致祸生远近,有不可逃者。《诰》至,一切臣民所用居处、器皿、服色、首饰之类,毋得僭分。敢有违者,用银而用金,本用布绢而用绫锦纻丝纱罗,房舍栋梁不应彩色而彩色,不应金饰而金饰;民之寝床船只不应彩色而彩色,不应金饰而金饰,民床毋敢有暖阁而雕楼者,违《诰》而为之,事发到官,工技之人与物主各坐以重罪。"李善长等《明律集解附例》"服舍违式"载:"有官者杖一百,罢职不叙;无官者笞五十,罪坐家长;工匠并笞五十。"当然这种情形并非明代才有,其他朝代也有。据《元典章》记载,凡皇帝戴过的帽子款式,别人就不许再戴,即使皇亲贵族也不例外,否则戴帽人和做帽人都要被处死。如果追溯本源的话,恐怕还要追溯到《礼记》。《礼记·王制》曰:"作淫声、异服、奇技、奇器以疑众,杀。"制作奇装异服被列为"四诛"之一,而且不复审,可见制作奇装异服是重罪。明代初年法尚严密,"民皆畏法,遵守弗违","民皆畏慎敛戢","又ুলমুল触法,习尚俭素",所以服舍违式,虽然时有出现但并不多见,严刑峻法确实在形成"风俗醇厚"社会局面方面起到了应有的作用,但还是难以遏制人们发自内心的审美需求。

③ (明)张瀚:《治世余闻　继世纪闻　松窗梦语》,盛冬铃点校,中华书局1985年版,第140页。

　　明初从服装的用料、色彩、形制和尺寸等方面建立严苛的服饰制度。朱元璋在洪武元年（1368）下诏，"复衣冠悉如唐制，……胡服、胡言、胡姓，一切禁止，……于是百有余年胡俗，悉复中国之旧"①。诏书还规定："士民皆束发于顶，官则乌纱帽、圆领袍束带，黑靴；士庶则服四带巾、杂色盘领衣，不得用黄、玄；乐工冠青卍字顶巾，系红绿帛带；士庶妻首饰许用银镀金，耳环用金珠，钏镯用银，服浅色，团衫用纻丝、绫罗、绸绢，其乐妓则戴明角冠、皂褙子，不许与庶民妻同。"②这种详细繁复的冠服制度直到洪武三年（1370）才基本制定完毕，至洪武二十四年（1393）又下令将冠服制度作了大幅度的调整，"农衣绸、纱、绢、布。商贾止衣绢、布。农家有一人为商贾者，亦不得衣绸、纱"。这不仅是一个抑制消费的问题，事实上，"国家于此亦寓重本抑末之意"③。也许是基于这样的目的，明王朝先后用了近三十年的时间厘定服制，建构了一个完整的服装体系，最后达到了统治阶级期望恢复封建伦理秩序和等级制度的目的，最终使"其士农工商之人，异其衣冠，使四民不收之人，无容其身"④，在一定程度上实现了"贵贱之别，望而知之"⑤的理想社会模式，形成一种整齐划一的美学风尚。

　　为显示明代衣冠制度的细密严谨，兹从《明史》卷六七《志第四三·舆服三》采录一段如下：

---

　　① 这当然是夸张的说法。行政命令并不能完全解决文化的问题，事实上，明代也保留了一些元代形成但群众喜欢的服饰。比如"比甲"本是元代的服饰，为皇后所创所着的一种常服，虽"时皆仿之"，但元代妇女穿着并不多见，至明代时却受到北方地区妇女的喜欢，明代中叶后青年妇女普遍喜爱穿着这种胡装，遂形成风气。"比甲"为对襟上衣，长至臀部或至膝部，盘领或交领，无袖或短袖。腰间束帛，有了纽扣之后也用纽扣，穿着起来更方便、快捷、系结严紧，可以衬托出女性窈窕的身材，且花样、颜色、装饰比较丰富，一般穿在大袖衫、袄子之外，下面穿裙，与衫、袄、裙相搭配还很有层次感，所以深受人们的喜爱并普遍流行，也得到文人和文学作品的关注和描写。所谓"尽复中国之旧"只是一个冠冕堂皇而且夸张的说法而已。

　　② 《明太祖实录》卷三〇，北京大学图书馆藏本。
　　③ （明）何孟春：《馀冬录》，岳麓书社 2012 年版，第 80 页。
　　④ （明）解缙：《献太平十策》，丁守和等主编：《中国历代奏议大典》（3），哈尔滨出版社 1994 年版，第 874 页。
　　⑤ （清）叶梦珠撰：《阅世编》卷八《冠服》，来新夏点校，中华书局 2007 年版，第 175 页。

庶人冠服。明初，庶人婚，许假九品服。洪武三年，庶人初戴四带巾，改四方平定巾，杂色盘领衣，不许用黄。又令男女衣服，不得僭用金绣、锦绮、纻丝、绫罗，止许绸、绢、素纱，其靴不得裁制花样，金线装饰。首饰、钗、镯不许用金玉、珠翠，止用银。六年令庶人巾环不得用金玉、玛瑙、珊瑚、琥珀。未入流品者同。庶人帽，不得用顶，帽珠止许水晶、香木。十四年令农衣绸、纱、绢、布，商贾止衣绢、布。农家有一人为商贾者，亦不得衣绸、纱。二十二年令农夫戴斗笠、蒲笠，出入市井不禁，不亲农业者不许。二十三年令耆民衣制，袖长过手，复回不及肘三寸，庶人衣长，去地五寸，袖长过手六寸，袖桩广一尺，袖口五寸。

……

士庶妻冠服。洪武三年定制，士庶妻，首饰用银镀金，耳环用金珠，钏镯用银，服浅色团衫，用纻丝、绫罗、绸绢。五年令民间妇人礼服惟紫绝，不用金绣，袍衫止紫、绿、桃红及诸浅淡颜色，不许用大红、鸦青、黄色、带用蓝绢布。……①

从以上所引的材料可以看出，朱元璋主要是从布料、样式、尺寸、颜色四个方面，对皇帝、后妃、皇太子、亲王以下、文武官、命妇、内外官亲属、内侍、侍仪以下、士庶、乐工、军隶、外番等人及阶层的冠服作出详细的规定，甚至连僧道等方外之人的服色也作了详细的规定，由此确立了明代服饰的等级制度，其中心内容是贵贱有别、服饰有等，布料、式样、尺寸、颜色都有差别。不同等级的人只能穿戴本等级的服饰，不能混同，更不能僭越。明朝初年，礼法严峻，各色花绸服饰只备达官贵人专用，庶民和富商即使有一定的经济实力，也不能穿戴与其身份、地位不相符合的服饰，要么"庶民莫敢效"，"隶人不敢拟"，"平民不论贫富皆遵国制"②；要么进行适当变通，"市井富民亦有服纱绸绫罗者，然色必青黑，不敢从新艳也"③。整个社会按照谨严的秩序运行，成化、弘治年间，在这样的单调和"克己复

---

① （清）张廷玉等撰：《明史》，王天有等标点，吉林人民出版社 1955 年版，第 1055—1056 页。

② 万历《新昌县志·风俗志》。

③ （清）叶梦珠撰：《阅世编》卷八《冠服》，来新夏点校，中华书局 2007 年版，第 174 页。

礼"的生活之中,民各甘其服食,安其田里,似乎一派升平气象。

值得注意的是,这种在日常着装上的限制,也反映出了封建集权统治体制对个人生活的严重干涉,这些干涉性的规定在某种意义上可以看作一种审美规制,也可以看作对个性的限制,具有颇多的理性成分,尤其是程朱理学以抽象的类精神压抑了个体对生命追求的价值和意义。与此相对照,明代中后期服饰上的僭越和对色彩等的追求,本身就带有感性、个性解放的意义,属于社会转型、个体解放的重要组成部分。

衣冠除了作为上述统治秩序的组成部分而外,还被作为盛世衰世的表征来对待。服饰被认为是社会的重要征象之一,服饰可以预示社会治乱。历史上魏晋南北朝"灵帝建宁中,男子之衣好为长服,而下甚短;女子好为长裙,而上甚短。是阳无下而阴无上,天下未欲平也。后遂大乱"①。明代大为流行的"水田衣"②,在李渔看来,却是"大背情理,可为人心世道之忧者,则零拼碎补之服,俗名呼为'水田衣'者是已"③。像这样用众多片碎片拼合而成的"水田衣",裁剪缺乏整体感,衣缝越少越好,值得注意的是李渔不是从审美的角度,而是从制造者和时代因素来论证其应该摒弃:

　　而今且以一条两条、广为数十百条,非止不似天衣,且不使类人

_____

① (晋)干宝撰:《搜神记》卷六《长短衣裙》,汪绍楹校注,中华书局1979年版,第85页。

② 水田衣,也称稻畦帔,也有逍遥服、无尘服、莲花服的叫法,因形似僧人的袈裟,也称为百衲衣。在唐代就已出现,王维《过卢四员外宅看饭僧共题七韵》有"裁衣学水田"之句,王维在《与苏卢二员外期游方丈寺而苏不至因有是作》诗中也有"香畦稻畦成"之句。"时俗妇女,以各色帛寸翦间杂,缀以为衣",水田衣的使用,在当时算是一种时髦,尤其风行是明末。该衣由色彩、形制各异的布料拼制而成,相互交错,色彩斑斓,宛若水田之界画,以简洁新奇赢得明清妇女的普遍喜爱,成为明代流行的时装。水田衣本为碎布拼成的服饰,然在明朝末期,许多贵胄人家的女眷,为了一件合心称意的水田衣,为了一块中意别致的衣料,常常不惜裁破完整的锦缎再行拼接,以求时尚。一般认为,水田衣是明代妇女的时尚衣服,而从晚明《上元灯彩图》来看,在其所绘的南京市场上穿"水田衣"的男人触目即是,"水田衣"的流行由此可见一斑。水田衣明显受到佛、道等宗教因素的影响,但作为时尚服饰,其间显示的只是人们趋时的审美意识,而并不是对其中蕴含的文化底蕴的认同,有李蓘《虎邱竹枝词》中"岂是闺人真好道,阿侬爱著水田衣"之句为证,所以只是"俗所尚也"而已,没有必要作李渔那样的过度解读,但此事对于审美时尚的标志意义却是不容低估的。

③ (清)李渔:《闲情偶寄》,孙敏强注释,浙江古籍出版社2000年版,第127页。

间世上,然而愈趋愈下,将肖何物而后已乎? 推原其始,亦非有意为之,盖由缝衣之奸匠,明为裁剪,暗作穿窬,逐段窃取而藏之,无由出脱,创为此制,以售其奸。不料人情厌常喜怪,不惟不攻其弊,且群然则而效之。毁成片者为零星小块,全帛何罪,使受寸磔之刑? 缝碎裂者为百衲僧衣,女子何辜,忽现出家之相? 风俗好尚之迁移,常有关于气数,此制不昉于今,而昉于崇祯末年。予见而诧之,尝谓人曰:"衣衫无故易形,殆有若或使之者,六合以内,得无有土崩瓦解之事乎?"未几而闯氛四起,割裂中原,人谓予言不幸而中。①

言下之意是"水田衣"是奸诈的裁缝和商人对碎布料的利用,其实是末世的象征。所谓"风俗好尚之迁移,常有关于气数",言下之意是晚明时代流行"水田衣"是被他不幸而言中的末世象征。

在探讨了中国历代服饰尤其是明代服饰的情况之后,我们发现,纯粹审美的服饰根本就不存在于中国人的衣冠体系中,可以说服饰的审美意识被其政治伦理诉求所掩盖,甚至阉割,因此在统治阶级乃至普通人的意识中,服饰的审美因素几乎不被提及,延续的还是美善统一、美从于善的审美意识。这种服色的统一要求,最终形成"人遵画一之法"②的审美局面。从审美的角度讲,整齐划一所遵循的"齐一律"是审美的最低状态,但却是审美的最基本法则。然而,明代初年运用专制制度所形成的审美格局无形中压抑了个性,形成整齐、单调、刻板的审美状态,如朱舜水所说"仆之冠服,终身不改"③,这也是一件残酷的事情。从审美的角度讲,没有变化而持续的审美容易造成审美疲劳。包括服饰在内趋同的礼制要求"克己",也限制了个性的发展,导致每个人的性格、情趣、爱好都被限制,甚至削弱。"尽管这种整齐划一的形式中包含着的是起始于商周的古老文化,在内容和形式的统一中表现出一种整齐而又典雅的服饰美学效果。"④但这

① (清)李渔:《闲情偶寄》,孙敏强注释,浙江古籍出版社 2000 年版,第 127 页。
② (明)张瀚:《治世余闻 继世纪闻 松窗梦语》,盛冬铃点校,中华书局 1985 年版,第 140 页。
③ 《朱舜水集》第十一卷《问答四·答小宅生顾问六十一条》,中华书局 1981 年版,第 407 页。
④ 兰宇:《中国传统服饰美学思想概览》,三秦出版社 2006 年版,第 217 页。

些都是古典主义审美时代的特征,随着人性、个性的觉醒,这种格局被打破、突破也是必然的,注重个性的审美意识必然会出现。明中叶以后出现的状况事实上也可以看作对这种文化专制、审美规制的反叛,其间涌动的是个性生命的觉醒,而带有个性意识的审美意识是具有近代性的。

二、体现明代统治阶级意识形态的巾冠

明代在上承秦汉唐宋衣冠制度的基础上,不断完善衣冠制度,并对衣冠作出了一些时代性的创制。明人徐充《暖姝由笔》记载:"国朝创制,前代所无者,儒巾、折扇、四方头巾、网巾。"①活埋庵道人徐树丕笔记《识小录》也说:"国朝创制器物前代所无者,儒巾、襕衫、折扇、围屏、风领、酒盘(一名护衣盘)、四方头巾、网巾、水火炉。"可见儒巾、四方头巾、网巾在明代衣冠之中属于具有时代性的新事物。

《礼记·冠义》曰:"冠者,礼之始也。是故古者圣王重冠。"②《大明集礼》卷三十九"冠服"开首写道:"传曰,冠,首服也。首服既加,然后人道备,故君子重之。"在极重衣冠的明代,男子头上的装饰有冠、巾、帽,而且种类比较多。仅冠就有翼善冠、梁冠、忠静(靖)冠、束发冠、保和冠等多种;仅巾就有网巾、凌云巾、汉巾、晋巾、唐巾、诸葛巾、浩然巾、皂隶巾、四带巾、老人巾、琼巾、卐字巾、纯阳巾、东坡巾、阳明巾、九华巾、逍遥巾、山谷巾、凌云巾、披云巾、二仪巾、飘飘巾等多种;至于帽,就更多了,见诸史籍的就有乌纱帽、中冠帽、遮阳大帽、圆帽、鹅帽、堂帽、红黑高帽、烟墩帽等。这些头上的饰物被赋予了吉祥意义,而更多的则被赋予了一定的政治意义③,而且是经当朝最高统治者钦定,通过颁行诏令的方式推广的,被不同等级和阶层

---

① 转引自周锡保:《中国古代服饰史》,中国戏剧出版社 2002 年版,第 382 页。

② (清)孙希旦撰:《礼记集解》(下),沈啸寰、王星贤点校,中华书局 1989 年版,第 1411 页。

③ 服饰被赋予一定的伦理意义是中国衣冠之制的特征。比如明朝理学家吕柟《泾野子内篇》卷一三《鹫峰东所语第十八》道:"古人制物,无不寓一个道理。如制冠,则有冠的道理;制衣服,则有衣服的道理;制鞋履,则有鞋履的道理。人服此而思其理,则邪僻之心无自入。故曰:'衣有深衣、其意深远;履有约綦,以为行戒。'"(中华书局 1992 年版,第 121 页)

的人们所佩戴，并成为风尚流行开来。忠靖冠、四方平定巾、网巾和六合统一帽等，其中不仅包含统治阶级的意识形态取向，也包含统治阶级的审美意识，在实现礼制的功能之外也是一种审美规制。

忠靖（静）冠也叫忠靖巾，是官员燕居闲处之时所戴的一种帽子，于嘉靖七年定其形制。《明史·舆服志》云"帝因复制《忠静冠服图》颁礼部，敕谕之曰：'……比来衣服诡异，上下无辨，民志何由定。朕因酌古玄端之制，更名"忠静"，庶几乎尽思尽忠，退思补过焉"，要求"在京许七品以上官及八品以上翰林院、国子监、行人司，在外许方面官及各府堂官、州县正堂、儒学教官服之。武官止都督以上。其余不许滥服"①。古代的玄端演变和更名为"忠静冠"，冠被寄寓了道德的寓意——"尽思尽忠，退思补过"。王圻《三才图会》曰："此卿大夫之章，非士人之服也。"②目的是为了防止官员"怠于幽独"，且使上下有辨，以定民之志，实际上是将等级制度与政治伦理寓意合而为一了。

明代的帽子以六合一统帽最为普及，明代市民百姓中的男子非常喜欢的一种帽式为六合一统帽，该帽又称"小帽"、"圆帽"、"六合巾"，民间戏谑地称为"瓜皮帽"，在民间广为流行，直到民国末年仍屡见。该帽以马尾、罗缎或人发做成，裁剪六瓣缝为一体，下缀帽檐，起名"六合一统"，象征国家安定，六方一统。曾一度成为上至朝廷达官贵人甚至皇室，下至市井百姓最常用的便帽。这种帽子据说是明太祖朱元璋亲自设计的。③

四方平定巾亦称"四角方巾"或"角巾"，是明代职官、儒士所戴的一种便帽，多以黑色纱罗制成，可以折叠，呈倒梯形造型，展开时四角皆方。

① （清）张廷玉等撰：《明史》卷六六《志第四三·舆服三》，张天有等标点，吉林人民出版社1955年版，第1049页。
② （明）王圻：《三才图会·衣服一》，见《四库全书存目丛书》（子部191），齐鲁书社1997年版，第632页。
③ 明朝书法家陆深在《豫章漫钞》中记述说："今人所戴小帽，以六瓣合缝，下缀以檐如筒。阎宪副闳谓予，言亦太祖所制，若曰六合一统云尔。"清人顾炎武《日知录》卷二十八"冠服"引用，清人谈迁的《枣林杂俎》中也有类似的记载："瓜皮帽或即六合巾，明太祖所制，在四方平定巾之前。"

出现在明洪武年间,相传是朱元璋召见杨维桢后钦定的。据言朱元璋召见他时他戴着自创的方顶大巾,巾式奇异,朱元璋问他有什么讲究,叫什么名称,杨氏随口答说:"四方平定巾也"。一句脱口而出的阿谀之词,正说到朱元璋的心坎上。① "遂颁式天下","以定字易顶字,上悦其义,敕通行"。"或曰上以手握平定巾之后,如民字样,遂以为监生生员法服,盖于士子三易其制矣。"②朱元璋将四方平定巾规定为儒士、生员及监生等人的专用头巾。按照记载,洪武一朝,儒生的衣冠已经变化三次了。可见,这种服饰是由统治阶级认可,并代表统治阶级意志而最终成为时尚的。由于这种巾帽不属于礼服,穿戴随便,没有限制,因此流传甚广。到明代后期,从高官显贵到无名秀才,日常都戴四方平定巾。"方巾圆领,明服也。庶民用之。"③从元末明初人叶子奇《草木子》卷三下《杂制篇》中对明代衣冠的总结中可以看到,方巾应该是大明服饰的重要代表。

　　网巾,也叫"万发俱齐"巾,也叫"一统山河"或曰"一统元和",是明代成年男子重要的时尚冠饰。中国男子自古留有长发,明朝男子往往将发髻用网罩兜住,用于结束头发,所以这个兜头发的网罩必须置于冠下,仅戴网巾是不能出门的,否则视为失礼。当然居家休闲之时,脱冠可以直接以网巾束发。网巾多用黑色的丝绳、马尾或者棕丝编制而成,有的也用绢布做成。起初在民间流行,经朱元璋发现,便以法律的形式加以推广,为明代服饰的创造之一。据明代典籍王圻的《三才图会》记载:"国朝初定,天下改易,胡风乃以丝结网以束其发名曰网巾。识者有'法束中原,四方平定'之语。"关于网巾的创制《明史·舆服二》是这样记载的:"洪武二十四年,帝微行至神乐观,见有结网巾者。翼日,命取网巾,颁示十三布

　　① 明代郎瑛《七修类稿》卷十四《国事类》之"头巾网巾"载:今里老所戴黑漆方巾,乃杨维桢入见太祖时所戴。上问曰:"此巾何名?"对曰:"此四方平定巾也。"遂颁式天下。清代顾炎武《日知录》卷二十八《冠服》载:"杨维桢廉夫以方巾见太祖,问其制,对曰:'四方平定巾。'上喜,令士人皆得戴之。商文毅用自编民,亦以此巾见。"
　　② (清)查继佐:《罪惟录》第1册,浙江古籍出版社1986年版,第503页。
　　③ (明)叶子奇:《草木子》,中华书局1959年版,第61页。

政使司,人无贵贱,皆裹网巾,于是天子亦常服网巾。"①明代郎瑛《七修类稿》卷十四《国事类》之《平头巾网巾》的记载则是:太祖一日微行,至神乐观,有道士于灯下结网巾,问曰:"此何物也?"对曰:"网巾,用以裹头,则万发俱齐。"明日,有旨召道士,命为道官,取巾十三顶颁于天下,使人无贵贱皆裹之也。至今二物永为定制,前世之所无。明代王三聘《古今事物考》中言:"网巾,古无此制,故古今图画人物皆无网,国朝初定天下,改易胡风,乃以丝结网,以束其发,名曰网巾。"明人将此巾与现行统治结合起来,引申出"尽收鬃(中)发(华)"的意蕴,所以统治阶级"使人无贵贱皆裹之","天子亦常服网巾",并演变成礼制仪式的重要组成部分,最后演变成为民俗风情,成为习惯。《大明会典·龙王冠礼》记载皇太孙行冠礼的情形是这样的:"供奉官束发,掌冠跪进网巾,乐作。"其中有戴网巾的重要环节。商周以来,男子成年行冠礼都是加冠,而明初则将加冠改用网巾。"加网巾"成为行冠礼时不可少的仪式,也成为明人生命礼俗中不可或缺的对象,连皇子也不例外。② 明末徐力《徐氏笔精》卷八"国朝事胜前代"条说:"余曰:最善者:(1)不改元,(2)官员在任不用谢表,(3)大夫士庶俱带网巾,(4)不用团扇用折扇,(5)滨海之地不运粮,(6)选官唯进士、举贡、监史,不别开科目。此尤极便于官民,前代未有也。"将打破等级制度的网巾列入其中,并被视为国朝胜前代之事,视为大明王朝的特色,可见网巾在明代影响之大。

网巾是明初建立的冠服制度中最具朝代象征的巾服之一,是有明一代的文化认同之物,在清代剃发易服的时代,网巾成为明代遗民寄托亡国之思和故国情怀的重要物品,清代统治阶级也将"网巾"作为遗民谋逆之最的重要证据,许多遗民因佩戴网巾被杀。除此而外,明代的衣冠也是辛亥革命前后人们恢复中华的重要符号。比如章太炎先生曾记载,他的父亲曾亲自告诉他:"吾家入清已七八世,殁,皆用深衣殓。吾虽得职事官,

---

① (清)张廷玉等撰:《明史》卷六六《志第四二·舆服二》,张天有等标点,吉林人民出版社1995年版,第1037页。
② 参见林丽月:《万发俱齐:网巾与明代社会文化的几个面向》,《台大历史学报》2004年第33期。

未尝谒吏部。吾即死,不敢违家教,无加清时章服。"1904 年,鲁迅和周作人的祖父介孚公逝世,葬礼上穿的十三件殓衣全都是明朝的服装,由此可以看出,汉族士人对"汉衣冠"的持久记忆和难以割舍的感情。在这里,"汉衣冠"成为一种族群记忆和审美性的符号。

在文学作品和民歌中,网巾还是重要的寄情之物,网巾和网巾带还是重要的吟咏对象。冯梦龙记录辑录的民歌多以此为喻以寄情,还有山歌也对与网巾相关的事物进行吟咏,成为明代民间文学中一个奇特现象。这里选录几首如下:

> 网巾儿,好似我私情样。空聚头,难着肉,休要慌忙。有收有放,但愿常不断。抱头知意重,结发见情长。怕有破绽被人瞧也,帽儿全赖你遮藏俺。(《网巾》)

> 巾带儿,我和你本是丝成就。到晚来不能勾共一头,遇侵晨又恐怕丢着脑背后。还将擎在手,须要挽住头,怎能够结发成双也,天,教我坐着圈儿守。(《网巾带》)①

> 结识私情没要像个网巾圈,名色成双几曾做一连。当初只道顶来头上能恩爱,如今撇我在脑后边。(山歌《网巾圈》)

> 结识私情要像个网巾圈,日夜成双一线牵。两块玉合来原是一块玉,当面分开背后联。(《民歌·咏物四句》)②

不管是出于文人之手还是普通人之口,实际上已经将与网巾相关之物歌咏了个遍。由于网巾为明代成年男子专用之物,所以以网巾寄情实际上是寄托男女之情,尤其是男女相悦之情,以网巾作比有对男子用情的特指意义。在明清时期的小说、戏曲之中,人物描写也会涉及网巾,同时与网巾相关的歇后语也成为人们的口头语。《新刻绣像批评金瓶梅》(崇祯本)"第五回　捉奸情郓哥定计　饮鸩药武大遭殃"中写道:"次早五更,天色未晓,西门庆奔来讨信。王婆说了备。西门庆取银子把与王婆,教买棺材发送,就叫那妇人商议。这婆娘过来和西门庆说道:'我的武大今日

---

① 《冯梦龙全集》,陆国斌等点校,江苏古籍出版社 1993 年版,第 89—90 页。
② 《冯梦龙全集》,陆国斌等点校,江苏古籍出版社 1993 年版,第 62 页。

已死,我只靠着你做主!不到后来网巾圈儿打靠后。'""网巾圈儿打靠后"比喻抛在脑后忘掉了,在这里,网巾作为日常所用之物已经进入语言沉淀。"从'物'的文化符码来说,网巾比方巾更富王朝象征和时代特色。"①

补服是明代重要的服饰创造。"国朝服色以补为别,皆用鸟兽,盖取古人以鸟纪官之意。文官惟法官服豸,其余皆鸟,武官皆兽,至于带则以犀居金之上,皆有不可晓者。"②补服是明朝在官服方面最为重要的创造性变革,也是最有特色的变革。用"补子"表示品级,即于盘领右衽袍上前后缀补子(黼子),补子通用为方形,即用一块约40—50厘米见方的绸料,其上织绣不同的纹样,再缝缀到官服上,胸背各一。据《明史·舆服志》记载,文官的补子用鸟,武官用走兽,各分九等。具体的规定是,文官一品绣仙鹤,二品绣锦鸡,三品绣孔雀,四品绣云雁,五品绣白鹇,六品绣鹭鸶,七品绣鸳鸯,八品绣黄鹂,九品绣鹌鹑。武官一品、二品绘狮子,三品绘虎,四品绘豹,五品绘熊,六品、七品绘彪,八品绘犀牛,九品绘海马。文武官员一至四品穿红袍,五至七品穿青袍,八品和九品穿绿袍。平常穿的圆领袍衫则凭衣服长短和袖子大小区分身份,长大者为尊。"衣冠禽兽"一语来源于明代官员的服饰,在当时是赞语,衣服的补子上有禽有兽,是升官进阶的意思,因此颇有令人羡慕的味道。就服饰演进史而言,"明代官员常服上新出现的等级标志——'补子',它可真是专指统治者那阴沉木脑袋中少有的天才主意"③。

品级补子,定于洪武,行于嘉靖。明代首创的具有身份象征的补子,不但成为清代的官服元素之一,也对汉服的影响颇深。可以说,补服是明清封建等级制度的服饰审美形态新标志,是体现等级制度的服饰审美形态和文化形态,它用新的审美形态和文化形态体现了等级制度的意义和

---

① 林丽月:《万法俱齐:网巾与明代社会文化的几个面向》,《台大历史学报》2004 年第 33 期。

② (明)谢肇淛:《五杂组》卷十二《物部四》,上海书店出版社 2001 年版,第 251 页。

③ 赵超:《霓裳羽衣:古代服饰文化》,江苏古籍出版社 2002 年版,第 251 页。

价值。①

朱元璋在开国初期就说:"昔帝王之治天下,必定礼制,以辨其贵贱、明等威。是以汉高初兴,即有衣锦绣绮縠、操兵乘马之禁。历代皆然。近世风俗相承,流于奢侈,闾里之民服食居处与公卿无异。贵贱无等,僭礼败度,此元之所以失败也。"②他把生活方式的贵贱差别,看成国家兴亡的大事,用严刑峻法加以限制,同时赋予服饰以普遍的意识形态意义。现在看来,至少在明代中叶以前,这种"衣冠之治"取得了很好的整治效果。与此同时,此举也充分限制了人们的审美自由,把审美限制在整齐划一的范围里,把审美的诉求淹没在伦理的追求里,使之成为专制文化的重要组成部分。

第二节 明代服饰风气与审美意识的变迁

就整个明代而言,社会习俗和风气"由'循礼'趋向'违式',由'拘谨'趋向'放达',由'俭约'趋向'奢靡',打破了明初呆滞不变的程式,呈现出异彩纷呈的风采"③,体现了社会观念尤其是审美意识的变迁。作为社会生活、社会观念、审美意识的重要表征,明代服饰的变迁与明代社会的阶段性具有同步性。这个阶段性表现为,明代前期的服饰整齐划一,恪守礼制;成化到嘉靖前期出现僭越之风④,风格失序与纷乱;嘉靖、万历以来,江南地区则竞巧争新,随时异制。社会风气的变迁与服饰的变迁相互鼓动,相互表征,其中反映的也是审美意识的流变。

下面分三个阶段展开明代服饰风气与审美意识变迁的描述。

① 参见蔡子谔:《中国服饰美学史》,河北美术出版社2001年版,第729—736页。
② (明)宋濂:《洪武圣政记》"定民志第六",中华书局1991年版,第8页。
③ 周耀明:《汉族风俗史》第4卷,学林出版社2004年版,第61页。
④ 由于服饰在衣食住行,亦即衣冠、食物、车舆、宫室等方面变革比较容易,所以对礼制的僭越往往从这里开始。同时,由于服饰是最外在的,所以这种僭越很容易就会被社会觉察。需要说明的是,并不是只有明代有服饰的僭越,历朝都有。比如汉文帝提倡简朴,反对奢侈,而京师贵戚之服饰却"奢过王制,固亦甚矣。且其徒御仆妾,皆朋组彩牒……穷极丽美,转相夸咤"[(汉)王符:《潜夫论·浮侈篇》,中华书局1978年版,第54—55页]。

一、明代初年"敦厚俭朴"的风气与审美意识

明代初年,举国上下崇尚俭朴,服饰也不例外。加之,朱明王朝崇尚程朱理学,而程朱理学主张"存天理,灭人欲",讲求服从天理,不要追求享乐,在审美理想和时代风尚上注重和追求平淡,清素典雅。这在有宋一代已形成相应的风格,在艺术领域追求平淡,在服饰器用等生活方面追求素雅,放弃了具有富贵气且金光灿灿的黄金,转而青睐造价低廉、色泽典雅颇具文化意味的银子,瓷器也放弃绚烂多彩而以白瓷为主,追求典雅静谧的审美效果,追求"清水出芙蓉,天然去雕饰"的审美趣味,思想意识领域盛行节制欲望的思想,这些也对服饰文化产生重要影响。"明代初期,在官方的支持和鼓励下,理学的官学地位进一步得到巩固。一方面,理学深入社会生活,成了一般思想世界普遍接受的知识和原则;另一方面,理学也渐渐地失去了站在政治体制外的超越和自由立场,成了政治权力与意识形态的诠释文本。"①作为官方意识形态,理学思想必然对社会风习产生影响,思想的同一性决定和限制形成生活的同一性,于是"循礼"、"拘谨"、"简约"成为这一时期社会风俗、风气的特征,也是审美意识的特征。

时风世风所及,天下皆然,明代初期不管是州府还是小县,不管是南方经济发达地区还是内地经济尚不发达地区,都"俗安朴素,不事浮靡"②。在州府志、县志之中,经常可以看到这样的描述:"习用俭约"、"民俗鄙朴"、"民淳好礼"、"敦尚本业";内地和沿海的发达地区也是"产薄而用俭"、"不好华丽,不事商贾"、"民淳讼简"、"风俗淳厚"、"质朴谨畏"、"敦尚质朴"、"土风淳朴,人性俭约"、"不事浮华"、"俗尚俭易"、"俗尚敦朴"、"民俭啬质直"、"敦本而尚朴"、"彬彬敦朴"、"穆然古朴之风"等,这些描述之中最为核心的词汇莫过于"俭"和"朴"。从以上我们不厌其烦所列举的来自方志的词汇,可以见出明代初年基于物质贫乏的社会

---

① 刘国忠、黄振萍主编:《中国思想史参考资料集·隋唐至清卷》,清华大学出版社2004年版,第183页。

② 道光《重纂福建通志》卷五十五《风俗》。

背景之下的社会风气和审美意识。从文献的描述语气中,可以看出文献记载者对于这种风气的赞赏或者认同。

这种情形的形成不仅是因为明代初年国力未丰,民力尚未恢复,更是统治阶级有意识倡导的结果,也可以说是明朝立国皇帝朱元璋的思想意识和审美意识所决定的。明朝立国之初,以朱元璋为代表的明初几代皇帝都身体力行,崇尚节俭。朱元璋本人宫室器用,一从朴素,饮食衣服,皆用常供;明成祖朱棣,"衣袖至于敝垢"①,而且认为"为人君于宫室车马服饰玩好无所增加,则天下自然无事";明孝宗所穿内衣皆用松江产的三棱布。上行下效,在明初三代皇帝的倡导、示范乃至躬行之下,形成了朴素节俭的社会风气,且俭而中礼,没有因为追求俭朴而不顾礼仪和观瞻,出现有失身份和国体的事情。崇俭成为当时一种重要的审美意识。

下面我们列举这种在方志中被津津乐道的俭朴风习以资说明。

明初的"敦尚朴素"的社会风气,在各地方志中也都有记载,且津津乐道,"风俗淳美"得到盛赞,这可以看作官方修撰的史志对于当时时代风气的肯定。

先看经济比较发达的东南沿海地区的情况。如《隆庆仪真县志》云:

> 国初,民风质实朴约,室庐服食率卑隘菲恶,无大文饰,相与恭让诚信,惮讼而怀居,婚丧交际虽若鄙,而古意犹存。其君子矜名节,重清议,居官守礼畏法,恬于势利,下至布衣韦带之士,亦能摛章染翰,修行而慎业。

《万历泉州府志》云:

> 泉以望郡雄寓内⋯⋯俗尚敦朴,自昔已然。诸诣黉塾市肆者,踽踽一布袍,士以素,庶以缁,冬夏迭吏,聊顺寒暑。殷积之家,制薄缣轻纱为衣,藏诸笥中,值吉礼嘉会始一被体,既散,归而笥之如故。四民各修其本业,居恒绝不为宴集,学子之结社,里闾之过从,其蔬商皆有限品,无溢设。此嘉靖中年事,不待朔之弘正以前。

---

① (明)陈以勤:《陈谨始之道以隆圣业疏》,见(明)陈子龙等:《明经世文编》卷三一○,中华书局 1962 年影印本,第 3274 页。

《万历邵武府志》云：

> 按旧志，闽、大禹之支封也；民俗俭而尽力沟洫，禹之遗教存焉。然土瘠而产薄，势亦不得不然也。风会日流，至于今，而靡极矣。昔冬布而夏苎，冠布而髻髻，无他饰也。

嘉靖《江阴县志·风俗记》云：

> 国初时，民居尚俭朴，三间五架制甚狭小，服布素，老者穿紫花布长衫，戴平头巾，少者出游于市，见一华人，悍而哗之。燕会八簋，四人合坐为一席，折简不盈幅。成化以后，富者之居，僭侔公室，丽裙丰膳，日以求进。

乾隆《震泽县志》卷二十五《风俗序》云：

> 邑在国初风尚诚朴，非世家不架高堂，衣饰器皿不敢奢侈，若小民咸以茅为屋，裙市荆钗而已。……其嫁娶止以银为饰，外衣亦止用绢。

东南沿海江浙福建如此，内地也是如此。

《肇域志·山西》云：

> 国初，民无他嗜，率尚简质。中产之家，犹躬薪水之役，积千金者，宫墙服饰，窘若寒素。又记"其市井富民亦有服纱绸绫者，然色必青，不敢从新艳也"。

雍正《陕西通志》引《泾阳县志》云：

> 明初颇近古，人尚朴素，城市衣履，稀有纯绮。

在这种关于风俗醇厚的记载之中，服饰的记载比较多，这些记载似乎还是将服饰包括在风俗层面进行记录，尚未进入审美层面，但其中的肯定意味实际上也是对这种审美趣味的认同或者首肯，实际上也可以看作对人类黄金时期审美理想的怀缅。如果从纯粹的审美层面来看，也有基于典型的文人趣味和风格对这种风俗或者审美意识的认同：

> 饰不可过，亦不可缺。淡妆浓抹，唯取适宜耳。首饰不过一珠一翠，一金一玉，疏疏散散，便有画意。如一色金银，簪钗行列，倒插满头，何异卖花草标？服饰亦有时宜：春服宜倩，夏服宜爽，秋服宜雅，冬服宜艳；见客宜庄服，远行宜淡服，花下宜素服，对雪宜丽服。吴绫

蜀锦，生绡白苎，皆须宽衣阔带，大袖广襟，使有儒者气象。然此谓词人韵士妇式耳。若贫家女，典尽嫁时衣，岂堪求备哉？钗荆裙布，自须雅致。①

明代社会特别是文人雅客异常推崇的服饰艺术风格，其特点可以以"简洁精雅"四字代之，与文人在其他文化领域表现出来的审美理想是一致的。就妇女而言，崇尚节俭的文人认为"一珠一翠，一金一玉"、"一簪一珥，便可相伴一生"，如果女子佩戴了较多首饰，不是被评价为"簪钗行列，倒插满头，何异卖花草标"，就是"但见金而不见人……是以人饰珠翠金玉，非以珠翠金玉饰人也"。化妆则务求"微施粉泽，略染猩红"；否则，过分装饰，如"丹铅其面，粉藻其姿"，或者不讲究化妆方法，例如染唇，应"一点即成，始类樱桃之体，若陆续增添，二三其手，即有长短宽窄之痕，是为成串樱桃，非一粒也"，则均为不雅。结合历史背景，可以看出，文人关于雅致的认识事实上是与当时的节俭风气相合的。明中叶以前，服饰的颜色浅淡而单调，图案主要模拟自然景物，最常见的纹饰有云朵、花鸟、几何纹、缠枝花等，反映的也是士大夫阶层含蓄、清高、恬淡的审美情趣。

关于这种社会风气的形成，除了统治阶级的有意提倡之外，"食必常饱，然后求美，衣必常暖，然后求丽，居必常安，然后求乐"②的中国传统实用主义的观念，也对传统的小农经济产生了抑制作用，这一点在明初的节俭风气形成中也不能忽视。与此同时，整齐划一、等级分明的服饰制度带来了社会风气的拘谨，对人欲、审美的限制，助益明初"敦厚俭朴"风气的形成也是重要原因。

明朝初年，礼制对生活用品的规定，周详而又完备，有关生活最基本的需求，如衣帽鞋袜、房舍家具、车马乘骑、日用杂品等，物无巨细，不论是花色、品种、质料、造型都有严格的等分，小至门钉的数目、腰带的装饰都有一定规格。贵贱不相混淆，与此相关的人际交往、礼尚往来、婚丧喜庆、吉凶祸福的各种礼仪也有定制，由此形成各个阶级、阶层和群体的不同的

---

① （明）长洲卫泳懒仙订：《悦容编·缘饰》，见（清）虫天子编：《中国香艳全书》一集卷二，董乃斌等点校，团结出版社2005年版，第29页。

② 《墨子》卷十五《墨子佚文》，毕沅校注，中华书局1985年版，第200页。

生活方式,任何人都不能超越自己的身份享用不该享用的物品,历代统治者都以此作为世风良莠、名教盛衰的准则,并用法制、哲理、教化等各种手段进行不断的灌输和宣扬。因此,受礼制约束的社会秩序往往是循礼蹈规、安分守己的。在这样的氛围中,拘谨、守成、俭约、鲁朴也就成了相应的民风,这种世态也正是封建统治者津津乐道的最理想的社会模式。明初服饰,“人遵画一之法”,“自职官大僚而下至于生员,俱戴四角方巾,服各色花素绸纱绫罗道袍。其华而稚重者,冬用大绒茧绸,夏用细葛,庶民莫敢效也;其朴素者,冬用紫花细布或白布为袍,隶人不敢拟也。……其市井富民亦有服纱绸绫罗者,然色必青黑,不敢从新艳也”①。“非其人不得服其服”,“非其人而服其服”,受到严格的礼法限制。虽“少长服饰尚新,未曾流乎侈僭”②。同时,器用习俗尚质朴、重实用,市井细民“衣饰器皿不敢奢侈”,即使腰缠万贯,也居处安分。当然,这本身可以视作对欲望的限制和压抑,可以看作对人性尤其是个性的压抑。

明朝初年的服饰,将服饰的俭朴和实用性发挥到了极致,在服从礼制的要求的同时,也将审美性压抑和降低到最低层次,当人们习惯于这种简朴之时,“出游于市,见一华衣市,人怪而哗之”③,或者“未有见之不掩口者”,甚至以最卑贱的身份鄙视之,人们认为衣着华艳亦即盛妆之人,也许不是正经人家,并以此来取笑。④ 在这种情况下,人们对服饰美的诉求、创造均不能得到任意的发展,只能纳入等级、礼仪和道德的体制之中。

由上面的分析可以看出,明代初年崇尚俭朴的风气受到物质条件的限制,同时也受到严苛等级制度的限制,更受程朱理学思想的钳制,对人性自然诉求和审美欲求的压抑也是十分明显的,这也是不利于审美意识的张扬的。

----

① 　(清)叶梦珠撰:《阅世编》卷八《冠服》,来新夏点校,中华书局 2007 年版,第 197 页。
② 　嘉靖《汀州府志·风俗》。
③ 　嘉靖《江阴县志》。
④ 　明人李乐《见闻杂记》就有这样的记述:嘉靖中后期,十五岁的李乐在县城读书。一天和众秀才一起去谒见知府,同去的曹姓秀才衣着极为鲜艳,知府赵瀛因问道:“生非娼优家子弟乎? 何盛妆如此?”清人谈迁《枣林杂俎》也记载说:“弘治、正德初良家耻类娼妓。”(中华书局 2006 年版,第 557 页)

二、风俗服饰的渐变

正德以后,浑厚之风稍衰,一种华侈相高、僭越违式的颓靡风尚流行,一股追求艳丽、慕尚新异的风潮出现。这种风气从士大夫、士子、市民等阶层开始,影响及于下层百姓、娼妓;这种风气始于城市,辐射远近乡村①,使整个社会生活呈现出异于明初的现象,"自百余年承平以来,渐变其初,遂由俭入奢"②,且涉及面很广泛,以致"风俗之靡,海内皆是"③。

成化年间,服饰制度遇到了严峻的挑战,这次挑战和冲击来自"马尾裙事件",有人甚至认为,"明代服饰制度受到第一次挑战,是成化年间的'马尾裙'的盛行"④。

明朝中期,一度时兴用马尾编成的长裙,穿衣人的服饰自腰部以下都被伞形的马尾裙衬托起来,下半身的造型也就像一把圆伞,这种从朝鲜传入中国的裙子叫作"发裙",裙式蓬大,舒适美观,一度十分风靡。明人笔记如《菽园杂记》、《寓圃笔记》、《穀山笔麈》等都有记载。王锜在《寓圃笔记》中就记录道:

> 发裙之制,以马尾编成,系于衬衣之内。体肥者一裙,瘦削者或二三,使外衣之张,俨若一伞,以相夸耀。然系此者,唯粗俗官员、暴富子弟而已,士夫甚鄙之,近服妖也。⑤

陆容《菽园杂记》介绍得很是详细:

> 马尾裙始于朝鲜国,流入京师,京师人买服之,未有能织者。初服者惟富商贵公子歌妓而已。以后武臣多服之,京师始有织卖者。于是无贵无贱,服者日盛。至成化末年,朝官多服之者矣。大抵服者

---

① 对此,明代唐宋派散文家归有光的说法是:"大抵始于城市而后及于郊外,始于衣冠之家而后及于城市。"[(明)归有光:《震川先生集》卷三《庄士二子字说》,周本淳点校,上海古籍出版社1981年版,第85页]

② 万历《永安县志》。

③ 万历《福宁州志·风俗》。

④ 林丽月:《大雅将还:从"苏样"服饰看晚明的消费文化》,熊月之、熊秉真主编:《明清以来江南社会与文化论集》,上海社会科学院出版社2004年版,第214页。

⑤ (明)王锜撰:《寓圃笔记》卷五《发裙》,张德信点校,中华书局1984年版,第41页。

下体虚参,取观美耳。阁老万公安冬夏不脱,宗伯周公洪谟重服二腰。年幼侯伯驸马,至有以弓弦贯其齐者。大臣不服者,惟黎吏侍淳一人而已。此服妖也,弘治初,始有禁例。①

清人查继佐《罪惟录》卷四"冠服志"记载:

> 成化中,马尾裙盛行。此制始于朝鲜国,流入京师,京师之人亦渐习为之。阁臣万安,冬夏不脱。宗伯周洪谟,重服二件,武臣至有弓弦贯其齐者,无贵贱用之,废夏而尚彝,非制。至弘治初年,有禁不能止,后不禁而制绝。②

在明代绘画《宪宗调禽图》、《宪宗元宵行乐图》中,所绘人物几乎都身着这种撑裙,也就是"马尾裙"。照应文献记载的是,山西平遥县双林寺保留的明代泥塑,其中的女性塑像从腰部以下,衣摆、长裙皆造型浑圆如钟,似乎表现的就是内穿裙撑的情况。"马尾裙"的记载见于文献、见于绘画、见于雕塑,可见其影响巨大。

马尾裙传入中国,受到江南士大夫的拒斥,被视为"服妖"现象,是"非制"的事物,因此"士夫甚鄙之"。然而在政治中心的北京,却是另一番景象:起初北京没有人会编制这种服饰,只好纯靠进口。最初,穿着马尾裙的风气由阔佬、花花公子和娱乐业人士首先倡导起来,武将们也跟风,成为一时之风尚。需求创造了市场,于是很快就有人在北京制造和销售这种新鲜玩意了,而供给的增加进一步刺激了需求,大家都赶时髦穿起了裙撑。到了成化末年,紫禁城内外,满眼都是下半部圆鼓如伞的文武大臣,身为内阁大学士的万安一年四季,不管冷热都是裙撑不离腰(所谓"冬夏不脱");官至礼部尚书的周洪谟则喜欢重叠地系上两层裙,以使其蓬张的效果更明显(所谓"重服二件");年轻贵族们还在马尾裙内绷上弓弦,以使其外形整齐而美观。

作为一种时尚,马尾裙流行时间不长,到弘治初年,有人上书言称马尾裙"有误军国大计,乞要禁革",从军国大计的高度要求官方进行干预,官方

---

① (明)陆容撰:《菽园杂记》卷十,佚之点校,中华书局 1985 年版,第 123—124 页。
② (清)查继佐:《罪惟录》志卷四《冠服志》,浙江古籍出版社 1986 年版,第 504 页。

于是将其视为兆示不祥的奇装异服(时称为"服妖")而着手加以禁止,但是"有禁不能止"。后来曾经风行一时的马尾裙"不禁而制绝",乃至于生活在嘉靖至万历年间的于慎行,对于马尾裙,便只有耳闻而无缘目睹了:

> 尝闻里中长老传,数十年前,里俗以牦(兽尾)为裙,着长衣下,令其蓬蓬张起,以为美观。既无牦裙,至系竹圈亲之,殊为可笑。①

于慎行是隆庆二年进士,系山东东阿人氏,其所谓"里中"应该指东阿。意思是说,数十年前,东阿这地方也流行马尾裙,人们也以这种蓬张之状的裙装为美观,由此可见时尚流行之广泛。

下半身蓬鼓如伞的马尾裙是一种时代性的"美观",穿着也是一种时尚。在当时,一条马尾裙的价格数十倍于苏杭所产的上好丝绸,所以拥有马尾裙不仅是身份地位的象征,更是财富的象征,所以这一风习由富裕阶层首倡,由国家意识形态控制中比较边缘的妓女等人先行穿着,得风气之先,引领时尚。后来官吏也狂热地钟情于马尾裙,以至于出现偷拔官马的马尾和鬃毛去制作马尾裙的事件;民间也广泛仿效,买不起马尾裙的人便用竹圈来代替,把竹圈系在腰部,衬在身上的长衣之下,以此把外衣下摆撑张开来,取马尾裙之意而形成蓬张如伞的审美效果,最后形成"无贵无贱,服者日盛"的局面。尽管南方士子多以为怪,在记录的文字中多有不满之词,但是"京中士人好着马尾衬裙"②却是一个难以改变的审美事实,审美意识的作用由此可见一斑。

围绕着像马尾裙这样的服饰事件,从弘治初年到嘉靖前期的半个世纪的时间里,明朝廷与不安分的臣民围绕服饰的斗争不断,乃至于嘉靖皇帝登基之时,也把整顿服饰的事写进了登基诏书之中,伴随着治国方略一起昭示天下并执行,充分显示了服饰在社会生活中的重要性。但是,明朝中后期,王阳明心学的兴起,对程朱理学形成巨大冲击,形成浪漫主义和思想解放的潮流,思想解放带来的结果便是,服饰的意识形态色彩逐渐淡

---

① (明)于慎行撰:《穀山笔麈》卷十五《杂闻》,吕景琳点校,中华书局 1984 年版,第 176 页。

② (明)冯梦龙:《成、弘、嘉三朝建言》,张树天、王槐茂主编:《冯梦龙全集》第九卷,内蒙古文化出版社 2000 年版,第 39 页。

去,人们开始依据个人的兴趣穿衣戴帽,任意地打扮,服饰的式样和色彩也变得五花八门,多彩多样,个性意识被明显地凸显出来。服饰的变化成为当时思想领域发生重大变动的一个重要征象,具有异端思想的狂狷之士便以奇装异服张本其行为,而具有复古立场的士大夫往往通过对"服妖"的批判来批判异端思想并申说其主张。服饰成为新旧思想得以展开的对象之一,服饰成为新旧思想交锋的由头。

"明代服饰的变化并不是偶然的孤立现象,它是当时文化思想各领域发生大变动的一种外观反映,同时也是这种大变动的一个组成部分。"①"日常生活方面的奢华僭越之风,在很大程度上是由于经济的发展、物质生活的富裕,社会成员在一定的生活观念支配下对生活内容和生活方式进行选择的自然结果,它的流行却实实在在地标志着,甚至导致了服饰、居所、饮食作为社会等级标志的象征意义的弱化,客观上构成或强化了对社会等级制度的蔑视和对原有社会秩序的重大突破。"②

三、对定制的僭越与逐新求异的审美意识

可以说,以上的变化是在传统文化的母腹中孕育的新变化。万历以来,"一股不安分守己而别开生面的新鲜文化潮流涌动于传统文化之中"③。在这一历史时期,尽管商人、市民阶层的力量和势力大增,商品经济也有较大的发展,改变着当时中国的社会结构和经济结构,但是封建经济和意识形态仍然控制着人们。就是在这种情形之下,新的思想、社会观念和风气还是悄然形成和出现了,它们是从中国传统文化的重重帷幕下透出的微光。它们以反传统的姿态出现,一经萌动便一反明初"非世家不架高堂,衣饰器皿不敢奢侈"的"简质"风尚,转到以奢侈为荣、"以俭为鄙"的价值观念上来,给当时沉闷而刻板的社会生活带来了清新活泼的气息。流风所及,影响到文学艺术、衣食住行、图书出版等各个方面,这些方面的

---

① 康成:《从"四方平定巾"到"马尾裙事件"——明代官民服饰的变迁》,《知识窗》1993 年第 2 期。

② 张勃:《明代岁时民俗文献研究》,商务印书馆 2011 年版,第 69—70 页。

③ 冯天瑜、何晓明、周积明:《中华文化史》,上海人民出版社 1990 年版,第 771 页。

变化也在一定程度上反映了人们的心理和价值观念的变化,其中也包括了审美意识的变化。这些变化表面上都表现为越礼逾制、舍朴求华等。

(一)服饰追新逐异的审美意识

只要比较一下,我们就可以看到这种变化。

明朝初年,恢复汉族礼制,形成"尊卑有序"的社会秩序,且"法尚严密","民皆畏法,遵守弗违",同时由于连年战争的破坏,生产凋敝,物质供给不足,基于社会生产能力与统治阶级的倡导而形成的社会风气,"百姓用度取给而止,奢侈甚少"。随着社会生产的发展、民力的恢复,"民气渐舒,蒸然有治平之象",于是"民竞逐利"的现象出现了,开国之初所形成的"俭朴醇厚"、"贵贱有等"的社会秩序和风气在江南那些经济发达的地区难以维持。从正德年间开始,经历了"浑厚风俗少衰"的渐变过程,到嘉靖、崇祯年间,政治衰弛,国家统治力减弱,同时商品经济的萌芽和市民阶层的出现,导致人们的经济和文化诉求逐渐多样化,国家已无力对服饰、屋舍方面的违式、违制现象进行遏制。加之经济发展,物质充裕,技术进步,纺织业、丝织业、棉织业、手工业等的进步,为实现人们的审美需求提供了条件;在思想领域,明代中叶兴起的心学思潮,生成对传统礼制的攻击和破坏、对个性提倡、对人生欢乐的追求等文化氛围,导致人们重视物质享受和生理感受,社会各阶层都参与了促进社会风气变革的进程。值此之时,主导社会意识、引导社会审美意识的士大夫也顺应时变①,甚至"导奢导淫",事实上促进了封建文化内部新因素的生成和流行;富家大户追求物质享受开其端,名士官宦导其势,推波助澜,增踵其华②;下层民众则竞相模仿,随波逐流,竞尚奢华的风气遂一发而不可收拾,"华奢相高"、"僭越违式"于是成为社会的常态,"时改新样"的新与奇的追求成为时代风气,"古风渐渺",而人们却习以为常。上自皇帝下及平民,人们都沉溺于对现

---

① 顾起元《客座赘语》卷九之"服饰"条载:"服舍违式,本朝律禁甚明,《大明令》所著最为严备。今法久就驰,士大夫间有议及申明,不以为迂,则群起而姗之矣。"对于服舍违式,不仅世人置若罔闻,就连士大夫平日交际,如果有人谈论礼法,大家的反应却是"不以为迂,则群起而姗之"。可见对于令人舒适的享受性变革,士大夫也是乐于接受和顺应的。

② 《明神宗实录》卷一七二曰:"今贵臣大家,争为奢侈,众庶仿效,沿习成风,服食器用,逾僭凌逼。"

世物质享受和世俗欢乐的追求之中,"违式"、"放达"、"奢靡"成为这一时期社会风气和审美意识的旗帜。值得注意的是,这是一场从上到下的社会运动,也许可以视作对明代初年文化专制中严苛制度的反抗,也可以看作社会经济发展的必然产物,更可以看作感性萌动和个性解放之后的必然产物。

生产的发展、经济的繁荣、人们思想观念的活跃和朝廷纪纲的废弛,多种因素促使风气发生了改变,使明初形成的"敦厚俭朴"的社会风俗最终被"越礼逾制"、"趋新慕异"的"异调新声"所替代,明代社会风俗和审美意识进入了新的历史阶段。

社会风气由"敦厚俭朴"转向"浮薄华奢","自淳而趋于薄",服饰从"常守一法"向"衣冠诡异"转变,"随时之好"、"一时宗之"的服饰大量出现,号称"时世样","长衫大袖,旬日异制"(嘉靖年间袁袠《世纬》卷下"革奢"),变化之快,令人目不暇接,来不及适应,服饰成为风衰俗变的重要组成部分。而且这种易变还是全面的、配套的、整体推进的,就服饰而言,"首髻之大小高低,衣袂之宽狭修短,花钿之样式,渲染之颜色,鬓发之饰,履綦之工,无不易变。当其时,众以为妍,及变而向之所妍,未有见之不掩口者"①。从"简朴"到"华奢",世风变迁是审美意识变迁的前提和根据,而审美意识又是世风的重要内容和表现形式。

"士民竞以华服相夸耀,乡间妇女亦好为华饰"②,风习的影响遍及城乡,士人、普通市民甚至乡间妇女都参与了审美风尚的制造和流布。而且,许多时尚服装已经达到了怪异的程度,"市井之人多以麻布为之,谓之凉帽,与有丧者同,甚觉不佳"③。审美的追求已经超越文化习惯,使当时的人们感觉到不适。审美意识的每一次发展实际上都是对习惯势力的突破,在服饰上也是这样,许多怪异的服饰在当时被称为"服妖"④,但是

---

① (明)陆灿、顾起元撰:《庚巳编 客座赘语》,谭棣华、陈嘉禾点校,中华书局1987年版,第293页。

② 嘉靖《隆庆志》卷七《人物·风俗附》。

③ 嘉靖《雅洪县志》卷一《风俗》。

④ 也有称为妖服的,指服饰怪异而异于常制,古代占相者认为是体貌不恭之征,国家君主凶祸之兆,被认为是变节异度甚至亡国丧邦的预兆,所以会引起官员和政府的重视。自古以来,"服妖"之称屡见于史书,历朝历代都有。

经过一段时间的审美的文化的感官的适应之后，人们却习以为常。和其他朝代一样，在明代最先觉察这种服饰变化的也是地方官员，他们在上奏朝廷的文书中向朝廷汇报了这种情形，反映了他们的意见，同时地方志的编撰者以记录风俗的名义，在"风俗志"中记录了服饰的变化，并表达了他们的意见。当然大多县志编撰者都基于"正风俗"的视点和目的对这种情形表示了不满，有大叹世风不再的情形，同时表示了对正德之前醇厚风俗的怀恋。

这种变化是全面的，既有服饰的形制、式样、颜色的变化也有男女性别的互窜等，总体而言呈现出"华"、"奢"、"新"、"异"的审美意识。由于史料本身具有整体性，下面通过胪列见诸史料的种种情形以资说明。

明中后期的服饰社会风习的总体情况如《明宪宗实录》所载："兵民服色器用，已有定制。近在京多犯越，服用则僭大红织金罗缎、遍地金锦……首饰则僭宝石珠翠。下至倡优，亦皆僭侈。"概括起来只有两个字，即"僭"、"侈"。诸多的材料可以证明《明宪宗实录》的概括是相当准确的。比如，顾起元《客座赘语》记南京风尚说：

> 正、嘉以前，南都风俗最为醇厚。荐绅以文章政事、行谊气节为常，求田问舍之事少，而营声利，畜伎乐者，百不一二见之。逢掖以咕哗帖括、授徒下帷为常，投赘干名之事少，而挟倡优、耽博奕、交关士大夫陈说是非者，百不一二见之。军民以营生务本、畏官长、守朴陋为常，后饰帝服之事少，而买官鬻爵、服舍亡等、几与士大夫抗衡者，百不一二见之。妇女以深居不露面、治酒浆、工织妊为常，珠翠绮罗之事少，而拟饰倡妓、交结姏媪、出入施施无异男子者，百不一二见之。①

《万历泉州府志》言，泉州成化、弘治以前"俗尚敦朴，自昔已然。诸诣黉塾市肆者，踽踽一布袍，士以素，庶人以缁，冬夏迭更，聊顺寒暑"。到了万历年间，则为"储无甔石，衣必绮纨，非然者以为僇辱。下至牛医

---

① （明）陆灿、顾起元撰：《庚巳编　客座赘语》，谭棣华、陈嘉禾点校，中华书局1987年版，第25—26页。

马佣之卑贱,唐巾、晋巾、纱帽,浅红深紫之服,炫然摇曳于都市,古所谓服妖也"①。

山东崇祯《郓城县志》卷七《风俗》载:

> 迩来竞尚奢靡,齐民而士人之服,士人而大夫之官,饮食器用及婚丧游宴,尽改旧意,贫者亦椎牛系鲜,合缯群祀,与富者斗豪华,至倒囊不计焉。若赋役施济,则毫厘动心。里中无老少,辄习浮薄,见敦厚俭朴者窘且笑之。逐末营利,填衢溢巷,货杂水陆,淫巧姿异,而重侠少年复聚党招呼,动以百数,椎击健讼,武断雄行。皂隶之徒,亦以华侈相高,日用服食,拟于市宜。②

《博平县志》卷四《人道》六《民风解》记载:

> 至正德嘉靖间而古风渐渺。……乡社村保中无酒肆,亦无游民。……由嘉靖中叶以至于今,流风愈趋愈下,惯习骄吝,互尚荒侠,以欢宴放饮为豁达,以珍味艳色为盛礼。其流至于市井贩鬻、厮隶走卒,亦多缨帽缃鞋,纱裙细绔;酒庐茶肆,异调新声,汨汨浸淫,靡然不(也有他本作"勿")振。甚至娇声充溢于乡曲,别号下延于乞丐。……逐末游食,相率成风。

《吴江县志》卷三八《崇尚》记载:

> 邑在明初,风尚诚朴,非世家不架高堂,衣饰器皿,不奢侈。……至嘉靖中,庶人之妻多用命服,富民之室亦缀兽头,循分者叹其不能顿革。万历以后迄于天、崇,民贫世富,其奢侈乃日甚一日焉。

沈德符《万历野获编》卷五对明末服饰僭越的风气作过这样的描述:

> 在外士人妻女,相沿袭用袍带,固天下通弊,京师则极异矣。至贱如长班,至秽如教坊,其妇外出,莫不首戴珠箍,身披文绣,一切白泽、麒麟、飞鱼、坐蟒,靡不有之。且乘坐肩舆,揭帘露面,与阁部公

---

① (明)阳思谦修,徐敏学、吴维新纂:万历重修《泉州府志》卷三《风俗》,(台北)学生书局1987年版,第293—294页。

② 转引自颜章炮主编:《新编中国古代史教学参考资料》第3册,厦门大学出版社2003年版,第365—366页。

卿,交错于康逵。前驱既不呵止,大老亦不诘责。真天地间大
灾孽!①

优伶、娼妓,出身低微,明代服制规定的衣饰具有侮辱性质,所以在社会法
制放松的情况下就会出现报复性的反弹,且往往引领一时之风尚。"妓
女新兴雅淡妆,散盘头发似油光。翠翘还映双飞鬓,露出犀簪两寸长。"②
出身低微的优伶、娼妓,遍体绫罗,满头珠翠,与贵妇人争娇竞媚,成为时
装的带头人,乃至于形成"倡优服饰侈于贵族"③的风气。

如同服饰的变化涉及首服(头饰)、衣服、足服(鞋履)和饰品一样,社
会风气层面的服饰变迁延及士、农、工、商各个社会阶层。吕坤《呻吟
语·世运》言道:"士鲜衣美食、浮淡怪说、玩日愒(也有作"邀"的)时,而
以农工为村鄙;女傅粉簪花、冶容学步,袖手乐游,而以勤俭为羞辱;官盛
从丰供、繁文缛节、奔逐世态,而以教养为迂腐,世道可为伤心矣。"同时,
风气也从城市蔓延到了农村,"士民竞以华服相夸耀,乡间妇女亦好华
服"④。

服饰的"奢侈"追求夹裹在其他的社会风习之中,尤其是与食、住、行
紧密相关。

《隆庆志》谓:

> 士人以礼法为拘,气节为重。……晋江人文甲于诸邑,石湖、安
> 平,番舶去处,大半市易上国及诸岛夷,稍习机利,不能如山谷淳朴
> 矣。……婚嫁颇尚侈,而善作淫巧之匠,导其流而波之。割裂缯帛,
> 章施彩绣,雕金镂玉,费工十倍,且递相夸竞,岁易月更,而不知所穷。
> 居丧之奠,广致亲宾,自堂上及堂下,盛陈笾豆,高堆酥模,甚至罗箧
> 飞走,徒饰美观,既撤奠,则亲宾飨胙,不讳醉饱;即乡村下屋,亦视兹
> 为送死大事,以不能致客为羞。……岁时之节……而装饰神像,穷极

---

① (明)沈德符:《万历野获编》,中华书局 1959 年版,第 148 页。
② (清)艾衲居士编:《豆棚闲话》,上海古籍出版社 1983 年版,第 110 页。这是对
"时妓"的描写和记录,因作者为明末遗民,故其所记应该属于晚明的情况。
③ 嘉靖《广平府志》卷一六《风俗》。
④ 嘉靖《永丰县志》卷二《风俗》。

耳目。……近年以来，生齿日繁，山穷于樵采，泽竭于罟网，仰哺海艘，犹呼庚癸；非家给人足之时。顾物力甚诎，而用度益奢，饮食张具，恣所好美，储无甔石，衣必绮纨，非然者，以为僇辱。下至牛医马佣之卑贱，唐巾、晋巾、纱帽，浅红深紫之服，炫然摇曳于都市，古所谓"服妖"也。……今民俗羯羠，等威无辨，群然以亢骜为得计。佃农所获，朝登垄亩，夕贸市廛，呈有豫相约言，不许输租巨室者。①（关于服饰的部分已用异体字标示出来）

《万历邵武府志》云：

按旧志，闽、大禹之支封也；民俗俭而尽力沟洫，禹之遗教存焉。然土瘠而产薄，势亦不得不然也。风会日流，至于今，而靡极矣。昔冬布而夏苎，冠布而髻髻，无他饰也。今衣裳必纨绮，簪珥必珠玉，长裾而大袖，制且日新焉。昔之宴会，鱼肉数品，充以果蔬，宾主尽欢而止。今陆珍海错，杂沓几筵，甚至镂金银以为器，彩绣以为花，鼓吹优人喧阗旅进，匪是，谓之不敬。昔士庶踽行市中，暑执扇障面，而擎盖蔽湿，不自云苦。今唱骊而乘舆，囊服而拥盖，仆从纷如也。昔树蔬稻，艺竹木之属，以佐生计。今家置名卉于庭，渐有开园囿，累岩石，以娱耳目者。其诸侈淫未易指数，富家巨室转相矜诩，即穷乡下走，慕所不如。乃信鬼好巫，斋醮迎宾，往往竭所有而不恤。病者金听于神，闽俗皆然，而邵为甚；作业既剧，物力旋耗，俗安得不坏？民安得不贫哉？②

《嘉靖建宁县志》云：

国初……制皆古朴，宾燕至五六品而止。近……其俗奢，男饰皆瓦笼帽，衣履皆纻丝，时改新样。女饰，衣锦绮，被珠翠，黄金横带，动如命妇。夫人常会设簇盘陈，添换至三十余味，谓之春台席。冬月收藏毕，内眷相邀，日椎牛宰豕，食卓坐碗，累至尺余，至婚燕又不止食

---

① 阳思谦等：《万历泉州府志》，转引自徐泓：《明代福建社会风气的变迁》，韩昇主编：《古代中国：社会转型与多元文化》，上海人民出版社 2007 年版，第 319 页。

② 侯兖：《万历邵武府志》，转引自徐泓：《明代福建社会风气的变迁》，韩昇主编：《古代中国：社会转型与多元文化》，上海人民出版社 2007 年版，第 321 页。

前方丈。

《万历将乐县志》云：

> 乃今顾与畴昔浸异矣。不贵俭德，徒以华靡相高。丈夫被文绣服，纳纯彩履；女子服五彩金缕衣，以金珠翟翠为冠。嫁娶辄用长衫束带，而乘驷马高车。室皆厅事，与品官第宅相垺。岁时燕会，列鼎极水陆珍，挝金品筵者，迄无虚日。其富子弟，不事家人生产，率群居呼五百，坐荡田庐，不之悔；至于信争町畽，递竞锱铢，多为无赖之行。①

再看衣冠之"新""异"。"新"和"异"往往难分彼此，这一点在明代服饰中也是这样。

嘉靖《雅洪县志》卷一"风俗"载：

> 其服饰则旧多朴素，近（指嘉靖后期）则妇女好为艳妆，髻尚挺心，两袖广长，衫几曳地。男子则士冠方巾，余为瓦棱帽。

《万历新修余姚县志》载：

> 邑井别户，无贵贱率方巾长服，近且趋奇炫诡，巾必骇众，而饰以王服，必耀俗而缘以彩，昔所谓唐巾鹤氅之类，又其庸庸者矣。至于妇女服饰，岁变月新，务穷珍异，诚不知其所终也。

万历年间《温州府志》卷二"风俗"记载：

> 今富家子弟多以服饰炫耀，逮舆隶亦穿绸纨，侈靡甚矣。

从以上材料之中，我们可以看到，服装开始日渐奢靡，并带有炫耀性质。同时可以看到，由于生产的发展，丝绸纱罗已经从先前的禁用品变成了普及品。"凡有钱者任其华美，云缎外套遍地穿矣。"②其中值得注意的是"好为"、"尚"等用语，其间蕴含的是求变、喜好新异的审美追求，且"群相蹈之"③

---

① 黄仕祯：《万历将乐县志》（万历十三年刊本）卷一《舆地志·土风》，转引自徐泓：《明代福建社会风气的变迁》，韩昇主编：《古代中国：社会转型与多元文化》，上海人民出版社 2007 年版，第 322 页。

② （清）姚廷遴：《纪事编》，见冯天瑜等：《中华文化史》，上海人民出版社 1990 年版，第 722 页。

③ （明）张瀚撰：《治世余闻　继世纪闻　松窗梦语》，盛冬铃点校，中华书局 1985 年版，第 144 页。

除了好艳之外,人们更注重"趋奇炫诡",即更注重审美效果上的"骇众"、超越庸常、令人侧目。在万历以前,官戴忠靖冠,士服方巾,"犹为朴谨",人遵画一之法。等到了隆庆、万历两朝,则"殊形诡制,日异月新"①,"富贵公子衣色大类女妆,巾式诡异难状"②。男人头巾形式多样,且爱着大红色衣,妇女的服饰更是绚丽多彩,且"首饰之大小高低,衣袂之宽狭修短,花钿之样式,渲染之颜色,鬓发之饰,履纂之工,无不易变"。明显地超越"冠服章身"的礼制要求而追求"饰美"③的效果,新、异成为人们的重要追求,也成为时代风气变化的重要动力。

再看衣冠之"异"。这种"异"主要表现为服饰在性别方面的僭越④。李乐《续见闻杂记》卷十记载:万历年间,他进了一趟城,突然惊奇地发现,满街走动的生员秀才,他们的装束全是红丝束发,嘴唇涂着红色的脂膏,脸上抹着白粉,还用胭脂点缀,身穿红紫一类颜色的衣服,外披内衣,一身盛妆,如同艳丽的妇人。为表达感慨他改古诗一首:"昨日到城郭,归来泪满襟。遍身女衣者,尽是读书人。"⑤以诗的形式记录了服饰时尚的时代变迁。在晚明,都市人穿着女衣成为一种时尚,颇为怪异,时人在骇异的同时,认为这种阴阳反背的情形为不祥之甚⑥。崇祯《兴宁县志》的记录是,"间有少年子弟,服红紫,穿朱履,异其巾襪(袜),以求奇好"。这种情况"迨至明季,嚣陵宜盛",具体表现为"伎女露髻巾网,全同男子;

① (明)陆灿、顾起元撰:《庚巳编 客座赘语》,谭棣华、陈嘉禾点校,中华书局1987年版,第23页。

② (明)李乐:《瓜蒂庵藏明清掌故丛刊 见闻杂记》第二卷,上海古籍出版社1986年版,第155页。

③ "冠服所以章身,匪为饰美",(明)李乐:《瓜蒂庵藏明清掌故丛刊 见闻杂记》,第二卷之"十三",上海古籍出版社1986年版,第156页。

④ 《礼记·内则》有关于男女之别之序的规定,言称男女之别,孔颖达的疏曰"此经论男子女子殊别之宜",还提到"男女不通衣裳"之说,可见男女在服饰上不能僭越性别差异。明代的这种男女在服饰上的性别互易,被当作"服妖"的一种表现,同时也被认为是社会生活的"异兆",被认为是不祥的。

⑤ (明)李乐:《瓜蒂庵藏明清掌故丛刊 见闻杂记》第十卷,上海古籍出版社1986年版,第817页。

⑥ 明人萧雍在《赤山会约》中说:"女戴男冠,男穿女裙,阴阳反背,不祥之甚。"(《丛书集成初编》第733册,商务印书馆1936年版,第10页)

衿庶短衣修裙,遥疑妇人;九华是帻,罗汉为履",这就是所谓"男为女饰,女为道装"的情形。在这种社会风气中,值得注意的就是"以求奇好"的消费和审美心态,明人范濂《云间据目抄》卷二"风俗"也认为,这种情形"乃其心好异,非好古也"。另外,色彩、形制、尺寸方面的违常与逾制都可以视作新异的表现。这种情况,前文多有述及,此处不再赘述。当然,这种违常和逾制还表现为"奴隶争尚华丽"、"女妆皆踵娼妓"①、仕宦喜穿奴辈穿着等。还有就是各种新异的巾式、服式流行,比如纯阳巾等巾式就是在复古之风之后出现的新的巾式,和纯阳巾相类的还有凌云巾、玉台巾等,都是中晚明以后流行开来的新生事物。趋奇炫诡、逐新求异成为服饰发展的重要动力,也是当时人们审美意识的重要表现。

再来看笔记、诗歌、小说中的记载与描写。

张岱在《越俗扫墓》中提及:"越俗扫墓,男女衮服靓装,画船箫鼓,如杭州人游湖。厚人薄鬼,率以为常。二十年前,中人之家,尚用平水屋帻船,男女分两截座,不坐船,不鼓吹。……后渐华靡,虽监门小十,男女必用两坐船,必巾,必鼓吹,必欢呼鬯饮。下午必就其路之所近,游庵堂、寺院及士夫家花园。鼓吹近城,必吹《海东青》、《独行千里》,锣鼓错杂。酒徒沾醉,必岸帻嚣嚎,唱无字曲,或在舟中攘臂,与保列厮打。自二月朔至夏至,填城溢国,日日如之。"②袁宏道有诗云:"铙吹拍拍走烟尘,炫服靓妆十万人。绯衣金带印如斗,前列长官后太守。……假面胡头跳如虎,窄衫绣裤捶大鼓。……一路香风吹笑声,千里红纱遮醉玉。青莲衫子藕荷裳,透额重鬓淡淡妆。"③值得注意的是,其中"男女衮服靓装"、"必巾"、"炫服靓妆"的描写,从中可以看出当时的衣着风气。

服饰的奢侈新奇之风相互习染,最终演变成一股社会、审美潮流。这种情形在明代世情小说的代表《金瓶梅》中有充分的描写和交代。

---

① (明)范濂:《云间据目抄》卷二《记风俗》,民国戊辰奉贤褚氏重刊本。
② (明)张岱撰:《陶庵梦忆》(插图本)卷一《越俗扫墓》,中华书局 2008 年版,第14—15 页。
③ 《迎春歌》,见刘征、傅秋爽选注:《古诗类选　品艺诗》,人民文学出版社 1989 年版,第 175 页。

第二回潘金莲一出场的打扮是通过西门庆的眼睛描写的：

> 头上戴着黑油油头发鬏髻,口面上绾着皮金,一径里莟出香云一结,周围小簪儿齐插,六鬓斜插一朵并头花,排草梳儿后押。难描八字湾湾柳叶,衬在腮两朵桃花。玲珑坠儿最堪夸,露菜玉酥胸无价。毛青布大袖衫儿,褶儿又短,衬湘裙碾绢菱绫纱。通花汗巾儿中儿边搭刺,香袋儿身边低挂,抹胸儿重重纽扣,裤腿儿脏头垂下。往下看,尖趫趫金莲小脚,云头巧缉山牙,老鸦鞋儿白绫高底,步香尘偏衬登踏。红纱膝裤扣鸳花,行坐处风吹裙绔。①

潘金莲在被西门庆娶纳之后的第二日,"梳洗打扮,穿一套艳色衣服"拜见大小,给吴月娘的第一印象是"从头看到脚,风流往上跑;从脚看到头,风流往上流。论风流,如水晶盘内走明珠;语态度,似红杏枝头笼晓日"(第九回)②。只是吴月娘对潘金莲还不甚了解,这种风流是通过外貌和穿着打扮外在地表现出来,吴月娘的观察也是基于美丽的外貌和外在的衣着打扮。随着西门庆的宠爱有加,潘金莲开始风流张扬,服饰首饰也有了质的变化。"正说着,只见潘金莲上穿了沉香色潞绸雁衔芦花样对衿袄儿——白绫竖领,妆花眉子,溜金蜂赶菊钮扣儿。——下着一尺宽海马潮云羊皮金沿边挑线裙子,大红段子白绫高底鞋,妆花膝裤,青宝石坠子,珠子箍。"(第十四回)③在小说中,服饰的变化正在说明一个人的地位的变化。而事实上,那些拥有经济地位的人正是以服食方面的僭越来争取和显示自己的地位,以引起社会关注的。

《金瓶梅》等明代小说,瞩目世情,贴近现实,注重细节描写,对服饰的描写生活化、写实化,而且对于生活细节(包括服饰)的描写可资考证,因此可以看作具有一定可信度的史料。以《金瓶梅》为代表的"世情小说"既繁又细的服饰描写,为研究明代的审美意识提供了重要的感性材

---

① (明)兰陵笑笑生:《金瓶梅词话》(上),戴鸿森校点,人民文学出版社 1992 年版,第 25 页。

② (明)兰陵笑笑生:《金瓶梅词话》(上),戴鸿森校点,人民文学出版社 1992 年版,第 96 页。

③ (明)兰陵笑笑生:《金瓶梅词话》(上),戴鸿森校点,人民文学出版社 1992 年版,第 165 页。

料,其对服饰多样性的描写,实际上构筑了一个服饰的大观园,体现了华服美饰大盛的明代服饰的盛况。有人统计过,在《金瓶梅》中写到的衣服就有衣、领、补、袖、氅、衫、褂、袄、袍、比甲、抹胸、兜肚、裙、裤、护膝、袜、鞋、靴、履、舄、冠、帽、带、绦、索、袋、包、囊、巾、帕等,写到的首饰就有髻、簪、钿、箍、钗、梳、圈、环坠、戒指、手镯等①,可谓多样。同时,《金瓶梅》所写女性众多,而且每位女性穿着别异,有时就是服装展览会,明代服饰审美意识的特点也由此体现出来,比如对白色绫的欣赏随处可见,比如第二十四回"经济元夜戏娇姿 惠祥怒詈来旺妇"中,正月十六西门庆合家欢乐饮酒,"李娇儿、梦玉楼、潘金莲、李瓶儿、孙雪娥、西门大姐都在两边列坐,都穿着锦绣衣裳,白绫袄儿,蓝裙子"②。接着放烟火花炮,"众人走百媚儿。月色之下,恍若仙娥,都是白绫袄儿,遍地金比甲,头上珠翠堆满,粉面朱唇"③。每一个人在追求新异时尚潮流的同时,又在用服饰彰显着自我的审美追求。

（二）服饰成为人生四事首要的竞奢目标

明朝中后期,社会发展了,观念变化了,观念的变化最为明显地表现往往在社会生活的外在表征——服饰和实物之上,形成"平民鄙俭崇奢,以服食相矜"的局面,社会风气也为之改观。在衣食住行这人生四事之中,服装和饮食成为竞相攀比的对象,形成"衣服什器时之所竞者"的局面。当时的缙绅士大夫,作为四民中的特权阶层,他们住必有绣户雕栋、花石园林、曲院回廊,食必有水陆珍馐、各样美味齐全,用必有贵重器具、摆设齐全,衣必有纱裙细绫、视若寻常,行必仆从相随、骑马香车绣船,不胜奢华,"穷服馔娱声色,选伎征歌,座客常满。日费万钱不惜"④。他们放纵声色,风流倜傥,"穷服馔",亦即在鲜衣美食方面穷奢极欲。士人和

---

① 参见杜斌:《〈金瓶梅〉服饰名目索引》,王平、李志刚、张廷兴编:《金瓶梅文化研究》,中国文联出版社 1999 年版,第 405—417 页。
② （明）兰陵笑笑生:《金瓶梅词话》(上),戴鸿森校点,人民文学出版社 1992 年版,第 283 页。
③ （明）兰陵笑笑生:《金瓶梅词话》(上),戴鸿森校点,人民文学出版社 1992 年版,第 286 页。
④ （清）钱谦益:《列朝诗集小传》(下),古典文学出版社 1957 年版,第 527 页。

富贵阶层"导奢导淫",一般市民也莫不"群相蹈之",上下激荡,于是形成一时之风气、时尚,形成时代审美意识的风标。

奢侈是晚明城市社会风尚的基本特点,即使家无担石之储的庶民百姓,也要刻意打扮,装饰门面,形成群相袭蹈的竞奢局面。张瀚《松窗梦语》说:"国朝士女服饰,皆有定制。洪武时律令严明,人遵画一之法。代变风移,人皆志于尊崇富侈,不复知有明禁,群相蹈之。"①加拿大汉学家卜正民概述道:"明代后期不断被打破的时尚界限就这样又被服饰式样的时髦和过时的变换不断地重新形成,每一种式样都毫无例外地在离开上层社会之后进入下层民众的生活中。"②这一点在江南经济发达地区则更为明显。傅衣凌在《明清社会经济变迁论》一书中指出:"像这种社会风气从俭而奢的记载,封建上下秩序的颠倒,并不是个别现象,而是十五六世纪以后南北各地所普遍存在的。"③在如此风气的影响之下,侈饮食、尚服饰、营居室、筑园亭、品佳茗、游山水,成为晚明隆庆、万历时期以后近百年的社会生活的主调。

伴随着社会经济发展、生产恢复的是统治力量的松懈,国家控制力的削弱。明朝中期以后,作为国初严格控制的衣冠制度发生了重大变化,越礼逾制成为一种社会常态,甚至成为社会变革、思想变迁的重要标志。昔日高贵的服饰,成为寻常百姓的时装,小小的八品官系金带、衣麟蟒甚至服饰上有团龙图案也不算稀罕;身卑位贱的教坊司乐工,在历朝历代都属于被限制之列,此时却敢于大模大样地仿效文官,在袍服上绘以禽鸟,穿戴和朝臣无差;小家碧玉,大户婢女,都以争穿贵妇人的大红丝绣为时髦;富豪缙绅的服饰,更是层出不穷地争奇斗艳,癖好华服丽裳成为一代之时尚。

这种情形在明人笔记、小说、戏曲乃至政府编修的县志、州府志中都

① (明)张瀚:《治世余闻 继世纪闻 松窗梦语》,盛冬铃点校,中华书局1985年版,第140页。

② [加]卜正民:《纵乐的困惑——明代的商业与文化》,方骏等译,生活·读书·新知三联书店2004年版,第256页。

③ 傅衣凌:《明清社会经济变迁论》,人民出版社1989年版,第15页。

有重要的记载。据万历《新昌县志》记载:成化以前,平民不论贫富,都遵
国制,戴平定巾,衣青直身,穿皮靴鞋,极为俭朴。后来逐渐奢侈,士大夫
峨冠博带,稍微知晓文墨的读书人,也是头戴方巾,或者家有读书人者也
都戴方巾,脚着彩鞋,身穿彩衣,一些富家子弟也模仿服用,明朝初年设置
的那些禁忌被置若罔闻。底层的劳苦人民则是粗布白衣,戴白衣帽者
"盈巷满街",而且帽铺也只制售白巾帽,"绝不见有青者"。服饰在色彩、
形制、式样、图案诸多方面存在僭越现象,但却"人不以为异",尽管朝臣
阁老以及下层文人虽有担心,但是也只能慨叹而已,"风俗移人",那是没
有办法的事。

　　明朝后期这种"犯礼逾制"的现象十分普遍,服饰民俗出现了多样化
的趋势。经历嘉靖、隆庆、万历三朝的江西参议李乐曾经谈到当时人们衣
着的变化:"嘉靖辛丑、壬寅间,礼部奉旨严行各省,大禁民间云巾、云
履。……人知畏惮,未有犯者。不意嘉靖末年,以至隆、万两朝,深衣大
带,忠靖、进士等冠,唯意制用,而富贵公子衣色大类女妆,巾式诡异难状,
朝廷曾设禁,士民全不知警,不知有司何事冗沓尘视。"①从"人知畏惮"
到"唯意制用",这是一个重大变化,说明衣冠之事已经由国家、礼制的大
事变成了个人之事。顾起元也在《客座赘语》中对所见到的各种着装行
为作了如实记录:"南都服饰,在庆、历前犹为朴谨,官戴忠靖冠,士戴方
巾而已。近年以来,殊形诡制,日异月新。……巾之上或缀以玉结子、玉
花瓶……首服之侈汰,至今日极矣。足之所履……则又有方头、短脸、球
鞋……其色则红、紫、黄、绿,亡所不有……"②,"故相江陵公,性喜华楚,
衣必鲜美耀目,膏泽脂香,早暮递进,虽李固、何晏,无以过之。一时化其
习,多以侈饰相尚。如徐渔浦泰时同卿,时为工部郎,家固素封,每客至,
必先侦其服何抒何色,然后披衣出对,两人宛然合璧,无少差错,班行艳

---

① (明)李乐:《瓜蒂庵藏明清掌故丛刊　见闻杂记》第二卷之"十三",上海古籍出版
社 1986 年版,第 155—156 页。
② (明)陆灿、顾起元撰:《庚巳编　客座赘语》,谭棣华、陈嘉禾点校,中华书局 1987
年版,第 23 页。

之。……"①这种仕宦贵戚"导奢导淫"之事,沈德符在《万历野获编》"士大夫华整"条中还有例举,这里不再赘述。顾起元在《客座赘语》中还写道:"留都妇女衣饰,在三十年前,犹十余年一变。迩年以来,不及二三岁,而首髻之大小高低、衣袂之宽狭修短,花钿之样式,渲染之颜色,鬓发之饰,履基之工,无不变易。当其时,众以为妍,及变而向之所妍,未有见之不掩口者。"顾起元不但记录下了当时服饰变化的情况,还明确地告诉后人服饰变化之快的原因:"国家全盛之日,风俗类然。"除此而外,皇室贵胄、官员都加入到了追求华奢之风的营造、引导活动之中,为了达到追求华奢的目的,他们甚至对制度进行变革,以适应人们尤其是贵族仕宦对华艳服饰的需求。"豪门贵室,导奢导淫",这是自上而下的变革。除此之外,还有经济地位的变化而导致的自下而上的要求。随着观念的变化,商人的地位有所上升,加之经济实力的不断增强,商人有实力穿着华美精致的衣服,所以他们也要求改变明朝初年对自己地位的定位。上下交感,风习大作,人们甚至以越礼逾制为常、为荣,叶梦珠《阅世编》记述这种变化时还注意到了难以被国家法律禁止的内室和家庭对奢华的追求,他说:"盖男子僭于外,法可以禁止。妇女僭于内,禁有所不及。故移风易俗者,于此尤难。原其始,大约起于缙绅之家,而婢妾效之,寖假而及于亲戚,以逮邻里。富豪始以创起为奇,后以过前为丽,得之者不以为僭而以为荣,不得者不以为安而以为耻。或中人之产,营一饰而不足,或卒岁之资,制一裳而无余,遂成流风,殆不可复。"②以中等人家之收入,或者以一年辛苦所得,来营购、制作首饰和服装,这已经不仅仅是一种审美追求了,而是一种华奢的不正常风气了。世风不正常,统治阶级对此加以关注,以期使社会生活恢复正轨,也是有道理的,但"习俗难移",风习一旦形成,绝不是行政命令和政治手段可以解决的。

明代逐新求异的审美意识体现在服饰上可以分为两个方面:其一是

① (明)沈德符:《万历野获编》,中华书局1959年版,第316页。
② (清)叶梦珠撰:《阅世编》卷八《冠服》,来新夏点校,中华书局2007年版,第201—202页。

追求形制的新异,另一则是在原来的形制上"织金组绣",增加奢华的附加成分。追求形制的新异前文已经多有论述,这里主要列举增加奢华附加成分的例子。沈德符《万历野获编》载:"元世祖后察必宏吉剌氏创制一衣,前有裳无衽,后长倍于前,亦无领袖,缀以两襻,名曰比甲,盖以便弓马也。流传至今,而北方妇女尤尚之,以为日用常服,至织金组绣,加于衫襦(袄)之外,其名亦循旧称。"①在款式和形制不变的情况之下,增加材料和图案的奢华成分,于是比甲从日用常服变成了奢华的代表。又如《金瓶梅词话》第十二回写道:应伯爵"于是向头上拔下一根闹银耳斡儿来,重一钱;谢希大一对镀金网巾圈,秤了秤,只九分半"②。第二十八回又写道:"小铁棍儿在那里正顽着,见陈经济手里拿着一副银网巾圈儿,便问:'姑父,你拿的甚么?与了我耍子儿罢。'经济道:'此是人家当的网巾圈儿,来赎,我寻出来与他。'"③《客座赘语》说:"至以马尾织为巾,又有瓦楞、单丝、双丝之异。于是首服之侈汰,至今日极矣。"可见,到了明代中晚期,网巾与其他首服一样已从原来的质朴走向了奢华,已从实用走向了审美,人们在形制不变的情况下,通过材质的变化,使普通的日用物件成为身份的象征,成为财富的象征,成为华奢的、有价值的、可以抵押的物件。这就是在形制上守制而在材质上逾制的一种情形。为了华奢,人们可以说费尽了心思。

"明代服饰时尚的形成是服饰等级制度日趋崩坏以后的产物,而服饰时尚一旦形成,则对传统的等级制度就会产生更大的冲击。"④

以上所谓的求"华"、尚"奢"、追"新"、逐"异",综而言之,就是求变,本质就是在封建社会文化统一体的内部求变。这些新的追求,是经济基础变革在上层建筑方面的必然反映,也是上层建筑领域内哲学思想、文化观念、价值观念乃至审美观念变化的结果。除此而外,值得注意的还有,

---

① (明)沈德符:《万历野获编》,中华书局1959年版,第366页。
② (明)兰陵笑笑生:《金瓶梅词话》(上),戴鸿森校点,人民文学出版社1992年版,第129页。
③ (明)兰陵笑笑生:《金瓶梅词话》(上),戴鸿森校点,人民文学出版社1992年版,第337—338页。
④ 陈宝良、王熹:《中国风俗通史·明代卷》,上海文艺出版社2001年版,第190页。

明朝初年,在恢复汉唐服制之时,朱元璋鉴于古代皇帝冕冠之制比较烦琐,决意精简,"也许从开国精简冕冠开始,大明服饰注定要生发有违庭训的异态"①。诚如所言,在等级森严的宫禁之中,后宫、太监、宫女对服饰的僭越随处可见,而皇帝对此视而不见,甚至也有皇帝自着新潮服饰的情形。由此可见,统治阶级对严苛的服制对于人的自然需求、审美需求的压抑、压制还是有所认识的。至于上可借鉴下的情形,朱元璋就已开了先例,比如经朱元璋钦定颁行的冠服,就属于这种情况。

大明服饰的种种异态反映了特殊时代背景之下的特殊情形,出现一些新气息、新因素也只是时代生活的异态表征,在时代发生变化之后,这种情形也就消失了。正如傅衣凌先生所说:"在万历时代是自由奔放的,有较多的新气息,而到雍乾两朝则严肃冷酷,闻不到人们的笑声。是以新的因素往往中断、夭折。"②从美学上讲,"明代美学的'化雅为俗'趋向的兴起,可以视作中国古典美学向现代美学转换的一个萌芽。但是,清军入关,明朝败亡,政权在汉满两族之间的交替,在清王朝廷治下,中国社会的现代性转型被中断,以'经学重振'为标志,中国文化再度被扭转到儒家道学为主流的惯性运行中,在此背景下,中国美学的现代转型的萌芽也相应中止,直到 20 世纪初叶,才由王国维等先行者引西方美学为导向,重启中国美学的现代转型"③。商传先生提出明文化是"未完成的近代化转型"④,亦可以在服饰的层面得到证明。

第三节　传统文化内部孕育的新的审美意识

日本学者沟口雄三认为,"15、16 世纪的历史变动,具有世界的规模。中国在这个时期,即明末清初时期,似乎不单是王朝的更迭,而且是显著

---

① 高春明:《中国历代服饰艺术》,中国青年出版社 2009 年版,第 36 页。
② 傅衣凌:《从中国历史的早熟性论明清时代》,见《明清史国际学术讨论会论文集》,天津人民出版社 1982 年版,第 9 页。
③ 肖鹰:《中国美学通史·明代卷》,江苏人民出版社 2014 年版,第 391 页。
④ 商传:《明文化:未完成的近代化转型》,《学术月刊》2010 年第 6 期。

地发生种种新的变化。从思想史的领域来看,这种变化遍及政治观、社会观、人生观和自然观等方面,呈现出一个划时代的变化"①。这种划时代的变化当然包括审美意识,我们认为,从中国封建社会母腹中孕育出来的新的审美意识应该包括以下几个方面。

一、商品经济发展导致审美风潮

明万历《通州志》卷二《疆域志》"风俗"记载,在明孝宗弘治、武宗正德年间(1488—1521)"犹有淳本务实之风,士大夫家居多素练,衣缯布冠,即诸生以文学名者,亦白袍青履游行市中。庶氓之家,则用羊肠葛及太仓本色布,此二物价廉而质素,故人人用之,其风俗俭薄如此"。而至于万历时(1573—1619),"今者里中子弟谓罗绮不足珍,及求远方吴绸、宋锦、云缣、驼褐,价高而美丽者以为衣,下逮裤袜亦皆纯采"。"有不衣文采而赴乡人之会,则乡人窃笑之,不置之上座。向所谓羊肠葛、本色布者,久不鬻于市,以其无人服之也。至于驵会庸流么么贱品,亦带方头巾,莫知禁厉。其俳优、隶卒、穷居负贩之徒,蹑云头履行道上者,踵相接而不以为异"②。在这段记述中,值得注意的除了风俗形成后对人的压抑和习染之外,还有市场对于风俗和审美作出的反应,这就是凡是不时新的东西,就会"久不鬻于市",言下之意,你要崇尚节俭而不入时都难。商品经济和商品正在通过商品制造者的审美意识改变着社会和时代的审美意识。

下面着重研究一下导源于经济发达地区的审美风潮——苏样,以说明经济发展与审美意识之间的关系。

明人张岱说:

> 吾浙人极无主见,苏人所尚,极力模仿。如一巾帻,忽高忽低;如一袍袖,忽大忽小。苏人巾高袖大,浙人效之;俗尚未遍,而苏人巾又变低,袖又变小矣,故苏人常笑吾浙人为"赶不着",诚哉其赶不着

---

① [日]沟口雄三:《论明末清初时期在思想史上演变的意义》,见辛冠洁等编:《日本学者论中同哲学史》,中华书局1989年版,第427页。

② 《天一阁藏明代方志选刊·通州志》,上海书店出版1990年版,第347—348页。

也！不肖生平崛强，巾不高低，袖不大小，野服竹冠，人且知为陶庵，何必攀附苏人始称名士哉？①

张岱所说的浙人极力模仿的便是晚明流行的服饰风尚——"苏样"。"苏样"不是固定的一种服饰样式，而是时人对苏州一代流行风尚的统称，因此它更多的是一种风格与意向，故也称"苏意"。苏州地区的风尚之所以能够引领全国的时尚，是由这一地区自元代以来所形成的经济地位所决定的。

13世纪以来，苏州就成为蒙元王朝最为富庶的地区，享有"地上天堂"的盛名。进入明朝，以苏州为中心的江南纺织业十分发达，成为16—18世纪经济发展水平最高、商品经济最为繁荣的城市，也成为社会风尚、人们的价值观念变化最为激烈的地区。值得关注的是，苏州不仅将自己变成社会时尚和价值观念的旋涡，而且还不断地输出观念和时尚，在反传统、引导社会习俗和价值观念方面起到了先锋作用。时人何良俊在《四友斋丛说》卷三十五《正风俗二》中指出："年来风俗之薄，大率起于苏州，波及松江。"②事实上，这种波及是很广的。苏州"自金陵而下控故吴之墟，东引松、常，中为姑苏。其民利鱼稻之饶，极人工之巧，服饰、器具，足以炫人心目，而志于富侈者争趋效之"③。甚至可以说，苏作、苏工、苏样、苏派是作为引领全国时尚潮流与区别雅俗、高下、文野的一个重要尺度出现的。苏样既是苏州流行服饰风尚的概括称呼，也是诸多审美意识的概括。

"苏样"服饰是有明一代最具代表性的服饰。"苏样"的特征是以雅士风格的冠服为主体，再配上苏州精巧的手艺与上等而素雅的织品，而以精致的质料和纹样裁制的道袍为基本样式。从"苏样"的这种特征我们可以看出，在明代时尚的追逐过程中，具有高雅审美品位的士人往往是服

---

① （明）张岱：《又与毅儒八弟》，《琅嬛文集》，云告点校，岳麓书社1985年版，第142—143页。

② （明）何良俊：《四友斋丛说》，中华书局1959年版，第323页。

③ （明）张瀚：《治世余闻　继世纪闻　松窗梦语》，盛冬铃点校，中华书局1985年版，第83页。

饰风尚的领导者。文震亨在《长物志》卷八"衣饰"中说:"衣冠制度,必与时宜,吾侪既不能披鹑带索,又不当缀玉垂珠,要须夏葛冬裘,被服娴雅,居城市有儒者之风,入山林有隐逸之象,若徒染五彩,饰文缋,与铜山金穴之子,侈靡斗丽,亦岂诗人粲粲衣服之旨乎?"①意谓服饰应该符合季节,应该符合身份,符合活动的氛围与范围。然而时尚的特点就是与时变异,普遍流行,比如说明代晚期流行的苏样即是如此。这种经济发达地区的时尚对其他地区时尚的引领,形成了北方仿效南方的局面,改变了当时四方服饰仿效京都的局面,形成以苏州为核心的时尚策源地。这是资本主义萌芽后,在经济地位改变之后,经济发达地区文化地位和文化影响力上升的重要标志。"苏样"服饰的兴起和流行,反映且影响了明代的社会生活,也反映并且影响了明代的审美意识。

"姑苏人聪慧好古,亦善仿古法为之,书画之临摹,鼎彝之冶淬,能令真赝不辨。又善操海内上下进退之权,苏人以为雅者,则四方随而雅之,俗者,则随而俗之。其赏识品第本精,故物莫能违。又如斋头清玩、几案、床榻,近皆以紫檀、花梨为尚,尚古朴不尚雕镂,既物有雕镂,亦皆商、周、秦、汉之式,海内避远皆效尤之,此亦隆、嘉、万三朝为盛。"②关键的是苏州"善操海内上下进退之权,苏人以为雅者,则四方随而雅之,俗者,则随而俗之",引领着全国城市休闲时尚的潮流,当时流行的两个新名词"苏样"、"苏意"即是。时人将样式新鲜、离奇的服装一概称之为"苏样",见到别的稀奇鲜见的事物,也径称为"苏意"③。《崇祯宫词》云:"退红蘸碧轻逾艳,远黛飞霞淡自真。就里细参苏样好,内家装束一时新。"诗后注:"后籍苏州,田贵妃居扬州,皆习江南服饰,谓之苏样。"④苏样的影响力上

① (明)文震亨著,陈植校注:《长物志校注》,杨超伯校订,江苏科学技术出版社1984年版,第325页。
② (明)王士性撰:《广志绎》卷二《两都》,吕景琳点校,中华书局1981年版,第33页。
③ 据晚明宁波人薛冈的记载:"苏意,非美谈,前无此语。……今遂一概希奇鲜见,动称'苏意',而极力效法,北人尤甚。"(《天爵堂文集笔余》卷一,见《明代研究论丛》第二辑,江苏古籍出版社1991年版,第326页)所谓的"苏意",乃"希奇鲜见"的东西,也就是新鲜事物。
④ (清)王誉昌:《崇祯宫词一百八十六首》,见(明)朱权等:《明宫词》,北京古籍出版社1987年版,第75页。

至皇帝贵妃下至普通市民,遍及大江南北,可谓无处不在。各色人物都对苏样服饰趋之若鹜。这些可以从当时的话本小说中得到佐证。比如《二刻拍案惊奇》卷三十九《神偷寄兴一枝梅 侠盗惯行三昧戏》就写道:"苏州新兴百柱帽,少年浮浪的,无不戴着装幌。南园侧东道堂白云房一起道士,多私下置一顶,以备出去游耍,好装俗家。"①就连道士这样的方外之人都经不住苏样的诱惑,打算在出游时戴上苏样的帽子风光一把,更何况普通人呢。实际上,对于苏样、苏意的追求,是对吴地审美趣味和工艺追求的重要组成部分,而且造成了"四方重吴服,而吴益工于服;四方贵吴器,而吴益工于器"②的效果。

从明代文献中可以看出,三吴或者吴中往往是江南乃至全国审美时尚的导源之地,其实这种情况也许更早。《战国策·赵·武灵王平昼闲居章》中记载赵武灵王在反驳赵造的"服奇者志淫,俗辟者乱民"的理论时反驳说:"俗辟而民易,是吴越无俊民也。"③意思是说,如果说风俗邪僻会扰乱人心,那么盛行奇风异俗的吴越一带,就没有俊杰之士了。从这个例证中可以看出,吴越一带自古以来风俗奇异,审美意识特别,即所谓的"俗辟"。"吴中素号繁华"④,从宋代以后,全国的经济和文化重心转移到太湖周边的江南地区,至16—18世纪,环太湖地区是中国经济发展水平最高的地区,也是当时商品经济最为繁荣的地区,也是社会风尚、人们的价值观念变化最为激烈和迅速的地区,人们往往以三吴或吴中作为风尚的对比对象。见于文献的有"吴俗奢靡为天下最"⑤,《古今图书集成·职方典》卷七六有"渐以奢相尚,燕会服饰,比于三吴"之语,《古今图书集成·职方典》卷八六四有"渐趋侈靡,有三吴风"之语,可见三吴已经

---

① (明)凌濛初著,陈迩冬、郭隽杰校注:《二刻拍案惊奇》(下),人民文学出版社1996年版,第707页。

② (明)张瀚:《松窗梦语》卷四《百工纪》,见《治世余闻 继世纪闻 松窗梦语》,盛冬铃点校,中华书局1985年版,第79页。

③ (清)程蓂初集注,程朱昌、程育全编:《战国策集注》,上海古籍出版社2013年版,第80页。

④ (明)王锜撰:《寓圃杂记》卷五《吴中近年之盛》,张德信点校,中华书局2007年版,第42页。

⑤ (清)龚炜:《巢林笔谈》卷五《吴俗奢靡日甚》,中华书局1981年版,第113页。

成为检视俭与奢、旧与新的重要参照系,同时也是高雅审美意识的代表,就连家具也是"吴中之式雅甚,又且适中"①,由此可见,吴中所流行的服饰、家具等,均带有雅的成分。"明末'苏样'服饰的流行,造成此前崇艳好异之风逐渐消退,转为雅素相高的风尚。"②三吴之地在明代很有影响,经常出现的有"苏铸"、"苏绣"、"吴扇"、"吴帻"、"吴笔砚"等。有人研究认为,"苏样"、"苏式"是一种高超技艺的代名词,是一种别样的生活方式,而且,"苏式"艺术围绕苏州形成地域性的审美特征,以华丽秀美为核心、以雅俗共生为表象、以注重形式为特色形成了独特的审美体系。③

值得注意的是,这种以地域为主导而形成的审美风貌和审美意识具有广泛的影响力。有论者指出,"这种地域扩散性对于明朝中后期服饰的变迁起到了潜移默化的作用,促使全社会热衷穿着,刻意打扮,把中国古代服饰文化推进到了一个崭新的阶段"④。苏样既是时尚又是潮流,代表着一种时尚的文化品位甚至影响和流行于宫廷,"虽圣母亦概有吴风"⑤。这种地域性时尚的形成,是时代性生活、审美的最重要体现,是时代审美意识的重要标志。从"他方衣裳冠履之制,视诸京色而以时变易之"(嘉靖《永丰县志》)到以经济发达地区"苏样"为潮流的导向,这是时代审美意识的重要变化,反映了以经济为主导的一种趋向。

二、个性意识的觉醒与审美意识的觉醒

事实上,在服装追求新异的背后,隐藏的个体意识的自觉,服饰在一定程度上可以看作个性的显现,或者个体审美意识的显现。

王阳明及其后学摒弃"存天理,灭人欲"的程朱理学,高举自然人性

①　(明)高濂:《遵生八笺》"起居安乐笺下",巴蜀书社 1988 年版,第 288 页。
②　林丽月:《大雅将还:从"苏样"服饰看晚明的消费文化》,见熊月之、熊秉真主编:《明清以来江南社会与文化论集》,上海社会科学院出版社 2004 年版,第 216 页。
③　参见苏丽虹:《苏艺春秋:"苏式"艺术的缘起和传播》,山东美术出版社 2009 年版。
④　滕新才:《且寄道心与明月:明代人物风俗考论》,中国社会科学出版社 2003 年版,第 180 页。
⑤　(明)史玄:《旧京遗事》,转引自吴廷燮等篡:《北京市志稿·礼俗志》,北京燕山出版社 1998 年版,第 176 页。

论的大旗,冲破封建礼教和孔孟之道的束缚。王阳明、李贽等思想家同时肯定"人欲"的合理性,宣扬个性自由,对社会风尚的变迁也起到了促进作用。他们的哲学主张一切从人出发,把人的物质生活当作整个社会生活的基础,李贽甚至说:"穿衣吃饭,即是人伦物理;除却穿衣吃饭,无伦物矣。世间种种皆衣与饭之类耳,故举衣与饭而世间种种自然在其中,非衣食之外更有种种绝与百姓不相同者也。"①李贽的说法从哲学层面强调了穿衣吃饭的重要性,明代人所追求的鲜衣华服也许可以从这里找到哲学根据。价值尺度的转换引发了人生态度和社会观念的变易,对物质享受的渴望不再为社会所摒弃,对自然人性的满足不再为人们所忽视,追求衣食住行的奢侈豪华不仅说明人们人生态度和生活情趣的转向,也成为人们显示成功、炫耀富贵的一种重要方式,更是人们对自然人性重视的重要表现。

在对自然人性重视的基础上,个体的自觉也成为中晚明文化的一个重要特征。

对于服饰与个性、个体意识的关系,中国人很早就有表述。"余幼好此奇服兮,年既老而不衰。带长铗之陆离兮,冠切云之崔嵬。被明月兮佩宝璐,世混浊而莫余知兮,吾方高驰而不顾。"②钱澄之所撰《庄屈合诂》对"奇服""诂曰:服奇志淫。原所服先王之法服也,非时俗之所尚,故转以为奇服;原以自居于奇矣"③。从诗中可以看出,屈原从小到老都爱好奇服,可以说,奇服是展示其卓尔不群个性的重要凭藉,始终用奇伟的服饰比喻高尚的品德。从钱澄之的诂中可以看出,屈原自着奇服带有反叛旧制,追求新朝,彰显个性的意味。在屈原的时代,尽管世俗不能理解他的独特个性,但他仍能我行我素,坚持自己的个性,着奇服以行。除此而外,也有服饰与个体愉悦联系的例子:曹植《洛神赋》中以铺陈的手法描写宓妃的"奇服旷世,骨像应图"。她"披罗衣之璀璨兮,珥瑶碧之华琚。戴金翠之首饰,缀明珠以耀躯。践远游之文履,曳雾绡之轻裾"。这样的服饰和美好的姿容、体态使"余情悦其淑美兮,心振荡而不怡"。从中我

① (明)李贽:《焚书》卷一《书答·答邓石阳》,中华书局1974年版,第10页。
② (战国)屈原:《九章·涉江》,《楚辞》,林家骊译注,中华书局2009年版,第109页。
③ 钱澄之撰:《庄屈合诂》,殷呈祥点校,黄山书社1998年版,第265页。

们看到了服饰超越礼制而注重审美的痕迹,看到了服饰装饰个体并带来个体愉悦,以及带来欣赏者个体审美愉悦的功能。

只要注意一下中国服饰史,魏晋、唐代和明代中晚期的服饰追求背后都有个性解放的动力存在,不管是个性的解放推动了服饰的追求,还是服饰的追求推动了个性的解放,有一点是可以肯定的,这就是"追求形式的新颖和独创,用服饰抒情,率真放意,是中国古代服饰思想转向重视个性解放的标志"①。而对于服饰本身来讲,"服饰思想的重视个性独创,重视抒情和率真放意,是中国服饰思想发展史上的一个里程碑,标志着服饰进入了艺术的领域"②。

明朝前期,整个社会恪守礼制,追求群体伦理,压抑个性,理学的桎梏钳制了人们的身心。然而,王阳明心学产生之后,影响遍及政治、社会、经济、思想、文化等各个层面,明代人的生活方式受到心学的塑造和改变。受心学思潮的影响,再加上李贽的"童心"说等将个体意识及其价值抬到了无以复加的地步,要求人们勇于行事,勇于突破现实的藩篱,追求具有自我性的顺情适性的生活方式,一时形成风气。在觉醒的个体意识催促之下,产生了一批率性而为,任性自适,不受羁绊,表现狂狷、狂怪的文人才士,他们的言行带来了社会的效法和模仿,而且形成流行效应,而这些狂狷之行的最重要表现之一便是服饰的奇异和僭越。比如作为晚明重要名士的陈继儒,其影响不限于政治,而且遍及其他领域,包括生活领域,"每事好制新样,人辄效法",他所戴的头巾被时人称为"眉公巾",他坐的椅子被称为"眉公椅"。对名士的崇拜与模仿,在服饰僭越中"求美"与"唯意制用"的意图,还有求奇、求异等追求,都可以看作个体意识的重要表现。个体意识的觉醒和物质的无限丰富,使人们突破了"古圣人为衣服,适身体、和肌肤而足矣,非荣耳目而观愚民"③的实用主义的态度,而

---

① 张雪扬:《中国的服饰美学理论》,见周来祥主编:《东方审美文化研究》(1),广西师范大学出版社 1996 年版,第 278 页。
② 张雪扬:《中国的服饰美学理论》,见周来祥主编:《东方审美文化研究》(1),广西师范大学出版社 1996 年版,第 279 页。
③ 出自《墨子·辞过》,其意是说:圣人制作衣服只图身体合适、肌肤舒适就够了,并不是夸耀耳目、炫动愚民。

将服饰与"荣耳目"的感性愉悦、美观等审美观念联系起来,这无疑是一大突破。

明代中后期,"人们内心深处压抑不住的审美追求取代了对那种单调的服制的服从,开始追求服装样式的多样性,追求突出的个性打扮,形成了一种新的审美趣味"①。从以上引用的材料可以见出,这种对服饰华美的追求,是一种发自人们内心的追求,也是一种从上到下的引导和自下而上的需求的互动。可以说,在注重个体的时代,每个个体都想显示其个体性,所谓"人人求胜,渐以成俗"②就是这样。

"种种迹象表明,人们已不顾及统治者意在严格区分贵贱和等级的那套服饰制度的明文规定,而是意尚奢华,成了尊卑无等,贵贱不分。它从一个侧面反映了明代后期'天崩地坼'的大转变时期的社会生活情况,也说明,伴随着商品经济的繁荣发展、社会的进步,热爱美、追求美,用美来充实生活的内容,已成为明代社会各阶层共同的追求目标,它从一个侧面透露出社会向前发展的曙光。"③是一种与传统文化精神相异的近代性精神,是一种在传统文化精神内部出现的文化变异。

我们认为,明代平民服饰风尚的转变,不仅仅是以经济发展作为动力的,也是以一种特殊的消费心态乃至审美意识为动力的。在这种动力作用之下,"冠服所以章身,匪为饰美"④的观念发生了变化,比如关于马尾裙,陆容《菽园杂记》说"大抵服者下体虚奓,取观美耳"⑤,而于慎行《穀山笔麈》也说马尾裙是"以氄为裙,着长衣下,令其蓬蓬张起,以为美观"⑥。可见,人们已经开始注重衣冠本身的美,有了比较自觉的服饰审美意识。

---

① 龚书铎总主编,毛佩琦主编:《中国社会通史·明代卷》,山西教育出版社 1996 年版,第 328 页。

② (明)何良俊:《四友斋丛说》卷三十四《正俗一》,中华书局 1959 年版,第 314 页。

③ 龚书铎总主编,毛佩琦主编:《中国社会通史·明代卷》,山西教育出版社 1996 年版,第 328 页。

④ (明)李乐:《瓜蒂庵藏明清掌故丛刊 见闻杂记》第二卷之"十三",上海古籍出版社 1986 年版,第 156 页。

⑤ (明)陆容撰:《菽园杂记》,佚之点校,中华书局 1985 年版,第 123 页。

⑥ (明)于慎行撰:《穀山笔麈》卷十五《杂闻》,吕景琳点校,中华书局 1984 年版,第 176 页。

"服饰虽说只是衣食住行的一项内容,可这一内容的变化要牵动许多社会现象,成为生活方式链条中一个最突出而又最敏感的环节,它是世道人心变迁的前奏,其变化之速度和规模又往往成为民心趋向的标志。尤其是宋明以来存天理、灭人欲、严教化的理学成为官方的统治思想,七情六欲都被限制在等级身份之内,受到严重的压抑。俭约守成是统治者力倡的世风,如今在服饰上的出奇更新,冲破了刻板、僵滞的程式,呈现出万紫千红的丰彩,因之并发的各种享受欲望,也随之导引而出。"①刘志琴认为,"衣冠之治的废弛和新的人生价值观的萌动相应相生,并不是偶然的现象,个性的苏醒是以人生的欲望而启动的,欲望的扩展又必然要冲决礼制的设防,发生在 17 世纪后期的这种景象具有社会启蒙的色彩"②。受此影响,衣冠服饰已经不再是统治阶级意志的表现,而是个人情趣、喜好的体现,明代中后期的服饰已经开始朝个性化的方向发展了。

"从上述的服饰趋尚可以看出,人们的服饰观念发生了不小的变化,一种与市民文化相适应的、不同以往的审美情趣已悄然出现,保守、拘谨的传统服饰开始朝较为活泼、开放、美观、合体的方向转变。与以前相比,人们可以有稍大一些的自由度,按照自己的生活方式和审美趣味去选择、创制自己喜爱的服饰。人们的个人爱好及对美的追求,亦长期的压抑之后,能有一定的释放和部分的实现,不能不说是社会的进步。"③

三、明代服饰中的世俗审美意识

首先,"明太祖将自己所喜尚的服饰审美文化现象形式如'网巾'、'方巾'等'颁式天下'本身,便是对服饰'世俗化'的审美文化趣尚的充分肯定和巨大推动。须知那种揣度宸心、不无诡谀的所谓'万发俱齐'、'一统山河'及'四方平定'之类的附会解说,其本质便是'世俗化'审美

---

① 刘志琴:《晚明时尚与社会变革的曙光》,见《文史知识》编辑部:《古代礼制风俗漫谈》(4),中华书局 1992 年版,第 198—199 页。
② 刘志琴:《衣冠之治的解体和思想启蒙》,见薛君度、刘志琴主编:《近代中国社会生活与观念变迁》,中国社会科学出版社 2001 年版,第 125—126 页。
③ 陈江:《明代中后期的江南社会与社会生活》,上海社会科学院出版社 2006 年版,第 130 页。

趣味在某特定历史情境中的体现"①。这是统治阶级倡导的衣冠服饰的世俗性。还有一般服饰,明王朝对于服饰色彩、形制、尺寸、材料的规定,在达到"贵贱之别,望而知之"的同时,也具有广泛的适应性。比如采自下层社会而经朱元璋钦定,颁式天下,先是由特定阶层服用,后经僭越而成为社会普遍流行的那些服饰,诸如方巾、六合统一、网巾还有直身等,最后成为上自皇帝王公贵族,下至士人庶民都可穿戴之物,同时也打破场合限制,无论是闲居宴坐还是朝拜会见都可穿用,形成了广泛的社会适应性。"作为一种服饰文化现象形态,它对于不同地域乃至不同民族的广泛适用性和它自身对于不同质料、不同制作工艺的广泛适应性,或许正是'世俗化'服饰审美趣尚的一个重要特征。""'世俗化'服饰审美文化趣尚,从某种意义来说,是一种对于通脱之美、随便之美和宽松之美的认同、欣赏和追求。"②

其次,明代中后期经济基础的变化、社会结构的变化尤其是市民阶层的兴起,导致思想文化、观念领域内也出现了深刻的变化。传统思想受到前所未有的批判和挑战,对物质追求的普遍肯定和明显的平民意识、世俗性的价值追求对中国传统的价值观念、审美观念产生了较大影响。

明代社会生活呈现世俗化的趋向,人们看重物质,看重金钱,毫不避讳地追求华服美食,纵情地享受歌舞声伎,日常生活中充满着世俗性的追求,同时也追求生活、行为和风尚的艺术化,这两者并行不悖,在一定程度上展现了这个时代特有的社会面貌,并对居住环境、器具使用、服饰的整体风格具有渗透作用。

明代是中国古代服饰发展史上最鼎盛的朝代,服饰华丽异常,重装饰。"明代已进入封建社会后期,其封建意识趋向专制,趋向于崇尚繁丽华美,趋向于诸多粉饰太平和吉祥祝福之风。将吉祥祝词施之于服饰图案之上,以其形象加深群众审美感受,因而使其家喻户晓、妇孺皆知是明

---

① 蔡子谔:《中国服饰美学史》,河北美术出版社 2001 年版,第 751 页。

② 蔡子谔:《中国服饰美学史》,河北美术出版社 2001 年版,第 746 页。

代文化一大特色。"①服饰的世俗功利、功用性被明显地彰显出来,世俗性十分明显。

　　明朝后期,随着商品经济的发达,市民阶层崛起,服饰必然反映新兴市民阶层独特的审美情趣,这些图案的寓意多为富贵、升官发财等,世俗性意味明显。服饰在色彩上讲究鲜艳浓郁,构图方式趋于豪华繁缛,将若干种不同形式的图案拼合在一起,赋予丰富寓意,形成许多固定模式。这些所谓的固定模式首先是纹样,比如龙凤、祥云、卐字、寿字、福字、喜字、如意、花卉、瑞兽和人物等形成固定的纹样。除官方象征吉祥和地位的龙纹、凤纹而外,民间给许多事物都赋予了祝福吉祥的意义。比如石榴被赋予多子多福的寓意,葫芦、瓜瓞、葡萄、藤蔓被视作子孙繁衍的象征等。其次是自然事物搭配而形成的组合图案。比如,"富贵万年"的图案和寓意由芙蓉、桂花和万年青组成,"福从天降"则以蝙蝠和云朵画在一起而得名,"一路荣华"则把鹭鸶和芙蓉画在一起立象以见意,"马上封侯"则以骏马、蜜蜂和猿猴配合在一起取意,金鱼配上海棠称为"金玉满堂",莲花配上鲤鱼意谓"连年有余",麦穗、蜜蜂和花灯凑在一起被名为"五谷丰登",太阳和凤凰在一起叫作"丹凤朝阳"。这些搭配后来形成固定模式,成为一种寓意性的文化形式或者审美意识的载体,并得到广泛运用。举凡建筑、器物、家居、服饰乃至园林装饰等,都使用了具有一定寓意的吉祥图案,有的形成固定的程式,形成了所谓的吉祥文化,甚至可以称为吉祥审美或审美意识。"这些千姿百态、色彩斑斓的纹样图案,寄托着人们的生活理想,凝聚着人们的美学追求,那些看似平常的自然事物,通过精心的巧妙组合,变得更加具有人文精神,产生出了深长的美学意蕴。"②给予自然事物以一定的美好寓意,在中国源远流长,但往往寓意清远,与人们最为世俗的理想诸如长寿、富贵如此紧密地联系,还是明代服饰、家具等的特征。

　　中国人往往通过对事物自然属性的延长、谐音取义、传说附会和艺术

---

① 华梅:《服饰与中国文化》,人民出版社 2001 年版,第 302—303 页。
② 兰宇:《中国传统服饰美学思想概览》,三秦出版社 2006 年版,第 232 页。

加工等方式,让自然事物或者自然事物在搭配中获得意义,并巧妙地形成美好的纹饰和图案。有的甚至延续到今天,图必有意,意必吉祥,且毫不避讳地显示了世人和时人对荣华富贵、功名利禄的直接追求,中国传统文化中被压抑、避讳的思想意识被公开地追求,这不能不说是思想意识的进步。与此同时,父母对子女后辈的期望、恋人之间的美好思念、朋友之间的真诚祝福都可以通过有寓意的物质载体得到相应的含蓄的表达。当然,衣料材质的精美与刺绣技术的进步都为明代服饰纹样与图案的丰富和美好奠定了基础,为人们审美意识的表达和实现提供了可能。

四、明代服饰中的休闲意识

中晚明社会日常生活的审美化趋势十分明显,鲜服美食,华服美饰,显示了审美意识向现实生活的弥漫,宣示了一种投身日常生活建设、享受个体生活乐趣的生活意识和审美态度。由于政治原因,明代众多的士人都致仕家居,或者在都市置构园林园居,或者在家乡野服躬耕。居家成为生活的一种重要状态,家居服、常服在追求审美性的同时也特别注重舒适性的追求。

家居服饰的精致化、艺术化,使得这种具有实用功能的生活用品具有了审美意义,甚至独立成为审美对象。衣服和装饰作为一个实用功能物逐渐变成一个审美对象。

在明人认为自在的园居生活中,服饰的讲究是一个重要方面。历史上服饰形式的宽袍大袖,质料的细腻爽滑、轻薄软润等,都属于对舒适性追求的表现。

中国自古注重礼制,礼制渗透到生活的方方面面,包括日常家居生活。即使是天子在燕居之时,也必须着玄端,不能随便穿衣服。有明一代,服饰制度谨严,"虽燕居,宜辨等威"①,规定官员即使是在家居休闲之时,也应该穿着能辨别等级的服饰。宋元以来,服饰的"礼"的色彩逐渐

---

① (清)张廷玉等撰:《明史》卷六六《志第四二·舆服二》,张天有等标点,吉林人民出版社 1995 年版,第 1038 页。

趋于淡化,燕居服饰得到了较为充分的发展,但是明代恢复汉唐之制,对服饰作出严苛的规定,甚至直接对燕服进行规定,嘉靖七年,明世宗就对品官燕服作了规定,规定品官燕服为忠靖冠,让官员在家中都静思补过,时刻受到带有意识形态性质的服饰的制约。明代中后期,禁令松弛,服色任其华美,鲜艳华丽之服,遍及黎庶,官员在追求鲜艳华丽服饰的同时,更喜欢常服,尤喜欢燕服,代表对刻板服制的一种态度,也是对闲适的追求。燕居服饰在一定意义上体现了使用主体的官僚、士人阶层在生活方式和审美态度方面的变迁,是时代审美意识的重要标志。

朝服、礼服和常服是一种功能设定,也是不同生活状态的区别。北宋王禹偁《黄州新建小竹楼记》曰:"公退之暇,被鹤氅衣,戴华阳巾,手执《周易》一卷,焚香默坐,消遣世虑。"[①]可见官僚公事之余,首先干的事情便是换掉上朝的服装,换成家居的服装,以显示和营造不同的生活状态,服饰成了营造心境和家居环境的重要方式。家作为人处身宇宙之中最为自由、自在和最为安全的个人专属空间,最大的好处便是具有闲适感,《论语•述而》说"子之燕居,申申如也,夭夭如也",书写的是孔子居家安闲之时的状态,"夭夭如"就是脸色和悦舒适的样子,可见孔子燕居之时身心俱泰,然而"申申如",即衣冠整齐。值得注意的是,即使孔子内心和神态比较放松,但是衣冠还是整齐的。有明一代,家居不避求美,说明人们对日常生活的重视。衣必常暖,然后求丽,求丽的审美追求与明代物质的无限丰富、工艺的无限进步有关,也与人们的审美意识有关。

至于士人阶层,从宋代以来见诸典籍的能够体现文人审美诉求、闲适逍遥生活诉求的服饰有"东坡巾"、"程子衣"、"山谷巾"、"逍遥巾"、"高士巾"等巾饰,有"直裰"、"鹤氅"、"道衣"等衣服,都是与正式、正规的服饰如礼服、朝服相对的,以宽大广博为特征的,体现的是闲适的审美诉求和文化诉求。燕居之服虽然也属于礼制的范围,但是不正式的礼制,所以在接见人物或者行礼时,往往以这种服饰显示一种轻慢的态度,以对别人进

---

① 傅璇琮主编:《中国古典散文精选注译•记叙文卷》,清华大学出版社 2009 年版,第 66 页。

行羞辱和压抑。比如《金瓶梅词话》"第十九回　草里蛇逻打蒋竹山　李瓶儿情感西门庆"中写道:"西门庆那日不往那里去,在家新卷棚内,深衣幅巾坐的,单等妇人进门。"①小说中写西门庆在迎娶李瓶儿之时,故意不到狮子街亲迎,故意不穿着红色喜庆的新郎服装,也不戴正式的礼帽,而是穿着休闲衣服,头戴逍遥巾,通过这样的方式给李瓶儿下马威,让其难看难堪。从礼制的严肃性来讲,这种服饰恰好表现的是闲适、随便的审美意识。

五、明代服饰中显现的近代性审美意识

(一)"崇奢"审美意识所具有的近代性

晚明的社会风气笑贫不笑娼,即使贫困之家也要硬撑个门面,决不肯在钱财上以弱示人,"大凡穷家穷计,有了一二两银子,便就做出十来两银子的气质出来"②。尽管"家中没一粒米下锅的,偏生挺着胸脯,会得装模作样,那里晓得扯的都是空头门面"③。"服食器用月异而岁不同已。毋论富豪贵介,纨绮相望,即贫乏者,强饰华丽,扬扬矜诩,为富贵容。"④对门面的追求,主要的体现在服食之上,而最主要的表现服饰上,人们甚至"家无担石之储,耻穿布素"⑤,"家才担石,已贸绮罗;积未锱铢,先营珠翠"⑥,且"浸淫至于明末,担石之家非绣衣不服,婢女出使非大红里衣不华"⑦。平民老百姓虽然家中没有一担一石的粮食储备,均可倾其所有而置办服饰,以便使自己汇入社会和时代的大潮。《金瓶梅》"第五十六回　西门庆捐金助朋友　尝峙皆得钞傲妻儿"中写西门庆十兄弟之一的常

---

① (明)兰陵笑笑生:《金瓶梅词话》(上),戴鸿森校点,人民文学出版社1992年版,第224页。
② (明)凌濛初:《二刻拍案惊奇》(下)卷二十六《懵教官爱女不受报,穷庠士助师得令终》,陈迩冬、郭隽杰校注,人民文学出版社1996年版,第493页。
③ (明)金木散人:《鼓掌绝尘》,华夏出版社1995年版,第112页。
④ (明)张瀚:《治世余闻　继世纪闻　松窗梦语》,盛冬铃点校,中华书局1985年版,第139页。
⑤ (清)龚炜:《巢林笔谈》卷五《吴俗奢靡日甚》,中华书局1981年版,第113页。
⑥ (明)陆灿、顾起元撰:《庚巳编　客座赘语》,谭棣华、陈嘉禾点校,中华书局1987年版,第67页。
⑦ (清)叶梦珠撰:《阅世编》卷八《内装》,来新夏点校,中华书局2007年版,第180页。

时节,家里穷得揭不开锅,然而当西门庆周济他十二两银子时,他做的第一件事就是上街给老婆买衣服,计买了"一领青杭绢女袄,一条绿绸裙子,月白云绸衫儿,红绫袄子儿,白绸子裙儿,共五件","自家也对身买了件鹅黄绫袄子,丁香色绸直身儿。又有几件布草衣服。共用去六两五钱银子。打做一包,背到家中,叫妇人打开看看"。而衣服拿回家,他老婆也认为很划算,说:"虽没得便宜,却值这些银子。"与此同时,士大夫厌常喜新,慕奇好异在社会生活中形成一种追新求异的氛围,社会观念的潮流形成一种巨大的压力,人们不得不随波逐流,逐新追异。万历《通州志·风俗》记载:"有衣不文采而赴乡人之会,则乡人窃笑之,不置之上座。"范濂在《云间据目抄》中感叹地说:"风俗自淳而趋于薄也,犹江河之走下而不可返也。""余最贫,最尚俭朴,年来亦强服色衣,乃知习俗移人,贤者不免。"①所谓风俗移人,就是带有强制性,而且是软性的强制,明人不仅"强服色衣",而且"毋论富豪贵介,纨绮相望,即贫乏者,强饰华丽,扬扬矜诩,为富贵荣"②,这是全社会追求华艳奢侈的结果,不仅仅是物质发展的结果,也是观念解放的结果,更是社会风气使然。而"强服色衣"的动力恐怕来自于个体意识的自觉与高涨,来自于审美意识的自觉与强烈,不然人们不会冒着生命危险进行追求。

中国社会历来崇俭抑奢,在社会生活领域,主张勤俭持家;在经济思想史领域,"黜奢崇俭"和"重义贱利"、"重农抑商"一直被视为中国古代经济思想史的三大教条。从历史上看,奢与俭的褒贬与取舍贯穿了中国古代社会的始终,甚至被视作国家兴亡的重要征兆之一。比如墨子就主张"节用",他甚至认为"夫以奢侈之君,御好淫僻之民,欲国无乱,不可得也。君实欲天下之治而恶其乱,当为衣服不可不节"③。与此相伴随的还有"黜华崇实"的思想,因此奢与俭、华与实的斗争,成为中国社会发展的矛盾之一,它与一定的政治、伦理观念联系在一起,也与审美意识联系在一起。值得

---

① (明)范濂:《云间据目抄》卷二《记风俗》,民国戊辰奉贤褚氏重刊本。

② (明)张瀚:《松窗梦语》卷七《风俗纪》,《治世余闻 继世纪闻 松窗梦语》,盛冬铃点校,中华书局1985年版,第139页。

③ 《墨子·辞过》,岳麓书社1991年版,第232页。

注意的是,这些都是基于农业文明和经济基础的观念,在商品经济的时代不一定带有真理性。所以一些学者认为,"奢靡"风习代表、预示着新旧交替的曙光,解决了城市人口就业问题,冲击了封建伦理与等级观念,是对理学家禁欲主义的批判与唾弃,反映了晚明市民阶层的觉醒,推动了商品经济生产,刺激了手工艺进步与特色产品的产生,明人所谓的"人性益巧而物产益多"①,也许就是指这种情况。明朝立国之初,生产凋敝,物质奇缺,朱元璋认为"足食在于禁末作,足衣在于禁华靡"②。然而,随着世运的升平,生产的发展,经济的发达,物力的丰裕,必须由消费来带动进一步的生产,从生产性消费到消费性生产的转变是社会发展的必然和人的内在需求。按照需求促进生产的理论,需求的激活对于促进生产是有利的,有助于与生产相关的部门提高技术水平以满足需要,像《天工开物》、《园冶》、《髹饰录》等一大批论述手工艺的著作在明代问世可谓应运而生,水到渠成。现在,人们普遍地认为,晚明消费观念的变化是商品经济的冲击在社会生活方式上的具体表现,给静态的传统农业社会注入了活力,形成和建构了一种新的消费意识,从而冲击了等级性社会秩序和传统人伦道德,改变了人们传统的消费观念、结构和方式,促进了审美意识的觉醒,有一定的历史进步性。

"奢俭之端无过宫室、车马、饮食、衣服四者,宫室、车马,逾制者少,饮食无可禁,禁奢以衣服为第一义。"③然而,不管是宫室、车马、饮食还是衣服,崇奢的风气一旦形成,就不可遏制,并不是行政命令可以阻止、制止的,何况"自古习俗移人,贤者不免"④,更何况普通民众等随波逐流之辈。时人陆楫认为"奢俭之风起于俗之贫富",故"俗奢而逐末者众"⑤。在风俗趋向奢侈、僭越的时代,处于社会末流的人,尤其是倡(娼)优等人反倒

① (明)王锜撰:《寓圃杂记》卷五《吴中近年之盛》条,张德信点校,中华书局 2007 年版,第 42 页。
② 《明太祖实录》卷一百七十五,北京大学图书馆藏本。
③ 郑焱:《中国旅游发展史》,湖南教育出版社 2000 年版,第 2—3 页。
④ (清)顾公燮:《消夏闲记摘抄》,见谢国桢编:《明代社会经济史料选编》下册,福建人民出版社 2004 年版,第 20 页。
⑤ (明)陆楫:《兼葭堂杂著摘抄·论崇奢黜俭》,见巫宝三、李普国主编:《中国经济思想史资料选辑》(明清部分),中国社会科学出版社 1990 年版,第 132 页。

成了社会风俗、风尚的引领者,晚明时代"倡优服饰侈于贵族"①,花样和式样随时而变,不断翻新,被称为"时世样",社会底层或者从前没有社会地位的人成为时代风潮的引领者,这是社会转型的重要标志。

生活本身的丰富性、审美取向的多样性,导致服饰追求的多样化、奢靡化,不仅生活中服饰斗艳竞奢,而且在小说、散文的描写中也出现了绚烂的倾向,在明代吴门绘画中也出现着色鲜艳的情况,这是时代审美意识在文学艺术中的重要体现,呈现出与中国传统的淡雅追求大异其趣的倾向。中国传统讲求中和,凡事讲究适度,对于衣饰之美的要求也是这样,"饰不可过,亦不可缺"②是最为基本的认识,穿衣也讲究与时与境的和谐,"违时失尚"③往往贻笑大方。但是对于社会变革的明代中后期而言,违式、违时、失尚又成为时代审美意识的标志。明代中晚期服饰中出现的"崇奢"、"尚艳"的情形也许应该看作突破封建沉疴的、具有现代性因素的现象,也许应该看作极度俭朴的审美意识在物极必反的状态下形成的极度反弹。

(二)衣冠变革中的启蒙意识

"衣冠服饰在人们的社会活动中,最外在而又最能表现自己的身份和财富,较之房舍车舆又更易逾制,所以礼制的废弛往往在衣冠服饰上有敏感的反应。汉末、唐末、宋末这种情况反复出现,又以晚明最为突出,昔日高官命妇之服,进入寻常百姓之家,屡见不鲜。贵贱无等,僭礼败度,是非荣辱的变化,促发出早期启蒙的曙光。"④

明朝初年,程朱理学得到了尊崇,上升为国家意识形态,导致人性、人欲进一步被限制和压抑,乃至于到了"存天理,灭人欲"的地步。明代中期以来,随着心学思潮的兴起,童心说、性灵说、情教说等哲学思潮在思想解放、反对礼教方面起了鼓动作用,打破了禁欲的桎梏,鼓励众生追求人

---

① 嘉靖《广平府志》卷十六《风俗》。
② (明)长洲卫泳懒仙订:《悦容编·缘饰》,见(清)虫天子编:《中国香艳全书》(第1册)一集卷二,董乃斌等点校,团结出版社2005年版,第29页。
③ (清)李渔:《闲情偶寄》,孙敏强注释,浙江古籍出版社2000年版,第125页。
④ 刘志琴:《衣冠之治的解体和思想启蒙》,薛君度、刘志琴主编:《近代中国社会生活与观念变迁》,中国社会科学出版社2001年版,第125页。

生的快乐,甚至倡导情欲的放纵,人之为人的情感得到了前所未有的尊崇,个人主宰个人命运的思想和意志得到了明显阐扬,这些表现在哲学上,更表现在文学艺术上,还表现在社会生活上。从文学艺术的角度讲,出现了众多爱恨骋意的作品,反映情欲的作品更是层出不穷,直到引起统治阶级的恐惧而列为禁书;从社会生活的角度讲,服食器用僭越礼制成为常态,奢侈华美成为人们的普遍追求,华服美饰成为习以为常的着装;从士风来讲,文人学士标新立异的行为和倨傲以狂的心态得到了充分展示,而其行为也得到了社会的追捧,放任自适的人生追求曾一度甚嚣尘上,喜乐贪欢的社会享受成为风气,导致人情人性的解放最终沦入个人欲望乃至群体欲望的放纵与狂欢。尽管所谓的狂狷任性并不是个性的张扬,尽管纵情放荡也并非率性求真的真情流露,但在当时这种情形却得到社会的认可。当然,这些对自由性灵的伸展,率性个性的挥洒,体现出的一些具有近代性质的诉求,是不容轻易否认的。

"社会经济的发展,社会风尚与社会观念的变迁,有力地推动哲学意识对社会与人展开新的思考,一种自我意识或主体意识觉醒的思潮开始涌动于传统意识形态的隙缝之间。"①毫无疑问,明代中后期的审美风尚是以华侈为美的,其实华侈为美只是一种现象,这种现象深刻的根源实际上是情欲的发现和放纵,"最重要的差异似应是由于社会急剧变化带来的审美趣味的变异"②。服饰等的急剧变化实际上就是社会急剧变化所带来的审美趣味的变化,是观念变化最为外在的反映,也是最容易被关注的反映。在意料之中,这种变化带来了社会的震动,遭到了保守人士的反对甚至污蔑,乃至于政府颁发禁令来进行遏制,有的人因此而遭到了法律的惩罚。即使这样,这种变化还是不可遏阻地发生了。

当然这种情况的出现,还有深层的思想和文化动因。明代中晚期,王学在士人中的盛行,给中国的知识、思想与信仰世界带来了一种自由的风气。由于社会变迁和商品经济的发展在很大程度上造成了士人生计的贫

---

① 冯天瑜、何晓明、周积明:《中华文化史》,上海人民出版社1990年版,第781页。
② 李泽厚:《美学三书·美的历程》,天津社会科学院出版社2003年版,第162页。

困化,迫于生计的压力,士节沦丧、士心尚利、士行污贱成为士风的主要内容。这种对于传统的偏离,一方面形成对传统思维的挑战,一方面打破了士人群体的"学而优则仕"的观念,形成人生道路和人生选择方面的多样性、丰富性,带来了价值观念、生活态度、生活方式、社会交往、审美趣味等的变化,其思想及言行随时左右着社会风尚的方向。明代由于科举和政治的原因,许多文人绝意于仕途,一些已经考取功名的人也致仕归家,一些无从仕进的儒生则放弃前途经商。在明代中后期特别是晚明,在社会商品经济大背景下,士人的价值观发生了重大变化,"弃儒经商"、"弃儒就商"、"亦儒亦商"、"士商互动"甚至"士商合流"是其表现,这种表现究其实质是士人对传统的重农抑商、重义轻利的价值观念的背弃,意味着时代新观念的产生。

宋元以来,道德规范的极度强化与生命情感的肆意追求并驾齐驱,功利主义追求和审美主义的追求并行不悖,构成中国晚近社会的重要特征。明代前期尊崇程朱理学,理学的束缚、八股取士等桎梏,造成了思想文化界的复古和保守。明中叶以后,王学左派异军突起,反对存理遏欲的说教,孕育出一个追求人格平等、呼吁个性解放、肯定私欲的文化氛围。与此同时,心学所倡导的"唯情论"肯定个体的自然性情,主张张扬个性,并且以自我为中心看待一切,美学思想也发生了变化,"在自我中心主义原则下,'唯情论美学'不仅颠覆了儒家'温柔敦厚'、'文质彬彬'的道学教化美学,而且颠覆了道家'空灵自然'的美学理念。它的核心意旨是对个体的感性存在及其日常娱乐的肯定和满足。这就是说,'唯情论美学'开拓的是一个以肯定人的自然需要为前提的世俗化的审美运动,这个运动在 16 世纪末至 17 世纪的明末之际得到空前未有的展开"[1]。从哲学思想上讲,"明代中叶以来,贵人尊生的思想形成了潮流,李贽等启蒙思想家,袁宏道等文学革新家奋起批判窒息人性的禁欲主义,肯定人的自然需要和物质欲望的合理性"[2]。这种具有世俗性特征的文化思想,影响到社

---

[1]　叶朗、朱良志主编,肖鹰著:《中国美学通史·明代卷》,江苏人民出版社 2014 年版,第 9 页。

[2]　夏咸淳:《以性灵游,以躯命游——晚明文人之山水恋》,中国旅游文学研究会、四川师范学院中文系合编:《山水美探胜》,重庆出版社 1994 年版,第 129 页。

会风俗、社会心理、文学艺术等各个层面,衣冠服饰成为其最重要的表征。"率性自为的人格理想和世俗享乐的精神倾向,升华为一种慕奇好异、独抒性灵的审美精神。心学特长的内省倾向的思维方式,使人们重一己而轻外物,重冥会而轻实证,更多地追求超脱外物的束缚,满足个人的生活情趣或主观的精神境界。这就构成了明人崇尚新奇、标树真情的审美精神。"①关于心学与时风易变之关系,陆陇其说:"其弊也至于荡轶礼法,蔑视伦常。天下之人恣睢横肆,不复自安于规矩绳墨之内,而百病交作。"②明清之际的学者顾炎武说:"盖自弘治、正德之际,天下之士厌常喜新,风会之变,已有所自来。而文成(王守仁,引者注)以绝世之资,倡其新说,鼓动海内。嘉靖以后,从王氏而诋朱子始接踵于人间。"③清代赵翼说,"明之亡不亡于崇祯,而亡于万历"④。我们套用赵翼的话,可以说"厌常喜新"的风会只是流行于嘉靖,实源自于正德。"大量资料表明,明代以衣、食、住、行、用为主的生活性消费风俗的变迁,大致上起始于成化之后,发展于嘉靖以降。"⑤明朝的灭亡虽然不能归罪于王学,但王学动摇了明朝封建统治的思想根基确是事实。

"晚明在中国历史上实在是一个观念突变的时代。"⑥在这个时代,发生了突变的观念有金钱观念、俭奢观念、本末观念、仕商观念、雅俗观念、情理观念和义利观念等,当然也有基于以上观念转变基础上的审美意识的转变。事实上,这种变化从明代中叶就已经开始,伴随着商品经济对传统农业的束缚打破,谨守世业、各安其分的平静的农业文明秩序受到强烈冲击,一千多年形成的封建礼教被摧毁殆尽。这一巨变引起晚明人对传统、自我、人生和权利的重新审视,进而影响了当时的社会风气,使晚明人

① 郭英德、过常宝:《明人奇情》,北京师范大学出版社 1993 年版,第 12 页。
② (清)陆陇其:《学术辨》(上),中华书局 1985 年版,第 1—2 页。
③ (清)顾炎武著,董汝成集释:《日知录集释》卷一八《朱子晚年定论》,栾保群,吕宗力校点,花山文艺出版社 1990 年版,第 829 页。
④ (清)赵翼著,王树明校订:《廿二史劄记校订》卷三十五《明史·万历中矿税之害》,中华书局 1984 年版,第 797 页。
⑤ 常建华:《论明代社会生活性消费风俗的变迁》,《南开学报》1994 年第 4 期。
⑥ 商传:《走进晚明》,商务印书馆 2014 年版,第 390 页。

在价值观、消费观、审美情趣等方面发生了变化,形成了迥异于明初的社会风气和审美意识,形成一个中国封建社会文化史上独特的阶段。

综上所述,"种种的社会躁动固然有其消极的一面,但更应看到其中酝酿着与社会的发展、进步相适应的近代性因素,这股新的活力涌动于旧的社会肌体内,正日益明显地体现出它的能量与作用"①。对于这种情形,"我们可以换个角度往深层思索,明人这种无论是'僭礼逾制'、'华奢相高'或者'去儒从商'、'弃农就贾'等等的社会现象,都象征着群众摆脱道德与法制束缚的一种'自我意识'的呈现。对社会生活而言,这种'自我意识'的昂扬,常常成为传统、旧有社会的生活形式产生质变的一个明显标志"②。

价值尺度的转换,进一步煽起衣食住行的奢华之风,直接影响了人们对于人和物的评鉴。就对人的评价来说,传统的社会观念比较重视内在的才学品行,道家有"被褐怀玉"③之说,法家有"好质而恶饰"④之趣,而到此时却出现了只重衣衫不重品行的现象。传统社会娶媳嫁女,注重对方的人品才学,而这时却十分注重家境的富裕程度。在一定程度上,是社会价值观念的变化携裹了服饰观念的变化,服饰观念的变化表征了社会观念的变化。

"综观明中叶以后,商品经济的发展给社会风尚的各方面都带来了深刻的影响。这种变化,有的是代表着时代进步的趋势,有的则是社会黑暗腐败的表象。明清之际的社会是一个蕴涵着守旧与更新的矛盾统一体,社会风尚的各种变化是社会即将动荡变迁的迹象,在矛盾统一体中正在蕴孕着近代文明的曙光。"⑤滥觞于明代中叶、臻极于晚明的各种变化,包括服饰上的诸种变化,都可以视作其对"洪武体制"的背离和挣脱,也就是对思想钳制和文化钳制的挣脱,可惜,终明一代,明代文化未能彻底挣脱封建文化的钳制,所以明文化只能是一种"未完成的近代化转型"⑥,在审美上也可以作如是观。

---

① 陈江:《明代中后期的江南社会与社会生活》,上海社会科学院出版社 2006 年版,第 122 页。

② 张嘉昕:《明人的旅游生活》,明史研究小组 2004 年印行,第 21 页。

③ 《道德经》第七十章,中华书局 2014 年版,第 271 页。

④ (战国)韩非:《韩非子集解·解老》,上海书店出版社 1996 年版,第 97 页。

⑤ 王新:《明清时期社会风尚变革举隅》,《吉林大学社会科学学报》1990 年第 3 期。

⑥ 商传:《明文化:未完成的近代化转型》,《学术月刊》2010 年第 6 期。

第八章

明代造物陶瓷和家具的审美特征及审美意识

　　人类社会的发展在某种意义上是生产的历史，是工具进步的历史，也是造物发展的历史。每一个历史时期的造物形成了自己的时代特点和时代风格，凝聚和积淀了时代的审美意识。传统上，器物是礼制的重要组成部分，承载着"明尊卑，别上下"的重要功能，是意识形态的载体，更是时代审美意识的重要凝聚物或者载体，甚至是中国人呈道、体道的重要载体。随着社会的进步，一些器物作为"礼"器的象征功能弱化，使用和实用功能加强，同时注重审美性或者艺术性。许多在当时具有使用价值和实用价值的造物，因为其中的审美意义或者文化承载，在剥去实用价值之后变成了纯粹的艺术品，成为人们反观时人生活状况尤其是审美意识的一面镜子。

　　人无贵贱，家无贫富，家具器具、饮食器皿皆所必需。但明代初期，《明会典》中专辟《房屋器用等第》一项，明确而详尽地对房屋居住和器用的使用进行了严苛的规定和等级限制，强调了器用的意识形态功能。然万历以后，政治松弛，纲纪不振，衣食住行方面僭越礼制之事经常发生，甚至形成风气，伴随着社会物质的丰裕，社会观念的变迁①，消费观念的更张，生活需求的变化，生活方式的变异，乃至工匠地位的提高和造物工艺的进步，人们对物质需求十分重视，对感性舒适普遍追求，而对物质需求

---

　　① 明代心学观念对社会观念产生很大影响，其中影响巨大的有个体意识和日常现世精神，所以明代人比任何一个时代的人们都注重生活享受，李贽提出的"百姓日用即道"的观念更是促进了人们对物的制造和享受热情，致仕家居的官僚和仕途无望的读书人也加入了造物的行列，或为工匠的设计和发明提供智力支持，或为工匠的造物活动提供趣味支持；社会的奢侈追求，也对美学奢侈品的生产和使用提供了社会和时代氛围。

和感性舒适的载体器物及生活用具则分外重视,甚至达到痴迷的程度。同时,文人情趣的渗透和江南文化环境的影响,使江南成为明代家具、瓷器及其审美风标的策源地,也成为明式家具的诞生和流行之地。随着宅第建造对明初规制的突破,随着园林等清雅生活环境的营造,随着饮茶禅悦风气的流行,文人仕宦对居处的审美要求普遍提高①,不仅要求房屋宽敞适性宜居,对居室布置、装潢、器玩陈列摆设也非常重视,其中家具被称为"屋肚肠",因此尤受重视。尤其是随着园林的发展,与之配套的家具和器物摆件得到迅速的发展和普及,其审美性也因文人审美意识的引领和文人的直接参与设计而迅速提高。明万历以后的一百年时间里,家具的质量和数量均达到历史最高峰,制作精良、做工考究的家具大量出现并大量使用,人们争相制作、购买几椅、床帐、橱柜、箱笼、茶酒具、灯烛、笔筒等硬木家具,悉心布置自己的房间,成为当时奢靡风气的重要表现之一。当时,无论是仕宦大家还是穷酸文人,甚至皂快衙役都有书房②,平民老百姓也逾制建有带有厅堂的房子,且"居室则一概雕画"③,"居必巧营曲房,栏循台彻,点缀花石,几榻书画,竞相华奢"④。生活空间呈现专门化的倾向,除了书房,还有客房、茶寮、佛堂等专门用途的空间,也均配有与其功能相适应的家具和装饰。同时,随着生活品位的上升,家具功能也精细化,以"几"为例,见诸明人文献记载的就有:"以置鼎彝之属"的台几⑤,"书

---

① 如文震亨《长物志》所云:"吾济纵不能栖岩止谷,巡绮园之躁,而混迹廛市,要须门庭稚洁,室庐清靓,亭台具旷士之一怀,斋阁有幽人之致。又当种佳木怪箨,陈金石图书,令居之者忘志,寓之者忘归,游之者忘倦。"[(明)文震亨著,陈植校注:《长物志校注》,杨超伯校订,江苏科学技术出版社1984年版,第18页]仕宦文人既然不能对社会大环境进行改造,就着意于庭院园林小环境的营造,钟情于对斋阁小环境的营造,并将自己的审美诉求倾注在这些对象之上,以此作为安顿心灵和精神的处所。

② 明人范濂《云间据目抄》中记录的一间书房,"里面地平上安着一张大理石黑漆缕金凉床,挂着青纱帐幔,两边彩漆描金书橱,盛的都是送礼的书帕、尺头,几席文具书籍堆满,绿纱窗下,安放一只黑漆琴桌,独独放着一张螺甸交椅。书箧内都是往来书简拜帖,并送中秋礼物账簿"。其中的摆设是相当奢华并齐全的。

③ (明)周玺:《垂光集·论治化疏》,文渊阁《四库全书》本。

④ 崇祯《松江府志》卷七《风俗·俗变》。

⑤ (明)文震亨著,陈植校注:《长物志校注》,杨超伯校订,江苏科学技术出版社1984年版。

室中香几"①,"置熏炉、香合、书卷"的靠几②,还有"如画上者,阴人清斋"的藤墩③,"列炉焚香,置瓶插花以供清赏"④的叠桌等与"几"功能相近的器物。这样的情形还见于桌、椅、凳等。

与社会的华奢追求相表里,在生活起居方面,社会追求美服美饰、美食美器,"隆、万以来,虽奴隶快甲之家,皆用细器,而徽之小木匠,争历列肆于郡治中,即嫁妆杂器,俱属之矣。纨绔豪奢,又以榉木不足贵,凡床橱几桌,皆用花梨、瘿木、乌木、相思木和黄杨木,极其贵巧,动费万钱,亦俗之一靡也"⑤。相尚紫檀花梨等硬木、购置硬木家具的风气促进了这类家具的生产和设计。同时,崇尚冶游是明代中后期社会生活的重要特征,由于旅游等的需求,发展出游具等器物。⑥ 一些器物呈现出用途专门化的倾向,一些器物则成为把玩的对象,被称为"器玩",成一时之风气。比如文房清供⑦就成为代表文人审美情趣造物之一,它的创制竭尽巧思,小巧雅致,观赏价值大于实用价值,是代表书斋文化追求和审美趣味的重要器物;还有与桌案相配套的玫瑰椅(也叫文椅)等,都追求与书斋空间功能的配套,位置的摆设也十分讲究,讲求"安设得所,方如画图"⑧。可见,家

---

① (明)高濂:《遵生八笺》,巴蜀书社 1988 年版。
② (明)高濂:《遵生八笺》,巴蜀书社 1988 年版。
③ (明)高濂:《遵生八笺》,巴蜀书社 1988 年版。
④ (明)屠赤水:《游具雅编》,中华书局 1985 年版,第 203—204 页。
⑤ (明)范濂:《云间据目抄》,民国戊辰奉贤褚氏重刊本。
⑥ 明代屠赤水在《游具雅编》中也有记载:"叠卓。二张,一张高一尺六寸,长三尺一寸,阔二尺四寸。作二面拆脚活法,展则成卓,叠则成匣。以便携带席地有用。此抬合以供酬酢。其小几一张,同上叠式。高一尺四寸,长一尺二寸,阔八寸。以水磨楠木为之。置坐外列炉焚香,置瓶插花以供清赏。"适于外出用餐的适合等器具便应运而生,而且功能越完善,造型更精美,至于旅游之具的舟车等则更加重视。据文献记载,晚明文人张岱经常自备小船,坐毡和因使用具,自携多酿,出无常期地在野外游玩,没有相应的饮食器具是不行的。
⑦ 书斋中的摆设,也就是所谓的"器玩",除笔墨纸砚之外,除琴棋书画之外,有笔洗、笔格、笔筒、水盂、水丞、水滴、印章、印盒、供石、镇纸、文盘、臂搁、纸帐、铜瓶、界尺,以及暖手、扳指儿、扇坠、砚屏、把件、匾额,以及佛龛、挂件、腰饰,以及拂尘、团扇、水勺,还有花插、帽筒、墨床,以及书房活动的人之所需紫砂壶、红铜炉、青锋剑……形制各异,材质有竹木牙瓷诸类,统称"文玩",雅称清供。
⑧ (明)文震亨著,陈植校注:《长物志校注》,杨超伯校订,江苏科学技术出版社 1984 年版,第 347 页。

具也参与了空间文化氛围与审美氛围的营造,所谓"韵士所居,入门便有一种高雅绝俗之趣"①便是如此形成的,明人甚至认为"仅一几一榻,令人想见其风致"②。再比如床榻,"乃我半生相共之物,较之结发糟糠,犹分先后也。人之待物,其最厚者,莫过于此。……而床第乃榻中之人也"③,所以人们十分重视,于是成为内室陈设和审美取向的代表,成为生活水平高低的重要标志。至于"古人制几、榻,虽长短广狭不齐,置之斋室,必古稚可爱。又坐卧依凭,无不便适。燕衍之暇,以之展经史,阅书画,陈鼎彝,罗肴核,施枕簟,何施不可"④。既具有实用性,更注重审美性。同时,随着生活习气的浸染,饮食也注重器具的精美,茶具、酒具、碗碟、壶等也成为一时社会风气的表征之物,也成为明代人自我觉悟、重视生活质量和生活享受的重要表征⑤,"饮食因器具更加美味,器具因饮食更加美观,二者完美地结合在一起,又给明代的饮食生活增添了一篇动人心弦的丽影"⑥。此外,明代其他生活用具也呈现出繁荣的局面,比如香具的套式

---

① (明)文震亨著,陈植校注:《长物志校注》,杨超伯校订,江苏科学技术出版社 1984 年版,第 347 页。

② (明)文震亨著,陈植校注:《长物志校注》,杨超伯校订,江苏科学技术出版社 1984 年版,第 347 页。

③ (清)李渔:《闲情偶寄》,孙敏强注释,浙江古籍出版社 2000 年版,第 195 页。

④ (明)文震亨著,陈植校注:《长物志校注》,杨超伯校订,江苏科学技术出版社 1984 年版,第 225 页。

⑤ 明代家具的制造,充分考虑和体现了人的因素,可以视作人自觉的重要标志。明式家具的制作多从实用出发,根据人的日常生活需要和使用要求进行造型和结构,再辅之以必要的装饰,使实用使用功能与造型艺术得到完美的结合,其造型方面尤其注重与人体的结构及其特征相适应,甚至追求贴合效果,有符合人体自然放松姿态的比例、高度、角度和曲线,体现了遵生的要求,体现了对人的重视。至于对生活质量的重视,也可以从器具的精美中见出,这种描写很多,文学中的描写即可资说明。明人邵灿《香囊记》载录了普通百姓"无钞可买"蔬肴,无奈以野菜为羹,但媳妇请婆婆出来早膳之时,却是"翠盎盛来"。可见普通百姓家的器具也是精美的。同时方外之地也有这种追求,使用的器物十分考究。《西游记》"第十六回 观音院僧谋宝贝 黑风山怪窃袈裟"中写到,唐僧来到观音禅院,老僧"只叫献茶。有一个小幸童,拿出一个羊脂玉的盘儿,有三个法蓝镶金的茶盅。又一童,提一把白铜壶儿,斟了三杯香茶。真个是色欺榴蕊艳,味胜桂花香! 三藏见了,夸爱不尽道:'好物件! 好物件! 真是美食美器!'"[(明)吴承恩:《西游记》,人民文学出版社 1980 年版,第 202—203 页]

⑥ 伊永文:《明代衣食住行》(插图珍藏本),中华书局 2012 年版,第 113 页。

繁多、茗器的花样也不一而足。可以说明代家具、瓷器,与饮食、服饰、出行、住宅建筑等,共同构成了明代社会风貌和审美风貌的整体。

同时,曹仲明著的《格古要论》、谷应泰著的《博古要览》、文震亨著的《长物志》、高濂著的《遵生八笺·燕居清赏笺》、屠隆著的《考槃馀事》和《游具雅编》、戈汕著的《蝶几图》、王圻与王思义著的《三才图会》,还有李渔著的《李笠翁一家言》,着意于家具制作的制式、尺寸、用料、颜色、工艺和功能等,更是着意于其审美风格和格调的雅俗区分,不仅对这一时期的审美意识进行了记录和总结,而且对时代的审美意识进行了引领和推动,与经济的发展、物质条件的变化、需求的增大、要求的提高等因素一道,促进了明代造物工艺和艺术水平的提升,并使之成为一个时代造物的代表。

有明一代,在瓷器、家具、金工、织造等方面取得巨大进步,不仅满足了社会需求,丰富了社会生活,还呈现出独特的时代风格和时代气息,凝聚和形成了一个时代的审美风貌,比如明代家具就被称为明式家具,瓷器也呈现出与别的时代不同的特点,其中包含的审美趣味往往通过器物的结构、造型和装饰等要素表现出来,成为一个时代审美意识的代表。就瓷器而言,"明代结束了千余年来的青瓷时代,宋人所重视为典雅高逸之器,则被'单色釉'、'青花'、'彩绘'所取代,朝着流俗的民间趣味进展,开创了我国瓷业的新局面,进而大放异彩,震烁古今、中外"①。这种对流俗的民间趣味的重视、尊重甚至迎合,应该与明代市民阶层地位的升高有关系,也造成了明代造物审美意识的多样性,在器物的书卷气之外,还有市俗气存在。人们可以从家具瓷器的材质、形制、色彩乃至陈列的细节之中,看出当时的审美理想和时代审美意识的印痕,也可以从中体会出时人的生活方式、情趣、情怀和韵致。园林、家具、瓷器等造物,实际上成为明代尤其是晚明文人仕宦呈现自己的精神坐标和文化符号,人依托园林、家具、瓷器及其所营构的氛围或者境界,形成了一个生命境界,象征了人的审美追求和生命的境界,其中所蕴的雅俗、虚实、古今、自然与人工、文人与市

① 陈昌蔚:《中国陶瓷　4　明代瓷器》,(台北)光复书局1986年版,"前言"。

井、平淡与幽深、简约与繁复的关系,更是一个哲学的世界。所以造物并不能仅仅以"物"观,透过它,可以反观和体味到很多时代意味和人生韵味。

　　明代造物种类繁多,成就不凡,审美意识明显而驳杂,不仅有对前代审美意识的继承和变革,更有来自海外的物质条件的支撑和促进①,还有来自海外的审美需求的带动②,难以一一关注,也难以深入把握,所以本章主要以瓷器和家具为代表,分别透视其中蕴含的审美意识,由此反观明代的审美意识。就瓷器和家具而言,明朝初年和后期变化很大,同时也因不同阶段统治阶级的提倡和时代风貌的变迁而时代风格明显,差异巨大。比如成化年间的瓷器就在明代瓷器发展史上特点标出,达到了中国瓷器釉彩艺术的最高峰,这也许与成化皇帝朱见深的艺术修养和审美趣味不无关系。贸易瓷等因适应不同人群需求的目标性追求,呈现出重要的时代特点,比如中国瓷器在走向伊斯兰世界的过程中,为符合伊斯兰世界的文化背景、审美趣味和使用习惯,特意制造了伊斯兰风格的特殊造型和纹饰,将中国本土的技术和海外其他民族的审美需求和文化需求有机地统一起来,成就了具有独特审美意识的青花瓷。当然相比较书法、绘画等艺术形式,家具和瓷器等造物的审美意识并不是高度自觉的,也并不一定连贯地处于某种观念的框架中,因此是复杂的,其复杂性难以在较短的篇幅内完全把握,故本章只对这两类造物的主导审美意识进行把握,并尽量照顾到其复杂性。

第一节　明代陶瓷审美特征及审美意识

　　中国在商周时期就出现了原始瓷器,到东汉走向成熟,在唐代取得了辉煌成就,宋代达到了中国陶瓷发展的历史高峰。明代在前代陶瓷发展

---

　　① 　比如青花的原料是来自南洋的苏泥勃青,特点是发色凝重幽艳,光彩焕发,色性安定,元代与明初的青花用此料,形成宣德时期青花色调深沉雅静的特点,成化后被回青所代替。而明式家具的普遍制造则与海禁开放,进入中国的东南亚黄花梨、紫檀、红木等硬木有关,这些木材的硬度、色泽以及纹理均为明代家具奠定了物质基础。材料的改变为工艺的实现和改变奠定了基础,也为审美意图的实现提供了条件。

　　② 　明代瓷器除了来自官方(官窑)和民间(民窑)的需求驱动之外,还有来自海外的需求驱动,产生了迎合海外国家需求的贸易瓷或者外销瓷。

的基础上,继往开来,取得了崭新的面貌,具体体现在,景德镇成为全国制瓷业的中心,青花瓷器形成主流,彩瓷生产揭开了我国陶瓷史上光辉灿烂的一页,各种颜色釉瓷器色彩斑斓,珐花器风格独具,紫砂器古朴雅致。明代陶瓷无论在青花瓷或釉上彩瓷器上,均可看到一幅幅完整的山水、人物、花鸟图案,这意味着中国陶瓷从素釉瓷到彩绘瓷的转变,也意味着中国传统瓷器审美走向的转变。

一、"颇成画意"的明代陶瓷

中国陶瓷审美在元明之前的唐宋,主要表现为对陶瓷自然天成之美的欣赏。这种自然天成之美主要体现在器形、釉色、纹饰等方面,如景德镇的影青瓷、龙泉窑的青瓷、建窑的兔毫、油滴盏等,均是通过釉色的自然质感达到天趣之美的审美效果。宋代很多名窑瓷器均朴素无纹,或利用釉调自身的变化形成装饰,或利用釉质形成"厚如堆脂,垂若蜡泪"的垂流状态而别具一格。开片本是由于胎釉的收缩系数不同,在火的烧炼中所形成的一种釉面龟裂现象,却变成了一种自然天成的、趣味无穷的装饰。这种陶瓷审美意识,体现的是道家"自然而然"、"见素抱朴"的审美境界,也正如朱熹所讲:"上天之载,无声色臭味,而实造化之枢纽,品汇之根底也。"①"无声色臭味"即是老子所说的"大音希声"的境界。陶瓷素面无雕的无色之色、无声之声,内蕴丰富、格调高致,构成了陶瓷之大美,让人在审美过程中,获得对宇宙和人的存在方式的感悟。

元明清时期,以青花瓷为代表,中国瓷器从单色釉瓷进入了彩绘瓷阶段,在瓷器上绘画成为瓷器装饰的主要手段。

在明中期之前,中国的陶瓷装饰基本上都是以图案装饰为主。当然,在元代的青花中,也有一些表现人物故事场景的绘画性装饰,但那是一种单线平涂的表现方式,如明中期以后那样把以水墨形式表现的文人绘画直接搬到陶瓷装饰中还是第一次,这是受明代文人画影响的必然结果。

---

① (宋)朱熹:《太极图说解》,《朱子全书》第 13 册,上海古籍出版社、安徽教育出版社 2002 年版,第 72 页。

自从宋代苏轼提出文人画的概念后,文人画和工匠画的界限就逐渐明确了。苏轼所认可的文人画是在笔墨技巧之外还要有诗的境界,这个境界具体地说还不是雄健奔放,而是萧条淡泊的宁静、恬适。到明代,这种文人画的风格还是一如既往地被保留了下来,因此,尽管明中期以后"极摹人情世态之歧"①的市井文艺风头正强,但文人画家仍然似闲云野鹤徜徉于山林秀水之间,意在寄兴抒怀,求得心远忘世。画家的表现兴趣多专注于大自然,或放情于山水,或寄笔墨于缘情。在绘画中有许多表现仙人高僧及文人隐士的题材,画面中的文人、隐士们或在松林远郊及茅舍庭院中弹琴、饮茶、论道、吟诗,或骑着马,后面跟着书童,行走在丘壑泉石、烟云竹树中。这类画面在明中期的陶瓷绘画中得到了部分的表现。

明代陶瓷绘画中的人物,或行云流水,或悠闲自得,或超凡脱俗,潇洒自如,表现出当时文人隐士悠闲闲适的生活情趣。这些画面受当时文人画的影响,讲究笔墨与意境,而不以形似为目标,所绘的人物往往是寥寥数笔、略加点染,概括出人物的神情风貌即可。人物往往与疏朗空灵的背景融为一体。另外,除表现文人逸士生活的图景之外,还有许多表现仙人道士的画面,这些画面往往人物神情飞扬,气势豪爽,背景楼阁耸立,檐台接应,青山碧水,仙云缭绕。常见的画面见于明景泰八仙庆寿图罐、明景泰青花高士图罐、明景泰八仙庆寿图罐、明天顺青花八仙渡海碗、明天顺携琴访友梅瓶、明天顺仙人梅瓶、明成化楼阁人物图罐、明成化青花庭院对弈图罐、明弘治青花高士图盖罐、明弘治骑马人物三足炉、明正德楼阁人物套盒、明正德庭院宴乐图等。除了青花外,这一类的题材也出现在当时的红绿彩瓷上,具有代表性的有明天顺红绿彩八仙人物连坐香筒、明成化红绿彩人物骑马纹碗等。

明中期的青花瓷人物画和元代青花瓷人物画的区别在于,从画法上来看,元青花人物受当时版画影响,因此画风工整、严谨;从题材上来讲,元青花人物所表现的题材大多来自当时的元曲或小说,所表现的画面基

---

① (明)笑花主人:《今古奇观序》,(明)抱瓮老人辑:《今古奇观》,廖东校点,岳麓书社1992年版,第1页。

本上都是人物故事的情节,具有较浓厚的市井气。而明中期的青花人物受当时文人画的影响,画风潇洒自如;在题材上,所表现的也大多是文人的生活和仙人道士,充满文人所追求的情趣和意境,具有较浓厚的文人气。

从明中期开始,生活在苏杭一带的文人绘画就对景德镇的陶瓷艺术产生了极大的影响,尤其是当时院体风格的江浙派和文人风格的吴门画派。到明末,虽然社会动荡,但生活在江浙的部分文人仍然悠游不迫、从容闲适。由于雕版印刷术的进步,江浙一带文人的绘画得以刊印为画册。陶瓷工匠们把这些文人趣味的绘画设计到陶瓷上,生产出了青花笔筒、笔洗、笔炉等,这些画面多以轻松古淡的笔法,用大笔混水而成。这些画面大都是当时文人画中常见的,如李白醉酒、王羲之观鹅、苏东坡爱砚、陶渊明赏菊、松下独坐、老人垂钓、携琴访友等,这些画面和明中期比较起来,背景中的各种灵芝状和如意状的云纹消失了,即使有的画面还有云纹,也只是非常浅显的、呈括号形的、混了淡淡青花料色的流云。这样的画面显得更空灵、更文人气了。而且这样的装饰打破了长期以来青花瓷在颈部、肩部及底部装饰各种边饰图案的传统,整个器物仅以绘画装饰。这些器物的装饰内容除人物画外,还有当时文人画中盛行的花卉、山水画面。

景德镇的艺人把以水墨为载体的文人绘画移植到陶瓷装饰中来,成就了陶瓷审美的新特征。这与青花材料的使用是分不开的,由于青花是釉下彩,用氧化钴做颜料,在胎上绘画,故使用毛笔蘸青花料水画在具有吸水性的坯胎上,可以表现出文人画所追求的那种水墨酣畅淋漓的晕染效果。同时,由于绘画所用钴料和绘画题材、笔法的不同,明代各时期的青花瓷各具特色,但其鼎盛期非永乐、宣德莫属。永宣青花之所以独受青睐,其中一个原因就是其在审美上表现出了绘画的趣味,这首先得益于钴料的改进,永宣青花所用的钴料采用的是来自西域的苏勃泥青,烧成后的线条纹理中常有钴铁结晶斑,呈星状点滴晕散,浅淡处结晶斑点少,浓重处会凝聚成黑青色、藏青色或呈金属锡光,甚至下凹深入骨胎,迎光侧视或用手抚摸可辨凹凸不平之状,这种现象是研磨不细的钴料在窑火中形成的效果。故永宣青花具有较强的晕散性,往往出现湮散效果和黑色斑点,色泽深厚透入釉骨,显得浓艳幽雅,像水墨画一样妙趣自然。如永宣青花中比较典型的宣德青花海水龙纹扁壶,用浓重深厚的青色海水衬托出一条矫健飞舞的白龙,使人感到仿佛它置身于波浪滔天、汹涌澎湃的大海中,腾云驾雾,气势凶猛。尤其是深蓝的海水与洁白的龙身形成鲜明的对比,充满了动力美,充分表现了匠师们不同凡响的艺术才能。类似这样的构图,在元代青花瓷上也出现过,但是为线描的海水和龙纹,相比之下就显得不够生动。

而永宣青花被奉为青花典范除了钴料的原因外,还有胎质、造型、纹饰等的原因。永宣青花图案纹饰融合了磁州窑、元青花而更趋秀丽、典雅。纹饰以植物纹为主,有牡丹、莲花、蔷薇、宝相花、山茶花、菊花、栀子、月季、灵芝、石榴、荔枝、枇杷、葡萄、樱桃、仙桃、松、竹、梅等。动物纹有麒麟、海兽、龙、凤等。此外还有仙山楼阁、婴戏纹等。在胎质方面,永宣青花瓷器胎质细腻洁白、釉层晶莹肥厚、器表白中泛青,特别能协调此时青花深蓝苍翠的发色效果。而瓷器造型改变了元代厚重壮实感所趋于的清新秀丽,又为青花效果增色。

青花瓷到了成化、弘治、正德时期,青花用料采用了景德镇邻县乐平的"陂塘青",故色调有了新的变化,颜色趋于清淡,呈现出新的审美特征,尤以成化青花最为典型。在绘画技法上,由单一的笔画平涂发展成用细笔画线,另用大笔分水的渲染法,画面浓淡相宜,具有水墨画的晕染效果。故晚明王士性云:"应之本朝,以宣、成二窑为佳,宣窑以青花胜,成窑以五彩,宣窑之青,真苏勃泥青也。成窑时皆用尽,故成不及宣。成窑五彩堆垛深厚,而成窑用色浅淡,颇成画意,故宣不及成。"[①]由此看来,"颇成画意"是明人欣赏青花瓷的重要标准之一。

这种"颇成画意",到了明代晚期更为突出。由于明晚期的青花钴料使用浙江青料,故做到了"料分五色",取得了类似水墨画中"墨分五色"的效果,工匠们以白瓷为纸、以钴蓝为墨,很多陶瓷上的绘画效果逼真,釉色淋漓,几乎是绘画的翻版。伴随着陶瓷中绘画的兴盛,诗、书、画、印结

---

① (明)王士性:《广志绎》卷四,中华书局1981年版,第83—84页。

合的形式也出现在了明代晚期的很多陶瓷装饰中,这使得陶瓷的审美趣味与绘画更为接近。

明代陶瓷绘画的兴盛,表明了中国古代陶瓷审美的重大转折,这即是,从重视釉面本身的质地美进入到重视陶瓷表面的装饰纹样与效果美,故明代陶瓷装饰的技法与手段的丰富超过以往的任何时期,陶瓷的"画意"成为明代陶瓷审美的重要方面。

二、五彩斑斓的明代陶瓷

清代朱琰在《陶说》中指出:"古窑重青器,至明而秘色已绝,皆纯白。或画青花,或加五彩。"[1]

"古窑重青器",这指出了明代以前陶瓷审美的主要特征,即欣赏如玉的青色。"古窑重青器",中国最早发明的瓷器是青瓷,从东汉到魏晋南北朝,所生产的瓷器是以青瓷为主,唐代的瓷器虽形成"南青北白"的格局,但最有名的窑口是生产青瓷的越窑,最有名的瓷器是秘色瓷。宋代称为五大名窑的"定、汝、官、哥、钧",除定窑外,都属于青瓷系列,同时,龙泉窑、景德镇窑、耀州窑生产的也都是青瓷。"古窑重青器"一定程度上是因为青瓷具有温润如玉的美感,陆羽在《茶经》中认为"越州上",就是因为其"类玉"、"类冰",宋人认为"玉色为青翠",青为"象天之色",故"尚青"可能与中国人崇尚玉的传统有关,早在良渚文化时期,中国人就用玉作礼器,《周礼·春官·大宗伯》载:"以玉作六器,以礼天地四方。以苍璧礼天,以黄琮礼地,以青圭礼东方,以赤璋礼南方,以白琥礼西方,以玄璜礼北方。"玉璧、玉琮、玉圭、玉璋、玉琥、玉璜就是六种礼器,即"六器",也称"六瑞"。后来,玉成为等级制度的标志性器物,并与人的道德品行联系在一起,《礼记》中,孔子认为玉有十一德,即仁、智、义、礼、乐、忠、信、天、地、德、道。然而玉稀少昂贵,加工难度大,这促使人们以瓷代玉、用廉价的陶瓷来模仿玉,从而满足了自社会上层到普通民众的使用和审美需求。故陶瓷"尚青"的传统,体现的是中国人"崇玉"的传统审美心

---

[1]　(清)朱琰:《陶说》,山东画报出版社2010年版,第80页。

理积淀。

然而在宋代不能成为主流的白瓷,到元代却受到了统治阶级的青睐,这主要是由元代统治阶级的色彩审美好尚,即蒙古族的尚白、尚青决定的。因为蒙古族"国俗尚白,以白为吉"。蒙古族作为游牧民族多信奉萨满教,萨满教敬天,故元代因敬天而重天色,因重天色而尚青,青色即蓝色。《元朝秘史》记载,元朝人的祖先是"天生一个苍色的狼与一个惨白的鹿相配了,……产生了一个人,名字叫做巴塔赤罕。"这里的苍色与天同色,即为青色。蒙古族的色尚对元代陶瓷的发展影响很大,由于尚白,故浮梁磁局烧制白瓷;由于尚青,故创造出钴蓝釉瓷器,也正是白青色尚使得青花瓷迅速崛起。

同时,与伊斯兰世界的密切联系也是促使青花瓷兴盛的重要原因。元代统治阶级倾情伊斯兰文化,大批任用回回,设立了许多伊斯兰文化机构,一些官作坊就是依靠穆斯林工匠设置的,他们专门生产伊斯兰世界的传统产品。在统治阶级的倡导下,伊斯兰文明风靡元代,明清更盛,连素来鄙夷异域文明的明代士大夫甚至统治阶级也开始转变,如明代的朱元璋即是一例。开国皇帝朱元璋在"治隆唐宋"思想中决心革去蒙元留下的一切"胡俗","悉复中国之旧矣",但蒙元确立的青花器美感,却没有被革去。这可能是因为明代青花瓷将中国人审美的深沉思想用恰到好处的视觉表现了出来,这一点,与朱元璋有着审美的共鸣。我们从朱元璋的诗句中似乎可以寻找出答案。因为年轻时有六年的和尚经历,朱元璋的诗作中常流露出禅意,如《僧日空山》:"孤寂凄凄一径微,处心应与世尘违。朝观松鹤摩天去,暮见岩猿挽树归。瓶水一炉香满座,锡镮丈室年盈衣。空山憎对如何日,化作苍龙挟雨飞。"又《云衲野野》:"山人修道几经年,闻说餐松意足便。时以断云完故衲,日将流水灌新田。常勤侣鹤岩崖下,寂静侪猿烟雾边。"其他如"朝观树顶香烟袅,暮识禅机一镜明"(《寺掩山深二首》)、"幽居深处水云边,烟封远浦沙鸥尽"(《题隐者》)、"晨昏几度经钟听,岩壑云生出野楼"(《思游寺》)那样的禅句,从而显出"日思精舍梦还游"(《思游寺》)、"六年岭际今犹见"(《云山寺》)的思想深根。故朱元璋虽有革除胡俗的坚强意志,仍然发展了青花瓷并使之具有洪武风格,说明青花瓷的审美力有相通统治阶级思想深处的因素。

　　《陶说》载"至明而秘色已绝,皆纯白。或画青花,或加五彩",《陶说》中的这句话指出了秘色瓷到明代已经消失,明代主流上是白瓷,并在瓷器上绘制青花或加以五彩。青花和在青花基础上出现的五彩取代传统的青瓷,使中国陶瓷的色彩到了明代变得五彩斑斓,从而揭开了我国陶瓷史上光辉灿烂的一页。明代既有釉下彩绘如青花,又有釉上彩绘如五彩、素三彩,还有釉上与釉下相结合的彩绘如斗彩。

　　五彩是釉上彩的一种,是在已烧成的素胎瓷器上,用釉下青花与多种釉上彩料绘画图案花纹,"五彩"即多彩之意,是在宋、金时期红彩、绿彩基础上发展起来的。明代五彩器一般以红、绿、黄三色为主,蓝彩则以釉下青花代替,这种以青花作为五彩中的一种色彩,又称为青花五彩。它与其后清代五彩在艺术表现上明显不同。明代五彩器线条苍劲有力,釉色以红、黄色为主,画面透视感较差,图案大色块涂抹现象严重。明代五彩最早见于宣德时期,以西藏地区萨迦寺收藏的一件宣德青花五彩鸳鸯卧莲纹高足杯为世所罕见。明代五彩发展到嘉靖、万历时期达到鼎盛阶段。嘉靖、万历五彩闻名古今,不仅彩色鲜艳而且画笔苍老十分有趣,纹饰茂密以红浓绿艳取胜。嘉靖、万历时期葫芦瓶最为盛行。这是因为葫芦二字谐音福禄,又由于嘉靖皇帝崇信道教,迷恋丹术,而葫芦瓶正是盛装仙丹的器皿,故此更加风行一时。万历五彩葫芦瓶的形制有上圆下方形、上方下圆形、四方形、六方形、八方形以及多棱形等。品种除五彩外,还有蓝釉、白釉、黄釉等。其数量之多、品类之丰富、造型之精美,都为前朝所未见。

　　斗彩是指瓷器彩绘的一种工艺而言,是在坯体上先用青花描绘图案轮廓线,施透明釉,用高温烧成后,再在釉上以各种彩料填绘,经低温彩炉烘烤,然后成型,其彩绘方式分为釉上彩和釉下彩两部分。明代斗彩以成化斗彩取得的成就最高,成化斗彩可用"质精色良"四字概括,它以线条流畅的造型、薄似蝉翼的胎体、润如堆脂的质地及清新淡雅的色调,在明代彩瓷中独树一帜。以成化斗彩鸡缸杯最为典型,鸡缸杯实为鸡纹杯,它小器大样,造型似缸,所以俗称鸡缸杯。因此清人朱琰在《陶说》中评述:

"成窑以五彩为最,酒杯以鸡缸为最。"成化斗彩除了鸡缸杯外,还有婴戏杯、葡萄杯、三秋杯、高士杯等,也均为旷世之作。成化斗彩久负盛名不仅因为其器形精巧、胎质细薄,更因为其釉色丰富、令人耳目一新,其红色中就有鲜红、油红,紫色中有葡萄紫、姹紫、赭紫,绿色中有水绿、秋葵绿、葱心绿,黄色为蛾黄,故所谓成化斗彩"蛾黄姹紫",文物界有所谓"鲜红淡抹绿闪黄,姹紫浓厚却无光"的说法。

素三彩,则是指以黄、绿、紫或绿、白、黄为主色的釉上彩,素三彩虽然仅用黄、绿、紫几色,但却给人一种古朴雅致的美感。素三彩最早出现在明代成化时期,发展到正德时期,制作更加精美。正德晚期还流行用黑色轮廓线绘画纹饰。

同时,明代颜色釉瓷器有了进一步的提高和发展,如永乐时期的红釉、青釉、白釉,宣德时期的宝石红釉、蓝釉,弘治时期的黄釉,正德时期的孔雀绿釉,嘉靖时期的孔雀蓝、青金蓝、瓜皮绿釉等。永乐甜白釉釉色白如凝脂、素若积雪,给人一种甜蜜的美感,而且细薄如纸,洁净如玉,是其他任何时代白瓷所无法相比的。它几乎是见釉不见胎,但迎光透视,胎上刻画的龙纹、凤纹、缠枝花卉纹却清晰可见,故此又称为脱胎白瓷。同时,永乐甜白瓷造型丰富,达六十余种之多,几乎永乐时期所出现的绝大部分器形均有白釉瓷器。

明代红釉瓷器在宣德时期已烧制得相当成功。除了里外红釉器外,还有里白外红或里蓝外红之器。永乐年间景德镇御窑场烧造的鲜红釉,色调纯正、莹润如玉,《景德镇陶录》称:"永乐鲜红为贵",绝非过誉之词。宣德时期的红釉瓷器,与永乐时期相比更胜一筹,红中透紫、浓重深厚,犹如红宝石一般,故称"宝石红"。

明代黄釉首推弘治时期的器物釉色最佳,其色调嫩黄光艳,通体浑然一色,故名"浇黄"或"娇黄",明代黄釉瓷器主要作为皇室的祭器,如弘治黄釉牛头尊、黄釉绶带耳尊等,都能明显看出属于祭器。

孔雀绿(蓝)是形容有如孔雀羽毛的釉色,明代始见于宣德、成化时期景德镇窑制品,其特点是釉色鲜艳亮丽。孔雀绿至正德一朝有突出的发展,除单色釉外,釉下多刻有暗花纹饰,常见器形有盘、碗、罐等。

同时,明代还有一种"瓜皮绿"色,是指艳如新瓜之绿的釉色。嘉靖时期制作釉上彩的"矾红",色如干之红枣,红中发黑,故名"枣皮红",常见器形有八方瓶、葫芦瓶、双耳炉、执壶、罐、盘、碗等。

珐花器也是明代别具特色的器物。珐花是以硝酸钾为助溶剂的陶胎彩器,分两次烧成,先在陶胎上以凸起的沥粉勾勒出双线花纹图案后烧制成器,然后在花纹间填以釉彩,再以低温烘烧而成。其釉色主要有孔雀蓝、孔雀绿、茄皮紫、黄等几种色调,所谓"黄似金箔,紫如紫晶,蓝似宝石,绿如翡翠"。珐花的主要产地在山西,从元至大元年开始烧造,一直到清嘉靖年间,从未间断。明代珐花器的制作为鼎盛时期,以万历时期为最好,有宝塔、影壁、佛像、罐、香炉、烛台、屋脊、栏杆、狮子及各种动物塑像。明代景德镇也开始仿造珐花器。装饰方式除了沥粉外,还结合了贴花、模印、雕刻、捏塑等技法装饰器身或器耳部分,常见花纹有花鸟、人物。

明代的这些陶瓷为我们呈现了一个色彩斑斓的世界,这是与元明之前陶瓷色彩审美单一的古雅美、深沉美完全不同的一种华丽美、浓艳美。

三、"异样之精彩"的明代陶瓷

民国吴仁敬、辛安潮在《中国陶瓷史》中指出:"明人对于瓷业,无论在意匠上,形式上,其技术均渐臻至完成之顶点。而永乐以降,因波斯、阿刺伯艺术之东渐,与我国原有之艺术相融合,于瓷业上,更发生一种异样之精彩。"[①]这"异样之精彩"即是指伊斯兰文化对明代陶瓷的影响。明代陶瓷"异样之精彩"的产生,首先得益于明代"抚驭万国"的外交方针。洪武四年,朱元璋谕告:"海外蛮夷之国,有为患于中国者不可不讨;不为中国患者不可辄自用兵。"明永乐皇帝则提出"帝王居中,抚驭万国"的外交原则,这使明朝与外国建立了友好的关系和贸易往来。大批穆斯林入附中原,带来了精湛的手工技艺,为明初社会的制瓷、染织、铸造等行业注入了新的生机和活力。此外,郑和下西洋,促使海外市场对中国瓷器大量需求,这对于明初青花瓷的发展起到了关键性的作用。郑和下西洋,带去

了丝绸、瓷器、茶叶等,一部分馈赠诸国君主,另一部分则与当地居民进行友好贸易,瓷器是其中最受欢迎的品种。在今天的东南亚、西亚及南亚地区均有大量的明初青花瓷出土。随着郑和下西洋,海外市场对青花瓷的大量需求,景德镇窑厂应接不暇。为了迎合异国情调、适应出口的需要,明代陶瓷采用了大量伊斯兰风格的造型与纹饰,以永乐、宣德两朝的青花瓷器最为突出。在造型上,永乐、宣德青花瓷器不仅有传统的盘、碗、梅瓶等,更出现了许多新增的器形,如抱月瓶、圆柱长颈带流执壶、球腹直径花浇、折沿大盆、八方烛台、双耳扁瓶、双耳折方瓶、天球瓶、筒形花座、仰钟式碗等,这些新器形有的是模仿西亚的金属器皿生产的,有的是将外来器形与本土器形进行组合,或略加变通,具有明显的伊斯兰风格,以至于王健华先生指出:"有百分之八十的永宣青花瓷在造型方面可以在西亚地区的古代金银器、铜器、玻璃器、陶器中溯源到范本。"①在明代众多受伊斯兰文化影响的陶瓷产品中,以平腹扁壶最有代表性。这种扁壶又叫卧壶,一面为圆形鼓腹,中心凸起圆饼,围绕中心一圈云肩纹开光内装饰"八吉祥"成为常见的装饰布局;另一面砂底无釉,中心下凹。这种扁壶应是仿西亚铜质扁壶而作。它虽然是为阿拉伯国家的需求而生产,但一出现就融合了中国传统的缠枝花和云肩纹,以及藏传佛教的八吉祥纹样,成为一种中外艺术相结合的独特形制,因而受到了海内外市场的欢迎。不仅如此,扁壶这种初为阿拉伯世界专门烧造的器形后来还受到了荷兰、法国等欧洲国家瓷厂的仿制,作为造型独特、纹饰精美的陈设瓷的典型在世界范围内形成较为广泛影响。除此代表性器物之外,明初景德镇陶工还为阿拉伯国家专门烧制一种青花文具盒,在菲律宾的明代沉船中发现了弘治三年景德镇民窑为波斯细密画师设计的混合多层式青花笔盒,盒面绘梅竹纹,侧面绘缠枝花纹。这种带盖笔盒的原始造型来自波斯细密画家的金属笔盒,呈长圆角形和子母口设计,盒内有不同形状的分格,便于盛放绘制细密画所用的多色颜料。英国的大英博物馆收藏有伊朗、叙利亚、开罗等地生产的金属笔盒多件。为满足西亚、非洲和阿拉伯国家细

---

① 王健华:《明初青花瓷发展的原因及特点》,《故宫博物院院刊》1998 年第 1 期。

密画家的实用需要,景德镇陶瓷工人在明代前期进行仿制。波斯细密画虽受宋元工笔画影响,但是画幅小,所用毛笔细小,耗墨量不大,因此这种波斯笔盒往往与调色盘合二为一,采用混合多层式设计。另一类比较典型的是元代和明初的折沿大盆。这些景德镇烧造的大盆通常口沿直径达到80厘米左右,胎体厚重,釉色偏青,是受到伊斯兰金属盘的影响而出现的。这种大型瓷盘是为伊斯兰教国家专门烧造的餐具,大多是为了输往伊斯兰世界而特制的,因为西亚和阿拉伯地区的人们的饮食习俗是"用盘满盛其饭,浇酥油奶汁,以手撮口中而食"①,故其对器形、尺寸和是否完好无缺的要求更甚于釉色和装饰。这些特殊定制的瓷器通过朝贡贸易和商贸往来输往阿拉伯国家和地区。

明初生产的青花筒形花座在叙利亚出土不少,其两端为喇叭形,细腰中空,主要用于承放花盆、水罐,这是当时为阿拉伯人仿造的古代巴基斯坦流行的青铜座。中世纪阿拉伯人生产的瓷器中,长颈水罐为其珍品,罐上美丽的图案和别致的造型令阿拉伯人爱不释手。而明代陶瓷作品中,类似式样也屡见不鲜,伊斯兰风格的笔筒和高足杯在明代陶瓷中也有不少发现,笔盒呈长方形,其盖式取自中国,而花纹、铭文则取波斯样式,可谓中伊文化的绝妙结合。高足杯是明初根据阿拉伯人的需要仿其更古的中东式样,而与元代的中东样式有别,呈侈口形。另外,这一时期新烧制的双耳扁瓶、双耳折方瓶均被认为是仿自波斯13世纪的式样,因为在前代的器物中不见这种类型,显然不是我国瓷器固有的器形。这种双耳扁瓶、双耳折方瓶,在清代的雍正、乾隆时期又成了仿明器的重要品种。

明中叶以后,特别是正德年间,因武宗尊崇,伊斯兰教盛行,这一时期富有伊斯兰特色的器物形式多样,而且造型优美,人们将穆斯林常用的盘、碗、执壶、笔山、深腹罐、炉、盒、烛台等统称为"回器"。其中一些器物,例如执壶在元代已有生产,但造型过于单一,而这时依据伊斯兰风格,又有玉壶春瓶体、唇口直颈体、蒜头瓶体等新式样;还有笔山,这一类型的

---

① (明)马欢:《瀛涯胜览·爪哇国》,见《中华野史》编委会编:《中华野史》卷七,三秦出版社2000年版,第5568页。

瓷器自明至清,作为穆斯林特有的一种实用品或陈设品,为广大伊斯兰教徒所喜爱,在清初御厂中仍被生产。除此之外,在明代瓷器式样中,也有穆斯林按中国传统陈设形式而设置的瓷器专用品,北京东四清真寺保存了一件明代青花瓷牌屏,上面以阿拉伯文书写有伊斯兰教五大信条之一的著名"清真言"。

在纹饰上,伊斯兰教反对偶像崇拜,因而绝对禁止把人像用于图案装饰,在图案纹饰中常用的题材是植物花卉,故明代青花瓷也多采用具有域外风情的花卉植物等纹样,如西番莲、扁菊花、苜蓿花等,花叶枝条交织缠绕。伊斯兰的几何十分发达,青花瓷的造型和纹饰排列均运用了对称连续的几何形排列,常常在器物上划分出若干对称的装饰区域,用条带或环带边饰分割排列,十分抽象化、秩序化、理性化,形成有秩序的纠结、组合关系,图形方面常见的有八角星系列、六角、五角、三角、八方、菱形、圆形、棋盘格等,边饰常用回纹、忍冬纹、卷草纹、水涡纹、圈点纹、朵花纹等,这些边饰大多是受到波斯地毯图案的影响。青花瓷的装饰体系显示出对数学抽象思维的理解和喜爱,这与中国古代传统造物艺术喜欢抒情地描绘具体物象的审美情趣形成鲜明对比。同时,阿拉伯书法也是明代青花瓷的装饰之一,书法的主要内容是赞颂真主及至圣穆罕默德,反映《古兰经》中的教义,或说明瓷器的用途。通常文字装饰和图案化的缠枝纹或几何纹组合在一起,共同构成对器物的装饰。如故宫藏青花折枝花开光碗,碗呈鸡心式,内外口沿饰回纹一周,外壁饰以六个双圈圆形开光,其间隙辅以花卉图案,碗足绘饰卷枝花边,六圆开光内分别书写波斯文单词,碗的内部书阿拉伯文字句,环以双圈线之内的卷叶纹饰。

在表现手法上,明代的青花瓷图案以线描为主,摒弃了情感性表达,线条粗细均匀,缺少变化与对比,图案纹样的组织呈现出规律性和重复性的特点,一些青花盘的中央即是按照伊斯兰数学原理进行编排布局的,然后再填以莲、菊、牡丹等,具有伊斯兰装饰的理性和平静。伊斯兰文化对青花瓷的釉色、器形和纹样的影响,使明代陶瓷审美蒙上了异域的色彩,这些带有异域色彩的青花瓷器有的用于海外贸易,有的作为明朝政府对外国的赠与,同时,还有一些则受到明代统治阶级的喜爱,或因政治友好的目的作为陈设瓷或观赏瓷留在了宫廷,青花瓷慢慢融入了中国艺术的有机体中,沉淀为民族审美的一部分。

同时,中国瓷器也对伊斯兰国家青花瓷的生产产生了影响。伊朗、土耳其也生产青花瓷,又称波斯青花,它最初是萨珊王朝的阿拔斯大帝从中国聘请的制瓷工匠帮助烧制的,由于在波斯境内没有找到瓷土,所以只能烧制出一种白釉蓝彩陶器。波斯青花虽然是一种白釉蓝彩陶器,但受中国青花影响很大,同样采用龙凤、缠枝花以及牡丹花纹饰入画。当时不仅陶工仿烧中国青花瓷,一些画家也多模仿中国青花瓷纹饰,尤其喜欢采用龙、凤、麒麟等纹饰作为创作素材。他们也喜欢用莲花做装饰,其绘制的缠枝莲图案有的和中国生产的纹饰几乎一样。当时中国的青花瓷、斗彩瓷对伊斯兰国家的影响,不仅体现在陶瓷器皿上,还体现在陶砖壁画及装饰上。伊斯兰陶工们是在陶器上上一层白色的化妆土,然后在化妆土上绘制青花纹饰,最后上一层透明釉烧制而成。青花斗彩则和景德镇的一样,是在釉上二次烧成。

为了迎合日本市场,嘉靖年间开始,艺人们在陶瓷上施加金彩,在此之前,虽然也有过在瓷器上描绘金彩的先例,但终是少数,自此以后一直影响到清代,在瓷器加工上大量运用金彩,以达到一种镂金错彩的华丽效果。同时,受欧洲文化的影响,规整繁缛的图案装饰更加风行,一直发展到清代达到一个高峰。也就是说,由于资本主义因素的出现和外来文化的冲击,中国人的审美趣味亦受到商品生产、市场价值的制约,审美开始世俗化、市民化,在追求上开始由素洁朝艳丽过渡,由追求"天道"到追求"人道"、由追求自然天成到追求人工雕琢。

在这一时期出现了一种被欧洲人称为"克拉克瓷"、被日本人称为"芙蓉手"风格的出口瓷,非常引人注目,它不仅出现在欧洲市场,也出现在日本和中东市场。在元代的磁州窑白地黑花瓷和景德镇的青花瓷中我们已经可以看到一些采用开光手法装饰的瓷器,尤其是当时出口到伊斯兰文化圈的青花瓷,有许多采用如此的装饰手法。发展到万历时期,这一表现手法受到了欧洲人的青睐,也深刻地影响了伊斯兰国家的文化。如一件晚明崇祯年间为中东和欧洲市场烧制的"克拉克瓷",用轮廓线与渲染法饰以繁复的主题。这件瓷器较叙事性场景,绘有程式化的康乃馨、郁金香和其他有着硬枝叶的花卉,风格更为典型。这些花卉可能是源自 16 世纪伊兹尼克陶瓷和奥斯曼风格的纺织品,或是源自 17 世纪早期萨非王朝的软质青花陶瓷。其中的纹饰之郁金香,在 17 世纪 30 年代荷兰的郁金香热时期十分流行。

中外文化的交流,影响了明代陶瓷,从而形成了一种新的装饰风格。它让我们看到,不同文明的相互影响和整合是一切文化创新和艺术创新的基础。

四、"世俗的真实"

伴随着传统青瓷被带有异样精彩的青花瓷所代替,青花瓷获得了认同,一种服务于海外贸易的陶瓷审美风格渐成本土时尚,当官窑无法满足需求时,就产生了"官搭民烧"的现象,景德镇民窑在国内文人、富商、士绅的需求和海外贸易的刺激下蓬勃发展,民窑青花瓷成为陶瓷中的佼佼者。民窑青花多为日用瓷,常见瓷器一般是小碗、小盘、小罐等。民窑青花瓷作为一种商品必须适应广大群众的需求,反映他们的情感愿望、生活习俗和审美情趣,因此其装饰题材大量反映了民间吉庆祥瑞、美意延年的内容。这些题材有寿山福海图、田园山水图、松竹梅图、婴戏图、高士图等。世俗生活中常见的花鸟、虫鱼、山水、松石等,都成为陶瓷上优美的艺术形象。以植物花果为例,就有莲花、菊花、牡丹、苜蓿、灵芝、牵牛花、茶花、百合、葡萄、荔枝、枇杷、桃、石榴、西瓜等,几乎生活中所见的祥花瑞果都在其上。这些绘画充满了世俗生活的真实情趣,如一件绘画枇杷绶带鸟纹的永乐青花大盘,一只拖着长翎的绶带鸟正聚精会神啄食熟透的枇杷果,其鸟纹形象栩栩如生,呼之欲出。另一件青花莲纹大盘,以简洁生动的画笔勾勒出亭亭玉立的莲花,画意十分飘逸洒脱。一件青花竹石蕉叶纹梅瓶,画面上由山石、蕉叶、篁竹构成的景色,静谧开阔。

晚明青花瓷中的民窑作品,更为简练生动,如一件天启青花人物纹碗,画面中星星照亮了归人的路途,晚风吹走了牛背上牧童的斗笠,夕阳下樵夫肩挑重担行走在山间小道上,田园牧歌式的景象令人浮想联翩。

另一件晚明青花碗,表现的是牧童放牧的情景,牧童的头部遮掩在草帽下,刻意突出的是其扬鞭催牛的神态,画面上牧童只是一个简练的轮廓,画笔疏疏朗朗,洋溢着浓郁的生活气息,耐人寻味。这些民窑青花瓷的画面大都较小,多为一人一物、一角一景,但犹如国画之册页,无论"秋江待渡"、"风雨归客",还是"蒲塘跃鲤"、"秋野山僧",都极具特色。

小说、戏曲人物和历史故事人物自在元青花瓷上出现后,明代中早期进入相对沉寂,明代晚期又再次出现,而且数量众多、艺术水平很高。这些小说、戏曲人物题材主要来自《三国演义》、《西游记》、《西厢记》、《钱塘梦》等,历史故事人物题材主要有"伯夷叔齐"、"文王求贤"、"苏武牧羊"等,宗教传说人物题材主要有八仙、寿星、罗汉等,这是明代俗文化兴盛的自然结果,陶瓷装饰反映的也正是世俗的美学情趣。

为了迎合大众的审美需求,陶瓷纹样表现一般都浅近化,如青花人物寿字碟,用了若干种象征物,老者、寿桃、灵芝、松树及盘壁上描画的八个"寿"字。陶瓷上所题写的文字一般也较直白,往往直接题写"福"、"禄"、"寿"、"喜",或"圣寿万年"、"万寿清平"等,用直截了当的方式表达出对美好生活的祈愿。明代的这种审美特征与唐宋是截然不同的。如同样是表达"寿"的意愿,唐代的金银器和铜镜上,喜欢用绶带来表示,因绶与寿同音,有祝寿、吉祥的含义,唐玄宗曾有诗:"更衔长绶带,含意感人深"。宋代则更讲究意境、情趣,在绘画领域,如"深山藏古寺"、"踏花归去马蹄香"等命题创作,在工艺美术上,以莲花纹、鱼藻纹等,表达出对生命与自然的美好感受。

明万历至清代初期,随着商品经济的发展、城市的进一步繁荣,世俗化、消遣性的文化艺术空前活跃。各种戏曲、小说大量产生,雕版印刷业、插图艺术也随之发展。这是中国版画史上一个辉煌的时代,作品产量之多、种类之丰富、艺术性之高都达到了前所未有的地步。这些插图版画使故事的情节更具真实性和趣味性,使读者更容易理解和接受,因此这些插图版画不仅促进了戏曲、小说的发展,也成为当时最具群众性的艺术形式之一。这些印制精美的木刻版画和各类画谱,对当时的陶瓷工匠们来说,真是打开了一个极其深广的创作素材宝库。因此,万历以后,无论是青花瓷还是五彩瓷,在表现风格上都比以前有了极大的改变,技艺高超的陶瓷艺人们把版画严谨的造型、讲究的排线、用点和线的疏密组合表现对象的阴面和阳面的手法等,运用在当时的五彩瓷和青花瓷装饰中。有的青花瓷甚至采用白描版画的手法,即只用青花料勾勒出线条,并不混水,纯粹用线的排列而不用色来表现画面,最多只在下面铺上青花的底色,而主体绘画保持白描的效果。木刻版画对当时瓷器的影响不仅表现在装饰手段上,还表现在装饰题材上。当时木刻版画的内容不仅来自当时流行的小说戏曲、话本评传,还有各种史书、地方志及著名画家的画册、画谱等,涉及人们当时生活的各个方面。正是这些内容丰富、表现手段高妙的木版画使明末的五彩瓷、青花瓷得到了长足的发展,并为清代康熙五彩瓷、青花瓷的进一步发展和成熟打下了基础。

明代从历史阶段上来讲,是一个由传统社会向近代社会转型的重要时刻;从明代陶瓷艺术的风格来讲,也是一个由中国传统文人意境的主流向近代世俗文化的主流转变的重要阶段。明代陶瓷审美所呈现的这种审美特征,正如李泽厚所讲:"艺术形式的美感逊色于生活内容的欣赏,高雅的趣味让路于世俗的真实。"①明代陶瓷审美特征的变迁,反映出了明代人们审美意识的更新,说明明代的人们求新、求异,积极追求更加开放的新生活。

第二节 明式家具的审美特征及审美意识

16 世纪亚欧大陆出现了资本主义的生产关系,这是东西方人文意识转变的一个重要时期,此时欧洲文艺复兴运动提出人文主义,即反对维护封建统治的宗教神学体系,礼仪之邦的中国也在此时呈现出文化艺术的新气象——文艺的市民化,儒、释、道与市井文化融合。明式家具就是这一时期反映人文革新精神的典型时代产品,隆庆、万历年间在江南地区率先兴起,直到清代初期仍然盛行,以花梨、紫檀、铁梨、榉木、相思木等优质

---

① 李泽厚:《美学三书》,安徽文艺出版社 1999 年版,第 186 页。

硬木为主要用材,具有独特人文艺术风格的硬木家具。它的产生是明代晚期我国家具发展史中的重大历史变革。

一、明式家具产生的时代背景

明代中后期,资本主义市场经济快速发展,新文化思想不断传播,与海外国家在政治和经济上交流密切,新奇的珍宝香木不断输入我国内地,使中国明式家具的产生具有了特定的社会环境和物质条件。

以苏州为中心的江南地区是经济文化最为发达的地区之一,也是全国家具的重要产区,加上这一地区优越的自然条件和特殊的人文环境,至明代中叶起,产生了我国家具史上前所未有的变革和进步。尤其是这里集聚了众多的文人墨客、官吏富豪,他们崇尚天然古雅,追求人性自由之思想和风气,从根本上体现了与以往迥然不同的时代精神和审美情趣。他们在渐渐改变千年传承下来的古老漆木家具的同时,努力倡导新颖的以优质硬木为材料的"细木家具",尤其对当时南岭少数民族地区出产以及进口的花梨、紫檀木格外青睐,情有独钟,这让我们看到了至今依然令人百般推崇的明式家具。

明式家具自诞生之日起,就与明代实用、浪漫的生活情趣联系在一起,渐渐展现了它独特的文化意蕴和不可替代的历史价值。历经两百多年的生产、发展和衰落,已成为一种特殊的家具文化现象,并成了我国民族传统文化中不可或缺的珍贵遗产。

(一)明代海禁开放和商品经济的繁荣

黄省曾在他的《西洋朝贡典录》"序言"中记述了让时人引以为傲的事实,他说:"愚旨读秦汉以来册记,诸国见者颇鲜。至前元号为广拓,而占城、爪哇亦称密尔,遒坚不一屈内款","入我圣代,聊数十国,翕然而归拱,可谓盛矣"。还说:"由是明月之珠,鸦鹘之石,沉南龙速之香,麟狮孔翠之奇,梅脑薇露之珍,珊瑚瑶琨之美,皆充舶而归。"①至明末,周起元在《东西洋考》序中也说:"我穆庙时除贩夷之律,于是五方之贾,熙熙水

---

① (明)黄省曾:《西洋朝贡典录》,中华书局1982年版,"序言"第7—8页。

国,……其捆载珍奇,故异物不足述,而所贸金钱,岁无虑数十万,公私并赖,其殆天子之南库也。"①

明代初年对外实施"宣德怀柔"政策,加强了与东亚、南海以及西域的交流。上述史料说明,占城爪哇等数十国翕然而归供,珍奇异宝充舶而归的盛世景象,其中有珍奇的宝珠、林木、禽兽、海产等。同时在民间,封贡国利用朝贡贸易体系与中国建立了商贸往来。② 明代中后期海禁得到解除后,对外贸易更为频繁,通过私人海外的经贸行商,进一步推动了明代中叶以后市场经济的繁荣昌盛,从而使大城市日益繁华,市镇迅速兴起,尤其是江南地区,迅速成为了全国重要的经济中心、文化中心和新兴的商贸中心。

如明代的厦门湾,是对外贸易的热点地区,宣德年间,厦门湾的月港当地已开始出现走私贸易,明代嘉靖年间刊行的《漳平县志》记载云:"以东南溪河由月港溯回而来者,曰有番货……"同期刊行的《龙溪县志》记载了当时的盛况,说此处"两涯商贾辐辏,一大镇也";明隆庆元年,在月港建立海澄县;万历年间,这里已是"货物亿万计",来自海外的商品在海澄县堆积如山。明末崇祯年间刊行的《海澄县志》记载,明代福建进口的海外商品有,"花梨木、乌楠木、苏木"等。在上述史料中,还专门记述了来自吴越的商人,所谓"商贾来吴会之遥,货物萃华夏之美"③。故当地人说:"追惟盛时,八九之都,家习礼乐。市富珍珠,越言吴语,管沸弦鸣。"④于是乾隆年间刊行的《海澄县志》中又有这样的记载,说明代中叶的成化、弘治年间,"称小苏杭者,非月港乎?"⑤

由此可见,解除海禁后,随着经济的繁荣、文化的开放、生活水平的提高,人们有条件用优质的木材来生产制造家具。进口木材的贸易带动了

① (明)张燮:《东西洋考》,中华书局1981年版,"序"第17页。
② 毛瑞方、周少川:《明代西洋三书的域外史记载与世界性意识》,《淮北煤炭师范学院学报》2007年第6期。
③ 崇祯《海澄县志》卷十七。
④ 徐晓望:《论明代厦门湾周边港市的发展》,《福建论坛》(人文社科版)2008年第7期。
⑤ 《海澄县志》,成文出版社1968年版,第171页。

中国本地木材的开发,凭借着充足的优质木材,我国传统家具制造发生了重大变化。以吴地为中心的江南一带,家具制造业早已十分发达,细木工艺尤为精湛。优质的天然材料,加上人杰地灵的人文环境,所制美器,与江南的湖泊溪水相辉映,同杨柳翠竹相契合,使明式家具的艺术魅力在几百年之后的今天,依然令人赞不绝口、钦佩有加。

(二)资本主义萌芽和人文意识的觉醒

对外开放和花梨木等优质硬木进入我国的时期,也正是明代社会与资本主义萌芽的商品经济相适应的新文化和新观念迅速成长的年代,是人文意识开始转变的重要历史时期。一方面,封建文化进入沉暮时期;另一方面,明清时期又是资本主义文明启蒙运动的开始,此时中国出现的新文化精神与旧文化传统并存并与之反复较量,明代中期以来社会酝酿着重大的变革。许多具有近代民主进步思想的思想家,或者成为儒学的异端,或者以儒学的正宗面目出现。当时在市民文艺中表现出了日趋世俗的现实主义,而上流阶层则出现反抗伪古典主义的浪漫主义。① 现实主义与浪漫主义相辅相成,从明嘉靖一直到清乾隆时期,国人在哲学、文学、艺术以及社会思想等方面都出现了波澜起伏的新潮,文化与思想的进步,人们对物质以及精神等方面的观念和要求产生了深刻的改变。

与此同时,有着几千年深厚传统基础的我国手工制作技艺也由此出现了转机。由于受到了新文化思想的影响,明以前始终被推崇的传统漆器家具,这时也开始发生了新的变化。通过多姿多彩的市井生活的营造,加上文人生活的主张与倡导,这一时期新颖的明式家具以其独特的形式和面貌很快登上历史舞台,彻底展现出了新文化观念的时代意义和历史价值。

(三)江南园林兴建和文人雅室的催化

空前繁荣的江南经济,波澜壮阔的文化气象,文人们的生活在崇尚奢华的社会生活中必然体现出其自身固有的文化品质和审美观念,使他们的物质生活在精神文化的浸润中也折射出了时代的光辉。

---

① 李泽厚:《美的历程》,天津社会科学院出版社 2001 年版,第 318 页。

自明中至明末的一个多世纪中,来自全国各地的文人雅士与苏州当地的文人一起,热衷于直接或间接地参与设计和兴建私家园林,享受生活。据统计,仅当时苏州一地建园就达270多处。他们竭力将自然和艺术融合为一体,精心打造一个自我的"山水"乐地,着意在诗情画意的风雅居室环境中抒发情怀,寻求获得一种理想境界。

大批园林的兴建,直接促进了苏州地区明式家具制造业的高速发展。园林内的厅堂、斋馆、楼阁、别院等,对于园主们来说,皆求各得其所,不同的功能要求都需配置相应的家具和陈设,故这些家具的品种和类别、造型和式样、用材和工艺等,都由他们亲自创意和设计,明式家具恰好迎合了文人们物质生活和精神生活的需求。

当时,有名人沈周建"有竹居",唐寅筑"桃花庵",刘廷美造"寄傲园",等等,均在园林中创建了一处处富有诗情画意的活动场所。他们摆放上自己喜欢的家具,以三五种类不等,其中有画桌、圈椅、书柜等,在书房中还往往配有壁桌、花几、绣墩,但各色家具均以便为宜,以简为美,以赏心悦目为贵,充分体现了文人的爱好和气息,成为他们喜爱的"长物"。故明人文震亨(1585—1645)说:"室庐有制,贵其爽而倩、古而洁也;花木、水石、禽鱼有经,贵其秀而远、宜而趣也;书画有目,贵其奇而逸、隽而永也;几榻有度,器具有式,位置有定,贵其精而便、简而裁、巧而自然也。"①

明代末年在反对虚伪矫饰和崇尚本真的社会文化背景下,在适应于追求身心自然和谐的苏州园林的环境中,文人士大夫以其传统文化观念和时尚美学对中国明式家具实施审美影响,推陈出新,在中国家具发展中引领了优美、清新、自然和谐的文化理念。从许多流传至今的明式家具实物来看,它们与文人的清雅生活和超凡脱俗的环境相得益彰,并逐步发展到了历史的顶峰。

二、明式家具的审美特征及审美意识

纵观我国家具的发展历史,不仅经历了从低矮家具到高型家具的演

---

① (明)文震亨:《长物志》,浙江人民美术出版社2014年版,"序"第22页。

化过程,同时还发生了从青铜家具到漆器家具再到硬木家具,家具材质和制造工艺变化的过程。从中国家具文明发展的进程,可窥得古人对自然物质世界认识和改造。以优质硬木为家具用材,以精湛卓越的木作工艺和独特的家具艺术语言形成"明式"生命的审美特征,展示了我国家具制造艺术的又一高超水平,反映出在明代经济和文化的共同作用下,时人心灵意志对社会审美时尚的引领和创造,其所体现的审美意识也是具有时代性的。

这里,我们以两件明代制作的立橱为例,通过传统漆作家具与明式家具作对照,可见其鲜明的个性特征。明代描金黑漆立橱是一件在木胎家具上采用传统漆器工艺生产的作品。灰底上髹饰黑色大漆,漆面上通体描绘着绚丽的花卉纹样,华丽粲然,充分显示出几千以来中国传统漆饰工艺的技艺和特色。旋转回卷的漆饰图案,使立橱生动地展现出漆绘艺术魅力,橱门下设置的"分心"牙板作点缀,使整件家具富有华丽富贵的效果。家具木结构部件,均被隐藏在这富丽的外表下面。

相反,另一件明式圆角橱,橱的艺术效果几乎完全是依靠木作来完成的。框架形体的横档和立柱、板面和装饰部件,都体现着优秀木作工艺的魅力。门的开启依靠门柱的转动,橱门面板光洁、平整的精致处理,表现出了优质木材的天然纹理;圆柱与平板的起伏变化,相互映衬;结构组合部件的大小对比,形成了和谐的比例关系;有效利用了花梨的材质特性,制作了光洁流畅的装饰线条,更好地形成了家具光洁可人而又富有变化的素雅艺术,展现了细木家具独特的造型语言,凸显了家具制作工艺的时代性。

这两件同一时代却形象有着鲜明差别的立橱,使我们清楚地看到,由于家具材料、制作工艺等诸多方面的不同运用,出现了家具风格特色的变化。明代由苏州地区率先创制的"细木"工艺,几经倡导,使中国古代家具渐渐地由漆器家具转变为崇尚具有天然纹理木材和精美手工技艺的硬木家具,我们今天称其为明式家具。明式家具把中国传统家具推进到了家具历史的又一个新的高峰,显示出独特鲜明的审美意识。明代家具审美意识应该是明代审美意识的重要组成部分。

（一）质坚豪奢莹润绚丽审美特征及审美意识

据明末范濂《云间据目抄》记载："细木家伙如书桌禅椅之类,余少年曾不一见,民间止用银杏金漆方桌。自莫廷韩与顾宋两家公子用细木数件,亦从吴门购之。隆万以来,虽奴隶快甲之家皆用细器。而徽之小木匠争列肆于郡治中,即嫁妆杂器,俱属之矣。纨绔豪奢,又以椐木不足贵,凡床厨几桌皆用花梨、瘿木、乌木、相思木与黄杨木,极其贵巧,动费万钱,亦俗之一靡也。"[1]在这条史料中,让我们清晰地看到了中国家具从漆器家具到细木家具的历史转变。明式家具时称"细器"、"细木家伙",其含义不仅指对家具的精心制作,更重要的是指出了"细木"这一家具制造的材质基础。

提到"细木",史料中显示,古人总是将它与"才尽其用"的比喻联系在一起,就如我们今天常说的"做栋梁之材"一样。这样的语言最早可以追溯到唐代。唐代韩愈曾经说："先生曰:'吁,子来前!夫大木为宋,细木为桷。'"宋是指房屋的大梁,桷是指方形的椽子。"细木"就是指中国古建中适合做桷的木材。清《浮邱子》中说："凡匠审木,大木不为椽,细木不为栋,直木不为轮,曲木不为桷。"《释名》中说："桷,确坚而直也。"可见细木材是指质地坚实细密的直料材。据《云间据目抄》中显示,明隆万时期明式家具的制材有花梨、紫檀、相思木、瘿木、黄杨木、椐木等。上流社会推崇花梨、紫檀,百姓阶层也跟随以花梨、相思木、瘿木、黄杨木为贵。

明人王士性写《广志绎》时正是明式家具兴起时期,他于 1597 年完成自序。这本书中不但讲述了苏州率先制作明式家具的史实,而且对于花梨、紫檀、铁力、乌木等不同的木性特征有这样的描绘："木则有铁力、花梨、紫檀、乌木,铁力,力坚质重,千年不坏;花梨亚之,赤而有纹;紫檀力脆而色光润,纹理若犀,树身仅拱把,紫檀无香而白檀香。此三物皆出苍梧、郁林山中,粤西人不知用而东人采之。乌木质脆而光理,堪小器具,出琼海。"[2]可见它们木质坚致细润、纹理优美,是制作家具的良材。这些质

---

① （明）范濂:《云间据目抄》,上海市新闻出版局 1997 年印,第 38 页。

② （明）王士性:《广志绎》,吕景琳点校,中华书局 1981 年版,第 99 页。

地坚润千百年不坏的硬木,有的色泽光润,有的纹采绚丽,有玉般质地。用他们制作的家具,可供细细品赏。因此在几百年后的今天,我们仍然能够从遗存的古旧家具上感受到"这种色调有如同从金箔反射出来的那种闪闪金光,在木材的光滑表面上洒上一片奇妙的光辉"①。

纵观家具发展历史,1700 多年前胡人就用这样的硬木材制作家具。五代李珣在《海药本草》中讲到榈木,即花梨有"谨按《广志》云:生安南,及南海山谷,胡人用为床坐,性坚好"②的记载。史书《广志》是晋代的一本博物志书,其中记录生安南及南海山谷的榈木(花梨)用以制作床坐,其木性特点是坚致、品质优越。在唐代,紫檀、榈木(花梨)、檀香、象牙、翡翠毛又是作为朝贡的贡品。《唐六典》中"任所出州土以时而供送焉。其紫檀、榈木、檀香、象牙、翡翠毛、黄婴毛、青虫珍珠、紫矿、水银出广州及安南"③。可见自古他们就是名贵木材。明代晚期运用这些豪奢木材制作家具,正是基于当时经济富足的社会背景下,上流阶层和市民们彰显奢侈、华贵的心理。新的材料的应用,推动了新的家具艺术形式的创造,明式家具的艺术形象是新贵们追求高雅华贵、表现自我新风貌的反映。

这些几百年生长的善木材,不但木性坚致,而且还具有天然优美的文质肌理。明式家具研究学者艾克在描述明式家具木材时曾经这样描述:"其木料作琥珀色,纹理致密并带有节疤;它有深色的条纹和一种清楚而有时奇特的线性花纹。有时可能看到木质呈斑驳状和云雾状。"④清代屈大均(1630—1696)在《广东新语》中也为我们明确指出了明末清初制作家具的用材花榈(花梨):"海南文木,有曰花榈者,色紫红微香,其文有鬼脸者可爱。以多如狸斑,又名花狸。老者纹拳曲,嫩者文直。其节花圆晕如钱,大小错落,坚理密致,价尤重。"⑤清初谷应泰(1620—1690)在《博物要览》中说:"花梨产交广溪峒,一名花榈树,叶如梨而无花实,木色紫红,

---

① ［德］古斯塔夫·艾克:《中国花梨家具图考》,薛吟译,地震出版社 1991 年版,第 29 页。
② (五代)李珣:《海药本草》,人民卫生出版社 1997 年版,第 62 页。
③ (唐)李林甫:《唐六典》,中华书局 1992 年版,第 573 页。
④ ［德］古斯塔夫·艾克:《中国花梨家具图考》,薛吟译,地震出版社 1991 年版,第 29 页。
⑤ (清)屈大均:《广东新语》,中华书局 1985 年版,第 654 页。

而肌理细腻,可作器具、桌、椅、文房诸具。亦有花纹成山水人物鸟兽者,名花梨影木焉。"①王佐在《格古要论》中描述紫檀木说:"出海南、广西、湖广,性坚,新者色红,旧者色紫,有蟹爪纹。"②而明人文震亨则将他们统称为"文木"。他在《长物志》中说:"以文木如花梨、铁梨、香楠等木为之"。③

何为文木?宋《南华真经章句音义》卷三中说:"文木,谓才之美也。"文,象形字,象纹理纵横交错之形。本义花纹,文木即"纹木"。其实"花梨"作为木材名称,是在历史的岁月长河中约定俗成的,正如清式家具中广泛所使用的"红木",红木强调的是木材的色彩特征,而"花梨"凸显的是木材纹理。实则有花纹、花哨的意思。关于文木,西晋葛洪《西京杂记》中记有西汉中山王为鲁恭王所得的文木,并作了《文木赋》,从文中可欣赏到古人对文木审美的情动和愉悦:

> 鲁恭王得文木一枚,伐以为器,意甚玩之。中山王为赋曰:"丽木离披,生彼高崖,拂天河而布叶,横日路而摧枝。幼雏赢㲉,单雄寡雌。纷纭翔集,嘈嗷鸣啼。载重雪而梢劲风,将等岁于二仪。巧匠不识,王子见知。乃命班尔,载斧伐斯。隐若天崩,豁如地裂。华叶分披,条枝摧折。既剥既刊,见其文章。或如龙盘虎踞,复似鸾集凤翔。青绸紫绶,环璧珪璋。重山累嶂,连波叠浪。奔电屯云,薄雾浓雾。麏宗骥旅,鸡族雉群。蠋绣鸳锦,莲藻芰文。色比金而有裕,质参玉而无分。裁为用器,曲直舒卷。修竹映池,高松植巘。制为乐器,婉转蟠纡。凤将九子,龙导五驹。制为屏风,郁第穹隆。制为杖几,极丽穷美。制为枕案,文章璀璨,彪炳焕汗。制为盘盂,采玩踟蹰。猗欤君子。其乐只且!"④

花纹自然优美的"文木",使明式家具获得了时人孜孜以求的美学情趣。这充分表明,明人对家具的用材具有一种特殊的文化标准。这些木

---

① (清)谷应泰:《博物要览》,商务印书馆中华民国二十八年版,第90页。
② (明)曹昭、王佐:《格古要论》,中华书局2012年版,第258页。
③ (明)文震亨:《长物志》,浙江人民美术出版社2014年版,第89页。
④ (晋)葛洪集,成林等译注:《西京杂记全译》,贵州人民出版社1993年版,第192—193页。

材质地细腻光滑,色泽明丽,温润而泽,缜密以栗,这正符合时人追求的自然本心的审美时尚和君子如玉的传统美德。这是时人对自然物质的一种文化追求,也是思想在艺术化想象中的一种感性体现。我们感受到以用材为标志之一的家具传统文化,给中国传统家具增加了新的内容。因此今天若讲"明式",似乎唯有花梨、紫檀制造的才是正宗。直到进入现代社会,用材的价值,才成为评判家具十分重要的条件。

明式花梨素牙头画案是南京博物院收藏的一件花梨明式书案,是明代万历年间苏州制造的细木家具传世实物。此案造型稳健隽永,每个部件的用料尺寸、制作工艺也格外讲究,是明式家具中的一件典型代表作。该书案不仅符合实用的需要,其适度的尺寸比例也极其符合美的规律,整体造型也显示出书案特有的不张扬、不霸气的意味和情趣。尤其以案面心铁力与花梨边抹衬映出独有的特色。此花梨木色不静不喧,木质纹理若隐若现,案面心板铁力木深沉而坚致,与花梨边框对比相得益彰,适合伏案潜读。案腿的润圆雄健和案面的稳健劲挺,都显示出了隽永的平稳感与平和轻盈的睿智,从而刻画出了书案的精神气质。圆腿与椭圆档的运用,使案桌的木质文理增添了变化。长方形的造型与圆材构件的结合,更丰富了书案的形式感和造物形态的意匠,进而使书案在质朴之中似蕴含着一种"璀璨文章"。案面面梃平线压倒棱线,圆腿直足,牙条牙头平直光素,呈狭长形,两侧腿间安直档两根,一足上刻篆书铭文,"材美而坚,工朴而妍,假而为凭,逸我百年"。这让我们看得到家具主人对它的爱不释手以及与之亲密无间的真情实感。在如此的人主物事中,不能不令我们赞叹古人制造这样的家具不仅表达了时人的造物理念和生活情趣,更反映了时人心灵物化的真实情怀与寄托。明式家具利用优美的材质、稳健隽永的个性形象,表达了他们在简洁质朴、坦然之中去营造一种优美和安宁。

(二)简洁清素朴实巧妍的审美特征及审美意识

我国传统艺术几千年以来有着一条永恒的定律:所谓"质有余者不受饰也"。明式家具简素雅洁,材美工巧,惹人喜爱。案、桌、椅、凳,都各自完善了自我构建,按照自身造物法则,天时、地气、材美、工巧,在自然中获得了和谐,造型简练,轮廓舒展,工法朴实巧妍,从而获得了各自的气质和清澈宁静的永恒。

明式花梨四平式书桌为原中央工艺美术学院收藏的一件明式书桌。此桌面框"打槽嵌板心","镶平面"作,外形呈"方楞出角"形状。面下"牙板与面框边缘平齐",浑然一体,形象表现得极其简练、单纯,形体显得十分清雅而优美。桌子高挑的四腿上部由牙板连接,与边抹作"三角攒尖",内角处则略呈圆弧状;腿足顺势直下,由上而下渐细,至足端挖出内翻马蹄,如勾勒状。这是明式家具中极具代表性的一种被称为"四平式"的书桌。该桌整体形态在自然和谐的微妙变化中独具匠心,表现出了文静、清新、纯净、清澈的美感特征。

明确率真的轮廓线与实体的平面,没有做多余的装饰,在"线面相合"的对应中,取得了内外相生、非同一般的造型效果。我们还可以看到,此桌由上而下渐细的四腿与足端内翻马蹄的惟妙惟肖,完全是物主人着意设计的造型追求,勾勒的腿足劲挺有力,形式感鲜明。尤其是大胆利用独特的结体构造所获得的形体空间,给人传递出一种似空谷足音的安宁。这种结构实体与自然空间在淋漓尽致的交融中,渗透出挥之不去的劲健与永恒的生命力。而牙板与腿圆角相交结处的自然而圆润的微妙变化,更显示出造物者的灵巧智慧,使此桌呈现出了一种无比的温文尔雅的气息。平面造成的跨度有效地衬托出了桌腿的高挑和修长,桌面与其下宽阔适度的牙板结合,增强了桌面的视觉平稳感,不仅使腿与面的构合顺理成章,而且加强了书桌的结实和牢固。这种造型实体和空间的虚实对比,使人感受到了一种内在气脉,直至足部变化而使动感更加活跃。腿足常常悄然瞬变,足端向内的勾旋,似乎产生出了一种流动的音乐节奏,给人一种轻盈清澈的韵律美,简洁朴素,浑然天成。

从古代留存至今的明式家具来看,几乎每种家具的结构和形体都和谐一致、恰到好处,令人赏心悦目,达到了至善至美的高度。无论是承重构件还是连接构件,在结构的同时起到装饰的作用。如霸王撑是加固腿与面强度的结构,一般多为 S 形,其上端与面板下的穿带连接,下端与腿足的内侧连接,弯曲的 S 形多富有变化,给家具增添很多美感,似有擎天托起之意。桥梁档是安装在腿之间,起稳固作用的横档,横档的中部向上曲折突起,在造型上形成了一种变化。直腿或弯腿、足部形状内弯或外弯的造型的变化形式,都有招有式地体现着设计与创意。原中央建工部杨耀设计师谈明式家具造型时说,家具足部形状的变化、脚部的曲线等等,不仅使家具的形体出现了各种不同的式样,而且深刻地体现了我们民族艺术的雄浑气派。①

　　然而简素外表的内部却是严谨朴实的工艺构成。当把一件明式家具解构,显露出它的卯榫结构时,你会看到结构家具的另一个精彩的世界。20 世纪 40 年代,《明式家具研究》的作者杨耀先生,就曾根据古家具的实物绘制了 34 种卯榫图样,有格角榫、棕角榫、明榫、闷榫、透榫、半榫、托角榫、长短榫、抱肩榫、勾挂榫、燕尾榫、穿带榫、盖头榫、破头榫、夹头榫、楔钉榫、挂榫等。通过这些卯榫构造使家具的各个部位能坚实牢固地结合在一起,无论体大或体小,均可不动不摇,平稳安定。无疑卯榫结构是家具的关节,牢固而又灵活地架构和连接,从而使每一件家具都成为一个有机的整体。运用优质木材可精细加工的特性,巧妙建构框架式家具构造。精密细巧的卯榫构件,使家具更为坚实稳固。一件家具在不借助其他材料,完全靠自身木与木的构合来实现,通过精湛的卯榫木作技艺,使得家具经久耐用,百年稳固。

　　此外,利用卯榫的攒结工艺,采用小块的木料经过精细拼接还可构成各式各样的几何纹样,嵌装在家具上成为一个完整的组成部分,这种工艺不仅能将看似无大用的小料进行合理的使用,而且充分体现了木工工艺的技巧美,是科学和艺术在我国古代家具上结合的又一完美体现。这些由传统棂格式窗景产生的式样,形式简洁明快,是运用细木作的卯榫构造"攒接"工艺形成的一种装饰语言,其格调疏密有致、清雅醒目、精巧妍秀。有的用单纯的图形反复构成装饰纹样,有的以单独纹样组成二方连续、四方连续等形式,安置在家具需要的装饰部位。如床身围栏、榻身后背及左右设置的靠栏、橱柜的亮格,以及桌的牙子、踏脚的花板等。常见

――――――――――

　　① 杨耀:《明式家具研究》,中国建筑工业出版社 2002 年版,第 27 页。

的有万字纹、十字纹、田字格、曲尺式、回纹式、上下凸连式、直连式、斜连式等。如明式花梨架子床门栏采用攒接四合如意云纹,做交叉式排列后用斜杆或十字连接而成,横杆上加饰团纹结子,显示出古雅别致、华丽巧妍的装饰美。

(三)流丽婉约气韵生动的审美特征及审美意识

明式花梨文椅是一件清代早期具有代表性的明式文椅,圆料直脚,腿外圆内方,椅盘框沿大倒棱压边线。面框两腿间三面按洼堂肚券口,脚牙已失落不存。桥梁式搭脑和扶手均采用套榫,靠背独板,未作任何装饰。通体光素,部件用料尺度合理,造型呈现出流畅俊丽的线条美。文椅的这种式样,据称是当时江南文人最喜欢用的椅子式样,现在我们仍能够感受到这种椅子通体渗透着的文化气息。无论是 S 形背板,起洼的券口、前后退让的鹅脖,还是渐细变化的联帮棍,以及不出头桥梁式搭脑,都呈一波三折,线条自然灵动而富有变化。线条在各种转折之处所透出的节律与气蕴,无不让人感受到一种流畅和舒展的美。这种椅子也称“四不出头扶手椅”,椅子的搭脑和扶手的两端均不出头,其造型的魅力也就在这闭合框架之中的含蓄和内敛。这种富有艺术形式特征的线条美,引发出了神采奕奕的人文精神和温文儒雅的艺术神采,使外在整体呈现为一种气质,椅子的形象也呈现出别具一格的造型美。

在仔细品味中,我们会发现明式家具中的“线”丰富多样,同中国传统艺术中的“线”一脉相承,耐人寻味。使每一款家具在“线”的形象中呈现出了杰出的艺术性和文化性。线是中国独特的艺术语言和表现形式,流丽婉约的内涵和气质,同样把中国家具创造得如诗如画、如音乐一样,娓娓动人,委婉和谐,引人入胜。通过流畅隽永的线条,在家具中塑造了一种独特的造型美感。

宗白华先生在讲中国古代瓷器古典的两种美时说,宋代的瓷器细洁净润,神余言外,给人“出水芙蓉”、“妙造自然”之美;清代瓷器五彩缤纷,瑰丽灿烂,给人以“错彩镂金”、“铺锦列绣”之美。[1] 而明式家具气韵意

---

[1]　宗白华:《美学散步》,上海人民出版社 1981 年版,第 34 页。

逸,婉约文气,当属前者,清式家具精雕细嵌,富贵华丽,当属后者。"明式"运用"线"来塑造和传达造型的式样,成功地构建起了别具一格的形体特征,塑造了明式家具高雅含蓄的架体形象。

正如这件文椅匀称的比例和流丽之美,集中体现了明式家具的风格和特色。虚实节奏,昭示出自然潜流的旋律。明式家具通过线条表达出的文化蕴涵和文人气质,乃是明式家具的精粹和灵魂。

家具顶部收进而腿部突出、腿的曲直和足部的形状,都必须考虑到它们上中下三部分的相互呼应关系,从而削割出腿部自然的曲线而产生"向里勾"或"向外翻"的两种基本形式。上海博物馆的花梨四足香几,香几修长的腿足,擎起八角的几面,束腰下翻出荷叶边裙,八面玲珑,这恰像那池中的一片清荷,长长的茎秆,自然婉转,与叶面一起出落得亭亭玉立。足端简洁含蓄,仔细观察足与托足盘子,有着微妙的比例变化,凹凸转折,纵横的配合,曲率比例恰到好处。而与之相比,清式家具注重雕刻,造型的委婉灵动荡然无存。

明式家具的线不仅体现在造型形体的"轮廓线",还体现在构件加工产生的"线脚"上。它们以刨、锉、刮等加工手法表现出平整、光洁、婉转、顺畅的线型和舒适感,从各方面都呈现出形体丰富隽妙的线条美。明式家具上丰富多彩的装饰"线脚",也是塑造家具艺术形象的重要手段和语言。"线脚"是指截断面边缘的线型,经过或方或圆的不同变化后,在家具形体上呈现的"线化"效果。这些线条的各种造型,民间工匠则称之为各种"线脚"。线条着意刻画的"型",塑造出了家具的各种不同的形象面貌,如"打洼"、"起线"、"混圆"等线型的加工,常使用材的表面产生光滑、明丽的效果,从而使明式家具传达出一种气韵流动的审美感受。明式家具中常见的各种线脚如阳线、洼线、皮条线、竹爿浑等,不仅能与家具的整体同奏协律,而且也成了家具整体的组成要素。在明式家具变幻的线条之中,无不蕴涵着一种文化和艺术的属性。同样的是凹是凸、是粗是细,线型能否饱满富有韧性,使线条中有气息,有生命力,许多优质的明式家具的线脚处理,通过精湛手工工艺的梳理和加工,成了家具的"经络"和"气脉",只有融会贯通了,才能赋予家具特有的精神气质。

在明式花梨平头案的腿与夹头榫部位,其案面边缘、案腿、案的牙头、牙板上都做了线脚处理,使其线条均匀流畅,凹陷与凸出的线条,在光影的作用下,形体和平面显得格外富有变化。在线脚与面的凹凸处理中,家具的天然木质又增加了特别的生机和活力。而牙头和牙板上的线条,在几处结构部件中起到贯通的作用,从而使家具浑然一体,连接自然流畅。我们几乎在每一件明式家具中都能体会到这些优美迷人、美妙卓著的线脚,从中体验到中国手工业时代家具制作的人文特色。

(四)典则高隽吐故纳新的审美特征及审美意识

温润绚丽的材质纹理、朴实舒展的结构造型,再加上生动高超的装饰点缀,共同构建出了明式家具高贵的典雅之美,使明式家具成为中国家具中的经典之作,传神的木雕装饰使得明式家具更加惊艳。

明万历丁酉年间,王士性写《广志绎》,书中说:"姑苏人聪慧好古,亦善仿古法为之","苏人以为雅者,则四方随而雅之,俗者,则随而俗之,其赏识品第本精,故物莫能达。又如斋头清玩、几案、床榻,近皆以紫檀、花梨为尚,尚古朴不尚雕镂,即物有雕镂,亦皆商、周、秦、汉之式,海内僻远皆效尤之,此亦嘉、隆、万三朝为始盛。"①由此可见"嘉隆万三朝为始盛",源于好古雅的江南文人环境中的明式家具,以崇尚古朴、典雅、精致为特色,其雕刻装饰却都取自于商、周、秦、汉时期的形式。

明式家具典则高隽,吐故纳新,其雕刻装饰凝聚着古人的心智和灵性。继承了中国古代优秀的民族文化经典,又展示出时代的特点。于是杨耀先生曾明确地说明:"凡过分雕饰的家具,足以遮掩它的天然纹理。明代家具是以素雅为主,故不滥加雕饰,偶尔施用局部雕刻,以衬托出它的醒目的造型。这局部雕刻,也多以淡雅朴实的自然图案为题材,而用精湛浑厚的技法雕刻之。习见的花样,有出自三代铜器者,有出自汉玉浮雕者,有引用建筑装饰者。"②

---

① (明)王士性:《广志绎》,吕景琳点校,中华书局1981年版,第33页。
② 杨耀:《明式家具研究》,中国建筑工业出版社2002年版,第41页。

运用传统式样,加上明清精彩灵动的雕刻,明式家具的装饰和其造型、构造一样,成为反映其卓越成就和优秀水平的重要组成部分。明清文献中记述吴地的"雕、镂、涂、漆,必殚精巧",这是对当时手工技艺高超水平的真实写照。明清时期常见的木雕工艺手法有,平地雕、透雕、圆雕、镂雕、双面透雕、锦地浮雕、透空浮雕等等。雕刻形象写实,生动自然,灵巧秀美,活灵活现,堪称精湛,不但体现精巧和雅致的工艺美,而且使家具显露瑰丽的神采。化技艺为神韵,寄物寓心。人们心中的吉祥、意愿和神志、灵气,都被精美的图案和精道的雕刻,融进了家具之中,使明式家具之美更加丰富。

如明式花梨圆香几,通体花梨材质,面起拦水线,面下束腰,四腿膨出,腿的肩部与牙板浅刻如意云纹,三弯式螳螂腿,足端外翻,卷珠搭叶,落于环形拖泥之上。香几的造型和线脚呈现在变化的曲线中,从圆形几面、束腰到圆形托泥,加上 S 型的秀丽腿足,给人们传递着一种圆顺自如的姿态美。在线型由上而下微妙的过渡变化中,穿插了精巧和雅致的装饰雕刻工艺。雕饰的如意、卷珠,部位得当,恰到好处,使香几更显得丰富和精彩,在造型上也成功地凸显出了设计的主旨,体现出了完美灵秀的明式风格和高超的艺术水平。香几,因其功能主要用以陈置炉鼎、焚香祈神而得名。根据使用需要,可临时摆设室内户外,四面临空而立,或圆或方,都以修长轻盈为特点。尤其是圆香几,多挺秀委婉,形姿优美,具有较高的品位。因此,在时人精心打造下,香几成为一件件不平凡的明式经典家具,呈现出的是一派古代东方独特的典雅和雍容。让人产生这种典雅感受的还不仅是这种来自明清时代的造型款式,更重要的是这些造型和装饰中积淀深沉的历史渊源,是在继承古老传统思想和文化下造物的艺术经典。也许由于古代的设计者和制造者都能怀着同样虔诚的信念去创造这样一种造型和形制,才使这类家具获得如此成就。

明式家具的创新还表现在"水磨"、"擦漆"、"揩光"工艺的处理,他改变了漆器家具的制作工艺,使家具表面如人的肌肤,温润细致、晶莹亮丽。现在行内常用所谓"包浆"、"皮壳"等词来形容这一工艺取得的特殊效果。明方以智(1611—1671)《物理小识》中说"案以楮榆楠榔擦漆为宜"，并注明"中通曰薄漆初上即擦去之易于水磨"。且在同书"水磨诸器之法"中做了详细的介绍"水磨用糙叶后，虽滑而无光，必以陈壁石灰揩之乃可照人。其以油调石灰涂一宿，明光之者，曰烘油，蜡布蜡刷乃功成之后用之"①。这种工艺最精到的做法常是"一寸之木，百日之工"。明黄成《髹饰录》"单素第十六"中记载："黄明单漆，即黄底单漆也。透明鲜黄，光滑为良。"杨明加注称"有一髹而成者，数泽而成者……又有揩光者，其面润滑，木理灿然，宜花堂之瓶卓也"②。

中国明式家具是在明清时期文人士大夫们的意匠和倡导下，发展创新的成果。它不仅继承了我国古代的民族文化传统，而且表现出了崭新的时代特征，在人类加工创造的物质形态上，达到了登峰造极的地步。

（五）澹然自逸雅人深致的审美特征和审美意识

明末范濂《云间据目抄》记述细木家伙时还说："尤可怪者，如皂快偶得居止，即整一小憩，以木板装铺，庭蓄鱼盆杂卉，内列细桌拂尘，号称书房，竟不知皂快所读何书也。"③这段记录，具体地描述了明式家具是伴随着书房的流行逐渐成为社会时尚，并风靡社会的各个阶层。明式家具是从书房中走出来的文人家具，他与江南文人和他们的书房环境、生活情趣有着不可分割的关系。

中国是礼仪之邦，用礼乐教化天下之民，因此中国古代文人向来以修身齐家治国平天下为人生追求，重伦理，求和谐，讲究人文素养。书房是文人学士们自我吸纳知识、润泽心灵的静谧港湾，是他们潜心研读的习静之所。室内古朴雅致，室外高梧古石，风竹掩映，可想见书桌上摊开喜爱的书卷画册，渐觉尘嚣远遁的读书情形。而查阅历史，我国古人的读书环境以及较早形成的琴棋书画等文化活动场所，与中国古代园林相容共存。园林对我国古代书房风格的形成有着最直接的关系。建筑高低错落，巧于因借，移步易景，在澹泊性怡、盛载精神食粮的书房环境里，文人们涵古茹今，不断地从事着各种风情雅致的物质和精神的自我构筑。

---

① （明）方以智：《物理小识》，商务印书馆中华民国二十六年版，第212—213页。
② 王世襄：《髹饰录解说》，生活·读书·新知三联书店2013年版，第132页。
③ （明）范濂：《云间据目抄》，上海市新闻出版局1997年印，第38页。

于是在明清文学作品中,精丽清雅的居室环境的描写不胜枚举。明陆人龙《峥霄馆评定通俗演义型世言》中有:"故此书房收拾得极其精雅:小槛临流出,疏窗傍竹开。花阴依曲径,清影落长槐。细草含新色。卷峰带古苔。纤尘惊不到,啼鸟得频来。三间小坐憩,上挂着一副小单条,一张花梨小几,上供一个古铜瓶,插着几枝时花;侧边小桌上,是一盆细叶菖蒲,中列太湖石。黑漆小椅四张,临窗小瘿木桌,上列棋枰磁炉;天井内列两树茉莉一盆建兰。侧首过一小环洞门,又三间小书房,是先生坐的,曲栏绮窗,清幽可人。"①

曹雪芹《红楼梦》对探春的房中有这样的描写:"当地放着一张花梨大理石案,案上磊着各种名人法帖,并数十方宝砚,各色笔筒,笔海内插的笔如树林一般。那一边设着斗大的一个汝窑花囊,插着满满的一囊水晶球的白菊。西墙上当中挂着一副米襄阳'烟雨图'。左右挂着一副对联,乃是颜鲁公墨迹。其联云:烟霞闲骨格,泉石野生涯。案上设着大鼎,左边紫檀架上放着一个大官窑的大盘,盘内盛着数十个娇黄玲珑大佛手;右边洋漆架上悬着一个白玉比目磬,傍边挂着小槌。"②

融合在园林环境中的明式家具,则是简洁洒脱、毫无器尘的纯真清雅气息。在崭新的崇尚自然与人文化的时代特征下,在明式家具中镶嵌文木、文石,花纹或如行云流水,或似泼墨山水,再加上题款铭刻,表达文人学士们诗情画意和精神哲理的寄言。明代才子唐寅雅友吴军书对画家张梦晋云:"坐对晴窗忆壮游,参差烟树五湖秋。白云流水知多少,不见鸿夷一叶舟。"松江书画名流莫是龙题曰:"群山出没白云中,烟树参差淡又浓。真意无穷看不厌,天边似有两三峰。"顾大典更情不自禁题诗云:"数笔元晖水墨痕,眼前历历五洲村。云山烟树模糊里,魂梦径行左石门。"吴郡画家张梦晋、张凤翼在云石桌面上题刻"云过郊原曙色分,乱山元气碧氤氲。白云满案从舒卷,谁道不堪持寄君"。"明四家"之一文徵明的弟子周公瑕曾经日常使用过一把紫檀木靠背椅,在此椅靠背上镌刻着一

---

① (明)陆人龙:《峥霄馆评定通俗演义型世言》,作家出版社1993年版,第154页。
② (清)曹雪芹:《红楼梦》,中华书局2014年版,第596页。

首五言绝句:"无事此静坐,一日如两日。若活七十年,便是百四十。"这里的一椅一桌、一木一石,让他们感受到的竟是一片清雅闲适、延年益寿、澹然自逸的情怀。

以人伦关系为中心的人和主义始终是中国文化型态的突出特征,宋代理学家解释"不偏之谓中",是强调人们在为人处世上思想和行为的适度和守常;和就是和谐。从明式家具中不难让我们感受到其自身自然与人文气息的和谐,人们在生活中凭借明式家具传达出的身心和谐、真情相处的和谐,以及主人与家具互为朋友的和谐。可见古代文人在崇尚身心自由和品行高洁的精神价值观下,更追求美与真的精神内涵。

仔细观察每一件明式家具,有的在质朴的外表下,让人体会到优美材质带来的自然舒心;有的在简练的造型中,让人静静地感受到文人心机的浸润。高超技艺下的凹凸线条,犹如流动的中国古典音乐一般,悠扬起伏,委婉动人;良材精工配以精美绝伦的木雕点缀装饰,展现着东方古老国度的文化语言。简洁巧思,朴素浪漫,自然流丽和谐。江南文人的美学思想在特定的历史环境中,赋予了优质木材造物的灵性,使家具的造型、结构、工艺和装饰皆表现出了新颖的风貌,使中国古代细木作家具展现出了"明式"的灿烂光辉。

明式家具的造物旨意体现在一个"文"字上。是这种"文"化的物质,使我们看到明式家具时总是那么津津有味,看到了文化的不朽价值和艺术的真正意义。对明式家具艺术气质的感受,可以用一个"雅"字来概括。雅是一种高尚而非平庸的审美趣味,是中国古代文人才情、人格的表达。修养以生命在时空中延展,觉悟审美意识,进而开发创造。明式家具的审美特征正是这种超凡脱俗的意旨在家具中的表达。因此,几百年来,明式家具获得了世人长久地赞叹和崇尚。

陈继儒在《太平清话》说:"香令人幽,酒令人远,石令人隽,琴令人寂,茶令人爽,竹令人冷,月令人孤,棋令人闲,杖令人轻,水令人空,雪令人旷,剑令人悲,蒲团令人枯,美人令人怜,僧令人淡,花令人韵,金石彝鼎令人古。"[①]这

---

① (明)陈继儒:《太平清话》,商务印书馆中华民国二十五年版,第46页。

些感受从何而来？这是情感专注后的发现。正如中国古人所说"情深而文明"①,这种种对事物情韵和趣味的感受源自于文人对生活中美的事物细腻的体会,更是文人自我内心丰富情感的深切表达。在中国人特有感知的自然潜流环境中,这些可以遮蔽风雨的居室和可坐可依的家具,同时构成了可以与我们对语,与我们情思往还的艺术境界。沈春泽说:"非有真韵、真才与真情以胜之,其调弗同也。"②正是这种真才、真韵、真情在家具制作中的注入,才使得明式家具具有了"有度"、"有式"、"精而便"、"简而裁"、"巧而自然"的艺术气质。由此我们也可以理解这些古代文人喜爱备至的、蕴含了文人思想的明式家具,之所以长久地耐人寻味,让人爱不释手,正是因为这高尚而不平庸的趣味——"雅"的所在。

① 《礼记·乐记》,崔高维校点,辽宁教育出版社 1997 年版,第 112 页。
② （明）沈春泽:《〈长物志〉序》,（明）文震亨著,陈植校注:《长物志校注》,杨超伯校订,江苏科学技术出版社 1984 年版,第 231 页。

结　语

当我们从明代形象、具体、生动的艺术类型和审美实践中寻绎审美意识的活动告一段落之后，有必要写上一段话，对明代审美意识的状况进行一次总结，以便我们对有明一代的审美意识进行整体的把握。

第一，在时代背景、时代氛围之下整体把握明代审美意识。

从整体来看，整个明代审美意识的情形可以概括为吐故纳新。明代经历了复古、变革，演变到晚明出现了新时代伊始的表征，但是所谓的"新时代"的表征并不是瞬间形成的，而是经历漫长的渐变和累积过程。晚明"是一个动荡时代，是一个斑驳陆离的过渡时代。照耀着这时代的，不是一轮赫然当空的太阳，而是许多道光彩纷披的明霞。你尽可以说它'杂'，却决不能说它'庸'，尽可以说它'嚣张'，却决不能说它'死板'；尽可以说它是'乱世之音'，却决不能说它是'衰世之音'。它把一个旧时代送终，却又是一个新时代开始。它在超现实主义的云雾中，透露出现实主义的曙光。这样一个思想史上的转型期，大体上断自隆万以后，约略相当于西历 16 世纪的下半期以及 17 世纪的上半期。然而要追溯起源头来，我们还得从明朝中叶王阳明的道学革新运动讲起"①。对于审美亦然，晚明也是审美斑驳陆离的过渡时代，审美意识变异的积聚也可以追溯到隆万以后，其思想的导源也可以追溯到王学的兴起。由于面临着文化雅俗分化与消长的宏观文化背景，由于面临着较为明显的社会变迁，由于面临着新的文化主体的崛起，元明清时期中国古典审美意识、美的观念发生裂变以致衰落。一般认为，这一历史时期是中国和谐美学向非和谐美

---

① 嵇文甫：《晚明思想史论》，东方出版社 1996 年版，第 1 页。

学转变的历史时期,是中国古典美学向近现代美学转变的历史时期,是中国文化包括审美意识从艺术审美向生活审美转化的历史时期,是中国文化从比较纯粹的高雅追求向世俗化、享乐化转化的历史时期。

明代是市民经济、社会和文化进一步发展的历史阶段,新兴阶层的兴起不仅改变了社会结构,更重要的是改变了文化观念,审美观念、意识也随之发生缓慢而深刻的变化,这是一个告别古典、走向近代潮流的风起云涌的时代。在这一时代,保守与新进、严酷与浪漫并存,是一个充满着矛盾的时代;在这一时代,大俗大雅并存,人欲横流,厚颜鲜耻,享乐主义大行其道,感性主义流行,全社会追求感官享受和声色娱乐,妾与妓成为新兴发达的行业,养花斗虫成为新时尚,携姬挟妓游宴冶游山水成为惯例,堂会观戏和园林演戏成为上流社会日常生活享受之重要节目,各类生活用品之装饰精奢辉映,小说叙事中夸耀展览色情,玩物丧志、溺情丧志被认为是风雅之行,看似方外的山人在特立独行的同时结交王侯、出入豪门成为见怪不怪的事情,"以文征利"、"倚商事文"等中国传统中没有的文化现象也被人们通达地认可,中国传统鄙视的世俗情欲和日常生活被大肆肯定和描写,这些都是其俗的表现;而士子们谈学论道、辩名析理,魏晋风流有复活的迹象,超逸之风盛行,人们对物质的沉溺也有重要的雅趣追求,人物的行为呈现雅态的同时既狂又狷,这又是其雅的表现。可以说世俗与雅致并存于明代士大夫的生活中,也存在于他们的审美意识中;雅致与世俗也并存于以商人为代表的市井阶层和市井文化之中。值得注意的是,对古典传统而言,其所体现的"雅"也不是历史的重复,是带有时代性的新因素的,而且具有反叛性,对传统观念和秩序具有消解甚至杀伤的倾向,是一种趋向近代的新声;这是一个古典社会进一步没落,新型文化因素进一步增强的时代,中国社会的近代化,文化乃至审美意识的近代化渐趋开始的历史时期。

这是一个基本判断,是基于明代审美意识的具体研究和对中国审美意识发展史整体把握基础上形成的基本判断。从这个方面来讲,明代尤其是中后期文化与审美呈现的气象和脉动确乎表征了一个时代的开始,然而,这种美好的开始在清初一百多年专制文化的威逼和压迫之下,又回到了传统,甚至更为严酷的专制主义传统,闭关锁国的阴霾笼罩着中华大地,中国文化和审美新时代的大门只有等待帝国主义的坚船利炮来撞开。开新而不能启后,这正是明代文化与审美意识的悲剧性之所在。

第二,审美意识整体把握的路径是从具体审美对象、艺术类型的显态、隐态出发寻绎蕴含其中的时代审美精神。

审美意识可以分为显态审美意识和隐态审美意识。显态的审美意识最终演变而成了美学思想,积淀熔炼成为美学原理、美学范畴等;隐态的审美意识隐藏于时代生活风尚、时代性的文学艺术、时代生活用品和审美趣味等审美现象之中,需要从现象之中捕捉和开掘。审美意识还隐藏在士人、市民、民间的审美趣尚之中,这是审美意识的主体层面。从客体层面来讲,审美意识被包含在物质创造、艺术创造和情感表达的具体实践过程和物化形式之中。我们还可以将审美意识分为物态审美意识、意态审美意识和情态审美意识。欧阳修《春日西湖寄谢法曹歌》曰:"异乡物态与人殊,惟有东风旧相识"①,物象是一切可直接感知的、有形的事物形象,许多物态事物经常以无意识的方式积淀为审美意识,物质形态的变迁间接意味着审美意识的变迁,是审美意识的直接积淀和直接呈现。物态审美意识,具体到明代,包含在家具等器物以及园林、服饰等造物的物质载体之中,还有包含、附着在物化形态之上的关于美的意识、观念等。雷蒙斯·威廉斯在《漫长的革命》中认为,文化的定义有三种,第二种是以物质形式存在的,凝结着人类思想和经验的产品即是其存在方式,物质产品是审美意识的物化形态,在这里人类的思想和经验当然包括了审美意识,人们可以通过审美意识的物化形态来反观审美意识。意态审美则以意识、精神的形式存在,是意象化的审美意识,比如时代文化中独特的意象、意象的演变等。胡适《先秦名学史》:"'意象'是古代圣人设想并且试图用各种活动、器物、制度来表现的理想的形式。这样看来,可以说意象产生了人类所有的事业、发明和制度。用亚里士多德的术语来说,意象是

---

① 王水照、朱刚注译:《宋诗一百首》,上海古籍出版社 1997 年版,第 19 页。

它们的'形相因'"①,意象是审美意识的集中化、典型化、理想化,由意象组成的艺术则是审美意识最为集中的体现。情态化的审美意识,主要指在人们的情感方面显现出来的美的取向、导向等。艺术是一个时代审美意识的物化形态,也是意象形态,更是情感形态。为此,对于一个时代的审美意识的开显必须注重这个时代的艺术,尤其是"一代之艺术",为此在明代发展迅速且最能代表时代艺术风貌的小说、戏曲和小品文必将得到我们的重点关注。至于瓷器、建筑、家具等物态中包含的意态和情态因素当然也应该特意发掘,予以彰明。以上这些,构成了我们寻绎明代审美意识的凭借。

明末东林党人顾宪成《阳明先生开发有余》云:"阳明先生开发有余,收束不足。当士人桎梏于训诂词章间,骤而闻良知之说,一时心目俱醒,悦若拨云雾而见白日,岂不大快! 然而此窍一凿,混沌遂亡。"②我们肯定不能做到"拨云雾而见白日"的彰明,当然也不能"窍一凿"而致"混沌遂亡",为此,我们要尽量保证审美意识甚至美学的特质,并在此特质的基础上展开我们的工作。基于此种认识,我们在分析中尽量保持了美学的感性特质,追求理性在感性基础上的开显效果。

宗白华先生说:"美学内容,不一定在于哲学分析,逻辑的考察,也可以在于人物的趣谈、风度和行动中,可以在于艺术实践所启示的美的体会与体验中。"③敏泽先生说:"美学及审美意识的发展,是在人类全部能动性实现的物质的和精神氛围中进行的。……要充分地考虑思想、精神文化气候对于审美观念的影响。美学研究的基点虽在美学本身,但离开了一个时代的物质的、精神气候的特点——审美创造活动的时空,来考察该时代的审美观念的发展及其历史特点,却又是不可能的。"④受此启发,我们认为,美学的内容尤其是审美意识也在社会风貌的变迁中,更在人们衣

①　胡适:《先秦名学史》,学林出版社 1996 年版,第 37—38 页。
②　(明)顾宪成:《小心斋札记》卷三,明万历刻本。
③　宗白华:《美学与趣味性》,《美学与艺术》,华东师范大学出版社 2013 年版,第45 页。
④　敏泽:《中国美学思想史》下卷,湖南教育出版社 2005 年版,第 419 页。

食住行等用度的发展变化中,更在地域和时段的审美风貌的差异中,而且更主要地集中地存在于艺术的创作欣赏活动中。从这些生活活动和艺术活动中发掘、发现、发明审美意识的映现,在感性的映现中发现、发掘其中蕴含的审美意识,都是一件艰苦而且需要灵性和发现的眼睛的工作。尽管我们对审美意识的寻绎是借助艺术类型而展开的,但并非该艺术类型的审美意识研究,所以只关注其中具有时代性因素的审美意识的抓取,而无意于对其审美全貌的把握。为此,我们将更多的注意力放在了该艺术门类与社会风貌、地域、时段审美意识互动的研究和描述,在研究和描述中所出现的侧重,也是无奈之举。

时代性的审美意识和审美意识的时代性,构成了我们对明代审美意识的整体把握。

参 考 文 献

（以姓氏拼音为序）

A

（清）艾衲居士编：《豆棚闲话》，上海古籍出版社 1983 年版。

阿英编、啥实：《晚明二十家小品》，王铮标点，河北人民出版社 1989 年版。

B

（汉）班固：《汉书》上册，岳麓书社 2008 年版。

《白居易集》，顾学颉校点，中华书局 1979 年版。

（明）抱瓮老人辑：《今古奇观》，廖东校点，岳麓书社 2004 年版。

白寿彝主编，王毓铨分册主编：《中国通史》第 9 卷上册，上海人民出版社 2007 年版。

C

（晋）陈寿：《三国志》，中州古籍出版社 2009 年版。

《陈子昂集》，徐鹏校，中华书局 1960 年版。

（宋）程颢、程颐：《二程集》，王孝鱼点校，中华书局 1981 年版。

（明）曹学佺著，庄可庭纂辑：《曹学佺诗文集》（上），高祥杰点注，香港文学报社出版公司 2013 年版。

（明）陈继儒：《小窗幽记》（插图本），中华书局 2008 年版。

（明）陈继儒：《太平清话》，中华书局 1985 年版。

（明）陈宏绪：《寒夜录》卷上，中华书局 1985 年版。

（明）陈三恪等撰：《海虞别乘》，清抄本。

（明）陈子龙等：《明经世文编》第四册，中华书局 1962 年影印本。

（明）陈献章：《陈献章集》，中华书局 1987 年版。

（清）程曒初集注，程朱昌、程育全编：《战国策集注》，上海古籍出版社 2013 年版。

（清）曹雪芹：《红楼梦》，人民文学出版社 1982 年版。

（清）查继佐：《罪惟录》，浙江古籍出版社 1986 年版。

（清）陈鼎：《东林列传》，文渊阁《四库全书》本。

（清）陈淏子辑：《花镜》（修订本），农业出版社 1962 年版。

曹道衡主编：《汉魏六朝辞赋与骈文精品》，时代文艺出版社 2003 年版。

陈良运：《美的考索》，百花洲文艺出版社 2005 年版。

蔡子谔：《中国服饰美学史》，河北美术出版社 2001 年版。

曹林娣：《苏州园林匾额楹联鉴赏》，华夏出版社 2009 年版。

曹林娣：《静读园林》，北京大学出版社 2005 年版。

崔承运、刘衍主编：《中国散文鉴赏文库·古代卷》，百花文艺出版社 2001 年版。

曹文趣等选注：《西湖游记选》（增订本），浙江文艺出版社 1985 年版。

曹淑娟：《孤光自照——晚明文士的言说与实践》，天津教育出版社 2012 年版。

曹淑娟：《流变中的书写：祁彪佳与寓山园林论述》，（台北）里仁书局 2006 年版。

陈伯海主编：《近四百年中国文学思潮史》，东方出版社 1997 年版。

王小舒：《中国审美文化史·元明清卷》，山东画报出版社 2000 年版。

陈从周、蒋启霆选编：《园综》，赵厚均校订、注释，同济大学出版社 2011 年版。

陈从周：《未尽园林情》，商务印书馆 2010 年版。

陈洪：《诗化人生——魏晋风度的魅力》，河北大学出版社 2001 年版。

陈良运主编：《中国历代文章学论著选》，百花洲文艺出版社 2003 年版。

陈书良、郑宪春：《中国小品文史》，湖南出版社 1991 年版。

陈平原选编、导读：《〈新青年〉文选》，贵州教育出版社 2003 年版。

陈竹、曾祖荫：《中国古代艺术范畴体系》，华中师范大学出版社 2003 年版。

陈书良、郑宪春：《中国小品文史》，湖南出版社 1991 年版。

陈多、叶长海编：《中国历代剧论选注》，湖南文艺出版社 1987 年版。

陈竹：《明清言情剧作学史稿》，华中师范大学出版社 1991 年版。

成复旺、蔡钟翔、黄保真：《中国文学理论史》，北京出版社 1991 年版。

陈宝良、王熹：《中国风俗通史·明代卷》，上海文艺出版社 2001 年版。

陈田辑撰：《明诗纪事》（六），上海古籍出版社 1993 年版。

陈江：《明代中后期的江南社会与社会生活》，上海社会科学院出版社 2006 年版。

成乃凡编：《增编历代咏竹诗丛》（下），山西人民出版社 2010 年版。

程不识：《明清清言小品》，湖北辞书出版社 1993 年版。

程国政编注，路秉杰主审：《中国古代建筑文献集要》明代（下），同济大学出版社
　2013 年版。

初旭主编：《中国古典文学鉴赏》，辽宁教育出版社 1990 年版。

崔尔平选编、点校：《历代书法论文选续编》，上海书画出版社 1993 年版。

D

（唐）杜牧：《樊川文集》，上海古籍出版社 1978 年版。

（明）董其昌著，赵菁编：《骨董十三说》，金城出版社 2012 年版。

（明）董其昌：《容台集》，明崇祯三年董庭刻本。

（明）都穆：《寓意编》，《学海类编》本。

（清）丁福保辑：《历代诗话续编》，中华书局 1983 年版。

戴红贤：《袁宏道与晚明性灵文学思潮研究》，武汉大学出版社 2012 年版。

丁锡根编：《中国历代小说序跋集》（中），人民文学出版社 1996 年版。

丁守和等主编：《中国历代奏议大典》（3），哈尔滨出版社 1994 年版。

杜晓勤、陈瑜编：《千古传世美文·元明卷》，九州出版社 1999 年版。

董燕：《明清戏曲与园林文化》，陕西师范大学 2012 年博士学位论文。

F

（宋）范成大：《范成大集》，三晋出版社 2008 年版。

（明）范濂：《云间据目抄》，民国戊辰奉贤褚氏重刊本。

《冯梦龙全集》，陆国斌等点校，江苏古籍出版社 1993 年版。

（明）冯梦龙、高洪钧编：《冯梦龙集笺注》，天津古籍出版社 2006 年版。

（明）冯梦龙编：《醒世恒言》（上），顾学颉校注，人民文学出版社 1984 年版。

《方苞集》，刘季高校点，上海古籍出版社 1983 年版。

（清）傅山：《霜红龛集》，清宣统三年丁氏刻本。

冯道信：《论楚歌》，武汉出版社 1999 年版。

冯骥才主编，潘静选编：《中华散文精粹·明清卷》，作家出版社 2006 年版。

冯天瑜、何晓明、周积明：《中华文化史》，上海人民出版社 1990 年版。

伏涤修、伏蒙蒙辑校：《西厢记资料汇编》上册，黄山书社 2012 年版。

傅衣凌：《明清社会经济变迁论》，人民出版社 1989 年版。

傅正谷、刘维俊：《元散曲选析》，天津人民出版社 1982 年版。

G

（宋）郭熙：《林泉高致》，周远斌点校、纂著，山东画报出版社 2010 年版。

（元）高明著，钱南扬编：《元本琵琶记校注》，上海古籍出版社 1980 年版。

（元）顾瑛辑，杨镰、叶爱欣整理：《玉山名胜集》上册，中华书局 2008 年版。

（明）顾起元撰：《刊客座赘语》，谭棣华、陈嘉禾点校，中华书局 1987 年版。

（明）高儒：《百川书志·古今书刻》，古典文学出版社 1996 年版。

（明）归有光：《震川先生集》，周本淳校点，上海古籍出版社 1981 年版。

（明）高濂：《遵生八笺》，巴蜀书社 1988 年版。

（清）顾炎武著，董汝成集释：《日知录集释》下册，栾保群、吕宗力校点，花山文艺
　　出版社 1990 年版。

（清）龚炜：《巢林笔谈》，中华书局 1981 年版。

（清）顾公燮：《涵芬楼秘笈》第二集，商务印书馆 1917 年版。

顾宏义、李文整理标校：《宋代日记丛编》（3），上海书店出版社 2013 年版。

《龚自珍全集》，上海人民出版社 1975 年版。

高春明：《中国历代服饰艺术》，中国青年出版社 2009 年版。

郭英德：《明清传奇戏曲文体研究》，商务印书馆 2004 年版。

郭绍虞主编：《中国历代文论选》，上海古籍出版社 1980 年版。

郭绍虞：《中国文学批评史》，上海古籍出版社 1982 年版。

郭绍虞：《照隅室古典文学论集》，上海古籍出版社 1983 年版。

龚书铎总主编，毛佩琦主编：《中国社会通史·明代卷》，山西教育出版社 1996
　　年版。

郭汉城、张宏渊编：《中国戏曲经典》第 2 卷，山东教育出版社 2005 年版。

郭英德、过常宝：《明人奇情》，北京师范大学出版社 1993 年版。

郭英德：《明清传奇史》，江苏古籍出版社 1999 年版。

郭预衡：《中国古代文学史长编》，北京师范学院出版社 1993 年版。

《郭豫衡自选集》，山东文艺出版社 2007 年版。

郭预衡：《历代散文史话》，中国文联出版社 2009 年版。

顾一平编：《扬州名园记》，广陵书社 2011 年版。

H

（宋）何薳：《春渚纪闻——唐宋史料笔记》，张明华点校，中华书局 1983 年版。

《胡祗遹集》第八卷，魏崇武、周思成校点，吉林文史出版社 2008 年版。

（明）何乔远：《名山藏》第七册，江苏广陵古籍刻印社 1993 年版。

（明）皇甫汸：《皇甫司勋集》，文渊阁《四库全书》本。

（明）皇甫涍：《皇甫少玄集》，文渊阁《四库全书》本。

（明）何孟春：《馀冬录》，岳麓书社 2012 年版。

（明）何良俊：《四友斋丛说》，中华书局 1959 年版。

（明）胡应麟：《少室山房笔丛》，上海书店出版社 2001 年版。

（明）洪应明：《菜根谭》，天津古籍出版社 2003 年版。

洪业：《杜诗引得》，上海古籍出版社 1985 年版。

何满子：《天钥又一年》，兰州大学出版社 2003 年版。

何锐、范勇编：《明清情歌九百首》，巴蜀书社 1988 年版。

黄霖、邬国平主编:《追求科学与创新——复旦大学第二届中国文论国际学术会议论文集》,中国文联出版社 2006 年版。

黄惇:《中国书法史·元明卷》,江苏教育出版社 2009 年版。

黄长美:《中国庭院与文人思想》,(台北)明文书局 1986 年版。

隗芾、吴毓华:《古典戏曲美学资料集》,文化艺术出版社 1992 年版。

胡根红:《古代小品文探微》,三秦出版社 2008 年版。

胡益民:《张岱评传》,南京大学出版社 2002 年版。

罗宗强:《明代文学思想史》,中华书局 2013 年版。

侯忠义、王汝梅编:《〈金瓶梅〉资料汇编》,北京大学出版社 1985 年版。

华梅:《服饰与中国文化》,人民出版社 2001 年版。

黄霖、韩同文选注:《中国历代小说论著选》上册,江西人民出版社 1985 年版。

黄霖、杨红彬:《明代小说》,安徽教育出版社 2001 年版。

黄能福、陈娟娟:《中国文化通志·宗教与民俗典·服饰志》,上海人民出版社 1998 年版。

黄卓越主编:《中华古文论释林·明代下卷》,北京大学出版社 2011 年版。

韩进廉:《中国小说美学史》,河北大学出版社 2004 年版。

J

(汉)贾谊著,吴云、李春台校注:《贾谊集校注》(增订版),天津古籍出版社 2010 年版。

(唐)房玄龄等撰:《晋书》,中华书局 2000 年版。

(宋)计有功撰:《唐诗纪事校笺》(八),中华书局 2007 年版。

(明)金木散人:《鼓掌绝尘》,华夏出版社 1995 年版。

(明)计成著,陈植注释:《园冶注释》,杨超伯校订,陈从周校阅,中国建筑工业出版社 1981 年版。

(明)据梧子:《笔梦叙》,《丛书成续编》第 214 册,(台北)新文丰文化公司 1985 年版。

《江盈科集》,黄仁生辑校,岳麓书社 2008 年版。

(明)蒋如奇、李鼎辑:《明文致》,明崇祯刻本。

(明)江盈科:《雪涛阁集》卷十二,岳麓书社 1997 年版。

嘉靖《广平府志》。

嘉靖《永丰县志》。

嘉靖《汀州府志》。

嘉靖《江阴县志》。

嘉靖《隆庆志》。

嘉靖《雅洪县志》。

嘉庆《黎里志》。

(清)金圣叹批评:《贯华堂第六才子书西厢记》,傅晓航校点,甘肃人民出版社
　　1985 年版。

纪德君主编:《中国历史小说的艺术流变》,中国社会科学出版社 2002 年版。

嵇文甫:《左派王学》,上海书店出版社中华民国二十三年版。

季桂起:《中国文学现代转型的历史源流——明代中叶到清末民初中国文学的变
　　迁》,人民出版社 2011 年版。

贾文昭主编:《中国古代文论类编》上册,海峡文艺出版社 1988 年版。

江枰:《明代苏文研究史》,江西人民出版社 2010 年版。

金雅选编:《中国现代美学名家文丛·梁启超卷》,浙江大学出版社 2009 年版。

金学智:《中国园林美学》,中国建筑工业出版社 2005 年版。

居阅时:《杏花春雨——江南文学与艺术》,上海人民出版社 2010 年版。

K

孔另境:《中国小说史料》,中华书局 1959 年版。

L

(南朝·梁)刘勰著,范文澜注:《文心雕龙注》,人民文学出版社 1998 年版。

(唐)柳宗元:《柳宗元集》,中华书局 1979 年版。

(宋)李焘:《续资治通鉴长编》,中华书局 1985 年版。

(宋)柳永著,薛瑞生校注:《乐章集校注》,中华书局 1994 年版。

(宋)陆游:《陆游集》第二卷,中华书局 1976 年版。

(宋)刘克庄:《后村集》卷八,《四部丛刊》本。

(宋)罗烨:《醉翁谈录》,古典文学出版社 1957 年版。

(宋)黎靖德编:《朱子语类》,王星贤点校,中华书局 1988 年版。

(宋)罗大经:《鹤林玉露》,上海书店 1990 年版。

(明)罗贯中:《三国演义》,陈文新导读,申龙点校,岳麓书社 2008 年版。

(明)罗贯中著,(清)毛宗岗批评:《毛宗岗批评本三国演义》(下),孟昭连、卞清
　　波、王凌点校,岳麓书社 2006 年版。

《李开先集》上册,路工辑校,中华书局 1959 年版。

(明)李贽:《续焚书》,中华书局 1974 年版。

(明)顾起元撰:《客座赘语》,谭棣华、陈嘉禾点校,中华书局 1987 年版。

(明)王士性撰:《广志绎》,吕景琳点校,中华书局 1981 年版。

(明)李乐:《瓜蒂庵藏明清掌故丛刊　见闻杂记》(全二册),上海古籍出版社

1986 年版。

（明）凌濛初：《二刻拍案惊奇》（下），陈迩冬、郭隽杰校注，人民文学出版社 1996
　　年版。

（明）刘宗周：《刘宗周全集》第二册，浙江古籍出版社 2007 年版。

（明）陆容撰：《菽园杂记》，佚之点校，中华书局 1985 年版。

（清）陆陇其：《学术辨》（上），中华书局 1985 年版。

（明）郎瑛：《七修类稿》，上海书店出版社 2009 年版。

（明）李流芳：《檀园集》，台湾学生书局 1986 年版。

（明）凌濛初，陈迩冬、郭隽杰校注：《二刻拍案惊奇》（下），人民文学出版社 1996
　　年版。

（明）李贽：《焚书》（上、中、下册），中华书局 1974 年版。

（明）李诩撰：《戒庵老人漫笔》，魏连科点校，中华书局 1982 年版。

（明）兰陵笑笑生：《金瓶梅词话》（上），戴鸿森校点，人民文学出版社 1992 年版。

（明）兰陵笑笑生：《张竹坡批评第一奇书　金瓶梅》（上），王汝梅、李昭恂、于凤树
　　校点，齐鲁书社 1987 年版。

《董解元西厢记》，凌景埏校注，人民文学出版社 1962 年版。

《李卓吾先生批评古本荆钗记》，明刻本。

《李卓吾先生批评无双传明珠记》，明刻本。

（清）刘熙载：《艺概注稿》下册，袁津琥校注，中华书局 2009 年版。

（清）李渔，《闲情偶寄》，孙敏强注释，浙江古籍出版社 2000 年版。

（清）李渔：《李渔全集》第一卷，浙江古籍出版社 1991 年版。

（清）李渔：《李渔全集》第五卷，浙江古籍出版社 1991 年版。

李秀忠、李树房主编：《名人遗书》，山东友谊出版社 1998 年版。

罗月霞主编：《宋濂全集》，浙江古籍出版社 1999 年版。

李希凡主编：《中华艺术通史简编》第四卷，北京师范大学出版社 2013 年版。

李泽厚：《美学三书》，安徽文艺出版社 1999 年版。

李冬君：《沐心文丛·一年景》，希望出版社 2013 年版。

李丰琳、刘苑如主编：《空间、地域与文化——中国文化空间的书写与阐释》，（台
　　北）"中研院"文哲所 2002 年版。

李亮：《诗画同源与山水文化》，中华书局 2004 年版。

李文初：《中国山水诗史》，广东高等教育出版社 1991 年版。

刘强：《审美发生与美的鉴赏》，中国书籍出版社 2013 年版。

刘守安主编，张路红：《园林艺术：情感与自然的交融》，安徽美术出版社 2003
　　年版。

刘蕙孙：《中国文化史述》，文化艺术出版社 1997 年版。

刘国忠、黄振萍主编:《中国思想史参考资料集·隋唐至清卷》,清华大学出版社
　　2004 年版。

刘征、傅秋爽选注:《古诗类选　品艺诗》,人民文学出版社 1989 年版。

刘敦桢:《中国古代建筑史》,中国建筑工业出版社 1984 年版。

刘桢:《华夏审美风尚史》第七卷,河南人民出版社 2000 年版。

刘勇强编:《集成与转型——明中叶至辛亥革命的精神文明》,北京大学出版社
　　2009 年版。

刘大杰:《中国文学发展史》中册,上海古籍出版社 1982 年版。

林语堂:《生活的艺术》,华艺出版社 2001 年版。

林纾:《韩柳文研究法》,商务印书馆中华民国三年版。

雷子人:《人迹于山——明代山水画境中的人物、结构与旨趣》,北京大学出版社
　　2010 年版。

林家骊译注:《楚辞》,中华书局 2009 年版。

鲁迅:《鲁迅书信集》(上),人民文学出版社 1976 年版。

鲁迅:《鲁迅全集》第八卷,人民文学出版社 1957 年版。

鲁迅:《中国小说史略》,人民文学出版社 1973 年版。

罗根泽:《中国文学批评史》(三),上海古籍出版社 1984 年版。

罗筠筠:《华夏审美风尚史》第八卷,河南人民出版社 2000 年版。

凌继尧主编:《中国艺术批评史》,上海人民出版社 2011 年版。

林岗:《明清小说评点》,北京大学出版社 2012 年版。

卢兴基:《失落的“文艺复兴”:中国近代文明的曙光》,社会科学文献出版社 2010
　　年版。

《林语堂名著全集》第 16 卷,东北师范大学出版社 1994 年版。

李泽厚:《中国古代思想史论》,安徽文艺出版社 1999 年版。

罗宗强:《明代文学思想史》,中华书局 2013 年版。

罗筠筠:《灵与趣的意境——晚明小品文美学研究》,社会科学文献出版社 2001
　　年版。

梁景和主编:《中国社会文化史的理论与实践》,社会科学文献出版社 2010 年版。

陆养涛编:《中国古代蒙学书大观》,同济大学出版社 1995 年版。

兰宇:《中国传统服饰美学思想概览》,三秦出版社 2006 年版。

M

《孟子》,上海古籍出版社 1987 年版。

《墨子》,毕沅校注,中华书局 1985 年版。

(唐)孟浩然:《孟浩然集》,岳麓书社 1990 年版。

（宋）孟元老撰，伊永文笺注：《东京梦华录笺注》，中华书局 2006 年版。

（宋）米芾：《宝晋英光集》，中华书局 1985 年版。

《明太祖实录》，北京大学图书馆藏本。

《明太宗实录》，北京大学图书馆藏本。

《明神宗实录》，北京大学图书馆藏本。

《明武宗实录》，北京大学图书馆藏本。

《孟称舜集》，朱颖辉辑校，中华书局 2005 年版。

《明文案》，清抄本。

马宗霍辑：《书林纪事》，文物出版社 1984 年版。

毛效同编：《汤显祖研究资料汇编》（上），上海古籍出版社 1986 年版。

秦学人、侯作卿编：《中国古典编剧理论资料汇辑》，中国戏剧出版社 1984 年版。

蒙培元：《心灵超越与境界》，人民出版社 1998 年版。

慕容真点校：《林纾选评古文辞类纂》，浙江古籍出版社 1986 年版。

毛文芳：《物·性别·观看——明末清初文化书写新探》，台湾学生书局 2001
　　年版。

《美学研究》编委会编：《美学研究》，社会科学文献出版社 1988 年版。

N

冷成金：《中国文学的历史与审美》，中国人民大学出版社 1999 年版。

南炳文：《明史新探》，中华书局 2007 年版。

倪志间：《中国散文演进史》下册，（台北）长白出版社 1985 年版。

宁宗一：《文章之美——品味传世散文》，天津教育出版社 2013 年版。

O

《欧阳修集》，中国戏剧出版社 2002 年版。

欧明俊：《古代散文史论》，生活·读书·新知三联书店 2013 年版。

欧阳中石、徐无闻主编：《书法教程》，高等教育出版社 1994 年版。

P

裴斐选注：《李白选集》，人民文学出版社 1996 年版。

《潘之恒曲话》，汪效倚辑注，中国戏剧出版社 1988 年版。

潘知常：《美的冲突》，学林出版社 1989 年版。

潘立勇、陆庆祥、章辉、吴树波：《中国美学通史·宋金元卷》，江苏人民出版社
　　2014 年版。

庞石帚：《养晴室笔记》，四川文艺出版社 1985 年版。

潘运告主编:《明代画论》,湖南美术出版社 2002 年版。

Q

《全上古三代秦汉三国六朝文　全晋文》,中华书局 2009 年版。

《全唐诗》,中华书局 1979 年版。

(明)祁彪佳:《祁忠敏公日记》,《祁彪佳文稿》,书目文献出版社 1991 年版。

(清)钱谦益:《列朝诗集小传》(下),古典文学出版社 1957 年版。

(清)钱谦益撰,钱曾笺注:《牧斋初学集》(下),钱仲联标校,上海古籍出版社
　　1985 年版。

(清)钱泳:《履园丛话》,中华书局 1979 年版。

邱江宁评注:《明清性灵》,中华书局 2011 年版。

《钱宾四先生全集》(45),(台北)联经出版事业公司 1998 年版。

钱锺书:《管锥编》第一册,中华书局 1979 年版。

钱澄之撰:《庄屈合诂》,殷呈祥点校,黄山书社 1998 年版。

钱穆:《国史大纲》(修订本),商务印书馆 1991 年版。

齐豫生、夏于全主编:《明十六家小品文集》,延边人民出版社 1999 年版。

钱穆:《中国文学论丛》,生活·读书·新知三联书店 2002 年版。

秦学人、侯作卿编:《中国古典编剧理论资料汇辑》,中国戏剧出版社 1984 年版。

R

(晋)阮籍:《乐论》,见于民主主编:《中国美学史资料选编》,复旦大学出版社
　　2008 年版。

任中敏、曹明升:《散曲丛刊》(中),凤凰出版社 2013 年版。

S

《苏轼文集》,孔凡礼点校,中华书局 1986 年版。

《苏舜钦集》,沈文倬校点,上海古籍出版社 1981 年版。

(宋)苏轼著,(清)冯应榴辑注:《苏轼诗集合注》,黄任轲、朱怀春校点,上海古籍
　　出版社 2001 年版。

(宋)司马光等:《资治通鉴》第五册,中华书局 1965 年版。

(明)施耐庵原著,(清)金圣叹评改,张国光校订、整理:《金圣叹评改本水浒》,华
　　中理工大学出版社 1998 年版。

(明)施耐庵著,陈文新、王同舟导读:《水浒传》,陈卫星点校,岳麓书社 2008
　　年版。

(明)施耐庵:《水浒传会评本》下册,陈曦钟、侯忠义、鲁玉川辑校,北京大学出版

社 1981 年版。

（明）施耐庵、罗贯中：《水浒传》（下），人民文学出版 1975 年版。

（明）施耐庵：《李卓吾批评忠义水浒全传》，黄山书社 1991 年版。

（明）宋濂：《洪武圣政记》，中华书局 1991 年版。

（明）宋濂著，王云五主编：《宋学士文集》，商务印书馆中华民国二十六年版。

（明）宋濂著，马达注译：《宋濂寓言注译》，黑龙江教育出版社 1988 年版。

（明）沈德符：《万历野获编》，中华书局 1959 年版。

（明）申时行：《赐闲堂集》，明万历刻本。

（明）沈鲤：《亦玉堂稿》，见张荣生编：《中国历代盐文学作品选注》，凤凰出版社
　　2012 年版。

《沈璟集》，徐朔方辑校，上海古籍出版社 1991 年版。

《沈周集》，张修龄、韩星婴点校，上海古籍出版社 2013 年版。

（清）沈德潜选编：《唐诗别裁集》，李克和等校点，岳麓书社 1998 年版。

上海辞书出版社文学鉴赏辞典编纂中心编：《元明清诗三百首鉴赏辞典》，上海辞
　　书出版社 2012 年版。

（清）孙希旦撰：《礼记集解》（下），沈啸寰、王星贤点校，中华书局 1989 年版。

孙秋克、姜晓霞编：《锦书云中来——古代尺牍小品欣赏》，中州古籍出版社 2012
　　年版。

苏丽虹：《苏艺春秋："苏式"艺术的缘起和传播》，山东美术出版社 2009 年版。

宋克夫：《宋明理学与明代文学》，中国社会科学出版社 2013 年版。

史小军：《复古与新变——明代文人心态史》，河北教育出版社 2001 年版。

邵忠、李瑾选编：《苏州历代名园记　苏州园林重修记》，中国林业出版社 2004
　　年版。

沈从文编：《中国古代服饰研究》，上海书店出版社 2011 年版。

商传：《明代文化史》，东方出版中心 2007 年版。

商传：《走进晚明》，商务印书馆 2014 年版。

孙逊、孙菊园编：《中国古典小说美学资料汇粹》，上海古籍出版社 1991 年版。

上海书画出版社、华东师范大学古籍整理研究室选编、校点：《历代书法论文选》，
　　上海书画出版社 1979 年版。

T

（晋）陶渊明：《五柳先生传》，袁行霈撰：《陶渊明集笺注》，中华书局 2000 年版。

（明）屠隆：《考槃馀事》，中华书局 1985 年版。

（明）屠隆撰：《娑罗馆清言　续娑罗馆清言》，中华书局 2008 年版。

（明）屠隆：《娑罗馆逸稿》卷一，中华书局 1985 年版。

《汤显祖诗文集》（下），徐朔方笺校，上海古籍出版社 1982 年版。

（明）汤显祖：《牡丹亭》，徐朔方、杨笑梅校注，人民文学出版社 1963 年版。

《汤显祖戏曲集》，钱南扬点校，上海古籍出版社 1978 年版。

《唐伯虎全集》，周道振、张月尊辑校，中国美术学院出版社 2002 年版。

（明）陶宗仪等编：《说郛三种》第 9 册，上海古籍出版社 1988 年版。

《同治湖州府志》清刊本。

（清）汤球辑：《晋纪辑本》，商务印书馆丛书集成本。

《天一阁藏明代方志选刊·通州志》，上海书店出版社 1990 年版。

唐圭璋编：《词话丛编》（全五册），中华书局 1986 年版。

谭帆：《中国小说评点研究》，华东师范大学出版社 2001 年版。

童寯：《江南园林志》，中国工业出版社 1961 年版。

滕新才：《且寄道心与明月：明代人物风俗考论》，中国社会科学出版社 2003
年版。

W

（汉）王充：《论衡》，上海人民出版社 1974 年版。

（唐）王维撰，（清）赵殿成笺注：《王右丞集笺注》上册，中华书局 1961 年版。

万历《永安县志》。

万历《福宁州志》。

万历《新昌县志》。

（明）王思任：《文饭小品》，蒋金德点校，岳麓书社 1989 年版。

（明）王思任：《王季重杂著》，（台北）伟文图书出版社有限公司 1977 年版。

（明）吴承恩原著，李卓吾评点：《李卓吾先生批点西游记》下卷，天津古籍出版社
2006 年版。

（明）王世懋：《艺圃撷余》，中华书局 1985 年版。

（明）吴宽：《匏翁家藏集》，《四部丛刊初编》本。

（明）吴下懒仙卫泳编评：《晚明百家小品　冰雪携》，襟霞阁主人重刊。

（明）卫泳编评：《冰雪携　晚明百家小品》（上），中央书店 1935 年版。

（明）王世贞撰：《弇山堂别集》（全四册），魏连科点校，中华书局 1985 年版。

（明）王世贞：《艺苑卮言》，凤凰出版传媒集团　凤凰出版社 2009 年版。

（明）王圻：《三才图会·衣服一》，见《四库全书存目丛书》（子部 191），齐鲁书社
1997 年版。

（明）文震亨、陈植校注，杨超伯校订：《长物志校注》，江苏科学技术出版社 1984
年版。

（明）王玉峰撰，吴书荫点校，（清）秋堂和尚撰：《明清传奇刊　焚香记　偷甲记》，

张树英点校,中华书局 1989 年版。

《文徵明集》卷七,周道振辑校,上海古籍出版社 1987 年版。

《王阳明全集》卷二十四,上海古籍出版社 1992 年版。

(明)王锜:《寓圃杂记》,张德信点校,中华书局 2007 年版。

(清)王符曾辑评:《古文小品咀华》(新标点,甲种本),杨扬标校,书目文献出版社
　1983 年版。

(清)吴梅村:《吴梅村全集》,上海古籍出版社 1990 年版。

(清)王夫之著,(清)曾国荃编,王鹤鸣、殷子和整理:《船山易学》,中央编译出版
　社 2001 年版。

(清)吴楚材、吴调侯编选:《古文观止》,江苏文艺出版社 1995 年版。

王春瑜:《明清史散论》,东方出版中心 1996 年版。

王国维:《宋元戏曲史》,百花文艺出版社 2002 年版。

王国维著,周锡山编校:《人间词话　汇编·汇校·汇评》,万卷出版公司 2009
　年版。

王晓传辑录:《元明清三代禁毁小说戏曲史料》,作家出版社 1958 年版。

王平、李志刚、张廷兴编:《金瓶梅文化研究》,中国文联出版社 1999 年版。

王延梯选注:《王禹偁诗文选》,人民文学出版社版 1996 年版。

王毅:《翳然林水:棲心中国园林之境》,北京大学出版社 2008 年版。

王毅:《中国园林文化史》,上海人民出版社 2005 年版。

王云五、朱经农主编,叶绍钧选编:《礼记》,商务印书馆,中华民国三十六年第
　五版。

王云五主编:《制曲十六观　词品　顾曲杂言　曲话》,商务印书馆中华民国二十
　八年版。

王瑶编注:《陶渊明集》,作家出版社 1956 年版。

汪倜然编:《明代文粹》(上),世界书局 1932 年版。

王晓光:《喧闹与闲适——休闲视野下的晚明文学研究》,高等教育出版社 2012
　年版。

王文生:《临海集》,陕西人民出版社 1983 年版。

杨庆杰、张传友:《中国美学范畴史》第三卷,山西教育出版社 2006 年版。

吴调公、王恺:《自在　自娱　自新　自忏——晚明文人心态》,苏州大学出版社
　1998 年版。

吴钊、伊鸿书、赵宽仁等编:《中国古代乐论选辑》,人民音乐出版社 2011 年版。

吴功正:《古今名作鉴赏集粹》,北京出版社 1989 年版。

吴功正:《宋代美学史》,江苏教育出版社 2007 年版。

吴功正:《中国文学美学》下卷,江苏教育出版社 2001 年版。

吴小林:《中国散文美学史》,黑龙江人民出版社 1993 年版。

吴毓华编:《中国古代戏曲序跋集》,中国戏剧出版社 1990 年版。

吴廷燮等纂:《北京市志稿·礼俗志》(7),北京燕山出版社 1998 年版。

吴文治主编:《明诗话全编》(5),江苏古籍出版社 1997 年版。

巫宝三、李普国主编:《中国经济思想史资料选辑》明清部分,中国社会科学出版社 1990 年版。

武汉大学历史系中国通史教研组:《中国古代史稿》下册,1972 年印刷。

魏宏灿、杨素萍:《曹魏文学论》,合肥工业大学出版社 2013 年版。

翁经方、翁经馥编注:《中国历代园林图文精选》第 2 辑,同济大学出版社 2005 年版。

《文史知识》编辑部:《文史知识文库　古代礼制风俗漫谈》(4),中华书局 1992 年版。

X

(南朝梁)萧统选,李善注:《昭明文选》(上),京华出版社 2000 年版。

(明)徐渭:《徐渭集》,中华书局 1983 年版。

(明)谢肇淛:《五杂组》,上海书店出版社 2001 年版。

(明)方孝儒:《逊志斋集》,商务印书馆中华民国二十四年版。

徐燕琳:《明代剧论与画论》,广东高等教育出版社 2011 年版。

《徐懋庸选集》第 1 卷,四川人民出版社 1983 年版。

向达:《唐代长安与西域文明》,生活·读书·新知三联书店 1957 年版。

薛君度、刘志琴主编:《近代中国社会生活与观念变迁》,中国社会科学出版社 2001 年版。

辛冠洁等编:《日本学者论中国哲学史》,中华书局 1989 年版。

夏咸淳:《晚明士风与文学》,中国社会科学出版社 1994 年版。

厦门大学历史系编:《李贽研究参考资料李贽与〈水浒传〉资料专辑》第 3 辑,福建人民出版社 1976 年版。

厦门大学历史系编:《李贽研究参考资料》第二辑,福建人民出版社 1976 年版。

熊月之、熊秉真主编:《明清以来江南社会与文化论集》,上海社会科学院出版社 2004 年版。

Y

《元稹集》,冀勤点校,中华书局 1982 年版。

《杨万里诗文集》,江西人民出版社 2006 年版。

(明)杨荣:《文敏集》,文渊阁《四库全书》本。

（明）袁宏道著，钱伯城笺校：《袁宏道集笺校》，上海古籍出版社 1981 年版。

（明）袁中道撰：《珂雪斋集》卷十二，钱伯城点校，上海古籍出版社 1989 年版。

（明）袁中道：《珂雪斋近集》，上海书店 1982 年版。

（明）袁宗道、袁宏道、袁中道著：《三袁随笔》，江问渔校点，冯川序，四川文艺出版社 1996 年版。

（明）于慎行撰：《穀山笔麈》，吕景琳点校，中华书局 1984 年版。

（明）阳思谦修，徐敏学、吴维新纂：万历重修《泉州府志》卷三《风俗》，（台北）学生书局 1987 年版。

（明）叶子奇：《草木子》，中华书局 1959 年版。

（清）于敏中编：《日下旧闻考》，北京古籍出版社 1985 年版。

（清）永瑢等撰：《四库全书总目》，中华书局 1965 年版。

（清）叶燮等：《原诗　一瓢诗话　说诗晬语》，人民文学出版社 1998 年版。

（清）阎若璩：《潜邱劄记》，文渊阁《四库全书》本。

（清）叶梦珠撰：《阅世编》，来新夏点校，上海古籍出版社 1981 年版。

（清）姚鼐撰：《惜抱先生尺牍》，卢坡点校，北京师范大学出版集团、安徽大学出版社 2014 年版。

（清）姚鼐编：《古文辞类纂》（下），北京市中国书店出版社 1986 年版。

余冠英选注：《汉魏六朝诗选》，人民文学出版社 1958 年版。

袁行霈撰：《陶渊明集笺注》，中华书局 2003 年版。

叶朗主编：《中国历代美学文库·清代卷》上卷，高等教育出版社 2003 年版。

俞为民、孙蓉蓉：《中国古代戏曲理论史通论》，（台北）华正书局有限公司 1998 年版。

袁济喜：《和：审美理想之维》，百花洲文艺出版社 2001 年版。

余英时：《中国近世宗教伦理与商人精神》，（台北）联经出版公司 1987 年版。

余秋雨：《戏剧理论史稿》，上海文艺出版社 1983 年版。

杨伯峻、杨逢彬注译：《论语注译》，岳麓书社 2000 年版。

杨公骥：《中国文学》，中国广播电视大学出版社 2006 年版。

杨义：《中国叙事学》，人民出版社 1997 年版。

杨晓东：《冯梦龙研究资料汇编》，广陵书社 2007 年版。

尹恭弘：《小品高潮与晚明文化——晚明小品七十三家评述》，华文出版社 2001 年版。

杨经华：《宋代杜诗阐释学研究》，中国社会科学出版社 2011 年版。

衣学领主编，王稼句编注：《苏州园林历代文钞》，上海三联书店 2008 年版。

Z

《庄子》，中华书局 2007 年版。

（宋）庄季裕：《鸡肋篇》，见孙文先编：《中国历代笔记选粹》下册，华东师范大学出版社 1998 年版。

《曾巩集》,陈杏珍、晁继周点校,中华书局 1984 年版。

(明)朱权等:《明宫词》,北京古籍出版社 1987 年版。

(明)朱舜水著,朱谦之整理:《朱舜水集》,中华书局 1981 年版。

(明)张岱:《陶庵梦忆》,中华书局 1985 年版。

(明)张宁、陆君弼编纂:《江都县志》,齐鲁书社 1996 年版。

(明)张岱:《琅嬛文集》,云告点校,岳麓书社 1985 年版。

(明)张大复:《梅花草堂集笔谈》,上海古籍出版社 1986 年版。

(明)郑元勋撰,阿英点、施蛰存编:《媚幽阁文娱》,上海杂志公司 1936 年版。

(明)郑元勋选:《媚幽阁文娱》,上海杂志公司,中华民国二十五年版。

(明)钟惺:《隐秀轩集》,李先耕、崔重庆标校,上海古籍出版社 1992 年版。

(明)祝允明:《祝枝山全集》卷二十五,大道书局中华民国二十年版。

(明)祝允明:《怀星堂集》,文渊阁《四库全书》本。

(明)詹景凤:《詹氏小辨》,齐鲁书社 1995 年版。

(清)张廷玉等撰:《明史》,张天有等标点,吉林人民出版社 1995 年版。

(清)赵翼著,王树明校订:《廿二史劄记校订》下册,中华书局 1984 年版。

(清)朱彝尊:《曝书亭集》,世界书局 1937 年版。

曾枣庄、刘琳主编:《全宋文》第 56 册,上海辞书出版社、安徽教育出版社 2006 年版。

(明)张岱撰:《陶庵梦忆》(插图本),中华书局 2008 年版。

(清)张潮辑:《虞初新志》,王根林校点,上海古籍出版社 2012 年版。

(清)张潮撰:《幽梦影》,王峰评注,中华书局 2008 年版。

(清)朱彭等:《南宋古迹考(外四种)》,浙江人民出版社 1983 年版。

(清)朱彝尊:《曝书亭集》,世界书局中华民国二十六年版。

郑振铎:《中国文学史》,江西教育出版社 2014 年版。

郑振铎:《插图本中国文学史》下册,上海人民出版社 2005 年版。

周来祥主编:《东方审美文化研究》(1),广西师范大学出版社 1996 年版。

郑师渠总主编,陈梧桐主编:《中国文化通史·明代卷》,北京师范大学出版社
　2009 年版。

郑焱:《中国旅游发展史》,湖南教育出版社 2000 年版。

张树天、王槐茂主编:《冯梦龙全集》,内蒙古文化出版社 2000 年版。

张建业主编,贾奋然等摘编:《李贽全集注·小说戏曲评语批语摘编》第 20 册,社
　会科学文献出版社 2010 年版。

张国俊:《中国艺术散文论稿》,中国社会科学出版社 2004 年版。

张灵聪:《从冲突走向融通　晚明至清中叶审美意识嬗变论》,复旦大学出版社
　2000 年版。

冯天瑜、何晓明、周积明:《中华文化史》(下),上海人民出版社1990年版。

张勃:《明代岁时民俗文献研究》,商务印书馆2011年版。

张菊香编:《周作人散文选集》,百花文艺出版社2009年版。

张国星编著:《六朝赋》,文化艺术出版社1998年版。

张人和:《〈西厢记〉论证》,东北师范大学出版社1995年版。

张强、范新阳:《世俗历史的真实写照　说明清小说》,中国大百科全书出版社
　　2010年版。

张法:《中国美学史》,上海人民出版社2000年版。

张嘉昕:《明人的旅游生活》,明史研究小组印行,(台北)乐学经销2004年版。

张述任著,张怡鹤绘:《黄帝宅经风水心得》,团结出版社2009年版。

张淑娴:《明清文人园林艺术》,紫禁城出版社2011年版。

张润今主编:《中国古代旅游文学作品选》,旅游教育出版社1989年版。

张家骥编著:《中国园林艺术小百科》,中国建筑工业出版社2009年版。

章培恒、骆玉明主编:《中国文学史》下卷,复旦大学出版社2004年版。

曾祖荫、黄清泉、周伟民、王先霈选注:《中国历代小说序跋选注》,长江文艺出版
　　社1982年版。

中国戏曲研究院编:《中国古典戏曲论著集成》(三),中国戏剧出版社1959年版。

中国戏曲研究院编:《中国古典戏曲论著集成》(四),中国戏剧出版社1959年版。

中国戏曲研究院编:《中国古典戏曲论著集成》(六),中国戏剧出版社1959年版。

中国戏曲研究院编:《中国古典戏曲论著集成》(八),中国戏剧出版社1959年版。

中国旅游文学研究会、四川师范学院中文系合编:《山水美探胜》,重庆出版社
　　1994年版。

钟兆华:《元刊全相平话五种校注》,巴蜀书社1990年版。

周瘦鹃:《花语》,上海文化出版社1999年版。

朱一玄编:《明清小说资料选编》,朱天吉校,南开大学出版社2006年版。

朱一玄、刘毓忱编:《中国古典小说名著资料丛刊〈三国演义〉资料汇编》,南开大
　　学出版社2012年版。

朱一玄、刘毓忱编:《水浒传资料汇编》,百花文艺出版社1981年版。

朱一玄、刘毓忱编:《〈儒林外史〉资料汇编》,南开大学出版社2003年版。

朱万曙:《明代戏曲评点研究》,安徽教育出版社2004年版。

祝尚书:《宋人总集叙录》,中华书局2004年版。

左东岭:《王学与中晚明士人心态》,人民出版社2000年版。

左东岭:《李贽与晚明文学思潮》,天津人民出版社1997年版。

祝嘉:《书学史》,兰州古旧书店1978年影印本。

周来祥主编,周纪文著:《中华审美文化通史·明清卷》,安徽教育出版社2006

年版。

周锡保:《中国古代服饰史》,中国戏剧出版社 2002 年版。

周耀明:《汉族风俗史》第 4 卷,学林出版社 2004 年版。

周榆华:《晚明文人以文治生研究》,广东高等教育出版社 2010 年版。

周群:《袁宏道评传》,南京大学出版社 2011 年版。

周维权:《中国古典园林史》,清华大学出版社 1999 年版。

赵超:《霓裳羽衣:古代服饰文化》,江苏古籍出版社 2002 年版。

赵厚均、杨鉴生编注:《中国历代园林图文精选》第 3 辑,同济大学出版社 2005
年版。

赵柏田:《岩中花树——十六至十八世纪的江南文人》,中华书局 2007 年版。

邹云湖:《中国选本批评》,上海三联书店 2002 年版。

《中国新文学大系·散文集》,良友图书公司 1935 年版。

外 国 文 献

[德]黑格尔:《美学》,商务印书馆 1981 年版。

[德]马克思:《资本论》第 3 卷,人民出版社 1975 年版。

《马克思恩格斯文集》第 1 卷,人民出版社 2009 年版。

[德]本雅明:《说故事的人》,《启迪——本雅明文选》,牛津大学出版社 1998
年版。

[德]史宾格勒:《西方的没落》(全译本),上海三联书店 2006 年版。

[法]米歇尔·柯南著,陈望衡主编:《城市与园林　园林对城市生活和文化的贡
献》,武汉大学出版社 2006 年版。

[加]卜正民:《纵乐的困惑——明代的商业与文化》,方俊等译,生活·读书·新
知三联书店 2004 年版。

[日]冈大路:《中国宫苑园林史考》,常瀛生译,中国农业出版社 1988 年版。

[日]青木正儿:《中国文学概说》,隋树森译,重庆出版社 1982 年版。

期 刊 文 献

曹林娣:《苏州园林与生存智慧》,《苏州大学学报》(哲学社会科学版)2004 年第
3 期。

常建华:《论明代社会生活性消费风俗的变迁》,《南开学报》1994 年第 4 期。

陈文新:《论〈三国演义〉文体之集大成》,《武汉大学学报》(哲学社会科学版)
1995 年第 5 期。

邓洁:《汲古出新——论明清江南园林文化特征的形成》,《古建园林艺术》2005
年第 4 期。

毛佩琦:《从明到清的历史转折——明在衰败中走向活泼开放,清在强盛中走向僵化封闭》,《明史研究》第 8 辑。

刘明今:《晚明小品文的批评》,《复旦学报》(社会科学版)1989 年第 5 期。

刘士林:《江南诗性文化:内涵、方法与话语》,《江海学刊》2006 年第 1 期。

刘志琴:《服饰变迁:非文本的社会思潮史》,《东方文化》2000 年第 6 期。

林丽月:《万发俱齐:网巾与明代社会文化的几个面向》,《台大历史学报》2004 年第 33 期。

康成:《从"四方平定巾"到"马尾裙事件"——明代官民服饰的变迁》,《知识窗》1993 年第 2 期。

金学智、陈本源:《园林养生功能简论》,《文艺研究》2003 年第 6 期。

皮朝刚:《明代实学美学思想片论》,《四川师范大学学报》2005 年第 3 期。

彭圣芳:《从"格物"到"玩物":明代器物鉴赏的转变》,《艺术探索》2009 年第 5 期。

孙秋克:《论戏曲评点的特点、历史发展和理论建树》,《云南艺术学院学报》2004 年第 2 期。

商传:《明文化:未完成的近代化转型》,《学术月刊》2010 年第 6 期。

吴承学:《评点之兴——文学评点的形成和南宋的诗文评点》,《文学评论》1995 年第 1 期。

吴调公:《晚明文人的"自娱"心态与时代折光》,《社会科学战线》1992 年第 2 期。

王鸿泰:《闲情雅致——明清间文人的生活经营与品赏文化》,《故宫学术季刊》第二十二卷第一期。

王新:《明清时期社会风尚变革举隅》,《吉林大学社会科学学报》1990 年第 3 期。

王齐洲:《〈三国志演义〉成书时间新探——兼论世代累积型作品成书时间的研究方法》,《中山大学学报》(社会科学版)2014 年第 1 期。

王南:《明代北京长城的审美文化评价》,《社会科学辑刊》2011 年第 6 期。

夏咸淳:《明代文人心态之律动》,《东南大学学报》(哲学社会科学版)2003 年第 4 期。

姚旭峰:《"忙处"与"闲处"——晚明官场形态与江南"园林声伎"风习之兴起》,《福建师范大学学报》(哲社版)2008 年第 1 期。

张杰:《成为陌生人:作为陌生化与多义空间的士人花园——以明清江南园记为中心》,《开放时代》2010 年第 2 期。

赵强、王确:《"物"的崛起:晚明社会的生活转型》,《史林》2013 年第 5 期。

朱万曙:《文情士心:明清文学评点的精神向度》,《吉林大学社会科学学报》2013 年第 1 期。

张安峰:《再论〈三国演义〉的人民性》,《人文杂志》2009 年第 6 期。

索　引

后　记

又是一个人间四月天,我所在城市的柳树从鹅黄变成了淡绿,再由淡绿变成了嫩绿,大地一片生机,校园里边的丁香花散发出令人迷惑的香气。在一个乱花渐欲迷人眼的季节,了却一桩心事是令人惬意的。

时间回到三年前,也是这样一个季节,一个没有特别留意记住的下午,我接到一个来自上海的电话,是朱志荣先生打来的。没有经过简单的问候志荣先生就直接说,他现在有一个国家重点项目,有意邀请我一起来做,问我有没有意愿。其时我经过艰苦的努力,创造了评教授的条件,正准备申报评审教授职称,心意中还是想适当休息一下,但是当时我只说了一句话,朱老师,您的车我就搭上。从此我就搭上了朱志荣老师及其团队的"中国审美意识通史"的列车,开始了艰苦而又幸福的探索之旅。对于我来说,接受这项工作的意义实际上使我在此后的三年中有了明确的研究对象和研究方向。从这个意义上来说,志荣老师的邀请实际上给了我一个明确的学术命题,使我此后的三年时间过得充实而紧张。在此对先生的信任和邀请表示衷心的感谢。后来见了两次面,对朱志荣先生的为人和作风有了更深入的了解,并试探着问他何以找到我,他说是从我的文章中发现和找到我的,于是更加珍惜这种知遇之恩。

在既往的三年时间里,朱老师不断来电话指导、敦促,促进了这项工作的进展。由于我所主撰的明代部分情形复杂,艺术门类众多,新旧思潮交织,我感到难以把握并很难在要求的时间内完成任务,于是提出希望延请书法、绘画、陶瓷、家具领域内的专门研究者共同来完成这项工作,经朱志荣先生的努力,邀请了华东师范大学传播学院的崔树强老师主撰了"第四章明代书法审美意识",约 38000 字;邀请华东师范大学中文系博士生庞晓菲撰写了"第五章明代绘画的审美意识",凡 40000 字；邀请了信阳师范学院美术学院的高正老师撰写了"第八章明代造物陶瓷和家具的审美特征及审美意识"中的"第一节 明代陶瓷审美特征及审美意识",约 13000 字,同时邀请了苏州市职业大学明式家具研究所的高峰老师撰写了其中的"第二节 明式家具的审美特征及审美意识",约 17000 字。以上诸位专家的加盟,使我们对明代审美意识的把握更加全面,更加专业。我和以上诸位先生素昧平生,出于共同的事业和对明代审美意识的共同关注,走到了一起,完成了这部书稿,在此深表感谢。如果没有他们的参与,这部书稿不知还要迁延到什么时候,而且我本人也许不能很好地把握以上对象。这部逾 40 万字的书稿,我本人完成了 29 万多字,在统稿的过程中,只作了体例上的统一,对各位专家基于不同理解对各自研究对象的自主把握采取了包容的态度,尊重并遵从了他们各自的认识、表达,尤其是写作风格。在此特作说明,并再次对他们的辛勤劳动和精彩奉献表示真挚的谢意,感谢他们贡献了自己的智慧、热情,共同玉成此事。同时,也要感谢《明清小说研究》的胡莲玉副主编、《文化艺术研究》的编辑先行刊发本书的部分内容,在编校的往来中也受到许多启发,学到了不少东西。本书写作的过程,与本项目学术团队的其他成员尤其朱门的各位才俊都有良好的接触,获益不菲,同时感谢人民出版社哲学与社会编辑部主任方国根先生为本课题和本书的完成、出版所付出的艰辛、热情和智慧。崔秀军编辑精心的编校也为本书增色不少,使本书能以更完善、完美的面目呈现于读者面前,在此深表谢意。

在这样一个四月天的夜晚,我写下以上文辞,意欲为一个难以忘怀的艰苦探索之旅写下为了忘却的纪念,因为此后还有别的工作等待我去做,我也许有必要从明代审美意识的研究中摆脱出来,也许还应该继续进行深入的研究,也许又要陷入迷茫一阵子。而此时,当年接朱志荣老师电话用的手机服务商已经从电信转换到了移动,先前的号码也记不起来了。时间消磨和销钝的,也许难以捡拾,唯有与朱老师真诚合作的历历往事,回想起来还是令人暖意盈怀。

至此,我们已经完成了对《中国审美意识史》明代部分的艰苦的发现之旅。需要特别说明的是,在我们的发现之旅中,已经尽量照顾到了明代精神文明和物质文明之中蕴含的审美意识,已涉及了代表时代审美意识的审美客体、审美主体和审美关系,已兼顾到了显态的审美意识和隐态的审美意识并着意于隐态审美意识的开显。尽管已经集中了多人的智力、能力和努力,但由于面对着丰富复杂的审美对象,而且面对着难以切身体会的历史审美现象,我们只能暂时地交上这份答卷,在我们目前能够达到的境地止步,把无尽的期待和美好的愿望留给明天或者后来者。

当然,由于审美意识本身的复杂性,也由于作者学识的有限性,更基于时间和精力的有限性,虽然我们意欲竭忠尽智,但我们对有明一代审美意识的开显还是只限于我们比较熟识而且容易把握的艺术门类和相应的领域,并且因熟悉的程度而有所偏重。同时,由于主要是对时代性审美意识的宏观把握,我们也不可能做到专门艺术类型研究那样的深入。在宏观与微观之间我们只找到了我们认为适度的表达,在研究与描述之间我们只进行了我们力所能及的努力。我想,此心此情应该得到读者和学界理解的同情。

学无止境,艺无止境,对于著书立说也许应该作如是观。当然作为一个历史时段审美意识的描述,文中确实借鉴、吸收了文学、历史、哲学、美学、绘画、书法、园林、家具、瓷器等专门研究的成果,或者受到这些专门研究的启发、启迪,这些都已尽力按照学术规范加以标注,并特表谢忱。

尽管如是,我们还是希望得到读者的批评和指正。

朱　忠　元

2017 年 7 月 5 日补记

于兰州城市学院

策划编辑:方国根

责任编辑:崔秀军

封面设计:石笑梦

版式设计:顾杰珍

图书在版编目(CIP)数据

中国审美意识通史. 明代卷/朱志荣 主编;朱忠元 等著. —北京:
　人民出版社,2017.8
ISBN 978－7－01－017798－4

Ⅰ.①中…　Ⅱ.①朱…②朱…　Ⅲ.①审美意识-美学史-中国-明代
　Ⅳ.①B83－092

中国版本图书馆 CIP 数据核字(2017)第 132010 号

中国审美意识通史

ZHONGGUO SHENMEI YISHI TONGSHI

(明代卷)

朱志荣　主编　朱忠元等　著

人民出版社 出版发行

(100706　北京市东城区隆福寺街 99 号)

北京中科印刷有限公司印刷　新华书店经销

2017 年 8 月第 1 版　2017 年 8 月北京第 1 次印刷
开本:710 毫米×1000 毫米 1/16　印张:37.25
字数:550 千字

ISBN 978－7－01－017798－4　定价:150.00 元

邮购地址 100706　北京市东城区隆福寺街 99 号
人民东方图书销售中心　电话 (010)65250042　65289539